INSTRUCTION
POUR
LES JARDINS FRUITIERS ET POTAGERS;

Avec un Traité des Orangers, & des Réfléxions sur l'Agriculture.

Par Mr DE LA QUINTINYE, Directeur des Jardins Fruitiers & Potagers du ROY.

Avec une Instruction pour la Culture des Fleurs.

NOUVELLE EDITION,

Augmentée de la Culture des Melons, de la maniere de tailler les Arbres Fruitiers, d'un Dictionnaire des termes dont se servent les Jardiniers en parlant des Arbres, & d'une Table des Matieres.

TOME PREMIER.

A PARIS,
Chez MICHEL-ETIENNE DAVID, quay des Augustins, du côté du Pont Saint Michel, au Prophete Royal.

M. DCC. XVI.
AVEC PRIVILEGE DE SA MAJESTE'.

AU ROY.

IRE.

LES Jardins Fruitiers & Potagers m'ont été trop favorables, pour cacher l'extréme reconnoissance des biens que je leur dois : je leur suis obligé de l'honneur que

VÔTRE MAJESTÉ *m'a fait, d'avoir augmenté en ma personne le nombre des Officiers de sa Maison. Une telle obligation merite bien au moins que je la publie; Et quoy que la condition ordinaire de ceux qui aiment l'Agriculture, soit d'être heureux, pourveu qu'ils le sçachent connoître: Mon bonheur toutefois surpasse tellement celuy de tous les autres, que je croy,* SIRE, *devoir faire en sorte que personne ne l'ignore. L'esperance d'un succez pareil à celuy qui m'a eslevé dans une belle charge, est capable d'animer beaucoup de gens à l'etude du Jardinage, & par consequent capable de faire à* VÔTRE MAJESTÉ *des Serviteurs plus habiles que je ne suis; & c'est veritablement,* SIRE, *la chose du monde que je souhaite avec le plus de passion. Mais comme mon bonheur ne vient que parce que* VÔTRE MAJESTÉ *est assez touchée des divertissemens du Jardinage, peut-être n'est il pas hors de propos,*

O fortunatos nimium, sua si bona norint, agricolas. *Virg. Georg.* 2.

qu'on connoisse qu'elle sçait quelquefois descendre de ses plus grandes occupations, pour goûter les plaisirs de nos premiers Peres, aussi bien que surpasser la gloire des plus illustres Monarques, en renversant tous les jours l'ambition d'une infinité d'ennemis par de nouvelles Victoires.

Aussi est-il vray que telle a été de tout temps l'inclination des Heros & des Têtes couronnées; & si on en croit un Ancien, les mêmes vertus qui faisoient la felicité de leurs Peuples, faisoient aussi la fertilité de leurs Terres. Mais pour faire voir que VÔTRE MAJESTÉ *les surpasse en cecy comme en toute autre chose, je n'aurois qu'à representer, s'il m'étoit possible, la penetration incroyable avec laquelle elle a d'abord entendu mes principes de la taille des Arbres (matiere jusqu'à present assez vague & assez inconnuë.)*

Triumphatorum olim manibus colebantur agri ut fas sit credere uberiorem tunc fructum dedisse gaudente terra vomere laureato, & triumphali aratore. *Plin.*

La Nature, (qui ce semble, prend plaisir à ne rien refuser à VÔTRE

MAJESTÉ, & qui la regarde en effet, comme le plus parfait de ses Ouvrages, a sans doute reservé pour son auguste Regne, ce que la terre a caché à tous les siecles passez. Ce n'est qu'à force de sueurs que les hommes ordinaires arrachent du sein de cette mere commune ce qu'ils sont obligez de luy demander tous les jours pour leur subsistance, parce que sa plus forte inclination ne va qu'à produire des chardons & des épines; mais pour peu que VÔTRE MAJESTÉ continuë à favoriser de ses regards ceux, qui ont l'honneur de la cultiver dans ses Jardins, nous verrons à la gloire de nôtre Monarque, & à l'avantage du Genre humain, que ce qui a esté inconnu à toute l'Antiquité ne le sera plus pour personne. Cette Terre qui paroit si opiniâtre à l'égard de tout le monde, cedera enfin, & même, pour ainsi dire, avec quelque joye aux moindres commandemens d'un grand Prince, à qui tous

Spinas, & tribulos germinabit tibi, &c. *Gen. cap. 3. v. 18.*

Gaudente terrâ, &c. *Plin.*

Atque imperat avis. *Virg. Georg. 1.*

les autres Elemens font gloire d'obeïr ; & quand bien même, SIRE, VÔTRE MAJESTE' *occupée avec tant de succés à la grandeur de son Etat, & à la felicité de son Peuple, & de ses Alliez, n'auroit pas le temps de prendre elle-même quelque plaisir dans la culture de ses Iardins, je pourray au moins me flâter de cette esperance, que le Traité, que j'ay aujourd'huy l'honneur de luy presenter, contribuëra à luy former des Jardiniers. On y trouvera*, SIRE, *de quoy apprendre cette partie du Jardinage, qui joignant l'innocence au plaisir & à l'utilité donne des moyens asseurez de faire d'agreables Potagers, & d'élever de bons Fruits pour chaque Saison de l'année. Heureux ceux qui s'y estudieront, & sur qui ensuite tombera le choix de* VÔTRE MAJESTE', *& moy le plus heureux du monde si je satisfais à l'attente qu'elle peut avoir conçuë de mon application : Je la su-*

Omne tulit punctum qui miscuit utile dulci. *Horat. de arte poët.*

plie tres-humblement de croire, qu'elle continuëra toûjours d'être aussi grande, & aussi zelée que la doit avoir.

SIRE,

DE VÔTRE MAJESTÉ

Le plus humble, le plus obeïssant, & le plus fidele Serviteur & Sujet,
JEAN DE LA QUINTINYE.

POMONA.

POMONA
IN AGRO VERSALIENSI
QUINTINIO
REGIORUM HORTORUM CULTURÆ PRÆFECTO.

VERSALIJ Colles, atque alta Palatia ruris,
Et vitrei Fontes, Rivique, & amœna Fluenta,
Quotquot & hic habitant, inter tot divitis Aulæ
Regificos luxus, vos rustica Numina, Nymphæ,
Vos etiam non jam indociles cultoribus Horti,
Regales Horti; decus undè, & gloria vestris
Arboribus venit, & cultis nova gratia campis:
QUINTINIO date serta Deæ, ramoque virenti
Vos Nimphæ hortorum doctam præcingite frontem,
Telluris contrà ingenium, Solesque malignos,
His florere dedit dudùm infœlicibus hortis;
Fas olli fuerit, quos sevit, carpere ramos,

Dum ſub Sole alio LODOICUS ab hoſte reportat
Longè alias lauros inimicoſ ſanguine tinctas.
VERSALIIS ſincera ha itant ubî Gaudia campis.
Pomona ſterilis dudum, & ſine honore gemebat,
Imprimis dùm cuncta virent, dum cuncta reſurgunt,
Et priſci redeunt ævi melioris honoris honores,
Principe ſub tanto: vitio telluris iniquæ
Squallebat radicis egens ſine fructibus arbor;
Hîc regnare omnes haud æqua mente ferebat,
Exilio è longo quas Rex revocaverat Artes;
Quòd magis urebat pectus: fas cuique Dearum
Nativitas depromere opes, oſtendere honores,
Principis ambibant ſibi conciliare favorem.
Sola gemens ſocias inter deſpecta ſorores.
Deſerere has ſedes, nec non regalia tecta
Conſtituit: tanto pudor eſt ſe oſtendere Regi
Vilem adeò, nudamque opibus, proprioque carentem
Ornatu foliorum & pulchro fontis honore.
Nam nulli ad pectus, nullique in vertice flores;
Illa ſuis ſine muneribus, ſine divitis anni
Exuviis calathos ægrè monſtrabat inanes:
Autumno indignante, & flentibus undique Nymphis.

Anxia, triſtis, inops, fœlicis transfuga terras
Quærebat propriis jam tum deſerta colonis:
Deſperat ſe poſſe per alta negotia feſſum
Principis oblectare animum, licet omnia tentet,
Tellurem & votis, Divoſque imploret agreſtes,
Necquicquàm: ſtat campus iners, dextramque rebellis
Reſpuit agricolæ, ſuus arvis incubat horror.
Ergo qui potuit gentes frænare ſuperbas,
Fluminibus dare jura, leveſque attollere in auras
Aërium per iter ſuſpenſis fluctibus amnes,
Non legem dabit arboribus, nec dura remittet
Hujus ad imperium ſe ſe Natura, benigno
Afflata intuita? ah potius miteſcere diſcat,
Atque ſuas oblita vices ingrata rebelles
Culturæ patiens ſubigatque, & molliat agros!
Sed quid ego hæc autem? manet intractabilis illa,
Et placet ipſe ſibi nativus ſedibus horror.
Hæc Telluris erat facies miſeranda, ſine ullo
Cultore & ſterilis, ſine re, ſine nomine campus,
Hinc Dea Verſalio jamdudùm in gloria rure
Decedens, alias terras, alia arva petebat;
SANCLOVIOS pede præcipiti properabat in hortos,

Nodo vincta comam, & vestes collecta fluentes.
Cum QUINTINIADES properantem sistit, & Arti
Consilio meritos Pomonæ spondet honores.
  Versalides plausêre Deæ, fessusque per altos
Rumor iit colles, fore mox regalibus hortis,
Quod non agricolæ, nec speravêre coloni,
Quæsitum regale decus, simul explicat Artem,
Divinam plantandi Artem; ceû numine plenus
Re super hortensi memorabat multa, latentes
Primævâ rerum repetens ab origine causas.
Addebat dicenti animos præsentia Regis:
Explorat terræ ingenium, Solesque, suosque
Astrorum influxus: prudens discriminat agros,
Nam plantis tellus non convenit omnibus una.
  Optimus ille locus pomis, hæc optima sedes
Inter saxa piris, citros necat humida tellus:
Hîc Solem accipiet, cœloque fruetur aperto,
Et fructus longè meliores proferet arbos;
Gaudebunt illîc nati de semine flores;
Paulatim hæc tellus succos dediscet agrestes
Emendata fimo, cultum si dura recuset
Et sterilis nimiùm, & nullâ superabilis arte,

Fundum omnem exhauri, & meliorem suffice terram,
Qua vicinus ager de se nimis uber abundat;
Si quis amor, teneatque tui te gloria ruris,
Non pigeat plenis terram asportare canistris;
Aspera mitescet sensim natura locorum,
Nec se se agnoscet nativi oblita rigoris.

Sic dabat & leges, sic & præcepta colonis,
Plantandique modos, & tempora certa docebat;
Quin & adoptivos teneris includere ramos
Arboribus monstrabat; habent sua fœdera plantæ;
Cunctis seminibus vis inditas, & indita plantis,
Quâ vel amant jungi, vel fœdera jussa recusant:
Sunt odia arboribus, sunt & quoque mutui amores,
Hæc sociam petit, & plantæ se jungere amanti
Quærit, & appositis se cœlo attollere fulcris.
Quàm facilè observes: dùm crebra perambulat auras
Et se inclinat amans pendentibus undique ramis,
Ipsa suos prodit, simul & testatur amores.
Illa superba suis, opibus non indiget ullis,
Commendata suo solis & ditissima fructu
Consortem timet, & succos miscere refugit.
Hæc tamen advertas; truncum ditabis inertem

Connubio rami alterius, nam ſponte dehiſcit,
Et vulnus patitur fructûs melioris amore,
Gaudebit ſterili nova poma oſtendere trunco
Arbor, & ipſa novas jactabit adultera frondes.
Si mendax fundus, mendaci credere fundo,
Ne ſata permittas, quæ ſub tellure profundâ
Radices altas cœca in penetralia mittat:
Nam tophus ſcaber, aut urens argilla, latenſve
Creta nocet ſæpè arboribus, quæ ſicca negabit
Vitales ſuccos, animæque alimenta fovendæ,
Nec metuenda minùs virabis ſcrupea ſaxa,
Nil humoris habent, paulatim nobilis arbor
Langueſcet moriens ſaxoſis credita terris;
Sed fibris quæ mordet humum levioribus, omni
Se monſtrantem agro florum plantabis amœnam,
Surgere manè novo quam contemplabere, ſylvam.
Hæc pluvij niſi roris eget, facilique labore
Creſcet & innato muſcebit odore colonum.
Hæc præcepta memor ſervaveris, omnia cedent
Agricolæ, lætis accedet copia campis,
Et ſterilis nuper jam ſe mirabitur hortus.
Addiderat majora, ſed hæc præcepta ferentem

Abrumpit LODOICUS, & illum præficit hortis;
Illum adeo insignem, cui se natura videndam
Omnino exhibuit nondum intellecta colonis.
Regalas ubi QUINTINIUS circumspicit agros,
Qui dudum ingratis regionibus insidet Horror,
In Lybiæ montes, loca dura, & inhospita saxa
Secessit; nova tunc facies fœlicibus hortis:
Quin etiam sentit tellus inarata colonum,
Et regale solum hoc uno cultore superbit:
Hinc dubium est, an præclaræ plùs debeat Arti,
Quàm natura sibi: usque adeo labor utilis arvis.
Hîc hyemes nil juris habent; læta omnia, læta:
Vernat humus, pulchris se ostentat fructibus arbor,
Seque ornant variis depicti floribus agri;
Sunt silvæ ingentes, sunt & nemora alta, recessusque
Umbriferi, insanæ loca tuta tumultibus Aulæ.
Versaliis visa hinc Pomona ferocior arvis,
Florigerum caput attollens, calathisque tumentes
Ostentans natos è fundo divite fructus,
Regales inter par Nympha incedere Nymphas.

Santolius Victorinus.

IN TABELLAM QUA IMAGO EJUSDEM QUINTINII EXPRIMITUR.

ANC decorare Deæ quotquot regnatis in hortis,
Floribus è vestris supráque, infráque Tabellam.
Hic dedit Arboribus florêre & edulibus herbis,
Et se mirata est tanto Pomona colono.

Santolius Victorinus.

A MONSIEUR DE LA QUINTINIE, SUR SON LIVRE

De l'Instruction des Jardins Fruitiers & Potagers.

IDYLLE.

ENDANT *que vous chantez les heros de la guerre,*
Qui font regner la mort, & desolent la terre,
Souffrez Muses, souffrez, qu'à l'ombre du repos
Je chante des Jardins le paisible heros ;
Par son heureux travail, par ses soins honorée.
De mille nouveaux fruits la terre s'est parée,
Et devenant feconde au gré de ses desirs,
A charmé tous nos sens de mille doux plaisirs.
Le solide Element, qui soûtient nostre vie,
La terre se plaignoit de n'estre plus servie
Que par des hommes vils, par de rustiques mains ;
Elle qui vit jadis les plus grands des Romains

Au ſortir des Combats, de leurs mains triomphantes
Cultiver avec ſoin les moindres de ſes Plantes :
Elle n'enfanteroit plus dans ſa triſte douleur,
Que des Fruits imparfaits ſans force, ou ſans couleur ;
A peine pour garder ſes loix & ſes coûtumes ;
Donnoit-elle au Printemps les plus ſimples legumes ?
Et retenant cachez ſes precieux tréſors,
Elle ne daignoit plus les produire au dehors.
De ſon riche Palais, la diſcrete Nature
Avec joye entendit cet innocent murmure,
Et pour nôtre bon-heur permit de mettre fin
Aux ſiniſtres effets d'un ſi juſte chagrin :
Elle avoit dés long-temps, du ſage QUINTINIE
Formé pour les Jardins l'admirable genie,
Et verſé dans ſon ſein les dons qu'elle départ,
Quand elle veut qu'un homme excelle dans ſon art :
L'eſprit qu'il reçût d'Elle, ouvert ſur toutes choſes
Ne voyoit point d'effets ſans en chercher les cauſes :
Avec un ſoin exact il avoit medité
Tout ce qu'a jamais ſçû la docte antiquité,
Tout ce qu'a recüeilli la longue experience,
Enfin rien ne manquoit à ſa vaſte ſcience,
Que de voir la Nature encore de plus prés
Et d'en bien penetrer les plus rares ſecrets.
Un jour que vers le ſoir preſſé de laſſitudes,
Et les ſens épuiſez de travail & d'eſtude,
Il ſe laiſſa ſurprendre aux charmes du repos,
Sur un lit de gazons, qui s'offrit à propos :
A peine à la faveur du frais, & du ſilence
Souffroit-il du ſommeil la douce violence,
Que d'un vol inſenſible il ſe vit tranſporté
Dans un vaſte Palais d'admirable beauté,
L'ouvrage & le ſejour de la ſage nature,

Dont l'ordre negligé, dont la simple structure
Avoient plus de grandeur, avoient plus d'agrémens
Que n'en eust jamais l'Art, ny tous ses ornemens.
Il voit, que de ces lieux l'agissante Maistresse
N'y sçauroit endurer la sterile Paresse.
Là dans un reduit sombre, où par les longs travaux
Avec l'aide du temps se forgent ces Metaux,
Il observe estonné, que de la méme argile,
Dont nostre feu mortel fait un vase fragile,
Le feu de la Nature, inimitable agent,
Forme comme il luy plaist, de l'or ou de l'argent:
Dans un antre voisin il contemple, il admire
Les principes cachez de tout ce qui respire,
Les atômes subtils, dont les corps sont formez,
Et les ressorts vivans, dont ils sont animez;
Mais se laissant aller à l'ardeur qui l'emporte,
Il passe aux Vegetaux, pour voir de quelle sorte
Dans son travail secret la Nature conduit
L'admirable progrez de la Plante & du Fruit:
Il remarque attentif, que l'ouvrage commence
Par humecter long-temps la fertile semence,
Que grossissant toûjours elle vient à crever,
Pour dégager le germe, & le faire lever;
Que ce germe au travers de ces fibres menuës
Offre cent petits trous, comme autant d'avenuës,
Où les sucs, & les sels reconnus pour amis
Sont dans leur tendre sein uniquement admis:
Il voit que de ces sucs de difference force
L'un se façonne en bois, l'autre devient écorce,
Et qu'en suivant toûjours la forme des conduits,
Les uns font le feüillage, & les autres les Fruits.
Il s'instruisoit ainsi plein d'une joye extréme,
Quand parut à ses yeux la Nature elle-méme

Avec tous les appas, & tous les agrémens,
Qu'elle laisse entrevoir aux yeux de ses amans;
A cultiver son art flateuse elle l'exhorte,
Et pour l'encourager luy parle de la sorte.
Peut-être qu'ébloüi de l'eclat sans pareil,
Qui s'épanche en tous lieux du Globe du Soleil,
Tu penses qu'il n'est rien dans l'enceinte du monde
Qui ne doive son estre à sa clarté féconde;
La terre dans son sein renferme d'autres feux
Non moins forts & puissans, quoy que moins lumineux,
Dont les sombres chaleurs plus douces & plus lentes
Sont l'amour, le soûtien, & la force des plantes.
Ces deux feux differens, en joignant leur pouvoir,
Font tout croistre & germer, font tout vivre & mouvoir.
Il est encor un feu vil, abjet, méprisable,
Né du sale rebut d'une rustique estable,
Mais qui remply de sucs, & de sels precieux
Fait seul plus que la terre & le flambeau des Cieux:
Par son heureux secours, joint à ton industrie,
Tu peux cueillir des fruits au sein de ta Patrie,
Plus doux, plus savoureux, plus fins, plus delicats,
Que ceux où le Soleil dans les plus beaux Climats
Aura, pendant le cours de sa longue carriere,
Répandu tous ses feux, & toute sa lumiere.
De l'art que tu cheris, le secret souverain
Est de se bien poster, & sur un bon terrain:
Il faut connoistre encor, comment l'arbre prend vie,
Comment il se nourrit, comment il fructifie,
Quelle vertu l'anime, & si diversement
A tout, sans se peiner donne le mouvement.
Dans l'endroit où le tronc se joint à la racine,
L'ame fait sa demeure, & prend son origine.
Lorsque l'Hyver répand sa neige, & ses frimats;

Elle quitte la tige & descend en embas,
Où sage elle travaille à pousser de ses souches
De nouveaux rejettons, qui comme autant de bouches
Attirent l'aliment, & forment la liqueur,
Qui de l'Arbre au Printemps fait toute la vigueur,
Qui ranime en montant son tronc & ses branchages,
Et le couronne enfin de Fruits, & de Feüillages :
Ainsi c'est un abus de ne pas retrancher
Ces menus filamens, où l'on n'ose toucher :
Dés qu'ils ont veu le jour, aussi-tost ils perissent;
Et dans terre enfoüis se sechent, se moisissent,
Infectent ce qui vit. Loin que l'arbre par eux
En repousse des jets plus sains, plus vigoureux,
Il en sent devenir ses forces languissantes,
Et ne prend d'aliment qu'aux racines naissantes.
Tes Peres peu sçavans se sont encor trompez
Dans l'art dont les rameaux veulent estre coupez.
Quand du milieu de l'arbre une branche nouvelle
S'élevoit fierement grosse, luisante & belle
Elle estoit conservée, & charmée de t'avoir
L'ignorant Jardinier y mettoit son espoir,
Il faut jetter à bas cette jeune insolente,
Qui prend pour se nourrir tout le suc de la plante
Ce suc, dés qu'on la coupe, aussi-tost rabatu
Aux branches d'alentour partage sa vertu,
Repare abondamment leurs forces presque éteintes,
Et grossit tous les Fruits, dont elles sont enceintes,
Je ne pourrois nombrer les abus differens,
Où de mille façons tombent les ignorans :
Le temps & mes leçons te les feront paroître
Des arbres cependant travaille à bien connoistre
Tous les temperamens, & toutes les humeurs,
Leurs chagrins, leurs desirs, leur langage, leurs mœurs.

Il faut qu'à demi mot un Jardinier entende
Ce que dans ses besoins un Arbre lui demande :
Sa tige, ses rameaux, ses feüilles, sa couleur
Lui témoignent assez sa joye, ou sa douleur.
Si dans ces lieux sacrez j'ai voulu te conduire,
Si moi-même je prens la peine de t'instruire,
Et de te découvrir tant de secrets divers,
Tu dois en rendre grace au Maître que tu sers :
Ce Prince est mon amour, c'est mon parfait ouvrage,
Sa bonté, sa valeur, sa force, son courage,
Et tous mes plus grands dons, qu'en lui j'ai ramassez,
Auroient fait vingt Heros dans les siécles passez ;
J'ai pris le même soin de sa Race immortelle,
Dont j'ai formé les traits sur le même modelle.
Pour l'honneur de ses jours j'ai dans tous les talens
Fait naître en mille endroits des hommes excellens,
D'éloquens Orateurs, d'ingénieux Poëtes,
De ses faits éclatans, fidéles interprétes ;
Des Peintres, dont tel est le charme du pinceau,
Des Sculteurs, dont telle est l'adresse du ciseau,
Que j'ai peine moi-même en voyant leur ouvrage
A me bien démêler d'avecque mon image.
Je veux que le bel Art, qui cause tous tes soins
Leur dispute la palme, & n'excelle pas moins :
Quand suivi de sa Cour, & couronné de gloire
LOUIS *en descendant du char de la Victoire,*
Viendra se délasser, aprés mille dangers,
Dans les longs promenoirs de ses riches Vergers,
Il faut que de beaux Fruits en tout temps soient couvertes
De tes Arbres féconds les branches toûjours vertes,
Puis qu'en toutes saisons suivi de ses Guerriers
Dans le beau champ de Mars il cueille des Lauriers.
Ainsi la QUINTINIE *apprit de la Nature.*

Des utiles Jardins l'agréable Culture :
De là tant de beaux Fruits, de là nous sont venus
Tant d'Arbres excellens autrefois inconnus,
Ou qui ne se plaisoient qu'aux plus lointaines terres :
De là viennent encor ces admirables Serres,
Où les arbres choisis, qu'on enferme dedans,
Sous un calme éternel sont toûjours abondans.
Chez lui, quand l'Aquilon de ses froides haleines
Fixoit le cours des eaux, & durcissoit les plaines
Dans l'enclos soûterrain de ces tiedes réduits
De l'Esté, de l'Automne on trouvoit tous les fruits,
On trouvoit du Printemps toutes les fleurs écloses,
Et l'Hyver au milieu des Fraises, & des Roses,
Auroit crû n'être plus au nombre des Saisons,
Si dehors il n'eût vû sa neige, & ses glaçons.
Mais quand au renouveau la diligente Aurore
Redoroit dans nos prez les richesses de Flore,
Quand aux jours les plus chauds on voioit dans les champs
Rouler sous les Zéphirs les sillons ondoyans,
Ou quand sur les côteaux, le vigoureux Automne,
Etaloit les Raisins, dont Bacchus se couronne :
Quel plaisir fut de voir les Jardins pleins de fruits
Cultivez de sa main, par ses ordres conduits,
De voir les grands vergers du superbe Versailles,
Ses fertiles quarrez, ses fertilles murailles,
Où d'un soin sans égal, Pomone tous les ans
Elle-même attachoit ses plus riches presens.
Là brilloit le teint vif des Pêches empourprées,
Ici le riche émail des Prunes diaprées :
Là, des rouges Pavis le duvet délicat ;
Ici, le jaune ambré du roussâtre Muscat :
Tous fruits, dont l'œil sans cesse admiroit l'abondance,
La beauté, la grosseur, la discrete ordonnance :

Jamais ſur leurs rameaux également chargez
La main ſi ſagement ne les eût arrangez.
Mais c'eſt peu que nôtre âge, illuſtre QUINTINIE
Ait profité des dons de ton rare génie :
C'eſt peu que déſormais la terre où tu nâquis,
Joüiſſe par tes ſoins de tant de Fruits exquis,
Tu veux avec ta plume agréable & ſçavante
Tranſmettre tes ſecrets à la race ſuivante,
Et les faiſant paſſer à nos derniers neveux
Rendre tous les climats, & tous les temps heureux.
Je te loüe, & du Ciel tu n'eûs tant de lumiere,
Que pour en enrichir la terre toute entiere.

PERRAULT, de l'Academie Françoiſe.

PREFACE.

AVANT que d'entrer en matiere sur le sujet que j'entreprens, il me semble que je suis obligé de dire, que le Jardinage n'est pas parmi nous, comme il étoit dans les premiers siécles; on n'y connoissoit apparemment que les Jardins à Fruits, & à Légumes, qui sont ceux que nous appellons Fruitiers, & Potagers, au lieu que de nôtre temps nous en avons encore de plusieurs autres sortes; les uns en Parterres & en Fleurs, & les autres en Pepinieres; les uns en simples Marais, les autres en Plantes rares, & medecinales, &c.

Une telle multiplicité de Jardins faisant une grande diversité d'occupations pour les Jardiniers, en a successivement introduit plusieurs classes particulieres; les uns qu'on nomme simplement Jardiniers; les autres qui prennent la qualité de Fleuristes; les uns qu'on devroit nommer Botanistes; les autres qu'on nomme Maréchais, sans parler de ceux qui s'attachent aux Pepinieres, pour lesquels il n'y a point encore de terme particulier, à moins que de les nommer Pepinieristes. Je ne croi pas qu'il soit hors de propos d'expliquer ici en peu de mots l'origine & l'établissement des uns & des autres.

Origine de la diversité des Jardiniers.

Ma pensée à cet égard est, que le premier Homme ayant été créé dans un Jardin, & y ayant aprés son peché reçû ordre de cultiver la terre, pour en tirer sa nouriture à la sueur de son front, il s'ensuit qu'une de ses fonctions principales, aussi-bien que celle de ses premiers descendans fut de s'adonner à la culture des Fruits, & des Légumes; puisque c'étoit elle seule qui produisoit au genre humain le necessaire pour la vie. N'étoit-ce pas en effet des véritables Fruitiers & Potagers que cette terre ainsi cultivée? & partant, comme dans ces premiers siécles on n'a point connu d'autres Jardins que ceux-là, on n'y a point aussi connu d'autres Jardiniers que ceux qui les gouvernoient, & qu'il est bien juste de regarder comme les premiers de tout l'ordre du Jardinage. Les Patriarches à parler proprement, étoient ces premiers Jardiniers de Fruitiers & Potagers; & ils continuerent d'en faire la fonction, jusqu'à ce qu'étans obligez de vaquer à l'invention des Arts, ils se firent aider dans leurs Jardins par quelque principal domestique, qui ne dédaigna pas de prendre le nom de ce que nous entendons par le terme de Jardinier.

Mais d'abord que dans les siécles suivans on crût avoir suffisamment pourvû au necessaire, & que même parmi les hommes il se fut établi quelque distinction de degrés, & de fortune, il arriva que le plaisir de la vûë, & de l'odorat fit naître à quelques-uns la curiosité d'avoir des Fleurs: si bien qu'on se mit à rassembler une partie de tant de belles Plantes, qui faisoient un émail surprenant, & une odeur admirable dans les champs, où elles étoient confusément répanduës.

Ce fut bien à la verité les Jardiniers dont nous venons de parler, qui en commencerent la culture, puisqu'il n'y avoit qu'eux qui la pussent faire ; mais quand dans la suite on voulut avoir beaucoup de Fleurs, ainsi qu'il se pratique aujourd'hui chez les Grands, on commença d'en faire des Jardins particuliers, qu'on appella d'un nom convenable Jardins à Fleurs ; & comme il n'étoit pas possible qu'un seul Jardinier pût en même temps vaquer à la culture d'un grand nombre de Fruits, de Legumes, de Fleurs, d'Arbrisseaux, &c. il fallut en même tems établir une seconde classe de Jardiniers, pour soulager ceux de la premiere ; tels Jardiniers furent vulgairement nommez Fleuristes, à la difference des autres qu'on nommoit seulement Jardiniers.

Jardiniers Fleuristes.

Je pourrois dire en passant, que pour lors les Orangers, & les Citronniers furent peut-être regardez comme des Arbres à Fleurs ni plus ni moins que les Mirthes, les Jassemins, les Lauriers-Thyms, &c. la délicatesse des hommes n'étant pas encore venuë jusqu'au point où elle est de chercher tant de ragoûts & d'assaisonnemens ; & ainsi il se peut fort bien faire, qu'en ce tems-là les Citronniers, & les Orangers se rencontrerent du partage des Fleuristes.

Neanmoins il me paroît plus vrai-semblable de dire, que dans ces premiers tems on ne distingua point ces sortes d'Arbres d'avec les autres Fruitiers, puisqu'ils le sont véritablement ; & ainsi j'estime qu'ils furent cultivez par les premiers Jardiniers ; ſans autre vûë que celle de leurs Fruits ; & cela d'autant plus que la premiere Culture de la terre ayant été faite dans des pays chauds & temperez, la ſujetion & l'embaras de ces Caiſſes, & de ces Serres, dont nos climats ne ſçauroient ſe paſſer, n'y étoient de nul uſage. Ce n'a donc été que la rigueur des Hyvers qui les a fait imaginer, pour pouvoir conſerver ce qui n'étoit pas à l'épreuve du grand froid, & dés lors les Jardiniers de la ſeconde claſſe, qui d'ailleurs pour la culture de leurs Fleurs n'avoient pas de grandes occupations, ont auſſi commencé d'être chargés du ſoin des Orangers, & des Citronniers.

De plus, le plaiſir de la vûë allant toûjours à perfectionner les choſes ; il eſt venu premierement dans l'eſprit des honnêtes gens quelques penſées de ranger ces Fleurs avec plus d'agrément & de ſymmetrie, que n'avoient pas accoûtumé de faire les premiers curieux ; & c'eſt ce qui parmi les Fleuriſtes a fait le commencement des Parterres, dont les premiers apparemment n'étoient que des découpez, faits d'une maniere aſſez ſimple, & aſſez groſſiere ; mais enſuite il s'en eſt fait d'une nouvelle façon, qu'on appella en broderie, & ceux-là étoient mieux entendus, & plus divertiſſans que les premiers ; on s'eſt contenté des uns & des autres durant pluſieurs ſiécles, ſans que le Jardinage fut accompagné d'autres ſortes de beautez que de celles-là, jusqu'à ce que dans les derniers tems la curioſité, le bon goût, & même la magnificence ſont venuës petit à petit à s'y augmenter extraordinairement. Nôtre siécle, qui a excellé en tout ce que l'industrie humaine a pû s'imaginer, a particulierement donné par l'habileté du fameux Monsieur le Nostre la derniere perfection à cette partie du Jardinage, ce qui paroît par tant de Canaux, de Pieces d'eau, de Cascades, de fontaines jalissantes, de Labirinthes, de Boulingrains, de Terrasses, &c. ornemens en effet nouveaux, mais qui dans la verité rehaussent merveilleusement la beauté naturelle du Jardinage.

Jardiniers Maréchais.

Aprés avoir assez amplement parlé de la premiere, & de la seconde classe de Jardiniers, je viens à la troisiéme, qui est de ceux qui ne se mêlent ni de Fruits, ni de Fleurs, mais seulement de Plantes potageres; leur origine peut bien venir de ce que quelqu'uns de nos premiers Jardiniers étans dans le voisinage des Villes fort peuplées, s'aviserent d'y établir de certains Jardins particuliers d'herbages, prévoyans bien qu'ils en pourroient faire un considérable débit dans les Marchez publics; & comme les terrains un peu gras & humides leur parurent les meilleurs, & les plus commodes, tant pour la culture & l'abondance, que pour la grosseur & la grandeur de chaque Plante, ils choisirent des lieux bas, pour faire ces sortes de Jardins; peut-être que tels lieux avoient été autrefois de véritables Marais, qu'on avoit ensuite desséchez; si bien que dans le vulgaire ces sortes de Jardiniers furent nommez Maréchais, comme voulant dire Jardiniers de Marais desséchez. Le débit de ces herbages s'est trouvé par l'événement si utile à ceux qui le faisoient, que l'industrie des hommes a depuis multiplié ces sortes de Jardins, jusqu'à en faire dans des lieux fort arides, & fort sabloneux, faisant en sorte que de fréquens arrosemens, & d'amples engrais de fumier supleassent en cela au deffaut du bon fonds.

Ce détail, que je viens de faire, établit nettement trois classes de Jardiniers bien differens les uns des autres, sans parler des autres deux classes; sçavoir, *Repinieristes.* de celle de ces Jardiniers qui ne s'étudient qu'à faire des Pepinieres, & l'autre de ceux qui s'attachent aux *Botanistes.* Plantes rares & medecinales; cependant il est certain qu'il y a de fort habiles gens, qui se font un plaisir & une affaire de cultiver les uns & les autres, & qui s'en acquittent avec succés & réputation.

Quant à moi mon inclination m'a tourné du côté du Jardinage connu à la naissance des siécles, & pratiqué par nos premiers peres; si bien que depuis long-tems j'ai eu une application particuliere à la Culture des Jardins Fruitiers & Potagers) véritablement cette application, outre les beautez qu'elle m'y a fait trouver en grand nombre, m'y a aussi découvert des défauts qui me paroissent considerables. Il me semble, que devant toutes choses je dois m'étudier soigneusement à les faire connoître pour les éviter.

Je trouve donc premierement que d'ordinaire, non-seulement ces Jardins ne sont pas fournis de ce qu'aisément ils devroient, & pourroient avoir pour chaque saison de l'année, soit Fruits, soit Légumes; mais que de plus ils sont mal entendus dans leur disposition, & dans l'arrangement de ce qu'ils contiennent.

Je trouve en second lieu, qu'il paroît peu de capacité dans la plûpart des Jardiniers qui les cultivent, & que d'ailleurs les Maîtres qu'ils ont à servir, n'ont pas assez d'intelligence pour les redresser; si bien que d'ordinaire c'est par la faute des uns & des autres, que ces Jardins ne produisent pas autant de plaisir & d'utilité qu'ils le pourroient faire, & qu'on se l'étoit imaginé.

Je veux, si je puis, remedier à d'aussi grands défauts tant par obéïssance aux ordres que j'ai eu l'honneur d'en recevoir, que par l'inclination à faire plaisir, que j'ose dire m'être naturelle, & sur tout en cette matiere du Jardinage, qui d'elle-même inspire cette humeur bien-faisante. C'est pourquoi je me suis engagé à faire ce Traité, & à le rendre public, ayant crû en effet que ce ne seroit pas un Ouvrage inutile, si, comme je le souhaite, & que je me le suis proposé, je pouvois aider aux honnêtes gens à mieux ordonner de l'œconomie de leurs Jardins, & aider en même-temps aux Jardiniers à mieux executer les intentions de leurs Maîtres; & par conséquent à trouver par le moyen de la Culture les avantages que la terre ne donne qu'au travail & à l'industrie.

L'Agriculture est un Art véritablement noble, & capable même de communiquer de la noblesse aux gens qui en font profession; aussi est-il vrai que d'ordinaire ils sont ravis que tout le monde voye leurs Ouvrages; & quand il leur arrive de rencontrer heureusement, leur plus grande joye est de déclarer à ceux, qui le veulent sçavoir, les moyens, dont ils se sont servis pour réüssir, au lieu que communément l'esprit des autres Ouvriers est de faire mystere de tout, & de garder pour eux seuls les lumieres qu'ils ont acquis dans leur Art. *Xenophon.*

Trois raisons principales m'ont encore particulierement obligé à écrire.

La premiere a été de voir le peu d'instruction, qu'on tire de tant de Livres qui ont été faits sur cette matiere en tous les siécles, & en toutes les Langues : il est bien vrai que nous avons beaucoup d'obligation non-seulement à d'anciens Auteurs, qui ont si solidement parlé de l'Agriculture generale, mais encore à quelques modernes, qui ont fait part au public de leurs connoissances particulieres ; nous sommes sur tout redevables à quelque Personne de qualité éminente, * qui sous le nom, & sur les memoires du fameux Curé d'Enonville ont si poliment écrit de la Culture des Arbres fruitiers ; ce sont eux dans la verité qui nous ont donné les premieres vûës des principaux ornemens de nos Jardins, aussi-bien que celles du plaisir & du secours que nous retirons de ceux qui sont bien conduits ; mais en récompense on peut bien se récrier sur le grand nombre de tant d'autres Livres, dont nous sommes accablez ; peut-être n'aurois-je pas tort d'avancer qu'il n'en faut guéres regarder une bonne partie que comme des Traductions importunes, & comme des répétitions désagréables de plusieurs vieilles maximes ; j'espere les marquer soigneusement, & faire connoître en même tems, que la plûpart sont mauvaises, ou au moins beaucoup inutiles.

Columelle, Caton, Varron, Theophraste, Xenophon, Geoponna.

** M. Arnaud d'Andilly.*

La seconde raison, qui m'a obligé d'écrire, est la certitude que j'ai, qu'en beaucoup de Jardins je suis cause qu'on fait mal, quoi que ce soit de ma part le plus innocemment du monde ; & cela vient de ce que certaines gens prévenus en ma faveur, aprés avoir vû ce que je fais dans nos Potagers, & à nos Arbres fruitiers, sont quelquefois tentez d'imiter mes manieres de faire ; mais parce qu'ils qu'ils ne ſçavent pas mes Principes, & qu'ils croiroient faire tort à leur reputation s'ils s'abaiſſoient juſqu'à me les demander ; ils eſſayent de les deviner eux-mêmes, croyans ſans doute que rien n'eſt ſi aiſé à faire.

Je ne puis m'empêcher de leur dire, & je les prie de le trouver bon, qu'il eſt aſſez rare de deviner juſte preſque en toutes ſortes de matieres : il eſt vray que celle-cy n'eſt nullement difficile à entendre, quand on en rend de bonnes raiſons ; mais auſſi on n'eſt pas d'ordinaire trop heureux à y bien rencontrer ; dans ſes premieres imaginations on ſe met au hazard ſouvent de faire tout le contraire de ce que je pratique, par conſequent le contraire de ce qu'on ſouhaite quand on ne penſe qu'à deviner.

Tel, par exemple, ſur le fait de la taille, pour avoir vû dans mes Arbres quelques branches courtes, dit auſſi-tôt qu'il voit bien que ma maniere eſt de couper court, & s'en tient là. Tel autre pour en avoir vû de longues, ſoûtient de ſon côté que ma maniere eſt de couper long, & croit la bien entendre. Tel autre enfin, pour en avoir remarqué en même temps quelques-unes de longues, & quelques-unes de courtes ; s'il en remarque une autrefois quelqu'une qui ſoient differentes de ce qu'il avoit penſé, m'accuſe d'incertitude ſur mes Principes ; il en vient même juſqu'à dire qu'il voit bien du changement dans ma taille, & qu'ainſi je n'ay rien d'aſſûré à cet égard ; & là deſſus fait, ce lui ſemble, les plus belles reflexions du monde, pour prendre dorénavant une route differente de la mienne.

Le premier de ces esprits qui croyent d'abord tout penetrer fait, pour ainsi dire, de grands massacres sur ses Arbres, quand dans la croyance qu'il a d'imiter ma maniere de tailler, il se resout de couper court en toutes occasions.

Le second avec une pareille intention ruine en peu de temps la beauté des siens, quand il laisse longues des branches qu'il faut couper courtes.

Le dernier enfin tombe dans un embaras si grand, qu'il ne sçait plus quel party prendre.

Ce sont les abîmes où conduisent les faux raisonnemens des conjectures & des vray semblances; c'est pourquoy, quand je ne ferois icy autre chose que de rendre raison de ma conduite, dire, par exemple, quelles sortes de branches je coupe courtes, & quelles je laisse longues: quels Arbres je charge davantage, & quels Arbres je charge moins, &c. avec les motifs que j'ay d'en user de la sorte; il me semble que ce ne sera pas peu faire pour le public, afin que ceux qui en seront avertis ne se tourmentent plus tant pour deviner, & par consequent ne se mettent plus si aisément au hazard de mal faire.

Cela étant, si ma conduite est approuvée, on l'imitera, & j'en seray ravy, par l'interest que je prens au plaisir d'un chacun; & si elle ne plaît pas, on la condamnera, & peut-être aura-t-on même la charité d'en publier quelque meilleure, dont je ne seray pas moins satisfait par la grande avidité que j'ay de me perfectionner en cette matiere.

Enfin la troisiéme & derniere raison qui m'oblige à écrire, eſt l'eſperance que j'ay, que la lecture de ce Livre apportera deux autres avantages dont je croy devoir faire cas.

Le premier eſt, que chacune de mes maximes étant bien étenduë toute entiere, comme je le prétens, & comme elle pourra l'être par le moyen de ce que j'auray écrit, elle donnera, ce me ſemble, quelques ſecours pour mieux faire en Jardinage : mais ſi par malice ou par ignorance on vient à n'en prendre qu'une partie & en laiſſer l'autre, je ſuis aſſez perſuadé qu'on ſe trompera extrémement ; c'eſt pourquoi j'en veux avertir de bonne foi, afin que je ne ſois pas reſponſable des inconveniens dans leſquels on ne manquera pas de tomber, quand on fera difficulté de me croire entierement.

Le ſecond avantage eſt, que la plûpart des Jardiniers peu habiles, qui ont vû en paſſant ce que je fais, ou qui ſeulement en ont entendu parler, s'il leur arrive de mal réüſſir (ce qui n'eſt que trop ordinaire,) ils trouvent auſſi-tôt leur excuſe toute prête à ſe décharger de leurs fautes ſur moy ; ils me font l'auteur de leurs mauvaiſes manieres d'agir, pour autoriſer par mon nom ce qu'ils ne ſçauroient autrement défendre : Ils veulent que j'aye avancé quelque uſage auquel je n'auray jamais penſé ; ils diſent même avoir fait telle & telle choſe exprés à mon imitation, pour faire voir ſi on a tant de raiſon de me vouloir imiter ; j'auray au moins par écrit une juſtification irreprochable : ainſi ne me pouvant faire dire que ce que j'auray effectivement dit, j'empêcheray qu'on ne m'en impute plus tant à l'avenir ; d'où il arrivera peut-être qu'on ne maltraitera plus si fort des Arbres innocens, qui n'auroient pas manqué de bien faire, si on les avoit sagement conduits.

Comme il est fort important de travailler habillement en Agriculture, aussi est il beaucoup plus pernicieux d'y mal faire, que de n'y rien faire du tout. *Xenophon.*

Je hazarde donc de donner une instruction du Jardinage, en vûë principalement de faire plaisir aux honnêtes gens, aussi bien ne puis-je me resoudre à souffrir plus long-temps, qu'à la honte de nos jours, & même, s'il m'est permis de le dire, à la honte de toute l'application que j'ay donnée à cette matiere depuis plusieurs années, on puisse encore dire ce que Columelle reprochoit à son siécle, que la science de l'Agriculture est veritablement une des plus belles que l'homme puisse acquerir ; mais que cependant on est encore réduit à ce malheur, qu'il se trouve peu de Maîtres pour l'enseigner, & peu de Disciples pour l'apprendre.

Sola res rustica, quæ sine dubitatione proxima, & quasi consanguinea sapientiæ est, tam discentibus eget, quam magistris. *Columella.*

Je sçay bien que tous les Livres de Jardinage ont commencé d'ordinaire par une Preface pleine des éloges qu'on luy donne, & qu'apparemment ce seroit par là que celuy-cy deveroit commencer : mais comme je suis bien éloigné de présumer que je puisse trouver rien de nouveau à dire, pour faire valoir l'estime qui est dûë aux Jardins, & par consequent à la science qui apprend à les cultiver, & qu'aussi il seroit fort inutile de vouloir exhorter personne à s'y étudier, vû que la plûpart des hommes se trouvent naturellement passionnez pour une si agreable & si utile occupation ; je commenceray simplement à poursuivre mon dessein, qui est d'instruire, si je suis en effet parvenu à m'en être rendu capable.

Je regarde donc icy, comme j'ay déja dit, deux ſortes de gens.

Premierement, ces Illuſtres Jardiniers, (c'eſt ainſi que faute d'autres termes plus particuliers & plus ſignificatifs, je nommeray dorénavant les fameux amateurs du Jardinage, de quelque condition qu'ils ſoient,) & je regarde enſuite les Jardiniers ordinaires ; je veux dire ceux qui ſont vulgairement ordinaires ; je veux dire ceux qui ſont vulgairement connus par le ſimple nom de Jardiniers, ſoit ceux qui en ſont déja la fonction, ſoit ceux qui veulent commencer à la faire.

Virum bonum cum antiqui laudabant, bonum agricolam, bonumque colonum prædicabant, & ampliſſimè laudatum exiſtimabant. *Cato.*

Je veux aider aux premiers, c'eſt-à-dire, aux Illuſtres Jardiniers, à trouver aiſément le veritable divertiſſement des Jardins ; & à l'égard des autres, je m'efforceray de les inſtruire & de les mettre en état de bien remplir tous les devoirs de leur condition.

Mon deſſein paroît aſſez grand & aſſez beau, il eſt neceſſaire de le conduire avec quelque ordre : Voicy celuy que j'ay trouvé à propos de ſuivre.

Je diviſe cet Ouvrage en ſix Parties, dont chacune ſera un Livre particulier.

Dans la premiere je commenceray par prouver, ſi je puis, qu'il ne faut point ſe mettre à avoir des Jardins Fruitiers & Potagers, ſi on ne veut s'étudier à s'y rendre au moins raiſonnablement entendu, & auſſi-tôt je montreray qu'il eſt facile d'y acquerir une connoiſſance groſſiere & ſuffiſante, n'y ayant autre choſe à faire pour cela que de lire exactement, & faire obſerver un petit abregé des maximes du Jardinage, que j'ay mis comme par aphoriſmes dans le troiſiéme Chapitre de ce premier Livre.

Et enſuite dans cette même premiere Partie j'apprendray, ce me ſemble, à ſe bien connoître en choix de Jardiniers; ce qui, à mon ſens, eſt une des choſes des plus importantes en cette matiere; & enfin pour prévenir l'embaras que pourroient icy trouver les nouveaux curieux, faute d'entendre de certains termes de Jardinage, dont je me ſerviray dans ce Traité, j'en ay fait un petit Dictionnaire que je joints ici, & qui en donnera l'intelligence neceſſaire.

Dans la ſeconde Partie je feray d'abord connoître quelles ſont les qualitez neceſſaires à chaque terrein, pour être propre à devenir un Jardin, qui ſoit en même-temps, & utile & agreable: J'expliqueray enſuite ce qui eſt à faire pour la préparation des terres qui ſont aſſez bonnes, & pour l'amelioration de celles qui ne le ſont pas: de quelle maniere il faut diſpoſer tant pour la clôture & le treillage, que pour le terrein du milieu, quelque Fruitier & quelque Potager que ce puiſſe être, grand ou petit, regulier ou irregulier, bien ſitué ou mal ſitué, afin que le terrein en ſoit ſi bien employé, qu'il y ait non ſeulement de l'agrément & de la propreté, mais auſſi de la facilité dans la culture, & ſur tout une abondance raiſonnable, non ſeulement de toutes ſortes de Legumes, mais particulierement de beaux & de bons Fruits: & enfin je montreray comment il faut cultiver les Arbres tout le long de l'année, & comment leur renouveller les amendemens, quand ils en ont beſoin.

Dans la troisiéme Partie je tâcheray d'apprendre qu'elles sont à mon sens les bonnes especes de Fruit, non seulement afin qu'on se détermine à n'en choisir que de celles-là, mais aussi afin qu'on les sçache proportionner dans chaque Jardin ; & comme ce n'est pas assez de sçavoir en general quelles sont les principales especes de Fruits, je diray en particulier quelles sont les meilleures de chaque mois ; je diray combien de temps pour l'ordinaire chacune a coûtume de durer, & même quelle quantité de Fruits à peu prés chaque Arbre planté de trois, quatre, cinq & six ans doit commencer de fournir, quand il est bien conduit, afin que sur cela on puisse regler pour satisfaire suffisamment la passion des Fruits qu'on peut avoir. J'apprendray en même temps à donner à chaque Arbre fruitier la place qui luy est la plus convenable pour y réüssir. En second lieu, à choisir chaque pied d'Arbre, en sorte qu'il merite d'avoir place dans le Jardin.

En troisiéme lieu à les preparer, tant par la tête que par les racines pour les planter : & enfin à les bien planter ; ce sont toutes observations tres-necessaires, sans lesquelles il se fait sûrement de fort grandes fautes.

Dans la quatriéme Partie je parleray de la taille des Arbres, suivant l'usage dont je me sers, & ensuite j'expliqueray quelle est ma maniere d'en pincer quelques uns, de les ébourgeonner, palisser, &c.

Dans la cinquiéme Partie je veux apprendre à éplucher les Fruits, c'est-à-dire, à en ôter quand il faut aux endroits où il y en a trop : car enfin il ne faut pas laiſſer à chaque Arbre autant de fruit qu'il a fait de fleurs il faut même ſe défier de ceux qui fleuriſſent trop, l'excés de leur bonne volonté, s'il m'eſt permis de parler ainſi, doit être regardé comme un grand defaut, & même comme une impuiſſance certaine à bien réüſſir.

Je veux auſſi apprendre à découvrir à propos ceux qu'on aura conſervez, pour leur donner le coloris & la bonté qui leur convient.

Apprendre à cueillir juſte, ſoit ceux qui ſont meurs ſur l'Arbre, ſoit ceux qui n'y ſçauroient achever de meurir.

Apprendre à les conſerver autant qu'on peut, & pour cela expliquer toutes les conditions neceſſaires pour la conſtruction, expoſition & diſpoſition des Fruitiers.

Enfin apprendre à connoître la maturité & à ſervir & faire manger à propos les uns & les autres, ſoit ceux qu'on ne peut garder, qui ſont tous les fruits d'Eſté, ſoit ceux qui viennent à la ſerre pour être gardez, c'eſt-à-dire, les fruits d'Automne & les fruits d'Hyver.

Dans la même cinquiéme Partie je pretens traiter de quelques maladies d'Arbres qu'on peut guérir, & déclarer ingenuëment celles contre leſquelles je n'ay pû trouver de remedes : apprendre à remettre en vigueur les Arbres qui ont languy faute de bonne culture : apprendre enfin à connoître ceux qui ne peuvent plus être rétablis, pour empêcher qu'on n'y perde plus inutilement ni temps, ni peine, ni dépenſe.

Je

Je prétens encore dans la même Partie donner l'intelligence qu'il faut avoir aux Pepinieres de toutes ſortes d'Arbres Fruitiers, tant à l'égard du Plan le plus propre à recevoir les Greffes, telles qu'elles ſoient, qu'à l'égard de la maniere de greffer, qui convient le plus à chaque ſorte de Fruit, & à chaque ſorte de Plan. Je dis auſſi mon avis ſur les différentes manieres de Treillage.

Enfin dans la ſixiéme Partie je prétens traiter du Potager : C'eſt une matiere qui n'eſt pas moins vaſte dans ſon étenduë, que profitable entre les mains des gens qui l'entendent & la pratiquent comme il faut : je tâcherai de le traiter aſſez amplement, afin d'apprendre.

Premierement, ce qui doit utilement entrer dans toutes ſortes de Potagers pour pouvoir dire qu'il n'y manque rien, & y ajoûterai une Deſcription des Graines, & autres choſes qui ſervent pour la production & multiplication de chaque Plante en particulier.

Expliquer en ſecond lieu ce qu'on doit tirer d'un Potager dans chaque mois de l'année ; quel doit être l'Ouvrage des Jardiniers dans chacun de ces mois ; quelles ſont les manieres de les bien faire ; & enfin ce qu'on doit trouver en tout temps dans chaque Potager, pour pouvoir dire qu'il eſt en bon état.

Apprendre en troiſiéme lieu quelle ſorte de terre eſt propre à chaque Plante pour parvenir au degré de bonté qui lui peut convenir, & ſur tout quelle eſt la bonne maniere de les faire réüſſir, tant à l'égard des Légumes qui ſe ſement pour demeurer toûjours au même endroit, qu'à l'égard de ceux qu'il faut absolument transplanter, comme aussi à l'égard de ceux qui se multiplient sans être semez.

Apprendre en quatriéme lieu combien chacun occupe sa place, soit devant que d'arriver à la perfection qu'il doit avoir, soit durant qu'il continuë de produire. Je marquerai en même temps quelles sont les Plantes qui ont besoin de la Serre, pour fournir pendant l'Hyver; & quelles sont celles qui par le secours de l'industrie sont produites malgré les gelées.

Et apprendre en cinquiéme lieu comment on peut élever toutes sortes de bonnes graines pour faciliter l'entretien de ce Potager, & combien de temps chacune se peut garder sans devenir inutile; car en cela elles n'ont pas toutes la même destinée.

Un Jardinier qui entendroit assez bien ce que je viens de proposer dans la précédente division, seroit apparemment tel qu'on le peut souhaiter pour un Jardin ordinaire : toutefois il semble que ce Jardinier auroit encore besoin de s'entendre un peu à la culture des Orangers; aussi, comme nous avons dit ci-dessus, sont-ce proprement des Arbres Fruitiers, quoi qu'assez souvent on les regarde moins de ce côté là, qu'en vûë des Fleurs qu'ils peuvent produire. La matiere n'est pas à beaucoup prés si difficile qu'on l'a crûë jusqu'à present; & même sans vouloir trop entreprendre sur tant d'habiles gens qui se mêlent de ce qui fait le grand émail des Parterres, je pourrai bien dire un mot de la culture des Jaſſemins & de la plûpart des Fleurs ordinaires qu'on peut avoir en chaque mois de l'année ; & ce ſera dans les ſecours des mois, ce qui eſt de la ſixiéme Partie : auſſi eſt-il vrai qu'on peut avoir quelque peu de Fleurs dans la plûpart des Jardins raiſonnablement grands, & même les avoir de bonne heure, témoin le fameux Jardinier d'Oebalie ; & ainſi comme chaque curieux n'étant pas en état d'avoir pluſieurs Jardiniers, ou peut-être ne le voulant pas, eſt ſouvent obligé de ſe contenter d'un ſeul pour l'entretien de ſa curioſité ; c'eſt ce qui fait qu'il me paroît aſſez neceſſaire, que celui que je veux inſtruire en faveur d'un honnête-homme, trouve ici en même-temps quelque intelligence au delà du Fruitier & du Potager.

Primus vere roſam, atque Autumno carpere poma. *Virg. Georg.* 4.

Peut-être que dans cette ſixiéme Partie un Jardinier ordinaire trouvera au moins de quoi ſatisfaire un Maître qui n'a qu'une médiocre paſſion pour les Fleurs, & c'eſt ce que je me ſuis propoſé ; aprés quoi je ne puis m'empêcher de dire, que bienheureux ſont ceux, qui en fait de Jardins, ſçavent ſuivre les ſages conſeils du Prince des Poëtes, & l'exemple du Jardinier, qu'il a rendu célébre dans ſes vers. Il veut bien, cet Auteur illuſtre, qu'on trouve beaux les Jardins qui ſont grands, & veut même qu'on les louë, mais cependant il veut qu'on ſe réduiſe à n'en cultiver que de petits.

Cui pauca relicti jugera ruris erant. *Virg. Georg.* 4.

Laudato ingentia rura, exiguum colito. *Virg. Georg.* 2.

Il faut en effet que chacun de quelque condition qu'il puiſſe être, ſe détermine de bonne heure, non-ſeulement pour choiſir la ſorte de Jardin qui lui plaît le mieux, mais ſur tout pour n'en entreprendre que la quantité qui lui convient, afin que sur cela il ne se charge que d'autant de Jardiniers qu'il en peut aisément entretenir, & qui lui sont absolument necessaires : Ceux qui en usent autrement, ne font que se préparer une matiere infaillible de beaucoup de chagrins, au lieu de s'en préparer une qui leur puisse faire trouver tous les plaisirs qu'ils s'étoient proposez : car enfin, le Jardinage doit être utile ; c'est le premier motif de son institution, & cette utilité n'arrive guéres quand on entreprend au delà de ses forces ; elle n'est que pour ceux qui sçavent se contenter des médiocres entreprises.

Seràque revertens nocte domum dapibus mensas onerabat inemptis. *Virg. Georg.* 2.

Fecundior est culta exiguitas, quam neglecta magnitudo. *Palladius.*

L'Agriculture en general peut bien être regardée comme une science d'une vaste étenduë, & propre à donner infiniment d'exercice aux Philosophes, attendu que la végétation est une des belles parties de la Physique. Je sçai qu'il s'y fait beaucoup de belles questions, pour sçavoir, par exemple, s'il y a dans les Plantes une circulation de seve aussi bien que dans les animaux, il y a une circulation de sang. Pour sçavoir si les racines attirent par une action effective le suc qui sert de nourriture à chaque Plante, ou si simplement elles reçoivent ce suc sans aucune action de leur part : comment se fait cette difference infinie de seve, qui fait la diversité des goûts & des figures dans les Plantes ; comment se fait l'alongement & la grosseur, tant de la tige & des branches, que des feüilles & des fruits, &c.

Il y a une infinité de semblables curiositez, dont je ne doute pas que la connoissance ne donnât du plaisir aux gens d'étude, mais peut-être ne donneroit elle pas davantage de capacité à nôtre Ouvrier, qui est, comme j'ai dit, la principale chose que je me suis ici proposée; je pourrai bien examiner à mon tour quelques-unes de ces questions ingénieuses & délicates, pour en dire simplement mon avis à la fin de ce Traité, & ce sera sous le titre de Reflexions sur l'Agriculture.

Mais cependant je n'estime pas qu'il soit ici fort necessaire d'en examiner à fond aucune, à moins que vrai-semblablement elle ne doive servir à l'établissement de quelques maximes convenables à mon dessein. Il est particulierement question d'apprendre, ce qui tant pour l'abondance que pour l'agrément peut faire réüssir avec plus de facilité & moins de dépense. Par exemple, il me semble qu'il est assez important de sçavoir à peu prés le commencement & l'ordre de la végétation; de sçavoir ce que la seve fait, tant dans les branches que dans les racines, selon qu'elle est plus ou moins abondante en chacune, soit fort, soit foible; de sçavoir quelles branches ont plus de disposition à faire du fruit, & quelles en ont davantage à faire du bois; de sçavoir la raison du labour & des amandemens, & quelques autres choses qui ne sont pas moins utiles, parce que sans ces sortes de connoissances nous ne sçaurions établir au vrai la maniere de tailler, tant les racines que les branches, la maniere de faire en sorte que les Arbres fleurissent & se mettent en état de donner de beaux Fruits, la maniere de rendre toutes sortes d'Arbres & de Plantes vigoureu-

Summa omnium in hoc spectanda fuit, ut fructus is maximè probaretur, qui quam minimo impendio constiturus esset. *Plinius.*

ſes, &c. & voilà particulierement ce que je croi être bien neceſſaire de ſçavoir.

Et en effet, c'eſt ſur la déciſion de telles difficultez que j'ai tâché de raiſonner autant que j'ai pû, afin de mieux établir les inſtructions que je donne, & leſquelles je fonde uniquement ſur des obſervations trés-fréquentes, trés-longues & trés-exactes, que j'ai faites moi-même dans toutes les parties du Jardinage, ſans m'en être rapporté à perſonne : ſi bien qu'enfin je communique à tout le monde ce que je puis avoir acquis de lumieres dans cette ſorte d'Agriculture, & par ce moyen je rends compte de ce que j'ai vû faire à la nature dans la production des Vegetaux, & rends le compte non-ſeulement ſans réſerve aucune, mais ſincerement & de bonne foi ; & de plus conformément à ma petite portée. Je m'explique de la maniere la plus ſimple qu'il m'a été poſſible, ſçachant ſûrement que c'eſt ici une matiere qui ne demande rien de faſtueux & d'empoulé, & que le plus grand ornement dont elle ait beſoin, conſiſte particulierement à être bien dévelopée & bien entenduë.

Ornari res ipſa negat contenta doceri. *Horatius.*

J'ajoûterai ici que la troiſiéme Partie de cet Ouvrage, où je traite du choix & de la proportion des Fruits ; eſt celle qui m'a fait le plus de peine, & qui, ſi je ne me trompe, doit être une des plus utiles. L'entrepriſe que j'y ay faite n'eſt pas moins grande qu'elle eſt nouvelle : Ce qui me la fait dire nouvelle eſt, que juſqu'à preſent il ne me paroît pas que perſonne ſe ſoit jamais aviſé d'en faire une pareil'e ; & ce qui me l'a fait dire grande, eſt le grand nombre de matieres dont j'y dois traiter, qui quoi que communes & ordinaires ne laiſſent pas d'être inconnuës, & par conſéquent de faire bien de la peine à la plûpart des nouveaux curieux. Ce choix des meilleurs Fruits, cette proportion à garder pour le nombre de chaque eſpece, eu égard à la grandeur des Jardins & à la qualité de leurs fonds, cette régle pour les diſpoſitions & les diſtances, &c. ce ſont toutes matieres importantes en Jardinages, dont par conſequent il eſt neceſſaire d'être inſtruit, ou autrement on ne ſçauroit heureuſement planter.

Mais ce que je trouve de fâcheux dans cette entrepriſe eſt, qu'il n'eſt pas poſſible de l'executer en peu de mots, & ainſi pour la bien conduire je me ſens abſolument obligé de faire une grande diſcution : j'ai crû même ne pouvoir me diſpenſer de mettre ici une ſuite d'Avant-propos aſſez long, & peut-être aſſez ennuyeux, tant pour moi que pour ceux en faveur de qui je le fais : ſi-bien que, quand d'ailleurs ceci ne ſeroit pas tout propre à me broüiller avec quelques curieux ſur le jugement que je donnerai à l'égard de chaque Fruit en particulier, ſoit que j'en faſſe cas, ſoit que je le mépriſe, le nombre des difficultez que je dois trouver dans l'execution d'un deſſein ſi étendu, auroit amplement de quoi me faire perdre courage; auſſi peu s'en eſt-il fallu que je ne me ſois laiſſé entierement rebuter, non-ſeulement dés l'entrée, mais auſſi aprés avoir fait une bonne partie du chemin.

Cependant comme d'un côté mon Ouvrage ſeroit, ce me ſemble, beaucoup moins utile que je ne prétens, si cette partie lui manquoit, & que de l'autre j'ai l'intention extrémement zélée pour faire plaisir, & entierement éloignée d'offenser personne, je me suis encouragé à poursuivre mon projet, esperant qu'au moins, bon nombre de ceux qui aiment les Fruits & les Arbres fruitiers, & qui sont les seuls que je regarde dans cet endroit, me sçauront gré d'un travail qui leur abrége beaucoup de chemin; que si par hazard il s'en trouve quelques-uns qui croyent devoir se plaindre de mon goût, en ce qu'il ne sera pas toûjours conforme au leur, je dois croire que vrai-semblablement ce sera sans chagrin contre moi, & sans déchaînement contre mon dessein, puisque je ne prétens gêner ni blâmer personne à l'égard de son goût. Je sçai fort bien que par l'ordre de la nature chacun est sur cela aussi-bien que moi souverain juge de sa propre cause; en sorte que (comme on dit vulgairement) il n'est pas permis de disputer des goûts.

Cela posé, je n'ai besoin que de bien suivre la résolution que j'ai faite d'avoir d'extrêmes precautions en toutes les Parties de ce Jardinage, pour m'y réduire autant que je pourrai, agissant cependant sur ce principe, qu'il n'en doit pas être à l'égard de l'instruction dans une matiere de doctrine, comme il en est dans les Ouvrages d'éloquence: constamment il ne faut pas tout dire dans ceux-ci; il ne faut que faire entre-voir ce qu'il y a de beau dans le sujet, pour laisser aux honnêtes gens le plaisir de pénétrer eux-mêmes: Mais dans ce Traité je ne croi pas pouvoir mieux faire que de suivre le

Non nulla relinquenda auditori, quæ suo Marte colligat. *Demetrius, Phalereus de Elocut.*

Qui omnia exponit auditori, vel lectori ut

le ſage conſeil d'un Seigneur auſſi illuſtre par ſa naiſſance, ſa vertu & ſes grands emplois, que par la grande étenduë de ſon ſçavoir : il m'a particulierement exhorté de ne ſuppoſer jamais qu'on ſçache en cecy ce que j'y puis ſçavoir, étant perſuadé que c'eſt le ſeul & véritable moyen que je puiſſe pratiquer pour réüſſir ; il faut par conſequent que je faſſe en ſorte de ne rien obmettre, & de ne laiſſer rien de douteux dans mon inſtruction : ainſi étant fort ample, & peut-être fort intelligible par tout, elle ſera conſtamment utile en toutes ſes parties, comme je le ſouhaite.

Cette conſidération m'engage neceſſairement à paſſer par de grands détails, c'eſt pourquoi d'abord je demande un peu d'indulgence pour l'exactitude que j'aurai, ne doutant point que communément elle ne paroiſſe trop grande ; mais auſſi j'ai lieu de croire que, ſi elle l'étoit moins, elle ſeroit ſuivie de beaucoup d'autres défauts infiniment plus fâcheux.

Joint que ſi la longueur du Traité dégoûte quelqu'un de le vouloir lire, ce ſera apparemment des gens accablez d'autres affaires plus grandes que celle-ci, & j'en ſuis tout conſolé, car il n'eſt que pour des gens de loiſir, ou pour des heures de recréation ; tout au moins ceux qui ſe donneront la peine d'examiner ma conduite, verront pour ma juſtification que, comme j'ai déja dit, je n'ai prétendu autre choſe que de dire ſimplement mon avis ſur le ſujet que je traite en cette troiſiéme Partie.

Que ſi on veut bien s'en contenter, ſans vouloir

entrer en diſcution des raiſons dont je me ſers pour l'appuyer, on pourra laiſſer à part non-ſeulement mon Avant-propos & mes conſiderations particulieres, mais auſſi les deſcriptions que j'ay faites des Fruits; & cela étant on n'aura qu'à aller d'abord aux endroits, où je conclus de bonne foy ce que je croy devoir être fait pour planter ſagement & heureuſement; (ce qui eſt marqué le long de chaque marge, & plus particulierement dans l'Abregé que j'ay mis à la fin du Traité:) Ce ſera là qu'on trouvera auſſi-tôt tout le ſecours dont on croira avoir beſoin, & dont on me voudra être obligé.

Ce qui m'a fait entreprendre une choſe que je croi ſi utile & ſi commode, eſt de voir beaucoup de Jardins de toutes ſortes de grandeurs, comme il m'eſt ſouvent arrivé, & m'arrive encore tous les jours, & d'y voir véritablement quelques Fruits, mais d'y voir en méme temps les trois plus grands inconveniens qu'on ait à craindre à cet égard.

Le premier conſiſte en ce qu'on n'y voit preſque point d'eſpeces bien connuës (ce qui n'eſt pas un trop bon ſigne de leur bonté) & en ce que ſur tout les bonnes y ſont bien plus rare que les mauvaiſes, c'eſt-à dire, par exemple, qu'en fait de Poires, qui eſt d'ordinaire celui de tous les Fruits qu'on plante le plus, on y trouve beaucoup plus de Catillac, d'Orange, de Beſideri, de Beurré blanc, de Jargonelle, de Bonchrétien d'Eſté, &c. que de Bergamotte, de Virgoulé, de Leſchaſſerie, d'Ambrette, d'Eſpine, de Rouſſelet, &c.

Le ſecond inconvenient eſt que, s'il ſe trouve

deux ou trois eſpeces véritablement bonnes, elles y ſeront quaſi toutes ſeules, & aſſez ſouvent ſous differens noms. Un Jardin ſera par exemple preſque tout planté de Bon-chrétien d'Hyver, de Beurré, de Meſſire Jean, &c. ou quaſi tout de Virgoulé, de Rouſſelet, de Verte-longue, &c. ſans qu'un heureux mélange des uns & des autres s'y rencontre.

Enfin le troiſiéme inconvenient & le plus dangereux conſiſte, en ce que rarement voit-on en chaque Jardin une ſuite de Fruit qui ſoit ſi bien entenduë, que ſans diſcontinuation on puiſſe eſperer d'en avoir l'Eſté, l'Automne & l'Hyver; quand (eu égard à la qualité de ſon terrein) cela ſe pourroit aiſément faire, on ſe peut bien vanter d'en avoir ſuffiſamment, ou peut-être trop, ſoit dans l'une des trois ſaiſons, ſoit dans quelque partie de chacune: par exemple, d'avoir du Blanquet & du Rouſſelet pour l'Eſté, du Beurré & de la Bergamotte pour l'Automne; du Bon-chrétien & de la Virgoulé pour l'Hyver, &c. mais on a peu des autres bons Fruits, ou peut-être on n'en a point du tout, pour fournir ſucceſſivement chaque ſaiſon pendant qu'elle dure, & encore moins pour fournir les trois tout de ſuite.

Ce ſont là ſans doute des deſordres fâcheux, & qui proviennent du peu de lumieres qu'on a quand on fait un Jardin; car pour lors on commence d'ordinaire par expliquer ſon deſſein à ſes amis, ſoit pour demander leurs avis) ce qui eſt bon, ſi ce ſont des gens entendus en Jardinage) ſoit ſur tout pour exciter leurs liberalitez, s'ils ont des Arbres

Dimidium facti, qui bene cœpit, habet. *Ovid.*

à donner ; ce qui d'ordinaire fait, pour ainſi dire, plûtôt un hôpital ou un cahos d'Arbres fruitiers, qu'un véritable Jardin ; que ſi on n'a point d'habiles gens à conſulter, on envoye, ou peut-être on va ſoi-même dans les lieux où ſe trouvent des Pepinieres, qui d'ordinaire ſont trés-mal entenduës ; on nomme quelques Fruits qu'on s'eſt propoſé de planter, & du reſte on s'y explique ſimplement & en général ſur le nombre à peu prés des Arbres qu'on veut avoir, ſans pouvoir marquer préciſément les eſpeces dont on auroit beſoin, & encore moins la quantité de chacune de ces eſpeces : en effet, on ne croit pas pouvoir prendre un meilleur parti, attendu que (s'il m'eſt permis de me ſervir de ces termes nouveaux) il n'eſt preſque point d'habiles Frugis-Conſultes, ni de bons Livres de cette Frugis-Prudence, où l'on ait pû prendre les lumieres neceſſaires pour faire un bon Plan ; & ainſi on ſe met à la diſcretion d'un Marchand, qui d'un côté n'eſt pas peut-être trop eclairé, ni trop bien fourni, quoi que d'abord il s'étudie à perſuader qu'il a de toutes ſortes de bons Fruits, témoin quelque memoire embroüillé qu'il ne manque pas de produire ; & de l'autre côté ce Marchand veut ſur tout profiter de l'occaſion favorable qui ſe preſente à lui pour ſe défaire de ſa Marchandiſe, ſçachant ſûrement qu'elle n'eſt pas de bonne garde.

Si bien qu'un nouveau curieux eſt réduit à planter, ſoit les Arbres que ſes amis lui ont donnez, ſoit ceux que le Marchand lui a vendus, quels qu'ils ſoient, bons ou mauvais ; & ainſi pourvû que le nombre qu'il vouloit ſoit rempli, il eſt content & ſatisfait, & laiſſe paſſer bien doucement les quatre, cinq ou ſix premieres années, en attendant que chaque Arbre ait fait voir ce qu'il ſçait faire; quelqu'un par ci par là fructifie, & amuſe cependant l'eſperance de ſon ſon Maître; & enfin le temps fait voir, quoi que véritablement trop tard, les erreurs où il étoit miſérablement tombé.

Mais parce que les Arbres ſont devenus grands, quelque mécontent qu'on ſoit des Fruits qu'ils produiſent, eu égard à ce qu'on s'étoit imaginé, on ne ſe réſout pas aiſément à les regreffer, encore moins à recommencer un nouveau Plan, tant on craint de s'engager à vouloir corriger les premieres fautes au hazard d'en faire encore d'autres auſſi fâcheuſes; ainſi on ſe trouve embourbé, & on demeure dans la bouë, affligé cependant de ſe voir trompé dans l'eſperance qu'on avoit eûë; ce qui produit ce dégoût ſi ordinaire, qui fait que tant de gens qu'on a vû d'abord paſſionnez pour leurs Jardins, cherchent peu d'années apres à s'en défaire à quelque prix que ce puiſſe être.

Voicy encore deux autres défauts fort communs: le premier, que faute de ſçavoir la diſtance raiſonnable qu'il faut garder entre les Arbres, eu égard à la bonté du fond, à la hauteur des murailles, à la qualité des eſpeces, &c. on les plante ſouvent ou trop prés, ou trop éloignez les uns des autres. Le ſecond, que faute pareillement de ſçavoir les ſituations les plus convenables à chacun, on en place d'ordinaire aſſez malheureuſement une bonne partie.

Ignoraſque viæ mecum miſeratus agreſtes. *Virg. Georg.* 1.

Avec un grand zéle du Jardinage, comme je l'ay, peut-on n'être pas véritablement touché de tous ces inconveniens, n'avoir pas compaſſion de ceux qui commencent à s'engager dans la curioſité des Fruits ſans y être un peu habiles ? C'eſt pourquoi, autant qu'il me ſera poſſible, je veux tâcher de prévenir tous ces défauts, & faire en ſorte qu'à l'avenir on plante avec tant de circonſpection, que ſi on a un Jardin aſſez grand pour y pouvoir mettre un nombre d'Arbres aſſez raiſonnable, on y ait ce qu'on y peut avoir de principaux Fruits pour chaque ſaiſon de l'année.

Cette raiſon là qui regarde la ſuite des ſaiſons, pourra bien quelquefois me faire préférer dans les Plans un moins bon Fruit à un autre meilleur ; & cela parce que ce meilleur vient dans un temps où j'en puis avoir ſuffiſamment de ces autres, qui ſont admirables, & que le moins bon vient dans une ſaiſon où la diſette des plus excellens étant trés-grande, on eſt trop heureux d'en avoir au moins de médiocres ; ainſi par exemple n'ayant que peu de place pour des Poiriers en buiſſon, je planterai quelquefois un Martin-ſec, ou un Bugy, qui ſont d'aſſez bonnes Poires d'Hyver, devant que de planter une Robine ou un Bon chrétien d'Eſté muſqué, &c. qui ſont des Fruits d'Eſté beaucoup meilleurs en ſoi que ne ſont les deux precédens. On verra ci aprés les raiſons qui m'obligent d'en uſer de la ſorte.

Ceux qui ſans vanité n'en ſçavent pas tant que moi en cette matiere, pourront bien d'abord s'étonner d'un tel choix, qui ſans les circonſtances particulieres qui me l'ont fait faire, paroîtroit assez bizarre; mais j'ose assurer qu'il ne leur sera pas trop aisé d'improuver ma conduite, s'ils veulent se donner le temps d'examiner mes raisons.

Mais comme, quelque connoissance qu'on eût des bonnes especes, on n'en seroit pas plus avancé, s'il étoit difficile, ou peut être impossible de les trouver dans les Pepinieres; voici la réponse que je fais à une difficulté si importante.

J'espere que mon exactitude sur ce choix, & cette proportion de Fruits produira un réglement & une espece de réforme dans toutes les Pepinieres, c'est-à-dire, que non-seulement elle banira la confusion, & pour ainsi dire la mal habileté de celles qui se trouveront mal faites, mais en fera faire de nouvelles avec toute l'intelligence possible; & pour lors il arrivera qu'au lieu de continuer à greffer encore de ces especes, que je méprise nommément, non plus que de celles dont je ne fais nulle mention, les unes & les autres pouvans par ce moyen tomber dans le mépris, & par consequent demeurer en perte pour les Jardiniers, il arrivera, dis-je, qu'on ne greffera plus que de celles que j'estime, soit nouvelles, soit anciennes, & nullement des autres: on greffera moins de celles dont il faut planter peu, & davantage de celles dont je conseille de planter beaucoup; & ainsi d'un côté le débit sera bon & infaillible pour les habiles Marchands, & voilà dequoi les animer à faire de mieux en mieux; & de l'autre, tous les Jardins se mettront insensiblement sur le pied de devenir parfaits, & voilà ce qu'il faut pour le plaisir de tous nos curieux.

Et en attendant que les Pepinieres ſoient dans ce bon état que je me propoſe, en ſorte qu'un jour on y puiſſe trouver tout ce qu'il faudra de bons Arbres ; comme on ſçaura par mon choix les principales eſpeces de chaque Saiſon, s'il arrive que parmi beaucoup de ces Fruits, qui ſont reprouvez, on en trouve dans les vieilles Pepinieres au moins une partie de ceux qui ſont eſtimez, on s'y attachera volontiers pour en prendre même plus qu'on n'auroit réſolu, ſans hazarder cependant d'en prendre aucun des autres ; & ſur cela on fera ſon compte de deux choſes, l'une ou de ne planter que de ce peu de bonnes eſpeces qu'on aura trouvées, & de remplir par ce moyen toutes les places qu'on avoit à remplir, ou d'attendre à une autre année, pour chercher ce qu'on n'a pû encore trouver, plûtôt que de planter des eſpeces qui ſoient douteuſes ou inconnuës.

Peut-être même, comme il eſt à propos, aura-t-on cette ſage prévoyance de préparer au moins de quoy greffer l'année d'aprés les eſpeces qu'on n'aura pas trouvées, & que j'aurai conſeillé de planter ; & ce ſera ou ſur une partie de ces Arbres pris de trop, ou ſur de bons ſauvageons qu'on fera mettre en place à cet effet : car enfin en matiere de plans, du moment qu'on a réſolu d'avoir des Fruits, il ne faut oublier quoi que ce ſoit pour ſuivre le précepte de Caton, c'eſt-à-dire, pour gagner temps & avancer ſa curioſité.

Ædificare, diù cogitare oportet ; conſerere, facere non cogitare. Cato.

TABLE

TABLE DES CHAPITRES contenus dans le premier Tome.

PREMIERE PARTIE.

TABLE

SECONDE PARTIE.

TROISIÉME PARTIE.

Contenant ce qui est à faire dans toutes sortes de Jardins, tant pour choisir sagement, que pour proportionner & placer dans chacun, les meilleures especes d'Arbres Fruitiers, soit en Buisson, soit en Espalier, soit de haute Tige.

DES CHAPITRES.

QUATRIE'ME PARTIE.

DE LA TAILLE DES ARBRES FRUITIERS.

Fin de la Table des Chapitres contenus dans le premier Tome.

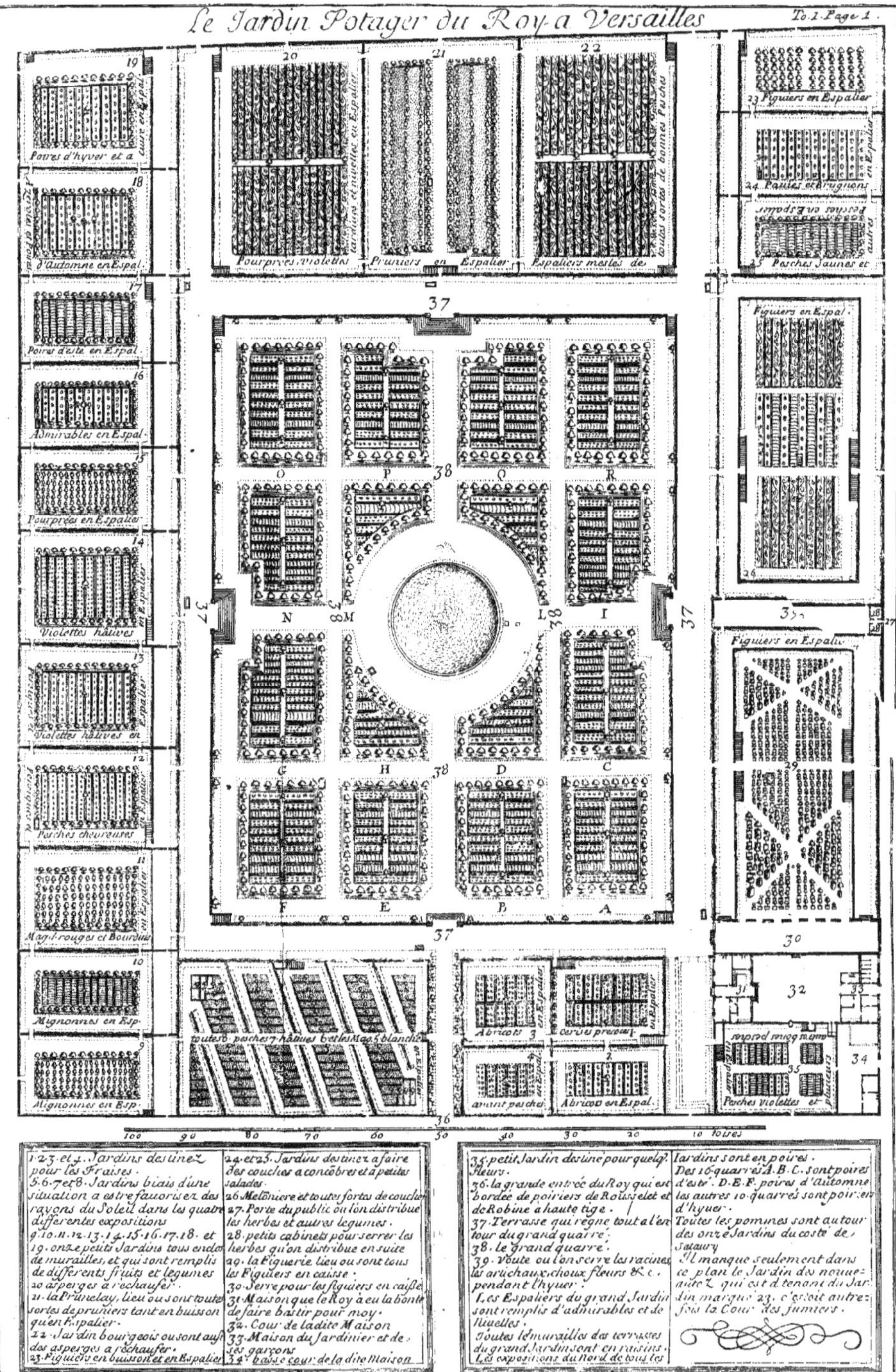
Le Jardin Potager du Roy a Versailles
To. 1. Page 1.
Poires d'hyver et a
d'Automne en Espal.
Poires d'esté en Espal.
Admirables en Espal.
Pourprées en Espalier
Violettes hâtives
Violettes hâtives en Espalier
Pesches cheureuses
Magd. rouges et Bourdins
Mignonnes en Esp.
Mignonnes en Esp.
Pourprées violettes
Pruniers en Espalier
Espaliers meslés de toutes sortes de bonnes Pesches
23 Figuiers en Espalier
24 Pavies et brugnons
25 Pesches Jaunes et
Figuiers en Espal.
Figuiers en Espalier
Abricots
Cerises precoces
avant pesches
Abricots en Espal.
Pesches violettes et plusieurs
100 90 80 70 60 50 40 30 20 10 toises
1.2.3. et 4. Jardins destinez pour les Fraises.
5.6.7 et 8. Jardins biais d'une situation a estre fauorisez des rayons du Soleil dans les quatre differentes expositions
9.10.11.12.13.14.15.16.17.18. et 19. onze petits Jardins tous enclos de murailles, et qui sont remplis de differents fruits et legumes
20 asperges a réchaufer.
21. la Prunelay, lieu ou sont toutes sortes de pruniers tant en buisson qu'en Espalier.
22. Jardin bourgeois ou sont aussi des asperges a réchaufer.
23. Figuiers en buisson et en Espalier
24. et 25. Jardins destinez a faire des couches a concõbres et a petites salades.
26 Melõniere et toutes sortes de couches
27. Porte du public ou l'on distribue les herbes et autres legumes.
28. petits cabinets pour serrer les herbes qu'on distribue en suite
29. la Figuerie lieu ou sont tous les Figuiers en caisse.
30. Serre pour les figuiers en caisse
31. Maison que le Roy a eu la bonté de faire bastir pour moy.
32. Cour de ladite Maison
33. Maison du Jardinier et de ses garçons
34. basse cour de la dite Maison
35. petit Jardin destiné pour quelq. fleurs.
36. la grande entrée du Roy qui est bordée de poiriers de Rousselet et de Robine a haute tige.
37. Terrasse qui regne tout a l'entour du grand quarré.
38. le grand quarré.
39. Voute ou l'on serre les racines les artichaux, choux fleurs &c. pendant l'hyuer.
Les Espaliers du grand Jardin sont remplis d'admirables et de Nivelles.
Toutes les murailles des terrasses du grand Jardin sont en raisins.
Les expositions du Nord de tous les Jardins sont en poires.
Des 16 quarrés A.B.C. sont poires d'esté. D.E.F. poires d'Automne les autres 10 quarrés sont poires d'hyuer.
Toutes les pommes sont autour des onze Jardins du costé de Sataury
Il manque seulement dans ce plan le Jardin des nouueautez qui est a tenant du Jardin marqué 23. c'estoit autrefois la Cour des fumiers.

PREMIERE PARTIE DES JARDINS FRUITIERS ET POTAGERS.

CHAPITRE PREMIER.

Qu'il est necessaire qu'un homme qui veut avoir des Jardins Fruitiers & Potagers, soit instruit de ce qui regarde ces sortes de Jardins.

LE Jardinage, duquel je commence ici de traiter, produit sûrement beaucoup de plaisir à un homme qui s'y entend & s'y applique ; mais ce même Jardinage, s'il est enrre les mains d'un Jardinier qui soit peu habile ou peu laborieux, a de grands inconveniens à craindre, & de grands chagrins à donner. Ce sont deux veritez que tout le monde connoît, & que personne n'a jamais entrepris de contester, étant certain que rien au monde ne demande tant de prévoyance & d'activité, que ces sortes de Jardins Fruitiers, & Potagers. Ils sont, pour ainsi dire, dans un mouvement perpetuel, qui les porte à agir toûjours, ou en bien, ou en mal, selon la bonne, ou la mauvaise conduite de leur Maître; aussi récompensent-ils amplement les bons Ouvriers, & punissent ils rigoureusement les misérables.

La preuve de la premiere des deux veritez que je viens de proposer, consiste en ce que constamment il n'y a rien de plus réjoüissant, premierement, que d'avoir un Jardin qui soit dans une belle & bonne situation, qui soit d'une raisonnable grandeur, & d'une figure bien entenduë, & qu'on ait peut-être disposé soi-même comme il est.

En second lieu, que ce Jardin soit en tout temps non-seulement propre pour la promenade, & pour l'agrément des yeux, mais aussi abondant en bonnes choses pour la délicatesse du goût, & la conservation de la santé.

En troisiéme lieu, y voir tous les jours quelque petit Ouvrage nouveau à faire, semer, planter, tailler, palisser, voir ses Plantes croître, ses Légumes embellir, ses Arbres fleurir, ses Fruits noüer, ensuite grossir, prendre couleur, meurir, venir enfin à les cueillir, les goûter, en régaler ses amis, entendre loüer leur beauté, leur bonté, leur quantité; tout cela ensemble fait sans doute l'idée de beaucoup de choses extrémement agréables.

Pour preuve de la seconde verité, il n'y auroit qu'à faire ici en peu de mots le dénombrement de tous les desordres, dont nôtre Jardinage est menacé, ou plûtôt deshonoré, quand il manque de culture; mais ils ne sont que trop connus: il n'y a presque rien de si ordinaire, que d'entendre des plaintes sur cette matiere.

Il est donc vrai que dans le Jardinage il y a des plaisirs & des chagrins; il n'est pas moins vrai que les plaisirs sont pour les Jardiniers intelligens & actifs, & que les chagrins arrivent immanquablement à ceux qui sont paresseux ou mal-habiles.

Cela étant, il faut demeurer d'accord qu'on n'est ni à excuser, ni à plaindre, si au lieu de tirer de son Jardin tout l'avantage qu'on s'en étoit promis, on est réduit à ce malheur de n'y avoir que de la dépense, de la perte, du dégoût, des sujets de colere, &c. pendant que d'autres avec un peu de sçavoir faire en ont évité tous les desordres, & en goûtent toutes les douceurs; d'où il s'ensuit que, si l'honnête homme veut s'engager à avoir un Jardin comme une chose qui lui convient si bien, il faut absolument qu'il se rende habile en Jardinage, ou bien il n'y doit pas seulement penser.

La grande question est de sçavoir, si cette habileté, que je tiens necessaire, est facile ou difficile à acquerir, pour prendre sur cela un party raisonnable.

Au premier cas, c'est-à-dire, s'il est facile de devenir habile, je suis persuadé que beaucoup d'honnêtes gens le voudroient devenir, car naturellement tout le monde en a envie : je suis aussi persuadé que déja il y en auroit eu un assez grand nombre, si on avoit eu de suffisantes instructions pour cela.

Au second cas, c'est à dire, s'il est mal-aisé de parvenir à une habileté suffisante, il faut s'attendre qu'on trouvera peu de curieux qui veüillent bien l'entreprendre; chacun sera dégoûté par l'incertitude de réüssir aprés y avoir mis beaucoup de temps, & y avoir pris beaucoup de peine.

L'honneur que j'ai depuis tant d'années d'avoir la direction des Jardins Fruitiers & Potagers des Maisons Royales, me donne, ce semble, quelque autorité pour répondre à cette grande question : si-bien que sans vouloir tromper personne, & ayant un grand desir de contribuer à la satisfaction des honnêtes gens, j'assure qu'il est trés-aisé d'acquerir autant d'intelligence qu'il en faut raisonnablement à nôtre curieux, afin qu'il se mette à couvert de ce qui le peut fâcher, & qu'en même temps il se mette en état de joüir de ce qu'il cherche.

Je n'aurai pas de peine à prouver ce que je viens davancer, aprés que je me ferai plus particulierement expliqué sur ce que je pense de tous les plaisirs, qui doivent être inséparables du Jadinage dont est question.

Le plus considérable de ces plaisirs n'est pas simplement

de pouvoir obtenir tout ce que peuvent produire, & un terrein qu'on aura bien diſpoſé, & un fond qu'on aura bien façonné, & des Arbres qu'on aura peut-être ſoy-même greffez, plantez, taillez, cultivez, &c. quoi qu'en verité l'idée d'une telle joüiſſance ait des charmes capables d'engager à ſa recherche; il conſiſte en beaucoup d'autres choſes, tant pour celui qui veut agir luy-même, que pour celui qui ne peut agir que de ſon conſeil & de ſes ordres.

Ipſa ratio arandi ſpe magis & jucunditate, quam fructu, atque emolumento tenetur, &c. *Cicero.*

Et c'eſt en premier lieu à ſçavoir ſûrement comment il s'y faut prendre pour faire que chaque partie du Jardin produiſe heureuſement & abondamment ce qu'on lui demande pour chaque mois de l'année. L'honnête Jardinier, comme j'ai déja dit, ne manque jamais ici d'être récompenſé de ſa peine, de ſes ſoins, & de ſon habileté. La terre qu'il cultive en perſonne lui rapporte ſans doute avec plus de profuſion, parce qu'en effet elle eſt beaucoup mieux cultivée; & comme ſi elle craignoit, pour ainſi dire, le malheur d'appartenir à un Maître qui ne ſçait que par ſon Jardinier la maniere dont il faut traiter, il ſemble que pour engager ce Maître habile, à qui elle appartient, à continuer de la cultiver lui-même, elle s'efforce de lui produire au delà de ſon ordinaire.

Honeſtis manibus omnia melius proveniunt, quoniam & curioſius fiunt. *Plinius.*

Infœlix ager, cujus Dominus villicum audit, non docet. *Columella.*

Ce plaiſir du Jardinage conſiſte en ſecond lieu à ſçavoir ſe défendre de beaucoup de dépenſes grandes & inutiles, auſquelles ſouvent on ſe laiſſe engager par de miſerables conſeils. Y a-t-il rien de ſi ordinaire que de voir en je ne ſçai combien d'endroits qu'on ne fait autre choſe que faire, défaire & refaire; & d'ailleurs ne voit-on pas ſouvent mettre beaucoup de temps & d'Ouvriers à faire une choſe qui pouvoit être faite & plus promptement, & par moins d'hommes? ainſi il ſe fait bien des dépenſes qui entraînent ſouvent à leur ſuite de grands chagrins, & quelquefois auſſi de grandes incommoditez.

Il conſiſte en troiſiéme lieu à ſçavoir connoître les inconveniens que j'expliquerai en ſon lieu, dont les uns ſont invincibles, & les autres ne le ſont pas: cette connoiſſance apprend à ſe préparer de bonne heure à recevoir patiemment les premiers s'ils arrivent, & à se mettre en état d'éviter surement les seconds, sans passer par mille raisons impertinentes d'un Jardinier mal soigneux, ou mal habile, qui prétend mettre à couvert sa négligence ou son incapacité, en rejettant les desordres & la sterilité de son Jardin, sur ce qui n'en est pas la véritable cause.

Ce plaisir consiste en quatriéme lieu, à sçavoir condamner d'un côté à propos ce qui est mal fait dans ses Jardins, & de l'autre à loüer pareillement à propos ce qui est bien, & selon les régles. Il n'y a guéres rien de plus naturel à tous les Maîtres qui parlent de leurs Jardins, que d'y blâmer ou loüer quelque chose, comme si c'étoit par là qu'ils veulent en effet paroître ce qu'ils sont; constamment il n'y a rien de plus dangereux pour le service du Jardin, ni de plus mal plaisant pour la personne d'un Maître, que de s'exposer publiquement à la risée ou aux corrections de son Jardinier; ce qui arrive immanquablement quand le Maître n'est pas assez intelligent pour parler juste dans cette matiere.

Ce plaisir consiste en cinquiéme lieu à être en réputation de sçavoir donner de bon avis, & de les donner volontiers à ceux qui en ont besoin: Quelle satisfaction n'a-t on point quand on redresse un ami qui étoit ou trompé, ou embarassé, ou prêt à se dégoûter de son entreprise, & que dans la suite on l'a mis en état de se loüer à tous momens de la bonne fortune qu'on lui a procurée dans son Ouvrage?

Et enfin ce plaisir consiste principalement à sçavoir juger par soi-même, & pour soi même de la capacité des Jardiniers, soit afin de ne pas tomber dans la disgrace d'en quitter quelquefois un bon sur de miserables petites raisons, & d'en prendre ensuite un mauvais, soit pour se resoudre sagement & à propos de chasser celui qui fait mal son devoir, pour en choisir avec certitude quelqu'autre qui soit capable de mieux faire.

Or s'il est vrai qu'il y ait assez de facilité à parvenir à tant de veritables plaisirs, comme je m'en vais le faire voir clairement; n'ay-je pas raison de conclure que quand on entreprend des Jardins sans se mettre en peine de se rendre au moins suffisamment éclairé en Jardinage, on en merite tous les dégoûts, qui sont en grande quantité, au lieu de mériter toutes les douceurs qu'il peut produire, dont le nombre est infini ; & que par consequent il faut étudier à acquerir les lumieres qui sont ici necessaires ?

Peut-être me dira-t-on d'abord, que je propose par là un expedient infaillible pour introduire la chose du monde la plus pernicieuse en toutes sortes d'affaires, c'est à dire, des demi-sçavans : l'objection paroît assez forte, mais les deux réponses que j'ai à y faire, le sont ce me semble encore davantage.

La premiere est que, quand l'honnête Jardinier sera une fois parvenu à la connoissance certaine de quelques principes capables de lui donner une bonne teinture du Jardinage, on doit être assuré qu'il ne voudra pas s'en tenir à cette simple connoissance des premiers élemens, il lui prendra infailliblement une grande avidité de sçavoir davantage une chose qui plaît tant. On la verra bientôt aprés pousser plus avant les lumieres qu'il aura acquises ; & par consequent il demeurera peu de temps dans cet état dangereux & redoutable, de ce qu'on appelle demi-science.

Mais la seconde réponse, qui n'est pas moins importante, est que sûrement cette demi-science de l'honnête Jardinier, s'il l'a faut nommer ainsi, vaut beaucoup mieux, fondée comme elle est sur de bons principes, que la fausse imagination de sçavoir des Jardiniers ordinaires ; il n'est que trop vrai que rarement se trouve-t il parmi eux autre chose qu'une ignorance présomptueuse & babillarde, soûtenuë d'une misérable routine. N'est-on pas trop heureux, si on peut aisément parvenir a voir clair là-dedans, & se mettre au-dessus de tant de faux raisonnemens, qu'on seroit obligé d'essuyer, & par consequent éviter beaucoup de chagrins, &avoir beaucoup de plaisirs ?

CHAPITRE II.

Qu'il n'est pas difficile d'acquerir au moins une suffisante connoissance en fait de Jardinage.

ENsuite de ce premier fondement, qui établit qu'un Jardinier doit absolument s'étudier à se rendre habile en Jardinage.

Je propose encore celui ci, que s'il n'a pas le temps de s'y rendre consommé (ce qui n'est pas absolument necessaire) il peut croire avec certitude qu'il en sçaura assez pour son usage, c'est-à-dire, pour pouvoir surement ordonner ce qu'il y a de principal à faire dans son Jardin, & pour empêcher que son Jardinier ne lui en impose à tous momens, pourvû qu'il sçache à peu prés les cinq, ou six articles qui suivent.

Le premier est de ce qui regarde les terres pour la qualité, pour la profondeur necessaire, pour les labours, pour les amandemens, & pour la disposition ordinaire des Jardins fruitiers.

Le second est de ce qui regarde les Arbres, pour les choisir bien conditionnez, soit quand ils sont encore sur pied dans les Pepinieres, soit quand ils sont arrachez; qu'il sçache au moins les noms des principales especes de Fruits de chaque saison, qu'il les connoisse, & sçache à peu prés demander le nombre de chacune selon ses besoins, & selon l'étenduë de son Jardin; qu'il sçache préparer les Arbres par la tête, & par les racines, devant que de les remettre en terre; qu'ensuite il les sçache bien espacer, & bien exposer; qu'il sçache non pas toutes les régles de la Taille, mais au moins les principales, soit à l'égard des Buissons, soit à l'égard des Espaliers; qu'il sçache pincer quelques branches qui sont trop vigoureuses, palisser proprement les Arbres qui le doivent être, comme aussi ébourgeonner ceux où il se fait de la confusion, & enfin donner à chacun la beauté qui lui peut convenir.

Le troisiéme article regarde les Fruits, pour les faire venir beaux, les cüeillir sagement, & les faire manger à propos.

Le quatriéme regarde les greffes en toutes sortes d'Arbres Fruitiers, soit en place, soit en Pepinieres, tant pour le temps que pour la maniere de les expliquer.

Enfin le cinquiéme article regarde la conduite generale de tous les Potagers, & sur toutes choses, pour sçavoir le plaisir & le profit qu'on en peut tirer dans chaque mois de l'année.

Il me semble que le nombre de ces articles n'est pas grand, & j'assure nôtre curieux qu'il trouvera à s'en instruire suffisamment, & en peu de temps, dans le petit Abregé qui suit.

CHAPITRE III.

ABREGE' DES MAXIMES DU JARDINAGE.

PREMIER ARTICLE.

Sur les qualitez de la terre.

ON connoît que le fond d'un Jardin est bon, & particulierement pour les Arbres Fruitiers,

Si premierement tout ce que la terre y produit, soit d'elle-même, soit par culture est beau, vigoureux, abondant; & que par consequent on n'y voit rien de chetif, rien de menu quand il devroit être gros, rien de jaune quand il devroit être vert.

En second lieu, si cette terre, à en fleurer une poignée n'a point de mauvaise odeur.

En troisiéme lieu, si elle est facile à labourer, & qu'elle ne soit point trop pierreuse.

En quatriéme lieu, si à la manier elle est meuble sans être trop seiche, & legere comme les terres de tourbes, ou comme les terres tout-à-fait sablonneuses.

En cinquiéme lieu, si elle n'est point trop humide, comme les terres marécageuses; ou trop forte, comme les

les terres franches, & qui approchent fort de la nature des terres glaizes.

Enfin à l'égard de la couleur, la principale est, qu'elle soit d'un gris noirâtre; il y en a cependant des rougeâtres qui font fort bien : je n'en ay jamais vû qui fussent en même temps, & fort blanches & fort bonnes.

DEUXIE'ME ARTICLE.

Sur la profondeur de la terre.

IL faut qu'au dessous de la superficie, qui paroît bonne, il y ait trois pieds de terre semblable à celle de dessus; maxime tres-importante, & dont il faut être raisonnablement assûré, par le moyen de quelque foüille faite, au moins en cinq ou six endroits differens.

On se trompe fort, quand on se contente d'une moindre profondeur; & sur tout pour les Arbres & pour les Plantes à longues racines; sçavoir, Artichaux, Betteraves, Scorsonnere, Panais, &c.

TROISIE'ME ARTICLE.

Sur les Labours.

LEs plus frequents sont d'ordinaire les meilleurs; tout au moins à l'égard des Arbres en faut-il quatre par an, sçavoir, au Printemps, à la Saint Jean, à la fin d'Aoust, & immediatement devant l'Hyver; & generalement parlant il ne faut jamais souffrir que la terre soit en friche & pleine de méchantes herbes, ni trepignée, ni battuë des grandes ravines d'eau; elle fait grand plaisir à voir quand elle est nouvellement labourée.

Les menuës Plantes, par exemple, les Fraisiers, les Chicorées, les Laituës, &c. demandent d'être souvent serfoüies, ou serfoüettées, pour mieux faire leur devoir.

Quatrie'me Article.

Pour les Amandemens.

Toutes ſortes de fumiers pourris, de quelque animal que ce ſoit, Chevaux, Mulets, Bœufs, Vaches, &c. ſont excellens pour amander les terres employées en Plantes Potageres: celuy de Mouton a plus de ſel que tous les autres, & ainſi il n'en faut pas mettre en ſi grande quantité. Il eſt à peu prés la même choſe pour celuy des Poules & des Pigeons, mais je ne conſeille guéres d'en employer, à cauſe des pucerons dont ils ſont toûjours pleins, & qui d'ordinaire font tort aux Plantes.

Le Fumier des feüilles bien pourries n'eſt guéres propre qu'à répandre ſur les ſemences nouvellement faites, pour empêcher que les pluyes ou les arroſemens ne battent trop la ſuperficie; en ſorte que les graines auroient peine à lever.

Tous les legumes du Potager demandent beaucoup de Fumier; les Plans d'Arbres n'en demandent point.

Le ſeul bon endroit à mettre les amandemens eſt vers la ſuperficie.

Le Fumier le plus mal placé pour les tranchées eſt celuy qui ſe met dans le fond.

Et à l'égard de ces tranchées, on ne peut dire qu'elles ſoient bonnes & bien faites, à moins qu'on ne leur ait donné approchant de ſix pieds de large, & de trois pieds de profondeur.

Cinquie'me Article.

De la diſpoſition des Jardins Fruitiers & Potagers.

Pour la diſpoſition ordinaire des Jardins Fruitiers & Potagers, j'eſtime que la meilleure, auſſi-bien que la plus commode pour le Jardinier, eſt celle qui ſe fait, autant qu'on peut, par des quarrez bien reglez; en ſorte que, s'il eſt poſſible, la longueur ſoit un peu plus grande que la largeur; les allées auſſi doivent étre d'une largeur convenable & proportionnée, tant ſur leur longueur que ſur toute l'étenduë du Jardin.

Les moins larges ne doivent pas avoir moins de six à sept pieds de promenades, & les plus larges, de quelque longueur qu'elles soient, ne doivent jamais exceder trois ou quatre toises au plus ; & pour ce qui est de la grandeur des quarrez, c'est ce semble un défaut d'en faire qui ayent plus de quinze ou vingt toises d'un sens, sur un peu plus ou un peu moins de l'autre ; ils sont assez bien de dix à douze sur quatorze à quinze, & tout cela se doit regler sur la grandeur du Potager en soy.

Les sentiers ordinaires pour la commodité du service se font d'environ un pied.

Bien entendu qu'un Potager, quelque agreable qu'il soit dans sa disposition, ne réüssira jamais, si la commodité de l'eau pour les arrosemens ne s'y trouve.

SIXIE'ME ARTICLE.

De la connoissance des Arbres fruitiers.

A L'égard de cet Article, il est important de sçavoir, Qu'un Arbre pour meriter d'être choisi, quand il est encore en Pepiniere, doit avoir l'écorce nette & luisante, & les jets de l'année longs & vigoureux.

Et s'il est déja hors de terre, il faut qu'outre les conditions precedentes il ait encore les racines belles, bien saines, & qu'à proportion de la tige elles soient passablement grosses : je ne prens jamais de ces Arbres qui n'ont presque rien que du chevelu.

Les Arbres les plus droits, & qui n'ont qu'une seule tige, me paroissent les plus beaux à choisir pour planter.

En Pêchers, & même en Abricotiers, ceux qui n'ont qu'un an de greffe, pourvû que le jet soit beau, valent mieux que ceux qui en ont deux, ou davantage ; & encore faut-il être en cecy plus rigoureux pour les Pêchers que pour les Abricotiers, & même ne prendre jamais un Pêcher, qui dans le bas de la tige n'ait pas les yeux beaux, sains & entiers : la grosseur d'un bon pouce ou un peu plus pour cette tige, est celle qu'il faut particulierement estimer pour Pêchers.

Les Pêchers sur Amandiers réüssissent mieux en terre seiche & legere, que dans celle qui est forte & humide.

Le contraire est de ceux qui sont greffez sur Pruniers.

En toutes autres sortes d'Arbres nains, la grosseur est celle de deux à trois pouces de tour par le bas.

Il n'y a que les Pommiers sur Paradis à qui la grosseur d'un Pouce est tres-suffisante.

La grosseur des Arbres de tige est celle de cinq à six pouces par le bas, & la hauteur de six à sept pieds.

La greffe des petits Arbres doit être à deux ou trois doigts de terre.

Et quand elle est couverte, c'est une marque de vigueur au pied, aussi-bien que de soin & d'habilité au Jardinier qui l'a élevé.

Toutes sortes de Poires réüssissent en Buisson & en Espalier, & réüssissent sur franc aussi bien que sur Cognassiers; mais il est bon de remarquer qu'il n'en faut que sur franc, soit dans les terres legeres, soit dans celles qui sont dans une mediocre bonté.

Les Poires de Bon-chrétien d'Hyver en Buisson ou en Espalier, ne peuvent que difficilement acquerir sur Franc la couleur jaune & incarnate qu'on y souhaite; il faut de celles-cy sur Cognassiers.

Les Virgouleuses & les Robines sur Franc font de la peine à les mettre à Fruit; mais enfin ce mal là n'est pas sans remede: constamment elles fructifient plûtôt sur Cognassiers.

Les Poires de Bergamote & de petit Muscat, réüssissent peu en Buisson, & sur tout dans les terres humides.

Les principales especes de Fruits, soit Poires, soit Pommes, soit Pêches, soit Prunes, sont assez connuës; mais comme il est de tres-grande consequence de faire un plan bien entendu, je croy que nôtre nouveau curieux doit avoir recours au Traité que j'ay fait avec une grande exactitude, sur le choix & la proportion de toutes sortes de bons Fruits à planter en quelque Jardin que ce soit, tant en Buisson & en Arbres de tige, qu'en Espalier ou autrement, j'ose dire qu'il court grand risque de faire bien des fautes dont il aura peine à se consoler : cependant il doit sçavoir qu'en fait de Poires, les principales d'Esté sont le petit Muscat, la Cuisse-Madame, la Poire sans peau, les Blanquettes, la grosse, la petite, celle à longue queuë, la Robine, la Cassolette, le Bon-chrétien musqué, le Rousselet, la Salviati : les principales d'Automne sont les Beurré, Bergamotte, Vertelongue, Crasane, Muscat-fleury, Lansac, Loüise-bonne : les principales d'Hyver sont les Virgouleuse, Leschasserie, Espine, Ambrette, saint Germain, Bon-chrétien d'Hyver, Colma, Bugy, saint Augustin, & quelques Martin-secs.

En fait de Pommes, les principales sont les Calvilles, tant la rouge que la blanche, les Reinettes, c'est-à-dire la grise & la blanche, tous les Courpendus & les Fenoüillets.

En Prunes, les principales sont la jaune hâtive, les Perdrigon blanc & violet, les Mirabelles, les Damas de plusieurs sortes, les Rochecourbon, les Imperatrices, les Prunes d'Abricot & sainte Catherine, l'Imperiale, la Royale, &c.

En Pêches, les principales sont l'avant-Pêche, la Pêche de Troye, les Magdelaines, la blanche & la rouge, la Rossanne, la Mignonne, la Chevreuse, la Bourdin, les Violettes, tant la hâtive que la tardive, les Persiques, l'Admirable, la Pourprée, la Nivet, les Jaunes-lices, la Jaune tardive.

Et pour les Pavies, le Brugnon violet, le Pavie blanc le Cadillac & le Ramboüillet.

En fait de Figues, celles qui sont blanches dedans & dehors ; sçavoir, la longue & la ronde sont les meilleures pour ce païs-cy.

En fait de Raisins, il faut particulierement faire cas du Muscat, soit blanc, soit rouge, soit noir : le Muscat long, quand il est bien placé & en bon fond, est admirable : le Chasselas réüssit plus sûrement que pas un.

En Cerises, tout le monde sçait que la tardive & la griote, & même le Bigarreau, sont de tres-bons Fruits en Arbres de tige : la Cerise precoce n'est à considerer qu'en Espalier.

SEPTIE'ME ARTICLE.

Préparations des Arbres avant de les planter.

POur préparer un Arbre, tant par la tête que par la racine devant que de planter,

J'estime qu'il faut ôter tout le chevelu.

Ne conserver que peu de grosses racines, & que ce soit sur tout les plus jeunes, c'est-à-dire, les plus nouvelles.

Celles-cy d'ordinaire sont rougeâtres, & ont un teint plus vif que les vieilles faites: il les faut tenir courtes à proportion de leur grosseur.

La plus longue en Arbres nains ne doit pas exceder huit à neuf pouces, & en Arbres de tige environ un pied: on leur peut laisser un peu plus d'étenduë en fait de Meuriers & de Cerisiers.

Les plus foibles racines se contenteront d'un, de deux, de trois, & de quatre pouces au plus; & cela selon le plus ou le moins de grosseur.

C'est assez d'un seul étage de racines, quand il approche d'être parfait, c'est à dire, quand il y a quatre ou cinq racines tout au tour du pied, & que sur tout elles sont à peu prés comme autant de lignes tirées d'un centre à la circonference; & même deux toutes seules, ou trois étant bonnes, valent mieux qu'une vingtaine de mediocres. J'ay souvent planté des Arbres avec une seule racine, qui étoit en effet tres-bonne, & ils ont bien réüssi. On voit ce que c'est qu'un étage de racines dans le Traité des Plans, où j'ay fait graver des Planches à cet effet.

HUITIE'ME ARTICLE.

Ce qu'il faut observer pour bien Planter.

POur bien planter il faut choisir un temps sec, afin que la terre étant bien seiche, elle se glisse aisément au tour des racines sans y laisser aucun vuide, & que particulierement il ne s'y fasse pas une espece de mortier, qui venant ensuite à s'endurcir, empêche la production & la sortie des nouvelles racines.

La saison de planter est bonne depuis le commencement de Novembre jusqu'à la fin du mois de Mars, mais en terres ſeiches, il eſt important de planter dés le commencement de Novembre; & en terres humides, il vaut mieux attendre au commencement de Mars.

La diſpoſition des racines demande que l'extrémité de la plus baſſe ne ſoit pas plus avant d'un bon pied dans la terre, & que celle qui approche le plus de ſa ſuperficie, ſoit couverte de huit ou neuf pouces de hauteur: on peut même faire comme une maniere de bute ſur ces racines dans le terres ſeiches, pour empêcher que le Soleil ne les gâte, & quand l'Arbre eſt bien repris on l'abbat.

Devant que de planter aprés avoir taillé les racines, il faut couper chaque tige d'Arbre de la longueur qu'elle doit demeurer, ſans attendre à les rogner qu'ils ſoient plantez,

Aux Arbres nains je regle cette hauteur à être de cinq à ſix pouces en terre ſeiche, & de huit à neuf en terre humide.

Et aux Arbres de tige une hauteur de ſix à ſept pieds fait une juſte meſure en toutes ſortes de terres.

Il faut en plantant tourner les meilleures racines du côté où il y a plus de terre, & que pas une, autant qu'on peut, ne panche tout à fait en bas; mais plûtôt regarde l'oriſon.

Ceux qui aprés avoir planté ſecoüent ou trepignent les petits Arbres leur font grand tort; il n'en eſt pas de méme pour les grands, il eſt bon de les trepigner, & même de les buter, pour les aſſûrer contre l'impetuoſité des vents.

Les Arbres en Eſpalier doivent avoir la tête panchée vers la muraille, de maniere pourtant que l'extrémité de la tête en ſoit éloignée de trois à quatre pouces, & que la playe n'en paroiſſe pas.

La diſtance entre eux doit être reglée ſuivant la bonté de la terre, & particulierement ſuivant la hauteur des murailles; ainſi on peut les mettre plus prés les uns des autres aux plus hautes murailles, & moins prés aux plus baſſes.

En ce fait particulier de diſtance ordinaire des Eſpaliers, cela ſe regle depuis cinq ou ſix pieds juſqu'à dix, ou onze, ou douze; bien entendu que les murailles étant d'une hauteur qui eſt de douze pieds, ou davantage, il faut toûjours laiſſer monter un Arbre pour garnir le haut entre deux qui garniront le bas ; & ainsi en tel cas on peut mettre les Arbres à cinq ou six pieds les uns des autres : mais pour les murailles qui n'ont que six à sept pieds, il les faut espacer d'environ neuf pieds.

La distance des Buissons doit être depuis huit à neuf pieds jusqu'à douze, ou même un peu plus, si ce sont Pruniers ou Fruits à pepin sur franc.

Et en Arbres de tige depuis quatre toises jusqu'à sept, ou huit pour les grands Plans.

Prenant garde que dans les bonnes terres il faut plus éloigner les Arbres que dans les mauvaises, parce que les têtes y acquerent plus d'étenduë.

Si les tranchées sont nouvelles faites, la terre s'affaissera de trois ou quatre bons pouces au moins.

Observation necessaire à faire pour tenir les terres plus hautes que la superficie voisine, & pour ne pas tomber dans l'inconvenient d'avoir des Arbres qui soient enfoncez trop avant.

Que la greffe soit dedans ou dehors, il n'importe guéres pour le succés du fruit à pepin.

Mais pour les fruits à noyau, il est mieux qu'elle ne soit aucunement couverte de terre.

Cependant pour la beauté des uns & des autres, il est à souhaiter qu'elle paroisse ; mais le principal est que les racines soient bien placées, ensorte que ni le grand chaud, ni le grand froid, ni le fer de la Bêche ne les puisse incommoder.

A l'égard de l'intelligence des expositions qui conviennent le mieux aux especes, c'est un détail qu'il est bon d'étudier particulierement dans le Traité qui est fait exprés ; mais cependant on doit sçavoir que generalement parlant, la meilleure de toutes dans nos climats est celle du Midy, & la plus mauvaise est celle du Nort ; l'exposition du Levant n'est guéres moins bonne que celle du Midy ; & sur tout dans les terres chaudes : & enfin l'exposition du couchant n'est point mauvaise pour les Pêches, les Prunes, les Poires, &c. mais elle ne vaut rien ni pour le Muscat, ni pour le Chasselas, ni pour tout le Raisin de grosse espece.

NEUVIE'ME

NEUVIE'ME ARTICLE.

Sur la taille des Arbres.

POur entendre raisonnablement la taille des Arbres, il faut au moins sçavoir le temps & la cause, & sur tout, s'il est possible, en sçavoir la maniere.

A l'égard du temps, constamment il fait bon tailler dés que les feüilles tombent, jusqu'à ce que les nouvelles commencent de revenir, & il ne faut tailler qu'une fois par an quelque Arbre que ce puisse être.

Avec cette précaution qu'il n'est pas mal de tailler plûtôt ceux qui sont les plus foibles; & plus tard, ceux qui sont les plus vigoureux.

A l'égard de la cause, on taille pour deux raisons: la premiere, pour disposer les Arbres à donner de plus beaux Fruits; & la seconde, pour les rendre en tout temps plus agreables à la vûë qu'ils ne seroient, s'ils n'étoient pas taillez.

Pour parvenir à l'effet de cette seconde condition, il faut que ce soit par le moyen de la figure qu'on donne à chaque Arbre.

Cette figure doit être differente, selon la difference des Plans, & cette difference ne s'étend qu'à des Arbres en Buisson & à des Arbres en Espalier; car pour les Arbres de tige on ne s'attache pas d'ordinaire à les tailler souvent.

Il n'y a que les grosses branches qui puissent donner cette figure, laquelle il est infiniment necessaire de bien entendre; en sorte qu'on l'ait toûjours presente devant les yeux.

Un Buisson pour être de belle figure doit être bas de tige, ouvert dans le milieu, rond dans sa circonference, & également garny sur les côtez: de ces quatre conditions la plus importante est celle qui prescrit l'ouverture du milieu; comme le plus grand défaut est celuy de la confusion de trop de bois dans ce milieu, il le faut éviter preferablement à tous les autres.

Et un Espalier pour avoir la perfection qui luy convient, doit avoir sa force & ses branches également partagées aux deux côtez opposez, afin qu'il soit également garny par toute son étenduë, en quelque endroit que sa tête commence, soit qu'il soit bas de tige; & en ce cas, il doit commencer environ à un demy pied de terre, soit qu'il ait la tige haute; & pour lors il commence à l'extrémité de sa tige, qui est d'ordinaire de six à sept pieds.

Le secret en cecy dépend de la distinction à faire parmy les branches, & du bon usage qu'il y faut pratiquer; les branches sont ou grosses & fortes, ou menuës & foibles chacune ayant sa raison, soit pour être ôtée, soit pour être conservée, soit pour demeurer longue, soit pour être taillée courte.

Parmy les unes & les autres il y en a de bonnes & de mauvaises, soit grosses, soit menuës.

Les bonnes sont celles qui sont venuës dans l'ordre de la nature, & pour lors elles ont les yeux gros & assez prés les uns des autres.

Les mauvaises tout au contraire, sont venuës contre l'ordre de la nature; & pour lors elles ont les yeux plats & fort éloignez, ce qui fait qu'on les nomme branche de faux bois.

Pour entendre cet ordre de la nature, il faut sçavoir premierement, que les branches ne doivent venir que sur celles qui ont été racourcies à la derniere taille; & ainsi toutes celles qui viennent en d'autres endroits sont branches de faux bois.

En second lieu, il faut sçavoir que l'ordre des branches nouvelles est que, s'il y en a plus d'une, celle de l'extrémité, soit plus grosse & plus longue que celle qui est immediatement au dessous, & celle-cy plus grosse & plus longue que la troisiéme, & ainsi de toutes les autres; & par consequent, si quelqu'une se trouve grosse à l'endroit où elle devroit être menuë, elle est branche de faux bois. Il y a sur cela quelques petites exceptions qu'il faut voir dans le grand Traité de la taille.

Les bonnes petites en Fruits à noyau & à pepin sont pour le Fruit, & les bonnes grosses sont pour le bois; le contraire est pour les Figuiers & pour la Vigne.

Pour ce qui est de la maniere de tailler, on la croit

beaucoup plus difficile qu'elle n'eſt; dés qu'on en peut ſçavoir les principes qui ſont aiſez à entendre, on trouve une grande facilité à faire cette operation, qui eſt en effet le chef-d'œuvre du Jardinage.

Ses principales maximes ſont premierement, que les jeunes Arbres ſont plus aiſez à tailler que les vieux, & ſur tout que ceux qui ont été ſouvent mal taillez, n'ont pas la figure qu'ils doivent avoir. Les plus habiles Jardiniers ſont fort empêchez à corriger les vieux défauts; je donne en ſon lieu des regles particulieres pour de tels inconveniens.

En ſecond lieu, que les branches fortes doivent être coupées courtes, & d'ordinaire reduites à la longueur de cinq, ſix, ou ſept pouces; il y a pourtant de certains cas où on les tient un peu plus longues, mais ils ſont rares: je les marque dans le grand Traité.

En troiſiéme lieu, que parmy les autres il y en a qu'on peut tenir plus courtes, & d'autres qu'on peut laiſser plus longues, c'eſt-à-dire, juſqu'à huit, neuf & dix pouces, & même juſqu'à un pied, & un pied & demy, ou peut-être davantage, & ſur tout pour les Pêchers, Pruniers & Ceriſiers en Eſpalier; cela ſe regle ſelon la force ou groſseur dont elles ſont, pour être capables de bien nourrir & porter ſans rompre les fruits dont elles ſe trouveront chargées.

Dans les Arbres qui ſont vigoureux, & qui ſont en même temps d'une belle figure, il n'y ſçauroit guéres avoir trop de celles que nous apellons branches à fruit, pourvû qu'elles n'y faſsent point de confuſion: Mais à l'égard des groſses, que nous appellons branches à bois, il n'en faut d'ordinaire laiſser en toutes ſortes d'Arbres qu'une de toutes celles qui ſont ſorties de chaque taille de l'année precedente.

A moins que les Arbres étant tres-vigoureux, les extremitez des branches nouvelles ne ſe trouvent fort éloignées les unes des autres, & qu'elles ne regardent des endroits oppoſez, & qui ſoient vuides ſur les côtez; ſi bien qu'il eſt neceſsaire de remplir au plûtôt les côtez pour achever la perfection de la figure; & en ce cas on en peut laiſser deux branches, & même trois: à condition qu'elles ſoient toutes de differentes longueurs, & que jamais elles ne faſſent une figure de fourche.

Les branches à fruit periſſent aprés avoir fait leur devoir avec cette diſtinction, qu'en fruit à noyau cela ſe fait aubout d'un an, ou de deux, ou de trois au plus.

Et en fruit à pepin cela n'arrive qu'aprés avoir ſervi pendant quatre ou cinq ans.

Et partant la prévoyance eſt grandement neceſſaire pour penſer à faire venir de nouvelles branches à la place de celles que nous ſçavons devoir perir, ou autrement on tombera dans l inconvenient du vuide & de la ſterilité.

Ces ſortes de branches à fruit ſont bonnes en quelque endroit que l'arbre les pouſſe, ſoit dedans, ſoit dehors.

Mais une groſſe eſt toûjours mal quand elle entre en dedans du Buiſſon, ſi ce n'eſt peut-être pour reſſerrer celuy qui s'évaſe trop comme il arrive d'ordinaire aux Beurrez.

La beauté des Arbres, & l'abondance & beauté des fruits dépendent donc principalement de bien tailler & bien conduire certaines branches, qui ſont en même temps groſſes & bonnes, & de retrancher entierement celles qui ſont groſſes & mauvaiſes.

Et parce qu'il arrive quelquefois qu'une branche, qui l'année paſſée avoit eſté laiſſée longue pour du fruit, vient à recevoir plus de nourriture que naturellement elle n'en devoit avoir, & que partant elle devient groſſe & en pouſse d'autres groſses; un des principaux ſoins de la taille conſiſte non ſeulement à traiter cette branche comme les autres branches à bois, mais ſur tout à ne luy en laiſſer aucune groſse venuë à ſon extremité à moins qu'on n'ait deſsein de laiſser échaper tout l'Arbre, & le faire de tige.

Cette bonne conduite apprend à ravaller d'ordinaire les Arbres, c'eſt à-dire, qu'il eſt mieux à la taille d'ôter tout-à-fait les plus hautes branches qui ſont groſses, & conſerver ſeulement les plus baſses, que de faire le contraire.

Pourvû que les plus hautes ne ſe trouvent pas mieux

placées pour contribuer à la beauté des Arbres, que ne sont pas les plus basses, ce qui n'est pas d'ordinaire : car en tel cas il faut ôter les plus basses & conserver les plus hautes. La premiere intention en cecy aboutit extrémement à avoir de beaux Arbres, estant asseuré que l'abondance du beau fruit ne manque jamais de suivre une telle disposition de belle figure, puisqu'on n'ôte aucune des petites branches qui font ce fruit, & qu'au contraire on cherche à les multiplier & à les délivrer ensuite de tout ce qui les pourroit nuire.

Le ravallement fait que dans la branche qui se trouve à l'extremité de celle qui a esté ravallée, il entre tout ce qui seroit allé de seve dans la superieure, ou dans les superieures qu'on a ôté ; & ainsi cette branche conservée devient beaucoup plus forte, & par consequent capable de plus grandes productions qu'elle n'auroit esté sans cela.

Et parce que quelquefois contre l'ordre accoûtumé de la Nature, il se forme des branches foibles à l'extremité de la grosse, qui avoit esté racourcie à la taille precedente, cette conduite apprend à conserver ces branches foibles ; & pour lors on fait sa taille sur celle des grosses, qui étant au dessous de cette foible, ou de ces foibles, se presente le mieux pour achever la belle figure.

Outre la taille dont nous venons de parler, on vient encore quelquefois à une autre operation, qu'on appelle pincer ; & d'ordinaire cela est plus utile aux Pêchers qu'aux autres Arbres, si ce n'est à toutes sortes de greffes faites en place sur les Arbres qui sont gros & vigoureux : l'effet de ce pincer est d'empêcher que les branches ne deviennent trop grosses, & par consequent inutiles à fruit, & ne deviennent aussi trop longues, & par consequent ne fassent échaper un Arbre trop tôt, ou ne viennent à être rompuës par les grands vents.

Son effet est encore de faire qu'au lieu d'une branche il s'en fasse plusieurs, parmy lesquelles il s'en rencontrera de petites pour le fruit, & quelques grosses pour le bois ; son usage, ou plûtôt le temps de s'en servir est au mois de May & de Juin, & sa maniere est de rompre pour lors avec l'ongle la branche, qui étant de la longueur d'un demy pied, ou un peu plus, commence à paroître grosse.

Pour pincer à propos il faut reduire cette grosse branche à trois ou quatre yeux ; & si la branche pincée s'opiniâtre à repousser gros, il faut pareillement s'opiniâtrer à la repincer toûjours, & ne pincer jamais les foibles.

Je ne parleray icy ni de la taille des vieux Arbres, ni de la taille de la Vigne & des Figuiers ; il faut voir pour cela les Traitez particuliers que j'ay fait des uns & des autres.

DIXIE'ME ARTICLE.

Maximes pour les Espaliers.

C'Est d'ordinaire à la my-May que les Espaliers commencent d'avoir besoin d'être palissez.

La beauté de palisser consiste à ranger avec ordre à droit & à gauche les branches qui peuvent venir à chaque côté, en sorte qu'il n'y ait rien ni de confus, ni de vuide, ni de croisé.

Mais comme le défaut du vuide est plus grand que les autres, il ne faut faire aucun scrupule de croiser quand on ne peut autrement éviter le vuide.

Il faut soigneusement recommencer à palisser autant de fois qu'il paroît des branches assez longues pour pouvoir être liées, & qui coureroient risque d'être rompuës si elles restoient sans lier.

Sur toutes choses, il est grandement expedient de conserver toutes les belles branches que les Pêchers poussent l'Esté; à moins qu'il n'en soit sorty une si grande abondance, qu'elles se fassent de la confusion les unes aux autres, ce qui est assez rare dans un Arbre bien conduit.

Mais en tout cas, si la necessité y oblige, il faut avec grande sagesse arracher ou couper tout prés quelques-unes des plus furieuses ; ce qui se fait pour empêcher que celles qui sont cachées ne s'alongent trop, & deviennent mauvaises ; comme aussi il n'est pas mal d'ôter aux Poiriers d'Espalier les branches de faux bois, qui quelquefois viennent sur le devant, & aux Buissons celles qui viennent dans le milieu ; & voilà ce qui s'appelle ébourgeonner.

ONZIE'ME ARTICLE.

Pour cüeillir les Fruits.

IL eſt important que le Maître, auſſi-bien que le Jardinier ſçache bien cüeillir toutes ſortes de fruits, de quelque ſaiſon qu'ils ſoient, faire porter & ranger dans la Fruiterie ceux qui ne meurriſſent qu'aprés être ſerrez, conſerver les uns & les autres dans leur beauté, & les faire manger à propos, ſans leur donner le temps de ſe gâter.

On peut acquerir cette connoiſſance dans les Traitez particuliers qui ſont faits pour cela.

DOUZIE'ME ARTICLE.

Qui regarde les Greffes & les Pepinieres.

IL faut ſçavoir que les meilleures & les plus ordinaires manieres de greffer ſont ou en fente ou en écuſſon : celles-là en Février ou en Mars ſur des Arbres qui ſont de groſſeur depuis un pouce de diametre juſqu'à dix & douze pouces de tour, & même davantage: cette ſorte de greffe eſt bonne en toutes ſortes d'Arbres fruitiers, à la reſerve des Pèchers, des Amandiers, des Meuriers, des Figuiers, &c. ou elle réüſſit rarement.

A l'égard de la greffe en écuſſon pour les fruits à pepin & à noyau, ſi c'eſt à la pouſſe elle ſe doit faire aux environs de la S. Jean ; & ſi c'eſt à œil dormant, & ſur les Pruniers, Poiriers & Pommiers, elle ſe fait vers la my-Aouſt, & ſur les Pêchers & Amandiers vers la my-Septembre, c'eſt-à-dire, ſur les uns & ſur les autres qu'il ne les faut faire que ſur le déclin de la ſéve.

Tout le monde ſçait que la maniere de greffer les Chaſtaigniers eſt en flûte, & ſe fait à la fin d'Avril ou au commencement de May, quand l'écorce commence à ſe détacher aiſément: les Figuiers peuvent être greffez au même temps & de la même maniere, ou bien en ſimple écuſſon.

La Vigne ſe greffe en fente ſur le vieux bois, qu'il faut couvrir de terre, & que ce ſoit dans les mois de Mars & d'Avril.

Le Poirier réüssit également sur Sauvageon & sur Cognassier.

Le Pêcher sur Prunier & sur Amandier.

Le Pommier sur Sauvageon de Pommier pour faire de grands Arbres, & sur Paradis pour faire des Buissons.

Le Prunier & l'Abricotier sur rejetton de Prunier, dont les meilleurs sont de S. Julien, & du Damas noir.

Ils reüssissent quelquesfois sur Amandier, & quelquesfois aussi le Poirier & le Pommier se greffent mutuellement l'un sur l'autre, mais d'ordinaire sans succés.

TREIZIE'ME ET DERNIER ARTICLE.

Qui regarde le profit des Potagers, & l'ouvrage de chaque saison.

POur ce qui est du profit, il suffit de sçavoir que dans chaque mois de l'année le Potager doit rapporter quelques choses à son Maître ; en sorte qu'il ne soit pas obligé d'envoyer querir hors de son Jardin ce que des Jardiniers habiles portent vendre aux Places publiques.

Par exemple, en Novembre, Decembre, Janvier, Février, Mars & Avril, outre ce qui a esté conservé dans les Serres ; sçavoir, les Fruits à pepin, les Racines de toutes sortes, les Cardons, les Artichaux, les Choux fleurs & les Citroüilles, le Potager doit fournir les Herbes potageres, c'est-à-dire, Ozeille, Porrée, Choux d'Hyver, Porreau, Siboules, Persil, Champignons, Salades, & sur tout Chicorée sauvage, Celery, Persil-Macedoine, avec les fournitures de Cerfeüil, Pimprenelle, Alleluya, Baume, Estragon, Passe-pierre, &c.

Et en cas qu'il y ait des Fumiers chauds, on peut pendant les grands froids esperer des nouveautez ; sçavoir, Asperges vertes, petites Salades de Laituës, Cerfeüil, Basilic, Cresson, Corne de Cerf, & même de l'Oseille, &c. en tout temps, & y joindre les Raves dans ceux de Février & Mars, & le Pourpier en Avril, &c.

En May & Juin on aura aisément abondance d'Herbes potageres & de nouvelles Salades de toutes sortes ; sçavoir, Pourpier, Laituës à lier, abondance d'Artichaux,

Poix,

Pois, Féves, Concombres, Raves, Asperges, Groiselles vertes : les rouges commencent d'ordinaire en Juin avec les Fraises & les Framboises pour le reste du mois, & toûjours des Champignons.

En Juillet & Aoust pareille abondance à celle des mois precedens.

Et outre cela les Haricots, les nouveaux Choux pommez, & sur tout les Melons, avec les Poires, Prunes, Pêches & Figues.

En Septembre on commence d'avoir encore de surplus les Muscats, Chasselas & autres Raisins de plusieurs sortes, comme aussi des secondes Figues.

Et en Octobre les mêmes choses, hors peut-être les Melons ; la saison en passe d'ordinaire quand les nuits deviennent fraîches & le temps pluvieux ; mais en recompense on est riche d'un nombre infini de bonnes Poires que l'Automne produit, & on peut commencer d'avoir des Cardons, du Celery, des Espinars, &c.

Pour ce qui est, tant des manieres de faire produire tout le contenu en ce memoire, que des Ouvrages de chaque mois, le Jardinier doit indispensablement les sçavoir & les mettre en pratique ; & quand le Maître en sera curieux, soit pour redresser le Jardinier s'il vient à manquer, soit pour goûter le plaisir de voir l'ordre & la suite des productions, il pourra s'en donner le divertissement dans le Livre où cette matiere est traitée à fond ; comme aussi il pourra s'instruire amplement de tout le reste du Jardinage dans les Traitez particuliers qui sont faits sur chacune de ces Parties.

CHAPITRE IV.

Moyens de se connoître en choix de Jardiniers.

CE n'est pas assez, comme nous avons déja dit, que nôtre nouveau curieux ait acquis la connoissance dont nous venons de parler, il faut encore qu'il se mette en état de pouvoir juger par luy-méme, & sans aucun secours étranger, de l'habileté ou de l'ignorance de toutes sortes de Jardiniers, afin qu'autant qu'il est possible, il parvienne à ne se pas tromper au choix qu'il en faut faire; mais il est vray que le nombre des bonnes qualitez qui sont necessaires à ces sortes de gens est si grand, que quand je m'en suis fait une maniere de portrait, j'ay commencé aussi-tôt de craindre qu'on ne puisse jamais rencontrer un original qui lui ressemble.

Vitio nostro agricultura male cedit, qui rem rusticam pessimo cuique servorum velut carnifici noxæ dedimus, quam majorum nostrorum optimus quisque optimè tractavit. *Columella.*

Et toutefois sans vouloir faire la chose presque impossible, & sans m'arrêter au scrupule qui me prend, que je ne pourray rien dire icy que tout le monde ne sçache aussi-bien que moy, je m'en vais traiter cette affaire peu amplement, comme étant persuadé que c'est une des plus importante de tout le Jardinage; & à proprement parler, l'ame veritable des Jardins: en effet, les Jardins ne pouvans que par une culture perpetuelle être en état de donner du plaisir, il ne faut pretendre de les mettre jamais sur ce pied là, s'ils ne sont entre les mains d'un Jardinier intelligent & laborieux.

Pater ipse colendi, haud facilem esse viam voluit. *Virg. Georg.* 1.

Je diray donc en exposant simplement la maniere de faire dont je me sers en telles occasions, que pour se conduire sagement dans le choix d'un Jardinier, il faut avoir égard premierement à l'exterieur de sa personne; en second lieu, aux bonnes qualitez interieures qui luy sont absolument necessaires.

Labor omnia vincit improbus, & duris urgens in rebus egestas. *Georg.* 1.

Par l'exterieur de sa personne j'entens l'âge, la santé, la taille & la démarche; & par les qualitez interieures, j'entens la probité dans les mœurs, l'honnêteté dans la conduite ordinaire, & principalement la capacité dans sa profession.

Je commence par les bonnes qualitez du dehors, dont les yeux sont les seuls & les premiers juges; parce que souvent à la premiere vûë on se sent tout d'un coup disposé à avoir de l'estime & de l'inclination, ou du mépris & de l'aversion pour le Jardinier qui se presente.

A l'égard de la premiere consideration qui est pour l'âge, la santé, la taille & la démarche, je suis d'avis qu'on prenne un Jardinier qui ne soit ni trop vieux, ni trop jeune; les deux extrémitez sont également dangereuses, la trop grande jeunesse est suspecte d'ignorance.

In rebus agrestibus maximè officia juvenum, & im

& de libertinage, & la trop grande vieilleſſe, à moins qu'elle ne ſoit ſoûtenuë de quelques enfans qui ayent un âge raiſonnable, un peu de capacité, eſt ſuſpecte de pareſſe ou d'infirmité : on peut, ce me ſemble, aſſez raiſonnablement regler cet âge depuis environ vingt-cinq ans juſqu'à cinquante & cinquante-cinq, prenant toûjours garde que ſur le viſage il y ait une grande apparence de bonne ſanté, & qu'il n'y en ait point d'eſprit évaporé, ni de ſote préſomption, prenant auſſi garde que la taille & la démarche ſentent l'homme robuſte, vigoureux & diſpos, & que parmy tout cela il n'y ait aucune affectation à être autrement vêtu & paré que la condition ordinaire d'un Jardinier ne porte; je répons, & on le doit croire, que ce ſont toutes obſervations tres-importantes.

peria ſenum congruunt. Palladius.

En cas qu'on ſoit ſatisfait de l'exterieur, il en faut venir aux preuves eſſentielles du merite, & pour cet effet il faut un peu de converſation avec le Jardinier qui ne déplaît pas.

Pour ſçavoir premierement la maiſon d'où il ſort, le temps qu'il y a demeuré, & le ſujet pourquoy il l'a quittée.

Pour ſçavoir en ſecond lieu où il a appris ſon métier, quelle partie de Jardinage il entend le mieux, du Fruitier ou du Potager, ou des Fleurs & des Orangers; car ce ſont les deux differentes claſſes des Jardiniers, qui paroiſſent aujourd'huy les plus établies.

Pour ſçavoir en troiſiéme lieu s'il eſt marié, s'il a des enfans, & ſi ſa femme & ſes enfans travaillent au Jardin.

Et enfin s'il ſçait un peu écrire & deſſiner; toutes queſtions qu'un homme de bon ſens doit, ce me ſemble, faire en telles rencontres.

Les réponſes que le Jardinier fera à la premiere demande, pourront donner de grandes ouvertures pour juger ſainement de ſon merite ou de ſes imperfections, parce que s'il nomme pluſieurs maiſons d'honnêtes gens chez qui en peu d'années il ait ſervi, ſans pouvoir rendre de bonnes raiſons de ſa ſortie, on ne peut guéres s'empêcher de le regarder, ou comme un ignorant, ou comme un libertin.

Si au contraire il paroît avoir eu juste sujet de se separer, on peut commencer à se resoudre de le prendre en cas qu'on en reçoive de bonnes nouvelles, lorsque, comme il est d'ordinaire important de le faire, on ira s'informer de sa conduite auprés des gens qui en peuvent bien parler, & qui sans doute en parleront bien, pourvû que le chagrin & la vengeance ne s'en mêlent pas.

Il faut craindre des Jardiniers qui preferent leur interest à toutes sortes d'honneur & de reputation.

Xenophon.

Quippe etiam festis quædam exercere diebus fas, & jura sinunt. *Virg. Geor.* I.

Villicus neque venandi, neque aucupandi, neque negotiandi studio occupetur, sit in opere primus & ultimus, ne quid scire se putet, quod nesciat, nec plus censeat se sapere quam Dominum. *Plinius.*

C'est-à-dire, qu'on vienne à sçavoir premierement qu'il est homme sage & honnête en toutes ses maximes de vivre, qu'il n'a point une avidité insatiable de gagner, qu'il rend bon compte à son Maître de tout ce que son Jardin produit, sans en rien détourner pour quelque raison que ce puisse être, qu'il est toûjours le premier & le dernier à son Ouvrage; qu'il est propre & curieux dans ce qu'il fait; que ses Arbres sont bien taillez, bien émoussez, ses Espaliers bien tenus; qu'il n'a point de plus grand plaisir que d'être dans ses Jardins, & principalement les jours de Fêtes; si bien qu'au lieu d'aller ces jours là en débauche, ou en divertissement, comme il est assez ordinaire à la plûpart des Jardiniers, on le voit se promener avec ses garçons, leur faisant remarquer en chaque endroit ce qu'il y a de bien & de mal, déterminant ce qu'il y aura à faire dans chaque jour ouvrier de la semaine, ôtant même les Insectes qui font du dégât, reliant quelques branches que les vents pourroient rompre & gâter, si on remettoit au lendemain à le faire, cueillant quelques beaux Fruits qui courent risque de se gâter en tombant, ramassant les principaux de ceux qui sont à bas, ébourgeonnant quelques faux bois qui blessent la vüë, qui font tort à l'Arbre, & qu'on n'avoit pas remarquez jusques là, &c.

Ce sont là de petits soins autant capables de donner de l'estime & de l'amitié pour un Jardinier, que quelqu'autre témoignage qu'on en puisse rendre; cela fait voir qu'il est bien intentionné, qu'il a de certaines qualitez qui ne s'acquierent que rarement quand on n'en est pas naturellement pourvû, c'est à dire, l'affection, la curiosité, la propreté & l'esprit docile; & dans la verité entre les mains d'un tel homme un Jardin est d'ordinaire en bon état, il est des premiers à produire quelques nouveautez; il est net de toutes sortes d'ordures & de mauvaises herbes, il a ses allées propres & bien tirées, & il est generalement fourni de tout ce qu'on en doit attendre dans chaque saison de l'année: heureux qui peut rencontrer de tels sujets, & qui n'est pas du nombre de tant d'honnêtes gens qu'on entend tous les jours se plaindre de leur malheur sur ce fait là.

Primus vere rosam, atque Autumno carpere poma. *Virg. Georg.* 4.

Il ne faut pas trop s'étonner de la rareté des bons Ouvriers de cette condition, pendant qu'à l'égard de la plûpart des autres, le nombre des gens entendu sest assez raisonnablement grand. La source de l'ignorance des Jardiniers vient de ce qu'ils ne sçavent d'ordinaire que ce qu'ils ont vû faire à ceux chez lesquels ils ont commencé de travailler. Ces sortes de Maîtres n'avoient jamais appris d'ailleurs, ni imaginé d'eux-mêmes la raison de chacun de leurs Ouvrages, & ainsi ne le sachans pas, & continuans de faire la plûpart de leur besongne au hasard, ou plûtôt par routine, ils n'ont pas été plus capables de l'apprendre que leurs Eleves de la demander; si bien qu'ôté peut-être quelque adresse à greffer, à coucher des branches aux Espaliers, à labourer la terre & dresser une planche, à semer quelques graines & les arroser, à tondre du Buis & des Palissades, qui sont tous Ouvrages faciles à faire & à apprendre, & que de jeunes garçons auront pareillement appris en les voyans faire: ôté, dis-je, ces sortes d Ouvrages, qui ne sont pas les plus importans, on peut dire qu'ils ne sçavent presque rien, & sur tout à l'égard de Chefs-d'œuvres du Jardinage c'est à sçavoir, la conduite de toutes sortes d'Arbres, la beauté & bonté singuliere de chaque Fruit, la maturité prise à propos, les nouveautez bien suivies de chaque mois de l'année, &c.

Ils sont veritablement parvenus à la hardiesse & à la facilité de se servir de la scie & de la serpette; mais ils n'ont eu ni regle ni principes pour le faire judicieusement, ils hazardent en particulier à couper ce que bon leur semble, & avec cela un Arbre, qui pour ainsi dire, ne sçait pas se défendre de ses ennemis, se trouve taillé, ou plûtôt estropié, attendant à en faire ses plaintes par le peu de temps qu'il durera, par la vilaine figure dont il sera

La Vigne d'un malhabile Vigneron, & les Arbres d'un Jardinier ignorant ne rapportent.

composé, & sur tout par le peu de méchans Fruits qu'on lui verra produire.

Voilà en effet l'apprentissage ordinaire des Jardiniers, c'est-à-dire le malheur general de tous les Jardins; je n'ignore pas qu'il n'y ait quelques Jardiniers bien intentionnez, & qui sans doute deviendroient habiles s'ils étoient suffisamment instruits; ceux-là font pitié & meritent qu'on les secoure, aussi est-il vray que je ne manque pas de leur aider en tout ce que je puis.

Je n'ignore pas aussi qu'il y en a, qui soit par eux-mêmes, soit pour avoir été en bonne école, ont du merite & de la capacité, & qui ensuite sont soigneux de bien instruire leurs Apprentifs, c'est pourquoy il est bon d'en avoir de façonnez de telles mains, & accompagnez de l'approbation de leurs Maîtres.

Cependant quoy qu'apparemment on s'en devroit tenir à de telles précautions, neanmoins devant que de s'engager plus avant, & particulierement quand il n'est question que d'un Jardinier pour un mediocre Jardin, j'estime qu'il n'est point hors de propos de trouver adroitement quelque occasion de faire travailler à un Ouvrage de peine ce Jardinier, au choix duquel vous avez commencé à vous determiner; je croy qu'il est bon de voir par soy-même de quel air il s'y prend, luy faire par exemple labourer quelque petit endroit de terre, luy faire porter deux ou trois fois les Arrosoirs, &c. il sera facile de voir par ces petits échantillons, s'il a ces bonnes qualitez de corps qui lui sont necessaires, s'il agit selon son naturel, ou s'il se force, s'il est adroit & laborieux, ou grossier & effeminé. Tout homme qui s'essoufle dans le travail fait plus que sa force ne luy permet, & par consequent n'est pas bon Ouvrier, c'est-à-dire, Ouvrier de durée; si bien que ce n'est pas ce qu'il nous faut, à moins que nous ayons simplement besoin d'un homme pour ordonner & pour conduire, ce qui n'est ordinaire que dans les grands Jardins, & qui dans la verité y est absolument necessaire.

Supposé que jusques à present nous soyons contens des réponses & de l'Ouvrage penible du Jardinier qui se presente, il est encore grandement à souhaiter de trouver en

communément que bien des feüilles, au lieu de l'abondance de Fruits qu'ils auroient rendu s'ils étoient bien taillez.
Xenophon.

L'habileté du Maître fait les bons Eleves, comme rarement voit on des domestiques naturellement bons dans la maison d'un pere de famille qui est paresseux & mauvais ménager.
Xenophon.

lui quelques autres qualitez importantes que nous avons cy-devant marquées.

Premierement, qu'il ſçache un peu écrire : il eſt certain que quoy que l'écriture ne ſoit pas abſolument neceſſaire à un Jardinier, toutefois on ne peut nier que ce ne ſoit un avantage tres-conſiderable, afin que s'il eſt éloigné du Maître il puiſſe lui-même recevoir ſes ordres, lui mander des nouvelles de ſes Jardins, tenir Regiſtre de tout ce qu'il y fait, &c.

En ſecond lieu, s'il eſt marié, il eſt expedient que ſa femme, outre le ſoin de ſon ménage, prenne encore plaiſir & ſoit capable de travailler du métier de ſon Mary ; c'eſt un tréſor d'un prix ineſtimable pour la perfection de tout le Jardinage, auſſi bien que pour la bonne fortune du Jardinier. Cette femme cercle ou ſacle, comme on dit vulgairement, c'eſt-à-dire, nettoye, ratiſſe, ſerfoüit, pendant que le Maître & ſes Garçons travaillent à des Ouvrages plus penibles, plus preſſez & plus importans : ſi le Mary eſt abſent ou malade, elle ſollicite chacun à bien faire ſon devoir ; c'eſt elle qui cueille tant les Legumes que les Fruits, dont ſouvent on laiſſe perir une bonne partie faute de les cueillir en leur ſaiſon ; c'eſt elle enfin qui doit ſupléer à beau oup de deſordres que nous remarquons par tout où le Jardinier n'aime pas à travailler au Jardin. Je ſuis d'avis qu'on demande à la voir, pour juger d'abord non ſeulement ſi on peut eſperer d'elle ces ſortes de ſecours ſi importans ; mais encore ſi elle a un certain air de propreté qu'on veut, & ſi elle n'a rien en ſa perſonne qui déplaiſe ; tout cela doit faire de grandes raiſons, ou pour ou contre le Jardinier dont il eſt queſtion. Je pourrois dire icy qu'en beaucoup de Maiſons de campagne, le Jardinier devient Concierge, quand la femme paroît propre & entenduë, ce qui leur eſt toûjours de quelque utilité.

En troiſiéme lieu, il faut venir à demander le nom des Maîtres chez qui le Jardinier qui ſe preſente a appris ſon métier : quand il cite pour un Maître celui qui conſtamment eſt un ignorant, & que cependant il en fait ſon principal honneur, communément c'eſt une grande marque d'incapacité, quoy qu'en autre choſe il ſe puiſſe bien faire que l'Apprentif en sçache plus que le Maître.

Voicy encore certaines marques assez propres pour pouvoir juger du merite des Jardiniers ; je n'estime pas qu'il faille faire grand cas d'un babillard, c'est à-dire, tant de celuy qui a une demangeaison de parler de son habileté, que de celuy qui affecte de dire des mots extraordinaires, lesquels il croit beaux, & qui en effet ne le sont pas.

Défiez-vous de ces sortes de Jardiniers qui se vantent de sçavoir ce qu'ils ne sçavent pas. *Xenophon.*

Il en est de même à l'égard de celuy, qui sans en pouvoir rendre aucune raison valable, fait gloire de mépriser également ce qu'il n'a pas vû comme ce qu'il a vû, qui a une présomption si grande de son sçavoir faire qu'il ne croit pas pouvoir rien apprendre de nouveau, qui s'imagine qu'il y iroit de son honneur s'il cherchoit à voir les gens de reputation, ou même s'il les écoutoit avec attention, comme si ce miserable craignoit par là de donner matiere de dire qu'il n'étoit pas asseurément aussi habile qu'on l'avoit crû ; il ne s'en trouve que trop qui sur les questions qu'on trouve à propos de leur faire, répondent d'abord avec un souris dédaigneux, il me feroit beau voir si à mon âge je ne sçavois pas mon métier, & qui sur cela ne voudroient pas pour rien du monde avouër leurs fautes, ni s'instruire à mieux faire.

Il y en a qui affectent de ruiner toûjours ce qui est ancien dans leur Jardin, & d'y faire des nouveautez perpetuelles, & ce sont ceux-là qui s'étudient à amuser le Maître de quelques esperances de l'avenir, tant afin que cependant il ne s'apperçoive pas de leur mal-habileté pour le passé ou pour le present, qu'afin de trouver quelque profit dans la dépense qui est à faire aux Ouvrages nouveaux.

Et tout au contraire il y en a dont la stupidité est si grande, qu'ils ne s'avisent jamais de rien, & qui en quelque desordre que soient les Jardins qu'ils entreprennent, les y laissent plûtôt que d'y apporter le moindre changement ; & si par exemple ils ont beaucoup de vilains Arbres tous ruinez, ou des quarrez de Fraisiers, d'Artichaux, d'Asperges, &c. qui ne fassent plus rien de beau ni de bon, au lieu de se mettre en peine d'y pourvoir & d'y remedier, comme il est tres-facile, ils se contenteront de dire que c'est assez pour eux d'entretenir les

lieux

lieux ſur le pied qui les ont trouvez.

Ces deux ſortes de Jardiniers ne valent guéres mieux les uns que les autres ; ceux qui prônent particulierement leur adreſſe à greffer , donnent auſſi par là une marque infaillible de leur peu de capacité en ce qui regarde le principal d'un Jardin : je ſçay bien qu'il eſt neceſſaire de ſçavoir greffer , mais je ſçay bien auſſi qu'une femme ou un enfant de huit ou dix ans le peuvent faire, comme l'homme du monde le plus conſommé ; rien n'a produit un ſi grand nombre de mal-habiles gens en fait de Jardinage que cette adreſſe à greffer : c'eſt la Pepiniere d'où il ſort tant de pauvres Jardiniers, qui ont, pour ainſi dire, corrompu & infecté tout le Jardinage , parce qu'ils ſe croyent les premiers hommes de leur profeſſion tout auſſi-tôt qu'ils ſont parvenus à pouvoir greffer , & ſur ce fondement entreprennent hardiment la conduite de quelque Jardin que ce puiſſe être.

Une autre eſpece d'ginorans ſont ceux qui ne ſçauroient dire trois paroles de leur métier ſans y mêler la pleine Lune & le decours, prétendans , & n'en ſçachans pourtant aucune raiſon, que c'eſt une obſervation abſolument neceſſaire pour le ſuccés de tout le Jardinage ; ils croyent ces bonnes gens nous perſuader par tels mots, qu'ils ſçavent à point nommé tous les myſteres de l'Art , ſi-bien que quand avec une fierté préſomptueuſe ils auront avancé en leur jargon que tout Vendredy porte decours, que le jour du grand Vendredy eſt infaillible , & pour les ſemences , & pour les greffes , & pour le plan , & pour la taille, &c. ils pretendent qu'on ſera trop heureux de les avoir pour Jardiniers.

J'examine amplement dans mon Traité des Reflexions ce qui regarde ces viſions, leſquelles ſur le fait du Jardinage je trouve en verité auſſi ridicules que vieilles ; c'eſt pourquoy j'eſtime qu'il faut ſe défier de ces gens du décours , auſſi les rend-on muets à la moindre difficulté qu'on leur fait ſur telles maximes , ſans qu'ils ſoient capables de répondre autre choſe, ſi ce n'eſt qu'ils ſuivent en cela le grand uſage de tout le monde.

Je croy avoir nettement remarqué les bonnes & mauvaiſes qualitez qui peuvent d'ordinaire ſe rencontrer parmy les Jardiniers ; il me ſemble maintenant que ſur tout pour ceux qui ne ſçavent guéres, il n'eſt pas mal de les exhorter à s'étudier ſoigneuſement de devenir plus habiles.

Et à l'égard de ceux qui ont de l'acquis& de la capacité, je les exhorte de tout mon cœur à continuer de ſe perfectionner, pour meriter de plus en plus les bonnes graces de leurs Maîtres, s'ils ſont bien placez, ou pour meriter quelque choſe de mieux, s'ils n'ont pas aſſez bien rencontré.

Je me trouve une merveilleuſe diſpoſition à faire plaiſir à tous ceux qui ont de la bonne volonté, ſoit en les aidant de quelque inſtruction aux parties du Jardinage qu'ils ne ſçavent peut-être pas aſſez bien, ſoit en leur procurant de l'employ dans des maiſons conſiderables.

Comme de l'autre côté j'ay un grand penchant à mépriſer, & particuliérment à ne rendre aucun bon office à ceux qui n'ont pas les bonnes qualitez neceſſaires.

On ne peut point dire qu'on ait un bon Jardinier s'il n'eſt habile, l'ignorance eſt icy un des plus grands défauts qu'il puiſſe avoir. *Xenophon.*

Enfin pour faire que le Maître qui a beſoin d'un Jardinier ſe mette l'eſprit pleinement en repos, il me ſemble que s'il eſt luy-même inſtruit & entendu aux bonnes maximes du Jardinage, il ne ſçauroit mieux faire que de queſtionner celuy qui ſe preſente ſur les points principaux de toute la Culture, & ſe tenir cependant pour perſuadé que d'ordinaire ceux qui ſont bons Ouvriers, ſçavent paſſablement parler de leur métier; & que par conſequent c'eſt un aſſez méchant ſigne d'habileté que de n'en pouvoir preſque pas dire trois mots de ſuite.

Ce n'eſt pas qu'il n'y ait quelquefois des gens qui ſçavent mieux parler que travailler, & qu'il n'y en ait auſſi qui naturellement ont plus de facilité à parler les uns que les autres; mais en cecy on cherche premierement des Jardiniers, & non pas des Orateurs: & en ſecond lieu, on ne cherche pas à la verité de l'éloquence, c'eſt ſimplement quelque marque de la capacité neceſſaire, ſoit pour s'aſſurer qu'on aura toûjours un Jardin en bon état, puiſqu'il eſt entre les mains d'un bon Jardinier, ſoit pour eſperer d'avoir quelquefois le plaiſir de s'entretenir du Jardinage, & de queſtionner ſur les matieres qui ſe preſentent; l'honnête homme aura ſuffiſamment des lumieres pour démêler ce qui peut être icy de bon ou d'indifferent pour ſon uſage, & ſe contenter de ce que la raiſon & ſon ſervice peuvent demander d'un Jardinier ſans aller plus avant.

EXPLICATION DES TERMES LES PLUS USITEZ DU JARDINAGE PAR ORDRE ALPHABETIQUE.

A

ADos se dit de la terre qu'on a élevée en talus le long de quelque mur bien exposé, afin d'y semer pendant l'Hyver & le Printemps quelque chose qu'on veut avancer plus qu'il ne feroit en pleine terre ; ainsi seme-t'on des Pois & des Féves sur un Ados, ainsi y plante-t'on des Artichaux, du Raisin, des Framboises, &c. la reflexion du Soleil échauffant ces talus comme si c'étoit de veritables murailles ; on fait aussi des élevations en dos de bahu dans les terres qui sont froides & humides, comme le sont par exemple celles du Potager de Versailles, pour en corriger le défaut, & procurer plus de bonté à tout ce qu'elles produisent.

AFFAISSEMENT se dit des terres & des sables, qui ayant esté nouvellement portez en assez grande quantité dans la place où ils sont, ou ayant esté nouvellement remuez de deux ou trois pieds de profondeur, se trouvent en quelque maniere enflez, & occupans plus de hauteur de superficie qu'ils ne devroient ; si-bien qu'ensuite ils rentrent & se rapprochent, ce semble, en eux-mêmes, comme pour descendre plus prés du centre de la terre, & pour lors on dit que ces terres se sont affaissées, & en terme vulgaire & plus grossier, que ces terres se sont tassées.

Le même affaissement se dit encore des Couches de grand Fumier, qui s'affaissent notablement quelques jours aprés avoir esté dressées ; il se dit aussi des tas de Fumier qu'on antoise ou qu'on empile.

Les Jardiniers habiles en remplissans quelque grand trou, ont accoûtumé de le remplir d'un bon pied au moins plus haut que le reste de la superficie, en vûë que l'affaissement qui doit sûrement arriver aprés les pluyes ou les néges, rendent tout le terrein égal.

A FILER, c'est-à-dire aiguiser. *Voyez Serpette.*

AÎLES d'Artichaux, sont les pommes d'Artichaux qui naissent aux côtez de la pomme du principal montant, & ne sont pas si grosses que cette principale pomme.

ALLE'E est dans chaque Jardin une espace d'une longueur considerable, (cette longueur ne se peut regler, elle dépend de l'étenduë du Jardin) & d'une largeur médiocre depuis environ une toise jusqu'à deux, trois, quatre, cinq, &c. cet espace bordé de quelque bordure, sablé pour l'ordinaire, un peu ferme sous les pieds, & séparant comme une maniere de ruë les quarrez les uns d'avec les autres.

ALLE'E bien tirée se dit quand le Jardinier avec une Charuë, ou avec la Ratissoire, en a coupé par tout les méchantes herbes, & en a en quelque façon labouré d'un demy pouce la superficie, & ensuite y a passé la Herse ou le Rateau, & quelquefois le Rabot; en sorte que cette allée paroisse fraîche faite.

On dit aussi pour la même chose, allée bien repassée, bien retirée, cela veut dire que le Jardinier a ratelé, uny & approprié toute la superficie de cette allée, qui ayant été passée ou tirée avec la Charuë, a été ensuite repassée avec les Rateaux ou Rabots.

ALIGNER ou prendre des alignemens sont des termes aussi usitez parmy les Maçons que parmy les Jardiniers, & se disent quand on veut faire des murailles ou des allées bien droites, des rangées d'Arbres, des Quinconces, &c. pour raison de quoy aprés avoir pris les coins de chaque largeur, ou de chaque longueur de la place où l'on veut travailler, on met à chacun de ces coins un jallon ou bâton, armé en tête d'un morceau de papier blanc, ou blanchy de chaux dans une partie de sa longueur; & on en met encore un au milieu des deux, & pour lors le Jardinier se mettant à l'un des coins des extremitez marquées,

& fermant un des yeux regarde, c'est-à-dire aligne, ou bornoye si les trois jallons se rencontrent juste dans une même ligne comme ils doivent; ainsi fait, on peut planter des Arbres de chaque Quinconce, ou de chaque allée aprés en avoir planté un à chaque extrémité: voilà pourquoy on dit des alignemens bien ou mal pris.

AVENÜE est une grande allée accompagnée pour l'ordinaire de deux contre-allées, ayant chacune la moitié de la largeur de l'allée principale; les unes & les autres bordées de grands Arbres, soit Ormes, Tilleuls, Chaînes, & quelquefois d'Arbres fruitiers.

AMANDER, Amandement sont termes qui se disent à l'égard des terres maigres ou usées, quand on y mêle de bons fumiers; ainsi l'on dit une terre qui n'est pas amandée, quand il y a long-temps qu'elle n'a pas été fumée, & tout le contraire se dit d'une terre qui a été nouvellement bien fumée: on dit aussi une terre qui a besoin d'amandement, c'est-à-dire, qui a besoin d'être fumée de nouveau.

AMEUBLIR se dit quand on laboure une terre qui s'étoit endurcie par la longueur du temps, ou qui avoit été battuë par de grandes pluyes d'orages, ou par des arrosemens, &c. en sorte qu'elle avoit fait une espece de croûte; ce terme se dit encore des terres qui sont dans les Caisses d'Orangers, ou dans des Pots, ou dans des Vases à Fleurs, ou autres Plantes, lorsqu'elles se sont endurcies vers la superficie par les frequents arrosemens; si bien qu'on est obligé d'y faire de petits labours pour ameublir cette superficie, c'est-à-dire, la rendre meuble, & par ce moyen donner entrée aux eaux qui doivent penetrer dans le fond de la mote & vers les racines.

AOUSTE'. *Voyez branches aoustées.*

ARBRES sur franc, sont ceux qui ont été greffez sur des sauvageons venus de pepins, ou venus de bouture dans le voisinage d'autres sauvageons; ainsi on dit un Poirier sur franc, à la difference d'un Poirier greffé sur Coignassier; on dit un Pommier greffé sur franc, à la difference d'un Pommier greffé sur Paradis.

ARBRES bien abboutis, se dit de ceux qui ont beaucoup de boutons à Fruit, & qu'on dit aussi bien boutonnez ; & le contraire se dit de ceux qui en ont peu ou point.

ARBRES bien ou mal apprêtez, & Arbres bien ou mal préparez, sont termes qui signifient la même chose qu'Arbres bien ou mal abboutis.

ARBRES fatiguez se dit des Arbres qui paroissent usez, soit de vieillesse, soit faute de culture, soit aussi pour être dans un méchant fond, en sorte qu'ils ne font plus ny beaux jets nouveaux, ny de beaux boutons à Fruit, & au contraire se chargent de mousse & de gale, & ne font qu'une infinité de boutons à Fruit sur les queuës des anciens boutons, & ces nouveaux boutons ont beau fleurir, ou ils ne nouënt point, ou ils ne font que de méchans petits Fruits.

ARBRES de haut vent & de plein vent, & Arbre de tige c'est la même chose ; certains Fruits sont meilleurs en plein vent qu'en buisson ou en espalier.

ARGOT est l'extremité d'une branche qui est morte, si bien qu'ôtant cette extremité morte jusques sur le vif, cela s'appelle ôter l'Argot ; il n'y a rien de plus desagreable dans un Arbre que d'y voir de ces Argots, & un Jardinier intelligent & propre prend un extréme soin de les ôter, cela est particulierement necessaire en fait de Pepinieres pour les Arbres greffez en écusson.

ARRESTER des Melons & des Concombres, c'est les tailler quand ils ont trop de bras ou de branches, ou qu'ils les ont trop longues, ainsi on dit voilà des Melons qui ont besoin d'être arrêtez, c'est à dire, qui ont besoin d'être taillez, ou comme on dit assez vulgairement être châtrez.

ARROSOIR est un Outil de cuivre rouge ou jaune, & ce sont les bons ; le rouge vaut mieux : il y en a de fer blanc & de terre, & ceux-là sont indignes des grands Jardins ; cet Arrosoir est fait en forme de Cruche, & sert pour arroser les Plantes, il doit avoir un ventre capable de tenir au moins un seau d'eau, avoir un col, & ensuite un goulot ou ouverture assez grande, par où l'eau entre dans ce ventre, avoir une pomme percée en une infinité d'endroits, afin que l'eau sorte en forme de pluye, & que par ce moyen elle puisse humecter doucement la terre sans la rendre dure & battuë ; avoir enfin une anse ronde passablement grosse, autrement une espece de manche par où le Jardinier en prend un de chaque main pour les porter & les vuider.

Les ASPERGES sont une Plante potagere qui vient au Printemps, & est connuë de tout le monde ; elle commence à durcir aussi tôt que la tête commence un peu à s'épanoüir ; l'industrie du Jardinier en peut faire venir l'Hyver par le moyen des rechauffemens de Fumier de cheval nouveau fait.

AVERSE d'eau, se dit d'une grande quantité d'eau de pluye survenuë tout d'un coup par quelque orage.

AUBIER est la partie du bois, qui étant la plus proche de l'écorce, est la plus tendre & la plus sujette aux vers & à la pourriture, & ainsi est un défaut ; c'est pourquoy on dit un Echalas qui a de l'Aubier ne vaut rien : on dit la même chose d'une Poutre, d'une Solive, &c. cet Aubier est d'un blanc jaunâtre, qui devient aisément vermoulu, c'est-à-dire, tout percé de petits trous de vers.

B.

BAQUET est un vaisseau de bois rond, quarré, ou oblong, dans lequel le Jardinier seme quelques graines particulieres ; les plus ordinaires sont ronds, & sont proprement la moitié d'un muid ou d'un demy-muid scié en deux, ou bien on en fait faire exprés par le Tonnelier pour être à peu prés de la même figure ; & pour cet effet il employe des Douves, du Cerceau & de l'Osier.

BAQUETER, c'est se servir d'une pêle de bois ou d'une écope pour ôter & jetter loin de l'eau survenuë dans quelque endroit du Jardin, où elle nuit & incommode.

BAR, *Cherchez Civiere.*

BASSIN se dit d'un endroit rond & un peu enfoncé, où est d'ordinaire une Fontaine jalissante, & ou tout au moins on fait venir de l'eau pour le service du Jardin.

BASSINER parmy les Jardiniers est la même chose qu'arroser legerement ; ainsi on dit bassiner une couche de

Melons, pour dire l'arroser mediocrement, & y verser en petite quantité l'eau de l'Arrosoir en passant.

Battre des allées se dit quand avec un morceau de bois long d'un bon pied & demy, épais d'un demy pied, large de huit à neuf pouces, & emmanché dans le milieu, on frape à plusieurs reprises une allée qui étoit raboteuse ou un peu molle, & que par ce moyen on rend ferme : ce morceau de bois s'appelle une Batte, & on l'employe d'ordinaire aux allées qui ont été faites avec de la recoupe de pierre de taille.

Terres battuës se dit quand aprés ces grands orages d'eau, qui viennent quelquefois en Esté à l'occasion des Tonnerres, la superfice de la terre au lieu de paroître fraîche remuée comme auparavant, elle paroît au contraire toute unie : & comme si en effet on avoit pris plaisir de la trepigner & de la battre.

Besche est un outil de fer large à peu prés de huit à neuf pouces, & long d'environ un pied, assez mince par en bas, & un peu plus épais par en haut à l'endroit ou il y a un trou, qu'on nomme une Doüille, dans lequel trou on met un manche de prés de trois pouces de tour, & de trois pieds de long : on se sert de cet outil ainsi emmanché pour bêcher, c'est-à-dire, pour remuër & labourer la terre ; ce qui se fait en enfonçant cette Bêche d'environ un pied dans cette terre, afin de la renverser ç'en dessus dessous, & par ce moyen faire mourir les méchantes herbes, & la disposer en même temps à une nouvelle semence, ou à un nouveau Plan de Legumes, &c.

Bequiller & bêchoter se dit quand on fait un fort petit labour avec une Houlette dans une Caisse d'Orangers ou d'autres Arbrisseaux, ou avec la Serfoüette : par exemple, dans une Planche de Laituës, de Pois, de Chicorées, de Fraisiers, &c. cela se fait pour mouver, c'est-à-dire, rendre meuble cette terre qui paroît battuë, en sorte que l'eau des pluyes ou arrosemens puisent penetrer dans le fond de la mote qui est dans la caisse, ou penetrer au dessous de la superficie de la terre, pour aller servir de nourriture aux racines.

Biner est la même chose que bequiller, & se dit quand avec

avec un petit Outil de fer émanché & ayant deux dents renversées, on serfoüit ou serfoüette les Pois, les Féves, les Laituës & Chicorées, &c. c'est-à-dire, qu'on y fait une maniere de petit labour qui ne fait qu'ameublir la terre autour de chaque pied sans l'arracher ou le blesser.

Le Blanc, mes Concombres ont le blanc, mes Oeillets perissent par le blanc. *Voyez Nuille ou Nielle.*

Bois, branches à bois, branches à demy-bois. *Voyez Branches.*

Border une Allée, c'est y planter ou semer une bordure qui détache la Planche d'avec l'Allée; les bordures ordinaires sont de Thym, Sauge, Lavande, Hysope, Fraisiers, Violiers, Oseille, &c.

Borneyer, c'est-à-dire, aligner ou viser d'un seul œil, pour faire sur la terre une ligne droite, ou une Allée, ou un rang d'Arbres, &c.

Bote en Jardinage se prend pour une bonne poignée, ou pour la valeur de deux ou trois ensemble, & liées de quelque lien, soit de Paille, soit d'Osier, &c. ainsi on dit une bote de Raves, une bote d'Asperges; ce mot de bote s'étend au Buis, à la Paille, au Foin, à l'Osier, aux Echalas, &c.

Boulingrin est une maniere de Parterre de Gazon, dont l'origine est venuë d'Angleterre, qu'on prend soin de tondre souvent pour entretenir toûjours l'herbe courte & fort verte.

Bourlet aux Arbres, se dit de l'endroit où au bout de quelques années la greffe devient plus grosse que le pied sur laquelle elle a esté faite, & d'ordinaire c'est une marque que le Sauvageon n'est pas trop bon; la Poire de petit blanquet est sujette à faire le bourlet.

Bouton des Arbres est un petit endroit rond & assez gros, dans lequel est la fleur qui doit faire le Fruit; parmy les Arbres à pepin chaque bouton a plusieurs fleurs, & parmy les Arbres à noyau chaque bouton n'en a qu'une.

Certains Jardiniers appellent Bourres & Bources à Fruit, ce que la plûpart des autres appellent Boutons; & de là vient qu'on dit quelquefois que les Fruits, par exemple, des Abricotiers, Pêchers, &c. ont esté gelez en bourre.

BOUTURE se dit tantôt de certaines branches qui n'ayant aucune racine, & étant mises en terre un peu fraîches y prennent, c'est-à-dire, y font des racines, & deviennent Arbres ou Arbustes, ainsi des branches de Figuier, de Coignassier, de Groiselles, de Giroflée jaune, d'If, &c. mises en terre y prennent racine; cela s'appelle prendre de bouture.

BOUTURE se dit aussi de certains rejettons enracinez qui naissent au pied de quelques Arbres, comme il en naît autour des Pruniers, des Poiriers & des Pommiers sauvages; & ces rejettons se nomment aussi par quelques Jardiniers des Petreaux.

BRANCHE est la partie de l'Arbre, qui sortant du tronc aide à former la tête.

BRANCHE à bois se dit de la branche qui étant venuë sur la taille de l'année precedente; & cela dans l'ordre de la nature, est raisonnablement grosse.

BRANCHE à Fruit se dit de celle qui est venuë mediocre dans sa grosseur & longueur sur cette même taille.

BRANCHE à demy bois est celle qui étant trop menuë pour branche à bois, & trop grosse pour branche à fruit, est coupée à deux ou trois pouces de long, pour en faire sortir de meilleures, soit à bois, soit à fruit, & pour contribuer cependant à la beauté de la figure & amuser la grande vigueur de l'Arbre.

BRANCHE de faux bois se dit de toutes les branches qui sont venuës d'ailleurs que des tailles de l'année precedente, ou qui étant venuës sur ces tailles se trouvent grosses, à l'endroit où elles devroient être menuës.

BRANCHE mere, ou mere branche, se dit de celle qui ayant esté racourcie à la derniere taille a produit d'autres branches nouvelles; ainsi on dit qu'en taillant il ne faut laisser sur la mere branche, que celles qui contribuent à la beauté de la figure de l'Arbre.

BRANCHE aoustée se dit des branches qui sur la fin de l'Esté cesse de pousser, & s'endurcissent; on dit aussi Citroüille aoustée de celle qui a pris sa croissance, en sorte qu'elle n'augmente plus ny en grosseur, ny en longueur, & que sa peau devient dure & ferme, & qu'elle resiste à l'ongle; la bonne marque des Citroüilles aoustées est quand le pied commence naturellement à se faner.

BRANCHE veûle se dit de certaines branches de Fruitiers qui sont extrémement longues & menuës, si-bien qu'elles ne sont propres ny à faire du Fruit, ny à devenir branches à bois, & ainsi il les faut ôter entierement ; cela s'appelle aussi branches élancées.

BRANCHE chifonne se dit d'autres branches qui sont extraordinairement menuës & courtes, soit qu'elle soient poussées de l'année, soit qu'elle soit des années precedentes ; & comme elles ne font que de la confusion de feüilles dans l'Arbre, soit Espalier, soit Buisson, il les faut entierement ôter.

BRAS se dit particulierement en fait de Melons, de Concombres, Citroüilles, &c. il signifie la même chose que branche signifie en fait d'Arbres fruitiers ; un pied de Melons commence à faire des bras, à pousser des bras, il a fait des bras, tout cela signifie des branches de ces Plantes; les bons Melons viennent sur les bons bras, & il n'en vient point sur les méchans bras, par exemple, sur ceux qui sont trop veûles, ou sur ceux qui venans des oreilles sont trop materiels, sont larges & épais ; je dis ailleurs qu'il les faut entierement ôter.

BRETELLES sont deux manieres de tissu façon de sangle, chacune large de deux pouces & longue d'environ une demy aune : on les attache vers le milieu de la partie platte de la Hotte, afin que chacune faisant le tour d'une des épaules, & passant par dessous les aisselles, elles viennent s'accrocher à deux bouts de bâton, qui tout exprés pour cela sortent du bas de la Hotte, & ainsi la Hotte tient ferme sur le dos.

BRIN, Arbre de brin, d'un seul brin : cela se dit proprement du bois de charpente, par exemple, ce qu'on appelle un Chêne de brin c'est un Chêne de belle venuë assez gros pour sa longueur, & qui s'employe en bâtimens sans avoir besoin d'être scié pour être équary.

BRIN se dit aussi de nos Arbres fruitiers, quand on dit choisir des Arbres d'un beau brin, c'est-à-dire, des Arbres droits & de belle venuë, & assez gros.

BRISE-VENT est une clôture en forme de petit mur épais d'environ un bon pouce, haut de six ou sept pieds, fait de paille longue & soûtenuë par des pieux fichez en terre, & des échalas mis en travers dedans & dehors, bien liez ensemble avec de l'osier ou avec du fil de fer : une telle clôture sert pour empêcher que les vents froids ne donnent sur des Couches de Melons, Salades, &c. les Jardiniers qui n'ont point de veritables murailles qui les défendent du Nort, se servent avec succés de ses Brise-vents.

BROCHER est un terme assez barbare qui se trouve assez en usage parmy les Jardiniers peu polis, & se dit des Arbres qui étant nouvellement plantez commencent à pousser de petites pointes, soit pour de nouvelles branches à la tête, soit pour de nouvelles racines au pied ; ainsi on dit l'Arbre broche, l'Arbre ne broche pas encore, &c.

BROCOLI sont des petits rejettons que font les vieux Choux aprés l'Hyver, quand ils commencent à vouloir fleurir & grainer ; ces rejettons étant cuits sont bons à manger, & sur tout en Salade.

BROÜIR se dit des Arbres sur lesquels dans les mois d'Avril & de May a donné quelque mauvais vent, en sorte que les feüilles en sont devenuës toutes retirées, & comme on dit, recroquebillées, n'ayant plus leur étenduë à l'ordinaire, ny leur verdeur non plus, mais une couleur terne & rougeâtre ; & ces feüilles tombent pour faire place à de nouvelles qui doivent leur succeder ; ainsi on dit des Abricotiers broüis, des Pêchers broüis.

De broüi, vient broüisseure, il faut ôter toute la broüisseure des Arbres ; cette broüisseure tombera aux premieres pluyes douces.

BROÜILLE, terme de Fleuriste qui parle d'une Fleur qui n'a pas panaché net ; cette Tulippe est broüillée, &c.

BROUTER est un terme qui signifie rompre l'extrémité des branches menuës, quand elles sont trop longues à proportion de leur foiblesse.

BUISSON se dit des Arbres fruitiers qu'on tient bas, ne leur laissant que quatre, cinq ou six pouces de tige ; on les appelle vulgairement des Arbres nains ; & certains Provinciaux les appellent Arbres en bouquet: on leur donne de l'ouverture dans le milieu, & de l'étenduë sur les côtez pour en faire des Arbres d'une agreable figure par le moyen de la taille qu'on y fait tous les ans.

BUTER un Arbre, c'est élever au pied de l'Arbre une maniere de motte de terre pour le soûtenir : cela se pratique particulierement à l'égard des Arbres de tige nouveaux plantez, que les vents pourroient renverser ou arracher, s'ils n'étoient pas ou butez ou soûtenus de quelque Perche : on dit aussi planter des Arbres en bute, c'est à l'égard des petits Arbres qu'on plante dans une terre qui est un peu trop humide, ou qui n'est pas encore regalée pour être de niveau avec tout le reste du terrein.

C

CALEBASSE se dit des Prunes, qui dans le mois de May, au lieu de grossir & de conserver leur verd, deviennent larges & blanchâtres, & enfin tombent sans venir à grosseur.

CANOLES: *Voyez Marcotes.*

CAYEUX se dit en fait d'Oignons de Fleurs, & ce sont de petits commencemens d'autres Oignons rond par dehors, & convexes par dedans, que la nature pousse & forme tout autour de la partie basse, & enracinée de chaque Oignon & cela pour la multiplication de l'espece de ses Oignons, les uns ne se multiplians que de cette façon là : comme les Tubereuses, Jonquilles, Narcisses, &c. (ces Cayeux ayant été détachez de l'Oignon principal deviennent par le tems aussi gros que luy) les autres se multiplient de graines aussi bien que de Cayeux, commes les Tulipes, Hyacinthes, &c.

CERISAYE se dit d'un lieu où il y a beaucoup de Cerisiers.

CERISIER de pied, se dit de ceux qui naissans de la racine d'autres Cerisiers font de bonnes Cerises sans avoir besoin d'être greffez, comme il arrive en faits de Cerisiers hâtifs, & qui n'arrivent point en fait de Grioticrs & Bigarrotiers & Cerisiers Precoces, qui ne viennent que de greffes appliquées, soit en écusson, soit en fente sur des

Cerisiers de pied, ou sur des Merisiers, &c.

Chair en fait de Fruit, est le terme dont on se sert faute d'autres, pour exprimer la substance du Fruit, qui est couverte d'une peau & qui se mange, & ce mot de chair reçoit plusieurs épithetes, pour marquer toutes les differences qui s'y rencontrent, par exemple.

Chair beurrée & fondante, est celle qui se fond en effet dans la bouche pour peu qu'on la mâche; telle est la chair des Poires de Beurré, de Bergamotte, de Leschasserie, de Crasane, &c. Et de toutes les Pêches.

Chair cassante se dit des Poires qui sont fermes sans être dures, & qui font une maniere de bruit sous la dent qui les mâche; telles sont les Messire-Jean, les Bon-chrétien d'Hyver, les Amadottes, les Martin-secs & les Oranges d'Esté.

Chair coriasse & dure, se dit de certaines Poires qui n'ont aucune finesse ny delicatesse, & quon a peine à avaler; telles sont les Catillac, les Double-fleur, les Fontarabie, les Parmein, &c.

Chair fine se dit des Poires excellentes, comme sont les Leschasseries, les Bergamottes, les Espines.

Chair gromeleuse & farineuse, se dit de certaines Poires qui sont mauvaises & desagreables au goût; telles sont d'ordinaire les Doyennez qui ont trop meury sur l'Arbre, les Poires de Cadet, & même de certaines Poires, qui quoy que d'une excellente espece n'ont pas acquis leur bontez naturelle, comme les Espines d'Hyver qui n'ont pû jaunir, & cependant meurissent; les Bergamottes d'Automne venuës en méchante exposition, ou dans un terrein frais & humide.

Chair pâteuse se dit de certaines Poires qui sont en quelque façon grasses, comme les Beurrez blancs, les Lansac venuës à l'ombre.

Chair tendre se dit de certaines Poires qui n'étant ny fondantes ny cassantes, ne laissent pas d'être excellentes; telles sont les inconnuë-Chêneau, les Poires de Vigne, les Pastourelles, & sur tout les Rousselets.

Il y a enfin de certains Fruits qui ont un peu la chair aigre, comme les Saint Germain; d'autres l'ont un peu acre, comme les Crafanes, & même quelques Poires de Beurré, aufquelles un peu de fucre y corrige ces défauts.

D'autres font revêches, les Païfans l'appellent réche, comme les Poires à Cidre, & la plûpart des Poires à cuire, & ce défaut ne fe peut corriger.

A CHAMP, femer à champ, autrement à volée, fe dit proprement des Raves, qui au lieu d'être femées dans des trous d'une Couche, font femées indifferemment, foit fur une Couche, foit en pleine terre, tout de même qu'on feme les autres Graines en plein champ; ainfi aprés avoir femé de l'Oignon, du Perfil, &c. on y feme par deffus un peu de Raves ou de Laituës à y demeurer pour pommer ou arracher, &c.

CHANCY fe dit du Fumier, qui étant dans un tas ou dans une Couche fort feiche, a commencé de blanchir & de faire une efpece de petits filamens, qui font des commencemens de Champignons.

CHANCRE en fait d'Arbre fignifie une maniere de galle ou de pourriture feiche qui fe forme dans la peau & dans le bois, comme on en voit fouvent aux Poires de Robine, au petit Mufcat, aux Bergamottes, tant fur la tige qu'aux branches.

CHARÜE en fait de Jardinage eft un Outil ou machine quarrée, compofée de trois morceaux de bois enchaffez l'un dans l'autre, & d'un fer tranchant d'environ trois pieds de longueur; les trois morceaux de bois font les trois côtez du quarré, & le tranchant fait le quatriéme par en bas; le tranchant eft un peu panché pour mordre environ un pouce dans les allées : quand le Cheval traîne cette machine, & que l'homme qui le conduit par une guide appuye affez fortement deffus, fi le Cheval va aifément on avance l'Ouvrage en peu de temps.

CHASSIS en fait de Jardinage eft un Ouvrage de bois de Menuiferie fait en tiers point ou triangle, avec des feilleures dans les côtez de l'épaiffeur pour y loger, emboüettrer & enchaffer des panneaux quarrez de Vitre, & couvrir par ce moyen des Plantes qu'on veut avancer l'Hyver par des réchauffemens, ainfi qu'il fera cy-aprés dit en expliquant l'ufage des Cloches de verre. Ces Chaffis font de bois de Chêne bien dur, & souvent peints de verd pour resister davantage aux injures de l'air; ils ont environ six pieds de long pour contenir de chaque côté deux paneaux de trois pieds en tous sens, leur ouverture est d'ordinaire de quatre pieds, on en met plusieurs au bout l'un de l'autre; & enfin ils sont terminez à leurs extremitez triangulaires par des paneaux en triangle faits juste pour boucher l'ouverture.

Chatrer est un terme dont les faiseurs de Melons & de Concombres se servent pour dire, tailler ou pincer, &c.

Chevelu se dit de certaines petites racines qui sont tres-menuës, assez longuettes, & sortent des grosses; je recommande qu'en plantant on ôte le chevelu le plus prés qu'on peut du lieu d'où il sort: certains Jardiniers le conservent avec un extrême soin, & ont grand tort.

Claire voye. *Voyez Manequins.*

Claye, dont se servent les Jardiniers pour passer, comme on dit, des terres à la Claye, est une maniere de tissu de plusieurs brins de bois rond garni de leur écorce, & assez menus, c'est-à-dire, de la grosseur d'un bon pouce; ces brins de bois rond separez l'un de l'autre d'environ un pouce, & liées en trois ou quatre endroits de leur hauteur d'une chaîne d'Osier qui les entre-lasse, & de plus attachez par derriere avec autant de traverses du même bois, ou un peu plus gros pour maintenir tout l'Ouvrage en état, en sorte qu'à l'user la Claye resiste à la pesanteur de la terre qu'on doit jetter contre, & qu'elle ne se défasse & ne se disloque si tôt qu'elle feroit sans cela; ce sont les Vaniers qui font de ces Clayes d'environ six à sept pieds de haut & d'autant de large.

Cloche pour les Jardiniers, ce sont des Ouvrages de verre faits à l'imitation d'une Cloche de fonte, & sont d'environ dix-huit pouces de largeur par le bas de leur ouverture, & d'autant de hauteur, avec un gros bouton de la même matiere, pour les prendre par là & les placer commodement, on en fait quelquefois de plus grandes. Ces Cloches servent l'Hyver & pendant toute la saison froide, pour mettre sur les Plantes qu'on échauffe & qu'on fait

fait avancer par le moyen des Fumiers chauds; par exemple, Fraises, Oseilles, Asperges, Melons, Concombres, petites Salades, &c. ces Cloches, les garantissent du froid & du vent; on dit donner de l'air à la Cloche, c'est les lever ou d'un côté seulement, ou par tout, ce qui se fait avec des petits morceaux de bois, ou avec des fourchettes, ainsi on dit hausser les Cloches, baisser les Cloches, les Melons ne peuvent plus tenir sous les Cloches, &c.

De ce mot de Cloches on en fait un Adjectif: Cloché pour dire, j'ay cent, deux cent pieds de Melons clochez; cela signifie garnis chacun de leur Cloche.

Se Cofiner est un terme de Fleuriste en fait d'Oeillets, pour dire que les feüilles au lieu de demeurer bien étenduës deviennent comme frisées recroquebillées.

Coignassier, Coignier est l'Arbre qui porte les Pommes de Coing, gros fruit jaune, dur, acre, & qui n'est bon qu'à faire des confitures, Marmelades, Pâtes, &c. Ces Coignassiers servent particulierement en fait d'Arbres fruitiers pour y greffer des Poires, soit en fente quand ils sont fort gros, soit en écusson quand ils sont à peu prés de la grosseur d'un pouce ou un peu plus.

Certains Jardiniers veulent dire que le Coignier est le mâle, & le Coignassier la femelle; pour moy je ne connois point cette difference; quand les pieds sont vigoureux, qu'ils ont l'écorce unie & noirâtre, & font de beaux jets, ils passent pour Coignassiers; & quand ils sont rabougris & chetifs, ayant l'écorce raboteuse, ils passent pour Coigniers & ne sont pas propres à la greffe.

Colet d'Arbre est la partie qui separe le bas caché par la superficie de la terre d'avec la tige de l'Arbre; ainsi on dit qu'il faut empêcher qu'il ne reste de racines au colet d'un Arbre, parce que la chaleur les alterant l'Arbre en souffre.

Arbre décolé se dit quand la tige a été separée du pied où la greffe a été colée avec ce pied.

Colet de Hotte est la partie de la Hotte qui garantit le col de celuy qui la porte, & empêche que le Fumier ou la terre n'y entre; ainsi cette partie touche au dos & est plus haute que le ventre de la Hotte.

CONTRE-ESPALIER se dit des Arbres qu'on met sur le bord du carré qui est le long de l'Allée voisine des Espaliers, en sorte que contre-Espaliers c'est comme qui diroit Arbres opposez aux Espaliers, & les imitans par leur figure, car on les palisse & on les attache à un treillage fait exprés; aujourd'huy l'usage des contre-Espaliers est extrémement aboly, & il ne s'en fait plus que fort rarement; on trouve mieux son compte à mettre des Arbres en Buisson à la place des Arbres en contre-Espalier, cependant on couche quelquefois des branches de la Vigne plantée en Espalier pour les faire venir sur le bord du labour, & on les y soûtient avec des Echalas, & ainsi y font une maniere de contre-Espalier; de là vient qu'on dit que le Muscat ne mûrit pas si bien en contre-Espalier qu'en Espalier.

CORDEAU est une fiscele de la grosseur d'une plume à écrire, dont le Jardinier se sert pour mener bien droit, tant son labour & ses planches, que ses Allées & son Plan; ce cordeau a par ses deux bouts un bâton pointu d'environ deux pieds de long, autour desquels bâtons le cordeau se tourne ou se tortille quand l'Ouvrage est fait, & lorsqu'on veut s'en servir on fait entrer un de ces bâtons bien avant dans la terre au point que doit commencer le bord du labour, ou des Allées, ou du Plan, ou de la Planche, & ensuite en le détortillant on va planter l'autre petit bâton à l'autre point, où se doit terminer la ligne droite dont est question, & on prend soin de bander ce cordeau le plus fort qu'on peut, afin qu'étant bien roide & bien bandé, il serve d'une regle infaillible pour faire les planches ou labours bien droits: le Masson appelle ligne ce que le Jardinier appelle cordeau; bander le cordeau, tracer le long du cordeau, &c.

CORDE' se dit de racines de Plantes potageres, d'où vient qu'on dit Rave cordée; c'est un mot qui signifie que la Rave est devenuë creuse, & par consequent insipide & mauvaise.

CORNICHON se dit d'un petit Concombre mal bâty dans sa figure, qu'on fait confire à la fin d'Octobre.

COSSE de Pois & de Féves, c'est une envelope longuette ou se forment les Pois ou les Féves ; de là vient écosser des Pois ; pour dire sortir des Pois de leur cosse, j'ay des Pois en cosse, &c.

COSTIERE est une espece de terre large de six, sept à huit pieds le long des murs bien exposez, pour y semer ou planter ce qui craint le grand froid ou le grand chaud ; sçavoir Laituës, Fraizes, Pois, &c. pour le Printemps, Cerfeüil au Nort pour l'Esté.

COTTY est un terme populaire & assez barbare qu'on dit en fait de Fruits, qui étans tombez sur quelque chose de dur se sont meurtris ou froissez en dedans sans être écorchez ou entamez en dehors, ainsi on dit une Poire cottie, une Pomme cottie ; telle cottisseure fait d'ordinaire pourrir le Fruit à l'endroit du coup, & fait ensuite pourrir le reste.

COUCHE est une certaine quantité de grand Fumier qu'on range proprement avec une fourche de fer mettant les pointes du Fumier en dedans, & le surplus faisant une maniere de dos par le dehors, si bien que cela fait une espece de planche élevée d'un, deux ou de trois pieds hors de terre, large de quatre à cinq pieds, & de telle longueur que le Jardinier le trouve à propos ; on met du terreau ou fumier menu sur cette Couche, pour y élever en Hyver des graines que la terre ne pourroit pas produire à cause du froid : par exemple, des Salades, des Fraizes, du plan de Melons, de Concombres, &c.

Il y a aussi des Couches sourdes qui se font de la même maniere que les autres pour l'arrangement du Fumier, à la reserve qu'elles se font dans la terre, aprés y avoir fait une tranchée exprés pour cela de telle profondeur ou largeur qu'on le trouve à propos ; ainsi on fait venir des Champignons sur des Couches sourdes.

COUCOU est une espece de Fraizier qui fleurit beaucoup & ne nouë jamais, il faut extrémement faire la guerre à cette sorte de Fraiziers qui multiplie infiniment en trainasses, si bien qu'on voit beaucoup de Jardins qui en sont pleins, & qui aprés avoir donné de grandes esperances de fruit, n'ont donné que du déplaisir au Maître ; on ne les sçauroit guere connoître, que quand à la fin d'Avril & au commencement de May, ils commencent à faire leurs montant, la fleur noircit en défleuriſſant au lieu de faire une Fraiſe; de ces Coucous les uns ſont Fraiziers nouvellement dégenerez, & ainſi ils ont leurs feüilles ſemblables aux bons; les autres ſont venus de ces dégenerez, & ceux-cy n'ont pas la feüille ſi blonde que les bons, mais ils l'ont plus verte & plus veluë.

Couler ſe dit des Fruits, qui ayant fleury n'ont pas noüé; les Melons ont coulé, la Vigne a coulé, ce qui arrive quand la Vigne étant en fleur il ſurvient des pluyes froides, qui empêchent que le grain de Raiſin ne ſe forme & ne nouë.

Couper eſt le terme dont on ſe ſert le plus en parlant de la taille des Arbres, mais il y a differentes manieres de couper; car quelquefois je dis qu'il faut couper à l'épaiſſeur d'un écu, ce qui fait à l'égard des branches aſſez groſſes qui entrent en dedans de l'Arbre, leſquelles j'ôte pour empêcher qu'elles n'y faſſe confuſion, & n'y laiſſe de bois que cette épaiſſeur d'un écu afin que la ſeve venant & trouvant l'ancien paſſage barré ou fermé, ou arrêté par le moyen de la taille, & ne pouvant continuër à faire une groſſe branche, elle ſoit pour ainſi dire contrainte à ſe partager, & par conſequent à ne faire que deux petites branches, l'une dun côté de cette épaiſſeur d'un écu, & l'autre de l'autre côté; ces deux petites branches ſortans en dehors de l'Arbre, & ayans par le moyen de leur petiteſse une diſpoſition prochaine à faire des boutons à Fruit, ſont d'un tres-grand ſecours.

D'autrefois je coupe en moignon, c'eſt-à dire, que quand une branche qui avoit eſté laiſsée paſsablement longue de l'année precedente pour être branche à Fruit, à cauſe qu'elle étoit aſsez foible & bien placée pour cela; quand, dis-je, cette branche laiſsée longue ayant reçû plus de nourriture que naturellement elle n'en devoit recevoir, eſt devenuë groſse, & a fait d'autres grandes branches à ſon extrémité, pour lors je fais couper toutes ces nouvelles branches tout le plus prés qu'il eſt poſſible de leur origine, afin qu'elles ne puiſsent rien pouſser de nouveau, & qu'il en revienne d'autres plus baſses dans la longueur de cette branche pour la garnir, ou autrement elle demeureroit sans être garnie d'autres branches, & ainsi elle feroit un défaut fort considerable dans l'Arbre, dans lequel il n'y doit avoir jamais de branches longues & dégarnies : ainsi couper ou tailler en moignon ne se pratique que sur les branches qui étans grosses se trouvent un peu trop longues ; car quand elles sont de beaucoup trop longues, par exemple, d'un pied ou au delà, je les racourcis pour les reduire à une longueur raisonnable.

Quelquefois je dis qu'il faut couper en talus & en pied de biche : ce qui se fait à l'égard des extrémitez de chaque branche qu'on taille, qui ayant une coupe tant soit peu longuette se recouvre plus aisément : mais je coupe particulierement en talus certaines branches, qui étans sur le côté de la mere branche, ont une entiere disposition à entrer en dedans de l'Arbre, où elles feroient de la confusion, & je les racourcis de maniere, qu'absolument il n'en reste rien en dedans, & qu'il en reste l'épaisseur d'un bon écu en dehors : & regulierement de cette épaisseur de talus il en sort ensuite une branche en dehors, qui se trouve propre à être ou branche à fruit, ou branche à bois necessaire à la beauté de l'Arbre.

Enfin je dis qu'il faut couper quarrément en de certaines rencontres, ce qui se fait à l'égard des Buissons que je fais planter, afin que la taille de l'extrémité étant bien unie & bien égale, il se forme tout autour trois ou quatre nouvelles branches bien placées & bien disposées pour faire un Buisson bien rond, bien ouvert, & également garny.

COUPE bourgeon, ou Lisette. *Voyez Lisette.*

COURSON ou Crochet se dit dans la branche de Vigne taillée & racourcie à trois ou quatre yeux : ainsi on dit qu'il est sorty trois ou quatre belles branches de Courson de l'année.

Ce mot de Courson ou de Crochet se dit aussi en fait d'Arbres, quand la branche de l'année precedente en ayant poussé trois ou quatre de fort belles, on est obligé de n'en conserver qu'une d'une longueur raisonnable, c'est à dire de cinq à six ou sept pouces, & c'est la branche qui se presente le mieux pour contribuër à la belle figure de l'Arbre ; & à l'égard de quelques-unes des autres qui se trouvent à côté ou au dessous de celle qui a esté conservée pour la taille de l'année, on les racourcit à deux ou trois yeux, afin qu'une partie de la seve de la mere branche y entrant, forme d'autres branches qui aident à la figure de l'Arbre, & que cependant celle de l'extrémité qui est la principale, ne recevant qu'une portion mediocre de seve, ne fasse point de branches trop grosses, ny en trop grande quantité, mais qu'elle en fasse une mediocre grosseur, & semblables aux autres principales branches de tout l'Arbre ; je fais voir l'usage de ces Coursons dans le Traité de la taille.

COURTILLIERE est une espece d'Insecte qui se forme dans les Fumiers de Cheval pourris, & par consequent dans les Couches ; il est long d'environ deux pouces quand il a sa grosseur naturelle, il est passablement gros, jaunâtre, marche assez vîte, & ronge les pieds des Melons, des Chicorées, Laituës, &c. ainsi les fait mourir.

CRAYON se dit de certaines terres dures, blanchâtres, & en quelque façon grasses & huileuses, qui sont tout à fait steriles, qui se trouvent au dessous des bonnes terres, & quelquefois trop prés de la superficie, ensorte que le Soleil penetre trop vîte ces bonnes terres & que les racines des Arbres n'ayant pû pousser assez avant, y sont alterées & brûlées, c'est ce qui fait jaunir, & enfin perir les Arbres : il y a donc un crayon blanc, il y en a aussi de noirâtre & de grisâtre.

CROCHET d'Arbres. *Voyez cy dessus Courson.*

CROCHET à remuër du Fumier est un Outil, qui ayant deux dents de la longueur de sept à huit pouces renversées en dessous, & étant emmanché dans un manche de trois ou quatre pouces de tour, & d'environ quatre pieds de longueur, sert à arracher le fumier entassé, & si pressé dans une Couche ou dans un tas, qu'avec la fourche de fer on ne le sçauroit déprendre & separer l'un d'avec l'autre.

CROISER se dit des branches d'Espalier qui vont passans les unes sur les autres, & y font une maniere de croix : c'est un défaut qu'il faut éviter autant qu'on peut, mais qui est quelquefois necessaire pour couvrir quelque vuide, & pour lors bien loin de le compter pour un défaut; je le regarde comme une beauté.

CROSSETTE se dit des branches de Vigne qu'on a taillées, en sorte qu'il y reste un peu de vieux bois de l'année precedente: Ces Crossettes étant mises en terre font assez aisément des racines; les Bourguignons les appellent Chapons.

Crossette se dit aussi des branches de Figuier taillées, quand il y reste au talon un peu de vieux bois de l'année precedente.

CRUCHE en Jardinage est la même chose qu'Arrosoir, de là vient qu'on dit une Cruche bien ou mal faite, une Cruche de bonne grandeur, & tout cela s'entend d'un Arrosoir.

CUBE, ce terme joint avec ces autres, toise, pied, pouce, &c. marque un corps solide, quarré en tout sens, hauteur largeur, longueur & profondeur; les Arpenteurs & Terrassiers en mesurans chaque toise solide la reduisent au cube pour en regler la quantité juste, & par consequent le prix soit de la chose, soit de l'ouvrage à y faire; ainsi on dit j'auray un écu, deux écus, &c. de la toise, cela veut dire ou de la quantité de la chose venduë, achetée, échangée, ou du transport à faire de la chose; on dit aussi une toise cubique, c'est-à dire, un toisé fait par cubes.

CUEILLETTE de Fruits est un mot assez ordinaire, pour marquer le temps dans lequel on cueille les Fruits; c'est le temps de la cueillette des Fruits, &c.

CUEILLOIR est une maniere de petit Panier long d'environ un pied, large de cinq à six pouces, n'ayant point d'anses, & fait pour l'Ordinaire d'Osier vert assez grossierement rangé; & c'est dans ces sortes de Cueilloirs que les gens de la campagne apportent au Marché leurs Prunes, Cerises, Groiselles, &c.

CUREURES de Court & de Mares font comme la lie & l'égoût qui se trouve au fond d'une Court qu'on nettoye, ou d'une Mare qu'on desseiche & qu'on nettoye ensuite; les Cureures ayans esté mises en état, & long-temps exposées au Soleil font une maniere de terre neuve propre à être employée, soit pour des Arbres, soit pour des Legumes, &c.

D

DENTELE' se dit de la plûpart des feüilles d'Arbres qui sont en quelque façon dentelées tout autour; c'est à-dire, qui ont le bord coupé par petites dents, comme étoit autrefois l'ancienne dentelle.

DECAISSER se dit des Arbres qu'on sort des Caisses où ils étoient; décaisser des Figuiers, des Orangers, &c. pour les rencaisser; ainsi dépoter se dit des Plantes qu'on ôte des Pots où elles étoient.

DECHAUSSER un Arbre, c'est ôter ou découvrir à l'Automne une partie de la terre qui est sur les racines, afin que l'eau des pluyes & des neiges de l'Hyver entre plus avant dans les racines; cela est bon à faire dans les terres seiches, & nullement dans celles qui sont naturellement humides.

DECOMBRER & décombre se dit des maisons qui étant abbatuës laissent beaucoup d'ordures & de poussieres, ainsi décombrer & ôter les décombres c'est ôter toutes les ordures qui restent aprés quelque démolition des bâtimens.

DEFRICHER une terre c'est remettre en labour, c'est-à-dire, labourer une terre qui ne l'a esté de long-temps, ou ne l'a peut-être jamais été; & cette terre ainsi défrichée ensuite employée en semences, ou en plan d'Arbres.

DEMEURER à demeurer se dit des Plantes qu'on seme en pleines terres, pour y rester jusques à ce qu'on les consomme; car il y en a qu'on seme pour être transplantées: par exemple, les Chicorées blanches, les Porreaux, &c. d'ordinaire on seme à demeurer le Persil, le Cerfeüil, l'Oignon, les Carotes, les Panaiz, &c.

DEPLANTER c'est arracher de terre un Arbre ou une Plante qui étoit en place & sur tout quand on éleve cet Arbre ou cette Plante avec un Déplantoir, pour la transporter ailleurs si heureusément qu'elle n'en souffre point, &

& quelle y pousse & fleurisse, comme si elle y avoit été originairement plantée.

Deplantoir est l'Outil avec quoy on déplante ; cet Outil est fait de feüilles de fer blanc mise en rond en forme de tuyau, & cela avec des charnieres sur les côtez qui doivent se joindre ensemble par le moyen d'un gros fil de fer, qui passant dans les charnieres, entretient la rondeur du Déplantoir, pendant qu'à force de bras on le fait entrer dans la terre jusques au dessous des racines de l'Arbre, ou de la Plante qui est à enlever ; & ce fil de fer étant ôté aprés que la Plante a été enlevée, fait que les côtez du fer blanc se retirent un peu, & par ce moyen la mote de l'Arbre ou de la Plante sort en son entier, & se place commodément dans le lieu qui luy est destiné ; on en fait de petits avec une demie feüille de fer blanc, on en fait d'autres plus grands avec une feüille entiere, & d'autres encore plus grands avec deux ou trois feüilles, selon les besoins qu'on en peut avoir.

Le mot de Déplantoir se dit aussi d'une Houlette, qui est un morceau de fer de la largeur de quatre pouces, de la longueur de six à sept, de l'épaisseur d'une bonne ligne, & étant de figure un peu concave, & emmanchée d'un manche d'environ cinq ou six pouces de longueur ; il sert à enlever des petites Plantes qui ne sont gueres avant en terre : par exemple, des Tulipes, des Narcisses, des Fraisiers, des Anemones, &c. Cette Houlette est trop connuë parmy les Bergers pour avoir besoin d'une plus ample explication : les Jardiniers en ont qui sont tout-à fait pointuës comme de la Sauge, qu'on appelle même feüille de Sauge ; ils s'en servent dans les terres dures & pierreuses, & ils en ont d'autres qui sont coupées quarrément, & un tant soit peu en rond par en bas ; & c'est pour les terres meubles & legeres.

Depoter. *Voyez cy-dessus Décaisser.*

Depoüiller un Arbre, c'est luy ôter ou tout son fruit, ou toutes ses feüilles, ainsi un Arbre dépoüillé est un Arbre à qui les vents froids ont fait tomber toutes les feüilles, ou sur lequel on a cueilly tous les fruits qui y étoient.

Detoupilloner *Voyez Toupillon.*

Diagonalle, lignes diagonalles, Allée diagonalles, sont Lignes ou Allées tirées en croix de coin en coin au travers d'un quarré pour en bien voir le niveau.

Dos de bahut, ou dos-d'âne, élever des terres en dos de bahut, c'est-à-dire, élever des terres en forme presque ronde sur leur longueur, pour faire égouter les eaux qui les pourroient gâter. *Voyez ados.*

Doüille c'est le trou rond qu'on fait à chaque Outil de fer, qui ne peut servir sans être emmanché, & on met le manche dans ce trou, c'est-à-dire dans cette doüille.

Drageons c'est la même chose que boutures qui sortent aux pieds de quelques Arbres, ou la même chose qu'œilletons, comme on dit en fait d'Artichaux; ainsi on dit qu'un Arbre drageonne trop: par exemple un Accassia, les Pruniers ordinaires &c. parce qu'ils poussent trop de petits sauvageons tout autour de leurs pieds; donner des drageons d'Artichaux, c'est-à-dire des œilletons.

E

Ebouler se dit d'un tas de terre, ou de sable, ou de pierre, ou de bois, &c. qui étans bien rangez, & se maintenans en bon état viennent à se laisser aller sur les côtez, & par consequent à perdre leur ancienne situation ou disposition; une muraille s'est éboulée, la terre qui étoit sur les bords de la tranchée est venuë à s'ébouler; de là vient le mot d'éboulis, pour dire la chose éboulée.

Ecaler se dit des Pois & des Féves qu'on écosse, c'est-à-dire, qu'on sort de leur cosse.

Eclaircir du plan, c'est en ôter ou arracher une bonne partie quand il est trop dru & trop épais, ensorte que ce qui se doit grossir & se fortifier ne feroit que s'étioler: par exemple, des Raves, des Choux, des Porreaux, de l'Oignon, des Laituës à replanter, &c. L'Oseille n'a que faire d'être éclaircie, elle ne sçauroit presque être trop druë.

Ecusson, écussonner. *Voyez greffer.*

Effondrer se dit à l'égard de la terre où l'on veut planter des Arbres, lesquels ne pouvans guéres réüssir si la terre n'est bonne & meuble à la profondeur d'environ trois pieds, il la faut foüiller de cette profondeur pour voir s'il y a lieu d'esperer le succés du plan, & afin d'en ôter en même-temps celle qui peut s'y trouver de mauvaise, aussi-bien que les pierres & les gravois, s'il y en a, & voilà ce qu'on appelle effondrer la terre, le terme est assez grossier & peu usité, celui de foüiller & faire des tranchées est mieux reçû.

EMMANCHER c'est donner un manche à un Outil, dont on ne peut se servir sans cela : par exemple, à une Bêche, une Fourche, une Houë, &c. chaque Outil à sa doüille pour recevoir son manche.

EMOUSSER. *Voyez mousse.*

EMPOTER signifie mettre une Plante avec de la terre dans un Pot, pour l'y faire vivre comme en pleine terre.

EMPAILLER se dit des Cloches de Melons, quand on met un peu de paille entre deux en les emboëtant les unes dans les autres pour les emporter, & les serrer jusqu'à l'année suivante; on dit aussi empailler un pied de Cardons ou d'Artichaux pour les faire blanchir.

ENCAISSER c'est pareillement mettre un Arbre dans une Caisse, d'où vient le mot d'encaissement d'Orangers.

EMMANEQUINER c'est en mettre dans un manequin, & remettre ensuite le tout en pleine terre jusqu'à ce qu'on les en ôte pour les mettre ailleurs en place à demeurer.

ENTER. *Voyez greffer.*

ENTOISER se dit des choses qui se vendent & s'achetent à la toise, si-bien qu'on les met dans des tas d'une figure quarrée pour pouvoir être toisez ; ainsi dit-on entoiser du Fumier, de la Pierre, &c.

EBOURGEONNER, ébourgeonnement sont termes qui se disent de la Vigne, à laquelle vers la fin de May, & au commencement de Juin on ôte le bourgeon, c'est-à-dire les branches inutiles & steriles, attendu qu'elles feroient tort aux bonnes qui sont chargées de fruit ; ces mots se disent encore des Arbres fruitiers, desquels on arrache dans le même tems, & encore dans le mois d'Aoust de certaines branches de faux bois, qui venans en dedans du Buisson, ou sur le corps de l'Espalier feroient de la confusion, & nuiroient tant aux fruits qu'aux bonnes branches.

ECHALAS est un morceau de bois long & quarré d'environ un pouce d'épais, il se fait d'ordinaire de cœur de Chêne fendu exprés pour cela, & est employé à faire le treillage des Espaliers, il s'en fait de telle longueur qu'on veut, mais l'ordinaire est de quatre pieds & demy, & de huit à neuf pieds, & de douze, &c. Il s'en fait aussi de branches de Chatagnier fenduës en deux, trois, quatre, &c.

ECHAPER & s'emporter, se sont termes qui se disent à l'égard des Arbres qui sont extrémement vigoureux, & qu'on appelle furieux, qui ne poussent que de fort grosses branches, sans en faire de celles qui doivent fructifier, & qui par ces grands jets font ou des Buissons trop grands, ou des Espaliers qui excedent la hauteur des murailles, sans rien pousser pour garnir le pied : delà vient qu'on dit cet Arbre s'emporte, cet Arbre s'échape, il le faut retenir: cette branche s'est échapée, s'est emportée: il faut ôter de ces branches qui s'échapent trop.

ECLATER en Jardinage se dit d'une branche ou d'une racine qu'on détache, soit à dessein, soit par mal-habileté de l'endroit où elle étoit venuë; prenez garde de trop baisser cette branche, de peur de l'éclater ou qu'elle ne s'éclate.

EFFEÜILLER. *Voyez feüille.*

EGAYER un Arbre qui est en Espalier, c'est le palisser si proprement que les branches soient également partagées des deux côtez, qu'elles ne soient point liées plusieurs ensemble, mais chacune attachée separement & en des intervalles égaux de l'un à l'autre, en sorte qu'il n'y ait point de confusion nulle-part, & que d'un coup d'œil on puisse voir toutes les parties dont il est composé; on dit aussi égayer un Buisson, égayer un Arbre de tige, c'est-à-dire, ôter les branches qui le rendent confus & étouffé dans le milieu:

ELAGUER & émonder se dit des Arbres qu'on veut faire monter pour devenir Arbres de belle tige, & pour cet effet on leur ôte toutes les grosses branches, qui sortant dans l'étenduë de la tige consommeroient une partie de la seve, au lieu qu'elle doit monter à la tête pour allonger & fortifier l'Arbre.

ENTURE. *Voyez greffer.*

ELANCE', une branche élancée signifie une branche veûle, c'est à-dire fort longue, peu grosse à proportion de sa longueur ; & entierement dégarnie d'autres branches dans son étenduë ; c'est un défaut à un Arbre que d'y voir des branches élancées.

ESPALIER se dit des Arbres fruitiers plantez le long des murailles, & palissez, c'est-à-dire, dont les branches sont attachées depuis le pied jusques en haut à un treillage qu'on a appliqué à ces murailles ; j'ay cent, deux cens toises d'Espalier, &c. c'est à dire, cent ou deux cens toises de murailles garnies d'Arbres fruitiers, &c. L'origine de ce mot ancien peut venir du mot de palissade qu'on a connu de tout temps par les Allées des Parcs & des Jardins, qui sont ornées & accompagnées à droit & à gauche de certains Arbres propres à être tondus & taillez, & retenus en forme de murailles ; sçavoir Charmes, Charmilles, Erable, &c. à l'egard de nos Espaliers d'Arbres fruitiers, c'est par le moyen de la taille & des liens qu'on les assujettit à faire cette figure plate & étenduë qui ne leur est nullement naturelle, mais de laquelle pourtant ils s'accommodent fort bien, quand ils ont à faire à un Jardinier habile.

EPIERRER se dit d'une terre, de laquelle on ôte une quantité de petites pierres ou cailloux qui s'y trouvent; ainsi on dit il faudroit épierrer cette terre, ce qui se fait ou avec une Claye, ou simplement avec un Rateau, &c.

EPELUCHER se dit proprement des Fruits, dont il en faut ôter une bonne partie, & sur tout les plus petits quand il en a trop noüé; comme il arrive quelquefois aux Abricotiers, Pêchers, Poiriers, Pommiers, &c. Cet épeluchement se doit faire quand les Fruits commencent à être gros comme des Noisettes, en sorte qu'ils sont bien asseurez, c'est à-dire, qu'ils tiennent bien, & qu'apparamment ils grossiront jusqu'à parfaite maturité.

Le mot d'épelucher se dit encore à l'égard du bois mort & du bois menu & chiffon, qu'il faut prendre soin d'ôter, soit aux Figuiers, soit aux autres Arbres fruitiers.

EQUERRE est un instrument de quelque matiere solide

dont on se sert pour faire un angle droit, un carré parfait ; ainsi on dit se tourner d'équerre pour faire qu'une chose soit parfaite.

ETAGE est proprement un terme de bâtiment, d'où les Jardiniers l'ont emprunté pour marquer la conduite qu'ils doivent tenir à l'égard des Arbres sujets à la taille ; ils disent donc qu'il ne faut pas laisser monter trop vîte leurs Arbres, tant les Nains que les Espaliers, mais seulement les laisser monter petit à petit chaque année ; & ils appellent cela monter par étage ; on dit aussi étage de racines : par exemple, il suffit qu'un Arbre ait un seul étage de bonnes racines, c'est-à-dire, qu'il ait des racines sortans tout autour du pied, de maniere qu'il n'y en ait point de beaucoup plus hautes, ny de beaucoup plus basses les unes que les autres.

ETRONÇONNER c'est couper entierement la tête à un Arbre, en sorte qu'il ne soit plus que comme un tronçon ; & cela arrive, soit quand on les veut greffer en poupée, soit quand la plûpart des branches de la tête venans à mourir, on a lieu de juger que l'Arbre redeviendroit beau, s'il étoit un peu baissé ; cela se pratique fort à l'égard des Ormes, des Noyers, Chatagniers, & mêmes des Pêchers de noyau, des Abricotiers, &c.

EVASER est le terme dont le Jardinier se sert, pour dire qu'il faut ouvrir dans le milieu un Arbre qui se serre trop, ou pour dire qu'un Arbre s'ouvre trop ; ainsi disons-nous que naturellement les Poiriers de Beurré s'évasent trop, & qu'il faut prendre soin de les resserrer ou raprocher ; nous disons aussi que les Poiriers de Bourdon se serrent trop, & qu'il les faut ouvrir & évaser.

EVANTAIRE est une maniere de Panier sans anse, long d'environ trois pieds, large de deux, fait assez grossierement d'Osier vert ; les Marchandes de Fruits & d'Herbages s'en servent pour porter vendre leurs Marchandises dans les ruës, ayans attaché cette Eventaire avec deux cordes qu'elles se passent sur le col ou sous les aisselles.

EXPOSITION est le terme dont nous nous servons pour marquer l'endroit heureux où le Soleil donne, & l'endroit malheureux où il ne donne que peu, ou point du tout : ainsi disons-nous l'exposition du Levant c'est la muraille qui est vûë des rayons du Soleil, depuis le matin jusqu'à midy; l'exposition du Couchant est celle où le Soleil donne depuis midy jusqu'au soir; l'exposition du Midy est celle où il donne le plus long-temps dans toute l'étenduë de la journée; l'exposition du Nort est celle où il donne le moins.

F

FANE & feüille c'est la même chose, & on s'en sert indifferemment à l'égard des Plantes; la fane ou feüille de cette Plante est differente de celle de cette autre.

FANER & se faner se dit quand les feüilles des Plantes & des Arbres au lieu d'être droites & bien étenduës; comme sont celles des Plantes qui se portent bien, sont au contraire renversées, ou en quelque façon pliées & flêtries; ce qui marque que l'Arbre souffre & a besoin d'arrosement, ou marque que la plante n'a pas encore fait des racines; ainsi les premiers jours que les Melons & Concombres sont plantez, ils se fanent si le Soleil leur donne sur la tête; ainsi les Choux, les Laituës, les Chicorées, &c. paroissent fanées jusqu'à ce qu'ils ayent commencé à faire de nouvelles racines à l'endroit où l'on vient de les planter: il faut avec quelque poignée de vieux fumier couvrir la Cloche du Melon nouveau planté, pour l'empêcher de se faner, &c. ainsi l'Oranger qui ayant besoin d'arrosement à ses feüilles un peu fanées, demande de l'eau, &c.

FARINEUX se dit de certaines Poires qui pour l'Ordinaire ayans passé leur maturité, ou étans venuës en mauvais fond, n'ont pas la quantité d'eau & la finesse de chair qu'elles devoient avoir; ainsi dit-on d'un Lansac, d'un Doyenné, d'un petit-Oin, d'une Epine, &c. Cette Poire est farineuse, cette Poire a la chair farineuse.

FAUSSES-FLEURS se dit en fait de Melons & de Concombres, & se sont des fleurs au dessous des quelles il n'y a point de Fruit qui y tienne, car aux bonnes Fleurs des uns & des autres le Fruit paroît devant que la Fleur s'épanoüisse au bout; & si le temps est favorable le Fruit nouë, si le temps est mauvais, ou que la Couche ne soit pas assez chaude, ce Fruit coule, c'est-à-dire perit.

Faux bois est la branche d'Arbre qui est venuë dans un endroit où elle ne devoit pas venir, & qui à ses yeux plats & fort éloignez les uns des autres, & qui communément devient beaucoup plus grosse & plus longue que toutes les autres de l'Arbre, à qui elle vole une bonne partie de leur nourriture, tout de même qu'une faute sur un tuyau de Fontaine empêche le bel effet qui se doit faire au principal endroit; voilà pourquoy nous disons qu'il faut faire la guerre aux branches de faux bois, à moins qu'on ait intention de rajeunir tout l'Arbre sur une telle branche, & par consequent d'ôter toutes les vieilles branches pour ne conserver que la fausse ou les fausses.

Se Fendre ou s'ouvrir, se dit des Pêches, des Prunes, &c. quand elles quittent bien le noyau; la Pêche se fend; le Pavie ne se fend point; la Prune de Perdrigon bien mûre ne se fend pas bien net; la Prune de Diaprée, de Rochecourbon ne se fend point du tout; les Damas, les Prunes d'Abricot, &c. se fendent net.

Fente, greffer en fente. *Voyez greffer.*

Feüille de Sauge est une espece de Pioche pointuë par le bout, & s'élargissant un peu en approchant du manche; il en est d'autres qui sont plates à l'endroit où la feüille de Sauge est pointuë, & s'appellent d'un seul nom Pioche; ces feüilles de Sauge sont propres à foüiller dans les fonds pierreux; & les Pioches sont bonnes à foüiller dans les terroirs qui sont simplement durs sans être pierreux,

Ficher des Echalas est un terme de Vigneron, qui signifie faire entrer un Echalas au pied d'un cep de Vigne pour y attacher les branches nouvelles que la pesanteur du Raisin & des feüilles feroit tomber à bas, & peut-être éclater & rompre; & comme les Jardiniers ont de la Vigne dans leurs Jardins, par exemple, quelques pieds sur le bord du labour, ils ont aussi besoin d'y ficher des Echalas.

Figuerie ou figuierie est un terme nouveau qui a été introduit à l'imitation de celuy d'Orangerie, & il se dit pour marquer un Jardin particulier, dans lequel on a mis une assez grande quantité de Figuiers, soit en place, soit en en caiſſe ; j'ay une belle Figuerie, il faut aller dans la Figuerie, c'eſt-à dire, dans le Jardin des Figues.

FONDRE eſt un terme de Jardinage, pour marquer qu'une Plante perit, mes pieds de Melons & de Concombres fondent, les Laituës, les Chicorées fondent, c'eſt-à dire, periſſent & pourriſſent dans le pied.

FOND ſignifie la terre ou terroir où l'on fait un Jardin ; le fond en eſt bon, comme auſſi le fond n'en eſt pas bon, le fond eſt mauvais, & il y a du tuf ou de l'argille dans le fond, &c. toutes ces manieres de parler ſignifient que le terroir eſt propre, ou n'eſt pas propre à nourrir, ou élever des Plantes, ſur tout il n'eſt pas bon quand le tuf ou l'argille ſont trop prés de la ſuperficie, n'en étant par exemple qu'à un pied, ou un pied & demy, & deux pieds, &c.

FOULER ſe dit des Oignons, des Beteraves, des Carotes, Panaiz, & autres racines dont on rompt les montans ou les feüilles vers le commencement d'Aouſt, pour empêcher que la ſeve n'y monte pas davantage, & qu'ainſi elle demeure en dedans de la terre, & ſoit employée à groſſir la racine ou l'oignon.

FOURCHE de Jardinier eſt un Outil de fer composé d'une doüille & de trois fourchons ou branches pointuës un peu recourbées en dedans, & longues d'environ un pied ; cet Outil étant emmanché d'un manche de trois à quatre pieds ſert à remuër des Fumiers, ſoit pour charger la Hotte ou le Bar, ſoit pour faire les Couches, & ſert auſſi pour herſer, ou remuër & rompre les mottes de terre nouvellement enſemencée de graines potageres, & les faire par ce moyen entrer au deſſous de la ſuperficie où elles doivent germer.

FORMER & façonner ſignifient la même choſe en Jardinage, il faut prendre ſoin de bien former & bien façonner un Arbre, & c'eſt par le moyen de la taille, &c.

FOURCHER, c'eſt-à-dire, pouſſer à l'extremité de la branche taillée d'autres branches, l'une d'un côté & l'autre de l'autre, comme ſi c'étoit une maniere de fourche, ces branches étant neceſſaires pour garnir deux côtez oppoſez, ſoit en eſpaliers, ſoit en buiſſon ; il faut prendre garde de tailler avec tant d'induſtrie, que ſi on a beſoin de deux branches, & que la branche taillée en puisse faire deux; elles fourchent si bien que ces branches se trouvent placées de maniere qu'on les puisse conserver l'une & l'autre; bien entendu qu'à la taille il ne faut jamais à l'extremité de la mere branche y en laisser deux nouvelles de même longueur, en sorte qu'elles fassent une figure de fourche, c'est un desagréement que j'évite soigneusement.

FOURCHON c'est l'endroit d'où sortent ces deux branches; prenez garde que le fourchon n'éclate,

FRANC sur franc, c'est un Arbre greffé sur un Sauvageon de son espece, ou même sur un autre Arbre qui avoit été greffé d'une autre espece: par exemple, un Poirier sur un Poirier sauvage, de même aussi un Pommier greffé sur un sauvageon de Pommier, &c.

FRETIN signifie beaucoup de branches qui sont inutiles, parce qu'elles sont petites, menuës, chifonnes, & quelquefois usées de vieillesse, il faut à la taille ôter tout le fretin.

FRICHE signifie une terre inculte; c'est un friche, cette terre est en friche, & delà vient le mot de défricher cy-devant expliqué.

FRUIT est la production que fait un Arbre ou une Plante, tant pour la multiplication de son espece que pour la nourriture de l'homme; le fruit du Poirier est la Poire, le fruit du Pêcher est la Pêche, le fruit du Fraizier est la Fraize.

Le FRUIT a coulé; la Vigne a coulé, *Voyez couler.*

Le FRUIT a bien noüé, n'a pas noüé, *Voyez noüer.*

Se mettre à FRUIT se dit d'un Arbre, qui aprés avoir été fort long-temps sans faire de fruit commence enfin d'en avoir; on dit de certains Arbres, par exemple, des Robine sur franc, des Bourdon sur franc, &c. qu'ils sont tres-difficiles à mettre à fruit, à se mettre à fruit: on dit d'autres Arbres qu'ils se mettent aisément à fruit: par exemple, le Beurré, les Orange d'Esté, &c. on connoît aux fruits à noyaux qu'ils sont noüez, quand la petite aiguille du milieu s'allonge plus que les feüilles de la fleur: on connoît que le Melon noue & s'arrête, quand au sortir de la fleur il s'éclaircit un peu prés de la queuë; ainsi du Concombre, de la Citroüille, &c. on connoît que la Poire noue, quand au sortir de la fleur, elle paroît toute formée.

Le Fruit est mûr, c'est-à-dire bon à manger, & si on ne le prend en ce temps-là on dit qu'il se passe, c'est-à-dire il devient moû ou pourry; ainsi une Poire molle s'appelle une Poire passée, il devient aussi insipide, & c'est pourquoy on dit qu'une Pêche trop mûre est insipide, qu'elle est passée, &c.

Fruiterie se dit de la Chambre ou Serre dans laquelle on met le Fruit pour le garder, & sur tout l'Hyver contre le froid, *Voyez Serre.*

Le Fumier est la paille qui ayant servi de litiere sous les animaux domestiques, & particulierement sous les chevaux, & étant imbibée de leur pissat & de leur crotin se trouve toute rompuë; ce Fumier devient propre pour le Jardinage; sçavoir, à faire des Couches & des rechauffemens quand il est bien chaud, & qu'il est comme on dit, neuf, c'est-à-dire fraîchement sorty de l'Ecurie, & sur tout quand il n'a servy qu'une nuit ou deux de litiere, en sorte qu'il n'est nullement pourry; mais quand il est pourry, soit pour avoir servy long-temps de litiere, ou pour avoir été employé en Couches, ou avoir été beaucoup moüillé par les pluyes & les égoûts, il sert pour fumer, amander & engraisser les terres; il en est de même des Fumiers de Mulet.

G

Gaigner un Oeillet est un terme commun parmy les curieux d'Oeillets Flamands & Picards, pour dire que de la semence qu'on avoit faite il en est venu quelque bel Oeillet nouveau.

Galle ou chancre en fait d'Arbres signifient la même chose; ainsi le bois de Bergamotte, des Robine; des petit-Muscats, &c. sont sujets à devenir galleux, à avoir de la galle, &c. les Poires de Bergamotte & de Bon-chrétien en plein air dans les terroirs froids & humides sont sujettes à devenir galleuses, &c.

Gazon se dit d'une superficie bien herbuë; gazonner, c'est-à-dire couvrir d'une superficie bien herbuë quelqu'endroit, soit Allée, soit Talus, soit Parterre, &c. on coupe pour cela dans quelque Pré ou quelque Pelouse pleine d'herbe fine, le dessus par pieces carrés de l'épaisseur d'environ trois pouces, de la largeur d'environ un pied, & de la longueur d'environ un pied & demy, & avec la Bêche on separe ce dessus d'avec le fond, & on le va placer bien proprement à l'endroit qu'on veut gazonner, & qu'il faut soigneusement & souvent arroser & tondre, afin qu'il soit toûjours bien vert & bien uny.

Germe & germer se disent de toutes les graines qu'on seme; germe est un petit commencement de racine blanche qui ne fait que de sortir, soit de la graine, soit du noyau, le Melon est germé, c'est à-dire que la racine commence de se montrer: semer des Pois tous germez, de la Laituë toute germée, cela veut dire qu'on a mis tremper ces Pois, cette graine, &c. dans l'eau, si-bien qu'estant attendrie elle s'est échauffée, & a commencé de faire paroître la premiere pointe de la racine.

Givre est une maniere de gelée blanche, qui est si épaisse qu'elle s'attache aux branches d'Arbres, & y fait même quelquefois des glaçons pendans.

Glaise est une sorte de terre verdâtre, grasse, & extremement terrée en soy, qui se trouve en quelques endroits au dessous de la bonne terre, & qui est mortelle pour tout le Jardinage.

Glane d'Oignon se dit d'une quantité d'Oignons qu'on a attaché avec leur vieille fane, tout autour de l'extremité d'un bâton dans la longueur d'environ un pied & demy, ou de deux pieds, & on les porte ainsi vendre au Marché.

Gomme aux Arbres de noyau: sçavoir aux Pêchers, Pruniers, Cerisiers, Abricotiers, &c. signifie une espece de maladie, & est comme une maniere de gangreine ou d'apostume, procedant de la corruption de seve de ces Arbres, où elle s'est extravasée, & devenuë en quelque façon solide, ressemblant à peu prés à du Cotignac: elle se forme d'ordinaire à qu elqu'endroit écorché ou rompu, & fait mourir toutes les parties voisines, si bien que pour éviter qu'elle ne s'étende davantage, il faut couper la branche malade à deux ou trois pouces au dessous de l'endroit affligé ; on voit aussi quelquefois l'Esté mourir des branches aux Pêchers, sans qu'il y ait rien d'écorché ; la gomme se met pareillement aux Ecussons, & quelquefois à de grands Arbres à l'endroit de la greffe, ce qui fait mourir toute la tête.

Goulot d'une Cruche ou d'un Arrosoir; c'est, pour ainsi dire, la bouche par où l'eau entre dans le ventre de l'Arrosoir.

Grainer c'est monter en graine, faire de la graine ; la plusspart des Plantes font en Esté de la graine, montent en graine pour se multiplier, autrement l'espece en periroit ; c'est une chose incroyable de voir toutes les differences qui se remarquent aux graines, tant pour la couleur & la grosseur, que pour la figure & l'ornement ; le Microscope y fait voir des merveilles surprenantes, j'en ay fait une déscription la plus exacte que j'ay pû dans le Traité du Potager ; les Plantes donc font une tige qui s'éleve, au haut de laquelle se forme la graine ; le Jardinier a souvent le déplaisir de voir que certaines Plantes montent trop-tôt en graine : par exemple, les Laituës pommées, la Chicorée, &c. ce qui arrive encore plus quand le terroir n'est pas bon, ou n'est pas amplement arrosé dans les grandes chaleurs ; ainsi on peut dire que certaines Plantes grainent de pauvreté : on a aussi le déplaisir de voir que certaines Plantes ne grainent pas comme on voudroit : par exemple, les Plantes d'Oeillets, de Passetout, de Choux-fleurs ; & dans les terroirs froids & humides le Basilic, le Persic-Macedoine ne grainent point, ou plûtôt grainent si tard que leur graine ne sçauroit mûrir.

Grainier est le Marchand de Graines, tant potageres que de fleurs.

Grainetier est le Marchand des autres grosses Graines ; sçavoir ; Avoine, Bled, Pois, Féves, &c.

Gavois est un terme tiré des bâtimens, & signifie une grande quantité de petites pierres & de platras ; ainsi il arrive quelquefois qu'on fait un Jardin au même endroit où il y a eu une maison, ou bien dans un endroit où l'on a apporté beaucoup de gravois, de décombre & de démolitions de maison ; nous disons qu'il faut être soigneux de bien ôter tous les gravois ; & même quelquefois de passer la terre à la claye, afin qu'étant bien épierrée, c'est-à-dire bien purgée & nettoyée des pierres & platras dont elle étoit pleine, elle devienne propre à nourrir tout ce qu'on y voudra semer & planter

Nous disons quelquefois égravillonner : par exemple, égravillonner une mote d'Oranger & de Figuier, aprés qu'on en a retranché tout autour & dessous environ les deux tiers, ce qui se faisant à coup de Hache, ou de Serpe, ou de Bêche, la terre qui reste paroît dure, & les racines n'ont pas leur extrémité assez découverte ; pour lors avec la pointe de la Serpette ou d'autre morceau de fer pointu fait exprés, on retire d'entre les racines un peu de la terre qui y étoit, afin que ces racines se trouvans ensuite dans un autre endroit où la terre est nouvelle & meuble, en soient promptement revêtuës & remplies, & y puissent par consequent mieux agir pour la production de nouvelles racines.

Greffer ou enter sont deux termes synonymes qui signifient faire changer d'espece ou de nature à un Arbre en y faisant quelque operation ; on se sert plus ordinairement du second de ces termes en certaines Provinces où les curieux pour parler de leurs Arbres fruitiers disent, j'ay dix, douze ou quinze Entes de tel Fruit, je vous donneray une Ente, &c. au lieu de dire j'ay dix, douze, quinze Arbres de telle espece ; mais du côté de Paris nous nous servons plus ordinairement des mots de greffe & de greffer, ainsi nous disons, j'ay quatre, cinq, six greffes, &c. le surplus de ce qui regarde cette matiere de greffes est amplement expliqué dans la cinquiéme Partie au Chapitre des greffes.

Il y a aussi de certaines Provinces où l'on se sert du terme d'Enteure pour dire greffe.

Greffoir ou Entoir est un petit Coûteau fait exprés pour greffer, il doit avoir le manche d'un bois dur, ou d'yvoire, & que l'extrémité en soit plate, mince & arrondie pour pouvoir servir à détacher aisément l'écorce d'avec le bois des plus petits Arbres, & y inserer ensuite les Ecussons sans rien blesser ou rompre.

Grenadier est une espece d'Arbre fruitier trop connu pour avoir besoin d'explication particuliere, il y en a qui ne font que des fleurs doubles, & il y en qui font du fruit aprés avoir fait des fleurs simples.

GROMELEUX se dit de certaines Poires peu bonnes, & ce mot signifie à peu prés la même chose que farineux ; chair farineuse, chair gromeleuse.

GROSSEUR ou plutôt en grosseur; cela se dit pour marquer qu'un Fruit a acquis la grosseur qu'il doit avoir pour entrer en maturité, il demeure quelque temps en cet état là sans augmenter ; ainsi on dit mes Pêches sont en grosseur, mes Figues ne sont pas encore en grosseur.

H

HATIF se dit de tout ce qui vient dans un Jardin devant les autres choses de la même espece, ainsi on dit Pois hâtifs, Cerises hâtives, pour marquer les Pois & les Cerises qui viennent devant les Pois & les Cerises ordinaires.

Et du mot hâtif dérive celui d'hâtiveté, ainsi nous disons que certains Fruits sont estimables pour leur hâtiveté, & d'autres pour leur tardiveté.

Hâtif & precoce signifient la même chose, & pareillement hâtiveté & precocité.

HORTOLAGE est un terme assez barbare & assez grossier pour signifier tout ce qu'il y a de Plantes, Legumes & Herbes Potageres dans un Jardin potager, il n'est plus guéres en usage que parmy quelques Provinciaux.

HOTTE est une maniere de Manequin fait exprés pour l'attacher sur le dos avec des Bretelles, & par ce moyen y porter facilement quelques fardeaux : par exemple, terre, sable, pierre, linge, fruits, &c. le côté qui se place contre le dos est plat & plus élevé que tout le reste, qui est large & rond par en haut, & un peu pointu par en bas, & qu'on peut appeller le ventre; la partie plus haute s'appelle le colet.

HOÜE est une maniere de Bêche renversée comme les Crochets à fumier, & emmanchée d'un manche d'environ deux pieds de long, dont les Vignerons se servent pour labourer leurs Vignes, craignans, disent-ils, de blesser les racines avec la Bêche ordinaire ; & même quelques Jardiniers se servent de cet instrument pour labourer leurs Jardins; il en est de fenduës en deux bras qui sont un peu pointuës, pour travailler dans les terres fortes & pierreuses ; un habile Laboureur qui a accoûtumé de se servir de cet Outil, fait beaucoup de remuëment de terre en peu de tems, mais aussi il n'entre pas si avant que celui qui se sert de la Bèche ordinaire.

HOULETTE, *Voyez cy-devant Déplantoir.*

I

JALON & jalonner sont des termes fort particuliers pour les alignemens qu'on veut prendre ; ce sont des bâtons bien droits, d'une hauteur raisonnable, armez en tête de linge ou de papier blanc, ou simplement blanchis de peinture pour être vûs plus distinctement ; on les plante de distance en distance sur des lignes qu'on veut avoir bien droites, soit pour planter des Arbres, soit pour faire des Allées & des tranchées ; aussi on dit il faut jalonner, c'est-à-dire planter des jalons, &c. *Voyez borneyer, aligner, &c.*

JARRET d'Arbre est une branche d'Arbre fort longue, & dénuée d'autres branches qui l'accompagnent ny à droit ny à gauche, soit qu'il n'y en soit jamais venu, comme en effet il n'en vient guéres qu'aux extremitez, & ainsi une branche laissée longue n'y en aura point fait, soit qu'il y en soit venu, & que le Jardinier mal-habile les ait ôtées, on donne le nom de jarret à une telle branche : je ne trouve rien de si vilain que de voir ces sortes de jarrets, tant dans un Buisson que dans un Espalier, & je leur fais autant que je puis une cruelle guerre : si-bien que je les ravalle fort bas pour leur faire pousser de nouvelles branches à l'extrémité que je leur donne, avec intention de continuër à tailler d'une longueur raisonnable les plus grosses branches qui en sortiront, & garnir par ce moyen l'endroit qui étoit vilain par la rencontre du malheureux jarret qui y étoit.

JAUGE & jauger parmy les Fontainiers signifient une mesure

mesure d'eau pour en sçavoir la quantité de pouces : mais parmy les Jardiniers jauge se prend tantôt pour une espace de terre qu'on laisse vuide en faisant un labour profond, ou pour une fouille de tranchée, afin que dans cet espace on ait la commodité d'y jetter les terres qui sont à labourer, faisant toûjours si bien qu'il reste une jauge pareille à la premiere jusqu'à la fin de la tranchée : & pour lors on remplit cette derniere jauge, soit avec les terres qu'on a mis hors de la tranchée pour faire la premiere jauge, soit avec des terres prises d'ailleurs.

Jauge se prend aussi pour la mesure de la profondeur qu'on veut donner à une tranchée, & est un bâton d'une longueur semblable à celle de cette profondeur, laquelle mesure il faut toûjours suivre pour entretenir la même profondeur & la même superficie, sans y rien changer : ainsi on dit avoir toûjours sa jauge pour ne se pas tromper en faisant la tranchée.

Jardin est une piece de terre qui pour l'ordinaire est renfermée de murailles, & est voisine de la maison pour laquelle est ce Jardin, cette piece de terre étant destinée, soit pour les Fruits & le Potager, soit pour les Fleurs & pour les Arbrisseaux : il y a bien des Jardins qui ne sont fermez que de Hayes, ou de Fossez, &c.

Jardinier est l'Ouvrier qui est chargé du soin & de la culture de ce Jardin.

Jardinage se prend pour la science qui apprend la maniere de cultiver ce Jardin : un tel entend bien le Jardinage.

Jet d'Arbre est la branche qui sort de cet Arbre, soit du tronc, soit des autres branches : cet Arbre fait de beaux jets, &c.

L

Lever se dit des graines qui étant semées viennent à bien sortir de terre : ainsi on dit ma Laituë a bien levé, ma Chicorée n'a point levé, &c.

Lit de Fumier, c'est un étage de fourches de Fumier sur une certaine largeur : par exemple, pour faire une Couche de cinq pieds de large, & de trois pieds de haut, il faut environ mettre quatre lits de fumier l'un sur l'autre pour la hauteur, & couvrir cependant de fumier la largeur de cinq pieds proposée.

Lisette, autrement Coupe bourgeon est un petit animal verdâtre comme une Lentille, qui pendant les mois de May & Juin fait un grand dégât aux jeunes jets des Arbres fruitiers, en leur coupant à demy l'extrémité, si bien que cette extrémité vient à perir, & par ce moyen empêche que les jeunes jets ne s'alongent comme ils l'auroient fait sans cela.

M

Maille se dit en matiere de treillage, & signifie les petits carrez qui se font par la rencontre de quatre Echalas qui sont liez les uns aux autres; ce mot est pris des Filets ou Reseaux, &c.

Maille se dit aussi en fait de Melons & de Concombres, & signifie l'œil d'où sort le fruit.

Manche c'est un bâton rond d'une grosseur de trois ou quatre pouces de tour, & de quatre pieds de long, avec lequel on emmanche, par exemple une Bêche, une Fourche, &c. il y a d'autres Outils ausquels il faut des manches plus courts: par exemple à des Houës, & à des Crochets pour Fumier, & d'autres à qui il en faut de plus menus: par exemple à des Ratissoires, des Serfoüettes, des Coûteaux, des Serpettes, des Scies, &c.

Mane ou Mannequin, c'est un Ouvrage d'Osier fait par le Vanier, soit pour y mettre quelque chose à transporter, soit pour y planter des Arbres; on nomme Mannes ceux qui sont grands, & on nomme mannequins ceux qui sont petits; ils sont tous ronds, mais les uns à clair-voye, & ceux là sont de gros Osier, les autres sont pleins, & cela se fait avec de petit Osier qui remplit l'entre-deux du gros; les petits ont neuf à dix pouces de profondeur, & douze à quinze de largeur; quelquefois les Mannes ont deux oreilles ou anses qu'on leur fait sur le bord d'en-haut, & vis à vis l'un de l'autre, pour les porter plus aisément à deux quand elles ſont pleines ; on y paſſe quelquefois un gros bâton pour les tranſporter de cette ſorte.

MARQUOTE & marquoter ſe diſent de la Vigne, des Figuiers, des Coignaſſiers, &c. auſquels en couchant des branches de ces Arbres cinq ou ſix pouces avant dans la terre, elles y prennent racine, & cela s'appelle marquoter, & pour lors cette branche devenuë enracinée & ſeparée de l'Arbre auquel elle tenoit, s'appelle une marquote, & vers le Rhône une barbade, & eſt propre à faire un Arbre de l'eſpece dont elle eſt.

On marquote auſſi des Fleurs, & ſur tout des Oeillets, en y faiſant une petite entaille au deſſous d'un nœud, & rempliſſant cette fente d'un peu de terre fine, & l'entourant toute de deux ou trois pouces de la même terre, ſoit dans un Cornet de fer blanc attaché en l'air pour les branches qui ſont trop hautes pour être couchées, ſoit dans le Pot ou en pleine terre, dans leſquels ſont les pieds qui ont leurs branches aſſez baſſes ; ainſi on dit j'ay une douzaine de belles marquotes à vous donner, &c. voicy le temps de marquoter.

MARCHEZ ce ſont de certains Jardiniers qui ſe ſont établis autour de Paris, & de la plûpart des bonnes Villes pour n'élever dans leurs Jardins que des herbages & des legumes qu'ils portent tous les jours vendre dans les Marchez publics : leurs Jardins s'appellent Marais, quoyque ſouvent le terrein ne ſoit que du ſable fort ſec.

MARNE eſt une eſpece de pierre de Chaux tendre, graſſe & griſâtre qui ſe trouve dans le fond de certaines terres, & qui en étant tirée & répanduë dans les champs, tient lieu d'un excellent Fumier pour rendre ces terres fertiles : delà vient qu'on dit marner des terres, c'eſt-à-dire, y répandre de la Marne, laquelle a cette proprieté que les terres qui en ont été marnées, ſont encore mieux la deuxiéme & troiſiéme année que la premiere.

MELON eſt le fruit aſſez connu, il doit eſtre d'ordinaire de la figure à peu prés d'un petit Baril, c'eſt-à dire, longuet, & un peu plus gros dans le milieu qu'aux deux extrémitez.

MELON arrêté, Melon noüé, c'eſt-à-dire, Melon qui

au sortir de la fleur commence à grossir, car il en perit beaucoup à la fleur: la même chose se dit des Citroüilles, Concombres, Potirons, &c.

MELON brodé, c'est-à-dire, qui sur son écorce a une maniere de broderie.

MELON lissé, c'est celuy qui n'a point de broderie.

MELON frapé, c'est celuy qui a quelque marque de maturité qui se fait appercevoir, soit aux gens qui voyent quelque petit endroit jaunissant, soit à l'odorat quand on sent l'odeur de Melon mûr, en approchant du nez celuy qui est soupçonné d'être frapé.

METTRE à fruit, se mettre à fruit, *Voyez fruit*.

MEULE, ou plûtôt meule de Fumier est un terme dont les Maréchaux se servent pour marquer un amas de Fumier chancy, qu'ils ont trouvé en defaisant leurs Couches, & qu'ils ont mis ensemble pour avoir des Champignons; ils font les meules autant longues qu'ils peuvent, larges & hautes de quatre à cinq pieds & en dos-d'ânes; on dit aussi meule de Fumier neuf, c'est à-dire, un grand amas de Fumier neuf pour s'en servir, soit à couvrir des Plantes, soit à mêler avec du neuf en faisant des Couches.

MICÔTE, ma maison ou mon Jardin sont à micôte; ces termes signifient l'endroit qui marque à peu prés le milieu d'une coline aisée, c'est-à dire, une coline peu roide ou peu difficile, soit à monter, soit à descendre, en sorte que cet endroit pourroit passer pour une plaine, s'il ne se trouvoit plus haut que beaucoup de terres voisines sur lesquelles il commande, & fournit le plaisir d'une vûë belle & bien étenduë: ce sont de ces sortes de situations qu'on souhaite le plus, quand sur tout elles ont l'avantage d'une bonne exposition.

MIRLICOTON est une sorte de grosse Pêche jaune & de Pavie jaune, qui mûrit sur la fin de l'Automne; ce mot est un terme de Gascogne.

MOIGNON, couper, tailler en Moignon, *Voyez couper*.

MOLETTE se dit du Melon qui est mal-fait dans sa figure; c'est à-dire, qui est menu & étranglé, soit du côté de la queuë, soit du côté de l'œil, ou qui est plat & enfoncé d'un côté au lieu d'être rond ; molette se dit aussi des Concombres mal-faits.

MONTER, les Laituës montent, c'est-à-dire, font une tige ; d'où vient qu'on dit le montant d'une Plante ou de la tige.

MORVE en fait de Laituë, de Chicorée, &c. est une pourriture qui se met à ces sortes de Plantes & les fait perir ; nos Laituës morvent, ou ont la morve, &c.

MOTE d'un Arbre signifie une certaine quantité de terre qui tient aux racines, en sorte qu'elle ne sont pas découvertes ; ainsi on dit lever un Arbre en mote, comme j'en enleve beaucoup même des Arbres de tige assez gros, ce qui ne se peut faire dans les terres meubles & legeres, &c. & quand on rencaisse des Figuiers & des Orangers, on leur retranche une partie de leur mote. &c.

MOÜILLEURE, une bonne moüilleure, cela veut dire un ample arrosement ; il faut donner une bonne moüilleure, c'est à-dire arroser amplement.

MOUSSE est une maniere de petite herbe frisée, crespuë & jaunâtre, qui ne croît guéres en hauteur, & vient sur la superficie de certaines terres incultes, ou de certains bois ; elle vient aussi sur l'écorce de quelques Arbres fruitiers, & sur tout des Poiriers, ou elle fait un grand desagrément à la vûë ; c'est pourquoy je recommande soigneusement d'émousser les Arbres, c'est-à-dire, leur ôter la mousse, ce qui se fait en tout temps : mais sur tout pendant les humiditez, & pour cela on se sert du dos d'un coûteau, ou bien on fait une maniere de coûteau de bois avec quoy on racle l'écorce moussuë.

MOUVER la terre dans un Pot ou dans une Caisse, c'est y faire une maniere de petit labour avec quelque petit Outil de fer ou bien de bois, afin que cette terre étant ainsi mouvée & renduë meuble, l'eau des arrosemens puisse plus facilement entrer.

N

NAVRER une Perche ou un Echalas, c'est leur donner un coup de Serpe à l'endroit qui n'est pas assez droit, ce coup de Serpe entrant un peu avant dans la Perche ou l'Echalas, fait qu'ils obeïssent au Jardinier pour les planter de la maniere qu'il veut, soit en long, soit en ovale, ou en rond.

NIVEAU se prend en Jardinage ou pour l'instrument avec lequel on cherche à mettre de niveau la superficie d'un Jardin, ou à connoître la difference de ses hauteurs pour les regler suivant les besoins qu'on en a; il y a differentes manieres d'instrumens pour cela, ou bien niveau se prend pour faire entendre la disposition de la superficie; quand on dit par exemple, qu'une Allée est de niveau, c'est à-dire, qu'elle n'est pas plus haute à un endroit qu'à l'autre, qu'il faut mettre une Terrasse de niveau, &c. on dit aussi quelquefois niveau de pente; il faut dresser une telle Allée suivant son niveau de pente, c'est-à-dire, que la pente soit égale par tout dans toute la longueur de l'Allée, en sorte qu'elle paroisse unie d'un bout à l'autre.

NOÜER, un Fruit noüé, un Melon noüé, *Voyez Fruit.*

NOUVEAUTE' se dit de toutes sortes de Fruits & de Legumes; qui par le soin & l'industrie du Jardinier viennent dans leur perfection ou dans leur maturité devant la saison ordinaire, & sur tout en Hyver & au Printemps; ainsi ce sont des nouveautez que d'avoir des Fraizes & des Concombres au commencement d'Avril, des Poires au commencement de May, des Asperges vertes en Novembre, Decembre, Janvier, Février, Mars, des Cerises precoces à la my-May, des Laituës pommées au mois de Mars, &c. un bon Jardinier doit avoir de la passion pour les nouveautez.

NOÜILLE ou nielle est une maniere de roüille jaune & de pourriture qui se met sur le bled devant sa maturité, & particulierement sur le pied & sur les feüilles des Melons, quand il est tombé quelques eaux froides dessus, cette eau les roüille & les fait entierement perir; elle se met aussi sur les Laituës, Chicorées, &c. il se met encore une autre maniere de roüille blanche aux Concombres, & s'appelle le blanc, nos Concombres ont le blanc, c'est-à-dire, qu'ils perissent.

O

OBLONG, *Voyez carré oblong.*

Oeil d'un Arbre est une maniere de petit nœud pointu auquel tiennent les feüilles des Arbres, & d'où sortent les jets.

OEIL de Melon est aussi l'endroit d'où sortent les bras, & se nomme aussi, maille.

OEIL d'une Poire, c'est l'extrémité opposée à la queuë; cet œil est fait comme une petite couronne, qui est enfoncée aux unes & non autres; les Pommes ont pareillement chacune leur œil.

OREILLES des Melons, Concombres, Laituës, &c. sont les deux premieres feüilles qui sortent de la graine semée, ou de l'amande, & sont differentes de celles qui viennent aprés; ainsi on dit les bras qui sortent des oreilles de Melons ne valent rien: on peut replanter en Pepiniere de petites Laituës dés qu'elles ont les oreilles un peu grandes.

P

PAILLASSON est une invention toute pure de Jardiniers pour faire en Hyver à peu de frais avec de la paille longue & quelques échalas, une couverture & des brise-vents à leurs Couches, afin de les défendre du froid qui pourroit gâter leurs Plantes printanieres; pour faire ces Paillassons ils se sont avisez de mettre à plate terre trois échalas longs de six à sept pieds, & de les espacer en parallele de deux à trois pieds, l'un de l'autre, ensuite ils ont mis en travers de ces échalas une maniere de lit de cette paille longue de l'épaisseur d'un bon pouce, de la hauteur de cinq à six pieds, & de la longueur des échalas, & aprés ils ont remis trois autres semblables échalas sur ce lit de paille, en sorte qu'ils se rencontrent vis à vis des trois premiers, & qu'avec de l'osier ils ont lié ceux de dessus avec ceux de dessous, enfin ils ont ajoûté encore deux autres échalas en travers, & sur l'un des deux côtez de cet Ouvrage de paille pour tenir le tout plus ferme & plus solide; par ce moyen ils ont ſerré, renfermé & ſoûtenu la paille entre ces échalas; ſi bien que le tout enſemble a fait une maniere de tableau : or cette table ſe mettant debout ſur un côté de ſa largeur, & étant arrêtée avec des pieux fichez en terre, fait une eſpece de petite muraille qui défend les Couches des vents froids, & pour lors cela s'appelle briſe-vent, c'eſt-à-dire abry contre le vent, parce que cela briſe le vent ou le rompt, en empêchant de donner ſur les Couches, & y fait en même-temps une reflexion des rayons du Soleil, qui echauffent cet endroit ainſi fabriqué; ou bien mettant ce Paillaſſon à plat ſur les Couches qu'on a garny de quelques autres échalas mis en travers, & ſoûtenus de petits pieux à la diſtance de quatre à cinq pouces de hauteur, pour empêcher que ces Paillaſſons n'approchent de trop prés la ſuperficie de ces Couches; ces Paillaſſons, dis-je, ainſi mis conſervent le plan élevé ſur ces Couches en empêchant que les neiges & le froid ordinaire des nuits n'y tombent deſſus; par exemple, ſur des petites Salades, ſur des Raves printanieres, &c. voilà donc l'origine, la fabrique & l'uſage des Paillaſſons & des Briſe-vents.

Palisser c'eſt attacher au treillage appliqué contre un mur les branches des Arbres plantez en Eſpaliers, & les attacher ſi proprement à droit & à gauche, que la muraille en ſoit entierement & également couverte : en certains endroits on dit plier les branches au lieu de paliſſer.

Panache eſt un terme dont les curieux Fleuriſtes ſe ſervent quand ils parlent de Tulipes, d'Anemones, de Rozes, d'Oreilles d'Ours, &c. qui ont le fond de leur couleur naturelle rayée de blanc & de jaune; une Tulipe panachée, une Tulipe qui commence à panacher, &c.

Parallele eſt un terme emprunté des Mathematiques pour ſignifier des Allées d'Arbres avec leur contre-Allées bien plantées, en ſorte que les largeurs de chacune ſoient toûjours bien obſervées d'un bout a l'autre.

Parterre eſt une ſorte de Jardin diſtribué par compartiment, qui pour l'ordinaire ſont bordez de Büis, & pour ainſi dire dorez d'un beau ſable jaune le long & dans le milieu des figures; cette ſorte de Jardins eſt deſtiné pour les Fleurs & les Arbriſſeaux; il y en a qu'on appelle

Parterre

Parterres des broderies, ou en broderie, qui sont ceux où on voit de grands Rainseaux, des Fleurons, des Fleurs-de-Lis : en un mot, des figures faites avec du Büis ; ceux-là n'ont guéres de Fleurs que dans les Plates-bandes du tour ; il y en a d'autres qu'on appelle des Découpez ; ainsi on dit ce Parterre est un beau Découpé, &c. or ce découpé signifie un Parterre dans lequel il y a plusieurs pieces carrés, ou carrées longues, ou ovales, ou rondes, ou autres figures dans lesquelles on met des Fleurs ; enfin il y a d'autres Parterres qu'on appelle Boulingrins, & sont de Gazon figuré.

Un Fruit PASSE', le Fruit se passe, *Voyez Fruit.*

PASSER à la Claye se dit pour les terres qui étant trop pierreuses ne pourroient faire un bon Jardin ; on a donc une Claye qu'on tient entre droite & couchée, & qu'on soûtient par derriere avec quelques échalas, cependant le Jardinier prenant sa terre avec sa Paëlle la jette à force contre cette Claye, si-bien que la bonne passe au travers, & les pierres tombent en bas du côté du Jardinier, ensuite on les ôte de là, pour continuër à passer ainsi toute la terre qui en a besoin.

PATEUX se dit de certains Fruits qui communément sont trop mûrs : & ont pour ainsi dire, une chair de pain à demy cuit ; voilà pourquoy on dit de quelques Poires d'Espine, ou de quelques Pêches mal conditionnées qu'elles ont la chair pâteuse, c'est-à-dire peu fondante.

PATTE dans le Jardinage ne se dit que pour les Anemones & les Renoncules, effectivement l'oignon ou la racine ressemble en quelque façon à la Patte d'un petit animal ; les Pattes se multiplient comme les cayeux des autres oignons de Fleurs, & les graines d'Anemones simples étant semées font de petites pattes, qui au bout d'un an, ou de deux & de trois deviennent assez fortes pour fleurir ; tout le monde sçait assez que les Anemones doubles & les Renoncules, non plus que les Jonquilles & les Narcisses ne font point de graines pour se multiplier.

PAVIE dans le voisinage de Paris s'entend de ce Fruit, qui ressemble à une Pêche, ne quitte pas le noyau, ainsi Brugnon à l'égard des Pêches violettes est Pavie ; le nom de Pavie dans la plûpart des Provinces de Guyenne est le terme general, qui signifie tant les Pavies qui ne quittent pas le noyau, que les Pêches qui le quittent ; l'un & l'autre sont connus par leur grosseur, couleur, figure, goût, chair, eau, peau, noyau, &c. l'Arbre qui les produit se nomme Pêcher.

Peau de Fruits est la superficie qui envelope la chair de ces Fruits ; les uns l'ont plus douce, les autres l'ont plus rude ; les unes l'ont lice & rase comme les Cerises, les Prunes, les Pêches violettes, les Pêches Cerises, les Brugnons, &c. les autres l'ont un peu veluë comme toutes les autres Pêches & les Pommes de Coing ; les unes l'ont plus moüelleuse & douce au toucher comme les Pêches mûres, les autres l'ont plus ferme comme les Pêches qui ne sont pas encore mûres & les Pavies.

Paelle est un Outil de bois fait en forme de Bêche pour remuër des terres legeres & du sable ; il est fait tout d'une piece, & a le culeron plus long & plus large que les Bêches de fer.

Paellete'e est la quantité de terre qui peut se ranger sur une paëlle.

Percer une Couche, se dit des Couches sur lesquelles on veut semer des Raves dans des trous faits exprès avec un morceau de bois longuet, rond par tout, de la grosseur d'environ deux ou trois pouces de tour, & pointu par le bout qui doit entrer dans le terreau ; ainsi on dit il faut se mettre à percer cette Couche pour y semer des Raves.

Perchis est une clôture qui se fait avec des Perches, les unes mises & fichées d'un pied avant dans la terre, & espacées d'environ huit à neuf pouces, les autres mises en travers à la même distance, en sorte qu'elles font des mailles & empêchent que ny des hommes, ny des gros animaux puissent entrer dans l'endroit de terre ainsi clos de Perches.

Pesche est le Fruit qui ressemble exterieurement à un Pavie, en est different par dedans, en ce qu'il quitte le noyau & a la chair plus délicate.

Pescher de noyau est un Pêcher venu de noyau, & qui n'a point été greffé ensuite.

PETREAU est le Sauvageon qui repousse du pied de quelque Arbre que ce soit ; ainsi on dit que les Pruniers repoussent beaucoup de Petreaux.

PIERRE'E est une petite conduite d'eau qu'on fait sous terre avec du Moilon sec par en bas, & couvert de Mortier par en haut pour faire écouler des eaux sous-terraines qui rendroient la terre d'un Jardin trop humide, trop froide & pourrissante.

PIERREUX se dit de certaines poires qui naturellement sont dures, & ont une espece de petites pierres ou gravier, & sur tout vers le cœur ; & ainsi on dit le gros-Musc est trop pierreux : & il en est de même de l'Amadotte, du Bon-chrétien d'Hyver quand il est petit & contrefait, &c.

PILE ou meule de Fumier est un tas de grand Fumier proprement rangé, ou entassé pendant l'Esté pour s'en servir l'Hyver à couvrir des Plantes, ou à faire des Couches étant mêlé avec de grand Fumier neuf : delà vient qu'on dit empiler du Fumier, c'est-à-dire le mettre en pile.

PINCER est rompre dans les mois de May, Juin & Juillet l'extremité des gros jets de Pêchers, pour n'y laisser que trois ou quatre pouces de longueur, afin qu'étant ainsi rompus avec l'ongle, (car il n'y faut point mettre le coûteau, ces jets tendres se cassans comme du verre) ils en repoussent trois ou quatre autres de mediocre grosseur au lieu d'un trop gros, & que par ce moyen on ait plus de branches à Fruit ; car comme j'ay souvent dit, d'ordinaire les grosses branches n'en font point, ou en font peu ; ainsi on en a trois ou quatre au lieu d'une qui auroit été fort grosse & fort longue, & qui auroit dû être taillée l'année ensuite à la longeur de six à sept pouces ; il ne faut point pincer les petites branches.

PIOCHE est un Outil de fer large de trois à quatre pouces, & long de sept à huit, renversé en forme de Crochet à Fumier, & emmanché d'un manche d'environ quatre pieds, dont on se sert pour foüiller des terres dures qui se trouvent en faisant les tranchées d'un Jardin.

PLANCHES de Jardin sont les parties d'un carré de Jardin divisé dans sa largeur en plusieurs portions de la longueur dudit carré, & de la largeur chacune de quatre, cinq à six pieds, & ſeparé par des ſentiers; c'eſt dans les planches bien fumées & bien labourées qu'on ſeme, ou qu'on plante les Legumes & Herbages des Jardins.

PLANER des Echalas pour faire un treillage, c'eſt les polir avec une plane, en ſorte qu'il n'y reſte plus de ces échardes qu'ils avoient au ſortir des mains de l'Ouvrier, qui les a faites de cœur de Chêne fendu.

PLANE eſt un Outil tranchant de la longueur d'environ deux pieds, lequel étant emmanché par les deux bouts ſert à polir les Echalas que le Jardinier a couché ſur un établi fait pour cela.

PLANTER ſe dit des Arbres & de certaines Plantes qu'on met en terre pour y acquerir la perfection qui leur convient, tant à l'égard des Arbres fruitiers pour devenir grands & donner des Fruits, qu'à l'égard des Arbriſſeaux & Arbres non fruitiers pour croître, grandir & groſſir, auſſibien qu'à l'égard des Plantes pour arriver à l'état où elles doivent être pour être conſommées par l'homme; ainſi on plante des Laituës pour pommer ou pour blanchir, ainſi des Chicorées, des Choux, &c. on plante auſſi des Fraiziers, des Melons, &c. pour donner leur Fruit.

PLANTOIR eſt un ſimple morceau de bois rond & pointu par en bas avec une maniere de manche par en haut; il ſert pour planter les Plantes d'un Potager qui n'ont que peu de racines, & pour leſquelles il ne faut que faire un trou en terre, ainſi plante-t'on les Porreaux, les Choux, les Laituës, les Chicorées, &c. il y a le Plantoir des Planteurs de Buis qui eſt plus grand & plus gros, & qui a la partie d'en bas large d'environ trois pouces, & ferrée pour entrer plus aiſément.

PLATEAU de Pois, ſont les Coſſes de Pois qui ne ſont défleuris que depuis peu de jours, & ſont longuettes & tendres, les Pois n'étant qu'à peine formez dedans; j'ay vû des Pois en Plateau: mes Pois ne ſont encore qu'en Plateau.

PLATE-BANDE ſe dit d'une Planche de terre qui borde une Allée du côté oppoſé au labour de l'Eſpalier, ou quand même il n'y auroit point d'Eſpalier dans l'autre côté de l'Allée, comme il arrive d'ordinaire en fait de Parterres.

PLEYON est la paille de Seigle longue & ferme dont ou couvre les petites Salades sur Couches, & dont on fait les Paillassons ; on s'en sert aussi pour lier la Vigne aux échalas.

PLEURER, la Vigne pleure, c'est à dire que dans le mois d'Avril le temps s'étant addoucy la seve monte en abondance, & sort comme des larmes d'eau par l'endroit taillé.

POMMERAYE se dit d'un endroit où il y a beaucoup de Pommiers plantez par ordre.

POUDRETTE est de la matiere fecale fort seiche & reduite en poudre, on a trouvé ce terme honnête pour envelopper le discours qui traite d'une matiere si sale : certains Jardiniers s'en servent pour encaisser leurs Orangers, pour moy je la condamne entierement.

POUSSER, un Arbre pousse, c'est-à-dire, que dans le Printemps les Arbres commencent à produire de nouveaux jets à la tête & de nouvelles racines en terre ; d'où vient qu'on dit que les Arbres sur franc poussent en pivot, c'est-à-dire qu'ils pivotent, & que les Arbres sur Coignassier poussent leurs racines entre deux terres.

POUSSE d'un Arbre, c'est le jet de l'Arbre ; un tel Arbre fait une belle pousse, ou fait une vilaine pousse, un chetif jet.

PRENDRE, ou plûtôt reprendre se dit d'un Arbre nouveau planté ; un Arbre est repris, c'est-à-dire qu'il a commencé à faire de bonnes racines.

PRENDRE chair, c'est quand le Fruit commence à grossir ; on dit qu'il prend chair.

PREPARER les terres, c'est-à dire, les disposer pour les rendre propres à être plantées, & ensemencées.

PRINTANIER, nouveautez printanieres, *Voyez nouveautez.*

PROVIGNER c'est la même chose que marcoter, & se dit de la Vigne seulement.

PRUNELAYE est un endroit tout planté en Pruniers ; soit de Buisson, soit de Tige, soit d'Espalier.

PUCERON est une maniere de petit Moucheron qui s'attache au jets nouveaux des Pêchers, des Pruniers & des Chevre-feüilles, &c. mais sur les feüilles de Melons il y en a de verts, & il y en a de noirs qui font recroquebiller les feüilles où ils s'attachent, & par une espece de contagion ils rendent malades les Arbres & les Plantes qu'ils attaquent.

PUR est un terme qui en fait de Fleurs signifie le contraire de panaché, & marque par consequent une Fleur qui dans sa couleur naturelle n'a aucune panache, c'est à dire aucune raye, soit blanche, soit jaune, &c. qui y fasse une diversité riche & agreable; ainsi on dit mes plus belles Tulipes panachées sont devenuës pures, c'est-à-dire que leurs feüilles n'ont aucune raye, un tel Oeillet est devenu pur, &c. il y en a qui deviennent la moitié purs & l'autre moitié reste panachées, grand signe que tout l'Oeillet va bientôt devenir tout pur.

Q

QUITTER en fait de Prunes & de Pêches est un terme fort ordinaire; car on dit une telle Prune ne quitte pas le noyeau, une telle le quitte; les Pêches quittent le noyau, les Brugnons & les Pavies ne le quittent pas, c'est-à-dire que quand le noyeau se détache net de la chair du Fruit, cela s'appelle quitter, & quand il ne s'en peut détacher, cela s'appelle ne pas quitter.

R

RABOUGRY est un terme bas & grossier, dont cependant on est obligé de se servir en parlant d'un Arbre fruitier qui ne pousse presque point, ou ne pousse que des jets fort petits, menus, courts, tortus, avec de petites feüilles recroquebillées, & d'ordinaire pleines de Pucerons & de Fourmis; ainsi on dit cet Arbre ne vaut rien, il rechigne, il est tout rabougry, il le faut arracher; il s'en trouve en toutes sortes d'Arbres Fruitiers; & particulierement en fait de Pêchers & de Pruniers.

RABOT en Jardinage signifie un Outil de bois fait avec une maniere de Douve ronde par dehors, & plate par en bas; on y attache vers le milieu un manche long environ de quatre pieds, & on se sert de cet Outil pour rabotter des Allées, c'est à-dire, pour les unir parfaitement & les rafermir, aprés que la Charruë ou le Rateau y ont passé.

RACINE c'est la production que l'Arbre fait en dedans de la terre pour attirer par là ce qu'il a besoin de nourriture, & pour attacher l'Arbre à la terre, en sorte que les grands vents ne l'arrachent pas; les bonnes racines & bien placées sont celles qui viennent à la profondeur d'environ un pied, & qui coulent entre deux terres; celles qui viennent au colet sont inutiles, ou plûtôt pernicieuses, en ce qu'elles sont cause qu'il ne s'en produit pas de mieux placées, & que cependant étant alterées par la chaleur du Soleil, & par le fer des outils, elles rendent l'Arbre malade & jaune; celles qui pivotent, comme nous avons dit ailleurs ne sont bonnes que pour les Arbres de tige.

RAFRAICHIR une racine c'est couper tout de nouveau, mais si peu que rien l'extrémité de cette racine, qui ayant été coupée quelque temps auparavant s'étoit un peu seichée, parce qu'on n'avoit pas planté l'Arbre assez tôt, & sans doute que cette racine s'en doit mieux porter, quand l'Arbre est planté aussi tôt que la racine a été taillée.

RAGRE'ER un endroit scié est couper avec la Serpete la superficie de cette partie sciée, & comme brûlée par le mouvement de la Scie; ce qu'il est necessaire de faire, autrement cette partie-là pourriroit, & ne se recouvriroit jamais, ce qu'elle doit faire pour la beauté & la propreté de l'Arbre.

RAMEAU se dit d'une branche d'Arbre coupée pendant l'Esté pour en tirer des écussons à greffer; ainsi on dit un tel m'a envoyé un ou deux Rameaux de sa belle Pêche, de bonne Prune, &c.

RAME & Ramberge est un terme usité en fait de Melons, qui au lieu d'avoir un goût vineux ou sucré en ont un fort desagreable, qui leur vient d'ordinaire d'avoir été nourris prés d'une méchante Herbe puante, & assez ordinaire sur les Couches,

RAMER se dit des Pois, aux pied desquels on met des branches qu'on appelle autrement des rames, afin que les Pois en croissans s'y attachent & deviennent plus hauts, & que par consequent ils fassent plus de cosses; cela fait aussi qu'il y a plus de facilité à les cueillir.

RAPPROCHER des Arbres est racourcir les branches de ceux qui s'ouvrent trop, comme les Beurrez, où les branches qui ayant été laissées trop longues & trop étenduës, soit en Espalier, soit en Buisson, font un desagrément dans l'Arbre, en y faisant un endroit vuide qui doit être garni; ainsi les branches racourcis en produisent de nouvelles à leur extrémité, qui rendent l'Arbre plus fourny & plus plein comme il le doit être.

RATATINE' est un terme assez bas & grossier, usité cependant quand on parle de gens extrémement vieux & pauvres, & dont on se sert pour marquer que certaines Plantes viennent mal, & sortent miserablement de terre; ainsi on dit mes racines ne sortent point bien de terre, elles ne viennent point belles, grosses & longues, elles sont toutes ratatinées; ce terme signifie à peu prés la même chose que rabougry.

RATEAU est un Outil, soit de bois, soit de fer d'environ un pied & demi, ou deux pieds de longueur, emmanché d'un manche d'environ quatre pieds de long, & armé de dents par la partie qui doit rateler, c'est-à-dire, unir les Allées, les Planches, &c. on en fait quelquefois qui ne sont que de bois, qui ont jusqu'à cinq ou six pieds de long, & qu'un seul homme traîne assez aisément avec une Sangle ou une Bricole passée autour du corps, en sorte que luy seul fait au moins l'ouvrage de deux à repasser des grandes Allées.

RATISSOIRE est un petit Outil tranchant long d'environ un pied & large de quatre pouces, lequel étant emmanché d'un manche de la longueur ordinaire des autres; mais un peu moins gros à proportion de l'Outil, sert à ratisser, c'est-à-dire, à couper les petites herbes des Allées; il y en a de renversées comme des manieres de Houës pour ratisser en tirant à soy, & d'autres qui sont toutes droites & un peu plus larges pour ratisser en avant.

RAVALLER un Arbre, c'est le descendre & le rendre plus court & plus bas qu'il n'étoit, en luy rognant ou taillant notablement sa hauteur; ainsi on dit d'une seule branche trop longue, il la faut ravaller d'un pied, d'un demi-pied, &c.

RAVES c'est une espece de racines bonnes à manger cruës; ce terme ne se dit icy proprement que de celles qui ont le navet long d'environ un demi pied, & de la grosseur des doigts, & qui sont rouges, tendres & cassantes; les gens qui les portent vendre dans les ruës de Paris les appellent de la tendrette; dés que les chaleurs viennent les Raves sont un peu trop piquantes, au lieu que dans l'Hyver & le Printemps celles qui viennent sur Couche sont tendres & douces: le mot de Raves se dit dans les Provinces d'une certaine grosse racine plate, dont le Païsan se nourrit, & dont on engraisse les Bœufs, les Cochons, &c.

RAIFORT est une espece de Rave qui est fort grosse, toute jeune qu'elle puisse être, & qui a le goût fort piquant.

Les bonnes raves doivent grossir de navet en même-temps qu'elles changent de feüilles, il est tres-rare d'avoir de bonnes especes de graines de Raves.

REBORDER une Planche, c'est avec le Rateau retirer un peu de la terre de la Planche tout autour de sa longueur & de sa largeur, pour retenir dans le milieu l'eau des arrosemens & de la pluye, & empêcher par ce moyen que cette eau ne devienne inutile en s'échapant dans les sentiers.

RECEPER un Arbre, c'est luy couper entierement la tête, soit pour le greffer d'une autre espece, soit pour luy faire pousser de nouvelles branches, & le rajeunir par ce moyen.

RECHAUFFEMENT s'entend d'un sentier de Couche ou de Planche qu'on remplit de Fumier neuf, en sorte que ce Fumier venant à s'échauffer, communique sa chaleur à la Couche, si elle est seule, ou aux deux Couches voisines, s'il y en a une d'un côté & l'autre de l'autre, & fait que les Plantes qui y sont poussent malgré le froid de l'Hyver ; ainsi on dit changer, renouveller de rechauffement, remuër le rechauffement, ce qui se pratique beaucoup en fait d'Asperges d'Hyver.

Rechigner est un terme dont on se sert pour parler d'un Arbre qui languit, qui pousse peu, & ne fait que des petits jets foibles & accompagnez de petites feüilles de couleur jaunâtre ; ainsi dit-on d'une Plante potagere, elle rechigne quand elle ne pousse pas vigoureusement : mon Cerfeüil, mon Oignon, mes Artichaux rechignent.

Recouvrir se dit des playes d'Arbres, soit dans le corps pour y avoir été écorché, soit à l'extremité des branches taillées, quand la séve vient à étendre la peau par dessus, en sorte qu'il ne paroisse plus de bois de cet Arbre, ou de cette branche ; ainsi on dit les Arbres de cette pepiniere sont bien recouverts, c'est-à-dire, que l'argot du Sauvageon étant coupé auprés de l'endroit greffé, la partie taillée & coupée s'est si bien recouverte d'écorce, que la greffe & le sauvageon ne paroissent pas separez & differents l'un de l'autre.

Recrocquebiller, une feüille recrocquebillée, c'est-à-dire une feüille qui au lieu d'être verte & étenduë à son ordinaire, est au contraire toute ramassée en rond, frisée, & devenuë jaunâtre & galeuse.

Repasser une Serpette se dit quand on l'aiguise à la Meule & à la pierre, pour la faire mieux couper qu'elle ne faisoit.

Reprendre se dit de l'Arbre nouveau planté quand il a fait de nouvelles racines, en sorte qu'on puisse dire qu'il a repris ; & le contraire se dit quand l'Arbre n'a pas repris, c'est-à-dire, qu'il n'a fait ny nouvelles racines ny nouveaux jets.

Retourner une Planche de Jardin, c'est la labourer tout de nouveau en la renversant ç'en-dessus-dessous pour y semer ou planter autre chose.

Rigole & tranchée en fait de Jardins sont la même chose, & signifient l'endroit où l'on doit planter des Arbres quand on l'a foüillé de la profondeur & largeur necessaire, & qu'on en a ôté les pierres & méchantes terres; j'ay fait de bonnes rigoles, de bonnes tranchées de six pieds de large & de trois de profondeur.

ROMPRE en fait de Jardins se dit à l'occasion des Arbres extraordinairement chargez de Fruit, si bien que les branches en rompent ne pouvans porter un si pesant fardeau, à moins qu'on n'ait soin de les étayer avec des Perches.

ROQUETTE est une espece de Cresson à la nois qui se mange en salade, mais a le goût plus fort que le Cresson.

ROSSANE est le nom qui se donne à toutes les Pêches & Pavies qui sont de couleur jaune; il y en a de differentes grosseurs, & il y en a de tardives, & d'autres plus hâtives; il y en a qu'on appelle mâles, & ce sont les Pavies: & il y en a qu'on appelle femelles, & ce sont celles qui quittent le noyau; les Jardiniers Gascons, & la plûpart de leurs voisins appellent du seul nom de Rossane, les Fruits qui sont également jaunes dedans & dehors sans aucun rouge prés le noyau, & donnent cependant le nom de Mirlicoton aux grosses Rossanes tardives, ils appellent Pavies ce qui quoy que jaune dedans & dehors a du rouge prés le noyau; ils appellent Pêches Pavies ce qui a du rouge & du jaune dedans & dehors; ils appellent Persets le Fruit qui a la chair ou toute blanche comme les Pavies Madelaine, ou blanche & rouge comme les Pavies Catillac de quelque maniere qu'en soit la peau soit toute rouge, soit rouge & blanche, & ils appellent d'un nom general Brugnons tout le Fruit qui a la peau lice; ils appellent Poire-coupe ce qui parmy nous a le nom de Persique & de Pêche de peau & donnent le nom general de Pêches sans distinction ny difference d'épitétes à toutes les autres Pêches, au lieu que nous les appellons, l'une belle-Chevreuse, l'autre Bourdin; l'une pourprée, l'autre Admirable, &c.

ROUX-VENTS ce sont d'ordinaire les vents du mois d'Avril qui sont froids & fort secs, & sujets à broüir les jets tendres des Pêchers; c'est pourquoy la Lune d'Avril se nomme assez vulgairement la Lune rousse; le vent qui regrele plus pendant ce mois là vient du Nord ou de la bise, c'est-à-dire du Nord-est.

S

SACLER est un vray terme de Jardinage, pour dire ôter les méchantes herbes qui naissent parmy les bonnes, & les offusquent, il y a des païs où on appelle cela éherber.

SALADE est un composé de differentes Plantes potageres, qu'on mange pour l'ordinaire cruës étant assaisonnées de sel & de vinaigre avec de l'huile; ainsi fait-on un mélange de Laituës, soit pommées, soit non pommées, avec des fournitures: par exemple, de Baume, d'Estragon, Cerfeüil, Pimprenelle, Pourpier, &c. il y a même des Salades cuites: par exemple, des Beteraves; il y en a de confites dans du sel & du vinaigre: par exemple, des petits Concombres, autrement dits des Cornichons, des Capucines, des Capres, des Cotons de Pourpier, &c.

S'AVACHIR en Jardinage se dit de certaines branches d'Arbres, qui au lieu de se soûtenir droites ont leur extrémité penchante, comme il arrive à beaucoup d'Orangers, aux Poiriers de fondante de Brest, &c.

SAUPOUDRER est un terme emprunté du langage des Cuisiniers, & on s'en sert pour dire couvrir legerement: par exemple, saupoudrer de Fumier sec les Chicorées qui commençans à blanchir, & par consequent à s'attendrir peuvent estre gâtées par une premiere petite gelée; ce peu de Fumier ainsi jetté legerement, & en petite quantité sur cette Chicorée, sur ces Laituës pommées, &c. les garentit du tort que leur pourroit faire une premiere gelée; bien entendu qu'il faudra doubler telle couverture pour garentir de plus fortes gelées.

SCIE est un Outil à dents que tout le monde connoît assez; quand elle est bonne, & qu'elle a bien de la voye, c'est-à-dire les dents bien écartées, on dit qu'elle passe bien.

S'EFFRITER se dit d'une terre qui à force d'être trop

ſouvent enſemencée ſans aucun ſecours d'amendement devient ſterile, à moins qu'on ne la laiſſe repoſer pendant quelques années; de là vient qu'on dit une terre effritée.

SEL de terre eſt l'eſprit qui rend cette terre fertile; on dit une telle terre a beaucoup de ſel, elle produit toûjours ſans ſe laſſer; une autre telle terre n'a point de ſel, c'eſt à-dire qu'elle devient incapable de produire de long-temps pour peu qu'elle ait produit.

SENTIER eſt une petite eſpace vuide qui ſe laiſſe entre les planches d'un carré, pour y pouvoir paſſer & repaſſer en allant arroſer, & cueillir ce que les Planches produiſent.

SE REPOSER ſe dit des terres qu'on laiſſe quelque temps en friche aprés avoir beaucoup porté, afin que dans cet intervalle de repos elles deviennent bonnes & fertiles.

SERFOÜETTE eſt un petit Outil de fer renverſé, qui a deux branches pointuës d'un côté, & n'en a point de l'autre, duquel étant emmanché d'un manche d'environ quatre pieds de long, on ſe ſert pour mouver la terre, c'eſt-à-dire donner un petit labour autour des petites Plantes: par exemple Laituës, Chicorées, Pois, &c. & cela s'appelle ſerfoüir.

SERPETTE eſt un petit Coûteau courbé, dont on ſe ſert pour tailler les Arbres & la Vigne; il y en a qui ſe ferment dans leur manche, & celles-là ſont fort portatives, & d'autres qui ne ſe plient pas, leſquelles ſont beaucoup incommodes, il leur faut une Guaine, ou autrement elles bleſſeroient dans la poche; quand la Serpette eſt bonne, on dit qu'elle paſſe bien, qu'elle eſt bien afilée.

SETIOLER ſe dit des Plantes, qui pour être trop ſerrées & preſſées dans leur Planche, montent plus haut qu'elles ne devroient, & ainſi au lieu d'être groſſes & fortes, elles ſont foibles & menuës; on dit la même choſe des branches qui ſont dans le milieu des Arbres trop confus & trop ſerrez.

SERRE c'eſt le lieu d'une maiſon où l'on ſerre les Plantes en hyver: par exemple, les Artichaux, les Cardons, les Choux-fleurs.

Serre se dit aussi du lieu où l'on serre les Fruits, les Orangers, les Figuiers en caisse, &c. celle des Fruits, comme nous avons dit cy-devant, prend le nom de Fruiterie.

Seve est une liqueur succulente ou un suc liquide, qui n'ayant été originairement que de l'eau toute pure dans la terre, mais de l'eau accompagnée des qualitez naturelles, je veux dire du sel de cette terre, a depuis passé dans les racines, soit par la voye de l'attraction, comme je croy, soit par la voye de l'impulsion, comme croyent quelques Philosophes, & cette eau étant ainsi dans les racines y a été aussi-tôt par l'action de ces racines convertie en Seve, c'est-à-dire, en une liqueur conforme à la nature de l'Arbre ou de la Plante : qu'elle doit nourrir, grossir, faire croître & multiplier, car chaque Seve est differente selon la difference des Vegetaux ; dans les uns elle est visqueuse & gluante, comme dans les fruits à noyau ; dans les autres elle est acqueuse & douce, comme dans les Fruits à pepin, & encore plus dans la Vigne, dans les autres elle est blanche & semblable à du lait, comme dans les Figuiers, dans les Titimales, &c. la nature de cette Seve a deux proprietez, de monter d'abord à l'extremité de la tête & des branches par les canaux que la nature luy a formez tout exprés entre les bois & l'écorce, & de se convertir partie en bois & en écorce, partie en feüilles & en boutons, & en fruits, &c. l'autre proprieté est d'allonger, grossir & multiplier les racines nouvelles, en leur communiquant aussi-tôt le don qu'avoient leurs meres, c'est-à-dire d'attirer de quoy fabriquer incessamment de nouvelle seve, &c. c'est une matiere que j'ay traitée plus amplement dans le Traité des Reflexions sur l'Agriculture.

Sevrer un Arbre greffé en approche, sevrer une marcote, &c. c'est separer cet Arbre ou cette marcote d'avec l'Arbre auquel ils tenoient, & dont à proprement parler ils sont les enfans ; cette separation se fait en les coupant quand cela se peut faire avec le couteau, ou en les sçiant quand la Scie y est necessaire à cause de la grosseur & de la dureté du bois, &c. ainsi on dit sevrer une marcote de

Vigne, de Figuier, d'Oeillets, &c.

SOUCHE est le tronc d'un vieux Arbre coupé à un ou deux pieds de terre ; arracher une souche.

SUPERFICIE est proprement le dessus de quelque chose ; on dit la superficie de la terre, la surface de la terre.

S'USER en fait de terre est la même chose que s'effriter, & est un terme plus usité pour marquer la sterilité survenuë à une terre qui a trop long-temps porté sans avoir eu d'amendement ou de repos.

T

TAILLER est ôter sagement à un Arbre avec la Serpette ou la Scie, les branches qui luy nuisent ou luy sont inutiles, & racourcir sagement celles qu'on y laisse, pour faire un Arbre qui soit beau, & qui fasse de beaux & de bons Fruits.

LA TAILLE est un terme qui se dit de l'operation de ce chef-d'œuvre du Jardinage, (voilà pourquoy on dit un tel entend bien la taille, un tel n'entend pas la taille) ou se dit de la branche taillée ; ainsi on dit les branches venuës sur la taille de l'année precedente, doivent être sorties en cet ordre, &c.

TALON d'une branche est la partie basse, c'est-à-dire, la plus grosse d'une branche coupée ; ainsi on dit qu'on prend le talon de la branche pour greffer ; quand l'extremité est trop foible.

TALON d'un Artichaux est l'endroit où tiennent les racines, & d'où sortent les feüilles de l'œilleton détaché du principal pied ; ainsi on dit l'œilleton est bon, pourvû que le talon soit jeune & un peu enraciné.

TARDIF se dit du Fruit qui ne vient qu'aprés d'autres d'une même espece, ou qui se garde bien avant dans l'Hyver : par exemple, on a des Cerises tardives, des Pêches tardives, des Prunes tardives, des Poires tardives, &c.

TARDIVETE' est un terme dont on peut & dont on doit même se servir, quoy que jusqu'à present inusité, pour dire par exemple, un tel Fruit eſt à conſiderer à cauſe de ſa tardiveté,

Tavelé, marqueté, & tiqté ſont trois termes ſynonimes dont on ſe ſert, ſur tout en parlant de la peau des Fruits, & de la feüille de quelques Fleurs : c'eſt pour faire entendre que cette peau eſt ſemée de petits points differents du fond de la peau ſur laquelle ils ſont; ainſi on dit la Poire de Bugy, la Paſtourelle, &c. ont la peau tiqtée, tavelée, marquetée, &c.

Tenir à l'Arbre, c'eſt être attachée à l'Arbre; ainſi diſons-nous qu'il ne faut pas avoir en Arbres de tige les Fruits qui n'y tiennent guére, comme les Virgoulées, &c. mais qu'on y peut avoir ceux qui tiennent bien, comme les Martin-ſec, les Franc-real, &c.

Tendreté eſt un terme qui ſeroit à ſouhaiter de voir en uſage, auſſi-bien que le ſont acreté, dureté, maturité, inſipidité, &c. le mot de tendreté ſeroit neceſſaire & propre à exprimer la chair tendre de certains Fruits, comme ceux d'acreté, dureté, inſipidité, &c. le ſont pour marquer la chair acre, dure & inſipide de quelques autres; ainſi ce ſeroit une bonne maniere de parler que de dire, un tel Fruit eſt à eſtimer à cauſe de ſa tendreté, comme l'on dit, un tel eſt à mépriſer à cauſe de ſon acreté & de ſa dureté; un tel à cauſe de ſon inſipidité, &c. le mot de tendreſſe qui eſt ſi bien employé quand on parle des ſentimens du cœur, eſt trop relevé pour deſcendre juſqu'à la matiere du merite des Fruits.

Terrasse ſe dit d'une quantité conſiderable de terre qui eſt plus haute que le terrein voiſin ſur lequel elle commande, ſoit que cette terre ait été ainſi élevée exprés, comme c'eſt l'ordinaire, pour ſervir d'Allée revêtuë de bonnes murailles de pierre, ou dreſſée en talus pour ſe bien ſoûtenir, ſoit que cette terre ſe trouve ainſi naturellement élevée, c'eſt pourquoy on dit une Allée en terraſſe, un Jardin en terraſſe, c'eſt-à dire une Allée ou un Jardin plus haut que le terrein voiſin, auquel il tient.

Terrassier ſe dit de l'entrepreneur qui doit remuër, ôter,

ôter, ou porter une quantité de terre ; ainsi on dit j'ai fait marché avec un Terrassier pour foüiller mes Caves, pour applanir mon Jardin, pour faire mes Allées en terrasse, &c.

Terre parmi les Jardiniers se prend pour le fond dans lequel on doit planter des Arbres & des Legumes, ou semer quelques graines ; & ce fond ou cette terre reçoit beaucoup differentes dénotations, par exemple,

La terre se nomme aigre, amere & puante, quand à la flairer, ou à goûter de l'eau dans laquelle elle a trempé, on y sent de l'aigreur, de l'amertume, & de la puanteur.

Elle se nomme terre argilleuse quand elle approche de la nature de l'argille, ou glaise, en ce qu'elle est grasse, lourde, materielle, froide, & se coupant comme du Beurre, & même sujette à se fendre pendant les chaleurs de l'Esté.

Quelques-uns même la nomment terre morte.

Elle se nomme bonne quand on y fait aisément venir tout ce qu'on veut, & mauvaise quand ni Arbres, ni semences n'y réüssissent point.

Elle se nomme terre chaude & brûlante quand elle est si legere, & si seiche, qu'aux moindres chaleurs tous les Plants qui y sont, seichent & périssent.

Elle se nomme terre grovette quand elle est mêlée d'un assez grand nombre de petites pierres.

Elle se nomme terre coriace, & par quelques-uns acariâtre, & caste, quand avec la Bêche elle se coupe à peu prés comme la glaize, & celle-là est trés-difficile à cultiver, parce que les eaux la délayent comme du mortier frais fait, & la chaleur survenante la rend dure comme des pierres, & la fait fendre.

Elle se nomme terre forte, & terre franche quand sans être argilleuse elle est comme le fond des bonnes Prairies, en sorte que la maniant elle tient aux doigts comme de la pâte, & se met aisément en telle figure qu'on veut, soit ronde, soit longue, &c.

Elle se nomme terre froide, humide, & tardive, quand au Printems elle à peine à s'échauffer pour faire ses premieres productions, en sorte que tout y vient naturellement plus tard qu'en d'autres endroits voisins.

Elle s'appelle hârive quand les Fruits y mûrissent de bonne heure, comme à Saint Germain, à Paris, à Saint Maur, & tardive par un effet contraire.

Elle s'appelle terre meuble & legere, quand elle n'a point de corps, & qu'au contraire elle approche du sablonneux.

Elle s'appelle terre neuve quand elle n'a jamais servi à la production & nourriture d'aucune Plante, telle est celle qui se trouve à trois ou quatre pieds de la superficie, ou même plus avant.

Elle s'appelle terre portée quand sur tout on l'a prise en quelque endroit de dehors, pour la porter dans le Jardin.

Elle s'appelle terre reposée quand elle a été un an ou deux, ou plus long-temps sans être cultivée.

Elle s'appelle terre travaillée & terre usée quand elle a été long temps à produire sans cesse, & sans secours d'amandemens.

Enfin elle s'appelle terre veule quand les Plantes n'y peuvent faire des racines par sa trop grande legereté.

TERREAU, ou Terrau est du Fumier tellement vieux & consommé, qu'il paroît plûtôt approcher de la nature d'une terre noire meuble, que d'avoir rien qui sente la Paille & le Fumier; on l'appelle aussi Fumier menu, ou fient menu.

TOISE est une mesure de six pieds de long marquée avec de petits clous par pieds, par pouces, par lignes, &c. avec laquelle on mesure les longueurs & les hauteurs des Jardins & de leurs murailles, des tas de Fumier, & des terres enlevées, ou transportées, &c. elle est communément de bois; il s'en fait aussi avec de petites chaînes de fer, ou de cuivre; le pied est de douze pouces, & le pouce est de douze lignes.

TOISER est mesurer avec la toise pour voir combien une Allée, ou une muraille ont de longueur, de largeur & d'hauteur, combien un tas de quelque chose, soit Fumier, soit terre, soit pierre, contient de toises cubes.

TOISE CUBE est la quantité de deux cens seize pieds de la même chose mesurée, ou toisée, &c.

TOUFFE par exemple de Violiers, d'Alleluya, de Marguerite, de Baume, &c. se dit d'un gros pied composé de plusieurs petits, qui peuvent être separez l'un de l'autre, & par conséquent plantez séparément pour se mettre en état de venir touffe à leur tour.

TOUPILLON se dit proprement en fait d'Orangers, & veut dire une confusion de plusieurs branches fort petites en grosseur & longueur, chargée de petites feüilles, & venuës fort prés les unes des autres; c'est ainsi que d'ordinaire du nombril de chaque feüille des branches d'Orangers de l'année précédente, il en sort beaucoup de petites; le Jardinier habile doit être soigneux de detoupillonner, c'est à dire d'ôter une grande partie de ce fretin de branches, pour n'en conserver qu'une ou deux qui doivent être les mieux placées pour la figure de l'Arbre, & celles-là étant seules reçoivent toute la nourriture qui alloit au grand nombre, & ainsi deviennent plus belles, plus grosses & plus longues, & font de plus belles feüilles, de plus belles Fleurs, & de plus beaux Fruits; ces toupillons sont l'endroit où il s'amasse le plus d'ordure, & sur tout de Punaises.

TOURNER se prend quelquefois pour la premiere marque de maturité; ainsi on dit le fruit commence à tourner, le fruit est tourné; il mange du Raisin qui n'est pas seulement tourné; la verité est que le commencement de maturité se connoît en ce que la couleur de la plûpart des Fruits change pour prendre un teint jaune, au lieu de verdâtre que ce Fruit avoit, ce qui se voit aux Poires, aux Pêches, &c. & aux autres il noircit, ou rougit, ou s'éclaircit, comme au Raisin, aux Prunes, aux Cerises, &c.

D'autres fois tourner se prend pour un commencement de corruption & de pourriture; ainsi on dit ces Cerises ne valent plus rien, elles sont toutes tournées.

TRAPPE, un pied de Melon trappe, cela veut dire un pied ramassé, un pied fort & nullement étiolé, ou trop élevé, & trop alongé.

TRACER c'est marquer avec le traçoir les traits d'un

Parterre soit découpé, soit en broderie pour y planter le buis.

Tracer se dit aussi des racines qui coulent entre deux terres, c'est à dire peu avant dans la terre, & un peu au dessous de la superficie.

Traçoir est un Outil de fer pointu emmanché d'un manche de quatre à cinq pieds de long, dont on se sert pour tracer, &c.

Treillage est un Ouvrage en bois destiné pour palisser, c'est à dire pour attacher les Arbres d'Espalier; il est fait d'échalas liez carrément les uns sur les autres avec du fil de fer, & cela en distances égales, en sorte que les mailles en sont à peu prés carrées; les plus ordinaires sont de six à sept pouces, ou de huit à neuf, elles ne sont pas bien si on les fait plus grandes; j'ai dit ailleurs de quelle maniere on s'y prend pour faire ce treillage.

On en fait en quelques endroits avec du seul fil de fer assez gros en vûë d'éviter la dépense, & en effet il coûte moins que le treillage de bois, mais outre qu'il ne fait pas tant d'ornement pour le Jardin, il n'est pas aussi si commode pour y attacher les branches, & souvent il se lâche & obéït; de plus il fait tort, & sur tout aux branches de Pêchers, en ce qu'il les écorche & les coupe, & par ce moyen y cause la gomme qui les fait périr.

Il s'en fait aussi d'une autre maniere qui coûte fort peu, & c'est avec des lates de deux pouces de large cloüées les unes sur les autres, pour faire les mailles de la même figure de celles des échalas; j'ai aussi expliqué ailleurs comment on s'y prend pour faire cette sorte de treillage, qui quoi qu'elle ne soit pas mauvaise pour le service, & que même elle dure assez long temps, elle sent pourtant trop sa gueuserie pour l'employer dans le Jardin d'un honnête homme; il la faut laisser aux pauvres gens qui se font un métier d'élever des fruits pour vendre.

Treillissage est un mauvais mot pour dire treillage, il ne s'en faut point servir.

Tranche'e, *Voyez rigole.*

Troche, trochets, à troche, à trochets, se sont termes dont on se sert pour dire un bouquet de sept ou huit fruits d'une même espece tenans encore à la queuë, & tous sortis du même bouton ; cela se dit particulierement du petit Muscat, du Muscat à troche, du Muscat à trochets, &c.

TROUSSER les menuës branches qui sont trop basses, c'est-à dire les relever en les attachant à quelque chose qui les soûtienne.

TUF est un fond pierreux & dur qui se trouve un peu au dessous de la superficie de la bonne terre ; c'est ce qui fait dire qu'étant necessaire qu'il y ait trois pieds de profondeur de bonne terre en toutes sortes de Jardins, il faut rompre le tuf, & l'ôter devant que de planter des Arbres dans l'endroit où étoit ce tuf, ou autrement rien ne réüssira ; en de certains endroits on dit pipan, & non pas tuf.

V

VEGETAUX se dit de toutes sortes de Plantes, Racines, Herbes & Arbres qui vivent dans la terre, où ils prennent de la grosseur, de la longueur, & de l'étenduë ; de là viennent les termes de vegetation & d'ame vegetative.

VEINE de terre se dit de certains cantons d'un Jardin qui produisent mieux, ou plus mal que le reste du terrein ; ainsi on dit une bonne veine de terre, une méchante veine de terre, &c.

VERDURES c'est un terme general pour signifier toutes les Plantes, dont la bonté & l'usage consistent à leurs feüilles, par exemple l'Oseille, le Persil, le Cerfeüil, la Porrée, &c.

VERGER signifie proprement un enclos d'Arbres fruitiers de tige, & se dit à cet égard de toutes sortes d'especes de Fruits qui sont à haut vent, soit Poiriers, soit Pommiers, ou Pruniers, ou Cerisiers, &c.

VERMOULU se dit d'un bois tout piqué, ou percé de vers ; ce qui arrive sur tout à l'Aubier.

VEULE, *Voyez terre veule, branche veule & bois veule.*

VIRGOULE'E est le nom d'une Poire d'Hyver trés-excellente ; elle porte le nom du lieu où elle a été premierement tirée pour venir dans le grand monde de la curiosité ; ce lieu est un Village de Limosin prés d'une petite Ville nommée Saint Leonard ; beaucoup de gens disent Poire de

Virgouleuſe, au lieu de dire Virgoulée ; chacun dira comme il lui plaira, mais à parler franchement, je n'aime pas ce terme de Virgouleuſe.

VOYE en fait de Scie eſt une diſtance raiſonnable entre les dents d'une Scie, qui doivent être diſpoſées de maniere qu'étant bien pointuës l'une ſorte en dehors d'un côté, & l'autre en dehors de l'autre côté ; ces dents ainſi écartées font que la Scie paſſe aiſément, & par conſéquent qu'elle a autant de voye qu'il lui en faut pour avancer de couper.

VRILLES ſont certains petits liens que la nature a donné aux branches de Vigne comme une eſpece de mains pour s'agraffer ou s'acrocher à tout ce qui ſe trouve dans ſon voiſinage, en ſorte que par le moyen de ce ſecours chaque branche puiſſe aiſément porter le fardeau de ſon Raiſin ; faute de quoi elle ſe détacheroit aiſément du Courſon d'où elle eſt ſortie, & auquel effectivement elle tient fort peu.

Fin de la premiere Partie.

SECONDE PARTIE
DES
JARDINS FRUITIERS
ET POTAGERS.

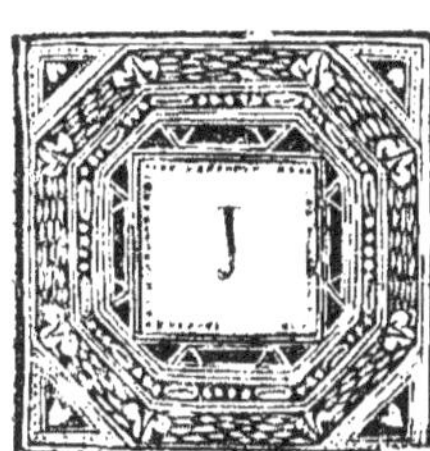

J'AY particulierement à traiter ici de quatre choses; la premiere de ce qui regarde les avantages à souhaiter pour des Jardins à faire ; la seconde de ce qui regarde les terres eu égard à ces Jardins; la troisiéme de ce qui est à faire pour corriger les défauts qui se trouvent dans des Jardins faits ; & la quatriéme de la maniere de cultiver les Jardins, & du temperamment de terre qui convient à chaque espece de Fruit.

Je parlerai de ce qui regarde le premier article, aprés avoir premierement dit que je n'ai ici à traiter que des Fruitiers & Potagers, soit qu'ils soient Jardins de Ville, qui d'ordinaire ne sont que de médiocre grandeur, le terrein des bonnes Villes étant trop précieux pour occuper beaucoup en Jardinage, soit qu'ils soient Jardins de Campagne qui sont régulierement assez grands, tout au moins le sont-ils plus que ceux de Ville, & cela à proportion des commoditez du Maître ; & de l'importance ou merite de chaque maison.

Je sçai bien que régulierement parlant les uns & les autres de ces Jardins & de Ville & de Campagne sont faits pour le service des Maisons, & que par consequent ils les doivent accompagner de prés ; mais en ce qui regarde ceux de Campagne qui ont besoin d'être d'une étenduë & d'un rapport considerable, attendu qu'ils sont necessaires pour la nourriture & pour le plaisir, je sçai bien que peut-être seroit-il à souhaiter que les Maisons fussent faites pour les Jardins, & non pas les Jardins pour les Maisons ; c'est à-dire qu'une des principales considerations à faire quand on choisit des situations de Maisons, fut de souhaiter particulierement d'y pouvoir aisément faire de beaux & de bons Jardins, ce qui pourtant ne se fait guéres; on a beaucoup d'autres égards qui touchent davantage, & qui font absolument qu'on se détermine ; ce sera par exemple la beauté de la vûë & la proximité d'une Riviere, ou d'un Bois ; ce sera la commodité & le plaisir de la Chasse, ce sera la facilité d'y faire des Fontaines & des Canaux, l'utilité du revenu, ou quelque consideration d'un voisinage d'amis, &c. si bien que les Jardins dont est question, sont presque la derniere chose à laquelle on vient à penser, & ainsi ils sont bien plûtôt des Ouvrages de necessité, & d'aprés coup, que des Ouvrages de chois & de prévoyance.

Aussi est-il bien plus ordinaire de se trouver Maître d'une maison toute bâtie, soit par achapt, soit par succession, que d'en choisir la situation, & d'en commencer les fondemens; ainsi d'ordinaire on est entierement assujetti à faire des Jardins tels que les dépendances de la maison les peuvent permettre, voilà pourquoi ils ne sont pas d'ordinaire aussi bons qu'ils le devroient être.

Mais supposé qu'on fut en état de choisir, je prendrai la liberté d'expliquer ici ce qu'il me semble qu'on auroit à faire pour bien réüssir dans le chois du Jardin d'une maison, comme volontiers aussi je m'expliquerois sur le chois

chois à faire de la ſituation de cette maiſon, mais il ne s'agit pas icy de cela.

CHAPITRE PREMIER.

Conditions neceſſaires pour un bon Jardin Fruitier & Potager.

JE trouve en cecy ſept conſiderations particulieres à avoir, & toutes à mon avis tres importantes.

Premierement je voudrois que le fond de ce Jardin fût bon, c'eſt-à-dire la terre bonne, qu'elle qu'en puiſſe être la couleur.

En ſecond lieu que la ſituation, & l'expoſition en fuſſent favorables.

En troiſiéme lieu qu'il y eût au moins facilement de l'eau pour les arroſemens.

En quatriéme lieu qu'il y eût peu de pante dans ſon aſſiete.

En cinquiéme lieu que la figure en fuſt agreable, & l'entrée bien placée.

En ſixiéme lieu qu'il y eût une clôture de murailles, qui fuſſent même aſſez hautes.

Et enfin que ſi ce Jardin n'eſt pas en vûë de la maiſon, ce qui n'eſt pas toûjours à ſouhaiter, qu'au moins non ſeulement il n'en fut guéres éloigné, mais que ſur tout l'abord en fut aiſé & commode; expliquons ſeparément chacun de ces ſept articles pour faire voir ſi mon ſouhait eſt fondé ſur d'aſſez bonnes raiſons, & s'il ſeroit important qu'il fut executé.

CHAPITRE II.

De la terre en general.

POUR pouvoir expliquer premierement ce que c'eſt que la terre, non pas à la prendre philoſophiquement, ou chrétiennement, c'eſt à-dire en gros & toute enſemble, car ce n'eſt pas une queſtion à traiter icy; on eſt aſſez content de sçavoir que la terre à la considerer dans ce sens-là est une grande masse ronde, qui faisant une partie du monde créé est située au milieu de la Sphere celeste, où par les ordres du Createur elle se soûtient pour ainsi dire de son propre poids.

Mais à prendre la terre en bon Laboureur, ou en Jardinier pour pouvoir expliquer ce que c'est eu égard à toutes les petites parties dont elle est composée, & à la culture qu'elle reçoit de la main de l'homme.

Dans ce sens là il me semble pouvoir dire que la terre est une quantité d'une certaine espece de sable tres-menu, qui par le moyen d'un certain sel, dont la nature à pourvû chaque grain de ce sable, est propre à la production des Vegetaux, & pour cela il faut qu'il y ait plusieurs grains ensemble, qui venans à recevoir une humidité temperée font un corps un peu lié, & venans ensuite à recevoir certains degrez de chaleur moderée font ce semble un corps animé, si bien que sans ces deux secours d'humidité & de chaleur cette terre demeure inutile, & pour ainsi dire morte; c'est ainsi à peu prés que la farine, qui est un tout composé d'un nombre infiny de petites parties toutes bien separées l'une de l'autre, cette farine, dis-je, venant à être moüillée jusqu'à un certain point fait tantôt de la pâte, & tantôt de la boüillie, si bien que l'une & l'autre étant assaisonnées d'un peu de sel, & ensuite échauffées jusqu'à un certain point, deviennent propres pour la nouriture de l'homme; au lieu que cette farine demeureroit inutile, & pour ainsi dire morte, si l'eau, le sel & le feu ne venoient en quelque façon à l'animer; sur quoy cependant il y a cette grande difference entre la terre & la farine, que celle-cy une fois moüillée change tellement de nature, qu'elle ne sçauroit plus revenir à son premier état quoy que l'humidité en soit entierement sortie, & qu'au contraire la terre ayant une fois perdu l'humidité qui luy étoit venuë, se trouve au même état qu'elle étoit auparavant, quand il luy revient une seconde humidité; mais cette difference ne doit point détruire nôtre comparaison.

Ce qui me fait dire que la terre est une espece de sable

est qu'à la toucher elle paroît veritablement quelque chose de sablonneux; je n'iray point jusqu'à vouloir expliquer ce que c'est que sable, car je n'en sçaurois rien dire ny de singulier, ny de nouveau, mais je diray seulement que generalement parlant il est de plusieurs especes de sable, les uns entierement arides & steriles comme sont ceux de la mer, des rivieres, des sablieres, &c. les autres gras & fertiles, & de ceux-cy les uns le sont plus, & c'est ce qui fait les bonnes terres, les autres le sont moins, ou ne le sont point du tout, & c'est ce qui fait les terres mediocrement bonnes, ou les terres mauvaises, & sur tout les terres legeres, arides & sablonneuses: de plus les uns sont plus doux, & ceux-là font ce qu'on appelle terre douce & meuble; les autres sont plus grossiers, & ceux-cy font ce qu'on appelle une terre rude & difficile à gouverner; enfin il en est d'onctueux, & d'adherans les uns aux autres, dont ceux qui le sont mediocrement font les terres fortes, ceux qui le sont un peu plus font les terres franches, & ceux qui le sont extrêmement font les terres argilleuses, & les glaises terres incapables de culture.

Outre les differences de sable fondées sur la fecondité & la sterilité, il y en a encore d'autres fondées sur les couleurs: car parmy les sables les uns sont noirâtres, les autres sont rougeâtres, il y en a de blancs, il y en a de gris, il y en a de jaunes, &c. & voila ce qui fait qu'on appelle des terres noires, des terres blanches, des terres rouges, & des terres grises, &c. ces sortes de couleurs ne sont pas grandement essentielles pour la bonté de la terre, comme nous dirons cy-aprés,

Or il est vray de dire que ces sables fertiles ont effectivement en soy de certaines qualitez, ou si vous voulez un certain sel de fecondité qu'ils communiquent à l'eau qui les humecte, & qui étant assaisonnée de ces qualitez doit servir pour la production des Plantes, tout de même que le Sené, la Rubarbe, & la plûpart des Plantes ont en soy des vertus & proprietez medecinales, qui pour servir à la santé de l'homme se communiquent à l'eau dans laquelle on les met infuser, &c. c'est une verité dont personne ne sçauroit douter.

Et vocavit Deus aridam terram. *Gen. cap. 1. v. 10.*

Je pourrois bien avancer icy premierement que la terre (à la considerer en soy comme un des quatre élemens) n'a veritablement aucune disposition premiere & naturelle pour la vegetation, car ses principales qualitez sont d'être froide & seiche, au lieu que la vegetation demande du chaud & de l'humide; mais comme par l'ordre & le commandement exprés de la divine Providence elle se trouve doüée du sel necessaire à la fecondité, & qu'ensuite elle est secouruë tant des rayons du Soleil, & des feux soûterrains qui l'échauffent, que de quelques eaux qui l'humectent, elle change pour ainsi dire de nature; si bien que pour obeïr à un commandement si absolu du souverain Maître, elle paroît ce semble un être vivant & animé, un être qui a son action particuliere, c'est à sçavoir de produire, comme si en effet les Plantes n'étoient à son égard que comme les dents de l'animal sont à l'égard de cet animal, c'est-à-dire que comme c'est l'animal qui vit, & non pas les dents qui vivent, ainsi ce seroit la terre qu'on devroit dire vivante, & non pas les vegetaux; cette terre, dis-je, pour obeïr à ce commandement fait ce grand nombre de productions si differentes que nous avons tant lieu d'admirer.

Germinet terra herbam virentem, &c. *Gen. cap. 1. v. 11.*

Spinas, & tribulos germinabit tibi, &c. *Gen. c. 3. v. 18.*

Je pourrois dire en second lieu qu'il se fit un second commandement aprés la malediction causée par la desobeïssance de l'homme, & qu'en vertu de ce second commandement il semble que la plus forte inclination de cette terre n'aille veritablement qu'à produire de mauvaises Plantes; si bien que ce même homme ayant en même temps pour sa punition reçû ordre particulier de cultiver cette terre pour en tirer sa subsistance, il se trouve en quelque façon obligé de luy faire une guerre perpetuelle; il employe donc tout son travail & toute son industrie à vaincre & à dompter la fâcheuse inclination de cette terre, & cette terre aussi de son côté se défend autant qu'elle peut pour éluder & traverser l'autorité subalterne de ce second Maître.

In laboribus comedes ex eâ cunctis diebus vitæ tuæ. *Gen. cap. 3. v. 17.*

Sponte suâ quæ se tollunt in luminis auras, infœcunda qui-

Ainsi voit-on que n'étant nullement portée à favoriser des enfans qui luy sont en quelque façon étrangers, & que par la culture on lui fait produire malgré qu'elle en ait, elle retombe aussi-tôt qu'elle peut à pousser vigoureusement ses chardons, ses orties, & milles autres Plantes qui nous font inutiles, & qui sont proprement ses enfans naturels & bien-aimez.

En cela semblable à ces enfans qui ne se laisseroient presque jamais de joüer à des jeux volontaires quelques rudes & violents qu'ils soient, & qui cependant paroissent fatiguez à faire tout ce qu'une autorité superieure leur commande pour leur bien, quelque legere que soit la peine à l'executer.

dem, sed læta, & fortia surgunt. Virg. Georg. 2.

Cette terre est donc forcée d'obeïr en beaucoup de choses à ce que l'homme exige d'elle; peut être la pourroit-on en cela comparer à un jeune Poulin vigoureux & revêche, qui se trouvant assujetty à la main & à l'éperon d'un Ecuyer habile, devient l'instrument des plaisirs, des combats, des triomphes, &c.

Loquere terræ, & respondebit tibi, &c. Job.

En troisiéme lieu je pourrois dire que toutes sortes de terres ne sont pas propres à toutes sortes de productions, de maniere que chaque climat paroît assez reduit à quelque chose de singulier, qu'on luy voit produire heureusement & facilement, au lieu que d'autres Plantes n'y peuvent réüssir qu'avec beaucoup de soin & de fatigue; & voilà où l'homme a besoin d'industrie, & même, pour ainsi dire, a besoin d'opiniâtreté pour vaincre enfin la resistance qu'il trouve quelquefois dans la culture de sa terre.

Nec verò terræ ferre omnes omnia possunt. Virg. Georg. 1.

Ces succés heureux ou malheureux de certaines Plantes en de certains endroits, nous doivent faire visiblement connoître quelle sorte de terre est parfaitement propre pour chaque sorte de Fruit, & quelle n'y est pas propre, par exemple les grands Cerisiers de la Valée de Montmorency, les beaux Pruniers des Colines de Meudon, &c. m'instruisent quelle doit être la terre qu'il faut pour les Cerises, & quelle pour les Prunes, &c. afin que je ne m'ailles pas engager à en vouloir élever dans des terres d'un temperament tout different avec confiance & presomption d'y réüssir sans peine.

Je pourrois enfin dire ce que tout le monde sçait assez qu'il est des terres beaucoup meilleures les unes que les autres, soit dans chaque climat, soit aussi quelquefois dans chaque portion de mediocre étenduë, ce qu'on appelle en termes vulgaires des veines de terre; car par exemple, là le Froment vient bien, & là tout auprés il ne peut venir, le terrein n'y étant propre que pour du Seigle, ou autres petits bleds : là le vin est bon, & là tout auprés il ne l'est pas ; en tel endroit le Muscat mûrit parfaitement bien, en tel autre il n'acquiert ny le goût, ny la fermeté, ny la couleur, &c.

D'où il s'ensuit qu'il est tres difficile de donner des regles generales & positives pour chaque climat en general, attendu la grande proximité ou le grand voisinage qui se trouve des bonnes terres avec des mauvaises.

Si bien que comme nous disons eu égard à la production des terres en chaque climat qu'il en est de tres-bonnes, c'est-à-dire d'extrêmement fertiles, aussi avons-nous lieu de dire eu égard à cette méme production qu'il en est de tres mauvaises, c'est-à-dire d'extrêmement steriles, cette difference provenant apparemment des qualitez qui sont internes à chaque fond, puisqu'on ne peut pas la faire venir du côté du Soleil qui les regarde toutes d'une égale maniere ; elle peut aussi provenir d'ailleurs, comme nous l'expliquerons cy-aprés ; mais enfin nôtre Jardin demande absolument de la terre ; voyons maintenant quelles sont les conditions necessaires à cette terre pour faire que nôtre Jardin y réüssisse.

CHAPITRE III.

Conditions necessaires à la terre d'un Jardin pour pouvoir dire qu'elle est bonne.

IL y a beaucoup de choses à dire sur le fait des terres, dont il est necessaire d'avoir connoissance ; je parleray de chacune en particulier sans rien obmettre de ce que j'y puis sçavoir ; mais comme nous avons cy-devant étably que la premiere chose & la plus essentielle qui est à souhaiter pour un Jardin fruitier & potager, est que la terre y soit bonne, il faut s'attacher à expliquer d'abord ce que c'est qu'une bonne terre, & pour cet effet je dis que plusieurs choses y doivent concourir.

Il faut premierement que ses productions soient vigoureuses & nombreuses.

En second lieu que cette terre se rétablisse aisément d'elle-même quand elle a été alterée.

En troisiéme lieu qu'elle n'ait aucun mauvais goût.

En quatriéme lieu qu'elle ait au moins trois pieds de profondeur.

En cinquiéme lieu qu'elle soit meuble, c'est-à dire facile à labourer, & sans pierres.

En sixiéme lieu, qu'elle ne soit ny trop humide, ny trop seiche.

J'explique ces six maximes en six Sections particulieres, avant que d'en venir aux autres conditions necessaires pour la perfection d'un Jardin fruitier.

Section premiere.

Premiere preuve d'une bonne terre.

IL me semble que ce qui doit faire dire qu'un fond, ou qu'une terre est veritablement bonne, c'est principalement quand on luy voit faire d'elle-même des productions & fort vigoureuses, & fort nombreuses, sans que presque jamais elle paroisse épuisée, quand les Plantes y croissent à vûë d'œil ayans la fane large, épaisse, soûtenuë, &c. quand les Arbres en peu d'années y viennent grands, les jets en sont beaux, les feüilles vertes, & se maintenans bien jusqu'à la rigueur des gelées, que l'écorce enfin en est belle, vive, luisante, &c. avec de telles marques on ne peut douter que la terre ne soit tres-bonne.

Seconde section.

Seconde preuve d'une bonne terre.

IL faut encore que la nature dont cette terre est pourvûë, repare aisément ce qui à son égard a été alteré par quelque accident extraordinaire, sçavoir alteré par un grand chaud, ou un grand froid, par une grande secheresse, ou une grande humidité, par une longue nourriture de quelques Plantes étrangeres, &c. en sorte qu'elle revienne surement à son ancienne bonté, si on la laisse en repos, & pour ainsi dire abandonnée à elle-même, & sur sa bonne foy ; ce qui ſuppoſe que les accidens qui l'avoient troublée dans ſes productions ordinaires viennent à ceſſer ; ſa bonne nature, & particulierement ſa ſituation heureuſe en ſont apparemment les principales cauſes, & cela eſt ſi vray à l'égard de cette ſituation, que telle terre qui eſt admirablement bonne en tel endroit, ceſſera bien-tôt de l'être, ſi on la porte en quelqu'autre où elle ne trouve pas la bonne fortune d'une ſituation avantageuſe, & qu'au contraire telle terre qui là étoit aſſez ſterile, deviendra icy bien produiſante, ſi la ſituation ſe rencontre meilleure.

De là vient que les terres qu'on appelle rapportées, quelques bonnes qu'elles fuſſent dans l'endroit d'où on les a ſorties, elles n'ont cependant à proprement parler qu'une bonté paſſagere, & ainſi elles ceſſeront bien-tôt d'être bonnes à leur ordinaire, ſi elles ne rencontrent pas une ſituation qui leur ſoit propre, & il faudra des ſecours extraordinaires pour les entretenir en eſtat de bien faire.

Il faut donc établir pour une maxime conſtante, qu'on ne peut pas dire qu'une terre ſoit bonne, ſi elle ne marque une grande fertilité par ſes productions naturelles, & ſi d'elle-même elle n'eſt capable de ſe reſtablir ; c'eſt pourquoy c'eſt abſolument de ces ſortes de terre qu'il faut avoir dans ces Jardins, & ne ſe pas attendre de pouvoir à force de dépenſe, c'eſt-à-dire à force de fumiers & d'amandemens, corriger pleinement une ſterilité naturelle, ce qui ſe doit particulierement entendre à l'égard des Fruits ; car pour les Herbes potageres ayant & beaucoup de fumiers, & beaucoup d'eau, & beaucoup de Jardiniers qui ſoient infatigables au travail, on en fait aſſez venir dans un fond mediocrement bon ; mais en cela il en coûte trop pour réüſſir, & le veritable plaiſir du Jardin ne ſe rencontre pas avec tant de peine & tant de frais.

Section troisiéme.

Troiſiéme preuve d'une bonne terre.

De plus il me ſemble que ce qui doit faire dire qu'une terre eſt veritablement bonne, c'eſt d'être ſans aucune odeur, & ſans aucun goût ; en effet il eſt inutile pour nos Fruits

Fruits d'être les enfans d'une terre extrémement féconde, & par conſequent d'avoir de la groſſeur & de la beauté, ſi d'ailleurs cette terre a quelque mauvaiſe odeur, ou quelque mauvais goût, parce que les Fruits & les Legumes en tiennent infailliblement, & partant ils ne peuvent avoir la bonté, qui fait leur principal merite.

L'exemple des vins qui prennent le goût du terroir, ſert de preuve convaincante à cette verité, étant conſtant que la ſeve, qui eſt preparée par les racines, ne ſe fait ſimplement que de l'eau, laquelle ſe trouvant dans la terre où ces racines ont à travailler, eſt neceſſairement imbibée du goût, & des qualitez de cette terre, & les retient ſans doute dans ce changement qui luy arrive, quand elle devient ſeve.

Conſtamment la terre pour être bonne doit être entierement comme l'eau qui eſt bonne, c'eſt-à-dire que ſans être ou âcre, ou inſipide & douceâtre, elle ne doit ſentir quoy que ce ſoit, ni en bien ni en mal.

C'eſt la premiere obſervation à faire, & la plus importante pour reſoudre & déterminer le fond d'un Jardin, quand d'ailleurs il paroît fertile; or cette obſervation n'eſt pas difficile, il n'y a perſonne qui ne la puiſſe faire, ſoit à fleurer ſimplement une poignée de terre, pour juger de ſon odeur, ſoit à goûter l'eau dans laquelle elle aura trempé, pour juger de ſon goût; par exemple on en fera tremper dans un verre quelque petite quantité cinq ou ſix heures durant, & enſuite l'ayant paſſée dans un linge net, pour ôter tout ſoupçon d'ordure & de mal propreté, on la goûtera; & par le goût bon, ou mauvais, de puanteur, & d'âcreté, ou d'agrément, & de douceur, qu'on y trouvera, on jugera ſi la terre eſt propre ou non pour faire de bons Fruits, afin de ſe reſoudre à y faire ſon Jardin, ou à ne l'y pas faire; on ne ſçauroit être trop délicat, & trop difficile ſur le fait du bon goût, on ne l'eſt pas tant à l'égard des Legumes, dont la plûpart perdent dans la cuiſſon ce qu'ils peuvent avoir de deſagreable.

Section quatrie'me.

Quatrième preuve d'une bonne terre.

QUoy qu'il ſemble que pour juger ſûrement qu'un fond eſt bon, il ne faille autre choſe que de voir, que tout ce qu'il produit eſt vigoureux, qu'il ne ſe laſſe point de produire, & que la terre n'y a nul mauvais goût, cependant il faut que la connoiſſance de nôtre curieux, qui veut faire un Jardin, aille encore plus loin ; il eſt neceſſaire de ſonder la profondeur de ce fond, il faut foüiller dans ſes entrailles ; pour voir s'il s'y trouve au moins trois pieds de terre, qui ſoit auſſi bonne que celle de la ſuperficie ; les Arbres qu'il y plantera ſont plus difficiles à élever, que ces autres que la nature y a produits d'elle-même ; ils ne reüſſiſſent point, s'ils ne ſont pour ainſi dire aſſûrez d'avoir une proviſion de vivres pour l'avenir, & cette proviſion eſt d'avoir trois pieds de bonne terre, & meuble au deſſus ; de plus comme à force de demander tous les jours choſes nouvelles à cette terre, elle vient enfin à ſe laſſer ; & devient pareſſeuſe, & maigre dans ſes productions, on a beſoin d'y faire quelque changement ; le plus important de tous, & le plus aiſé eſt de mettre à l'air la terre qui étoit dans le fond, où n'ayant rien à s'occuper elle conſervoit ſa fecondité naturelle, en attendant qu'on la mît à l'épreuve de ſon ſçavoir faire, c'eſt-à-dire qu'on l'expoſât au Soleil, & qu'on luy donnât quelque culture ; dans ce mouvement la terre de la ſuperficie deſcend prendre la place de celle qu'on aura ôtée, & c'eſt pour y être à ſon tour dans un repos capable de la rétablir entierement au bout de quelques années, & pour la mettre en état d'agir enſuite auſſi-bien que jamais, ſemblable pour ainſi dire à ces animaux, qui quelque fatiguez qu'ils ſoient à la fin d'une journée de travail, rentrent le lendemain à l'ouvrage avec la même vigueur qu'auparavant, pourvû qu'ils ayent paſſé la nuit ſans rien faire.

Ce n'eſt pas aſſez d'avoir établi, qu'il faut abſolument trois pieds de profondeur de bonne terre pour les Arbres, il eſt encore important de décider ce qu'il en faut pour les

Legumes à longue racine, par exemple Artichaux, Beteraves, Scorſonnerre, Panaiz, Carotes, &c. il me ſemble que pour tout cela il en faut abſolument trois pieds; le autres Plantes par exemple les Salades, les Verdures, les Choux, &c. peuvent réüſſir avec un pied de moins, mais les curieux, qui en l'un & l'autre cas ſoit des Arbres, ſoit des gros Legumes, ſe contentent d'une plus petite profondeur que celle que je viens de marquer, ſe trompent aſſurément beaucoup, & ſont à plaindre, ou plûtôt à blâmer; ils ſeront ſujets à avoir quantité d'Arbres jaunes & malades, à en voir perir une bonne partie, & par conſequent obligez à recommencer de faire une dépenſe nouvelle, pour en planter d'autres dans le temps qu'aprés cinq ou ſix années de patience, ils devroient profiter de leurs Plans, & enfin ils ſeront au moins ſujets à avoir des fruits, & des Legumes petits, mauvais & avortez, &c. de tels inconveniens meritent bien les égards que je recommande, pour choiſir une terre de profondeur ſuffiſante.

SECTION CINQUIE'ME.

Cinquiéme preuve d'une bonne terre.

LA fertilité naturelle & perpetuelle des terres, leur goût, & leur profondeur établies comme quatre conditions indiſpenſables, j'eſtime encore pour une cinquiéme condition, que la terre ſans être trop legere doit être meuble, c'eſt-à-dire facile à labourer (telles ſont celles qu'on appelle un ſablon gras, une terre de chéneviere, &c.) & que même il eſt à ſouhaiter pour cela qu'elle ſoit peu pierreuſe, non ſeulement parce que les labours y ſont plus aiſez, & que les Plantes y réüſſiſſent mieux, mais encore pour plaire davantage aux yeux, qui ſont ſans doute bleſſez de voir beaucoup de pierres, ou de plâtras dans un labour; ſi bien que quand les terres ont ce deſagrément d'être pierreuſes, il y faut remedier; or quand elles ne le ſont guéres, un coup de rateau qu'on paſſera deſſus aprés chaque labour, les nettoyera aiſément: mais ſi elles le ſont beaucoup; je croy qu'il en faut venir à la dépenſe de faire paſſer la terre à la Claye: j'explique l'uſage de l'operation à la

Claye dans le Traité de la preparation des terres.

Les terres meubles ont de grands avantages pour la culture, elles sont commodes aux Plantes pour la multiplication de leurs racines, elles boivent facilement l'eau soit des pluyes, soit des arrosemens, & conservent cependant assez d'humidité pour la vegetation; elles n'ont aussi pas de peine à être échauffées des rayons du Soleil, & par consequent à être hâtives dans leurs productions, & c'est ce que tout le monde souhaite particulierement.

Optima putri arva solo: id venti curant, gelidæque pruinæ, & labefacta movens robustus jugera fossor. *Georg.* 2.

SECTION SIXIE'ME.

Sixiéme marque d'une bonne terre.

RIen ne fait mieux connoître ce que c'est que terres meubles, que de voir celles qui ne le sont pas, par exemple.

Les terres trop fortes, & qui se coupent à la Bêche comme des terres franches, ou comme des terres glaizes, ces sortes de terres sont sujettes à se seller, comme on dit, c'est-à-dire à se serrer & s'endurcir, en sorte qu'elles deviennent presqu'impenetrables à l'eau des pluyes & des arrosemens, ce qui est un inconvenient tres-facheux & tres-pernicieux pour la culture; elles sont encore de leur naturel sujettes à être pourrissantes, froides & tardives, conservans dans leur fond une humidité perpetuelle, trois des plus mauvaises qualitez que les terres puissent avoir; leur superficie se fend aussi aisément dans les temps de hâle & de secheresse, jusques-là même qu'à cause de leur dureté elles ne peuvent pour lors souffrir aucun labour, & par consequent ni nouveaux plans, ni nouvelles semences; c'est pourquoy elles sont cause d'une terrible disette dans la plûpart des saisons, outre que telles fentes nuisent extrêmement & aux Arbres, & aux Plantes déja reprises, parce qu'elles en découvrent les racines, elles rompent les nouvelles, & les empêchent de continuer leurs fonctions.

On ne peut pas être mieux instruit que je le suis de tous les desordres qui arrivent à de telles terres, & de tous les embarras qu'elles causent dans la culture, surquoy il n'est pas ce me semble hors de propos que je fasse icy en passant un petit détail de ce que j'ay été obligé de faire au Potager de Verſailles, dont les terres ſont à peu prés de la nature de celles, qu'on voudroit ne trouver nulle part, & que nous n'y aurions pas, s'il avoit été facile d'y en faire porter de meilleures; la neceſſité de faire un Potager dans une ſituation commode pour les promenades, & la ſatisfaction du Roy a déterminé l'endroit où eſt ce Potager, & la difficulté de trouver d'excellentes terres dans le voiſinage a été cauſe qu'on s'eſt contenté d'y en avoir de paſſablement bonnes.

Ce Potager eſt dans un endroit où étoit un grand Etang fort profond; il a fallu remplir la place de cet Etang pour luy donner même une ſuperficie plus haute que celle du terrain d'alentour, autrement étant un Marais, & l'égoût des montagnes voiſines, il n'auroit jamais réüſſi pour l'uſage auquel il étoit deſtiné; on a eu facilité à remplir cet Etang par le moyen des ſables, qu'on avoit à ſortir pour faire la Piece d'eau voiſine, auſſi y en a-t-on fait porter juſqu'à dix & douze pieds de profondeur par tout; mais pour avoir des terres qui fuſſent propres à mettre au deſſus de ces ſables, & les avoir promptement (la dépenſe, & le temps pour le tranſport éloigné de la grande quantité, qui étoit neceſſaire dans prés de vingt-cinq arpens de ſuperficie, étoient capables de dégoûter de l'entrepriſe) on a donc été obligé de prendre de celles qui étoient les plus proches, c'eſt-à dire ſur la montagne de Satory; en les examinant ſur le lieu, je trouvay qu'elles étoient une maniere de terre franche, qui devenoit en boüillie, ou en mortier, quand aprés de grandes pluyes l'eau y ſejournoit beaucoup, & pour ainſi dire ſe petrifioient, quand il faiſoit ſec; je voïois qu'elle n'imbiboit pas aiſément les eaux ordinaires, & cela me faiſoit beaucoup de peine, mais j'en attribuois le défaut au tuf, qui ſe trouvoit ſur cette montagne au ſecond fer de Bêche, & me conſolois dans l'eſperance d'y trouver un remede par le moyen des ſables ſur leſquels ces terres ſe trouveroient poſées; ſur ce fondement je diſpoſay les terres du Potager pour être d'une ſuperficie plane, & ſans aucune pente, comme ſont ordinairement les Jardins de tout le monde; mais je fus bien ſurpris, quand je vis le contraire de ce que j'avois esperé ; cette terre ne changea point de nature pour avoir changé de lieu, elle demeura impenetrable aux eaux ; ce que j'eus de plus favorable en cecy, fut que j'eus dés la premiere année à essuyer le plus grand mal qui me pouvoit arriver, car il survint de si grandes & de si frequentes averses d'eau, que tout le Jardin paroissoit estre redevenu un Etang, ou au moins une marre bourbeuse, inaccessible, & sur tout mortelle & pour les Arbres qui en estoient déracinez, & pour toutes les Plantes potageres qui en étoient submergées; il falut chercher un remede convenable à un si grand inconvenient, ou autrement ce grand Ouvrage du Potager, dont la dépense avoit fait tant de bruit, & dont la figure donnoit tant de plaisir, auroit été inutile : heureusement en faisant faire ce Potager j'avois fait faire un Aqueduc qui le traversoit, & qui devoit recevoir toutes les eaux des montagnes, qui avoient accoûtumé de venir dans ce même endroit faire l'ancien Etang, & étoient necessaires pour aller faire la grande Piece d'eau voisine : je pensay donc à faire en sorte que les eaux, qui m'étoient si pernicieuses, allassent se perdre dans ce grand Aqueduc, & pour cet effet je crûs qu'il en falloit venir à élever chaque carré en dos de bahu; le remede étoit bon, mais si pour cette élevation il avoit fallu faire porter des terres nouvelles, il étoit violent, & pour en employer un plus doux je m'avisay de me servir de grand Fumier, dont j'avois beaucoup, tant à mettre par dessous, qu'à mêler avec les terres destinées pour les Legumes, & m'en suis tres-bien trouvé ; le succés en a été fort bon, & la dépense tres petite ; en faisant cet Ouvrage je donnay en même temps une pente imperceptible à chaque carré, pour mener dans un des coins toutes les eaux qui s'écouleroient de tous les côtez ainsi élevez ; je fis faire à chacun de ces coins une petite pierrée, qui prenoit ces eaux, & les portoit dans l'Aqueduc ; je ne fus pas long-temps à m'appercevoir que cette invention étoit bonne : mes carrés avec leurs Plantes, & mes plate-bandes avec leurs Arbres se conserverent dans le bon état où je les souhaitois, & contribuerent notablement à la conservation, & au bon goût de tout ce que j'y pouvois élever.

Cette maniere de dos de bahu parut d'abord une chose surprenante par sa nouveauté, mais elle eut la bonne fortune de plaire au Roy, dont le discernement & le bon goût sont infinis en toutes choses: quel honneur & quelle joye ne fût-ce point pour moy d'avoir l'approbation d'un si grand Prince! Il jugea donc que l'invention n'estoit pas moins agreable que nouvelle, & d'autant plus qu'elle étoit souverainement utile, joint l'avantage qu'elle donne d'augmenter de trois arpens la premiere superficie du Potager: je ne doute point que cette maniere de dos de bahu ne soit imitée dans tous les lieux qui seront ou de terre semblable à la nôtre, ou qui seront sujets aux inondations des grandes pluyes, ou qui naturellement sont trop marécageux.

Que si l'on en vient pas à faire une élevation, tout au moins faut-il avoir recours à de frequens labours, pour éviter les inconveniens qui arrivent aux terres; qui se gersent, c'est à dire qui se fendent aisément dans les grosses & longues chaleurs: le remede est bon & infaillible.

SECTION SEPTIE'ME

Septiéme marque d'une bonne terre.

NOus venons de voir combien font de peine les terres trop lourdes, trop grasses, & trop fortes, & y avons trouvé le remede: d'un autre côté celles qui sont trop legeres, & par consequent arides, ont de si grands inconveniens à craindre, qu'elles sont capables de dégouter entierement nôtre curieux.

Premierement par la difficulté du remede qui y seroit necessaire, & en second lieu par la necessité de faire de grands, & frequens arrosemens, qui coûtent beaucoup, & sans lesquels cependant les terres deviennent, ou demeurent steriles: en troisiéme lieu par le peu de progrés que les Fruits & les Legumes y font pendant l'Esté, à moins d'un secours extraordinaire: enfin par le petit nombre de Vegetaux qui s'en peuvent accommoder en fait de nos Jardins, dans lesquels cependant il est necessaire d'en avoir de toutes les sortes pour être pleinement satisfait.

Voyons maintenant ce qui regarde ces terres trop séches & trop legeres, & examinons si on en peut corriger le défaut.

Assez souvent les terres sont séches & legeres, parce que la nature les a d'abord formées dans ce temperamment, telles sont les terres de tourbe séche dans de certains Marais, telles sont les terres sablonneuses de la Plaine de Grenelle; il est assez difficile, mais non pas impossible de les rendre plus lourdes & plus grasses; le seul expedient consiste dans un grand transport d'autres terres fortes, pour les mêler parmi, ou bien il faudroit faire couler dans le fond quelque décharge d'eau, qui se répandit par tout, ce qui n'est guéres pratiquable; quelquefois aussi cette sécheresse & cette legereté proviennent de ce que d'ordinaire c'est un sable tout pur, qui se trouve au dessous de telles terres arides, si sur tout elles n'ont pas assez de profondeur, & qui par consequent n'y fait pas un lit assez solide, & assez serré, pour pouvoir arrêter les eaux qui proviennent de dehors, soit par des pluyes, ou neiges, soit par d'autres voyes; ces eaux penetrant aisément le corps de ces terres viennent jusqu'à ce sable, qui étant pour ainsi dire une maniere de Crible les laisse passer, & descendre plus bas, comme à l'endroit de leur centre, où elles sont entraînées par leur pesanteur, & ainsi il ne se conserve aucune humidité, ni fraîcheur dans le fond de cette terre pour en communiquer aux parties superieures; si-bien que par là cette terre retombe toûjours dans son aridité naturelle, & par consequent dans sa sterilité; car enfin elle ne sçauroit rien produire, si en même temps elle n'est accompagnée d'un peu d'humidité, & d'une chaleur temperée.

Cumulosque ruit malè pinguis arenæ! *Georg.* 1.

Si on est en liberté de choisir un fond pour se faire un Jardin, je ne croy pas qu'on soit assez mal avisé pour en prendre un si défectueux; que si au contraire la necessité y oblige indispensablement, il y a trois choses à faire, ausquelles il ne faut pas manquer.

La premiere, c'est d'ôter de ce sable tout pur autant qu'il en faut pour faire la profondeur necessaire de trois pieds, & ensuite y porter suffisamment de la meilleure terre qu'on peut commodément trouver, en sorte que la quantité de trois pieds s'y rencontre.

La

La seconde est de tenir tous les endroits qui sont à labourer, un peu plus bas que les Allées, en sorte que les eaux qui tombent dans les Allées ayent leur pente entiere dans les terres en labour.

Et la derniere est de faire en Hyver jetter dans ces labours toutes les neiges des Allées, & de par tout ailleurs, d'où l'on en pourra faire facilement porter ; il se fait par ce moyen une certaine provision d'humidité dans le fond de cette terre, pour luy aider à faire ses fonctions pendant les grandes chaleurs de l'Esté.

Je me suis toûjours servi de ces trois expediens, & les ay fait pratiquer à mes amis ; j'assûre avec verité que nous nous en sommes tous merveilleusement bien trouvez, & qu'il y a grande sureté à les pratiquer.

Personne n'ignore, que quand au dedans de la terre il y a de l'eau à une mediocre profondeur, par exemple environ à trois pieds, (ce qui se trouve d'ordinaire dans le fond des Valées, où l'on a ce qui s'appelle un bon sable noir) personne, dis-je n'ignore qu'en tel cas il se fait dans la profondeur de cette terre, une philtration naturelle, qui éleve une partie de cette eau jusqu'à la superficie, & c'est cela qui entretenant la terre dans un bon temperamment pour la production, la rend extrémement bonne ; que si au contraire cette eau étant en assez grande quantité se trouve trop prés de la superficie, par exemple à un pied, ou à un peu plus, & que là étant arrêtée par quelque lit de tuf ou de glaise, elle y sejourne, parce qu'elle est empêchée de descendre plus bas, la terre d'un tel endroit devient trop humide ; si bien qu'à moins qu'on ne donne à ces eaux soûterraines une décharge qui les porte dehors, ou à moins que pour les élever on ne fasse de ces dos de bahu, que j'ay cy-devant expliquez, une telle terre devient froide, pourrissante, & en un mot mauvaise.

Ainsi doit on tenir pour certain, que c'est de là que proviennent assez souvent les humiditez des terres, soit celles qui sont excessives, soit celles qui ne le sont pas ; ces humiditez proviennent aussi quelquefois d'ailleurs, comme nous le dirons cy-aprés.

Je croy être obligé de dire icy, qu'à l'égard de cette

difference de terres soit fortes & grasses, soit séches & legeres, il y a cette distinction à faire qui est que dans les païs froids il est à souhaiter d'y avoir de la terre legere, afin qu'avec un peu de chaleur elle soit facile à échauffer, au lieu que dans les païs chauds il vaut mieux y avoir de la terre assez forte & assez grasse, afin que les chaleurs ne puissent pas aisément penetrer dans le fond, ni par consequent alterer les Plantes : le Prince des Poëtes originaire d'un tel païs, paroît faire cas de ces sortes de terres grasses, même pour les Vignes, mais ce n'est qu'eu égard à l'abondance ; car quand il est question de la bonté, & de la delicatesse du vin, il en parle bien differemment ; faisant connoître que les terres legeres & un peu maigres sont propres pour le bon vin comme les terres fortes le sont pour le bon bled.

At quæ pinguis humus, dulcique uligine læta, quique frequens herbis & fertilis ubere campus. *Georg.* 2. *& paulò post.*

Hic tibi prævalidas olim, multoque fluentes sufficiet Baccho vites ; hic fertilis uvæ, &c. *Georg.* 2.

Densa, magis Cereri : rarissima quæque Lyæo. *Et superius.*

Altera frumentis quoniam favet, altera Baccho. *Ibidem Georg.* 2.

Il y a quelquefois des terres d'un temperament si juste, & d'une constitution si avantageuse, que toutes sortes de Legumes & toutes sortes de Fruits, de quelque espece qu'ils soient, y réüssissent parfaitement, & même ces sortes de terres étant simplement cultivées des labours ordinaires pour les Arbres fruitiers se conservent bonnes pendant plusieurs années, sans avoir besoin d'aucuns secours d'amandement, si ce n'est pour les Legumes.

Heureux qui voulant faire un Jardin nouveau en trouve de semblables, en sorte qu'il ait lieu de dire qu'il a dans son fond les conditions importantes que je viens d'expliquer, sçavoir une terre fertile, une terre sans goût, une terre suffisamment profonde, une terre meuble & peu pierreuse, une terre qui ne soit pas ni trop forte & trop humide, ni trop legere & trop séche, parce qu'il peut s'assurer d'un succés infaillible, en ce qui dépend purement du fond ; à plus forte raison que ne doit-il pas esperer, s'il prend soin quelquefois de faire foüiller & remuer entierement sa terre à la profondeur que j'ay cy-dessus marquée ; tant pour être assuré qu'elle est toûjours meuble par tout, que pour donner lieu à chaque partie de faire alternativement son devoir, & si par dessus cela il ne manque de luy faire donner la culture ordinaire qu'elle demande.

J'ay eu l'honneur de faire pour un grand Ministre un des meilleurs Potagers qu'on puisse voir ; j'eus liberté d'en choisir le fond, & le trouvay tel que je le souhaitois, & par consequent tel que je le souhaite à tous les honnêtes gens qui sont curieux du Jardinage; ce Potager est tellement parfait, qu'on n'y voit rien de mediocre, ni rien qui se demente; aussi est-il vrai qu'on ne voit nulle part ni d'Arbres plus vigoureux, ni de Fruits plus excellens, & en plus grande quantité, ni de plus beaux & de meilleurs Legumes; il n'y manque qu'une seule chose, qui est de n'être pas aussi hâtif que les Jardins, qui sont des terres fort sablonneuses; mais ce defaut, que l'art ne sçauroit corriger, est amplement recompensé par tous les autres avantages que je viens de marquer.

CHAPITRE IV.

Des termes dont on se sert en parlant des terres.

APRE'S avoir expliqué quelles sont les bonnes qualitez qu'on doit souhaiter à la terre des Jardins, je pourrois bien me mettre à expliquer les autres conditions, qui sont necessaires pour la perfection de ces mêmes Jardins, sçavoir la situation, l'exposition, la figure, la facilité des arrosemens, &c.

Mais parce que dans nôtre Jardinage assez souvent nous parlons de terres usées, de terres reposées, de terres neuves, de terres portées, &c. je croy qu'avant que de passer outre, je dois dire ce que j'en pense.

SECTION PREMIE'RE.

Des terres usées

PRemierement il a été dit de tout tems que les terres s'usent à la longue, quelque quantité de sel qu'elles ayent pour entretenir leur fertilité, c'est à-dire quelques bonnes qu'elles soient naturellement, avec cette difference seulement, que comme il y en a de tres-excellentes, & qu'il y en a aussi de tres-mediocres, les unes s'usent bien plûtôt & plus aisément que ne font pas les autres; on peut dire qu'il en eſt à peu prés à leur égard comme des treſors de chaque Etat ; conſtamment il y en a de tres-puiſſans, mais il y en a auſſi qui ne le ſont guéres, c'eſt ce qui fait que l'un eſt bien plus capable de ſoûtenir de longues guerres & de faire de grandes dépenſes, que n'eſt pas l'autre ; mais enfin les treſors de celuy qui eſt fort riche ne ſont pas infinis, ils peuvent s'uſer, & en effet il arrive quelquefois qu'ils s'uſent, c'eſt-à-dire qu'ils s'épuiſent, ſoit pour avoir été mal conduits & mal employez, ſoit pour avoir été trop répandus, quoy que ç'ait été peut-être en vûë d'autres avantages, dont l'Etat profite ; il faut quelquefois pour ainſi dire des amandemens étrangers à cet Etat, par exemple un grand commerce, une alliance importante, &c. & ſur tout point de longues guerres, ni de grandes diſſipations, il luy faut au moins du repos, & de l'œconomie ; pareillement quelque fecondité que la terre poſſede, elle s'épuiſe à la longue par la quantité de ſes productions, c'eſt-à-dire de celles où elle a été forcée, mais non pas de celles qui luy ſont naturelles & volontaires, car elle ne fait ce ſemble que s'en joüer ; ainſi par exemple la terre d'un bon Pré, bien loin de s'uſer à nourrir l'herbe qu'elle produit tous les ans, elle augmente de plus en plus ſa diſpoſition à en produire, comme ſi en effet elle avoit plaiſir à ſuivre ſa pente ; mais ſi on luy veut faire changer de fonction, & qu'au lieu d'herbe on la veüille forcer à donner du Seinfoin, ou du Bled, ou quelqu'autre grain qui luy eſt étranger, on ne ſera pas long-temps à s'appercevoir, que premierement elle commence à ne plus faire ſi bien qu'elle avoit accoûtumé, & qu'enfin elle vient à ce point de faire dire qu'elle eſt uſée, & qu'il luy faut quelque ſecours pour la remettre en vigueur, ou autrement elle ſera quelque temps preſqu'inutile ; peut-être qu'auſſi les terres où le Seinfoin, le Bled, & les autres grains viennent d'eux mêmes (car apparemment ces premiers grains ſont venus naturellement & ſans induſtrie dans quelques terres) peut-être, dis je, que ces terres à grain pourroient plus facilement s'uſer à faire du Foin, qu'à continuer de les produire : il eſt donc conſtant par l'experience de tous les Laboureurs, qu'on voit ſouvent des terres uſées.

Sponte ſuâ quæ ſe tollunt in luminis auras, infœcunda quidem, ſed læta, & fortia ſurgunt, quippe ſolo natura ſubeſt. *Georg.* 2.

J'ajoûte que selon la plus grande ou la moins grande quantité de sel, qu'il faut à chaque Plante en particulier, car elles n'en consomment pas toutes également, certaine terre qui en est abondamment pourvûë, pousse sans s'user si tôt plusieurs differentes sortes de Plantes, & que lquefois toutes ensemble, & en même-temps, témoins les bons fonds de Pré, où chaque endroit est plein d'une infinité de differentes Plantes, toutes également vigoureuses; quelquefois, & c'est quand le fond n'est que mediocrement bon, cette terre n'en produit plusieurs que successivement les unes aprés les autres, comme on le voit aux petits Bleds, l'Orge, l'Avoine, &c. qu'on seme dans les terres qui viennent de porter le Froment, le Seigle, & qui n'étant pas capables d'en produire si-tôt d'autres semblables, ont encore dequoy pour en produire de moindres.

La même chose se doit dire d'une terre qui a été long-temps en Vignoble, en Fustaye, en Arbres fruitiers, &c. en effet si on y détruit ces sortes de Plantes, il ne faut pas s'attendre qu'elle puisse réüssir à l'employer tout incontinent de la même maniere qu'elle l'étoit, puisqu'elle est usée à cet égard; cependant elle ne l'est pas si absolument, qu'elle ne soit encore en état de faire quelque autre chose; elle pourra même réüssir pour un temps à la production de Plantes plus petites & moins voraces, par exemple des herbes potageres, des Pois, des Féves, &c. mais enfin elle viendra à essuyer la condition commune de toutes les terres, qui est de devenir usées.

C'est icy où le Jardinier doit faire voir s'il est habile; car il doit avoir une application perpetuelle pour remarquer de quelle maniere toutes les plantes de son Jardin viennent, afin de ne point perdre de temps à employer sa terre en choses qui cessent de bien faire; il ne laissera pas pour cela aucune partie de son Jardin en friche, il se contentera seulement de faire changer de place à ses Legumes, & à ses semences; sa terre n'est jamais si usée, c'est-à-dire si épuisée, & si effritée, qu'elle doive demeurer entierement inutile; ainsi il luy fera produire de toutes choses les unes aprés les autres, pourvû qu'il ne la laisse pas manquer de quelques secours qui luy sont necessaires;

si toutefois il étoit obligé de remettre des choses semblables à la place des anciennes, par exemple des Arbres nouveaux à la place de ceux qui sont morts, il y a quelque ouvrage à faire, & quelque œconomie à pratiquer; j'en parleray cy-aprés, & de plus la maniere de bien employer les terres est amplement examinée dans le Traité du Potager.

SECTION SECONDE.

Des terres reposées.

CES termes de terres reposées, font juger que les terres ont quelquefois besoin de repos, & que par ce repos elles se rétablissent, soit que les influences des Astres, & sur tout les pluyes, fassent cette reparation si utile, (elles y contribuënt assurément beaucoup) soit plûtôt que ces terres ayent en soy un fond de fecondité naturelle avec une faculté, non pas veritablement de rendre cette fecondité inépuisable, mais de la rétablir & de la reproduire, quand aprés avoir été alterée à force de productions continuelles, on laisse pour quelque temps la terre en repos, comme si en effet on l'abandonnoit à sa discretion, & qu'on la crût capable de connoître son mal, & d'y apporter le remede; c'est ainsi que les Philosophes attribuënt à l'air une force élastique, & pour me servir d'un exemple plus sensible, c'est ainsi que l'eau a en soy un fond de fraîcheur naturelle avec un principe de rétablir & reproduire cette fraîcheur, quand aprés que le feu ou le Soleil, l'ont échauffée, on l'éloigne ensuite hors de leur portée, constamment la chaleur luy est étrangere, & pour ainsi dire ennemie, si bien qu'elle tient cette eau dans un état violent; mais quand on l'éloigne de ce qui luy causoit & entretenoit cette chaleur, & que par ce moyen on la laisse pour ainsi dire en repos, elle détruit ce qui la rendoit défectueuse, & redevient petit à petit fraîche comme auparavant, c'est-à-dire qu'elle recouvre la perfection qui est naturelle à son être, & à son temperament.

Ainsi la bonne terre étoit alterée par la nourriture de quelques Plantes qui luy étoient étrangeres, & qui épuiſoient en même temps, & tout ſon ancien ſel, & même tout le nouveau, à meſure qu'elle le reparoit; mais ſi on vient à la décharger de ces Plantes, & qu'on la laiſſe quelque temps ſans luy rien demander, c'eſt-à-dire qu'on la laiſſe en repos, elle ſe rétablira dans ſa fecondité naturelle, & particulierement ſi pour de petites Plantes ordinaires on y mêle un peu de ſecours de bon Fumier, juſques-là même que le chaume qu'on y laiſſera pourrir, ou qu'on y brûlera, luy donnera de nouvelles forces.

Sæpe etiam ſteriles incendere profuit agros. *Georg.* 1.

La nature nous fait voir en cela une Veritable circulation, comme je l'expliqueray cy aprés dans le Chapitre des amandemens.

Section troisie'me

Des terres portées.

IL y a peu de choſes à dire ſur le fait des terres portées, ſi ce n'eſt que c'eſt une nouveauté introduite de nos jours dans le Jardinage, l'Auteur des Georgiques, qui a ſi exactement traité de la difference des terres, n'a fait aucune mention de celle-cy; on ne vient d'ordinaire à cet expedient de faire porter des terres que quand on veut faire un Jardin dans un endroit qui n'a aucune terre, ce qui n'arrive pas ſouvent au moins pour de grands Jardins, ou que quand on veut changer quelque endroit de tranchée qu'on a lieu de juger être uſé; on va donc prendre des terres dans un lieu où il y en a de fort bonnes, malheur à celuy, qui étant réduit à faire la dépenſe du tranſport n'en choiſit que de mauvaiſes, je croy qu'il arrive à peu de gens de faire une ſi lourde faute.

Les bonnes terres trouvent ce ſemble quelque augmentation de bonté dans ce tranſport, & voila ce qui fait dire, tel & tel Jardin ne ſçauroit être mauvais, puiſqu'il n'y a que des terres portées; la raiſon de cette amelioration par le tranſport n'eſt pas moins difficile à rendre, que celle de l'amandement, qui vient de brûler les chaumes; le Poëte en rend quatre ſans ſe déterminer ſur aucune, voulant peut-être nous inſinuer qu'il les juge toutes également bonnes; ainſi il me paroît conſtant, que les terres augmentent de bonté par le transport, soit que dans le grand remuëment l'air les penetrant davantage, y réveille quelque principe de vigueur qui étoit caché, soit que cet air la purifie des mauvaises qualitez qu'elle avoit contractées, soit enfin qu'il la rende plus meuble & plus penetrable aux racines, qui vont pour ainsi dire cherchans à vivre par tout où il y a quelque aliment nouveau à prendre.

SECTION QUATRIE'ME.

Des terres neuves.

RESte à dire ce que c'est que terres neuves, je veux dire terres qui n'ont jamais vû le Soleil ; c'est un secours nouvellement introduit dans nos J.rdins, & apparemment aussi inconnu dans l'ancienne Agriculture, que celuy des terres portées, dont il n'est non plus fait aucune mention dans les Auteurs : nous en faisons un cas tres-particulier, & dans la verité nous n'en sçaurions trop faire, puisqu'il est vrai que ces terres neuves ont non seulement tout le premier sel qui leur a été donné au moment de la creation, mais aussi la plûpart de celuy des terres de la superficie, lequel est venu à celle de dessous, y étant porté par le moyen de l'eau des pluyes ou des arrosemens, dont la pesanteur la fait descendre par tout où elle peut penetrer ; ce sel se conserve dans ces terres cachées, jusqu'à ce que revenans elles-mêmes superficie, l'air leur donne une disposition propre à employer ce semble avec éclat la fecondité dont elles sont doüées ; en effet elles ne sont pas pour ainsi dire si-tôt en liberté d'agir, qu'elles produisent des Vegetaux d'une beauté surprenante.

Il n'est pas difficile d'entendre ce que c'est que terres neuves : toutes les terres l'ont été originairement, c'est-à-dire au moment de leur creation, Dieu par son commandement leur ayant fait le don de la faculté de produire, qui n'avoit point encore été mis en usage : depuis ce temps-là toutes les terres de la superficie de ce corps terrestre ne peuvent plus être apellées neuves, puisque toutes celles qui ont été capables de produire, n'ont pas cessé d'agir jusqu'à present ; mais parce qu'il y a bien des endroits où le fond de de la terre à deux ou trois pieds de la superficie est toûjours demeuré sans action, & d'autres où la superficie même a été empêchée d'agir, cela fait que nous avons des terres neuves pour nous en servir dans nos besoins; ainsi ce que nous entendons par terres neuves, ce sont simplement celles qui n'ont servi à la nourriture d'aucune Plante, par exemple celles qui sont au dessous de trois pieds de la superficie, jusqu'à quelque profondeur que ce puisse être, pourvû qu'elles soient effectivement terres; ou bien nous entendons celles qui ayant déja nourri plusieurs Plantes, ont été ensuite long-temps sans en nourrir d'autres, par exemple celles sur lesquelles on est venu à faire des édifices: nous disons, & c'est l'experience qui nous l'apprend, que dans les premieres années les unes & les autres de ces terres sont merveilleuses, & particulierement pour nos Jardins; toutes sortes de Plantes & de Legumes y embellissent, croissent & grossissent à vûë d'œil; & si nous y plantons des Arbres, pourvû qu'ils soient bons en soy, & qu'ils ayent été bien plantez, il y en a peu qui n'y réussissent, au lieu que dans celles qui sont méchantes, ou qui sont effectivement usées, il en meurt la plûpart, quelque bien conditionnez qu'ils soient, & quelque soin qu'on ait pris à les bien planter.

Les yeux ne sont point capables de distinguer si une terre est ou neuve, ou usée; la connoissance de leur merite doit venir d'ailleurs: les unes & les autres se ressemblent extrêmement, & on pourroit dire avec assez de raison, que les terres qui sont méchantes, soit pour l'avoir toûjours été, soit pour l'être devenuës, sont à peu prés comme la poudre à canon, qui est ou méchante ou éventée: le feu n'y sçauroit prendre, & cependant elle ressemble entierement à la bonne; ainsi les terres qui sont ou naturellement méchantes, & infertiles, ou qui ayant été bonnes se trouvent enfin usées; comme elles n'ont pas de quoy être animées, quand la chaleur & l'humidité leur viennent, elles demeurent comme mortes auprés d'un secours qui en animeroit d'autres; si bien que ne contribuans nullement à l'action des vieilles racines des Arbres, celles cy enfin pourrissent, & avec elles pourrit tout le reste du corps de l'Arbre, comme je l'ay amplement expliqué dans mes reflexions sur le commencement de la Vegetation.

D'où il s'ensuit, que premierement il est agreable de faire de nouveaux Plans dans de bonnes terres neuves, & qu'en second lieu, tous ceux qui font des Jardins nouveaux, devroient assurément avoir cette precaution d'en faire preparer une maniere de Magazin, afin d'y avoir un recours aisé & commode, quand ils ont besoin de replanter quelques Arbres nouveaux; ce qui arrive assez souvent; la place des Allées, ou tout au moins la place d'une partie, est tres-propre pour ces sortes de provisions, & je m'en sers pour cela, au lieu de faire comme on fait d'ordinaire, c'est-à dire de les remplir toutes des gravois & ordures qu'on aura sortis des carrez & des tranchées; combien de fois voit-on arriver, que faute d'une telle facilité pour des terres neuves qu'il faudroit remettre dans les tranchées, & qu'on y remettroit si on en avoit, on perd son temps, son argent, & son plaisir à refaire de nouveaux Plans à la place des vieux qui sont morts; en effet il en réchape tres-peu dans ces sortes de terres vieilles, & mal conditionnées.

Je ne puis m'empêcher d'avoir grande pitié de ceux qui manquent icy d'une prevoyance si utile, & si necessaire.

Avant que de finir ce que j'avois à dire sur le fait des terres; il faut que je dise un mot de la couleur, qui fait assez souvent juger de leurs bonnes ou de leurs mauvaises qualitez.

SECTION CINQUIE'ME.

De la couleur des bonnes terres.

J'Ay déja dit plusieurs fois, que la marque la plus essentielle & la plus assurée de la bonté d'un fond de terre étoit celle qui se prend de la beauté naturelle de ses productions; on voudroit bien encore établir une autre marque certaine sur la couleur & dire que la grise noirâtre fait une preuve convaincante en cette matiere, aussi bien qu'elle y fait le plus grand agrément pour la vûë.

Ce n'est pas seulement de nos jours que cette question a été agitée; les grands Auteurs de l'antiquité y ont fait reflexion devant nous; pour moy je n'ay aucune prevention sur cela, ayant vû qu'il est de bonnes & de mauvaises terres de toutes couleurs: mais constamment cette grise noirâtre qui plaît le plus, & qui a merité l'approbation des siecles passez, est d'ordinaire à cet égard un des meilleurs signes de bonté, sans être pourtant infaillible; nous en voyons quelquefois de rougeâtres & de blanchâtres qui sont merveilleuses; mais rarement en voyons-nous de blanches de qui on puisse dire la même chose, comme aussi en voyons nous de noires, soit sur le haut de quelques montagnes, soit dans de certains valons, lesquelles sont trop infertiles; c'est une maniere de sablon mort, qui ne peut tout au plus produire que des Genets & des Bruieres.

Nigra ferè & presso pinguis sub vomere terra. *Georg.* 2.

Il en faut donc venir à dire, que la veritable marque pour bien connoître la terre, n'est point la couleur dont elle est, non pas même la profondeur; il n'y a en effet que les productions, qu'elle fait belles naturellement: ce sont elles seules qui doivent faire decider à cet égard; par exemple en pleine campagne, ce sera de ces bons herbages que les animaux mangent volontiers; ce sera des ronces & des hiebles; en Potagers ce sera de gros Artichaux, de grosses Laituës, de grandes Oseilles, &c. ce sera sur tout, comme il a été dit cy-dessus, des Arbres bien vigoureux, ce sera de grands jets qu'on leur voit faire, ce sera des feüilles fort larges & fort vertes, dont ils sont garnis, &c. & voila ce que nous devons regarder comme des témoins irreprochables, & à la déposition desquels il faut absolument se tenir, sans se fier entierement à aucun autre; la grosseur ou la petitesse des Fruits sont bien quelque chose à cet égard, mais on n'en peut pas tirer une conviction manifeste; nous voyons souvent des Fruits fort gros sur des Arbres foibles, & des Fruits fort menus sur des Arbres qui se portent bien: j'explique ailleurs les raisons d'une si grande difference.

CHAPITRE V.

De la situation que demande un Jardin.

APRE'S avoir assez amplement expliqué ce qui regarde le fait particulier des terres, je reviens à traiter des autres conditions necessaires pour la perfection des Jardins fruitiers & potagers, dont la seconde me paroît être celle de la situation.

Il y a une distinction à faire, sçavoir s'il est question d'un simple Potager sans aucun mêlange de Fruit, excepté ceux qui sont rouges, Fraises, Framboises, Cerises, Groseilles, car ils font une partie du Potager, ou si d'un simple Fruitier, sans qu'il y soit mention d'aucuns Legumes : il arrive quelquefois qu'on fait le Fruitier en un endroit, & le Potager en un autre, ou si enfin ce Jardin doit être composé de l'un & de l'autre.

Au premier cas, il ne s'agit que d'un simple Potager, sans doute que les Valons sont preferables à toute autre situation, ils ont d'ordinaire tout ce qui est à souhaiter pour un bon fond, ils sont propres à être une excellente Prairie, la terre y est meuble, elle est apparemment d'une suffisante profondeur, elle est engraissée de tout ce qu'il y a de bon sur les montagnes voisines, les beaux Legumes y viennent aisément & abondamment : les Fruits rouges y acquierent la douceur & la grosseur, qui les rendent recommandables, les arrosemens y sont sans doute aisez, les sources & les petits ruisseaux ne manquent guéres de s'y trouver, mais ils ont un grand inconvenient à craindre, qui sont les inondations : quand ce malheur là survient, il se sauve peu de ces Plantes, qui doivent durer plus d'un an dans la terre : les Asperges, les Artichaux, les Fraisiers trouvent leur destruction dans le sejour d'une eau débordée : ainsi tout l'avantage qu'un bon Valon promet, est infiniment combattu par la desolation dont il est menacé.

Au second cas, où il ne s'agit que d'avoir de bons Fruits, & d'en avoir de bonne heure, constamment tous les terreins un peu secs & élevez l'emportent sur les autres, supposé toûjours que le fond en soit bon & assez profond : les principaux Fruits y ont peut-être moins de grosseur, mais aussi ils sont recompensez par le beau coloris, par le bon goût, & par la maturité avancée : quelle difference entre les Muscats de ces sortes de situations séches, & les Muscats des valées humides : à dire le vray, les, Muscats sont la pierre de touche, qui fait juger si le Jardin est bien ou mal situé : de quel merite sont les Epines d'Hyver, les Bergamotes, les Lansac, les Petitoins, les Loüises-bonnes, &c. venuës dans un terrein élevé au prix de ces mêmes especes de Poires nourries dans un fond de Pré : ces sortes de Fruits sont un autre preuve convaincante sur le fait de la situation du Fruitier.

Avantages ordinaires dans les terres qui sont à my-côte.

Mais enfin s'il est question de ces sortes de Jardins, qui sont desirez de la plûpart du monde, c'est-à-dire de ces Jardins où l'on veut avoir & Fruits & Legumes, le choix n'est pas difficile à faire: ce sont asurément les my-côtes qui fournissent tout ce qui est necessaire pour l'un & pour l'autre, supposé toûjours que les conditions du bon fond s'y rencontrent; cela étant, la terre n'y est jamais ni trop séche ni trop humide; les eaux de la montagne y coulans sans cesse, & n'y sejournans point, y font le temperament qui luy est necessaire: la chaleur du Soleil y fait son devoir sans être combattuë du froid, qui est inséparable des lieux marécageux: mais ces my-côtes, pour être entierement comme nous les souhaitons, ne doivent pas être trop roides: les avalaisons des orages, que les Estez ont coûtume de fournir, y feroient de trop grands desordres: ce sont de ces my-côtes où la pente est presque imperceptible, où chaque coup de tonnerre ne fait pas craindre de fâcheuses suites, & où l'on n'a pas le déplaisir de voir tantôt ses Arbres arrachez par les racines, tantôt les terres du haut emportées en bas, tantôt les Allées entierement ravagées, enfin toute la propreté, l'agrément & l'utilité renversez. Il seroit veritablement à souhaiter, que tous les Jardins des honnêtes gens eussent de ces situations heureuses: mais comme on n'a pas toûjours cette bonne fortune, & que souvent on est reduit à en faire les uns au milieu de grandes Plaines, & c'est ce qui est le plus ordinaire, les autres sur des montagnes, les autres enfin dans des valons: nous dirons cy aprés ce qu'il est necessaire d'y ménager, pour y réüssir tout le mieux qu'il est possible.

CHAPITRE VI.

Des expositions de Jardins tant en general qu'en particulier, avec l'explication de ce que chacune peut avoir de bon & de mauvais.

CE n'est pas assez que le fond d'un Jardin soit bon & bien situé, il faut encore que ce Jardin soit bien exposé, on ne peut point dire qu'une my-côte mal exposée soit une situation bien avantageuse : or il y a regulierement quatre sortes d'expositions, sçavoir le Levant, le Couchant, le Midy, & le Nord, toutes faciles à entendre par les noms qui leur ont été donnez, avec cette circonspection, que chez les Jardiniers ces termes, Levant, Couchant, Midy, & Nord, signifient tous le contraire de ce qu'ils signifient chez les Astrologues & les Geographes : car ceux-cy ne regardent que les endroits où le Soleil paroît actuellement, & non pas les endroits que ces rayons éclairent : ils donnent, par exemple, le nom de Levant à l'endroit où ils voyent lever le Soleil, le nom de Couchant à l'endroit où ils le voyent coucher, &c. mais les Jardiniers ne regardent particulierement que les endroits de leur Jardin sur lesquels le Soleil donne, & de quelle maniere dans tout le cours de la journée il y donne, soit à l'égard de tout le Jardin, soit à l'égard de quelqu'un de ces côtez : par exemple à l'égard des côtez, si les Jardiniers voyent que le Soleil à son lever, & pendant toute la premiere moitié du jour continuë de luire sur un côté, ils appellent ce côté le côté du Levant, & c'est en effet en matiere de Jardins le veritable Levant, en sorte que si le Soleil y commence plus tard, ou y finit plûtôt, cela ne se doit point apeller Levant, & par la même raison ils appellent Couchant le côté sur lequel le Soleil luit pendant toute la seconde moitié de jour, c'est-à-dire depuis midy jusqu'au soir ; & selon le même usage de parler ils appellent Midy l'endroit où le Soleil donne depuis environ neuf heures du matin jusqu'au soir, ou même l'endroit où il donne le plus long-temps dans toute la journée, à quelque heure qu'il commence ou qu'il cesse d'y donner : enfin ils appellent le côté du Nord celuy qui est opposé au Midy, & qui par consequent est l'endroit le moins favorisé des rayons du Soleil ; car il n'en joüit peut-être qu'environ une ou deux heures le matin, & autant sur le soir ; voila donc au vray ce que c'est qu'expositions en fait de Jardinage, & particulierement en fait de murailles de Jardins, & par là on entend ce que veut dire cette maniere de parler si ordinaire parmi les Jardiniers ; mes Fruits du Levant sont meilleurs que ceux du Couchant ; mes Espaliers du Levant sont moins souvent arrosez des pluyes, que ceux du Couchant, &c.

De plus, ces noms d'expositions marquent encore quels sont les vents qui peuvent le plus ou le moins donner sur de tels Jardins, & par consequent leur faire plus ou moins de prejudice ; car les vents à l'égard des Jardins, & sur tout pour les Arbres, sont presque tous à craindre ; mais veritablement les uns plus, les autres moins, & cela eu égard aux differentes saisons de l'année.

Triste lupus stabulis, maturis frugibus imbres, arboribus venti, &c. *Virgil. Buc. Ecl.* 3.

Or quoy qu'on puisse dire qu'en quelque situation que soit un Jardin, il a necessairement tous les aspects du Soleil, & que par consequent il est en état de joüir des faveurs de toutes les expositions ; & de craindre aussi la disgrace de tous les vents : cependant, de l'aveu de tout le monde, il est certain qu'il y en a de mieux exposez les uns que les autres ; & cela s'entend particulierement de ceux qui sont sur des côteaux, dont les uns sont éclairez du Soleil Levant, les autres du Couchant, les uns au Midy, les autres au Nord ; car pour les Jardins qui se trouvent dans les Plaines, & qui ne sont à couvert ni de montagnes, ni de hautes fustayes, ni de grands bâtimens, la difference de ces expositions n'en est pas si sensible.

L'usage de parler pour marquer les expositions en fait de chaque Jardin pris tout ensemble, & sans distinction particuliere de côtez ; cet usage de parler, dis-je veut qu'on les doit entendre par raport à l'exposition de tout le côteau où ces Jardins se trouvent situez, comme l'usage de parler des expositions de murailles en particulier veut qu'elles dépendent de quelle maniere chacune est éclairée du Soleil dans le cours de la journée ; ainsi, par exemple, quand en parlant d'un Jardin situé sur un côteau on dit qu'il est au Levant, cela veut dire que le Soleil y donne tout aussi tôt qu'il se leve, & n'y est presque point l'aprés-dînée; & quand on dit, mon Jardin est en plein Midy, cela veut dire que le Soleil y donne tout le jour, ou tout au moins depuis neuf à dix heures du matin jusqu'au soir; & par la même raison quand on dit, un tel Jardin est au Couchant, c'est-à-dire que le Soleil ne commence veritablement à y donner que sur le midy, mais aussi qu'il n'en part plus jusqu'à ce qu'il se couche.

Presentement qu'il est bien entendu ce que c'est qu'expositions, si on veut décider quelle est la meilleure des quatre, soit en general pour tout le Jardin, soit en particulier pour chacun de ses côtez; il faut premierement sçavoir, que celle du Midy & celle du Levant sont du consentement de tous les Jardiniers, les deux principales, & partant elles l'emportent sur les deux autres; il faut aussi sçavoir que celle du Couchant n'est pas mauvaise, & qu'au moins elle est beaucoup plus considerable que celle du Nord, qui est par consequent la moins bonne de toutes.

En second lieu, pour décider entre les deux principales quelle est celle qui vaut le mieux, il faut pour cela distinguer le temperament des terres : car si elles sont fortes, & par consequent froides, celle du Midy leur vaut mieux : si elles sont un peu legeres, & par consequent chaudes, celle du Levant leur sera plus favorable.

L'exposition du Midy en toutes sortes de terres, est d'ordinaire propre à conserver les Plantes des rigueurs de l'Hyver, à donner du goût aux Legumes & aux Fruits, & à avancer tout ce qui dans chaque saison doit venir de bonne heure; & partant si elle est favorable en toutes sortes de terres, elle doit a plus forte raison l'être en terres fortes, qui ne sçauroient presqu'agir, si le Soleil ne les anime d'une chaleur extraordinaire, & en effet c'est l'exposition qu'il y faut affecter autant qu'il est possible; il n'en est pas de même en fait des terres legeres, & sur tout dans les climats chauds : elle est sujette à y brûler tellement les Plantes en Esté, que les Potagers y deviennent inutiles, elle y engen-

engendre mille Pucerons qui percent ou recroquevillent les feüilles, elle empêche que les Fruits n'y approchent de la grosseur qui leur convient, & par là en diminuë le bon goût, & souvent même elle les fait tomber avant le temps; ce qui arrive quelquefois en ce qu'elle altere les branches, les feüilles, ou même la queuë de ces Fruits, comme nous le voyons au Muscat, aux Pêches, & quelquefois aussi en ce qu'elle endurcit trop la peau de chaque Fruit, jusques-là même que souvent elle la grille & la gerce; en effet combien de Pêches & de Figues d'espaliers perissent ainsi par des chaleurs excessives? cela étant, il n'est pas difficile de décider sur le choix de ces deux expositions, eu égard à la difference des terres; il faut donc souhaiter celle du Midy dans les lieux froids & humides, & ne la pas tant affecter dans les fonds arides & sablonneux.

Generalement parlant, cette exposition du Midy est à couvert des vents du Nord, qui par leur froideur ordinaire sont toûjours cruels, & funestes à toutes sortes de Jardins, & c'est ce qui souvent la fait par tout rechercher preferablement à celle du Levant: mais aussi est-il constant qu'en terres legeres celle-cy étant, comme elle est, favorisée des rosées de la nuit, & des premiers rayons doux & benins du Soleil levant, elle y fait des biens admirables, soit pour la maturité, la grosseur & le bon goût, soit pour la conservation des Arbres & des Legumes, &c. soit sur tout parce que pour comble de bonheur elle défend du vent de Galerne; ce vent prend sa naissance entre le Couchant & le Nord, & comme regulierement il souffle au Printemps, il est ordinairement suivi de gelées blanches, qui sont de grandes destructrices de Fleurs, & de Fruits aux Arbres fruitiers où elles peuvent donner; & cette consideration fait que même en terres fortes on n'a pas trop de peine à se consoler de n'y avoir que l'exposition du Levant, mais toûjours sûrement je la croy la meilleure pour les terres legeres.

Quoy que sans hesiter j'ayë preferé l'exposition du Couchant à celle du Nord, la derniere étant constamment la plus mauvaise des deux cependant en fait de ces climats, où la chaleur étant excessive brûle & ruine absolument tout ce qui eſt trop long-temps éclairé du Soleil, celle du Nord doit avoir la preference ſur l'autre : en effet nos Jardins n'ont beſoin que d'une chaleur moderée pour nourrir doucement ce qu'ils produiſent, & ſur tout pour conduire les Fruits en parfaite maturité, & par conſequent dans les climats où le Soleil paroît trop violent, j'affecterois plus volontiers une expoſition du Nord, qui n'auroit, par exemple, que quatre à cinq heures de Soleil Levant, & autant de Couchant, que toute autre, ſoit celle qui la brûleroit preſque tout le long du jour, ſoit celle qui n'y donneroit que pendant la moitié ; & même ſûrement en ces ſortes de climats chauds, il ne faut à l'Eſpalier du Midy nuls de nos Fruits à pepin ou à noyau ; ils ſont trop delicats pour cela, il n'y faut que des Orangers, des Citronniers, des Grenadiers, des Figuiers, des Muſcats, &c. & même il y faut conſerver la plus grande partie des feüilles, les autres expoſitions pourront être aſſez bonnes à ces Fruits tendres, qui ne peuvent ſouffrir celle du Midy.

Aprés avoir vû les avantages qu'on peut eſperer des bonnes expoſitions, voicy les inconveniens qu'on y doit craindre ; mais comme ils n'y ſont pas infailliblement ordinaires, il faut à la verité y être préparé, mais cependant s'en conſoler s'ils arrivent, vû l'impoſſibilité des remedes.

L'expoſition du Midy, generalement parlant, eſt ſujette à de grands vents depuis la my-Aouſt juſqu'à la my-Octobre, ſi bien que ſouvent il en tombe beaucoup de Fruits, les uns avant qu'ils ayent leur groſſeur, ni qu'ils approchent de leur maturité, les autres même étant mûrs y tombent & ſe caſſent ; ainſi on a le déplaiſir d'en voir la plûpart miſerablement perir, au lieu de parvenir à faire leur devoir, qui eſt de nourrir & recompenſer le Maître du Jardin ; d'où vient qu'en tels Jardins directement expoſez au vents de midy, mais qui d'ailleurs ont les avantages tant eſtimez en Jardinage, en tels Jardins, dis je, les Eſpaliers ſont fort à ſouhaiter ; les Buiſſons s'y défendent aſſez bien, mais les Arbres de tige y ſont fort à plaindre, & ſur tout ceux des eſpeces dont les Fruits tiennent peu à la queuë, par exemple les Virgoulé, les Vertelongue, les Saint

Et jam maturis metuendus Jupiter uvis. *Virg. Georg.* 2.

Germain, &c. ainsi il n'y en faut gueres mettre de ceux-là, & se contenter d'y en avoir de ceux qui ont le don de resister mieux à la violence des vents ; par exemple les Espines, les Ambrets, les Leschasseries, les Martin-secs, &c. ou s'en tenir à ceux d'Esté qui sont bons dans le temps de leur chute, sçavoir les Cuisses-Madame, les petits Muscats, les Blanquets, les Robines, les Rousselets, &c.

L'exposition du Levant, quelque merveilleuse qu'elle soit, ne manque pas d'avoir ses affections quelquefois ; au Printemps elle est sujette à des vents de Nord-Est, c'est-à-dire vents de bize fort secs & fort froids, vents qui broüissent les feüilles & les jets nouveaux, & sur tout à l'égard des Pêchers ; ils font même souvent tomber beaucoup de Fruits à pepin & à noyau, & particulierement des Figues naissantes, dans le temps que leur grosseur déja raisonnable commençoit à donner de grandes esperances de bonne recolte ; ces vents de bize ne sont pas les seuls ennemis de cette exposition, ce qui l'incommode encore beaucoup, & sur tout pour les Espaliers du Levant, c'est d'être privez du benefice des pluyes, qui ne venant gueres que du Couchant ne sçauroient donner jusques dans les pieds des murs, & ainsi les Arbres y ont à souffrir d'une sécheresse qui leur est mortelle, si on n'y remedie par les expediens que j'ay expliquez dans le Traité des Espaliers.

L'exposition du Couchant craint non seulement & au Printemps le vent de Galerne, vent si pernicieux pour les Arbres en fleur, & en Automne les vents de la saison, ces grands abateurs de Fruits, mais aussi, & cela particulierement dans les terres humides & froides, elle craint les grandes pluyes qui d'ordinaire venant frequentes du côté du Soleil Couchant, y font assez souvent de grandes désolations ; d'un autre côté dans les terres séches & legeres ces sortes de pluyes y reparent les défauts de la sterilité, & rétablissent tout le mal que la sécheresse y avoit pû faire.

A l'égard de l'exposition du Nord en fait d'Espaliers, si d'un côté elle est tolerable pour tous les Fruits d'Esté, & pour quelques-uns d'Automne, que n'a-t-elle point à craindre pour la beauté & le bon goût de ceux d'Hyver ? mais aussi quels avantages n'a-t-elle point pendant les grandes chaleurs pour les Legumes & pour les Fruits rouges qu'on veut faire durer long-temps, ſçavoir les Fraiſes, Framboiſes, Groſeilles, &c. c'eſt une matiere que j'ay encore amplement expliquée tant dans le Traité du Potager , que dans l'uſage & l'employ qu'on doit faire de chaque muraille de Jardin en particulier.

Enfin ce qui reſulte de ce petit Traité des expoſitions, eſt que chacune a ſon bien & ſon mal ; il faut ſçavoir profiter de l'un, & ſe défendre de l'autre tout le plus qu'il ſera poſſible à nôtre induſtrie.

CHAPITRE VII.

Des Jardins où il y a de la facilité pour les arroſemens.

Aqua nutrix omnium virgulto-rum, & diverſos ſingulis uſus miniſtrat, &c. *Ex D. Hieronymo.*

C'Eſt une choſe conſtante, & univerſellement établie, qu'il n'eſt point poſſible d'avoir un beau & bon Jardin, & particulierement pour un Potager, à moins que pendant une grande partie de l'année on ne les garantiſſe de leur grande ennemie, qui eſt la ſécheresſe: le Printemps, & l'Eſté ſont ſujets à de grandes chaleurs & de grands hâles, & par conſequent tous les Legumes de la ſaiſon qui doivent être parfaits & abondans, ne peuvent donner aucun plaiſir, s'ils ne ſont grandement humectez : ils ne profitent & n'acquierent qu'à force d'eau les bonnes qualitez qu'ils doivent avoir, c'eſt-à-dire, de la grandeur, de la groſſeur, de la douceur & ſur tout de la delicateſſe, c'eſt-à-dire, de la tendreté, s'il eſt permis d'uſer d'un tel terme, qui paroît encore barbare, mais qui cependant étant fort ſignificatif nous ſeroit extrêmement neceſſaire : je dis donc que les Legumes courent toûjours riſque d'être petits, amers, durs, & inſipides, quand ils n'ont pas le ſecours des groſſes & longues pluyes, qui d'ordinaire ſont aſſez incertaines, ou qu'au moins ils n'ont pas celuy des grands & frequens arroſemens, dont nous devons être les maîtres.

Et même quelque pluye qu'il fasse, qui veritablement pour être favorable aux petites Plantes, comme sont Fraises, Verdures, Pois, Fèves, Salades, Oignons, &c. il y a cependant d'autres Plantes dans nos Jardins qui demandent quelque chose de plus, par exemple des Artichaux d'un an ou de deux, qu'il faut regulierement arroser deux ou trois fois la semaine à une cruchée dans chaque pied ; que si pour ces Artichaux on s'attend que quelques pluyes ayent satisfait à leurs besoins, on s'apperçoit bien-tôt qu'on est grandement trompé, les Moucherons s'y mettent, la Pomme demeure petite, dure, & séche, & enfin les aîles ne produisent que des feüilles ; l'experience de ce qui se voit chez les bons Maréchez, justifie assez la necessité & l'importance des arrosemens ; quelque pluye qu'il fasse pendant l'Esté, ils ne cessent guéres d'arroser même tous leurs Jardins ; aussi voit-on que leur marchandise est beaucoup plus belle que celle des autres, qui arrosent moins.

Nous avons regulierement sept ou huit mois de l'année, qu'il faut arroser tout ce qui est dans un Potager : il n'y a que les Asperges qui en sont exemptes : parce que ne venans à faire leur devoir qu'à l'entrée du Printemps, c'est assez pour elles que de se sentir des humiditez de l'Hyver, elles n'en ont plus besoin passé les mois d'Avril & May ; mais comme ces deux mois sont les temps de hâle & de sécheresse, on est assez souvent obligé d'arroser jusqu'aux Arbres nouveaux plantez, & même quelquefois il est bon d'arroser ceux qui ayant retenu une grande quantité de Fruits paroissent mediocrement vigoureux, & demandent quelques secours pour conduire à bonne fin la recolte qu'ils nous preparent ; sur toutes choses ayant à faire à des terres legeres & séches, il en faut venir à ces arrosemens dans le temps du solstice d'Esté, & même il y en faut encore faire de nouveaux dans le mois d'Aoust, quand les Fruits commencent à prendre chair, & que la saison se trouve fort séche ; autrement ils demeurent petits, & d'ordinaire pierreux, & peu agreables.

De là il s'en suit, qu'absolument il faut de l'eau dans les Jardins, & même en assez honnête quantité, pour y pouvoir faire en temps & lieu les arrosemens necessaires ; car en verité qu'est-ce que c'est qu'une terre sans eau, si ce n'est une terre la plûpart du temps inutile pour le rapport, & desagreable pour la vûë ; le grand secret est de choisir des situations où on puisse avoir la commodité de l'eau, & partant quiconque ne fait pas d'abord un capital de cet article, merite bien qu'on le blâme, ou qu'on le plaigne.

Anima mea, sicut terra sine aqua. *Psal. Reg.*

La plus ordinaire, & en même-temps la plus miserable des ressources pour les arrosemens, est celle des puits ; il faut bien en avoir quand on ne peut rien de mieux, mais au moins les doit-on souhaiter peu profonds, car assurément il est fort à craindre que les arrosemens ne soient tres mediocres, & par consequent peu utiles, quand l'eau coûte beaucoup à tirer ; l'avantage des Pompes, quoy que souvent trompeuses, se peut bien en cela compter pour quelque chose, mais sur tout la décharge de quelques fontaines, ou même quelques fontaines conduites exprés, un canal voisin, un petit reservoir bien fourni & bien entretenu, avec des tuyaux & des cuvettes distribuées en plusieurs carrez, sont, pour ainsi dire, l'ame de la vegetation, sans cela tout est mort ou languissant dans les Jardins, quoy que le Jardinier n'en ait aucun reproche à craindre ; mais avec cela tout le Jardin doit être vigoureux, & abondant en chaque saison de l'année, & par ce moyen combien d'honneur & de gloire pour ceux qui sont chargez de sa conduite, mais aussi que d'opprobre & d'ignominie pour eux, quand ils n'ont aucun pretexte pour s'excuser.

CHAPITRE VIII

Quatriéme condition qui demande que le Jardin soit à peu prés de niveau dans toute sa superficie.

IL est tres-difficile, & même assez rare, de trouver des situations qui soient si égales en toute leur étenduë, qu'il n'y ait nulle pente d'aucun côté, cependant il n'est pas impossible ; je ne croy pas qu'il faille beaucoup se mettre en peine d'en chercher qui soit d'un niveau aussi égal que celuy d'une Piece d'eau, mais on doit être bien aise quand on en a d'assez heureuses pour cela; les grandes pentes sont assurément tres-importunes dans les Jardins : les ravines qui se font dans les temps de fortes pluyes, y font de cruels degâts, & produisent de terribles ouvrages pour les rétablir ; les pentes mediocres ne font pas de grands maux, elles font même du bien, quand sur tout dans une terre séche elles sont tournées vers une muraille exposée au Levant ; cette partie, comme nous l'avons déja dit, se trouve rarement baignée des eaux du Ciel ; c'est celle du Couchant où donnent la plûpart des pluyes, & ainsi une pente qui conduit les eaux vers ce Levant, est une chose extrêmement favorable.

J'estime donc qu'autant qu'il est possible, il faut preferer une assiette qui a peu de pente, à un autre qui en a beaucoup, & qu'en tout cas si quelqu'une est tolerable ; ce n'est que celle dont je viens de parler : jusques-là que dans les Jardins, qui péchent pour être un peu secs ou un peu élevez, & sont d'un niveau parfaitement égal, il est expedient d'y ménager quelque pente, par exemple il en faut preparer une qui soit imperceptible & perpetuelle dans toutes les Allées qui regnent le long du Levant, & pareillement une dans celles qui regnent le long du Midy, afin que l'eau des pluies, qui est inutile dans ces Allées y trouve sa décharge jusques dans les pieds des Arbres de ces deux expositions.

Une telle pente artificielle produit de bons effets, le premier, en ce qu'il est à souhaiter que ces endroits-là soient toûjours un peu humides, & que leur aridité, soit qu'elle vienne de la nature du fond & de la situation, soit qu'elle vienne de l'ardeur du Soleil, puisse être par de telles eaux heureusement corrigée : & le second, en ce que par ce moyen on empêche que ces eaux ne se jettent en quelque autre partie du Jardin où elles pourroient nuire.

Que si on est indispensablement obligé de prendre pour son Jardin une situation qui ait beaucoup de pente, j'explique cy-aprés dans le Chapitre 13. ce que je croy devoir être fait, pour tâcher d'en corriger le defaut, autant que l'industrie est capable de le faire.

CHAPITRE IX.

Cinquiéme condition qui demande que la figure d'un Jardin soit agreable, & que son entrée soit bien placée

JE n'auray pas de peine à prouver que la figure de nos Jardins doit être agreable; il est necessaire que les yeux y trouvent d'abord de quoy être contens, & qu'il n'y ait rien de bizarre qui les blesse, la plus belle figure qu'on puisse souhaiter pour un Fruitier ou pour un Potager, & même la plus commode pour la culture, est sans doute celle qui fait un beau carré, & sur tout quand elle est si parfaite & si bien proportionnée dans son étenduë, que non seulement les encoignures sont à angles droits, mais que sur tout la longueur excede d'environ une fois & demie, ou deux fois l'étenduë de la largeur, par exemple de vingt toises sur dix ou douze, de quarante sur dix-huit ou vingt, de quatre-vingt sur quarante, cinquante, ou soixante, &c. car il est certain que dans ces figures carrées le Jardinier trouve aisément de beaux carrez à faire, & de belles Planches à dresser: il y a plaisir de voir de veritables carrez de Fraises, d'Artichaux, d'Asperges, &c. de grandes Planches de Cerfeüil, de Persil, d'Oseille, tout cela bien uni, bien tiré, bien compassé, &c. ce qu'il ne sçauroit faire dans les figures irrégulieres, ou au moins a-t-il toûjours beaucoup de temps à perdre, quand pour en cacher en quelque façon la difformité, il tâche d'y trouver quelque chose qui approche du carré.

D'où il est aisé de conclure, combien en fait de Potagers je trouve à redire à toutes les autres figures de découpez, de diagonales, de ronds, d'ovales, de triangles, &c. qui ne doivent en effet être reçûës que dans les Bosquets, & les Parterres; aussi sont-ce des lieux où elles sont en même-temps, & d'un grand usage, & d'une grande beauté: je ne doute pas qu'on ne soit toûjours fort curieux de donner

donner à son Jardin cette belle figure dont il est ici question, quand on taille comme on dit en plein drap, on est à plaindre quand quelque sujettion de malheureux voisinage nous réduit à souffrir des figures estropiées, des enclaves, des côtez inégaux, &c. heureux qui peut avoir des voisins d'humeur gracieuse & accommodante, malheureux qui en a de bourrus & de difficile acces.

Quoi que la figure d'un carré oblong & à angles droits soit la plus convenable, cependant j'ai fait un beau Potager de cent dix toises de long sur soixante de large, qui tire un peu à la figure A. de Losange; & comme j'ay

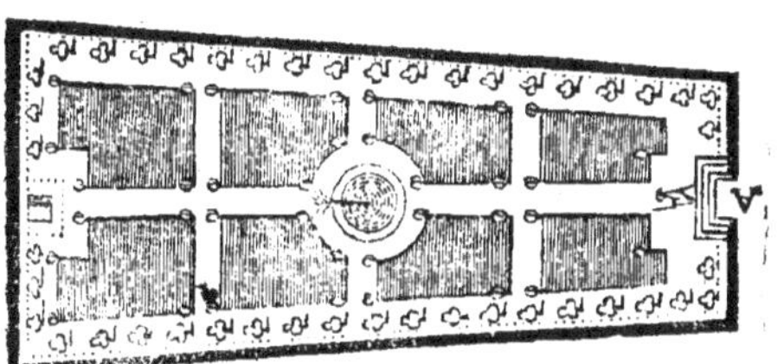

disposé la principale entrée dans le milieu du plus petit côté, à peine s'apperçoit-on de la petite irrégularité qu'un Geometre y trouveroit, & c'est une précaution grandement necessaire, de cacher autant qu'on peut de certains defauts médiocres qui se trouvent dans la place du Jardin, & de disposer les Allées & le partage des carrez, tout de même que si tout le terrein étoit d'une figure parfaitement carrée; quoi que les angles ni les quatre côtez n'y soient parfaitement égaux, cela n'empêche pas que les Planches qu'on y dresse n'y paroissent parfaites dans leur proportion.

De plus, par l'agrément de nôtre Potager, & sur tout s'il est grand, il est à souhaiter que l'entrée soit justement par le milieu de la partie qui a le plus d'étenduë, comme il paroît à la figure au point A. afin de trouver en face une Allée, qui ayant toute la longueur du Jardin, paroisse belle & coupe le terrein en deux parties égales, chacune de ces parties qui font des carrez trop longs pour leur largeur, seront ensuite subdivisées en d'autres plus petits carrez, s'il en est besoin ; cette entrée ne seroit pas si bien de se rencontrer par le milieu d'un des deux petits côtez, comme il paroît à la figure .B. une vûë qui soit

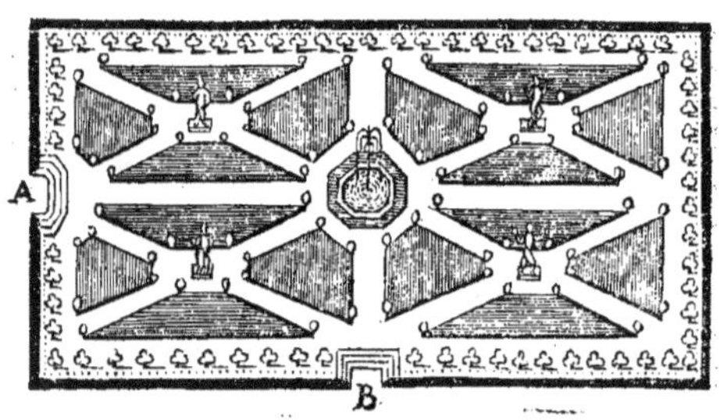

longue en face, & mediocrement large sur les côtez, plaît beaucoup mieux qu'une vûë longue par les côtez, & courte en face ; cependant il arrive quelquefois que l'entrée n'a pû être autrement disposée, & il faut s'en consoler, comme aussi quoy qu'elle ne soit pas tout-à-fait si-bien de se rencontrer par quelque encoignure, ou approchant de là ; il y a toutefois de fort beaux Jardins que j'ay faits, & qui ont leur entrée dans le coin, je n'aurois pas manqué de la mieux mettre, ou placer, si la disposition du terrein l'avoit pû permettre ; ce qui empêche qu'on n'y trouve à redire, c'est la belle Allée qui se presente d'abord, & qui regne le long d'un des grands Espaliers, dont la vûë se trouve fort satisfaite, quand il est bien entretenu, telle est, par exemple, l'entrée du Potager de Rambouïllet.

CHAPITRE X.

Sixiéme condition qui demande que le Iardin soit clos de murailles, & de portes bien fermantes.

CETTE clôture que je demande fait bien voir que je ne me soucie pas trop pour un Fruitier & un Potager, qu'il ait de ces vûës de dehors qui sont si necesaires pour les autres Jardins, ce n'eſt pas que quand la ſituation le permet, je ne ſois fort aiſe d'en profiter, mais il eſt vrai que je demande particulierement, que mon Jardin ſe trouve en ſeureté contre les voleurs, ſoit étrangers, ſoit domeſtiques, & que les yeux trouvent tellement de quoi ſe réjoüir en parcourant tout ce qu'il doit avoir, que jamais il ne revienne en tête de ſouhaiter rien de plus divertiſſant.

Un Eſpalier bien garni de Buiſſons bien faits, & bien vigoureux, toutes ſortes de beaux & de bons Fruits de chaque ſaiſon, de belles Planches, & de beaux carrez bien fournis de tous les Légumes importans, des Allées nettes & d'une largeur proportionnée, de belles bordures qui ſoient toutes de choſes utiles pour la maiſon; enfin une diverſité bien entenduë de tout ce qui eſt neceſſaire dans un Potager, en ſorte qu'on n'y manque de rien, tant pour avoir du hâtif & du tardif, que pour l'abondance du milieu des ſaiſons; ce ſont-là dans la verité ce qu'on doit chercher à voir dans nos Jardins, & non pas un clocher, ou un bois en perſpective, un grand chemin, ou une riviere voiſine; il faut, ce ſemble, que pour ainſi dire, la nappe ſoit toujours miſe dans un beau Jardin, & non pas ſe mettre en peine de voir ce qui ſe paſſe à la campagne.

Un Potager auroit la plus belle vûë du monde que cependant il me paroîtroit en ſoi fort vilain, ſi ayant beſoin de ce qu'il doit fournir, au lieu de l'y trouver on étoit obligé ou de s'en paſſer avec chagrin, ou d'avoir recours à ſes voiſins ou à ſa bourſe.

Je veux donc préférablement à toute ſorte de vûë, que mon Jardin ſoit clos de murailles, quand même elles me devroient ôter quelque beau point de vûë, joint que l'abri qu'elles peuvent donner contre des vents fâcheux & des gelées printannieres, ſont ici d'une grande conſidération; on ne ſçauroit guéres avoir de plaiſir de ſon Jardin, avoir, par exemple, des Légumes hâtifs & de beaux Fruits ſans le ſecours de ces murailles, & même il eſt bien des choſes, qui craignant le grand chaud auroient peine à venir dans le fort de l'Eſté, ſi une muraille expoſée au Nord ne les favorisoit d'un peu d'ombre.

Les murailles en effet sont si necessaires pour les Jardins, que même pour les multiplier je me fais autant que je puis de petits Jardins dans le voisinage du grand, & l'utilité que j'en tire est non-seulement pour avoir davantage d'Espaliers & d'abry, ce qui est trés-important, mais aussi pour corriger quelque défaut & quelque irrégularité, qui rendroit désagréable le grand Jardin ; car enfin je veux à quelque prix que ce soit, avoir un Jardin principal, qui plaise & dans sa figure & dans sa grandeur, & qui soit destiné pour les grands Légumes & pour quelques Arbres de tige ; un grand Jardin plairoit sans doute moins, si par exemple il étoit trop long pour sa largeur, ou trop large pour sa longueur, s'il avoit un coin ou quelque biais sensible qui le défigurât, & qui étant retranché rendroit tout le reste carré ; ainsi tels Jardins venant à être rappetissez soit par l'une de leurs extrémitez, soit par les deux ensemble, donneront lieu de faire de petits Jardins utiles & agréables, comme j'en ai fait en plusieurs grandes maisons du voisinage de Paris.

Outre la clôture des murailles, je veux encore de bonnes serrures aux portes, afin que mon Jardinier me réponde de tout ce qui est dans le Jardin ; je sçai bien qu'il en est de fort sages & de fort soigneux, mais je sçai bien qu'il en est qui ne demandent pas mieux que d'avoir quelques prétextes.

CHAPITRE XI.

Derniere condition qui demande que le Jardin Fruitier & Potager ne soit pas loin de la maison, & que l'abord en soit aisé & commode.

JE sçay bien qu'à la campagne il est de grandes maisons & de médiocres, les unes pouvant être accompagnées de plusieurs Jardins, les autres se contentant d'un seul.

A l'égard de celles qui peuvent avoir plusieurs Jardins, il est à la verité trés à-propos que ceux qui sont destinez pour les Fleurs & les Arbrisseaux, c'est à dire, les Parterres soient en face du principal aspect de la maison, rien n'est plus agréable que de voir en tout temps de ce côté là un bel émail de fleurs succédans les unes aux autres quelles qu'elles soient; ce sont plusieurs changemens de décorations sur un theatre, dont la figure ne change point, ce sont des matieres perpetuelles de plaisir tant pour la vûë que pour l'odorat, outre que comme d'ordinaire ce Parterre est un lieu aussi public & aussi ouvert à tout le monde, que la court même de la maison, on a sans doute la prévoyance de n'y mettre rien, dont la perte puisse inquiéter.

Je veux bien donc qu'en de telles maisons le Fruitier & le Potager ne soient pas au plus bel endroit, il est sujet à avoir beaucoup de choses, quoi que necessaires, dont la vûë ou l'odorat ne sont pas toûjours satisfaits, & sur tout il produit beaucoup de choses qui sont pour le plaisir du Maître, & ainsi sont capables de tenter des friands indiscrets; ce sont matieres de chagrin & de plaintes qu'il est bon d'empêcher en mettant nos Jardins hors de la portée du public.

C'est pourquoi, autant que faire ce peut, nous nous contentons de les établir en meilleur fond, qui sans faire tort à la place du Parterre, se trouve assez prés de la maison, & qui est aussi d'un abord commode & aisé; nos anciens ont été de ce sentiment, quand ils ont dit que les pas du Maître, c'est à-dire, ses fréquentes visites faisoient un merveilleux engrais pour les Jardins; qui dit engrais, dit en même temps propreté, abondance, bonté, beauté, &c. si bien que les Jardins éloignez ou de difficile abord, sont sujets aux desordres, à l'ordure, à la sterilité, &c.

Optima stercoratio vestigia domini. *Ex Plutarcho.*

Je veux fort esperer, que comme dans le commencement de cet Ouvrage que j'ai bien osé dire que nul ne devoit entreprendre d'avoir un de nos Jardins; s'il n'en entendoit passablement la culture; qu'aussi personne ne s'en fera, à moins qu'il ne puisse se donner le plaisir de le bien faire cultiver, & par conséquent il le voudra voir souvent, ce qu'il ne sçauroit faire si ce Jardin est éloigné, ou d'un accés rude & difficile.

A l'égard des maisons, qui absolument ne peuvent avoir

qu'un ſeul Jardin, je n'eſtime pas qu'il puiſſe entrer dans la penſée de perſonne de l'employer tout en Buis & Boulingrins, au lieu de l'employer en Fruits & en Légumes ; & en tel cas ſoit aux champs, ſoit à la ville, ſi la place du Jardin eſt d'une raiſonnable grandeur, je trouve à propos d'en prendre un peu du plus voiſin pour en faire un petit Parterre, le reſte ſera pour tout ce qui eſt utile & neceſſaire, mais ſi la place eſt médiocre & ſerrée, je conſeille qu'on n'y faſſe aucun Parterre, car pour moi je n'y en ferois point, étant perſuadé qu'on ſe peut aiſément paſſer de fleurs ; prenant donc ce parti d'employer ſon terrein en Plantes qui ſont de ſervice, on peut & on doit affecter de mettre le plus en vûë du logis ce qui plaît le mieux de toutes les parties du Potager, & mettre le plus à l'écart ce qui pourroit bleſſer les yeux ou l'odorat ; les beaux Eſpaliers, les beaux Buiſſons de Fruits, les Verdures, les Artichaux, les Salades, l'action perpetuelle des Jardiniers, &c. peuvent bien occuper le voiſinage de quelques fenêtres, & même pour des maiſons aſſez conſiderables, auſſi-bien que pour des maiſons médiocres.

Je ſuis même ſi perſuadé du plaiſir innocent que peut donner la vûë d'un beau Potager, que dans tous les grands Jardins je conſeille d'y faire quelque joli cabinet, & cela non-ſeulement pour s'y réfugier en cas d'orage inopiné, ce qui arrive aſſez ſouvent, mais auſſi pour l'agrément qu'il y a de voir à ſon aiſe cultiver une terre bien employée.

Nonobſtant tout ce que je viens de dire pour un fort petit Jardin, je ne condamne nullement les Maîtres, qui ſuivant leur inclination, affectent plus d'avoir des Fleurs, que du Potager.

Aprés avoir dit ce qui eſt à ſouhaiter, quand on peut choiſir la place d'un Jardin, diſons maintenant ce qui eſt à faire, quand dans la dépendance de la maiſon on ſe trouve réduit & aſſujetti à quelque place quelle qu'elle ſoit, réguliere ou non réguliere, bonne médiocre, ou mauvaiſe, & ſuivons le même ordre que nous avons ſuivi dans le prétendu choix que je viens d'expliquer.

CHAPITRE XII.

Ce qu'il faut faire pour corriger un fond qui est défectueux, soit dans la qualité de sa terre, soit dans la trop petite quantité.

COMME l'article le plus important d'un Jardin Fruitier & Potager est que le fond en soit bon, si cependant dans l'endroit où doit être ce Jardin, il y a sur le fait de ce fond quelque défaut considérable, & qui puisse être corrigé, il me semble que j'aurois tort de passer outre sans dire sur cela ce que j'y voudrois faire ; or il me semble que telles sortes de défauts se réduisent particulierement à cinq.

Le premier est, que la terre y soit tout-à-fait mauvaise.

Le second, qu'elle y soit médiocrement bonne.

Le troisiéme, qu'étant assez bonne il n'y en ait pas assez suffisamment.

Le quatriéme, que même il n'y en ait point du tout.

Le cinquiéme enfin, que quelque bonne qu'elle soit, les trop grandes humiditez ausquelles elle est sujette, peuvent la rendre incapable de proficer du soin & de la culture d'un Jardinier habile.

Pour ce qui est du premier cas, je ne sçaurois m'empêcher d'abord de plaindre ceux qui débuttent si mal, que de faire un Jardin dans un endroit où le fond est entierement défectueux, & sur tout s'ils sont en état de le mieux placer, je les trouve en effet à plaindre premierement à cause de la grande dépense, qui est une chose que je crains particulierement en fait de Fruitiers & Potagers, étant persuadé que le propre de tels Jardins n'est pas de coûter beaucoup, mais de rapporter amplement & à peu de frais : je les trouve en deuxiéme lieu à plaindre, à cause du peu de succés qui est infaillible en telles entreprises, & sur tout quand on n'y fait qu'à demi les ouvrages necessaires ; Dieu veüille qu'il n'y ait jamais lieu de faire de telles plaintes à l'occasion de nos curieux ; mais cependant s'il est inévitable de tomber dans ce premier cas, où la place du Jardin à faire n'est remplie que de trés-méchante terre, comme cela arrive quelquefois, cherchons tous les remedes qu'on y peut apporter, & tâchons de faire enfin ce Jardin dont est question, & de le rendre le moins mauvais, & avec le moins de frais qu'il sera possible.

Premierement donc si la terre est entierement défectueuse, soit en ce qu'elle est puante, soit en ce que ce n'est absolument que glaize, ou argile, ou crayon, c'est à dire, terre de carriere, soit en ce que ce n'est que pierre, gravois & cailloux, soit enfin en ce que ce n'est que du sable sec de quelque couleur qu'il soit, mais toûjours aussi peu fertile que celui de riviere, & que cependant la superficie se trouve à la hauteur raisonnable où on peut souhaiter que le Jardin soit : je dirai ci-aprés ce que j'entens par cette hauteur.

Si, dis-je, cette terre se trouve être de quelqu'une des mauvaises qualitez que je viens d'expliquer, je ne croi pas qu'il y ait d'autre expedient pour réüssir, que celui de la faire toute enlever, & cela à la profondeur de trois pieds aux endroits qui devront être les principaux ornemens du Jardin, sçavoir les Arbres & les Plantes à longues racines, & de deux bons pieds aux autres endroits où devront être les menuës Plantes ; & ensuite il y faudra remettre pareille quantité de la meilleure terre qu'on y pourra commodément faire porter, ce qui étant fait on doit être en repos pour long temps, tout ira bien, sans qu'on ait besoin de se mettre en peine d'autres amandemens ; que si on n'a pas la commodité de la quantité de bonne terre qui seroit necessaire à mettre par tout, il faut au moins tâcher d'en avoir pour la place des Arbres, & se contenter d'en remettre de médiocrement bonne pour le reste du Jardin, c'est-à-dire pour les Plantes potageres, il ne sera pas difficile de l'ameliorer, comme il sera dit ci-aprés.

Je sçai bien que telle dépense de grands transports de terre fait peur, & sur tout quand il s'agit de grands Jardins, aussi n'arrive-t il guére qu'on ait lieu de s'engager à la faire ; ce sont des Ouvrages de Roy, le Potager de Versailles en est un terrible échantillon ; mais pour ce qui

est

est de petits Jardins de ville, assez souvent il arrive occasion ne l'entreprendre, & comme pour lors cette dépense n'est pas trop grande, aussi se peut-il aisément faire qu'elle est tolerable; voilà donc ce qui est à faire, quand la superficie du Jardin n'a pas plus de hauteur qu'elle en doit avoir, & qu'il n'y a d'autre défaut que celuy de la mauvaise qualité du fond.

Afin de m'expliquer sur cette hauteur, je suppose qu'i s'agit seulement ici du Jardin qui tient immediatement à la maison pour laquelle il est, & nullement d'un autre, qui en étant éloigné n'a pas besoin de tant de precautions; or il me semble que ce premier Jardin doit se trouver dans une situation un peu plus basse que la maison, ainsi cette maison étant plus haute elle doit avoir un Perron avec quelques marches pour descendre à ce Jardin, c'est une beauté que l'on a de coûtume d'y souhaiter en telles occasions, & sans doute qu'une telle hauteur de deux ou trois pieds au dessus de la superficie du Jardin, le rend beaucoup plus agreable à voir qu'il ne le paroîtroit s'il étoit de niveau avec le sueil de la porte, à plus forte raison paroît-il plus beau que ceux qui sont dans une situation plus haute que le rez de chaussée, & où par consequent on ne peut aller qu'en montant, & qui par là sont sujets à des inconveniens assez fâcheux.

Je reviens aux autres cas cy-devant proposez, pour dire que si tel lieu plein de méchante terre est trop bas d'environ cinq ou six pieds dans sa superficie, il est assez visible que ce sera la moitié de la dépense sauvée, ny ayant rien à enlever, & n'y ayant obligation que de rehausser, mais en tout cas il faut toûjours faire son compte premierement sur la situation un peu basse où doit être le Jardin, eu égard à la maison, & en deuxiéme lieu sur les trois pieds de terre qu'il faut porter, & particulierement pour les Arbres & pour les grosses Plantes, & afin de ne s'y point tromper il faudra avec une jauge reglée mesurer cette terre sur le lieu où on la prend, attendu que telle hauteur de trois pieds de terre cube, qui vient à être nouvellement remuée, paroîtra d'abord faire une plus grande dimension, mais enfin elle se doit ensuite affaisser, & reduire au moins à la hauteur proposée, laquelle je tiens toûjours indispensablement necessaire, & si on n'a pas eu la precaution de mesurer la terre avant que de l'enlever, il ne faut pas croire qu'on en ait suffisamment mis à l'endroit où elle est portée, à moins que les premiers mois on n'y en trouve au moins approchant de quatre pieds de hauteur; les pluyes & le sejour l'auront bientôt reduite à trois, & si les premiers jours on n'y en avoit trouvé que trois, on se trouveroit quelque temps apres n'en avoir tout au plus que deux, c'est-à-dire trop peu d'un d'un pied, & ainsi au bout de quelques années on auroit le déplaisir de voir perir tous ses Arbres, & d'être réduit à recommencer tout de nouveau, si on continuoit dans la passion de réüssir pour ses Fruits.

Dans le voisinage des grandes Villes, on a quelquefois de grandes commoditez pour rehausser & remplir des places de Jardins, sans qu'il en coûte beaucoup, on n'a qu'à donner la liberté d'y venir décharger les décombres qui se font des fondations de maisons, mais souvent telle commodité coûte beaucoup de temps, dont en fait de Plans la perte est infiniment à craindre, & coûte même assez d'argent pour faire passer à la Claye telles terres de rapport, autrement on court grand risque d'avoir dans son Jardin plus de pierre & de méchant sable que de veritable terre, & par consequent d'avoir un méchant Jardin; sur cela chacun consultera sa bourse & son plaisir, & ensuite prendra le parti qui luy sera le plus convenable.

La reponse que je viens de faire pour le premier article, où il s'agit d'une terre entierement mauvaise qui se trouve à l'endroit où doit être le Jardin; cette réponse, dis-je, sert pareillement pour le quatriéme article, où l'on suppose une place de Jardin qui n'a nulle terre quelle qu'elle soit, il y en faut faire porter trois pieds de bonne, & la faire porter le plus prés qu'il est possible, pour qu'il en coûte beaucoup moins.

Au second cas, quand la terre ayant la profondeur necessaire est cependant mediocrement bonne, c'est à dire qu'elle est ou un peu trop séche & legere, ou un peu trop forte & humide, car voila les deux défauts ordinaires, oubien enfin qu'on a lieu de la croire trop usée; en tels cas il faut absolument se mettre d'abord en peine de l'accommoder, supposé qu'en effet on ait dessein d'y élever toutes les mêmes choses qu'on fait produire aux bonnes terres; le meilleur de tous les remedes est toûjours de faire porter, si on peut, quelques bonnes terres neuves, avec cette precaution de prendre la terre franche pour mêler avec la legere, & de prendre de la sablonneuse pour mêler avec la forte, & enfin d'en prendre de veritablement bonne pour mêler avec celle qui est trop usée, à moins qu'on neluy veüille donner le temps de s'ameliorer par le repos; que si comme je l'ay déja dit au premier article, on n'a pas lieu d'avoir suffisamment des terres pour tout le Jardin, on commencera par faire la provision importante pour les Arbres, & au surplus on aura recours aux amandemens ordinaires pour le fait des Plantes potageres.

En troisiéme lieu, quand la terre est veritablement bonne, mais que cependant il n'y en a pas assez pour parvenir à faire les trois pieds de profondeur, on a sur cela deux considerations à faire, la premiere est d'examiner si nôtre superficie est de la hauteur convenable, ou si elle ne l'est pas, quand elle est de la hauteur convenable, il faut necessairement enlever ce qu'il y a de mauvais dans le fond, soit sable, soit glaise, soit pierre, & y rapporter de meilleure terre à la place, autant qu'on en a besoin pour avoir la profondeur requise, & conserver toûjours nôtre même hauteur.

A plus forte raison faut-il faire la même operation, c'est-à dire ôter ce qu'il y a de mauvais au dessous de la bonne terre, quand la superficie étant trop haute eu égard au rez de chaussée de la maison, on est obligé de l'abaisser, pour faire que d'un Perron on se trouve plus élevé que le niveau du Jardin; chacun peut aisément se regler en cela sur le plus ou sur le moins, c'est-à-dire sur l'exigence de son terrein & de ses besoins, mais toujours il faut s'assurer tant de la quantité proposée de bonne terre, que de la distance qui doit être depuis la superficie du Jardin jusqu'à la porte qui luy sert d'entrée.

Que si la terre étant en l'état qu'on la peut souhaiter, soit par la quantité, soit par la bonté, cependant la superficie est trop basse, il faut pareillement voir de combien elle l'est trop, afin de la hausser conformement à nos besoins & à nos souhaits; il pourroit peut-être arriver qu'elle seroit basse, qu'on seroit obligé de la hausser de beaucoup au delà de trois pieds, en ce cas il faudroit relever & mettre à part tout ce qu'on a de bonne terre, & ensuite on feroit apporter de tout ce qu'on pourroit, bon ou mauvais pour hausser suffisamment le fond, & cela fait on remettroit la bonne par dessus avec l'œconomie & le mélange cy devant expliqué. Je voudrois bien avoir de meilleurs expediens à proposer pour éviter la dépense du transport, mais de bonne foy je n'en sçay point.

Il reste à voir ce qui est à faire au cinquiéme cas, ou il est question de corriger dans le Jardin les trop grandes humiditez qui y sont, & dont le propre est de faire tout pourrir, & rendre les productions nonseulement tardives, mais aussi insipides & mauvaises; il n'y a que les terreins chauds & secs qui soient hâtifs; ceux qui sont humides sont toûjours froids, & par consequent n'ont aucune disposition pour les nouveautez. Ce froid qui est inseparable de l'humidité, est de tous les défauts le plus difficile à corriger; l'antiquité l'a connu aussi-bien que nous, & luy a donné méme le nom de scelerat : mais cependant comme la terre a été soûmise à l'industrie de l'homme, & qu'il y a peu de choses dont enfin le travail ne puisse venir à bout, rendons compte de ce qu'une longue experience nous a appris pour ce fait-là.

At sceleratum excutiere frigus difficile est. *Georg.* 2.

Labor omnia vincit improbus &c. *Virg. Georg.* 1.

Les humiditez dans la terre sont naturelles & perpetuelles, ou elles n'y sont qu'accidentelles & passageres, au premier cas nous avons deux expediens.

Le premier est de détourner de loin, s'il se peut, par des canaux ou par des pierrées les eaux qui nous incommodent, & leur donner une décharge qui les éloigne de nous, cela étant les terres ne manqueront pas de devenir séches, & quand on ne peut pas se servir du premier.

Le second expedient est d'élever en dos de bahu, soit les carrez entiers, soit seulement de grandes planches; &

pour cet effet faire de grandes rigoles creuses pour servir d'une maniere de sentiers ; les terres qui en sortent serviront à enfler ou ces carrez ou ces planches.

Que si les humiditez n'y sont que passageres, & que ce soit, par exemple, les grandes pluyes qui les causent; & que la nature du terrein ne soit pas propre à les imbiber, il en faut pareillement venir à l'élevation des terres pour les égoûter, & à la construction de quelques pierrées qui portent ces eaux au delà du Jardin.

Que si enfin l'humidité n'est pas extraordinairement grande, il faut faire le contraire de ce que nous avons dit de faire dans les terres fort séches, c'est à dire élever les terres un peu plus hautes que les Allées, en sorte que ces Allées servent d'égoût à ces terres élevées, tout de même que dans l'autre cas les labours des platte-bandes servent d'égoût pour recevoir & profiter des eaux des Allées voisines.

Or pour élever les terres, il n'y a rien de meilleur à faire que ce que nous avons dit pour hausser les superficies; que si on n'a pas la commodité du transport des terres, & qu'on ait celle de beaucoup de grand Fumier, comme je l'ay au Potager de Versailles, il faut se servir de ce grand Fumier, & le mêler abondamment dans le fond des terres, en sorte qu'on les éleve tout autant qu'elles ont besoin de l'être, & toûjours les grandes pierrées sont d'une utilité considerable.

Je finis ce qui regarde la preparation de ces fonds qui sont défectueux, soit par la qualité, soit par la trop petite quantité, en exhortant soigneusement ceux qui foüillent des terres le long de quelques murs, à prendre garde premierement de ne pas approcher trop prés des fondations, il y faut toûjours laisser quelque petit talut solide sans le foüiller, autrement il y a peril que le mur ne vienne à tomber, ou par son propre fardeau, ou par quelque pluye inopinée. J'exhorte en second lieu à faire en sorte que telles tranchées soient remplies d'abord qu'elles ont été vuidées, ou plûtôt qu'elles soient remplies en même temps, & un partie aprés l'autre, faute de quoy, & par les même raisons, le peril de la chute est encore plus grand.

Aprés avoir examiné ce qui regarde les conditions qui sont necessaires pour un Jardin Fruitier & Potager à faire, sçavoir la qualité & la quantité de bonne terre, la situation heureuse, l'exposition favorable, la facilité des arrosemens, le niveau du terrein, la figure & l'entrée du Jardin, la clôture & la proximité du lieu, avoir aussi proposé les moyens de corriger les défauts de sécheresse & d'humidité, il reste encore à parler sur le fait des pentes, quand elles sont trop grandes pour le Jardin, auquel on est necessairement assujetti.

CHAPITRE XIII.

Des pentes qui se rencontrent dans un Jardin.

NOus avons dit cy dessus ce qui est à souhaiter pour certaines pentes qui peuvent estre favorables dans les Jardins, & avons insinué ce qui est à craindre contre les inconveniens des grandes; il faut presentement dire ce qui est à faire pour apporter du remede à celles qui peuvent estre corrigées; c'est pourquoy d'abord que la place du Jardin est resoluë sur les considerations cy-devant établies, soit que la figure en soit bien carrée, en sorte que les côtez & les angles y soient ou entierement, ou au moins à peu prés égaux & parallele, ce qui est le plus à souhaiter, soit qu'elle soit irréguliere, ayant inegaux ou les angles ou les côtez, ou ayant peut-estre plus ou moins de quatre côtez & de quatre angles, les uns & les autres differens entr'eux ou dans leur longueur, ou dans leur ouverture, &c. ce sont des défauts qu'il est bon d'éviter si on peut, ou tout au moins faut-il tâcher de les rectifier.

Cette place du Jardin étant, dis-je, resoluë, soit volontairement, soit par necessité, il ne faut point commencer à la clorre, que premierement on n'ait pris le niveau de tout le terrein pour en connoître les pentes, & prendre sur cela des resolutions necessaires, autrement on tombera en beaucoup de grands inconveniens, soit à l'égard des murailles qui sont à faire, soit à l'égard des Allées & des carrez qu'il faut dresser.

Constamment chaque piece de terre peut avoir plusieurs pentes toutes differentes, sçavoir une, deux, ou trois pour autant de côtez, & une pour chaque diagonale ; & on ne peut bien sçavoir le niveau d'un Jardin, qu'on n'ait pris & ensuite reglé toutes ces pentes.

Les diagonales, pour parler plus intelligiblement en faveur de quelques Jardiniers, sont comme qui diroit les deux bras d'une croix de saint André qu'on peut & qu'on doit figurer par tranchées menées de coin en coin au travers d'une place.

Il n'est pas necessaire de dire que les niveaux de pente se prennent toûjours à commencer par l'endroit le plus haut de la piece à niveler, pour aller au plus bas qui luy est opposé, tout le monde le sçait assez ; ainsi le niveau des diagonales se prend à commencer à un coin ou angle, pour aller à un coin plus bas & opposé, par exemple la diagonale. A. . B. commence à un coin ou angle qui est formé par la rencontre de deux côtez, dont l'un est exposé au Levant, & l'autre au Midy, pour aller à un coin plus bas, & opposé, qui est formé par la rencontre du côté exposé au Couchant, & du côté exposé au Nord ; l'autre diagonale se tirera de l'un à l'autre des deux coins ou angles. C. .D. qui reste dans la figure que nous examinons, & qui est icy marquée. Le niveau des expositions se prend tout le

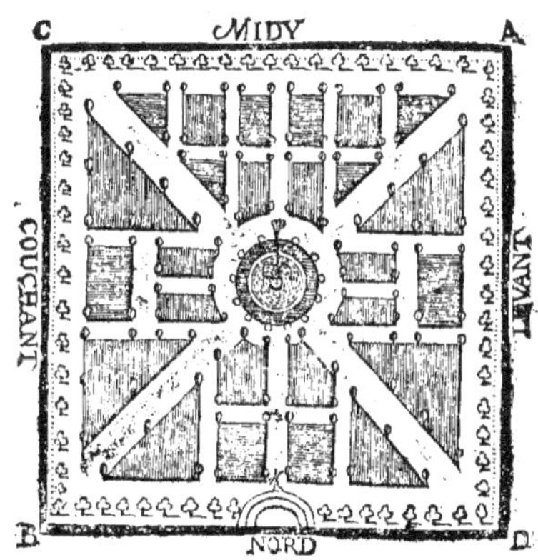

long de chaque côté, à commencer, comme nous avons dit, par la partie la plus haute, pour venir à la plus basse.

Or pour prendre chaque niveau bien juste, il faut que ce soit sur une ligne bien droite, qui sera tirée soit le long du côté à niveler, ce qui est le meilleur, soit sur une autre ligne bien parallele à ce côté.

Chaque niveau pour être assez juste, non pas veritablement aussi juste que celuy des eaux des fontaines, dans lesquelles jusqu'à une demy ligne tout est tres-important; mais enfin pour être suffisant à l'usage dont est question, chaque niveau, dis je, se doit prendre avec la regle & l'équaire, c'est à-dire avec l'outil qui porte le nom de

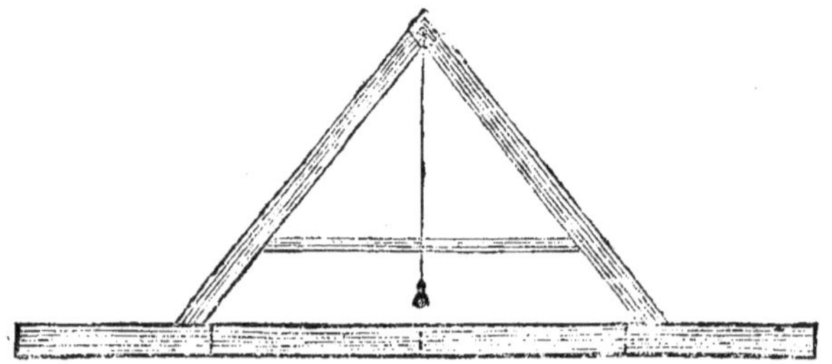

niveau, & qui, comme tout le monde sçait, est triangulaire ayant un plomb, ou autre petite boule penduë à une petite corde, & cette corde attachée à l'angle obtus; il faut que cet équaire étant posé sur sa regle, cette petite corde rencontre l'entaille qui est faite exprés, tant au haut de cet angle, que sur le point du milieu du côté qui sert de baze à cet instrument, en sorte que le niveau n'est jamais bien, jusqu'à ce que naturellement cette corde avec son plomb se repose dans ses deux entailles.

Voicy de quelle maniere on s'y prend pour faire cette operation; peut-être me pourrois-je bien passer de l'expliquer, étant déja si bien expliquée dans tant de Livres, & de Mathematique & de Mechanique; mais peut-estre aussi que nôtre Jardinier n'en a pas en main, & qu'il sera content de ce que j'en dis icy.

Outre l'équaire & la regle, dont celle-cy doit estre bien droite,

droite, & avoir la longueur de deux ou trois toiſes, il faut encore des jalons, c'eſt-à-dire des bâtons pointus, qui ſoient propres à ficher en terre à force de coups de maillets; il faut donc avoir un maillet, & enfin il faut ces trois bâtons d'une longueur fort juſte & fort égale, qui ſoient environ de trois à quatre pieds, tous trois fendus par l'extrémité qui doit reſter en dehors, afin d'y mettre un peu de papier blanc dans cette extrémité.

Je n'aurois que faire de dire (car cela s'entend aſſez) qu'il faut être au moins trois ou quatre perſonnes, ſçavoir trois pendant qu'on ſe ſert de la regle, & quatre quand on en vient aux bâtons; une de ces perſonnes doit en tous les cas être à l'endroit le plus bas du côté à niveler, & y avoir une perche pour ſervir de point de vûë, afin de hauſſer ou baiſſer cette perche, ſuivant l'ordre de celuy qui viſe pour regler l'alignement.

Or donc pour trouver le niveau, ayant pris un temps calme ſans vent & ſans pluie, & s'il ſe peut un peu ſombre, ou au moins s'étant placé de maniere que la grande lueur du Soleil ne puiſſe pas incommoder la vûë, on fait d'abord entrer un de ces jalons juſqu'à la ſuperficie qui doit demeurer, & un autre en ligne droite un peu au deſſous, en ſorte que la regle puiſſe être immediatement & commodement placée deſſus, & cela fait on met le niveau ſur cette regle, faiſant hauſ-ſer ou baiſſer le ſecond jalon, juſqu'à ce qu'enfin le plomb tombe juſte, & de ſoy-même ſans aucun mouve-ment de vent ou d'autre choſe dans ſes entailles.

Et cela étant, on arrête abſolument le ſecond jalon, on ôte le niveau, & pour lors ſe couchant tout plat à terre, on peut ſur cette regle ainſi fixée & ajuſtée, mirer, viſer, ou borneyer vers la perſonne d'en bas qui tient la per-che avec un linge blanc ou noir au bout d'en haut, & qui peut-être aura eu beſoin de monter ſur une échelle, ſur une muraille, ou ſur quelque Arbre, pour hauſſer ou baiſ-ſer cette perche, ſuivant l'ordre du borneyeur, & cela juſqu'à ce que l'extrémité en ayant été obſervée par le borneyeur, on ſuppute juſte combien de pieds & de toiſes il y a en ligne droite & à plomb depuis cette extrémité, qui eſt le haut de la perche ou du jalon, juſqu'à la ſuperficie naturelle de la terre qui eſt immediatement au deſſous de cette perche, &c.

Et parce que la poſture de ſe coucher eſt trop incommode, on peut & on doit creuſer la terre auprés du premier jalon fiché en terre, & la creuſer juſqu'à ce qu'on y puiſſe commodement être, ou à genoux, ou aſſis, ou debout pour borneyer à ſon aiſe, ou bien on peut emprunter, comme on dit, c'eſt à-dire ſe ſervir de deux de ces bâtons cy-devant marquez, & pour cet effet on les poſe chacun ſur chacun de deux autres qui ſont fichez en terre, ou ſur quelqu'autre piece de bois ou de terre qu'on aura mis exprés pour cela, & on les y tient bien droits, enſuite on met la regle ſur ces bâtons, on voit encore avec l'équierre ſi la regle eſt bien juſtement de niveau, & cela étant on borneye, & ſi on a beſoin d'une troiſiéme perſonne, & par conſequent d'un troiſiéme bâton, on les place avec la même juſteſſe que le deux premiers, & le troiſiéme en quelque diſtance qu'il ſoit, ayant un linge, ou papier, ou chapeau ſur le haut de ce jalon, ſert pour borneyer plus commodement; ſi-bien qu'ayant rencontré au bout de la vûë l'extrémité de la perche ou bâton qui ſont tenus en bas, on deduit ſur le tout la hauteur empruntée des bâtons, auſſi-bien que la hauteur de la regle, & ainſi on aura ſon niveau juſte; par exemple, en borneyant on a trouvé que depuis le haut de la perche juſqu'à la ſuperficie de la terre, il y a douze pieds, on commence à déduire ſur cela les quatre pieds empruntez des bâtons, ſur le haut deſquels le borneyeur avoit poſé ſa regle, on déduit enſuite les trois ou quatre pouces de la hauteur du bois de la regle, tout cela enſemble fait quatre pieds quatre pouces, & par ce moyen on trouve qu'il y a environ ſept pieds huit pouces de pente depuis l'endroit de la ſuperficie, qui eſt reglée, & à demeurer, d'où le borneyeur viſoit, juſqu'à la ſurperficie de la partie où étoit le dernier jalon, & dont on cherche le niveau

Or ou ces pentes ſont fort rudes, ou elles ne le ſont que mediocrement.

Les mediocres ſont tolerables, c'eſt-à-dire celles qui

n'ont, par exemple qu'un demie pouce, ou un pouce & demi par toise, si bien qu'il ne faut pas trop se mettre en peine de les corriger, si la dépense en doit être un peu grande, & ainsi sur une longueur de vingt toises, une pente d'environ un pied, ou deux pieds, ou deux pieds & demi, ne feroit pas grand mal, elle seroit presque insensible, n'étant que d'un demi pouce, ou d'un pouce & demi par toise; mais cependant on s'en peut encore consoler, & sur tout si la longueur est grande, car assurément une pente de douze ou quinze pieds sur quatre vingt toises de long, quoy que tres-fâcheuse, elle est cependant moins sensible, & même moins incommode qu'une pente de deux pieds & demi sur vingt toises, quoy que la proportion soit entierement égale.

Que si une pente de deux pouces ou deux pouces & demi par toise commence à être rude, que sera-ce d'une pente de trois, de quatre, de cinq, & même d'avantage, il faut assurément tâcher de la corriger, ce qui se peut en quatre manieres.

Sçavoir premierement, en baissant simplement le terrein élevé autant qu'on a besoin qu'il soit baissé pour adoucir la partie trop élevée, ou en second lieu, en portant dans l'endroit le plus bas ce qu'on ôte de l'endroit plus haut; & de cette façon une pente de cinq pieds, par exemple, se trouvera réduite à trois, si ayant ôté la hauteur d'un pied de l'endroit plus haut, si-bien qu'il ne lui en reste plus que quatre, on la porte à l'endroit plus bas, de sorte que desormais il se trouve d'un pied plus haut qu'il n'étoit, &c.

Et comme il faut sur tout prendre garde que nous ayons toûjours nos trois bons pieds de profondeur de bonne terre, aussi devant que de rien baisser de la partie élevée; il faut y avoir fait des trous en differens endroits pour y examiner combien nous y avons de bonnes terres, & pour décider sur cela si nous en pouvons effectivement ôter quelque chose, & combien, ou si nous n'en pouvons rien ôter sans faire tort au fond du Jardin; le parti sur cela est bientôt pris, car si la profondeur de bonne terre est assez grande pour en pouvoir diminuer une partie on en fait ôter la quantité dont on a besoin, pour moderer la pente dont est question.

Mais si au contraire on n'en peut pas ôter sans alterer la profondeur, ou quantité qu'il est necessaire d'y avoir, en ce cas-là il faut avoir recours à un troisiéme expedient, qui est ou ne rien changer à cette hauteur, & relever la partie basse, comme on le pourra pour le mieux, c'est-à-dire mettre encore de bonnes terres sur ce qu'il y en a déja de bonnes, si on le peut commodement, ou bien relever & retrousser cette bonne pour en mettre de méchantes au fond, y remettre même des pierres & des gravois, si on ne peut rien de mieux, & ensuite on recouvrira le tout de cette bonne terre qu'on aura premierement relevée, ou bien si on peut baisser le terrein de la partie haute, on relevera tout ce qu'il peut y avoir de bonne terre, & on la mettra à part jusqu'à ce qu'on ait foüillé, & enlevé de la méchante de dessous autant qu'on aura trouvé à propos d'en enlever, & cela fait, on reportera tout de nouveau les bonnes à la place de ces méchantes.

Que si nul de ces trois expediens ne peut être mis en usage, il faut enfin se servir d'un quatriéme, qui est assez de dépense, mais il est indispensablement necessaire, & c'est au Maître qui se trouve dans une situation si fâcheuse à s'en consoler lui-même, s'il veut avoir un Jardin qui lui soit utile & agreable, puisque sans cela il n'y sçauroit absolument parvenir.

C'est-à-dire qu'il faut partager cette grande pente en differens degrez ou differentes portions, pour en faire plusieurs terrasses particulieres, les unes plus hautes, les autres plus basses, & toutes plus ou moins larges, selon que la pente est plus ou moins rude, & ensuite on disposera chacune de ces terrasses en soy selon ce que nous venons de dire qu'il faut faire quand il est question de corriger des pentes mediocres; mais ce n'est pas tout, car il en faudra encore venir à arrêter ou soûtenir chacune de ces terrasses pour les empêcher de s'ébouler, & ce sera ou par de petits murs, ou par de petits talus bien battus & bien trepignez, avec quelques degrez bien placez pour descendre de l'une à l'autre, ou même on y descendra par quelques talus qu'on gazonnera exprés, afin de les rendre & plus solides & de plus longue durée, & enfin comme si c'étoit autant de Jardins separez, on les accompagnera d'Allées d'une largeur proportionnée à leur longueur, comme nous dirons cy-aprés.

Pour finir cette matiere, il ne me reste plus qu'à dire que les petits murs pourront servir à faire de fort bons Espaliers, si l'exposition en est bonne, ou même serviront pour y mettre des Framboisiers, des Groseillers, & du Bourdelas, si l'exposition en est au Nord; à l'égard des petits talus ils ne seront point inutiles, & au contraire quand ils sont tournez au Midy ou au Levant, on s'en servira, soit pour élever d'abord des Plantes printanieres, par exemple des Laituës d'Hyver, des Pois, des Féves, des Fraises, des Artichaux, &c. & le Printemps étant passé, ils seront employez à élever des graines de Pourpier, de Basilic, &c. ou bien même si on a une grande quantité de ces talus bien exposez, on en pourra employer pour toûjours une partie en bons Raisins & en autres Fruits, comme j'ay fait au Potager du Roy, à de certains talus faits exprés pour cela.

Que si nos talus regardent le Nord, ils seront bons tout l'Esté pour élever du Cerfeüil, ou même pour y semer ce qui doit être replanté, sçavoir Laituës, Chicorées, Choux, Celery, &c. car enfin il n'y a nul endroit d'un Jardin qui ne puisse être bon à quelque chose,

Une precaution necessaire pour ces talus, est que non seulement dans le temps qu'on les fait ils doivent être extrémement battus & trepignez dans le fond; mais que sur tout il faut que la partie haute de chaque talus soit un peu plus élevée que l'Allée qui lui est voisine, ou autrement l'égoût de la pente de toute la terrasse les aura ruinez & démolis en peu de temps; que si nonobstant cette precaution il y arrive quelque accident, il ne faudra pas manquer tous les Hyvers d'y faire les réparations necessaires, qui ne vont qu'à y rapporter quelques terres, les bien trepigner & battre tout de nouveau, n'y laissant rien de meuble que les trois ou quatre pouces de superficie de bonne terre, qu'on laboure aprés coup, pour rendre cette terre propre à produire quelque chose.

Et comme je ne pretends pas toûjours que les grandes pentes des Jardins soient enfin tellement corrigées qu'il n'y en reste plus du tout, je veux non seulement que d'espace en espace on fasse dans les Allées de petits arrêts qui détournent les eaux des grandes pluyes dans les carrez voisins; ces arrêts se font avec des ais mis en terre au travers des Allées, & n'excedans que de deux ou trois pouces la superficie de ces Allées; mais même si ces arrêts ne suffisent pas, je veux qu'au bas de chaque Jardin on ménage une sortie pour la décharge de ces eaux, ou qu'au moins si le voisinage ne permet pas cette sortie, on fasse sur son propre fond un grand trou, c'est-à dire un grand puisard plein de pierres séches, dans lequel toutes ces eaux puissent venir se perdre, car autrement il n'est gueres de murs qui puissent long-temps resister à de grandes avalaisons sans se démolir, & par consequent faire de grands desordres.

CHAPITRE XIV.

De la disposition ou distribution du terrein de chaque Fruitier & Potager.

DANS chaque Jardin fruitier & potager, nous avons deux principales considerations à avoir; la premiere est de mettre ce Jardin sur le pied d'être utile & abondant dans ses productions, à proportion de son étenduë & de la bonté de son fond.

La seconde consideration est de mettre ce Jardin sur le pied d'être agreable à voir, & d'être commode, soit pour la promenade, soit pour la culture & pour la cueillette, car effet ce sont les deux premieres vuës qu'on s'est proposé en le faisant, & pour cela on ne doit pas seulement sçavoir ce que la terre d'elle-même est capable de faire sans être beaucoup secouruë, mais aussi ce qu'elle est capable de faire avec tel & tel secours qu'on lui peut donner.

Pour parvenir au premier point, qui est l'utilité du rapport, il faut avec toute l'œconomie & la prudence poſſible, employer ſi bien en plans & en ſemences les meilleurs endroits du Jardin, qu'il n'y en reſte pas un ſeul d'inutile, mettant à chacun ce qui peut le mieux y réüſſir; & pour parvenir au ſecond point, qui eſt la beauté & la commodité, il faut non ſeulement diſtribuer agreablement ſon terrein par carrez, mais auſſi faire neceſſairement des Allées qui ſoient propres, bien placées, & d'une largeur convenable à l'état du lieu, étant certain qu'il n'eſt point de Jardins d'honnête homme ſans des Allées raiſonnables, & que les grands en demandent de plus grandes & en plus grand nombre, que ne font ni les petits ni les mediocres.

Or ce qu'on appelle les meilleurs endroits du Jardin, ſont bien veritablement ceux où eſt le meilleur fond, ſi en effet, ce qui eſt aſſez ordinaire, il n'eſt pas également bon par tout comme il ſeroit à ſouhaiter; mais la bonté étant égale par tout, les meilleurs endroits du Jardin ſont particuliérement ceux qui ſont le plus à l'abry des vents, & qui par conſequent peuvent le plus profiter de la reflexion cauſée par les murs.

Et ce qu'on appelle des Allées neceſſaires & bien placées, c'eſt que communément il en faut, ſoit dans le voiſinage des murailles, afin de mieux voir les Eſpaliers, de les cultiver plus facilement, & avoir la commodité d'en cüeillir les Fruits, ſoit dans tout le corps du Jardin, afin que le terrein ſoit diviſé en carrez égaux, & que la promenade ſoit multipliée, auſſi-bien que le plaiſir de voir & de viſiter ce que contiennent ces carrez, & afin que pareillement leur culture en ſoit & plus aiſée & plus commode pour le Jardinier.

Il faut donc, comme j'ay dit dans nôtre diſtribution, chercher en même temps & l'utilité du rapport, & la commodité tant de la culture que de la promenade.

A l'égard de cette utilité, nous la trouverons, ſi premierement le long de tous les murs, ſans excepter même quelquefois la face de la maiſon, & ſur tout quand le Jardin eſt petit, nous y plantons de bons Arbres en Eſpaliers,

& qu'au tour des carrez nous y plantions aussi des Arbres pour y en avoir en Buissons, autrefois on faisoit des contre-Espaliers, mais l'usage en est presque aboli, il faisoit assez de peine à bien entretenir, & n'etoit que d'un tres-mediocre rapport.

En deuxiéme lieu, nous trouverons cette utilité si nos carrez sont garnis de bordures utiles, & qui soient passablement éloignées de ces Buissons, & si enfin le corps de chaque carré est perpetuellement rempli de bons Legumes, en sorte qu'on n'en ait pas si tôt cueilli un d'une saison, qu'en même-temps on prepare la terre pour y en remettre une autre d'une autre saison.

On verra cy-aprés dans la troisiéme partie, qu'elles sortes d'Arbres on devra planter en toutes sortes de Jardins, soit pour les Espaliers, soit pour les Buissons, on verra dans la quatriéme comment il les faut tailler & cultiver, & on verra dans la sixiéme, qui contient le Traité du Potager, qu'elles sont les bordures que j'appelle utiles, & quels sont les Legumes de chaque saison avec la culture qui leur convient pour les avoir beaux, bons, & à propos.

Ce n'est pas assez d'avoir dit en general ce qui regarde l'utilité du rapport, il faut dire aussi ce qui regarde la commodité de la culture & le plaisir de la promenade; & pour cet effet ce que nous avons icy presentement à faire, c'est de regler la largeur des labours, soit des Espaliers, soit des platte-bandes quand on en fait, regler la grandeur des carrez, & enfin regler la place & la largeur des Allées de chaque Jardin, de quelque grandeur qu'il soit.

Quand je parleray icy d'Allées, je n'entens uniquement que la place employée pour la promenade, & rien autre chose, comme font quelques-uns, qui dans leur disposition appellent Allée tout ce qu'il y a de place depuis le mur jusqu'aux Buissons du contre-Espalier, où ce qu'il y a de distance d'un Buisson à l'autre dans le partage des carrez; cette place d'Allée ne doit jamais être moins large que de cinq à six pieds, quelque petit que soit le Jardin, & n'en doit jamais gueres exceder dix-huit ou vingt, quelque

que grand Potager que ce puisse être : & voilà pour ce qui est de la largeur, avec cette precaution que premierement chaque Allée doit être plus ou moins large, suivant sa longueur, & en second lieu, qu'elle doit toûjours être tenuë bien nette, bien unie & bien sablée, si on peut, & que cependant elle soit ferme sous les pieds, autrement la promenade n'y seroit pas agreable.

Il est à propos de dire icy, que ce qui fait la difference d'une Allée d'avec un sentier, est que dans l'Allée il faut au moins se pouvoir promener deux personnes de front, & ainsi elle ne peut avoir moins d'environ cinq à six pieds de large, sans quoy ce ne seroit plus une veritable Allée, mais plûtôt un grand sentier ; & à l'égard du sentier, il suffit qu'on y puisse passer seul, & ainsi il peut même se contenter d'un pied de large, ou un & demy au plus.

CHAPITRE XV.

Disposition ou distribution d'un petit Jardin.

JE viens presentement au détail de chaque Jardin, & dis que communément il n'est gueres de Jardins qui n'ayent au moins cinq à six toises de large avec une longueur proportionnée, ne pouvant croire qu'on puisse donner le nom de Jardin à une place qui auroit moins de largeur, mais toûjours quelle qu'elle soit, il est certain que telle place étant bien située, c'est-à-dire située en face de la maison, elle en fait toute la gayeté, soit qu'elle y touche immediatement, soit que quelque petite court l'en separe ; s'il s'agit donc d'un de ces Jardins si petits, il me semble que pour mieux ménager le terrein, l'entrée se doit faire au milieu de cette largeur, & y doit trouver une Allée d'environ six pieds, cette Allée y sera toute seule ; n'y ayant que de petits sentiers d'un bon pied de large le long du labour des Espaliers ; que si l'entrée se faisoit par un des coins, comme quelquefois la necessité y oblige, il faut pareillement se contenter d'une seule Allée qui regne tout du long de la premiere muraille qui se presente dans le coin ; cette Allée pourra avoir du Soleil une partie du jour,

& de l'ombre l'autre partie, & par ce moyen on y aura quelquefois la promenade agreable.

Que si tel Jardin de cinq à six toises de large se trouve avoir une longueur de dix à douze on pourra fort bien à chaque extrémité, ou au moins à une des deux, ménager quelque Allée de pareille largeur que la precedente, & sur tout ce doit être à l'extrémité qui est la plus prés du logis, & en ce cas-là il faut même tenir cette Allée un peu plus large que l'autre ; c'est une observation qui se doit necessairement pratiquer en toutes sortes de Jardins, & particulierement dans les grands, afin que, comme d'ordinaire à l'entrée de chaque Jardin on a de coûtume de s'arrêter un peu pour le considerer, on y trouve d'abord une place qui soit passablement grande, & par consequent agreable & riante ; ces Allées des extrémitez donneront lieu à la promenade de deux ou trois compagnies separées ; ce qui est toûjours une chose à souhaiter.

Je veux de plus, que les Allées qui se font dans le voisinage des Espaliers, soient au moins éloignées de trois à quatre pieds des murs, afin que les Arbres de ces Espaliers ayent au moins trois à quatre pieds de labour, au lieu qu'on avoit accoûtumé de leur en donner beaucoup moins, & par ce moyen ce labour étant raisonnablement grand, comme je le souhaite pour tous les Espaliers, jusqu'à le faire beaucoup plus grand dans les grands Jardins, les Arbres y sont non seulement mieux nourris, mais encore outre les bordures qui soûtiennent les terres de ce labour, & font figure agreable dans les Jardins, on y peut élever quelques-unes de ces Plantes utiles qui aiment le voisinage des murs, c'est à dire qui aiment un abry capable de les défendre sur tout des vents froids, & dangereux, condition absolument necessaire pour avoir quelque chose de printanier.

CHAPITRE XVI.

De la largeur qu'il faut donner aux labours des Espaliers.

J'EXHORTE icy tout le monde à faire reflexion sur cet article, où je conseille de placer les Allées assez loin des Eſpaliers, & cela fondé ſur l'avantage que peut produire l'abry des murailles, abry qui ſe trouve entierement inutile, quand il ne favoriſe que les Allées, auſquelles il ne ſert de rien ; car enfin, que trois ou quatre pieds de terre ſoient cultivées à droit ou à gauche de l'Allée, quel inconvenient en arrive-t-il pour le bon uſage qu'on doit faire de la terre de chaque Jardin, au lieu que ces trois ou quatre pieds de plus que je fais cultiver attenant du petit labour, auquel on réduiſoit d'ordinaire les Eſpaliers, feront beaucoup plus de profit en cet endroit-là, que ſi étant employez à faire une partie de l'Allée, on en cultivoit une pareille quantité de l'autre côté de cette Allée, en ſorte que l'abry ne peut porter juſques-là.

Je ne veux pas tout-à-fait décider ſi dans de forts petits Jardins il y faut planter des Fruitiers en buiſſons, c'eſt à chaque Maître à ſuivre ſur cela ſon inclination, cependant j'eſtime que le mieux ſeroit de n'y en point mettre, à moins que ce ne fût de petits Pommiers de Paradis, ou quelques pieds de Groſeillers ; je craindrois que ces Buiſſons ne vinſſent enfin ſi grands qu'ils en offuſquaſſent les Eſpaliers, pour leſquels j'ay icy beaucoup de reſpect : outre que ſans doute ils incommoderoient la promenade, c'eſt-à-dire la rendroient deſagreable, en ce que dans ces petits lieux on n'y auroit pas aſſez d'air à reſpirer.

Je voudrois donc employer à autre choſe qu'à des Arbres fruitiers, le petit terrein dont eſt queſtion, & ce ſeroit, par exemple, en Fraiſes ou en Salades, & Herbes potageres, &c. ou peut-être même je l'employerois partie d'une façon, & partie de l'autre pour y avoir en tout temps quelque peu de choſes à cueillir, & ainſi toute la place de nôtre petit Jardin, dont nous avons diviſé la largeur par une ſeule Allée dans le milieu, ou retrecie par une Allée le long d'un des Eſpaliers ; ſeroit coupée au travers de ſa longueur en planches de quatre à cinq pieds de large avec pluſieurs petits ſentiers.

Aprés avoir bien examiné la diſtribution que je viens de faire, je la trouve ſi raiſonnable, que même je n'en ferois point d'autre que celle-là, s'il s'agiſſoit de Jardins de ſept à huit toiſes de large, ni même de ceux qui en ont huit à neuf.

CHAPITRE XVII.

Distribution ou disposition d'un Jardin d'une honnête grandeur.

MAis s'il étoit question d'un Jardin de dix à onze, ou d'onze à douze toises, ce qui fait un Jardin d'une honnête grandeur, soit qu'on ait trouvé à propos, eu égard à la disposition du logis pour lequel il est, d'y faire l'entrée au milieu, ou de la faire à un des côtez, dans l'un & dans l'autre cas les Allées que j'y ferois auroient sept pieds de large, & j'en donnerois même jusqu'à huit ou neuf à celle qui est parallele à la face du logis, laissant, comme j'ay marqué cy-devant, un labour de cinq à six pieds pour chaque Espalier, si bien que dans cette disposition je ne ferois d'Allées que le long de tous les Espaliers, & ainsi il me resteroit au milieu du Jardin un carré d'environ six à sept toises de large, ou de sept à huit sur toute nôtre longueur; & s'il se trouvoit que cette longueur fût de quinze à vingt, ou même davantage, il la faudroit couper en deux portions égales par une Allée à peu prés semblable à celle des Espaliers, mais je ne la couperois que par un sentier d'environ trois pieds, si ce carré n'avoit de ce sens-là que dix à douze toises.

Or il dépendroit encore de l'inclination du Maître d'employer ce carré, soit entierement en quinconce d'Arbres fruitiers avec des Fraisiers, & quelques petits Legumes parmi, pour les y avoir seulement pendant les cinq ou six premieres années que les Poiriers seroient à devenir grands, soit de l'employer partie en Arbres fruitiers, c'est-à-dire d'en mettre sur le bord des Allées, gardant toûjours l'éloignement & la distance que j'ay cy-devant marquée; & à l'égard du reste, il seroit, comme on dit vulgairement, *en hortolage*, c'est à sçavoir en Salades, Verdures, Artichaux; Fraises, & à dire le vray, ce seroit le party qui me plairoit le mieux, ou peut-être employerois-je entierement en Arbres fruitiers la moitié qui seroit la plus éloignée du logis, & employerois l'autre en Legumes; si chacune se trouvoit de sept à huit toises de long sur la largeur proposée.

CHAPITRE XVIII.

Distribution ou disposition d'un Jardin de quinze à vingt toises de large, & de celuy de vingt-cinq à trente, & de trente à quarante.

JE viens presentement à une place d'environ quinze à vingt toises de large sur quelque longueur que ce soit, & considere cecy comme un beau Jardin, & d'abord je veux premierement examiner si la maison touche ce Jardin, ou si elle ne le touche pas; & en deuxiéme lieu, si cette maison est bâtie de belle pierre de taille, ou simplement de moilon enduit ou recrepy.

Si la maison ne touche pas au Jardin, on fera sans doute des Espaliers à toutes les murailles; si le Jardin est entierement fermé, & même si elle y touche, & que la face ne soit qu'enduite ou recrepie, on y en pourra pareillement faire, pour profiter sur tout de la largeur & hauteur des trumeaux, aussi-bien que du bas des fenêtres, mais si l'Architecture en est belle & riche, je veux qu'on la laisse nuë, & exposée aux yeux de tout le monde, ce seroid ommage de cacher un si bel ornement par l'esperance d'un peu de Fruit davantage,

En telle place donc qui a quinze ou vingt toises de large, si la longueur alloit jusqu'à vingt cinq ou trente toises, il y auroit sans doute des Allées d'environ huit à neuf pieds de large le long de tous les Espaliers, & elles seroient de neuf à dix, ou de quelques pieds de plus, si cette longueur alloit à trente-cinq ou quarante toises; & même l'Allée qui se presente à l'entrée, & est parallele à la face du logis, quelque grande que fût la longueur du Jardin, auroit toûjours au moins cinq à six pieds de plus que les autres; elle en pourroit bien avoir jusqu'à douze, ou même davantage, si elle étoit en terrasse, comme il arrive quelquefois; les terrasses qui sont voisines d'une belle maison, ne sçauroient presque avoir trop de largeur.

Outre les Allées que nous venons de marquer tout autour de nôtre Jardin, il y en auroit encore une dans le milieu de cette largeur pour la couper en deux parties égales, si cette largeur étoit de vingt toises ou un peu plus, & elle pourroit avoir quatre ou cinq pieds plus que celles qui sont paralleles le long des murs à droit & à gauche, & particulierement si celle-cy répondoit à l'entrée de la maison.

Pour ce qui est de la longueur de nôtre Jardin, que nous supposons de trente à quarante toises, elle doit être coupée en deux par une Allée de traverse, qui soit à peu prés large comme les Allées des côtez, ou seulement de quelques pieds moins, attendu que son étenduë n'est pas si grande, outre que d'ordinaire elle n'est plus serrée par les Arbres qui la pourront border à droit & à gauche, que ne sont celles des côtez, lesquelles étant favorisées dans leur longueur par la largeur du labour de l'Espalier, ont plus d'air que celle du milieu.

Une telle Allée de traverse fera deux carrez; qui pourront avoir chacun environ six ou sept toises d'un sens sur neuf, ou dix ou douze de l'autre.

Sur quoy je trouve à propos de dire, qu'un carré, de quelque Jardin que ce soit, est toûjours beau, quand il a douze à treize toises dans sa longueur, & six, sept, ou huit dans sa largeur; à plus forte raison quand il est à peu prés égal dans tous ses côtez, & sur tout quand il a un peu plus de longueur que de largeur.

S'il arrive quelquefois que pour dresser une Allée d'un des côtez du Jardin on soit gehenné par une muraille, qui au lieu d'être tirée droite, se trouve en ligne courbe le long d'une partie de son étenduë, en tel cas, dans lequel il ne faut pas prétendre qu'on puisse entierement corriger ce défaut, je suis d'avis qu'on fasse toûjours son Allée regulierement à angle droits, c'est-à dire carrée, la commençant à quatre pieds de distance à l'endroit de la muraille qui peut le plus avancer dans l'Allée, & la mettant carrément à l'extremité où elle doit finir, elle sera garnie à droit & à gauche de jolies bordures qui la marqueront; & pour ce qui est des endroits où il se trouvera beaucoup plus de largeur de terre qu'il n'en faudroit selon nôtre disposition ordinaire, on l'employera utilement soit en Fraisiers, soit en d'autres Plantes qui ne sont pas capables d'offusquer l'Espalier.

On a quelquefois une longueur de soixante ou quatre-vingt toises, & même davantage, sur la largeur de dix-huit à vingt, dont nous parlons, en tel cas on ne doit pas manquer de diviser cette longueur en trois ou quatre portions égales par des Allées de traverse; mais comme une telle longueur paroît peu proportionnée pour cette largeur, je voudrois, qu'à la distance d'environ quarante à cinquante toises de l'entrée de nôtre Jardin, on arrêtât la vûë par quelque muraille, ou au moins par quelque pallissade; telle muraille serviroit utilement à multiplier les Espaliers, ou telle pallissade pourroit être de Raisins ou d'Arbres fruitiers, & ainsi nous profiterions en toutes manieres, soit pour l'utilité du rapport, soit pour l'agrément de la vûë.

Quand la place du Jardin auroit dans sa largeur vingt-cinq, trente, trente-cinq ou quarante toises, je n'en ferois point d'autre distribution que celle que nous avons faite à une largeur de quinze à vingt, si ce n'est que les Allées pourroient avoir quelques pieds de plus, eu égard à leur longueur.

CHAPITRE XIX

Disposition ou distribution des Jardins d'une grandeur extraordinaire.

SI la largeur du Jardin dont est question alloit à soixante, soixante & dix, ou quatre-vingt toises, ou même davantage, je la couperois en quatre portions égales, comme j'ay fait à Versailles & en beaucoup d'autres Potagers, ou bien j'y ferois des contre Allées garnies de Buissons sur les platte-bandes, comme j'ay fait à Rambouïllet pour Monseigneur le Duc de Montausier, à la charge que dans ces deux cas les deux Allées qui seroient paralleles à la principale, laquelle nous supposons dans le milieu, & large d'environ trois toises, ne seroient que de huit à neuf pieds; il me semble qu'on devroit avoir regret de les faire plus larges, parce que ce seroit trop de terre employée en simple promenade.

Nous avons dit cy-dessus quelle peut être à peu prés la grandeur des carrez d'un Potager, & ainsi sans le repeter; nous trouverons que ces deux moindres Allées nous en donneront de beaux, soit pour leur largeur, soit pour leur longueur, car la même chose que nous disons d'une largeur à diviser, se doit aussi entendre d'une longueur à partager; & toûjours doit-on croire que quand une place de Jardin approche de quatre-vingt toises dans sa largeur, & les passe dans sa longueur, comme le grand carré du Potager du Roy, elle fait un Potager veritablement grand, puisqu'il est au moins de sept à huit arpens, & en tel cas les carrez peuvent avoir quatorze à quinze toises d'un sens sur dix-huit, & vingt de l'autre.

Je ne croy pas qu'il faille traiter plus amplement ce qui regarde la disposition ou distribution du terrein de chaque Jardin fruitier & potager; il suffit que nous ayons dit cy-dessus, que quand on peut avoir davantage de tels Jardins fruitiers & potagers, comme les Princes & grands Seigneurs en ont besoin, il en faut venir à faire de petits Jardins particuliers dans le voisinage du grand, comme j'ay fait à Chantilly, à Seaux, à Saint-Oüen, &c. ou tout au tour du grand comme à celuy de Versailles, ou bien il en faut venir à employer en Vergers d'Arbres de tige le surplus de la place qu'on veut faire cultiver; car en verité les trop grands Potagers sont sujets à de grands embarras & de grandes dépenses, qui tres souvent sont inutiles par le défaut des soins necessaires.

CHAPITRE XX.

Maniere de cultiver les Jardins fruitiers.

QUOIQUE cette culture prise en general renferme tout ce que nous expliquons en plusieurs Traitez particuliers, cependant mon intention icy est de la renfermer seulement

lement à trois choſes ; ſçavoir, premierement aux labours qu'il faut faire à la terre ; en ſecond lieu, à la propreté que demandent les Jardins en tous temps ; le reſte de la culture de la terre ſera examiné dans le Traité des Potagers.

C'eſt pourquoy il faut faire ſon compte, que comme la terre autant de fois qu'elle eſt chaude & humide, ſe trouve toûjours dans une diſpoſition prochaine à agir, c'eſt-à-dire à produire quelques Plantes, ſoit bonnes, ſoit mauvaiſes, ſoit même, ce ſemble, inutiles pour l'homme, parce que, pour ainſi dire, elle ne peut jamais être oiſive, auſſi faut-il que la production qu'elle fait d'une choſe, nuiſe aſſurément à la production d'une autre.

La raiſon en eſt, que premierement ſon ſel interieur, c'eſt-à-dire, ſa fertilité, ou ſa capacité d'agir, n'eſt nullement infinie, elle s'épuiſe à force de produire, comme tout le monde ſçait, ainſi pluſieurs Plantes ſe trouvant voiſines, il arrive toûjours que toutes, ou qu'au moins une grande partie, en ſont plus petites, parce que ce qui devroit ſervir de nourriture à toutes, étant diviſé à pluſieurs, la portion de chacune en a été par conſequent plus petite, & ainſi elles ont été toutes plus mal nourries, ou bien il arrive que quelqu'une s'étant trouvée plus vivace, ſoit pour être venuë naturellement, ſoit pour être d'un temperament plus propre pour cet endroit de terre qui les nourrit, cette Plante a ſuccé plus que les autres la nourriture qui étoit en cet endroit-là toute preparée pour la vegetation.

Et ce n'eſt pas ſeulement par dedans que la terre nous paroît épuiſée dans ſa production, quand une trop grande quantité de differentes Plantes l'ont épuiſée par leurs racines nous diſons encore que cette terre eſt alterée, quand elle a été empêchée de recevoir le benefice des roſées de la nuit, & de pluſieurs petites pluyes qui viennent de temps en temps ; ce ſont en effet ces roſées & ces petites pluyes qui ont le don de reparer & de rétablir, c'eſt-à-dire d'amander cette terre, pourvû qu'elles puiſſent penetrer juſqu'à ſes parties interieures ; ainſi quand la feüille de toutes ces Plantes qui couvrent cette terre, vient à recevoir ces ſortes d'humiditez, elle eſt cauſe qu'elles ne deſcendent pas plus bas, & ainſi elles reſtent expoſées au So-

Exiguâ tantum gelidus ros nocte reponet. *Georg.* 1.

leil, qui les rarefiant aussi-tôt qu'il les éclaire & les échauffe, les convertit en vapeurs, & par consequent les rend pour lors inutiles à l'égard de cette terre.

Il s'ensuit donc de ce raisonnement, que quand nous voulons que nos Arbres, & particulierement les Buissons & les Arbres de tige, soient bien nourris, & par consequent bien vigoureux, & par là agreables à la vûë, il faut faire en sorte,

Premierement, qu'ils ne soient pas trop prés les uns des autres, afin que la nourriture soit moins partagée.

En second lieu, faire en sorte que dans leur voisinage il n'y ait aucunes sortes de Plantes qui puissent, ou par dedans voler leur nourriture, ou par dehors empêcher le rafraîchissement & le secours, qui sûrement leur doivent venir par les pluyes & par les rosées.

En troisiéme lieu, il faut faire en sorte que les terres soient toûjours mobiles, & par consequent souvent labourées, tant afin que ces humiditez de pluyes ou de rosées puissent aisément & promptement penetrer jusqu'aux racines, qu'afin que la terre puisse être convenablement échauffée des rayons du Soleil, dont elle a un besoin indispensable.

Or pour parvenir à mettre cette terre en état de produire avantageusement ce que nous luy demandons, sans luy donner le temps de s'employer à autre chose, & pour faire aussi qu'il y ait de la propreté dans toute leur étenduë, il faut être soigneux de labourer cette terre, l'amander, & la ratisser quand elle en a besoin ; examinons presentement ces quatre sortes de cultures pour en faire voir la maniere, l'usage, la cause, & le succés.

CHAPITRE XXI.

Des Labours.

LEs labours, à proprement parler, ne sont autre chose qu'un mouvement ou remuëment, qui se faisant à la superficie de la terre penetre jusqu'à une certaine profondeur, en sorte que les parties de dessus & celles de dessous prennent reciproquement la place les unes des autres : Or mon intention n'étant point de parler icy des labours qui se font avec la Charruë en pleine campagne, mais seulement des labours de nos Jardins, il faut sçavoir qu'il s'en fait de plusieurs façons.

Premierement, à la Bêche & à la Houë, & cela dans les terres aisées.

En second lieu, il s'en fait à la fourche, & à la Besoche, & cela dans les terres pierreuses, & cependant assez fortes; il s'en fait aussi de plus profonds, sçavoir par exemple en pleine terre & au milieu des carrez, & il s'en fait de plus legers, sçavoir au tour des pieds des Arbres, sur les Asperges, parmi les menus Legumes, &c.

Il faut sçavoir ensuite, que vrai-semblablement la cause ou le motif des labours n'est pas simplement pour faire que les terres en soient plus agreables à la vûë, quoy qu'en effet elles le deviennent, mais que c'est premierement pour rendre mobiles celles qui ne le sont pas, ou d'entretenir en état celles qui le sont naturellement; il faut sçavoir en second lieu, que c'est principalement pour augmenter par ce moyen la fertilité dans les terres qui en ont peu, ou la conserver dans celles qui en ont suffisamment: il ne se doit point faire de labours aux terres qui sont entierement steriles.

Quand je parle de rendre des terres mobiles, j'entens les rendre en quelque façon sablonneuses & deliées, en sorte que l'humidité & la chaleur qui viennent de dehors, les penetrent aisément, & qu'elles ne soient nullement compactes, adherantes, & unies ensemble, ainsi que sont les terres argilleuses & les terres glaises, lesquelles par la constitution de leur nature ne se trouvent aucunement propres pour la vegetation.

Et cui putre solum (namque hoc imitamur arando.) *Georg. 2.*

Optima putri arva solo; id venti curant, gelidæque pruinæ & labefacta movens, robustus jugera fossor. *Georg. 2.*

Et quand je parle de tâcher de donner de la fertilité, j'entens que le labour doit contribuer à donner un temperament de chaud & d'humide à une terre, qui d'ailleurs est pourvûë du sel dont elle a besoin pour la principale partie de la fertilité; ce temperament de chaud & d'humide étant si necessaire à la terre, que sans luy son sel luy est entierement inutile, si bien qu'elle ne peut faire aucune production de plantes, tout de même que l'animal ne peut joüir d'une santé parfaite, quand il est sans le temperament des qualitez élementaires.

Prima Ceres ferro mortales vertere

terram instituit, cum jam glandes, atque arbuta sacræ deficerent silvæ, & victum dodona negaret. Georg. 1.

Cultuque frequenti in quascumque voces artes, haud tarda sequentur. Georg. 2.

Or ce n'est pas assez d'avoir rendu raison de la cause du labour, il en faut venir à donner des regles qui puissent servir à procurer aux terres ce temperament dont il est question.

Sur quoy je dis qu'il faut sçavoir que certaines terres s'échauffent aisément, par exemple, celles qui sont legeres, & ainsi à l'égard de la chaleur, nous y avons moins de choses à faire; mais comme d'ordinaire elles sont séches & arides, il faut soigneusement travailler pour leur procurer de l'humidité; d'autres ont plus de peine à s'échauffer, par exemple, les terres fortes & froides; celles-cy demandent peu de culture pour un surcroît d'humidité : au contraire souvent elles en ont trop; mais elles demandent beaucoup de secours pour une augmentation de chaleur.

De plus, certaines plantes veulent plus d'humidité, par exemple, des Artichaux, des Salades, de l'Oseille, des Plantes à grosses racines : il faut disposer les terres qui les produisent à profiter amplement des eaux de dehors: les autres s'en contentent de moins, par exemple, les Arbres fruitiers, les Asperges, &c. ainsi il n'est pas necessaire de se trop tourmenter pour leur en faire venir; mais quoy que c'en soit, comme nous n'avons rien dans nos Jardins où la chaleur & l'humidité doivent être excessives, aussi n'y avons-nous rien où il ne soit necessaire d'y en avoir un peu. Le Soleil, les pluyes, & les eaux soûterraines pourvoient à une partie, c'est à nous à pourvoir par d'autres voyes à ce qui peut manquer du reste; c'est ce que nous faisons par une culture bien entenduë, dont les labours font une principale partie.

Omne quot annis terque quaterque solum scindendum, glebaque versis Æternum frangenda bidentibus. Georg. 2.

Et cæca relaxat spira-

Ces labours se doivent faire en differens temps, & même differemment pour la multiplicité, eu égard à la difference des Terres & des Saisons; les terres qui sont chaudes & séches doivent en Esté être labourées, ou un peu devant la pluye, ou pendant la pluye, ou incontinent aprés, & sur tout s'il y a apparence qu'il en doive encore venir; si bien que pour lors on ne sçauroit presque les labourer ni trop souvent, ni trop avant quand il pleut, comme par la raison des contraires, il ne les faut gueres jamais labourer pendant le grand chaud, à moins que de les arroser aussitôt: ces frequens labours donnent passage à l'eau des pluyes,

& les font penetrer vers les racines qui en ont besoin ; au lieu que sans cela elles demeureroient sur la surface, où elles seroient inutiles, & bien-tôt aprés évaporées, les labours donnent aussi passage aux chaleurs, sans lesquels l'humidité ne sçauroit de rien servir.

menta, novas veniat quà, succus in herbas. *Georg.* 1.

Au contraire les terres froides, fortes & humides, ne doivent jamais être labourées en temps de pluye, mais plûtôt prendre les plus grandes chaleurs : en effet pour lors on ne sçauroit les labourer ni trop souvent, ni trop avant, en vûë particulierement d'empêcher qu'elles ne se fendent par dessus ; ce qui comme nous avons souvent dit, fait grand tort aux racines, & afin qu'étant amolies par les labours la chaleur y penetre plus aisément, & par ce moyen détruise le froid, qui empêche l'action des racines, & fait des arbres jaunes.

La nature de la terre nous fait voir en cela, aussi-bien qu'en beaucoup d'autres choses, qu'elle veut être reglée, en sorte que d'un côté elle répond assez heureusement à nos intentions, quand elle est sagement traitée ; & qu'aussi de l'autre elle s'y oppose quand on la veut gouverner à contre-temps : la Saison de mettre en terre la plûpart des grains, qui d'ordinaire ne se sement chacun que dans une saison, le temps de faire des greffes, de tailler, & de planter tant les vignes que les arbres, &c. ce qui pareillement ne se fait qu'en certains mois : tout cela sont autant d'instructions que la nature nous donne, afin de nous apprendre à bien étudier ce que la terre demande, & en quel temps précisément elle le demande ; c'est par là qu'une grande application m'a appris qu'il étoit bon de labourer souvent les Arbres, soit en terre séche & legere, soit en terre forte & humide, mais les uns en temps de pluye, & les autres en temps de chaleur.

Ces labours frequens que je viens de conseiller, quand on a la commodité de les faire, sont d'une grande utilité ; car outre qu'ils empêchent qu'une partie de la bonté de la terre ne s'épuise à la production & nourriture de méchantes plantes, ils font au contraire, que ces méchantes herbes mises au fond de la terre s'y pourrissent, & y servent d'un nouvel engrais ; mais de plus, ces labours frequens

Exercetque frequens tellurem, atque imperat arvis. *Virgilius. Georg.* 1.

détruiſent en partie les anciennes maximes, qui n'avoient établi qu'un labour pour chaque Saiſon ; & tout ce que j'y trouve de bon eſt, que tout au moins elles en établiſſent la neceſſité, & par conſequent l'utilité ; mais j'ajoûte qu'ils ne ſont pas ſuffiſans, à moins que dans les intervalles de ces labours on ne prenne ſoin de ratiſſer ou arracher les méchantes herbes, qui particulierement l'Eſté & l'Automne viennent à ſe produire ſur les terres, & s'y multiplient à l'infini, ſi on les y laiſſe grainer,

Il faut dire icy en paſſant, que les temps auſquels les Arbres fleuriſſent, & que la Vigne pouſſe, ſont extrêmement dangereux pour les labours, il n'en faut jamais faire pour lors ni à ces Arbres, ni à cette Vigne ; la terre fraîchement remuée au Printemps exhale beaucoup de vapeurs, qui aux moindres gelées blanches, leſquelles ſont fort ordinaires en cette Saiſon-là, étant arrêtées prés de la ſuperficie de la terre s'arrêtent ſur les Fleurs, les attendriſſent en les humectant, & ainſi les rendant ſuſceptibles de la gelée, contribuënt à les faire perir ; les terres qui ne ſont pas labourées en ce temps-là, & qui par conſequent ont la ſuperficie dure & ferme, ne ſont pas ſujettes à exhaler tant de vapeurs, ni par conſequent ſujettes à tant d'accidens de gelées.

De ce que j'ay dit cy-devant pour favoriſer la nourriture de nos Arbres ; il s'enſuit que je condamne fort ceux qui ſement ou plantent, ſoit beaucoup d'Herbes potageres, ſoit beaucoup de Fraiſiers, ou de Fleurs tout auprés des pieds de leurs Arbres, telles Plantes leur font ſans doute un tres-grand prejudice.

La regle que je pratique pour les labours qu'il faut faire à nos Arbres, tant en Hyver qu'au Printemps, eſt que dans les terres ſéches & legeres, j'en fais donner un grand à l'entrée de l'Hyver, & un pareil incontinent aprés qu'il eſt paſſé, afin que les pluyes & neiges d'Hyver, & les pluyes du Printemps entrent aiſément dans nos terres, qui ont beſoin de beaucoup d'humidité ; & à l'égard des terres fortes & humides, je leur fais donner au mois d'Octobre un petit labour, ſeulement pour ôter les méchantes herbes, & attens à leur en donner un fort grand à la fin d'Avril, ou au commencement de May, quand les Fruits sont tout-à-fait noüez, & les grandes humiditez passées; ainsi la superficie de telles terres s'étant trouvée dure, ferme & serrée, n'a laissé que peu de passage pour les eaux d'Hyver & du Printemps, dont nous n'avons icy nul besoin; les neiges étant venuës à fondre, & n'ayant pû penetrer, sont demeurées partie sur la surface, & là ont été converties en vapeurs, & partie suivant la pente des lieux, sont descenduës pour aller dans les rivieres voisines.

Je dois icy dire que rien n'humecte tant, & ne penetre si avant, que l'eau de la fonte de neiges; je n'ay gueres vû que l'eau des pluyes ait penetré au delà d'un pied, mais pour ce qui est de l'eau des neiges, elle penetre jusqu'à deux & trois pieds, tant parce qu'elle est plus pesante que l'eau des pluyes ordinaires, que parce que se fondant lentement & petit à petit, & par le dessous de la masse des neiges, elle s'insinuë plus aisément sans en être empêchée par le hâle des vents, ou par la chaleur du Soleil

C'est pourquoy autant que je crains les grandes neiges pour les terres fortes & humides, si-bien que j'en fais enlever tout ce qui se peut d'auprés de nos Fruitiers, autant prens je soin d'en ramasser dans les terres legeres, pour y faire une maniere de magazin d'humidité; & sur tout en ces sortes de terres je releve celles qui seroient inutilement dans les Allées, & les fais rejetter sur les labours des Espaliers, & particulierement aux expositions du Midy, qui sont en Esté les plus échauffées & les plus succées, & aussi aux expositions du Levant, même dans les fortes terres, parce que les eaux des pluyes d'Esté n'y venant presque jamais, les terres de ces expositions demeurent d'ordinaire plus alterées, & par consequent les Arbres y souffrent.

Cette necessité de labourer que je recommande & que je conseille, est quelque fois combatuë par le succés de certains Arbres, qui étant couverts de pavé ou de sable battu au tour du pied, ne laissent pas de bien faire, quoy qu'ils ne soient jamais labourez, à quoy j'ay deux choses à répondre; la premiere, que comme d'ordinaire tels Arbres sont sous des égoûts, il y tombe beaucoup d'eau, qui penetrant au travers des jointures de chaque pavé ou du ſable battu, leur fournit aſſez de nourriture pour les racines; & la ſeconde, l'humidité qui a ainſi penetré dans ces terres couvertes de pavé s'y conſerve bien mieux & plus long-temps que dans les autres, le hâle des vents & la chaleur du Soleil ne pouvant la détruire; cependant je ne laiſſe pas de recommander les labours, tant pour le bien de la terre & des Plantes, que pour le plaiſir de la vûë; l'experience univerſelle que nous avons ſur cela ne peut être détruite par une ſi petite objection, non plus que l'uſage du pain & des vêtemens ne peut être condamné, quoy que les Sauvages ne le connoiſſent pas; les Figuiers, Orangers, & autres Plantes & Arbriſſeaux en Caiſſe, juſtifient aſſez la neceſſité des labours pour donner paſſage à l'eau des arroſemens, faute de quoy ils ne manquent pas de languir, & ſouvent même de perir.

Rapidive potentia ſolis acrior, aut boreæ penetrabile frigus adurat. *Georg.* 1.

CHAPITRE XXII.

Des Amandemens.

APRE's avoir expliqué le motif, l'uſage & la maniere des labours, il faut faire la même choſe à l'égard des amandemens, qui ne ſignifient autre choſe qu'une amelioration de terre; nous avons déja dit que cette amelioration ſe pouvoit faire avec toutes ſortes de Fumiers, il en faut donc expliquer le motif, l'uſage & la maniere.

A l'égard du motif il eſt pareillement vray de dire, que quand nous amandons ou fumons la terre; ce doit être en vûë de donner de la fertilité à celle qui n'en a pas, c'eſt-à-dire qui a beaucoup de défauts, & par conſequent peu de diſpoſition à produire, ou de l'entretenir dans celle qui en a, & qui la pourroit perdre, ſi de temps en temps on ne luy faiſoit quelques reparations neceſſaires; ainſi nous devons amander cette terre plus ou moins, ſelon les productions que nous lui demandons, ſoit au-delà de ſes forces, ſoit conformément à ſon pouvoir, & l'amander auſſi plus ou moins, ſelon le temperament dont elle eſt, bon ou mauvais, il faut par exemple amplement des Fumiers pour produire

produire des herbes potageres, qui viennent en peu de temps en abondance,& se succedent promptement les unes aux autres dans un petit espace de terrein, quisans cela se pourroit effriter ; d'un autre côté il en faut peu, ou point du tout pour nourrir les Arbres qui estant longs à venir ne font que des productions mediocres, eu égard à la terre qu'ils occupent ; & enfin quoy qu'ils demeurent fort long-temps au même endroit où ils sont, cependant par le moyen de leurs racines qui s'étendent à droit & à gauche, ils prennent au loin & au large la nourriture qui leur convient ; j'ajoûte qu'il en faut moins pour le fond, qui de soy a beaucoup de fecondité, que pour celuy qui en a fort peu, & enfin, il en faut davantage pour les terres froides & humides, que pour celles qui sont chaudes & séches.

Constamment,& personne ne l'ignore,les grands défauts de la terre consistent, comme j'ay dit cy-dessus, ou en trop d'humidité,laquelle d'ordinaire est accompagnée du froid & de la grande pesanteur, ou en trop de sécheresse, qui est aussi regulierement accompagnée d'une excessive legereté, & d'une grande disposition à être brûlante ; nous voyons aussi que des Fumiers que nous pouvons employer, les uns sont gras & rafraîchissans, par exemple ceux de Bœuf & de Vache, les autres sont chauds & legers, par exemple ceux de Mouton, ceux de Cheval & de Pigeon, &c. & comme le remede doit avoir des vertus contraires au mal qu'il doit guerir, nous devons employer les Fumiers chauds & legers dans les terres humides, froides & pesantes, afin de les échauffer, & les rendre plus mobiles &plus legeres, & employer les Fumiers de Bœufs & de Vaches dans les terres maigres, séches & legeres, afin de les rendre plus grasses & plus materielles, & par ce moyen empêcher que les grands hâles du Printemps, & les grandes chaleurs de l'Esté ne les alterent trop aisément.

Il se fait aujourd'huy de grandes Dissertations dans la Philosophie, & dans la Chimie, pour chercher à decider quels sont les meilleurs Fumiers, & on le fait avec la même exactitude que les Mathematiciens apportent à decider ce qui est necessaire pour faire une ligne droite, &c. le public est grandement obligé à ces Messieurs, qui portent leur curiosité & leurs observations si avant dans les secrets de la nature ; j'espere que nous en tirerons de grands avantages ; mais en attendant qu'ils soient arrivez, je croy & pour moy, & pour ceux en faveur de qui j'écris, que nous ne sçaurions mieux faire que d'aller en cecy, comme je fais, c'est-à-dire aller bonnement, simplement & grossierement, sçachant d'ailleurs que la fertilité des terres ne consiste pas, pour ainsi dire, dans un point indivisible ; aussi bien loin de vouloir donner du scrupule à personne, ny sur tout intimider par aucun endroit nos Jardiniers sur le fait de la culture, je veux au contraire chercher à la leur faciliter autant qu'il me sera possible

Fundavit humo facilem victum justissima tellus. *Georg.* 2.

Et pour cet effet il me semble pouvoir dire icy encore une fois, qu'on se peut faire une certaine idée de richesses dans la terre sur ce fondement, que constamment il y a dans ses entrailles un sel qui fait sa fertilité, & ce sel est le tresor unique & veritable de cette terre : ainsi disons-nous que les écus d'un avare qui font sa richesse & son opulence, sont le tresor qu'il possede ; cet avare demeurera toûjours également riche & pecunieux, si premierement il ne dépense rien, ou si en second lieu quelque largesse qu'il fasse de son bien il arrive qu'autant qu'il dépense d'or ou d'argent d'une main, autant en reçoit-il de l'autre ; il avoit hier dépensé dix écus, aujourd'huy il a accumulé soit en or, soit en argent, soit en denrées la valeur de dix écus, le voilà donc également riche, si bien que demain il sera en état de dépenser la même somme, & de ramasser le jour d'aprés, soit le même argent en espece, ce qui n'est pas ordinaire, soit la valeur, &c. & ainsi à l'infiny tel circuit est réel & effectif.

Germinet terra herbam virentem, &c. *Genese.*

Nous devons sçavoir pour certain que la terre a été créée avec une disposition à produire des Plantes, & que (hors quelques pierres & les métaux qui sont des ouvrages extraordinaires de la nature) il n'y a rien sur cette terre qui ne soit sorty de son sein, & cela par les voyes de la vegetation, & par consequent tout ce que nous voyons de Plantes vegetatives est une partie de cette terre, & ainsi nous pouvons assurer qu'il n'y a rien (quoyque ce puisse être, pourvû qu'il soit materiel) qui ne puisse servir à amander cette terre en y retournant par les voies de la corruption, sous quelque figure qu'il y retourne, parce que tout ce qui rentre dans cette terre, luy rend en quelque façon ce qu'elle avoit perdu, soit en même espece, soit la valeur, & en effet il redevient terre, comme il étoit auparavant; ainsi toutes sortes d'étoffes & de linge, la chair, la peau, les os, & les ongles des animaux, les bouës, les urines, les excremens, les bois des Arbres, leur fruit, leur mar, leurs feüilles, les cendres, la paille, toutes sortes de grains, &c. bref generalement tout ce qui est palpable, & sensible sur la terre (hors peut-être comme j'ay dit la plûpart des pierres, & tous les métaux) tout cela rentrant dans les terres y sert d'amelioration, si bien qu'ayant facilité d'en repandre souvent, & commodement sur les terres, comme on l'a dans les bonnes Fermes, & particulierement dans le voisinage des grandes Villes, & comme on le pratique pour la semence des Bleds, & pour les Legumes, on met ces terres en état de pouvoir continuer à produire toûjours, & sans relâche,

De plus si nos terres quoy que bonnes sont empêchées de produire, par exemple celles sur lesquelles ont a fait des édifices; ces terres couvertes de bâtimens ressemblent malgré elles à ce riche qui ne fait nulle dépense, & qui en pourroit faire beaucoup; elles demeurent toûjours, comme disent les Philosophes, également fertiles en puissance, c'est-à-dire également capables de produire, & produiroient actuellement si elles n'en étoient pas empêchées; à l'égard des autres qui produisent en tout temps, si en labourant on remet dans le fond du labour ce qu'elles avoient produit des Plantes comme cela arrive souvent, & sur tout dans les cantons où se fait la guerre; ces Plantes ainsi remises au dessous de la superficie de cette terre y pourrissent, & y font un engrais de la même quantité, & de la même valeur à peu prés que ce qu'il en avoit coûté à cette terre pour les produire, ou bien même c'est le même sel en espece qui luy revient, & la rend aussi riche, c'est à-dire aussi fertile qu'auparavant.

Et si on enleve toutes les productions d'un tel quartier de terre, comme cela est fort ordinaire, & que d'un côté on lui donne à peu prés autant de la production d'une autre terre, & cela par le moyen des pailles pourries, & même pour ainsi dire assaissonnées des excremens de quelques animaux, lesquels excremens sont encore originairement sortis de la terre, & en font une partie, cette terre ayant par ce moyen reparé sa perte, elle se trouve tout aussi riche, c'est-à-dire tout aussi fertile qu'elle étoit.

Il faut donc en quelque façon regarder les Fumiers à l'égard de la terre, comme une espece de monnoye qui repare les tresors de cette terre.

Or comme il est de plusieurs especes de monnoye, l'une plus precieuse, & l'autre moins, mais toûjours les unes, & les autres étant monnoyes qui ont cours dans le commerce, & enrichissent, aussi est-il de plusieurs sortes de Fumiers, les uns un peu meilleurs que les autres, mais toûjours ils sont tous propres à amander, c'est à-dire à reparer la perte que cette terre avoit faite en produisant ; ainsi la substance de la terre ne s'use point pour devenir enfin à rien, en sorte qu'on puisse dire qu'elle diminuë, car où en seroit-elle presentement, aprés avoir tant produit depuis le commencement des siecles ? ce qui n'est proprement que son sel qui se diminuë, ou pour mieux dire change de place, & qui ensuite pouvant revenir, comme il le fait, est capable de retablir cette terre au même état qu'elle avoit été.

Les Alambics de la Chimie manifestent assez ce que c'est que ce sel, & font voir en petit combien il en faut peu pour animer une assez grande quantité de terre.

A propos dequoy je dois dire, qu'il est ce semble du Fumier à l'égard des terres qui sont de different temperament, ce qu'il est du sel, à l'égard des differentes viandes, soit celle qui sont fines & delicates, comme les Perdrix, les Moutons, soit celles qui sont materielles & grossieres, comme le Bœuf, le Cochon, &c. celles-ci souffrent sans doute dans l'assaisonnement qu'on leur fait, une bien plus grande quantité de sel sans en étre gâtées que n'en peuvent pas souffrir les autres, il a fallu en effet bien plus de sel pour une bonne piece de Bœuf qu'on à rendu meilleure en la salant, qu'il n'en faut pour saler une piece de Mouton, quoyque de la même grosseur, & au contraire à l'égard du goût de l'homme les viandes grossieres en sont abonnies, quand elles sont notablement salées, au lieu que les viandes du Mouton qu'on saleroit également, en seroient beaucoup moins bonnes, ou pour mieux dire en seroient plus mauvaises.

Et d'ailleurs comme il est du sel qui sale plus, par exemple le gris, & du sel qui sale moins, par exemple le blanc, aussi pour ce qui est d'échauffer, ou animer la terre, il est des Fumiers qui amandent & échauffent plus, & ce sont par exemple ceux de Mouton & de Cheval, & il en est qui amandent & échauffent moins, & ce sont par exemple ceux de Cochon, ceux de Vache, &c. il faut user sagement des uns & des autres, l'experience justifie assez cette faculté d'échauffer en fait de Fumiers, en ce qu'une certaine quantité de celuy de Cheval étant entassé fait une chaleur considerable, jusqu'à se convertir quelquefois en veritable feu, au lieu qu'un tas de Fumier de Vache n'en vient jamais à s'échauffer de cette façon.

Et partant si on vouloit mettre beaucoup de fumier de Cheval ou de Mouton dans des terres legeres & sablonneuses, qui n'ont pas besoin d'être si échauffées, on y feroit tort au lieu d'y bien faire : ces Fumiers sont trop bruslans ; mais suivant l'avis du Poëte, on en pourroit mettre beaucoup de celuy de Vache, qui est plus gras, & moins chaud ; & au contraire ce qui n'est pas propre pour les terres chaudes & arides, est tres-propre pour les terres froides & humides ; celles-cy, qui naturellement ne produisent que trop de méchantes herbes, ont besoin d'être échauffées, & pour ainsi dire animées pour les disposer à nous en produire de meilleurs.

Arida tantum ne saturare fimo pingui pudeat sola, &c. *Georg.* 1.

Humida majores herbas alit ; ipsaque justò lætior. *Georg.* 2.

CHAPITRE XXIII.

Des Fumiers.

CE n'est pas assez d'avoir parlé des amandemens en general, il en faut venir à un détail plus particulier ; & pour cet effet, j'estime qu'il est necessaire d'examiner cinq choses principales sur le fait du Fumier, qui est le plus ordinaire des amandemens.

La premiere ce que c'eſt que Fumier.

La ſeconde de combien de façons il y en a.

La troiſiéme quel eſt le meilleur de tous.

La quatriéme quel eſt le bon temps de l'employer.

Et la cinquiéme enfin qu'elle eſt la maniere d'en faire un ſi bon uſage, que les terres en ſoient amandées, c'eſt-à-dire renduës plus fertiles, comme c'eſt l'intention de celuy qui l'employe.

A l'égard du Premier chef, je ne puis m'empêcher de dire que le Fumier étant une choſe ſi vulgaire, & ſi connue, il paroît inutile & preſque ridicule de vouloir ce ſemble travailler à en donner la connoiſſance, cependant pour continuer à ſuivre exactement le deſſein que j'ay eu en tout ce Traité, qui eſt de ne pas obmettre juſqu'à la moindre ſingularité de tout ce qui appartient à nôtre Jardinage, je croy être obligé de parler de ce Fumier, non pas en effet pour le faire connoître à des gens qui ne le connûſſent point, car il ſeroit difficile d'en trouver ; mais pour y faire quelques obſervations qui ſont aſſez importantes dans la matiere dont il s'agit.

Je dis donc que le Fumier eſt un compoſé de deux choſes, dont la premiere eſt une certaine quantité de paille qui a ſervy de litiere à des animaux domeſtiques, & la ſeconde ce ſont les excremens que les animaux ont lâché parmy, & qui ſe ſont en quelque façon incorporez avec cette paille; conſtamment ny la paille ſeule, fût-elle même à demy pourrie ne fait pas de bon Fumier, ny les excremens de ces animaux étant tous ſeuls ne ſont propres à en faire ſuffiſamment pour donner envie de les employer ; il faut abſolument que pour cela l'un & l'autre ſoient mêlez enſemble, c'eſt un fait que perſonne n'ignore.

On n'ignore pas non plus que comme dans les maiſons on a de ces animaux pour en tirer du plaiſir & de l'utilité, on a auſſi des lieux particuliers où on les met pour leur donner le temps de repaître, & de ſe repoſer ; ces lieux ont des noms particuliers & differens, ils s'appellent Ecuries quand ils ſervent pour Chevaux, pour Mulets, &c. & s'appellent Etables quand ils ne ſont que pour des Bœufs, Vaches, Moutons, Cochons, &c. les grands Chasseurs ont outre cela des Chenits pour leurs Chiens, mais il n'en revient gueres de ce qui est traité dans ce Chapitre; l'usage ordinaire & domestique est, que sous les animaux, & particulierement sous les principaux d'entr'eux qui sont les Chevaux, on met tous les jours une assez bonne quantité de paille fraiche & neuve, bien étenduë & bien éparpillée, & cela s'appelle leur faire de la litiere, comme qui diroit leur faire une maniere de lit, afin que s'y couchans, & y prenans du repos ils se délassent quand ils sont fatiguez, & se remettent en état de recommencer tout de nouveau leur service accoûtumé; cette litiere donc sert pour les conserver en santé, pour aider à rétablir leur vigueur, & aussi pour les tenir plus propres, & plus agreables à la vûë.

Mais ce n'est pas tout, car ensuite elle doit encore être bonne à quelqu'autre chose, en effet cette paille étant ainsi employée sous le nom de litiere, devient non seulement toute froissée, & toute brisée par le trepignement, l'agitation, & le mouvement de ces animaux, mais aussi leurs excremens qui l'ont imbibée, changée de couleur, & a demy pourrie, font qu'elle devient pour ainsi dire d'une nature differente, si bien qu'étant toute corrompuë, & n'étant plus propre à continuer de servir de litiere, on est obligé de l'ôter du lieu où elle étoit, pour y en remettre de nouvelle, qui à son tour aura la même destinée.

Cette premiere litiere étant donc sortie de dessous ces animaux, & mise dehors toute ensemble n'est pas regardée comme un tas d'ordures à rejetter, elle prend dans nôtre langue ce nom de Fumier dont est question, & qu'apparemment la fumée qui en sort lui a fait donner, & sous ce nom-là elle se trouve non seulement une chose fort utile, mais même necessaire pour le bien du genre humain.

Or ce qui est cause de ce nouveau service qu'elle rend étant ainsi devenuë Fumier est que ces excremens d'animaux lui ont communiqué une certaine qualité, ou plûtôt un certain sel qu'ils contiennent en soy, & qui fait qu'étant entassée elle vient à s'échauffer considerablement en elle même, & à échauffer en même-temps tout ce qui se trouve immediatement prés d'elle, comme nous expliquerons plus particulierement cy-aprés.

Aprés avoir ainsi expliqué ce que c'est que Fumiers, s'il est vray de dire que telle explication n'étoit gueres necessaire, tout au moins est-il fort important d'expliquer les autres quatre articles, à commencer par celuy qui doit apprendre de combien de façons de Fumiers on peut avoir.

Article Premier

Diversité des Fumiers.

Il resulte de ce que j'ay dit cy-dessus; que comme il y a par tout beaucoup de Chevaux, il y a par tout beaucoup de Fumiers de Cheval, qu'il y en a quelque peu de Mulets, &c. qu'il y en a assez de Vaches, & qu'enfin les Moutons, & les Cochons en font quelque petite quantité, on peut dire aussi que ce qu'il y a de volatilles en certaines maisons, sçavoir Pigeons, Poules, Oyes, &c. font quelque petite maniere de Fumier, mais c'est si peu de chose, qu'à peine en doit-on parler.

Les grands animaux dont est question, ne sont pas seuls à contribuer par leurs excremens à la composition de Fumiers, & d'amandemens de la terre, toutes les parties de leurs corps quand elles viennent à pourrir, & même leurs ongles & leurs os engraissent les terres, les feüilles des Arbres qu'on amasse l'Automne, & qui étant mises dans quelqu'endroit humide, & sur tout à quelqu'égoût d'Etable ou d'Ecurie sont venuës à se pourrir, servent encore de quelques secours dans les lieux où la paille & les animaux ne sont pas trop communs.

Il n'est pas jusqu'à la cendre de toutes les matieres combustibles qui ne soit icy d'un fort bon usage, pour la petite quantité qu'on en peut avoir, & non seulement la cendre, mais aussi les bois pourris, & generalement tout ce qui étant sorti de la terre se trouve corruptible, devient Fumier à la terre quand il y revient, & qu'il s'y corrompt.

Nous avons même des gens qui pour multiplier le nombre des Fumiers ou d'amandemens, veulent que les terres de gazon & les terres de grand chemin puissent servir à cela, la, j'en diray cy-dessous mon avis; je me contente de dire icy que cette maniere de terre blanchâtre qui se trouve dans les entrailles de quelque piece de terre, & qu'on appelle marne, & qui paroît être dans une disposition prochaine à devenir pierre, doit être considerée comme un amandement propre pour aider à la production de certaines choses, comme je l'expliqueray cy-dessous.

Article Second

Du choix des Fumiers.

Ce n'est pas assez d'avoir expliqué la diversité des Fumiers, il faut voir quelles sont leurs qualitez particulieres, afin que cette connoissance nous apprenne à en faire un choix qui soit bon pour les besoins que nous en avons.

Il y a deux principales proprietez en fait de Fumiers, l'une est d'engraisser, c'est à-dire d'engraisser les terres & les abonnir, ou rendre plus fertiles, & tous les Fumiers devenus bien pourris ont cela de commun entr'eux, mais veritablement les uns plus, les autres moins; la seconde proprieté est de produire une certaine chaleur qui soit sensible; & capable de faire quelqu'effet considerable; les anciens ont connu la premiere, & n'ont point connu la seconde, celle-cy ne se trouve gueres qu'aux Fumiers de Cheval & de Mulet, quand ils sont nouveaux faits & encore un peu humides, & dans la verité ces sortes de Fumiers sont d'un usage merveilleux dans nos Jardins, & particulierement dans l'Hyver, l'on pourroit dire qu'ils y tiennent lieu d'un grand astre qui anime & vivifie toutes choses; en effet ils y font en ce temps-là presque la même fonction, que l'ardeur du Soleil a coûtume d'y faire pendant l'Esté; car par exemple étant rangez en forme de Couches, ils servent à nous donner des nouveautez printannieres, sçavoir des Concombres, des Raves, des petites Salades, des Melons, & tout cela long temps devant que la nature en puisse donner; ils servent dans le fort des gelées à nous faire avoir des Verdures, des Fleurs, & ce qui est de plus singulier, des Asperges bien vertes, & meilleures que les ordinaires, ils servent

vent pour avancer de beaucoup la maturité des Fraises, des Figues en Caisses, des Pois, &c. ils servent enfin pour faire venir des Champignons en tout temps.

Que si, pour ainsi dire, les Fumiers ont un merite particulier quand ils sont nouveaux, & qu'ils ont encore leur premiere chaleur, ils en ont aussi une autre, quand sans être pourris ils sont vieux & secs, & que leur chaleur est entierement passée, ils servent à devenir couverture, c'est à-dire à conserver contre le froid ce que la gelée peut endommager & détruire, ainsi pendant l'Hyver ils sont employez à couvrir des Figuiers, des Artichaux, des Chicorées, du Celery, &c. qui sont toutes mannes d'un grand prix dans le Jardinage, & qui periroient sans le secours des Fumiers qui les couvrent ; leur utilité ne se borne pas là, elle va encore plus loin, car aprés avoir fait figure en tant d'endroits, comme enfin suivant la condition de tous les êtres sublunaires, ils viennent à être pourris, c'est pour lors qu'ils servent au dernier usage dont je traite icy, qui est d'amander les terres.

Cet amandement suppose deux grandes conditions, dont l'une regarde le temps qui est propre à le faire, & l'autre regarde la maniere de le bien faire.

ARTICLE TROISIE'ME

Du temps propre à fumer les terres.

A L'égard du temps, il ne faut pas croire que toutes les saisons de l'année soient bonnes pour emploïer les Fumiers, nous n'avons pour cela que les cinq mois de l'année qui sont les plus humides, sçavoir depuis le commencement de Novembre jusques vers la fin de Mars ; ces Fumiers seroient inutiles dans le sein de la terre s'ils n'achevoient pas de s'y pourrir entierement, il n'y a que les pluyes qui puissent faire cette consommation ; ceux qu'on employe dans les autres temps n'y font que sécher, se chancir ; & ainsi bien loin d'être favorables au Vegetaux, ils leur sont pernicieux & funestes, & sur tout s'ils sont en trop grande quantité; car il s'y engendre de gros vers blancs qui restent dans la terre & y ronge tout ce qu'ils y trouvent de tendre, au lieu que les grandes humiditez d'Automne & d'Hyver, venant à achever de faire pourrir petit à petit la substance grossiere & materielle de ce Fumier, le sel qui y est contenu passe dans les parties interieures de la terre; c'est ainsi que ce sel se répand dans les endroits d'où les Plantes tirent leur nourriture, c'est-à-dire vers le voisinage des racines, qui seules ont le talent de profiter du benefice de ces Fumiers, & par ce moyen les Vegetaux achevent d'acquerir toute la perfection qui leur convient, la grosseur, la grandeur, & le reste, &c.

Il s'ensuit donc que l'Hyver est l'unique saison qui soit propre à faire les grands amandemens, c'est aux habiles Jardiniers à ne laisser pas inutilement passer un temps qui est precieux pour leurs occupations; il ne faut pas même qu'en cela ils ayent égard ni aux quartiers de la Lune, ni aux vents quels qu'ils puissent être, nonobstant les traditions de quelques anciens, & nonobstant tout ce qu'en peuvent dire quelques Livres de Jardinage; ce sont toutes observations, qui ne faisant que donner de l'embarras m'ont paru, quant au fait, extrêmement inutiles, & n'ont été bonnes tout au plus qu'à donner quelque matiere d'embellissement dans la Poësie, & peut être à faire valoir quelque Jardinier ou visionnaire ou grand causeur.

Venons presentement à la maniere de bien employer ces Fumiers; cette maniere doit donner deux instructions, l'une est de marquer les endroits de terre où le Fumier doit être mis, & la seconde, d'en marquer à peu prés la juste quantité.

Pour le premier chef, il est question de sçavoir que quelquefois il s'agit de fumer à vive jauge, c'est-à-dire de fumer amplement, & un peu avant dans le fond de la terre, & quelquefois aussi il ne s'agit que de fumer legerement la superficie; pour le premier chef, je ne me trouve pas de l'avis de ceux qui mettent le Fumier par lits au fond des tranchées, quelques soins qu'ils prennent de faire à chaque lit un grand labour pour y mêler ensemble la terre & le Fumier; & ma raison confirmée d'une longue experience est, que ce qu'il y a de bon dans ce Fumier ainsi employé devient bien-tôt inutile, puisqu'il passe trop bas avec les humiditez qui l'entraînent avec elles, & le portent à des endroits où les racines ne sçauroient penetrer, outre quele mouvement qui se fait ainsi à labourer ces trois ou quatre lits dans chaque tranchée, au lieu de contribuer à rendre la terre mobile, qui est une condition de la derniere importance, il ne fait que la presser & l'endurcir par le trepignement qu'on ne peut éviter d'y faire en labourant.

Et cui putre solum. *Georg.* 2.

Je veux donc comme j'ay dit ailleurs, que le Fumier s'employe pour la terre, de la même maniere que la cendre s'employe dans les Lessives, c'est-à-dire que comme on ne met la cendre que sur la superficie du linge qu'on a entassé dans le Cuvier, & qu'il est question de décrasser, aussi on ne met le Fumier que vers la superficie de la terre qu'il faut amander; je le redis encore, ce n'est point la grosse substance du Fumier qui fertilise, non plus que ce n'est point la grosse substance de la cendre qui décrasse, c'est ce sel invisible qui est contenu dans ces matieres, & qui se mariant avec les eaux qui les moüillent, descend avec elles par tout où leur pesanteur les porte, & y fait ce qu'il est capable d'y faire.

Article Quatrie'me

Il ne faut point de Fumier pour les Arbres.

Mais ce n'est pas assez de sçavoir les endroits à mettre les Fumiers, il faut encore voir en quelle quantité il est bon de l'y mettre; pour expliquer cet article, il faut sçavoir que comme il y a des Fumiers qui ont bien plus de sel à communiquer les uns que les autres, aussi y a-t-il des terres qui ont plus besoin d'amandemens les unes que les autres; j'entens toûjours parler des terres à Plantes potageres, & non pas des terres à planter des Arbres, car à celle-cy je n'en veux point du tout, supposant toûjours que pour peu qu'elles soient bonnes, elles le sont assez pour nourrir des Arbres, desquels on espere du Fruit qui soit agreable au goût; le Vigneron qui s'étudie à faire d'excellent vin, s'apperçoit bien que l'usage du Fumier est entierement contraire à son intention, & que si peut-être les engrais en augmentent la quantité, constamment ils en diminuënt le merite, quoy que cependant le défaut eût pû être corrigé par la fermentation & le boüillonnement, ou pour ainsi dire par la cuisson de la Cuve; à plus forte raison que ne devons-nous point craindre pour le goût des Fruits, qui sans aucuns apprêts de cuisson ou d'autre chose, passent immediatement de l'Arbre à la bouche.

Que si les terres ne sont nullement bonnes, je ne puis, comme je l'ay cy-devant étably, m'empêcher de condamner ceux qui perdent le temps à y planter, au lieu d'y en avoir fait porter de meilleures, la quantité n'en doit pas être grande, ni par consequent la dépense, attendu qu'on ne s'avise gueres de vouloir faire de fort grands plans d'Arbres dans de fort méchans fonds.

Que si nonobstant mon sentiment sur ce fait particulier de plan d'Arbres, on s'opiniâtre à vouloir fumer les tranchées où l'on en veut planter, je veux bien expliquer la maniere dont je conseille de le faire, afin qu'il en coûte moins, & qu'au moins l'ouvrage soit mieux fait, & plûtôt.

Je suppose, par exemple, qu'il soit question de preparer une tranchée de six pieds de large, soit le long d'une muraille pour y faire des Espaliers, soit au tour d'un carré pour y mettre des Buissons; je veux qu'on examine d'abord ce qu'on peut avoir de Fumier, soit de Cheval, soit de Vache, comme étant les deux sortes dont on se sert le plus ordinairement, & dont on a la plus grande quantité; cette connoissance apprendra si on en peut mettre beaucoup ou non: je veux ensuite qu'on le fasse porter par distances égales le long de la tranchée qui est à faire, & qu'aprés cela on fasse une ouverture de la tranchée de trois pieds de creux, & d'environ une toise de long sur la largeur proposée, en sorte qu'avant d'employer son Fumier on ait devant soy cet espace vuide & libre; je veux aussi qu'on ait trois hommes, deux avec des Bêches pour remuer les terres, & un avec une Fourche pour le Fumier; je veux enfin que deux prennent de ces terres qui sont à foüiller, & qu'ils les jettent à l'extrémité de la place vuide, en sorte que la hauteur de la tranchée y soit remplie, & même d'un demy pied plus haut que la superficie voisine, prenant soin de mettre au fond la terre qui étoit à la superficie, & que celle qui étoit au fond deviennent à son tour la superficie de la tranchée nouvelle; cette terre jettée de la maniere que je l'entens, fait un talus naturel, au bas duquel tombe par même moyen ce qui se trouve de pierres qu'on ôte sur le champ; & pendant que les deux hommes jettent ainsi la terre qui fait ce talus, je veux que le troisiéme qui sera resté sur le bord de la tranchée, prenne du Fumier avec la Fourche, & que sans cesse il le jette également, non pas dans le bas, mais seulement sur le haut du talus dont est question, & qu'il le répande en sorte qu'il soit si bien dispersé, qu'il n'en reste jamais beaucoup ensemble; par ce moyen, supposé toûjours que les travailleurs agissent vivement & de concert, il se fait tout d'un coup deux choses fort importantes en peu de temps & à peu de frais; la premiere, que le Fumier se trouve placé & mêlé dans la terre comme il le doit être; & la seconde, que cette terre étant maniée de fond en comble devient mobile, comme on le doit souhaiter.

Je ne veux pas oublier d'avertir ceux qui foüillent le long d'une muraille, qu'ils prennent bien garde de n'approcher pas trop prés de la fondation, de peur qu'étant endommagée la muraille ne fût en peril de tomber; il y faut toûjours laisser un petit talus de terre dure dans le fond.

Que s'il n'est pas seulement question d'une simple tranchée pour des Arbres, mais de tous les carrez destinez aux Plantes potageres dans un Jardin où la terre n'a pas les bonnes qualitez qui sont à y souhaiter, il faut indispensablement suivre la même methode, & multiplier seulement le nombre de ceux qui doivent foüiller ou labourer, & y proportionner le nombre de ceux qui auront les Fumiers à répandre; il faut toûjours la même profondeur de terre, & toûjours faire une premiere ouverture de tranchée d'environ une toise de large, & qu'elle soit, par exemple, de la longueur de tout un côté du carré, & pour cet effet on mettra le long du carré à foüiller la terre qu'on sort de la tranchée, & qui servira pour remplir la jauge qu'on trouvera vuide à la fin du carré; cependant on fera arriver, soit à la Hotte, soit à la Civiere, soit avec les Animaux de bas les Fumiers dans le voisinage de la place vuide, on mettra un nombre suffisant de gens pour les répandre sur le haut des talus, à mesure que les autres jettent sans cesse de nouvelles terres vers les places vuides.

Je répons qu'avec un tel concert d'Ouvriers qui s'entendent bien dans leur ouvrage, on disposera une terre à faire de tres-beaux & de tres-bons Legumes, prenant soin d'y faire enfin un labour universel pour rendre la superficie égale.

Je veux seulement qu'on observe, que si la terre qui a besoin d'être amandée est de nature séche & sablonneuse, on y employe des Fumiers les plus gras, par exemple de ceux de Vache, ou même de ceux de Cheval, qu'on a fait pourrir dans des lieux humides; je ne fais gueres de mention des Fumiers de Cochon, car outre qu'ils sont assez rares, ils renferment une puanteur qui empêche de les souhaiter, il sont capables d'infecter la terre, & de luy donner un mauvais goût, dont les Fruits seroient infectez plûtôt que d'en être abonnis; que si ce sont des terres grossieres, fortes & humides, on y mettra les Fumiers les plus grands & les plus secs, par exemple ceux de Cheval, de Mulet, comptant toûjours que la quantité y doit être non pas excessive ni trop petite, mais mediocre & moderée, l'excés en cecy est dangereux; d'un autre côté à n'en point mettre dans la terre dont est question, c'est un défaut qui se fera bien-tôt sentir, comme aussi d'y en mettre trop peu est un secours, qui pour n'être pas suffisant doit être regardé comme inutile, & sur tout pour des terres maigres, à qui on demande au-delà de leur force, c'est à-dire beaucoup de Legumes, gros & bien nourris.

La mesure que je croy la plus raisonnable pour l'employ de ce Fumier, est d'en répandre une hottée de mediocre grandeur sur la longueur de chaque toise de talus, quand il a environ l'épaisseur d'un pied de terre, ainsi une longueur de vingt toises sur la largeur de six pieds, & sur la profondeur de trois, en consommera six-vingt hottées de cette mediocre grandeur, c'est à-dire telle à peu prés qu'une femme la peut porter.

Que si on n'a pas de Fumier pour en faire le mêlange,

que je viens d'expliquer, il faut se contenter d'en répandre sur la superficie le peu qu'on en peut avoir, & le répandre également, & aprés cela en faisant un bon labour d'environ neuf à dix pouces de profondeur, on l'enterrera de maniere qu'il ne paroisse plus par le dehors, & que cependant il ne soit pas trop avant, & pour ainsi dire hors de la portée des racines des Plantes.

Le Crotin de Mouton & de Chevre est tout propre pour cette maniere de Furnier, & il suffit extrêmement d'en répandre un ou deux pouces d'épais, cette petite quantité contribuëra à amander la terre tout autant qu'une plus grande des Fumiers, de Cheval ou de Vache.

Dans la verité, je regarde le Crotin de Mouton comme celuy de tous les Fumiers qui a le plus de disposition à fertiliser toute sorte de terre; on verra plus particulierement dans le Traité de la culture des Orangers, combien j'en fais de cas au dessus de tous les autres.

La Poudrette, les cureures de Colombier & de Poulailler peuvent faire quelques amandemens, mais je ne m'en sers gueres; l'un est trop puant & assez rare; les autres sont pleins de Moucherons, qui s'attachant aux Plantes leur portent grand prejudice.

A l'égard des excremens qui viennent des Animaux aquatiques, ils ne valent rien du tout, non plus que ceux qui viennent des Garennes de Lapin, témoin la sterilité qui paroît au tour des Clapiers; les feuilles d'hortolage pourris font quelque chose de livide & de froid, qui bien loin d'amander fait pourrir les nouvelles Plantes, & ainsi il ne s'en faut nullement servir.

Les feüilles d'Arbres qu'on a ramassé, & fait pourrir dans quelques fonds humides, deviennent plûtôt du terreau que du Fumier, si bien qu'elles sont plus propres à répandre pour garentir du hâle, qu'à fumer le dedans de la terre.

Le terreau est le dernier service qu'on retire du Fumier, ce Fumier ayant servi à faire des Couches s'y est tellement consommé, qu'il est enfin devenu aussi mobile que de la terre, & pour lors il est employé non plus comme Fumier qui engraisse, mais comme terre qui produit de petites

petites Plantes, & ainsi on en met sept à huit pouces d'épais sur les Couches nouvelles pour y élever des Salades, des Raves, des Legumes à replanter, ou pour y planter à demeurer, comme Melons, Concombres, Laituës pommées, &c. on en répand aussi environ deux pouces d'épais sur les terres nouvellement ensemencées au Printemps & dans l'Esté, quand elles sont ou de nature trop séche, ou de nature qui s'endurcit & se fend aisément à la chaleur, les graines sécheront dans la premiere, & ne pourroient percer la superficie dans l'autre.

On a recours à ce terreau, qui conservant sa fraîcheur produite par les labours ou par les arrosemens, fait que les graines germent aisément, & y levent ensuite heureusement; ce terreau fait encore ce bien au Jardinier, qu'il empêche les oiseaux de manger les nouvelles graines.

Les cendres, quelles qu'elles soient, seroient d'un grand usage pour ameliorer les terres, si on en avoit beaucoup, & comme on n'en a que tres-peu, on les met aux pieds de quelque Figuier ou de quelque autre Arbre, & elles n'y sont pas inutiles.

Certaines gens font particulierement cas des terres de gazon pour servir d'amandement, & pour moy je les regarde dans un autre sens, c'est-à-dire comme propres à produire par elles-mêmes, & non pas à faire produire à d'autres, & j'estime encore davantage les terres qui sont au dessous de ce gazon, que nous appellons terres neuves, & qui par consequent n'ayant jamais êté travaillées se trouvent neuves, c'est-à-dire pleines de toute la fertilité que les bonnes terres peuvent avoir en elles, & partant heureux qui en peut faire des Jardins entiers.

Que si enfin on n'est pas en état d'aller jusques-là, & qu'au moins on en puisse avoir une quantité raisonnable, je voudrois qu'on l'employât ou toute entiere pour les Arbres fruitiers, ou qu'on l'employât au moins de la même maniere que j'ay fait employer les Fumiers pour les amandemens à vive jauge.

CHAPITRE XXIV.

Qu'il n'eſt pas bon de fumer les Arbres.

JE ne ſçaurois approuver le ſentiment de ceux qui étant prevenus de l'erreur commune ſur le fait des Fumiers, en mettent indifferemment par tout, juſque-là que pour en faire une grande maxime, ils diſent d'une maniere aſſez populaire, que particulierement à l'égard des Arbres on ne leur ſçauroit donner trop d'amitié, c'eſt le terme doux & galant dont ils ſe ſervent en parlant de ce qu'on appelle vulgairement Fumier,

Mais pour faire voir ſi leur opinion eſt un peu raiſonnable, je les prie de répondre à cinq choſes que j'ay à leur demander ſur ce ſujet.

La premiere, s'ils entendent parler de toutes ſortes d'Arbres.

La ſeconde, ſi c'eſt ſeulement des Arbres fruitiers.

La troiſiéme, ſi en fait de ces Arbres fruitiers c'eſt de tous en general qu'ils parlent, ſoit vigoureux pour les entretenir, ſoit infirmes pour les rétablir.

La quatriéme, s'ils ont une regle certaine pour la quantité de Fumier qu'il faut donner à chacun, & pour l'endroit où il le faut placer.

Et la cinquiéme, ſi on les doit fumer en toute ſorte de terre, ſoit bonne, ſoit mauvaiſe.

Je n'oſerois pas croire que leur penſée pour les Fumiers s'étende generalement à tous les Arbres, puiſque de l'aveu de tout le monde, ceux des Foreſts, ceux de pleine campagne, & ceux des avenuës des maiſons, ſe portent d'ordinaire fort bien ſans avoir jamais été fumez ; ſi ces Meſſieurs conviennent de ces veritez ſur le fait des Arbres qui ne ſont pas fruitiers, ils tombent ſans y penſer dans la conviction à l'égard de ceux qui le ſont, puiſque conſtamment les uns & les autres ſe nourriſſent de la même maniere, c'eſt-à-dire par leurs racines ; en effet ces racines ayant à travailler dans une terre naturelle, quand elle eſt paſſablement bonne, elles ne manquent pas d'y trouver suffisamment ce qui leur est necessaire pour la vie.

Mais quoy que c'en soit, vrai-semblablement ces Messieurs se retranchent à appliquer seulement aux Arbres fruitiers la maxime dont il s'agit ; or de bonne foy je ne croy point qu'ils osent avoüer que leur intention soit de parler de tous en general ; car quelle apparence de dire qu'une même chose soit également bonne pour tant d'Arbres qui se trouvent d'une constitution si differente, les uns plus ou moins vigoureux, les autres pareillement plus ou moins infirmes, les uns de Fruits à Pepin, les autres de Fruits à noyau, &c. cependant ils ne se sont point encore expliqués sur cette difficulté, & n'ont jamais parlé qu'en termes generaux sur cette matiere, où comme nous avons dit, ils employent le beau nom d'amitié pour persuader plus agreablement.

Je ne croy pas non plus que si on les presse de se declarer, ils aillent dire qu'ils entendent parler des plus vigoureux, puisque constamment la grande vigueur paroissant incompatible avec l'abondance des Fruits, ce seroit un méchant expedient pour tâcher d'en faire venir, que d'avoir recours à une chose qu'ils croiroient propre à entretenir cette vigueur, ou peut-être même l'augmenter ; & de plus, le Fumier n'étant regardé que comme un remede, & les remedes n'étant vrai-semblablement que pour les malades, il s'ensuit que ce Fumier ne doit point être pour ces Arbres, qui bien loin d'avoir aucune infirmité marquent dans toute leur étenduë une santé parfaite ; ainsi supposé que le Fumier soit capable de faire quelque chose aux Arbres, je croy certainement qu'il pourroit nuire à ceux-cy, plûtôt que de leur procurer quelque avantage.

Il faut donc qu'on vienne à dire que ce sont les Arbres infirmes, qu'on croit avoir besoin du secours des Fumiers ; mais pour en venir, s'il est possible, à desabuser d'une telle erreur, j'assûre d'abord & de bonne foy, que par une experience étudiée pendant une longue suite d'années, je sçai sûrement que tout le Fumier du monde ne sçauroit rien operer en faveur de quelqu'Arbres que ce soit ; j'avois été long-tems dans l'erreur commune, ma curiosité ayant commencé par là, aussi-bien que par la routine des décours ;

&c. mais enfin j'en ſuis heureuſement revenu, & tous ceux qui ſans aucune prevention voudront s'inſtruire de la verité du fait, conviendront avec moy que tout au plus la peine & la depenſe en ſont inutiles ; je dis même qu'on eſt bienheureux ſi elles n'ont point été pernicieuſes ; car ces Fumiers, comme j'ay dit ailleurs, ſont ſujets à engendrer des vers qui font mourir les Arbres, ou au moins toute leur vertu ne ſçauroit faire produire que de petites racines ; or telles racines qui ſont veritablement bonnes pour de petites Plantes, ne peuvent abſolument contribuer à faire ces beaux jets, qui font connoître qu'un Arbre eſt vigoureux au point qu'on les demande.

Mais pour aller un peu plus avant dans la preuve convaincante de cette verité que j'établis, je voudrois bien qu'on me dît au juſte ce que c'eſt qu'un Arbre infirme, c'eſt une matiere dont je parle aſſez amplement dans le Traité des maladies des Arbres, &c. & quant à preſent je me contente de dire, que par exemple un Poirier infirme n'eſt pas toûjours celuy qui pouſſe jaune, on en voit de fort vigoureux qui ont le feüillage de cette couleur-là, c'eſt ſeulement celuy dont il meurt quelques groſſes branches vieilles, ou celuy dont l'extrémité des jets ſéche, ou celuy qui n'en fait aucuns, & demeure galeux, plein de chancres & de mouſſe, & cependant fleurit infiniment, mais où peu de Fruits y nouënt, ou ce qu'il en nouë demeure petit, pierreux & mauvais ; que ſi l'Arbre pouſſe de grands jets jaunes, ce qui d'ordinaire arrive à quelques Poiriers ſur Coignaſſier, qui étant plantez en terre un peu ſéche & maigre ſe portent naturellement bien, ce défaut de feüilles jaunes vient de ce que quelques principales racines ſe trouvant à fleur de terre, y ſont alterées par les chaleurs d'Eſté ; or le Fumier employé pour amander, & par conſequent mis un peu avant dans la terre, ne ſçauroit empêcher cela.

D'un autre côté, ſi à cet Arbre infirme il meurt quelques branches, ce défaut peut venir, ſoit de ce que l'Arbre eſt trop chargé de branches, eu égard à ſon peu de vigueur, en ſorte qu'il ne peut fournir à les nourrir toutes, ſoit de ce qu'il eſt planté trop haut ou trop bas, ſoit enfin de ce que la terre qui le doit nourrir eſt ou mauvaiſe ou uſée, & ſur tout que dans le pied de l'Arbre il y a beaucoup de racines mortes.

Or au premier cas, le Fumier ne déchargera pas cet Arbre de ſon trop grand fardeau : au ſecond, il ne fera pas qu'il devienne mieux planté ; & au troiſiéme, il ne reſſuſcitera pas les racines mortes, & enfin n'en fera point venir de groſſes nouvelles, car jamais les Fumiers n'ont pû parvenir juſques-là, tant les grands, quelques pourris qu'ils ſoient, que les petits qu'on appelle terreaux: ainſi tant qu'il ne ſe fera point de groſſes racines nouvelles, il ne ſe fera point auſſi de beaux jets nouveaux, & tant qu'il ne ſe fera point de ces ſortes de jets nouveaux, les Arbres demeureront toûjours vilains, & les fruits ne ſeront jamais bien conditionnez dans leur qualité, ni ne ſatisferont pas non plus par l'abondance.

Joint que ſi le Fumier pouvoit rendre vigoureux un Arbre qui ne l'étoit pas ; premierement, je l'aurois éprouvé quelquefois aprés l'avoir eſſayé ſi ſouvent ; & cela étant j'aurois grand tort de me revolter contre une opinion ſi bien établie, & de vouloir en même temps introduire une doctrine nouvelle, qui, au lieu de me faire quelque bien, ne ſeroit propre qu'à me tourner en ridicule : en ſecond lieu, ſi les Fumiers pouvoient donner de la vigueur, & ſur tout à des Arbres vieux & infirmes, il en arriveroit ſans doute un inconvenient tres-fâcheux, qui ſeroit de faire pouſſer quantité de faux bois, & de détruire la diſpoſition où cet Arbre étoit pour fructifier ; car enfin contre l'intention du Maître ils feroient allonger en bois les boutons qui s'étoient arrondis pour faire le Fruit, & il faut neceſſairement ôter ces ſortes de bois, comme mal conditionnez & mal placez.

J'explique plus particulierement dans un autre endroit, ce qui en tel cas eſt à faire pour le mieux, & c'eſt dans la fin du cinquiéme Livre où je me propoſe les remedes à l'infirmité des vieux Arbres.

Mais ſuppoſé qu'il fût bon de fumer les Arbres ; dont je ne conviens pas, quelle meſure juſte peut-on avoir pour le plus ou le moins de Fumier qu'il faudroit à chacun, la petite ou la mediocre quantité feront-elles le même effet que la grande, ou la grande ne fera-t-elle pas davantage que la petite ou la mediocre, &c? Et de plus, en quel endroit placera-t-on ce Fumier, sera-ce bien prés du tronc, sera-ce loin, il sera inutile prés du tronc, puisque les extrêmitez des racines où se fait toute l'action étant éloignées de là n'en pourroient profiter, & cependant c'est particulierement en cet endroit-là où l'on a accoûtumé de le mettre, ce seroit donc dans le voisinage de ces extrémitez où il faudroit placer cet amandement; mais le moyen de sçavoir au vray en quelle partie elles se trouvent, joint que ces extrémitez qui s'allongent tous les ans, changent par consequent de place tous les ans.

Je finis par cette observation qui est si vulgaire, qu'on voit des Arbres infirmes dans les bonnes terres, aussi-bien que dans celles qui ne le sont pas; faudra-t-il faire le même remede dans les unes que dans les autres; il me paroît assez difficile de répondre juste sur ces trois dernieres questions, si-bien que constamment on s'engage à de grands embarras, si on veut faire consister dans les Fumiers le seul bon remede qu'il faut aux Arbres fruitiers, soit quand il s'agit de les entretenir dans la vigueur qu'ils ont, soit quand il s'agit de recouvrer celle qu'ils ont perduë, je trouve beaucoup mieux mon compte, & à moins de frais, à me servir de terres neuves que d'aucuns Fumiers, quels qu'ils puissent être; j'explique ailleurs la maniere d'employer ces terres neuves, & c'est ce qui m'a fait dire encore dans un autre endroit, qu'une des principales conditions pour réüssir à planter de jeunes Arbres, si d'ailleurs ils sont bons & bien taillez par les racines, est de les planter dans une terre qui soit au moins passablement bonne, & qui n'ait jamais été fumée.

CHAPITRE XXV.

Quelle sorte de terre convient le mieux à chaque espece d'Arbres fruitiers

JE finis cette seconde partie aprés avoir dit que les Sauvageons de Poiriers, de Pommiers, & même ceux qui s'appellent Paradis, & pareillement les Pruniers & les Figuiers s'accommodent assez bien de toute sorte de terre, soit chaude & séche, soit froide & humide, pourvû qu'il y ait suffisamment de fond, c'est-à dire au moins deux bons pieds & demy ou trois pieds, encore le Figuier se passe-t il à beaucoup moins.

Et quid quæque ferat regio, & quid quæque recuset, &c. *Georg*. 1.

Le Coignassier ne s'accommode point des terres séches & legeres, il y jaunit trop aisément ; l'Amandier & le Pêcher de noyau font mieux dans celle-cy que dans le terres fortes dans lesquelles ils sont tres-sujets à la gomme ; telles terres fortes sont plus propres pour les Pruniers, les Merisiers, les Groseillers, les Framboisiers, &c. la Vigne veut plûtôt certaines terres legeres pour y faire de bon raisin & de bon vin, que les terres fortes & froides ; le Cerisier de pied fait assez bien dans celles qui sont séches & legeres, mais encore mieux dans les terres franches.

Aprés avoir expliqué quelles sortes de terres sont les meilleures pour chaque sorte de Plan, on pourroit ce semble tirer les consequences necessaires pour les especes de Fruits qui sont greffez sur ces sortes de Plans, par exemple pour les Poiriers qui sont greffez sur franc ou sur Coignassier, pour les Pêchers greffez sur Pruniers ou sur Amandiers, &c.

Mais cependant, comme nous dirons cy-aprés, il n'en est pas pour le bon goût des Fruits, la même chose que pour la vigueur des Arbres, les Poires de Bon-chrétien d'Hyver, de Petitoin, de Lansac, d'Espine, &c. seront toûjours insipides, & la plûpart pierreuses, ou pâteuses, & farineuses si elles sont dans un fond froid & humide, quel que soit le pied Sauvageon ou Coignassier, & principalement en Buisson ; il en sera de même pour les Pêches, les Pavies, &c. ces sortes de Fruits demandent particulierement le terroir assés sec, ou qu'au moins il soit déséché par des pierrées & des pentes étudiées, si naturellement il est humide ; enfin generalement parlant les Arbres sont d'ordinaire vigoureux dans les terres fortes, mais les Fruits n'y acquierent gueres le bon goût qui leur convient, & qu'ils trouvent dans les terres plus séches.

Ce n'est pas assez que nous ayons nos Jardins bien cultivez par les labours & les amandemens, il les faut encore tenir fort propres, c'est-à-dire qu'il faut que les Allées soient toûjours bien nettes de pierres & de méchantes herbes toûjours fermes pour s'y promener aisément & commodément que les labours soient pareillement nets & de pierres & de méchantes herbes, que les Arbres soient toûjours nets de Toupillons, de Chenilles, de Limaçons, de Mousse, &c. bref, les Jardins utiles doivent autant plaire quand il sont vieux faits, qu'ils plaisent peu quand ils viennent de l'être, & par là ils sont differens des Parterres, qui ne sont jamais si propres & si beaux à voir, que le jour qu'ils sortent des mains de l'Ouvrier ; car pour lors ils sont embellis de Fleurs plantées de nouveau, ils ont leurs Allées bien sablées & bien tirées, les gazons tous frais, enfin ils ressemblent, pour ainsi dire, à ces nouvelles mariées qu'on vient d'ajuster de poudre, de mouches, de rubans, de bouquets, &c. pour les rendre plus agreables, au lieu que nos Jardins utiles qui doivent veritablement sentir la ménagere de la maison, doivent avoir une proprété aisée & naturelle, & non pas une proprété contrainte & étudiée.

Fin de la seconde Partie.

TROISIE'ME

TROISIE'ME PARTIE DES JARDINS FRUITIERS ET POTAGERS.

Contenant ce qui est à faire dans toutes ſortes de Iardins, tant pour choiſir ſagement, que pour proportionner & placer dans chacun les meilleures eſpeces d'Arbres fruitiers, ſoit en Buiſſon, ſoit en Eſpalier, ſoit de haute tige.

DISCOURS PRE'LIMINAIRE.

ARMI les Fruits qui ſont preſentement dans le commerce du monde, on peut dire ſans prevention qu'il en eſt de ſi exquis & de ſi parfaits, qu'on ne connoît rien de plus délicieux au goût, & peut être même ne connoît-on gueres rien de plus utile à la ſanté ; auſſi voyons nous qu'on eſt tellement accoutumé d'en uſer en tout temps, que peu s'en faut qu'on ne les mette au nombre des choses qui sont absolument necessaires à la vie ; on ne voit plus personne qui s'en puisse passer, si bien qu'enfin il n'est rien qu'on ne fasse pour en avoir : c'est ce qui fait que quelques magnifiques & abondans que soient les grands regales, on y trouve toûjours à redire, si de beaux & de bons Fruits n'en relevent l'éclat, & n'en laissent une grande idée dans l'esprit des conviez ; de là vient pareillement que la maison de campagne la plus somptueuse & la plus superbe manque d'un de ses principaux ornemens, si elle n'est accompagnée de Jardins fruitiers qui soient beaux & bien entendus ; aussi la nature qui ne fait rien en vain, a été soigneuse de nous produire un nombre infini de differentes sortes de Fruits, & en même temps nous a inspiré une forte inclination non seulement à cultiver ceux de nos climats, mais même à les multiplier en y joignant ceux des païs étrangers ; si bien qu'à vray dire nous devons regarder cette abondance comme une des plus grandes obligations que nous luy ayons, & il semble même que tout ce qu'elle a fait d'ailleurs pour nous faire vivre & subsister seroit peu de chose, si nous étions privez de ce tresor, que le Jardinage nous fournit, tresor qui nous est d'un extrême secours ; car en effet qu'avons-nous de plus pretieux & de plus commode dans la vie, que de trouver de bons Fruits dans tous les païs habitez ? qu'avons-nous de plus important que d'en avoir amplement pour toutes les saisons de l'année.

Divisæ arboribus patriæ. *Georg.* 2.

Ce seroit icy un beau champ à faire l'éloge de ces riches presens, que la terre fournit d'elle même jusques dans les forests les plus obscures, & dans les deserts les plus affreux ; mais c'est un parti qui n'est nullement de ma profession, & encore moins de mon dessein : aussi comme je me sens incapable de l'entreprendre avec succés, je n'ay garde de de m'y embarquer ; je me retranche plus volontiers à communiquer avec plaisir ce que mon experience m'a fait trouver, pour apprendre à tirer de grands avantages de ces chefs-d'œuvres de la nature, & aider sur tout à les perfectionner par nôtre industrie.

Or quoy que sous le nom de Fruits on entende generalement tout ce qui eſt Fruit de Jardins, je ne pretens pas pourtant parler icy de ceux qu'on peut appeller Fruits de la petite claſſe, par exemple des Fraiſes, Framboiſes, Groſeilles, & non pas même des Melons, quoy que conſtamment dans le genre de Fruits il n'y ait rien de plus excellent : ce ſont articles que je reſerve pour faire partie du Potager ; je ne parleray donc icy que de ceux qui viennent à des Arbres, & qui, quand l'eſpece en eſt bonne & le terroir bien conditionné, font les veritables ornemens des Jardins ; car autrement il y en a beaucoup, qui au lieu de faire honneur, font pour ainſi dire affront au Maître qui les cultive.

Aprés que j'auray parlé de ces bons fruits de toute ſorte d'Arbres, je parleray auſſi de ces ſortes de Raiſins, dont les honnêtes gens font tant de cas.

Je ne puis paſſer outre, que je n'aye marqué combien je ſuis ſurpris de tout ce qu'on voit de Fruits ; tant en general qu'en particulier : pour les eſpeces j'ay lieu de l'eſtre beaucoup, pour en avoir fait des deſcriptions exactes, tant du dedans que du dehors, ſoit en fait de Fruits à pepin, ſoit en fait de Fruits à noyau, & même en fait de Figues & de Raiſins, comme on le verra cy-aprés ; juſques-là qu'en matiere de Poires ſeulement, je puis dire avec verité que j'en ay vû, goûté, & décrit plus de trois cens eſpeces toutes tres-differentes les unes des autres, ſans y en avoir cependant trouvé qu'une trentaine, qui à mon goût fuſſent excellentes ; en ſorte qu'elles me paruſſent avoir régulierement plus de bonnes qualitez, que de mauvaiſes.

Sed neque quam multæ ſpecies, nec nomina quæ ſint, eſt numerus, neque enim numero comprehendere refert ; quem qui ſcire velit, Lybyci velit, æquoris idem diſcere, quam multæ zephiris turbentur arenæ, &c. *Georg.* 2.

Je m'attens bien de trouver des curieux, à qui mon avis ſur le fait du choix ne plaira pas en toutes choſes ; mais ils me permettront, s'il leur plaiſt, de leur faire icy une tres-humble priere, qui eſt qu'auparavant de prononcer contre moy ſur l'eſtime ou ſur le mépris que je fais de certains Fruits, ils commencent par examiner particulierement mon intention, qui cherche à établir une ſuite perpetuelle de bons Fruits, & qu'aprés ils ayent à ſe ſouvenir premierement qu'il ne faut point diſputer des goûts : c'eſt un principe inconteſtable : ſe ſouvenir en ſecond lieu, qu'il faut avoir de grands égards, ſoit à la bizarrerie des saisons dont nous ne sommes pas les maîtres ; soit à la diversité des terres & des climats que l'on sçait être presqu'infinie, soit à la nature du pied de l'Arbre, qui quelquefois est bon, & quelquefois mauvais, soit enfin à la maniere ou figure dans la quelle les Arbres produisent.

Ce sont toutes matieres qui demandent beaucoup de considerations, & sont tres-capables de faire balancer les opinions des juges ; il se trouve quelquefois de méchantes Poires parmi des Virgoulés, des Leschasseries, des Ambrettes, des Epines, &c. il se trouve de méchantes Pêches parmi des Mignones, des Madelaines, des Violettes, des Admirables, &c. il se trouve enfin de méchantes Prunes parmi les Perdrigons, de méchans Raisins parmi les Muscats, & de méchantes Figues parmi les plus estimées, &c n'est-ce pas de quoy étonner un curieux, autant appliqué que je le suis, & serois je excusable, si je supprimois sur cela les grandes observations & les reflexions que j'y ay faites : d'où enfin j'ay conclu, que quoy que dans une certaine espece de bons Fruits il s'en trouve quelques-uns de défectueux, il ne s'en suit pas pour cela que toute l'espece soit à rejetter, ni que pareillement il faille faire grand cas d'une autre, qui quoy que connuë pour mauvaise parmi les habiles connoisseurs, ne laisse pas d'en fournir quelques unes de passables, dont les gens peu delicats se rendent amoureux.

Tout le monde convient premierement que sur le fait des Fruits, en ce qui regarde leur nature, il y en a de trois classes, c'est à sçavoir qu'il y en a de tres-bons, qu'il y en a de tres-mauvais, & qu'enfin il y en a qui ne pouvant être compris dans le nombre de ceux-là, peuvent être regardez comme Fruits simplement passables & mediocres ; ce ne sont d'ordinaire que ces derniers, qui trouvant par-cy par-là des amis & des partisans, donnent lieu de disputer pour le choix ; car rarement arrive-t-il qu'on ne soit pas d'accord pour l'estime des premiers, & pour le mépris des seconds : une bonne Poire de Rousselet ou de Virgoulé est estimée par tout ; une Poire de Parmein ou de Fontarabie est aussi méprisée par tout : mais il n'en est pas de même pour un Doyenné, pour un Saint Lezin, &c.

On convient aussi que, par exemple, tel Fruit est mauvais une année, ou à une certaine exposition, qui aura paru bon plusieurs autres années de suite, ou à d'autres expositions; & reciproquement tel Fruit se trouve bon cette année-cy, qu'on n'aura pû souffrir les precedentes.

Et enfin on convient que dans une sorte de terre, & de climat, & de figure d'Arbre, tel Fruit est bon, qui regulierement se trouve mauvais dans un different climat, ou dans un autre fond, ou dans une autre figure d'Arbre; il s'en faut de beaucoup que, par exemple, tout ce qui est bon Fruit en plein vent, soit également bon en Buisson, &c. ni que tout ce qui réüssit en Espalier ait par tout la même destinée en plein air, &c. ni que tout ce qui est bon dans un fond sablonneux, le soit également dans une terre humide, &c. je feray sur cela une discussion autant exacte qu'il me sera possible, pour tâcher d'en venir à décider sur le choix & sur l'ordre de la preference, dont il s'agit.

Et de plus, comme apparemment je ne suis pas encore parvenu à connoître tout ce qu'il y a de bons Fruits dans l'Europe, encore moins ce qu'il y en a dans le reste de l'Univers; il y en a peut-être qui pourroient icy réüssir, & qui par consequent, si j'en connoissois le merite, me feroient changer quelque chose dans la disposition que j'établiray; j'en demeure d'accord, car comme je suis assez persuadé qu'il ne s'en fait plus de nouveaux, aussi ne disconviens-je pas que de temps en temps il ne s'en découvre quelques uns, qui aprés avoir été long-temps dans l'obscurité de certains cantons éloignez viennent enfin à se faire connoître & admirer dans le grand monde; nous en avons bien parmi nos plus exquis, dont j'ose dire qu'il n'étoit icy aucune mention dans les premieres années de ma curiosité.

Je ne manqueray pas de tirer avantage des nouveautez, s'il nous en arrive, & j'exhorte de tout mon cœur tous ceux qui verront ce Traité à vouloir témoigner pour le public le même zele dont à cet égard je fais profession; au moins est-il certain que je n'ay pas voulu hazarder de dire ce que je pense particulierement en cette matiere de choix & de proportion de Fruits, qu'aprés y avoir grandement travaillé ; j'ay eu pour but de donner enfin un avis qu'on peut sûrement suivre & executer dans une bonne partie du Royaume, & dans tous les climats qui luy sont semblables ; & c'est dans cette vûë que j'entretiens depuis plus de trente ans un commerce particulier avec la plûpart des curieux de nôtre siecle, tant de Paris & de nos Provinces de France, que des Païs éloignez & des Royaumes circonvoisins. Je me suis étudié à avoir par tout des amis illustres en Jardinage, pour profiter autant que j'ay pû de leurs lumieres & de leurs richesses, dans le temps que de mon côté je tâchois de ne leur être pas inutile ; & comme sans vanité je n'y ay pas trop mal reüssi jusqu'à present, on peut s'assurer que je ne discontinuëray jamais de travailler avec tout le soin possible, pour attirer parmi nous ce qu'il y aura ailleurs de plus considerable en fait de Fruits, c'est-à-dire enfin que je pretens non seulement essayer de satisfaire & regler en cecy ma curiosité, qui n'est pas petite, mais aussi celles des honnêtes Jardiniers, qui n'est pas moins grande que la mienne.

Or quoy qu'il ne soit pas mauvais d'être toûjours en queste pour découvrir, s'il se peut, quelques Fruits nouveaux qui meritent nos soins & nôtre culture, & c'est ce que je fais sans aucun relâche ; il me semble cependant que nous pouvons presentement nous vanter d'avoir de quoy faire des Jardins, qui soient raisonnablement garnis pour toutes les saisons de l'année : si bien que je croy pouvoir dire qu'il n'y a pas trop grande necessité de nous mettre fort en peine d'en chercher davantage. Il y a vingt-cinq ou trente ans que nous n'aurions pas pû avancer la même chose, & sans doute nos peres étoient beaucoup moins riches que nous ne le sommes.

Toutefois il en faut convenir de bonne foy, nous avons les mois de Mars & d'Avril qui sont à plaindre, ils manquent de bons Fruits tendres & beurrez : les sortes de Poires qui sont restées pour ces temps-là, n'ont pas le don de plaire commes celles qui viennent de passer, ni même comme pour la plûpârt elles l'avoient autrefois ; il semble qu'elles vont tous les jours en diminuant de leur ancien credit ; il faut cependant s'en contenter jusqu'à ce qu'on en ait de meilleures à mettre à leur place : mais sur tout je trouve qu'on n'est pas trop malheureux, si les Poires de Bon-Chrétien, qui sont les dernieres à acquerir leur maturité, sont pourvûës de toute la bonté qu'elles peuvent avoir, car sans doute il en est de tres-bonnes ; les Pommes qui restent, & qui doivent durer jusqu'au mois de Juin, satisfont bien quelques curieux dans la fin de l'Hyver & dans le commencement du Printemps, mais en verité ce n'est ni le plus grand nombre, ni sur tout les principaux.

Pour établir donc, & autoriser mon jugement sur ce que nous avons de Fruits connus, je puis assûrer, & on le doit croire, que je ne me suis pas contenté de les avoir plusieurs années de suite vûs goûtez & examinez sans prevention aucune, & avec une exactitude aussi grande que la matiere le requeroit, mais que même pour tâcher de ne rien déterminer que bien à propos, j'ay fait de frequentes assemblées de curieux, c'est-à-dire de gens fort entendus en ce fait-là, & d'un goût peut-être aussi delicat qu'il y en ait dans le Royaume.

Ordre & deissein de cette troisiéme Partie.

Aprés tant de precautions & d'experiences je me suis enfin resolu à faire ce Traité, & pour y réüssir, & avoir en même temps occasion de dire ce qu'il y a de bon ou de mauvais en chaque Fruit en particulier, avec les differens noms, dont la plûpart sont déguisez suivant les differens païs où ils se trouvent : car le nombre des Fruits qui n'ont qu'un nom, & particulierement en fait de Poires, comme par exemple le Bon Chrétien, le Rousselet, le Beurré, le Messire-Jean, le Portail, &c. est tres-mediocre ; il n'en est pas de même pour les autres Poires, pour les Prunes, les Pêches, les Pommes, &c il n'y en a gueres qui n'ayent deux ou trois noms, & souvent davantage.

J'ay crû premierement, que, comme je l'ay promis, je devois tâcher de faire le portrait ou la description de chaque Fruit, & de la faire même assez grande, afin que cela puisse servir d'instruction pour une chose que je croy necessaire, tout au moins elle est importante, c'est à dire pour apprendre plus aisément, soit à la vûë, soit au goût, le seul & veritable nom que les Fruits doivent avoir, & ce sera sans doute celuy qui sera en usage parmi les habiles curieux de la Cour, tout de même qu'aux autres choses, on suit exactement la mode, & les manieres qui s'y pratiquent.

De cette détermination du nom de chaque Fruit bien autorisé par la description que j'en aurai faite, il arrivera, comme j'espere, qu'on ne tombera plus dans l'inconvenient d'en avoir de méchans sous le nom de ceux qui sont bons, & d'en avoir un même sous differens noms, & par consequent de n'avoir que peu d'especes, quand on croyoit en avoir beaucoup, eu égard au grand nombre d'Arbres qu'on avoit dans son Jardin; je mettray ces descriptions aux endroits où je decideray du choix de chaque Fruit en particulier, & comme j'ay dit ailleurs, elles ne seront que pour ceux qui voudront prendre la peine de les lire; les autres qui n'auront que l'empressement de sçavoir au plûtôt quels sont les bons, & quelle proportion est à y garder en chaque Jardin, trouveront cy-aprés un petit Abregé qui pourra sur le champ les satisfaire.

J'ay crû en second lieu, qu'il ne seroit pas mal à propos de supposer que j'ay à donner mon avis à quantité de nouveaux curieux l'un aprés l'autre, tous voulant planter des Arbres fruitiers, mais tous embarassez pour se déterminer tant sur le choix des especes, que sur le nombre des Arbres de chacune.

Le premier, par exemple, n'ayant peut-être uniquement de place que pour un Arbre, soit à mettre en Buisson, soit à mettre en Espalier, le second n'en ayant que pour deux, l'un ayant place pour une centaine d'Arbres, l'autre en ayant pour beaucoup davantage, &c. ils cherchent tous à se déterminer sur le chois, & le cherchent avec chaleur; car rien n'est pareil à celle d'un nouveau curieux, qui meurt d'envie de voir son Jardin fait, & promptement fait, mais ni les uns ni les autres ne sçavent par où commencer, n'ayant encore pour cela reçû aucun secours de personne.

Pour soulager leur peine & leur inquietude, je me mets à

à la place de tous tant qu'ils sont ; successivement les uns aprés les autres, afin de conseiller à chacun de faire ce qu'actuellement je ferois moy-même, si j'avois à faire ce que chacun d'eux entreprend ; si bien que tantôt je suis un curieux qui veut planter un tres-petit Jardin, tantôt j'en suis un autre qui en veut planter un mediocre, & tantôt un autre qui en veut planter un fort grand ; & même le personnage que je fais icy, n'est pas seulement pour aider à bien faire un Plan nouveau ; je pretens aussi apprendre par même moyen à en corriger un vieux qui n'est pas bien entendu, de maniere que je veux faire en sorte qu'au bout de quelques années, chacun de ceux qui voudront suivre mon avis, trouve infailliblement dans ses Jardins le plaisir qu'il s'y étoit proposé.

On pourra dire qu'il n'est pas trop ordinaire d'avoir des Jardins si petits, qu'on n'y puisse planter qu'un Arbre ou deux de chaque sorte ; mais quand bien même cela seroit, ce qui n'est pourtant pas, témoin les Jardins de tant de Religieux dans les Convents, & de tant de petits Bourgeois dans les Villes, &c. je demande cependant la liberté de le supposer comme une chose qui me paroît non seulement commode dans mon dessein, mais qui sur tout me paroît necessaire pour me faire mieux & plus utilement entendre à tout le monde.

Et cela étant, je dois avertir d'abord que parmi toutes les especes de Fruits, soit à pepin, soit à noyau, il y en a que je plante volontiers dans un Jardin d'une certaine grandeur, & que je n'estime pas assez pour les planter dans un Jardin d'une plus petite étenduë, ce qui peut entrer dans le petit, pouvant bien veritablement être reçû dans le grand, mais du grand au petit la consequence ne me paroissant pas bonne.

De plus, comme il y a differentes manieres d'avoir des Arbres fruitiers, je dois aussi avertir, par exemple, en fait de Poires, qu'il y a des especes que je ne veux gueres qu'en Buissons, comme des Beurrés, des Virgoulés, &c. & d'autres que je mets volontiers en Arbres de tige, comme tous les Fruits de mediocre grosseur, & sur tout ceux qui ont disposition à être pâteux & insipides, comme les

Petit-oin, Sucré-vert, Eſpine, Loüiſe-bonne, Lanſac, &c. J'avertis auſſi qu'il y en a, qui régulierement ne viennent bien qu'en Eſpaliers, comme les Bon-chrétiens, les Bergamottes, petit Muſcat, &c. d'autres qui réüſſiſſent aſſez heureuſement de quelque maniere qu'on les mette, comme les Rouſſelets, les Robines, les Leſchaſſeries, les Saint-Germain, &c.

Enfin y ayant differentes natures de fond, & differentes ſituations de Jardins, je dois avertir,

Qu'il y a des Fruits qui ne veulent que des terres ſéches, comme les Pêches, les Muſcats, & d'autres qui ne réüſſiſſent pas mal dans celles qui ſont un peu humides, comme les Cériſes, les Prunes, &c.

Qu'il y a des fonds qui ne s'accommodent pas indifferemment de toutes ſortes de Plans, par exemple, les Pêchers ſur Pruniers, les Poiriers ſur Coignaſſiers, aiment mieux les fonds gras que les fonds ſecs; au contraire des Pêchers ſur Amandier, & des Poiriers ſur franc, les uns & les autres faiſant fort bien dans les fonds ſablonneux.

Qu'il y a des Fruits qui ne viennent bien qu'à l'abri du froid, témoin les Muſcats & les Figues; & ſur tout dans le voiſinages de Paris; & d'autres qui ſouffrent aſſez bien le grand air, comme tous les Fruits rouges, & la plûpart des Fruits à pepin.

Et qu'enfin les terroirs humides ſont propres à faire de gros Fruits, mais non pas à en faire de fort delicats, à moins d'un ſoin & d'une culture extraordinaire, au lieu que les terroirs ſecs ſont propres à les faire de bon goût, mais auſſi ne les font-ils que petits, s'ils ne ſont extraordinairement ſecourus.

Voulant dire mon avis ſur toutes ces differences, ſçavoir difference de grandeur de Jardin, & difference d'expoſitions dans ces Jardins, difference de ſituations & de terre, difference de figure d'Arbres & de qualité des pieds ſur leſquels ces Arbres ſont greffez, comme auſſi voulant dire particulierement mon avis ſur toutes ſortes de Fruits premierement, pour faire choiſir les meilleurs; en deuxiéme lieu, faire que parmi ces meilleurs on ne s'arrête qu'à ceux, qui peuvent le mieux réüſſir en la figure d'Arbres qu'on les doit planter ; en troisiéme lieu, faire qu'à chaque Arbre on destine la place du Jardin qui luy est la plus necessaire ; & enfin faire qu'il y ait une juste proportion dans le nombre d'Arbres de chaque espece.

Je parleray d'abord des Fruits à pepin, à commencer par les Poiriers, pour sçavoir premierement qui sont ceux qui peuvent réüssir en Buisson ; en second lieu, qui sont ceux qu'on peut heureusement planter en Arbre de tige ; en troisiéme lieu, qui sont ceux qui demandent d'être en Espalier, & enfin qui sont ceux qui donnent satisfaction en toutes manieres : aprés cela je diray succinctement tout ce que je pense à l'égard des Pommes, pour marquer celles que j'estime le plus, & celles que j'estime le moins, soit pour buisson, soit pour plein vent ; car je ne croi pas qu'il faille se mettre en peine d'en avoir d'une autre maniere, c'est-à-dire d'en avoir en Espalier.

Aprés avoir employé en Buissons & en Arbres de tige tout le terrein du milieu de chaque Jardin, je viendray ensuite à la partie la plus curieuse des Jardins, qui sont les Espaliers, & tâcheray de faire connoître de quelle façon j'estime qu'il faut employer utilement ce qu'on a de murailles, quelque petite ou quelque grande quantité de toises qu'on en ait ; quels Fruits sur tout meritent d'y avoir place, & quels Fruits sont indignes d'en approcher ; sur quoy je traiteray non seulement des Prunes & des Pêches, mais aussi des Figues & du Raisin, &c. je diray quels Fruits de tous ceux-là se plaisent à certaines expositions, & n'en peuvent gueres souffrir d'autres, & quels enfin sont d'assez bon naturel pour s'accommoder passablement de toutes.

Quand j'entreprens de donner conseil pour le choix & la proportion des Fruits, il y a un article sur lequel je fais grande difference entre les curieux qui en veulent pour le plaisir de leur goût, & les gens qui ne se proposent d'en élever que pour les vendre.

Les premiers, qui sont ceux que je regarde icy particulierement, doivent sur tout chercher, pour ainsi dire, le merite interieur de chaque Fruit, soit par rappport à eux-mêmes, soit par rapport aux amis à qui ils en destinent.

Les autres ne doivent presque se mettre en peine que de la beauté, de la grosseur, de l'abondance ordinaire, & sur tout de ces anciennes especes qui ont le plus de debit : l'Orange, la Poire à deux têtes, le Martin-sec, &c. l'emportent en cela d'une grande hauteur sur les Espine, Leschasserie, Petit-oin, Crasane, &c.

Melior est culta exiguitas, quam neglecta magnitudo. *Palladius.*

Mais en ce qui regarde la culture, je ne les distingue gueres les unes des autres, il faut qu'ils sçachent (sans prendre cependant cette maxime à la rigueur) que ce n'est pas communément la grande quantité d'Arbres, qui à proportion de la grande dépense où elle a embarqué, raporte la grande quantité de Fruits ; c'est bien plûtôt le nombre mediocre, bien entendu & bien cultivé, qui satisfait de toutes manieres.

Le soin necessaire aux Arbres des Jardins ordinaires, aussi-bien qu'aux Potagers, ne sçauroit s'étendre heureusement au fort grandes entreprises ; il faut se réduire aux mediocres, quand on veut avoir un succés presque infaillible, avec cette precaution neanmoins que ce qui est petit pour telle personne, se peut appeller grand pour telle autre, & qu'au contraire ce qui seroit trop grand pour un tel curieux peu accommodé, se trouve trop petit pour un autre qui a mieux moyen de le faire cultiver.

Res agrestis est insidiosissima cunctanti. *Columella.* Imbecillior ager, quam agricola esse debet, quoniam cum sit cum eo colluctandum, si fundus prævaleat, allidit Dominum. *Ibid.*

Mais enfin il n'y a gueres d'ouvrages où il faille avoir plus de prudence à entreprendre, que j'en souhaite à chacun dans celuy cy, attendu la disposition maligne qui paroît être dans tout le Jardinage, à aller, pour ainsi dire, plûtôt de mal en pis, que de bien en mieux ; de maniere qu'on peut dire avec les anciens, qu'on y a affaire ou contre un ennemy redoutable qui dresse perpetuellement des embûches, ou contre un impitoyable creancier qui ne donne aucun relâche pour ses payemens, ou contre un adversaire furieux qui accable infailliblement, si on n'est assez robuste pour le terrasser d'abord, ou enfin contre une riviere rapide, qu'il faut toûjours remonter à force de voiles & d'avirons.

Ce n'est pas assez d'avoir rendu compte de la conduite que je dois icy tenir, il est encore expedient que j'explique nettement en quoy consiste mon goût en toutes sortes de Fruits, & premierement en matiere de Poires, afin qu'aprés avoir declaré ce qui me plaît ou ce qui me déplaît, tant en celles qui se mangent cruës qu'en celles qui ne sont bonnes que cuites, il n'y ait personne de surpris des loüanges que je donneray aux unes, & du peu de cas que je feray des autres, ayant en cela uniquement suivy mon goût, mais cependant étant persuadé que celuy des honnêtes gens n'en sera pas beaucoup éloigné.

Jugement sur diverses sortes de Poires.

Et pour cela, je dis qu'en fait de Poires cruës j'aime mieux en premier lieu celles qui ont la chair beurrée, ou tout au moins tendre & delicate, avec une eau douce, sucrée & de bon goût, & sur tout quand il s'y rencontre un peu de parfum, telles sont les Poires de Bergamotte, de Vertelongue, de Beurré, de Leschasserie, d'Ambrette, de Rousselet, de Virgoulé, de Marquise, de Petit-oin, d'Espine d'Hyver, de Saint Germain, de Salviati, de Lansac, de Crasane, de petit Muscat, de Cuisse-Madame, &c,

En second lieu, au défaut de ces premiers j'aime assez celles qui ont la chair cassante, avec une eau douce & sucrée, & quelquefois un peu parfumée, comme le Bon-chrétien d'Hyver venu en bon lieu, la Robine, la Cassolette, le Bon-chrétien d'Esté Musqué, le Martin-sec, & même quelquefois le Portail, le Messire-Jean, l'Orange verte, &c.

Et en troisiéme lieu, je fais veritablement cas de celles qui ont un assez grand parfum, mais je voudrois bien ne le trouver pas renfermé dans une chair extrêmement dure, pierreuse & pleine de marc, comme l'Amadote, la grosse Queuë, le Citron, le gros Musc d'Hyver, &c. cette dureté & cette pierre me déplaisent tellement dans toute sorte de Poires, que quoy que j'aime passionnément un petit parfum dans les Fruits, ces deux grands défauts ruinent auprés de moy une bonne partie de la consideration que j'aurois sans cela pour ces Poires musquées que je viens de nommer.

Aprés m'être expliqué de ce qui me plaît aux Poires cruës, il n'est pas difficile de deviner ce qui m'y peut particulierement déplaire, & sans doute c'est premierement une chair qui au lieu d'être ou beurée, ou tendre, ou agreablement caſſante ſe trouve pâteuſe, comme celle de la Belliſſime, du Beurré muſqué, du Beurré blanc, ou Sablonneuſe, comme celle de la Vallée muſquée, de la plûpart des Doyenné,&c. ou aigre comme celle de la Valée ordinaire, &c. ou dure & coriace comme celle de la Bernadiere, du trouvé de Montagne, &c. ou pleine de marc & de pierre, comme celle du Pernan muſqué, du Milet, &c. ou d'un goût ſauvage, comme le Gilogile, les Poires de Foſſe, & une infinité d'autres, dont je feray un Catalogue particulier.

A l'égard des Poires à cuire, je n'en veux gueres que de celles qui ſont groſſes, qui font une Compote de belle couleur, qui ont la chair douce & un peu ferme, & ſur tout qui ſe gardent aſſez avant dans l'Hyver, telles ſont les Double-fleur, le Franc-real, l'Angobert,, & le Donville; le Bon-chrétien ſur tout eſt admirable cuit, quoy que ſa Compote pêche en couleur; & dans la verité, quand il y a quelque Poire défectueuſe dans ſa figure ou dans ſon coloris, il ne la faut ſervir que cuite, car la Poire de Bon-chrétien qui n'a pas ces défauts, demande à paroître dans ſon naturel, c'eſt-à-dire qu'elle merite qu'on la ſerve cruë.

De plus, l'Amadote, le Beſidery; & ſur tout la Poire de Lanſac pour l'Automne, & generalement preſque toutes les Poires d'Hyver qui ſont bonnes à manger cruës, comme la Virgoulé, la Loüiſe-bonne, le Martin-ſec, le Saint-Lezin, &c. ſont admirables cuites, pourvû qu'on les mette au feu devant qu'elles ſoient arrivées en maturité, car autrement la cuiſſon les réduit trop en boüillie; le Certeau d Hyver, quoy que tres-bon à cuire, me paroît trop petit pour en avoir aucun Arbre en Buiſſon, il faut ſe contenter d'en avoir quelqu'un de tige dans les grands Vergers; le Gâtelier ſe met trop aiſément en Marmelade; le Catillac, le Fontarabie, le Parmein, &c. ont une âcreté qu'aucun ſucre ne ſçauroit vaincre, & même peu s'en faut que les Poires de Livre & d'Amour ne ſoient de ce nombre-là.

J'ajoûte à ces premieres obſervations, que ſi dans un tres-bon fond on eſt réduit à n'avoir qu'un fort petit Jardin ; si-bien que n'y ayant de place que pour un tres-petit nombre d'Arbres, on ne peut par consequent y en avoir qu'un pied au moins de chacune des principales especes ; j'ajoûte, dis je, qu'en tel cas peut-être n'est-on pas trop à condamner, si on essaye aprés coup d'avoir sur chaque pied d'Arbre deux sortes de Fruits excellens, & de saison differentes, par exemple un Bon-chrétien avec un Beurré, un Leschasserie avec Ambrette, une Pêche viollette avec une Mignonne, une Madeleine blanche avec une Admirable, &c. il peut y avoir assez de raisons pour soûtenir une telle diversité de Fruits appliquée sur un même sujet, pourvû que le pied étant vigoureux ait fait de beaux jets en deux differens endroits de l'Arbre, autrement l'entreprise se trouvera sans succés, étant iuutile de greffer sur la partie foible d'un Arbre, & d'esperer d'y avoir du Fruit aussi beau & aussi long-temps que de l'autre côté qu'il est vigoureux.

J'ajoûte enfin que je suis ennemy juré de la multiplicité affectée, & que je ne suis nullement touché du plaisir de certains curieux, qui croyent, & le disent publiquement, qu'il faut avoir de tout dans leurs Jardins ; il y en a qui sont si peu delicats, qu'ils se vantent, par exemple, d'avoir jusqu'à deux & trois cens sortes de Poires, lesquelles ils pretendent être bonnes, ou au moins n'être pas mauvaises : ils disent à peu prés la même chose à l'égard de la bonté pour les Pêches, les Prunes, les Pommes, les Raisins, &c. dont ils vantent encore une multitude effroyable.

Ce grand nombre de Fruits me fait peur, sçachant certainement qu'au moins il ne peut pas être veritable sur le fait de la bonté ; je ne sçaurois me resoudre avec ces sortes de curieux à me mettre en état d'avoir, par exemple, en même temps une bonne Poire, & d'autres mediocres, quelques belles aux yeux que celles cy puissent être, je multiplie bien plus volontiers les especes qui sont infailliblement bonnes, pour en avoir dans une même saison beaucoup d'une seule qui est excellente, que je ne me laisse aller à la diversité composée de Fruits, qui sont peut-être agreables à la vûë, mais sûrement sont mauvais au goût, ou tout au moins n'ont-ils qu'une bonté mediocre, c'est-à-dire une petite bonté accompagnée de grands defauts.

Je sçay bien qu'il n'est rien de plus plaisant dans une compagnie curieuse & affamée de bons Fruits, que d'en pouvoir fournir en même temps de plusieurs sortes, quand ils ont chacun assez de bonté pour embarrasser les gens delicats à Juger du meilleur, comme cela peut arriver dans les mois de Juillet & d'Aoust pour les Fruits d'Esté, & dans les mois d'Octobre, Novembre & Decembre pour ceux d'Automne & d'Hyver; mais à mon sens je ne trouve gueres rien de plus miserable pour un homme curieux, que d'en vouloir avoir simplement pour en faire parade dans la bigarrure de certaines pyramides; ce sont Fruits dont il ne faut approcher que de la vûë, & qui ne sont pour l'ordinaire que des decorations de table, qui sont veritablement aujourd'huy à la mode, & qui en effet ont quelque chose de grand & de magnifique, mais qui ne sont pas pour cela moins inutiles, si ce n'est pour faire honneur à l'Officier qui les a rangées avec tant de simetrie.

Surquoy je diray en passant, que dans les grandes maisons où ces sortes de pyramides sont en usage, & devenuës en quelque façon necessaires, il faut une application particuliere pour avoir dans les grandissimes Jardins de quoy en pouvoir faire en chaque saison de l'année qui soient belles & composées de bons Fruits, ce qui peut-être ne sera pas fort difficile.

Mais pour les Jardins mediocres, il faut simplement se piquer d'y avoir des magazins de bonté & de delicatesse, & non pas de ces magazins d'ornemens & de parade; peut-être même que si on parvenoit à l'abondance de ces beaux & bons Fruits que je pretens établir, les pyramides qui en seroient uniquement construites, comme elles vaudroient en effet beaucoup mieux que les autres; quoy que moins diversifiées de couleurs, de figures & d'especes de Fruits; aussi seroient-elles & mieux reçûës, & plus estimées.

Tout au moins sans vouloir entreprendre de ruiner les autres pyramides qui sont en possession de paroître sur les grandes tables, je demande qu'elles soient toûjours accompagnées d'une jolie Corbeille pleine des principaux Fruits de de la saison, & que chacun de ces Fruits-là soit beau, & tous parfaitement meurs; cela s'appelle des hors d'œuvre à la Cour des Rois & des Princes, & ainsi comme l'honneur de la pyramide est de s'en retourner toûjours saine & entiere, sans avoir souffert aucune brêche ni dans sa construction ni dans sa symetrie, je pretens aucontraire, que l'honneur de la Corbeille consiste à s'en retourner toûjours vuide, & sans remporter rien de ce qu'elle avoit presenté.

S'il est bon de planter des Buissons dans des petits Jardins.

Je ne veux pas agiter icy s'il est expedient de planter des Buissons dans les Jardins, car personne n'en doute, & sur tout pour les Jardins qui sont de grande étenduë, & qui peuvent recevoir de toutes sortes d'Arbres; je n'agiteray pas non plus s'il en faut mettre dans les fort petits, puisqu'il dépend de l'inclination de ceux qui en sont les maîtres, d'en user ainsi que bon leur semblera.

Mais supposé que la resolution étant prise d'y en mettre, on ne fût pas encore determiné pour le genre de Fruits qu'il faudroit choisir pour cela, je pourrois bien agiter à quel genre en effet il seroit plus à propos de se déterminer pour en avoir quelque Buisson dans ce petit Jardin, sçavoir si à Poirier ou à Pommier, Prunier ou Pêcher, Figuier ou Cerisier, &c.

Quels Fruits en Buisson doivent être choisis pour les petits Jardins.

Surquoy je déciderois d'abord, que tous les Arbres qui font de gros Buissons, & ceux qui ne sont pas d'un prompt rapport, aussi-bien que ceux qui ne font pas de Fruits assez importans, je déciderois, dis-je, que tous ces Arbres-là doivent, à mon sens, être entierement bannis des fort petits Jardins, & partant les Cerisiers de toutes sortes, & les Pommiers sur franc n'y entreroient pas, à l'égard du Pommier sur Paradis il n'en seroit pas de même, car il fait les Buissons si petits, qu'on en peut aisément avoir une petite quantité dans un petit Jardin, sans qu'ils y fassent le moindre embarras du monde.

Le Pêcher pourroit bien y pretendre place par l'excellence de son bon Fruit, mais on a à luy reprocher qu'en peu d'années il devient trop grand, & fait un trop vilain Buisson, & qu'enfin il est trop sujet à couler dans le temps de la fleur, pour faire esperer qu'il puisse donner contentement, outre qu'il n'est que trop vray, qu'à la reserve de quelques Jardins de Ville qui sont à couvert du Nord par de grands bâtimens ou par de fort hautes murailles, les Pêchers en Buisson ne sçauroient gueres réussir nulle part, il les faut laisser pour les païs chauds, où ils font merveille dans les Vignes.

Les Pruniers de ces sortes d'especes que nous estimons le plus, tombent & dans l'inconvenient de la grandeur extraordinaire, & dans celuy du rapport tardif & incertain, & par là sont exclus de ces petits Jardins dont il est question.

La même chose est pour le Figuier, qui par dessus cela demande pendant l'Hyver trop de sujetion pour les couvertures, faute de quoy il court grand risque de perir.

Enfin tout se réduit au Poirier, pour lequel j'incline, tant parce que, s'il est bien conduit, il peut ne pas devenir un Buisson monstrueux, que parce qu'aucontraire il peut être agreable, & donner du plaisir tout le long de l'année, soit par son rapport assez prompt, assez copieux, & assez important, soit par sa figure ronde, ouverte, & bien entenduë qui subsiste en tout temps; nous verrons quel sera ce Poirier à planter dans un Jardin, dans lequel le Maître ne veut ou ne peut avoir qu'un Buisson; quel sera le deuxiéme s'il y a place pour le mettre, ensuite nous continuërons d'examiner quels seront tous les autres qu'il faudra planter dans chacun des autres Jardins de differente grandeur, déterminant en même temps ceux qui devront être sur franc, & ceux qui devront être sur Coignassier.

Clôture de murailles necessaires dans les Jardins.

Mais tout cela ne sera qu'aprés avoir premierement supposé que chacun des Jardins dont je vais parler, est fermé de quelque sorte de murailles, & par consequent en état d'y recevoir quelques Espaliers, pour promettre au moins avec plus de certitude le plaisir de quelques bons Fruits d'Esté & d'Automne; je ne compte gueres pour Jardins ceux qui n'ont point cet avantage de clôture de murailles, quand ce ne seroit que pour être garentis des vents froids.

Avoir encore supposé qu'il est icy question d'un petit

Jardin accompagné de toutes les conditions qui sont necessaires à l'égard de la terre, & que nous avons cy-devant expliquées.

Et avoir enfin supposé, que pour les petits Jardins le but de la veritable curiosité est bien plus d'avoir du Fruit qui soit beau & bon, que simplement d'en avoir bien-tôt, quel qu'il puisse être; car si cela est, je ne conseilleray pas de planter un Arbre de nos meilleures especes; j'ouvriray d'autres avis qui ne sont gueres de mon goût, & par consequent ne seront gueres bons à suivre, & ce sera, par exemple, de ne planter que de l'Orange verte ou du Beurré blanc, du Doyenné ou du Besidery, &c. ces especes d'Arbres donneront sûrement plûtôt du Fruit, que ne feront pas les principales; ou même si voulant de veritables bons Fruits on ne se soucie pas d'avoir de ces Arbres bien faits, qui en tout temps doivent contenter la vûë, tant par l'ordre de leur disposition, que par la beauté de leur figure, je conseilleray qu'aprés en avoir choisi des bonnes especes, on les plante indifferemment tels qu'ils sortent des Pepinieres, je veux dire qu'on les plante avec la plûpart de leurs branches, & cependant avec peu de racine; c'est un moyen qui d'ordinaire est assez sûr pour avoir bien-tôt du Fruit, & l'avoir bon; mais aussi est il sûr pour l'avoir petit, pour en avoir peu sur chaque Arbre, pour n'en avoir pas long-temps, & pour avoir toûjours un Plan rustique & miserable; j'ajoûte même qu'assez souvent avec une telle avidité on tombe dans l'inconvenient du Chien d'Esope, qui perdit tout pour vouloir trop avoir.

J'avouë ingenuëment que j'ai une aversion singuliere pour les Arbres mal faits, & par consequent pour tous les empressemens qui nous les procurent immanquablement; c'est pourquoi pour un Jardin qu'on pretend devoir être agreable par ses Arbres, aussi bien l'Hyver quand ils sont entierement dépoüillez, que l'Esté & l'Automne, quand ils ont leur grand ornement de Fruits & de feüilles; pour un tel Jardin, dis je, je ne me resoudray pas volontiers à n'y planter que de ces especes d'Arbres, qui à la verité font bien-tôt du Fruit; mais le font mauvais, ou de ceux qui commencent par y être de vilaine figure, & ne doivent jamais devenir beaux.

Je sçai bien que, generalement parlant, l'intention de tous ceux qui plantent est non seulement d'avoir du Fruit, mais d'en avoir promptement, & on a raison; je voudrois bien qu'à cet égard l'ordre de la nature s'accommodât à nos desirs, pour nous en donner beaucoup plûtôt qu'elle ne fait sur des Arbres taillez, & nous en donner particulierement de beaux & de bons; on n'a pû encore trouver le secret de la faire notablement avancer sans la détruire; l'habileté du Jardinier est bien en cela d'un secours extraordinaire, cependant il faut se resoudre d'accorder à cette sage mere le temps qu'elle prend de quatre, cinq & six années pour la production des Fruits à pepin, cela sur certains Arbres plûtôt, & sur d'autres plus tard, & se consoler de ce que premierement dans la suite elle recompense amplement de la disette passée, & en second lieu, de ce que pour nous donner des Fruits à noyau, & des Figues & du Raisin, elle prend d'ordinaire moins de temps; car en effet, trois & quatre ans de Plan d'Arbres bien faits ne passent point qu'on ne commence d'y en avoir assez considerablement, en attendant la pleine moisson de la cinq ou sixieme année, & de grand nombre d'autres.

Mais si pour avoir des Fruits à pepin, le temps ordinaire à attendre paroît trop long, & qu'on ait de grands Jardins (car cela n'est point pratiquable dans les petits) je veux bien par exemple, qu'en quelque endroit à l'écart du Jardin principal, on hazarde de sacrifier un nombre de Poiriers des meilleures especes de chaque saison, les y plantant tous entiers, comme j'ay dit cy-dessus, & même les plantant fort prés à prés en façon de Pepinieres, c'est-à-dire environ à deux ou trois pieds l'un de l'autre: en cet état-là étant bien soignez ils pourront donner assez-tôt quelques bons Fruits, & même de passablement beaux, & ce sera au moins un commencement de consolation en attendant que le beau Jardin soit en état de faire son devoir (j'ay suivy cet expedient dans le Potager de Versailles, tant pour de certains Fruits, qui dans les terres froides & humides ne sont pas trop heureux en Buisson, que particulierement pour de certaines especes ; dont les noms nouveaux qui me les rendoient inconnuës, me donnoient impatience d'en avoir promptement le Fruit, & m'en suis fort bien trouvé) joint que l'intention que j'avois de parvenir bien-tôt à l'abondance, & d'élever par ce moyen des Arbres de tige beaux & bien seurs, dont je prevoyois devoir avoir besoin, m'a tres-heureusement réussi ; il faut bien s'attendre que si on garde trop long-temps de tels Arbres, ils courront risque de perir, ou au moins sûrement de devenir inutiles à d'autres Plans, c'est aux curieux riches & puissans, & qui font de grands Jardins à s'examiner là-dessus, afin de prendre le parti, ou d'une dépense un peu plus grande, pour essayer par ce moyen de goûter plûtôt le plaisir d'avoir des Fruits, ou prendre le parti de la patience avec moins de frais, pour n'avoir de Fruits qu'un peu plus tard, & les avoir sûrement plus & en plus grande quantité.

Quoy que j'aye grand sujet de craindre que la Preface de cette troisiéme Partie, toute necessaire qu'elle a été, n'ait paru trop longue aux nouveaux curieux, car sans doute ils ne demandent icy qu'à sçavoir au plûtôt quels sont les bons Arbres dont ils doivent garnir leurs Jardins, cependant j'ay encore trois choses à ajoûter devant que d'en venir à ce qui les doit satisfaire.

Je dois établir en premier lieu, que, par exemple, dans les parties de l'Europe où le froid & le chaud ne sont ni trop longs ni trop violens, la nature s'étant, pour ainsi dire, engagée d'y donner de certains Fruits pendant quelques mois de l'année, il est constant qu'une fois tous les ans ces Fruits y doivent venir en maturité, mais il n'est pas moins constant que cela se fait plûtôt dans un lieu, & plus tard dans un autre, cette difference provenant de la mesure de chaleur qui domine en chacun ; ainsi dans les climats plus chauds les Fruits de chaque saison y meurissent avant que de meurir dans les climats plus froids ; & de plus il en meurit quelques-uns dans ceux là, & particulierement en fait de Figues, de Raisins & de Pêches, qui ne sçauroient meurir dans ceux qui sont froids : c'est pourquoy l'Italie, la Provence, le Languedoc & la Guyenne voyent non ſeulement meurir en Juin & Juillet, ce qu'au deçà de la riviere de Loire nous ne voyons meurir que dans les mois d'Aouſt & de Septembre, mais même on y voit meurir quelques Fruits, qui faute de chaleur ſuffiſante ne réüſſiſſent pas dans le voiſinage du Nord; auſſi comme il eſt vray que dans ces Provinces plus meridionales, tous les Fruits d'Automne & d'Hyver ſont preſque paſſez, quand à peine les nôtres commencent de meurir; en recompenſe nous ſommes ſouvent en pleine moiſſon dans le temps qu'il ne leur reſte plus rien.

Nous voyons à peu prés la même choſe dans un même climat à l'égard des terres & des années, qui ſe trouvant plus ou moins chaudes, ſont par conſequent plus ou moins hâtives; par exemple, pour les terres chaudes d'ordinaire le terrein de Paris dévance de plus de quinze jours le terroir de Verſailles, & pour les années chaudes, celles de 1686. nous a fait meurir dans le mois d'Aouſt des Pêches & des Muſcats, qui dans les années 1685. & 1687. leſquelles étoient plus froides & plus humides, ne meurirent qu'aprés la my-Septembre.

Cela ſuppoſe la même difference pour la maturité plus ou moins avancée de tous les autres Fruits de chaque mois de l'année; ce ſont d'ordinaire May, Juin & Juillet qui décident de la deſtinée de chaque Fruit pour le temps de leur maturité; c'eſt à l'habile curieux de prendre bien ſes meſures ſur ce pied-là, pour ne pas laiſſer les Fruits d'Automne & d'Hyver trop long-temps ſur les Arbres dans les années chaudes, & enſuite pour ne pas ſe laiſſer ſurprendre à la maturité qui doit venir à ces Fruits quelque temps aprés qu'ils ſont ſerrez; conſtamment il en perit beaucoup dans la ſerre, faute d'être pris auſſi-tôt qu'ils le doivent être; je donne ailleurs des remedes pour empêcher au moins une partie du mal.

La maturité des Muſcats qui ſont en bon fonds & en bonne expoſition, doit ce me ſemble ſervir d'une grande regle pour deux principaux articles en fait de Fruits; le premier eſt pour ſçavoir ceux qui peuvent meurir ou ne pas meurir en chaque Jardin dans les mois de Septembre & d'Octobre; car ſûrement par tout où le Muſcat meurit, tous les Fruits de l'arriere saison y meuriront & reciproquement par tout où il ne meurit pas, la plûpart de ces Fruits-là n'y meuriront pas aussi.

Le second article pour lequel le Muscat doit servir de regle, est de sçavoir si ces Fruits de l'arriere saison meuriront tôt, ou ne meuriront que tard, car constamment si dans quelque Jardin que ce soit les Muscats meurissent tôt, c'est-à-dire à la fin d'Aoust, & même les premiers jours de Septembre, c'est une marque que l'année est hâtive & reciproquement s'ils ne meurissent que tard, c'est-à dire vers la Saint Remy, c'est une marque que l'année est tardive; dans la verité j'ay trouvé que je me devois regler par là, tout de même que chaque Marinier se regle à sa Boussole.

La seconde chose que j'ay à ajoûter est, qu'en fait de Fruits les saisons se doivent diviser en quatre; sçavoir en celle d'Esté qui est la premiere, & qui commence en Juin, & finit à l'entrée de Septembre; en la saison des vacances, qui comprend la premiere partie d'Automne, & finit à la Saint Martin; la troisiéme saison se doit entendre de la seconde partie d'Automne, qui succedant à la premiere finit aux environs de Noël; & enfin la derniere saison est celle d'Hyver, qui commençant en Janvier continuë jusqu'aux Fruits rouges du mois d'Avril.

Aprés avoir ajoûté la premiere & la seconde chose que j'avois à proposer, je dois en troisiéme lieu, comme je l'ay promis dans le projet de cette Partie, je dois, dis-je, marquer quels sont les Principaux Fruits non seulement de chacune de ces quatre saisons, mais aussi de chacun des mois qui les composent; ce sera, pour ainsi dire une maniere de petit tableau, dans lequel on verra d'un coup d'œil l'abregé de ce qui peut donner un plaisir en Jardinage; & par ce moyen sans avoir besoin d'une plus grande discussion, on pourra peut être se déterminer soy-même sur le choix des especes qu'on aime le mieux.

C'est pourquoy je parcoureray les mois en particulier, pour marquer précisément quelle sorte de Fruits chacun se peut vanter d'avoir dans son partage, jusqu'à y faire mention de ceux qui ne venant pas sur des Arbres, comme ſont les Fraiſes, Framboiſes, Groſeilles, Melons, Raiſins, &c. ne ſont pas du preſent projet ; mais ce ne ſera pas ſelon l'ordre qui eſt uſité dans le monde que je parcoureray ces mois, ce ſera ſelon celuy de la maturité des Fruits.

Et partant l'Eſté ſera la premiere partie de l'année par où je commenceray, auſſi eſt-il vray que c'eſt la ſaiſon d'eſté qui eſt la premiere à nous regaler des nouvelles productions de la terre, & j'oſe dire qu'en fait de Fruits on peut regarder cette ſaiſon comme une maniere de Republique annuelle & paſſagere, qui n'ayant d'abord que de petits commencemens, va devenir tres puiſſante en peu de temps ; cette puiſſance toutefois n'eſt pas de longue durée, à peine eſt-elle établie que bien-tôt aprés elle doit trouver ſa décadence ; ce n'eſt pas veritablement une décadence qui emporte avec elle une deſtruction entiere, c'eſt ſeulement une décadence d'un petit interrégne, qu'il luy faut eſſuyer pendant quelques mois, mais cet interrégne paſſé ſa deſtinée luy fera reprendre le même état & les mêmes viciſſitudes où nous l'avons vûë, & par leſquelles, comme j'ay dit cy-deſſus, elle paſſe une fois tous les ans.

Fruits du mois de Juin.

On doit s'attendre ſur toutes choſes, que c'eſt principalement par rapport à nôtre climat que j'entre dans le détail & la diſcuſſion des Fruits de chaque ſaiſon : ſi pour commencer par les Fruits du mois de Juin, je dis, & peu de gens l'ignorent, que les Fraiſes qui ont icy commencé de meurir dés la fin de May, ſe mettent à donner en abondance dés l'entrée de Juin ; & j'ajoûte qu'elles ſont ſuivies de fort prés par les Ceriſes precoces qu'on éleve à des Eſpaliers bien placez ; j'ajoûte encore que devant la fin de Juin, les Groſeilles, Framboiſes, Guignes, & Ceriſes hâtives, & même les Griottes commencent de remplir les places publiques, & que les Melons ſur Couches, les Abricots hâtifs, & quelques Poires de petit Muſcat en Eſpalier tâchent de faire paroître par de petits échantillons les richeſſes que tous enſemble promettent pour le mois qui ſuit immediatement aprés.

Fruits du mois de Juillet.

C'eſt-à-dire pour le mois de Juillet, qu'on appelle vulgairement & avec raiſon, le mois des Fruits rouges ; ainſi juſqu'au quinze ou vingt on continuë d'y en avoir amplement

amplement de toutes ces ſortes, qui n'ont fait que commencer dans le mois precedent, & ces Fruits là finiſſans, les Ceriſes tardives & les Bigareaux ne manquent pas de leur ſucceder, & de bien faire leur devoir ; l'induſtrie des bons Officiers ayant le ſucre à commandement, fait de toutes ſortes de Fruits rouges un merveilleux uſage ſous differentes figures.

Je n'oubliray pas de dire, que les Melons ſont icy ſans contredit le principal de tous les Fruits de la ſaiſon, & que de plus, pourvû que dans les terroirs bien conditionnez les Eſpaliers s'en mêlent conjointement avec les Caiſſes, on doit voir vers le quinze du mois ces Melons accompagnez d'une grande abondance de Figues, & en même temps beaucoup d'avant-Pêches, de Prunes jaunes, de petit Muſcat & d'Abricots ordinaires, & cependant les Buiſſons & les pleins vents s'étudient à faire à l'envy à qui foiſonnera le plus en Poires de Cuiſſe-madame, de Poires Madelaine, de Blanquets des trois eſpeces, de Rouſſelet hâtif, de Bourdon, de Muſcat-Robert, de Poires ſans peau, & de beaucoup d'autres de moindre qualité, & partant on a lieu d'être fort content de ce mois de Juillet.

FRUITS DU MOIS D'AOUST.

Quand on eſt au mois d'Aouſt, on eſt, pour ainſi dire, au grand magazin d'un nombre infini de bons Fruits, c'eſt pourquoy dans les premiers jours de ce mois on continuë d'y avoir autant qu'on veut & de Figues & de Ceriſes tardives, & de Bigareaux & d'Abricots, tant d'eſpalier que de plein vent, & même pour ſurcroît de biens, les Melons de pleine terre ſe mettent à donner avec ceux des couches, qui continuënt encore de fournir juſqu'à la fin du mois; de plus, dans la fin de ce même mois on commence d'avoir des Robine, des Bon-chrétien d'Eſté muſqué, des Caſſolette, des Eſpargne, des Fondante de Breſt, des Rouſſelet, &c. ſur toutes choſes, c'eſt icy le mois illuſtre & bien-heureux pour les Fruits qui me charment le plus, c'eſt-à-dire pour certaines Prunes ; & cela eſt ſi vray, que je me ſens obligé de dire, que quand dans nos climats elles ont la bonne fortune des Eſpaliers, elles peuvent diſputer de merite avec la plûpart des Fruits de la ſaiſon, & du moins s'égaler avec les plus accomplis, & les plus renommez ; ces Prunes sont les deux sortes de Perdrigon, le blanc & le violet, la Prune royale, la Drap d'or, la Prune d'Abricot, la Sainte-Catherine, la Diaprée violette, les Rochecourbon, les Reine-Claude, &c. joint celles qui viennent assez bien en Buisson & en Arbres de tige, sçavoir non seulement la plûpart de celles que je viens de marquer, mais aussi toutes celles qui portent le nom de Damas, & sont de cinq ou six façons bien differentes, soit par leur grosseur, soit par leur couleur, soit par leur figure, soit par leur maturité plus ou moins avancée, le blanc, le noir, le rouge, le violet, le gris, &c.

Je diray en passant, que le Damas gris me paroît un des principaux ; & de plus, les Maugerou, les Mirabelle, les Imperiale, &c. font à qui mieux mieux, & imitent les Espaliers qui jouënt de leur reste en fait d'Abricots, de Pêches de Troyes, de Rossanne, d'Alberge, de Pêches-Cerises, &c. ces Espaliers commencent même de donner un peu de Madelaine, de Mignonne & de Bourdin, & y joignent quelquefois un peu de bon Muscat avec le Raisin precoce, tant le noir que le blanc, & partant on ne peut disconvenir que ce mois d'Aoust n'ait de quoy satisfaire amplement la plus avide & la plus friande curiosité qu'on puisse jamais avoir.

Fruits du mois de Septembre.

Cependant quelque riche qu'il ait paru, je puis dire sans hesiter, que celuy de Septembre ne luy est nullement inferieur, car que ne produit-il point dans nos climats, c'est le veritable mois des bonnes Pêches, tout en regorge de tous côtez, ce n'est que par grandes pyramides qu'on en sert à chaque repas ; les Madelaine blanche & rouge, & les Mignonne qui n'ont fait que commencer dans le mois precedent, ne s'y sont pas épuisées ; c'est particulierement dans ce temps-cy qu'elles foisonnent, & sont suivies par un grand nombre d'autres Pêches, toutes fort excellentes, & chacune meurissant reglément selon l'ordre de maturité que la nature a étably parmy elles, & cela sans doute afin de leur donner lieu de fournir copieusement & successivement toutes les parties du mois entier, & voicy cet ordre ; ce sont les Bourdin qui commencent, les Chevreuses les suivent de prés, & marchent immediatement devant les Violettes hâtives, ensuite viennent les Persique, puis les Bellegarde & les blanches d'Andilly, & enfin les Admirables, les Brugnons & les Pourprées ; en voila un assez bon nombre pour n'avoir pas besoin de souhaiter rien davantage en ce temps-cy, & toutefois ce n'est pas tout, ce mois de Septembre donne encore abondance de Chasselas, de Corinthe des trois couleurs, du Cioutat, de Maroc, & de plusieurs autres bons Raisins, & sur tout abondance de Muscats, qui de quelque couleur qu'ils soient, ou blancs, ou rouges, ou noirs, (pourvû qu'ils ayent tout le merite qui leur convient, c'est-à-dire la fermeté, & le parfum, & la douceur) valent, de l'aveu de tout le monde, beaucoup mieux que tous les autres Raisins ; ce mois-cy ne veut pas finir qu'il n'ait encore donné le commencement des Prunes tardives qui sont les Imperatrices, les Damas noirs, les petits Perdrigons, les Perdrigons tardifs, &c. Et même il est si fort en train de donner, qu'il se remet à fournir une grande quantité de secondes Figues, tant en Espalier qu'en Caisses & en Buissons, & pour surcroît d'abondance, il laisse échaper quelques Poires de Beurré & de Bergamotte, &c. lesquelles on est ravi de voir dans le déclin des Fruits à noyau ; il semble que, pour ainsi dire, le deluge des bons Fruits arrive dans ce mois-cy, en effet quand il produiroit beaucoup moins qu'il ne fait, il ne laisseroit pas d'être extrêmement riche & abondant.

Fruits du mois d'Octobre.

Le mois d'Octobre ne possede pas veritablement un si grand nombre de Fruits à noyau que son devancier, mais cependant il n'en est pas mal pourvû ; toutes les Admirables & les Pourprées, non plus que les Figues n'ont pas été consommées en Septembre ; assez souvent encore il en reste suffisamment dans ce mois-cy, & de plus, sa fecondité s'étend bien plus loin, car il est en état de faire de grandes liberalitez en Pêches niveтes, en jaunes tardives, en violettes tardives, en jaunes lices, toutes Pêches excellentes pour l'arriere saison, & même dans nôtre climat ces gros Pavies rouges de Catillac & de Ramboüiller, avec les Pavies jaunes, qui font tant de bruit dans les Vignobles des païs chauds, ces Pavies, dis-je, quand dans nos Jardins ils sont venus en bon lieu, c'est à-dire qu'ils ont été suffisamment nourris à de bonnes expositions, ils sont certainement tres bonne figure en ce temps-cy, & sur tout le Pavie jaune, que j'ay trouvé d'un goût admirable dans sa saison; mais quand on n'auroit ni ces Pêches ni ces Pavies, n'est-on pas trop riche d'avoir encore d'un côté abondance de bons Raisins à cueillir tous les jours sur le pied, soit le Muscat ordinaire, soit le Muscat long autrement passe Musquée, soit le gros Royal noir, sans parler des Gennetins, des Chasselats, des Expirans, des Raisins Grecs, des Malvoisies, des Corinthes, &c. Et d'avoir de l'autre côté abondance de Poires tres-exquises, les Beurré gris, les Bergamotte, les Sucré-vert, les Muscat fleury, les Verte-longue, les Crasane, les Marquise, les Petit-oin, &c. n'est il pas constant qu'une seule de ces especes, ou tout au plus deux ou trois suffiroient, non seulement pour fournir nos besoins, mais même pour flater amplement le plaisir des plus curieux.

FRUITS DU MOIS DE NOVEMBRE.

Le regne des Fruits qui n'acquierent leur merite que dans les Serres, ne manque pas de commencer en même temps que finit celuy des Fruits qui meurissent sur l'Arbre, c'est-à-dire particulierement le regne des Fruits à noyau, dont la destinée se termine ordinairement à la fin d'Octobre, mais pour nous en consoler, nous ne nous appercevrons pas si-tôt d'aucune diminution de Fruits, il en reste pour une partie de Novembre beaucoup de ceux que nous avons vû se signaler sur la fin du mois precedent; joint que les bons raisins peuvent encore durer quelque temps, si on a eu soin de les cueillir devant les gelées, & de les conserver dans les Serres; car cela étant, ils ont droit de venir paroître sur les tables, & y sont en effet tres-bien reçûs, quoy que pourtant un peu fanez; on ne peut nier qu'ils ne soient toûjours bons, tant qu'ils n'ont point de tâche de pourriture; le Muscat long est particulierement celuy dont je parle icy, il a le don de plaire au plus grand Roy du monde; que ne dois-je point faire ayant l'honneur d'être Directeur de ses Jardins Fruitiers & Potagers? & que ne fais-je point aussi pour chercher les moyens de luy en fournir plusieurs mois de suite?

De plus, les Chasselats tant les blancs que les noirs, ne sont pas dépourvûs de Patrons qui en font un cas particulier ; ils ont l'avantage d'être beaucoup plus faciles, soit à meurir, soit à conserver, que tous les Muscats ; & comme dans la verité ils ne peuvent gueres se soûtenir en la presence de ces Muscats, ils triomphent à leur tour quand ceux-là sont passez ; ainsi ces sortes de Raisins font honneur au mois de Novembre, sçavoir les Muscats au commencement, & les Chasselats à la fin, ceux-cy se maintenant même pour la plûpart de la saison des Avents.

J'ajoûte que ce Mois est encore opulent & copieux en Poires miraculeuses ; la Serre bien garnie luy fournit une bonne partie de celles qui ont fait tant de bruit à la fin d'Octobre ; en effet il luy reste des Bergamotte, des Crasanne, des Marquise, des Lansac, des Petit-oin, &c. & de plus, il est le maître & le distributeur de beaucoup d'autres bonnes Poires, car il y en a qui commencent à meurir dans son temps, & c'est en faveur de ceux qui ont leur Jardins en terre séche & chaude, ou pour ceux qui ont des Espaliers & des Arbres de tige ; & ces mêmes Poires attendent à faire la bonne fortune de Decembre & de Janvier pour ceux dont les Jardins sont dans un fond un peu plus gras & plus froid ; ces Poires sont les Espine, les Leschasserie, les Ambrette, les Saint Germain, les Pastourelle, les Saint-Augustin, les Virgoulé, &c. & même pour les gens qui aiment les Poires cassantes & les Poires musquées ; ce mois de Novembre leur presente des Bonchrétien d'Espagne, des Amadote, des Martin-sec, des Rousselets d'Hyver, toutes Poires passablement bonnes, mais non pas du merite de celles qui sont tendres ou beurrées.

Je diray ailleurs quelles sont les Poires, qui pour attendre trop long-temps à meurir deviennent tout-à-fait mauvaises, & je diray aussi quelles sont les especes où les plus grosses Poires sont les moins bonnes, & quelles sont au contraire celles dont les petites ne valent régulierement rien.

Il n'est pas jusqu'aux Pommes qui ne viennent rendre hômage à ce mois de Novembre, & faire valoir les preuves de leur merite, les Calvilles rouges se signalent sur toutes les autres, & comme elles veulent être seules dans ce mois-cy, elles laissent à leurs compagnes, qui sont les Apy, les Reinettes blanches & grises, les Courpendu, les Fenoüillet, les Calville blanc, &c. elles leur laissent, dis-je, le champ libre pour les mois de Decembre, Janvier, Février & Mars.

Fruits du mois de Decembre.

Il me semble qu'il n'est pas necessaire de specifier plus en détail les Fruits de Decembre, c'est un mois limitrophe entre Novembre & Janvier, ainsi il est en possession de participer amplement à la plûpart des richesses de l'un & de l'autre, & partant il est vray de dire que sa condition n'est point mauvaise, & particulierement dans les années un peu tardives, & même, comme j'ay dit ailleurs, on a tres-souvent lieu de se plaindre que les principaux Fruits de l'arriere saison se pressent trop de meurir à la fin de ce mois; il en mollit & en pourrit une grande quantité, comme si en effet leur destinée ne permettoit pas qu'ils allassent plus loin.

Fruits du mois de Janvier.

L'ordre de la nature ne permet pas que ce qui en peu de mois est monté au plus haut degré de sa perfection, subsiste long-temps dans même état, ainsi nôtre Republique de Fruits qui a eu tant d'éclat depuis le mois de Juin, va voir dans les mois qui suivent un grand changement de theatre, une grande diminution de fortune, & cependant nous pouvons dire que celuy de Janvier n'est pas encore des plus à plaindre, il reste pour luy quelqu'unes de ces mêmes Poires qui ont si bien fait dans les deux mois precedens; nous avons marqué en passant quel est l'effet des années tardives, & des terres un peu grasses & un peu fortes, & avons dit que les Fruits qu'elles produisent sont plus long-temps à perdre ce qu'elles ont apporté de l'Arbre, sçavoir la dureté, l'âcreté, l'insipidité, qui sont des défauts, dont deux ou trois mois de Serre achevent de les guerir, & par consequent leur donnent ce qui les rend bonnes; ainsi on peut encore quelquefois avoir dans ce mois cy d'excellentes Poires de Virgoulé, quelque Ambrette, quelque Leschasserie, & peut-être quelques Espine & quelques Saint-Germain, & sur tout beaucoup de

Colmar & de Saint-Augustin, qui vray-semblablement n'ont pas encore commencé de paroître, & avec elles on a quelques Poires cassantes & musquées, sçavoir le gros Musc d'Hyver, les Poires de Citron, &c. il n'est pas jusqu'au Portail, Poire si renommée dans la Province de Poitou, qui ne croye contribuer à la richesse de Janvier; on ne peut s'empêcher de convenir que toutes ces sortes de Poires n'ayent encore de quoy faire estimer assez ce mois de Janvier; il faut bien s'accommoder de ce qu'il a sans faire trop les difficiles, puisque dans la verité le bien-heureux temps de l'abondance est passé avec les derniers mois de l'année.

FRUITS DES MOIS DE FEVRIER, MARS ET AVRIL.

On pourroit presque dire que c'est au mois de Février, & encore plus au mois de Mars, que commence tout de bon le bas Empire des Fruits, on y voit de ce côté-là une terrible chûte, car hors les Confitures séches & liquides, & hors les Citrons & les Pommes, & ce qu'on appelle les Poires à cuire, sçavoir les Double-fleurs, Donville, Angobert, &c. qui dans ce mois-cy, & jusqu'aux Fraises du mois de May, font presque toute la fourniture des desserts, que nous reste-il autre chose que des Saint-Lezin, qui sont d'un petit merite, & de Bugy, qui toutefois ne sont pas trop à mépriser; le Carême en fait bien une partie de ses beaux jours, mais souvent avec elles ils nous reste particulierement l'espece de ces fameuses Poires, qui portent le nom venerable de Bon-chrétien, aussi faut-il demeurer d'accord, que toutes seules elles sont capables de terminer glorieusement & heureusement la campagne; je ne manqueray pas d'exposer ailleurs ce qui doit donner beaucoup de consideration pour elles, je me contente pour le present de dire, que s'il m'est permis de parler ainsi, il les faut regarder comme l'arriere-garde & le corps de reserve de l'armée des Fruits qui vient de défiler; en effet ce grand nombre d'autres Fruits ayant pendant huit ou neuf mois combattu & exterminé la sterilité dans laquelle on auroit été sans leur ministere, & venant enfin à être congedié, le Bon-chrétien reste seul, étant ce semble le General, qui avec un petit nombre de subalternes, va tout doucement prendre son quartier d'Hyver en attendant le renouveau.

Je crains bien que ce ne soit pas assez d'avoir marqué quelle sorte de Fruits on peut avoir en chaque mois, il me semble qu'il reste encore à traiter d'une chose fort importante ; & c'est de faire connoître combien de temps à peu prés durent pour l'ordinaire les Fruits de quelque Arbre que ce soit, quand il en est raisonnablement chargé, faute de quoy il ne seroit gueres possible de regler à peu prés la quantité d'Arbres dont on a besoin pour en avoir sa provision honnête, sans aller jusqu'au superflu.

Or je pretens qu'on peut dire qu'un Arbre est suffisamment chargé; si par exemple en fait de grosses Pêches d'Espalier & de grosses Poires en Buisson, un Pêcher & un Poirier ont chacun une cinquantaine de beaux Fruits : si en fait de Prunes & de Poires de mediocre grosseur, soit en Buisson, soit de haut vent, chaque Arbre en a jusques environ la quantité de deux cens; & si en fait de Figues une caisse en a deux à trois douzaines, & un pied en Espalier ou en Buisson en a jusqu'à une centaine, &c. Il est bien certain, que comme dans les premieres années les uns & les autres de tous ces Arbres-là ont beaucoup moins, aussi ont-ils d'ordinaire beaucoup plus quand ils sont assez grands, & que l'année est bonne.

Cela posé, je diray qu'en matiere de Fruits l'experience apprend trois choses.

Préséance de maturité selon la difference des Expositions.

La premiere, que régulierement les Fruits des bons Espaliers de chaque Jardin meurissent un peu plûtôt que ceux des Arbres de tige, & ceux-cy à leur tour un peu plûtôt que ceux des Buissons.

La seconde, que parmi les Espaliers le Levant & le Midy sont les premiers à faire voir de la maturité, que l'un & l'autre donnent pour l'ordinaire en même temps, que tous deux devancent le Couchant d'environ huit ou dix jours, & le Nord tout au moins de quinze ou vingt; mais de bonne foy les Fruits de ce Nord ne sont gueres à compter que pour le Beurré, la Crasane, les Poires à cuire, &c.

Durée ordinaire des Fruits de chaque Arbre.

Enfin la troisiéme chose que l'experience apprend en fait de Fruits, est que pour ceux d'Esté qui doivent être cueïllis à mesure qu'ils sont meurs, un Pêcher, un Prunier,

Prunier, un Figuier, un Poirier, &c. donnent chacun pendant dix ou douze jours, ne passent jamais gueres cela ; & pour ce qui est des Poires qui vont dans la Serre, dont les premieres sont celles de l'entrée d'Automne, sçavoir le Beurré, Verteiongue, Bergamotte, &c. chacune de ces especes dure tout au plus pendant quinze ou vingt jours ; les differentes manieres d'Arbres, les differens fonds, & les differentes expositions allongeans un peu la durée des especes.

Premierement, pour l'Esté

A l'égard de celles de la fin d'Automne, & de celles de tout l'Hyver, lesquelles de quelque maniere d'Arbres qu'elles viennent, on met d'ordinaire toutes pêle mêle, se contentant seulement de separer chaque espece ; toutefois les gens bien curieux, comme je suis separent même les Fruits d'une même espece, selon les Arbres & les expositions d'où ils sont venus, pour voir précisément les temps qu'ils meurissent : à l'égard, dis je, de ces especes, tant de la fin d'Automne que de tout l'Hyver, il y en a qui fournissent prés d'un mois, telles sont pour le commencement d'Octobre, les Crasanne Marquise, Messire Jean, Sucré-vert, Poire de Vigne, Lansac, Muscat fleury, &c. d'autres fournissent cinq ou six semaines, comme sont pour la fin d'Octobre & partie de Novembre les Loüise-bonne, Petit-oin, Espine, Martin-sec, &c. d'autres enfin en fournissent prés de deux mois ; ainsi les Virgoulé, Ambrette, Leschasserie, Pastourelle, Saint Augustin, Saint Germain, & sur tout encore les Espines peuvent durer partie de Novembre & tout Decembre ; quelques-unes même peuvent passer jusques en Janvier, ainsi les Colmar & Bon-chrétien peuvent durer Janvier & Février, ainsi pareillement les Saint-Lezin & Bagi peuvent fournir Février & Mars.

En second lieu pour les Fruits de l'Automne.

En troisiéme lieu, pour les Fruits de l'arriere saison.

On doit conclure de-là, que, par exemple, ayant en Esté une honnête quantité de beaux Arbres d'une même espece, & les ayant soit en Espalier à toutes expositions pour des Pêches, Prunes, Figues, &c. soit en Buissons, & en Arbres de tige pour des Poires & des Prunes, &c. on doit, dis-je, conclure que pourvû que les Arbres soient en âge de rapport, le curieux peut compter que pendant une vingtaine de jours il aura raisonnablement de Fruits de chaque espece : par exemple, trois beaux Pêchers de

Mignonne en Espalier, tels qu'ils doivent etre au bout de trois, ou quatre, ou cinq ans au plus, un au Levant, un au Midy, & un au Couchant, ces trois Peschers peuvent fournir trois semaines durant, & donner pour ce temps-là jusqu'à cent cinquante belles Pesches, c'est à dire sept à huit par jour, ainsi on peut en avoir jusqu'à trois cens, c'est à-dire quinze à seize par jour, si on a six Pêchers, ce qui n'est pas un trop grand nombre d'Arbres d'une même espece, & on peut aussi en avoir jusqu'à six cens, si on en a douze, ce qui va à la quantité d'une trentaine par jour, & cela fait une honnête provision : il faut dire la même chose en fait de Magdelaine, de Chevreuse, d'Admirable, de Violette, de Nivette, &c.

Cette suputation fait esperer un assez grand tresor en matieres de Pêches, à plus forte raison que ne doit-on point attendre, si on a le double, le triple, le quatruple d'Arbres de ces mêmes especes de bons Fruits; pareillement deux Rousselets ou deux Robines, soit en Buisson, soit en Arbres de tige, étant venus à la quatre, cinq, ou sixiéme année, & ayant toûjours été bien taillez & bien cultivez, peuvent fournir ensemble tout au moins une quinzaine de jours, & donner pour ce temps-là deux à trois cens Poires, c'est à-dire une vingtaine par jour, par consequent quatre Rousselets ou quatre Robines en donneront jusqu'à cinq ou six cens pour chaque espece, c'est à-dire une quarantaine par jour, &c. ainsi deux & quatre Poiriers, de quelque saison qu'ils soient, feront pour chaque espece en particulier semblable fourniture, ce qui se doit toûjours entendre de ces sortes de Fruits qui ne sont pas gros.

La même chose aussi se trouve pour les gros Fruits de l'entrée d'Automne, & partant en fait de Buissons deux gros Poiriers de beurré fourniront en quinze jours prés d'une centaine de belles Poires; quatre Buissons en fourniront prés de deux cens, c'est à-dire quatorze à quinze par jour, & en fait d'Espaliers deux & quatre Bergamottes n'en produiront pas moins, pareillement pour les Fruits de l'arriere saison, deux & quatre Buissons de Crasanne, de Marquise, d'Espine, de Virgoulé, de Saint-Germain, de S. Auguſtin, d'Ambrette, de Leſchaſſerie, &c. comme auſſi deux & quatre Bon-chrétiens d'Eſpalier feront à proportion la même quantité ; & en Arbres de tige deux ou quatre Poiriers de ces bonnes eſpeces qui ont le bonheur d'y réüſſir ; fourniront au moins le double, c'eſt-à-dire deux cens, ou quatre cens belles Poires ; par la même raiſon ſix & huit en produiront ſix cens, huit cens, & ainſi du reſte à l'infiny.

Ce que j'ai dit en fait de Poiries ſe doit encore à plus forte raiſon entendre à l'égard des Pommiers, qui à la reſerve des Calvilles rouges, ſont ordinairement plus fertiles même que les poiriers.

Je ne dis rien des Fruits rouges, dont le produit ſe compte ou par paniers enfaiſſez, ou par le poids à la livre, perſonne ne l'ignore ; tout le monde ſçait pareillement aſſez ce que peut donner une planche de Fraiſiers, une touffe de Framboiſiers & de Groiſeillers, un Ceriſier precoce en eſpalier, un Ceriſier, un Griotier & un Bigarotier en plein vent ; on ſçait encore aſſez qu'un pied de Melon n'en fournit réguliérement que deux ou trois, mais qu'un pied de Concombre en produit ſucceſſivement juſqu'à deux douzaines, & plus.

Les nouveaux curieux aprés avoir fait ſur ce pied-là une ſupputation aſſez juſte de chaque eſpece de Fruit, peuvent juger facilement du nombre de pieds de chaque choſe qui leur ſont à peu prés neceſſaires, ſans s'embarquer aveuglément à une trop grande multitude.

Je ſçay que la plûpart de ceux, qui par un grand empreſſement d'avoir des Fruits, entreprennent de ſe faire des Jardins, ſont ce me ſemble comme la plûpart des nouveaux Voyageurs ; ceux-cy d'ordinaire ne voyageans que par un eſprit de ſimple curioſité, ne veulent pas obmettre de voir juſqu'aux moindres ſingularitez de chaque païs, quoy que cependant il y en ait beaucoup qui n'en valent pas la peine ; il ne ſert de rien que d'habiles connoiſſeurs les en ayent avertis pour leur en donner du dégoût ; c'eſt aſſez pour animer leur avidité de voir, que quelqu'autre perſonne, quoy que moins éclairée, leur ait dit le contraire.

Ainſi dans nôtre Jardinage, combien voyons-nous d'Aprentifs, ou ſi vous voulez de Candidats (je voudrois bien qu'il fût permis de se servir de ce terme) combien, dis-je, voyons-nous de Candidats ou de Novices, qui sur le rapport de je ne sçay qui, veulent farcir leurs Jardins de tout ce qu'on peut appeller la racaille de toutes sortes de Fruits ; il est bien aisé de trouver une excuse valable dans l'excessive curiosité des Voyageurs, en ce que pendant qu'ils sont en train de voir, ils peuvent à peu de frais & en peu de temps s'instruire generalement de tout, de maniere que qui que ce soit ne leur puisse plus imposer, ni par consequent les chagriner sur les choses non vûës : mais en fait de Fruits, la demangeaison d'en avoir de toutes les sortes est une maladie d'autant plus difficile à guerir, que bien loin d'être regardée sur ce pied-là, elle paroît avoir les charmes & les attraits d'une perfection singuliere ; ces pauvres gens qui me font grande pitié, ne seront point en repos qu'aprés avoir perdu beaucoup de temps & d'argent, pour sçavoir enfin par une longue experience, suivie de beaucoup de chagrins, qu'il y a dix fois plus d'especes à mépriser, qu'il n'y en a de bonnes à cultiver, peut-être que quelque amy un peu entendu les en avoit avertis, mais le bon conseil avoit été méprisé.

Que j'aurois été heureux si pendant bien des années que j'ay été à faire de moy-même mon apprentissage, j'avois trouvé un Directeur habile pour me conduire sur toutes choses, j'en aurois eu besoin pour me desabuser d'une maniere de rage qu'on a pour ce qui s'appelle Fruits nouveaux, quoi que tres souvent ce ne soient que des Fruits communs déguisez sous de nouveaux noms, malheur causé tantôt par la faute des ignorans, tantôt par l'affectation de quelques fantasques présomptueux, qui voulans qu'on les croye plus riches qu'ils ne le sont en effet, cherchent à se faire prier.

Or il ne tiendra pas à moy que tous les curieux du Jardinage n'évitent tous les écueils par où j'ay passé, & ne prennent tout d'un coup le plus court & le meilleur chemin qu'il y ait à prendre sur cette matiere ; elle est assûrément de grande étenduë, & le nombre des gens qui s'y sont égarez est infini ; mais enfin aprés toutes les precautions & les observations que j'ay cy-devant marquées, je m'en vais commencer ce grand détail du choix & de la proportion des Fruits auquel je me suis engagé ; je diray en passant, que je le trouve dans l'execution tout au moins aussi difficile & embarassant que je l'avois crû, ou peut-être davantage.

CHAPITRE PREMIER.

Du choix d'un Poirier en Buisson à planter tout seul.

LE PREMIER DANS LES JARDINS.

QUOYQUE je ne doute point qu'entre nos meilleures Poires, il ne puisse y avoir une forte brigue pour emporter par merite la place dont il est icy question, cependant je ne fais nulle difficulté de me declarer d'abord en faveur du Bon-chrétien d'Hyver ;

Premier Buisson, premier Bon-chrétien d'Hyver.

Si bien que, quelques plaintes que puissent faire les autres Poires, de n'avoir pas été pour le moins entenduës devant que de leur donner l'exclusion, je ne sçaurois me dispenser de soûtenir cette declaration, tant me paroissent fortes les raisons qui m'ont engagé de la faire.

Car premierement, si pour ainsi dire, l'ancienneté d'extraction connuë, pouvoit luy être icy comptée pour quelque chose, tout de même qu'elle l'est en d'autres matieres si importantes, c'est un endroit par où nôtre Bon-chrétien seroit sans doute beaucoup au dessus de toutes les autres Poires ; il est certain que, quoy qu'apparemment tous les Fruits ayent été créez en même jour, ils n'ont pas été tous connus en même temps, les uns l'ont été plûtôt, les autres plus tard ; cette Poire a été des premieres à se faire connoître ; les grandes Monarchies, & sur tout l'ancienne Rome l'a connuë & cultivée sous le nom de *Crustumium*, ou de *Volemum*, si bien qu'apparemment elle y a fait souvent figure dans les magnifiques regales qui s'y faisoient, soit pour augmenter l'éclat des triomphes, soit pour honorer les Rois tributaires qui venoient rendre hommage aux Maîtres du monde.

En second lieu, le grand & illustre nom qu'elle porte depuis plusieurs siecles, & dont il semble qu'elle ait été bâtisée à la naissance du Christianisme n'imprime-t-il pas de la veneration pour elle, & nommément à tous les Jardiniers Chrétiens?

En troisiéme lieu, à la considerer en soy, c'est-à-dire en son propre merite, & c'est particulierement de quoy il s'agit, il faut convenir que parmi les Fruits à pepin, la nature ne nous donne rien de si beau & de si noble à voir que cette Poire, soit dans sa figure qui est longue & pyramidale, soit dans sa grosseur qui est surprenante, & par exemple de trois à quatre pouces dans sa largeur, & de cinq à six dans sa hauteur, si bien qu'on en voit fort communément qui pesent plus d'une livre, & on en voit aussi qui en pesent jusqu'à deux, ce qui est en verité une chose bien singuliere; mais particulierement le coloris incarnat, dont le fond de son jaune naturel est relevé, quand elle est à une belle exposition, luy attire l'admiration de tout le monde; joint que c'est celle qui donne le plus long-temps du plaisir, tant sur l'Arbre où elle demeure, en augmentant à vûë d'œil depuis le mois de May jusqu'à la fin d'Octobre, que dans la Serre, où se conservant aisément des quatre & cinq mois de suite, elle rejoüit tous les jours les curieux qui la veut regarder, tout de même que la vûë d'un bijou ou d'un tresor réjoüit le maître qui en est le possesseur: c'est celle qui fait le plus d'honneur sur les tables, & qui par tout païs, & principalement dans la France, où les Jardins en produisent une merveilleuse quantité, s'est acquise le plus de reputation: c'est celle qui est la plus ordinairement employée quand on veut faire des presens de Fruits considerables, & sur tout pour en envoyer dans les lieux éloignez, soit au dedans, soit au dehors du Royaume, c'est enfin celle de la beauté de laquelle tous les habiles Jardiniers ont toûjours travaillé avec le plus d'empressement, & celle qui est aussi de plus grande utilité pour ceux qui en élevent en vûë de les vendre : elle est constamment tres-bonne cuite, quand on la veut manger un peu devant sa maturité, & on ne peut nier aussi qu'elle ne soit tres-excellente cruë, quand on luy veut donner le temps d'y parvenir, si particulierement elle sort d'un Jardin dont le fond soit naturellement bon, ou au moins soigneusement cultivé ; elle a encore cet avantage, qui est grand, que sa maturité n'est pas comme celle de la plûpart des Fruits beurrez, laquelle, pour ainsi dire, passe comme les éclairs, si bien qu'elle n'est pas si-tôt arrivée dans ces sortes de Fruits, qu'aussi tôt elle mollit, & dégenere en pourriture, au lieu que la maturité de chaque Poire de Bon-chrétien est des mois entiers à se maintenir en état, attendant ce semble patiemment qu'on luy fasse l'honneur de l'employer à l'usage auquel la nature l'a destinée.

Il est bien vray que dans l'ordre que j'ay étably pour l'excellence des Poires, le premier degré de bonté luy manque entierement, puisqu'elle n'est pas beurrée : & partant il semble que s'agissant icy de donner le premier rang à celle des Poires, qui pour le goût se peut vanter d'avoir le plus de merite, il ne le faudroit pas accorder à celle qui, de mon aveu même, ne se trouve que dans la seconde classe des bonnes.

Mais quoy qu'elle n'ait pas le premier degré de bonté, au moins est-il certain que le second ne luy manque pas, c'est-à-dire la chair cassante, & souvent assez tendre, avec un goût agréable, & une eau douce sucrée assez abondante, & même un peu parfumée : d'où vient sans doute que nos peres pour en faire une grande distinction luy ont ajoûté le surnom de bon, sans avoir fait la même chose en faveur d'aucune autre Poire, & ce surnom luy est resté par tout, à la reserve du Poitou, qui se contente de l'appeller la Poire de Chrétien.

Outre tous les avantages cy-dessus, elle a encore celuy-cy qui me paroît fort grand, c'est à sçavoir que quand toutes les autres Poires sont passées, celle-cy reste encore pour honorer les tables jusqu'aux nouveautez du Printems, & par conséquent pousse jusque-là le plaisir de ceux qui aiment les Fruits crus ; tout cela amassé me donne tant de consideration pour le Bon-chrétien, que je croirois faire une espece d'injustice, si je luy refusois icy la place d'un premier Poirier en Buisson.

Je sçay bien qu'il ne plaît pas à tout le monde, & qu'il est méprisé par de certaines gens, qui l'accusent d'avoir ordinairement la chair coriasse & pierreuse, ou tout au moins peu fine.

A quoy je répons que ce sont des accusations generales, & telles à peu prés qu'on en peut faire à toute sorte de Fruit, n'étant que trop vray qu'il ne faut pas s'attendre que nous en ayons de parfaits, & aussi n'appellons-nous bons Fruits que ceux qui d'ordinaire ont le moins de défauts ; je ne veux pas disconvenir que parmi les Poires de Bon-chrétien il n'y en ait quelques-unes à qui on peut faire ce reproche ; mais à mon sens elles ne le meritent pas toûjours par leurs fautes, puisqu'il est vray qu'il s'en trouve assez souvent d'excellentes ; c'est plûtôt par le défaut du fond qui les a nourries, & qui n'est pas propre à faire de bons Fruits, ou par la faute de l'exposition qui n'étoit pas bonne ; ou par la negligence & mal-habileté du Jardinier qui n'en a pas pris assez de soin, ou parce qu'on les sert devant qu'elles soient parvenuës à leur maturité.

Je sçay bien encore qu'il y a beaucoup de gens qui estiment que le Bon-chrétien ne sçauroit réüssir en Buisson, & qu'absolument on n'en peut avoir de beau si on ne le met en Espalier, & partant ils me condamneront hautement, d'avoir choisi cette Poire pour la premiere à planter dans une situation qu'ils pretendent luy être absolument contraire ; mais quoy que je convienne de bonne foy que le Bon-chrétien réüssisse principalement en Espalier, & sur tout pour y acquerir ce vermillon qui luy sied si bien, & que le plein air ne luy peut entierement donner, je croy cependant avoir désabusé jusqu'icy un grand nombre de curieux, de la fausse impression qu'il avoient contre le Bon-chrétien en Buisson ; j'ay fait voir par une experience certaine de plusieurs années, que sur tout dans les Jardins d'une mediocre grandeur qui sont bien fermez, & à couvert

des

des grands froids, soit par de bonnes murailles de clôture, soit par plusieurs bâtimens, & qui par consequent sont dans une bonne exposition, & ont d'ailleurs le fond passablement bon, soit par l'ordre de la nature, soit par le secours de l'art, j'ay, dis-je, fait voir qu'en cette figure d'Arbre on y peut élever des Poires de Bon-chrétien tres-belles, c'est-à-dire fort grosses, bien faites, avec une peau assez fine, un peu colorée à l'endroit où le Soleil avoit coûtume de donner, & au reste d'un vert qui soit propre à jaunir en maturité, en un mot des Poires tres-excellentes, jusques-là qu'on en voyoit peu en Espalier qui pûssent leur être comparées.

Et pour finir cette contestation, je n'estime pas qu'il soit necessaire de faire icy d'autres réponses, si ce n'est en premier lieu d'inviter tous les ans nos adversaires à aller voir l'Automne les Buissons de plusieurs Jardins de Paris & de Vernon, où il s'en éleve de si belles ; & en second lieu leur demander si devant l'usage des Espaliers, qui n'est pas ancien ; il ne se trouvoit nulle part en plein air de belles Poires de Bon-chrétien ; toutes les Basse-cours de Touraine, d'Angoumois, de Poitou, d'Auche, &c. où elles viennent même sur des Arbres de tige, répondront du contraire à qui le voudra nier, joint que la persecution invincible des tigres n'éloigne que trop les Poires du secours des Espaliers, & nous met presque en état de n'en pouvoir gueres plus élever qu'en Buisson.

Enfin tout bien examiné, je suis persuadé que qui compteroit d'un côté les ennemis du Bon-chrétien en Buisson, avec les raisons qu'ils croient avoir de le condamner, & qui de l'autre compteroit ses approbateurs avec les experiences qui sont pour eux, il trouveroit le nombre de ceux-cy plus grand que le nombre des autres, ou tout au moins égal ; & partant je croy avoir assez dequoy appuyer la preference dont est question.

Loin d'icy toutes ces differences d'especes de Bon-chrétien, que certains curieux s'imaginent, & qu'ils veulent nous persuader veritables ; le long, le rond, le vert, le doré, le brun, le satiné, celuy d'Auche, celuy d'Angleterre, celuy sans pepin, &c. tout cela se trouve souvent ſur un même Arbre, & ne fait ſûrement qu'une ſeule & unique eſpece : la reſſemblance univerſelle, non pas ſeulement du bois, des feüilles & des fleurs, qui ſe trouve en tous les Poiriers de ces ſortes de Bon-chrétien, mais ſur tout la reſſemblance & de la figure de la Poire, & du temps de la maturité, & de la chair caſſante, & de l'eau ſucrée, &c. le confirment viſiblement.

Les differences de fonds & d'expoſitions, les differences d'Eſté ſec ou humide, les differences de vigueur ou de foibleſſe dans l'Arbre, ſoit en tout l'Arbre, ſoit ſeulement en une partie, &c. ces differences, dis-je, fourniſſent ces petites differences exterieures de couleur, de figure, &c.

L'Eſpalier fera ſon Fruit plûtôt doré que vert, le Buiſſon le fera plûtôt vert que doré, & le Buiſſon ſur franc le fera encore plus vert que le Buiſſon ſur Coignaſſier.

Si l'Arbre eſt malade, ſoit vieux, ſoit jeune, il fera la Poire ſans pepin, & même ſi ſur cet Arbre-là il y a quelque branche vigoureuſe, comme il arrive aſſez ſouvent, il y aura du pepin dans le Fruit qui ſera venu ſur ce côté vigoureux, quoy qu'il n'y en ait point dans les Poires venuës ſur ces branches infirmes, & ſi ſur ce côté jaune & languiſſans d'un tel Arbre on prend une branche, & qu'on vienne à la greffer heureuſement ſur un pied bien vif & bien ſain, il en viendra un Arbre vert & gaillard, qui marquera non ſeulement la conformité de ſon eſpece avec les autres Bon chretiens, mais marquera auſſi la bonne ſanté, tant par le pepin que par la couleur verte de la Poire ; à propos de quoy je diray que les Poires de Bon-chrétien qui jauniſſent ſur l'Arbre, & qui ont la peau extraordinairement douce au toucher, ſont ſujettes à n'avoir qu'une mediocre bonté.

La bonne branche à Fruit fera la Poire longue & étenduë ; la branche à Fruit un peu moins bonne fera le Fruit court, plat & arrondy, le bon fond luy fera une peau fine & une chair délicate, le fond gras & humide les luy fera rudes & groſſieres.

Il ne faudroit plus qu'en faire une eſpece de gros ; une de petit, une de cornu & raboteux, une de bien fait, &

de bonne mine, &c. ce qui feroit un ridicule, dont il faut bien se garantir.

Le bon-chrétien d'Hyver, tel en un mot que les bonnes gens le connoissent par tout, sans que jamais on ait changé son nom, comme on a fait à la plûpart des autres Fruits, ce Bon-chrétien, dis-je, seroit donc le Buisson que je planterois dans le petit Jardin bien conditionné, où il n'est question de planter qu'un seul Poirier en Buisson, & ce même Poirier seroit aussi le premier choisi, non seulement pour un Jardin dans lequel j'aurois place pour un second Buisson, mais aussi pour tous les autres Jardins également bien conditionnez, dans lesquels j'aurois place pour beaucoup davantage de Buissons, si particulierement il y a peu de murailles pour les Arbres qui sont destinez à être en Espalier, & ce Bon-chrétien seroit premierement sur Coignassier, attendu principalement que les Buissons de Bon-chrétien sur franc font d'ordinaire leur Fruit tavelé, petit, raboteux, &c. Et par consequent desagreable à voir, en second lieu, il seroit dans la partie du contre-Espalier la plus voisine de la muraille la mieux exposée, enfin dés la fin du mois d'Aoust je ferois ôter toutes les feüilles qui peuvent empêcher le Soleil de donner sur le Fruit de ce Buisson, toutes précautions extremement importantes.

Je ne suis pas encore à parler de ces Jardins de campagne, qui manquent de toutes les bonnes qualitez & de toutes les bonnes conditions que nous venons d'expliquer sur le fait des petits Jardins, & que cependant nous souhaiterions à tous les bons Fruitiers, j'y seray à l'égard de nôtre Bon-chrétien d'un sentiment bien different de celuy que je viens de declarer icy, car je n'y en planteray gueres, si ce n'est en Espalier, & aussi ne manqueray-je pas d'y en planter, car enfin à quelque prix que ce soit, je veux voir du Bon chrétien en toutes sortes de Jardins; puisque dans la verité nous n'avons rien de mieux pour la fin de l'Hyver.

CHAPITRE II.

Pour le choix d'un second Poirier en Buisson, & aprés pour le choix d'un troisiéme, quatriéme, cinquiéme & sixiéme, &c.

VOYONS maintenant sur quel Poirier nôtre choix tombera pour être le second Buisson, tant de ce petit Jardin qui n'en peut avoir que deux, que le second de tous les autres qui en peuvent avoir un plus grand nombre; la difficulté n'est pas trop petite.

Nous avons sur tout six differentes Poires qui briguent vivement cette seconde place, & qui même ne souffrent pas sans murmurer que le Bon-chrétien joüisse paisiblement de l'honneur qu'il vient de récevoir; les Beurré, les Bergamotte d'Automne, les Virgoulé, les Leschasserie, les Ambrette & les Espines d'Hyver; il y a même l'ancien Petit-oin, & la Loüise-bonne, avec quatre nouvelles venuës; sçavoir la S. Germain, la Colmar, la Crasane, & la Marquise, qui se trouvans pourvûës d'assez de merite, ne manquent pas d'ambition pour demander à entrer dans la dispute; chacune de ces douze pretendant avoir plus de perfections, & moins de défauts que chacune de ses rivales, ou pretendant au moins ne leur ceder en rien, pretend aussi devoir emporter sur elles la place dont est question.

Je demeure d'accord qu'elles ont toutes de si puissans motifs dans leur pretention, qu'on ne sçauroit être blâmé d'avoir mal-fait, à laquelle d'entr'elles l'on donne la preference; cependant je croy que les six dernieres doivent se retirer pour un temps, & laisser vuider cette querelle aux six premieres: j'en diray, ce me semble, d'assez bonnes raisons cy-dessous, dont je veux esperer que leurs Patrons seront satisfaits: mais devant que de me declarer pour quelqu'une des six, il est necessaire d'examiner séparement & sans prevention toutes les raisons des unes & des autres.

Je commence par celles du Beurré, à l'égard duquel il faut établir d'abord, que tant le Beurré rouge, autrement l'Amboise, ou l'Isambert des Normands; que le Beurré gris & le Beurré vert, ne sont qu'une même chose; si-bien que souvent il s'en trouve de toutes ces façons sur un même Arbre, ces differences de couleur n'ayans d'autres fondemens que ceux à peu prés que nous avons cy devant remarquez sur le fait de Bon-chrétien; la belle exposition, ou peut être une mediocre infirmité de tout l'Arbre, ou seulement de quelque branche, en font de rouges: l'ombre & la vigueur, soit de l'Arbre entier, soit de la branche particuliere, en font de gris ou de verts: le Coignassier & le franc sur lesquels se trouvent greffez ces Poiriers, se font aussi connoître par les differens coloris qui viennent à leur Fruit, le coloris des Poiriers sur franc étant tout autre que celuy sur Coignassier outre que le fond sec ou le fond humide ne manquent pas de donner sur cela chacun des traits de leur façon.

Condition necessaires pour faire une excellente Poire.

Cela posé, les raisons de cette Poire de Beurré sont premierement qu'elle est tellement en possession du premier degré de la bonté qui est souhaitée dans les Poires que le nom de Beurré luy en a été donné par excellence: en effet on emprunte son nom pour le donner à d'autres de qui on veut prôner le merite: aussi se croit-elle en droit de pretendre que pas une des autres ne luy oseroit disputer en abondance excessive d'eau, ni même en chair fine & delicate, & en goût relevé, qui sont toutes les conditions necessaires pour faire une excellente Poire.

En second lieu, cette Poire pretend avoir l'avantage de charmer la vûë, tant par sa grosseur & la beauté de sa figure, que la beauté de son coloris.

En troisiéme lieu, elle croit devoir tout esperer sur le bonheur qu'elle a d'être extrêmement fertile, en sorte que communément tous les ans & en toutes sortes de terreins, elle charge à rompre, & qu'elle réüssit également, tant sur franc que sur Coignassier, & presque aussi bien entre les mains d'un ignorant Jardinier, qu'entre les mains de ceux qui sont habiles: joint qu'elle est peu sujette à être pâteuse, insipide & farineuse, comme la plûpart des autres

Poires tendres, & que non seulement elle n'est pas si incommodée du plein air que la Bergamotte, mais qu'aussi elle fructifie plûtôt que la Poire de Virgoulé, & fait de plus beaux Fruits que chacune de ses concurrentes : voilà sans doute beaucoup de raisons, & toutes d'un grand poids & d'une grande autorité, pour bien établir icy le droit de la demande du Beurré.

Ses amis mêmes veulent croire, que si on pouvoit avoir du Beurré dans toutes les saisons de l'année, & qu'on pût se guerir de l'affectation naturelle qu'on a pour le changement & pour la diversité des Fruits, qu'en ce cas-là on ne devroit penser à aucune autre Poire qu'à ce fameux Beurré, étant certain qu'il est en effet si excellent, que d'un aveu general, quand à la fin de Septembre il commence à meurir, on est tout consolé de voir finir les Pêches, & c'est beaucoup dire.

La Bergamotte d'Automne ne faisant pas grand cas de tout ce qui vient d'être dit en faveur du Beurré, se presente pour empêcher de décider si tôt cette question de preference ; le nombre de ses partisans est grand & redoutable ; c'est-à-dire que son merite est fort connu ; & en effet, je vois mille gens qui soûtiennent qu'à la considerer en toutes ses parties, c'est-à-dire par sa chair tendre & fondante ; par son eau douce & sucrée, & par un petit parfum qui l'accompagne, ils soûtiennent, dis-je qu'elle vaut mieux que generalement toutes les autres Poires ; ils soûtiennent aussi que la fecondité n'est gueres moins pour elle que pour le Beurré, puisqu'elle charge d'ordinaire avec assez d'abondance, & qu'ainsi elle paye promptement la peine de celuy qui la cultive, joint que contre l'experience qu'on a presque de tous les autres Fruits, on peut dire en sa faveur, & avec verité, que la mediocre Poire de Bergamotte est aussi bonne que la plus grosse ; jusques-là même que souvent c'est la mediocre qui est la plus excellente, quoy qu'elle parût la plus méprisable : ce qui doit être pour elle une consideration assez singuliere : elle a coûtume de fournir la fin d'Octobre, & partie de Novembre, & passe même quelquefois jusqu'en Decembre, ce qui fait un merveilleux plaisir à nos curieux, si bien que dans la verité il n'eſt queſtion que d'en avoir des Arbres en differentes expoſitions , en differens terreins , & ſur differens ſujets, c'eſt à ſçavoir ſur franc & ſur Coignaſſier , en Buiſſon & en Eſpalier , & même en Arbre de tige , pour aider à l'inclination , que (pour ainſi dire) cette Poire paroît avoir à nous regaler pluſieurs mois de ſuite.

Je diray en paſſant , qu'il ne faut pas croire qu'il y ait d'autre difference dans les Bergamottes (je veux dire les Bergamottes d'Automne , nullement celles d'Eſté) que celle qui eſt fondée ſur la couleur ; mais pour celle-cy , elle eſt veritable : car en effet il y en a une qui eſt griſe , verdâtre , & c'eſt celle-là qu'on nomme ſimplement la Bergamotte , ou la Bergamotte commune , ou de la Hiliere , ou de Recons , &c. tout cela n'étant qu'une même choſe ; & il y en a une autre qui eſt ravée , c'eſt-à-dire marquée par bandes jaunes & vertes , & c'eſt ce qui la fait nommer la Bergamotte Suiſſe , cette bigarrure ſe trouvant en même temps & dans le bois , & dans le Fruit ; mais à l'égard du merite interieur , il me paroit égal dans l'une & dans l'autre , quand elles ſont toutes deux autant bonnes qu'elles le doivent être : elles conviennent auſſi toutes deux à avoir une même groſſeur , & qui quelquefois eſt trois pouces de diametre dans ſa largeur , mais communément n'eſt que d'un & demy , ou de deux ; elles conviennent encore à avoir la figure plate , l'œil enfoncé , la queuë courte & menuë , la peau lice , jauniſſant & s'humectant un peu en maturité ; &c.

Plût à Dieu , fût-il bien vray , qu'il y eût effectivement une eſpece de Bergamottes tardives , autrement Bergamottes de Carême , & que tous les ans on en pût ſûrement avoir juſqu'à la fin de Mars , comme il s'en rencontre quelquefois ; en ce cas-là nous aurions dequoy nous vanter d'avoir au moins pour quatre ou cinq mois de l'année le veritable treſor des Fruits.

Certains curieux ont bien voulu ſe perſuader & à moy auſſi , qu'infailliblement ils avoient cette eſpece de Bergamottes tardives ; mais à mon grand regret , je ne puis m'empêcher d'avoüer que juſqu'à preſent je n'ay pû me convaincre de cette bonne fortune, quoy qu'en verité je n'aye manqué ni de soin, ni de diligence, ni de precaution pour faire une telle conquête : tout ce que j'ay fait pour cela, tant en peine qu'en dépense, est infini, aussi-bien qu'inutile, le détail & la relation en seroient importuns & desagreables.

Ce qui a donné lieu de parler de la Bergamotte tardive, est qu'en quelques années assez pluvieuses, ou que de quelque fond plus gras & plus humide, ou de quelque exposition moins bonne, ou de quelque Arbre plus vigoureux, &c. on en conserve assez souvent quelques-unes jusqu'en Carême, & pour lors on prend plaisir à se tromper soy-même par l'esperance d'en avoir tous les ans de semblables; mais la verité est, que d'ordinaire le hazard a plus de part à cecy, que tout le reste : un même Arbre qui en produit pour le mois d'Octobre, en donne aussi quelquefois pour le mois de Mars, ce qui arrive sur tout, quand quelque branche a fleury beaucoup plus tard que les autres, les Poires qui ont noüé les dernieres sur chaque Arbre, étant communément les dernieres de cet Arbre à meurir, mais cela n'arrive que fort rarement, ou bien nous pouvons dire vray-semblablement, que les Bergamottes qu'on a dans les saisons ainsi reculées, sont venuës à quelques Arbres de tige greffez sur franc, & peut-être mal éclairez du Soleil : le succés de tels Arbres est d'ordinaire asez douteux & incertain, & particulierement pour faire des Poires belles, agréables à la vûë, bonnes & tardives, mais quoy que c'en soit, il en vient quelquefois, & elles se gardent un peu plus long-temps que celles d'Espalier & de Buisson : c'est pourquoy il est asez à propos, non pas pour les curieux dont il s'agit icy, qui n'ont que tres-peu de terrein, mais pour ceux qui en ont beaucoup, de hazarder, comme j'ay dit, d'en planter de toutes les manieres : car enfin il ne faut pas manquer d'avoir tant qu'on peut des Poires de Bergamottes.

Outre les avantages de la bonne espece de Bergamotte, elle en a encore un autre qui la met, ce semble, beaucoup au dessus du Beurré, en ce qui regarde la contestation presente,

presente, c'est que le Beurré se rencontre assez souvent en même temps que les Pêches, les Figues, & les Muscats de la fin de Septembre, trois sortes de bons Fruits que tout le monde cherit passionnément, & en faveur de qui on peut dire, que parmi les gens délicats & connoisseurs ils sont si bien reçûs, qu'à peine y a-t il aucunes Poires qui osent venir en leur compagnie; au lieu que la Bergamotte ne meurit que quand ces Pêches, ces Figues & ces Muscats, & même les Beurrez & les Vertelongues sont finies, & ainsi elle vient toute seule sur la fin d'Octobre, c'est à-dire dans un temps, où sans ce secours nous serions reduits à une grande disette de fort bons Fruits, les Lansac, Sucré vert, Muscat-fleuri, Rousseline, Bezi de la mote, Poire de vigne, Messire Jean, &c. ne remplissans point assez dignement la place des dernieres passées; & ainsi on veut par consequent pretendre, que pour ce qui est du petit Jardin dont il s'agit, & par les raisons expliquées à l'entrée de ce troisiéme Livre, il est plus convenable d'y planter pour second Buisson une Bergamotte, qu'aucun autre Poirier.

Les partisans des deux precedentes Poires, le Beurré & la Bergamotte, sont ce semble, surpris d'entendre dire qu'il y en ait quelques-unes qui veulent entrer en lice contre elles: ils regardent comme une espece de temerité tout ce que ces autres pourront alleguer, & ne daignent presque les vouloir écouter; & s'ils s'y resolvent, ce n'est que pour y répondre enfin par des termes de mépris & de raillerie, ou plûtôt pour gagner leur procés avec plus de gloire & de sûreté.

Cependant la Poire de Virgoulé, qu'on appelle Bujaleuf en Angoumois, Chambrette en Limousin, Poire de Glace en Gascogne, Virgoulese & Virgouleuse en tant d'endroits, & qui, à l'exemple des Poires de Besi-d'hery, de Leschasserie, &c. doit, ce me semble, porter plûtôt le simple nom de Virgoulé, que tout autre: ce qui m'en fait juger ainsi, c'est à cause du Village de Virgoulé (Village voisin de la Ville de S. Leonard en Limousin) duquel nous l'avons tirée, & où apparemment elle avoit passé un fort long temps sans éclat, ni plus ni moins, pour ainsi dire, qu'une perle dans sa coquille ; mais enfin, tant pour le bonheur de nos curieux, que pour l'ornement de nos Jardins, elle est sortie de ce Village par la liberalité du Marquis de Chambret, qui en étoit le Seigneur, & qui nous la donna sous le nom de sa Poire de Virgoulé ; or depuis ce temps-là elle a commencé tout de bon à faire parler d'elle, si bien qu'aujourd'huy elle pretend avec assez de raison à l'honneur qui est icy proposé.

C'est une Poire d'une figure assez longue & assez grosse, ayant environ trois à quatre pouces de haut, sur deux à trois de large, la queuë en est courte, charnuë & panchée, l'œil mediocrement grand & un peu enfoncé : la peau lice & unie, & quelquefois colorée, & qui enfin de verte qu'elle étoit sur l'Arbre, jaunit à mesure qu'elle approche de la maturité, & en meurissaut devient tendre & fondante ; en sorte que, quand on la prend à propos, elle se trouve un des meilleurs Fruits du monde : sa réputation a fait ensuite, qu'en fort peu d'années elle s'est autant répanduë dans tous les Jardins Fruitiers de l'Europe, qu'aucune autre Poire que nous connoissions.

Cette Poire, de Virgoulé, dis-je, orgueilleuse, ce semble tant à cause de la vigueur extraordinaire qui accompagne son Poirier par tout, & luy attire l'admiration de tous les spectateurs, qu'à cause du merite qu'elle pretend avoir en soy, & de plus offensée du mépris injurieux qu'on vient de faire d'elle, soûtient pour établir son droit, que non seulement la nature la doüée de toutes les bonnes qualitez, qui à l'égard de la chair tendre & fondante, de l'abondance d'eau douce & sucrée, du goût fin & relevé, & du rapport copieux, rendent considerables les Poires de Beurré & de Bergamotte, mais qu'encore elle a sûrement l'avantage de commencer sa maturité presque aussitôt que la Bergamotte, & de durer cependant beaucoup plus long temps qu'elle : en effet elle soûtient que souvent dés l'entrée de Novembre elle est en état de contenter les curieux, ce qui arrive à celles qui ont été élevées à des Espaliers bien exposez, ou dans un terrein sec & leger, & que particulierement elle se produit en grand nombre dans tout le reste de Novembre, pendant Decembre, & quelquefois partie de Janvier, ce qui ne se peut dire du Beurré, & convient peu, ou au moins fort rarement & par un pur hazard, à la Bergamotte.

C'est ce qui fait que ce Poirier de Virgoulé demande assez hardiment, s'il n'est pas vray que non seulement son Fruit est excellent pour le goût, mais encore d'une figure agreable pour la vûë; jusques-là même que celles qui sont venuës à une belle exposition, y ont acquis un vermillon admirable : ce Poirier demande sur tout s'il n'a pas le don de faire de plus beaux Arbres, que tous les autres Fruitiers, & de réüssir merveilleusement en Buisson, c'est-à dire dans la maniere d'Arbres, du plan desquels il est presentement question : il soûtient de plus, que les distinctions de terroir sec, ou humide, de franc ou de Coignassier, de plein vent ou d'Espalier, ne sont pas d'ordinaire d'une si grande importance pour son bois, qu'elles le sont pour celuy des Bergamottes : quoy qu'à l'égard de la bonté interieure du Fruit, il soit certain que ces sortes de difference fassent presque le même effet dans les unes que dans les autres : il est donc vray que les Virgoulez non seulement ne sont pas sujets à cette espece de gale qui défigure les Buissons des Bergamottes, les rend hideux à voir, & assez souvent même les fait perir, tout au moins les empêche de fructifier; mais au contraire, les Virgoulez poussent régulierement par tout une grande quantité de beaux bois, & ont toûjours un teint uny & luisant, comme si en effet on prenoit soin de les frotter pour les polir.

La Virgoulé donc pretend que le temps de sa maturité, qui comprend environ trois mois, & la beauté de son Arbre, qui est toûjours immanquable, luy doivent icy donner gain de cause, tant sur le Beurré & sur la Bergamotte, que sur toutes les autres Poires qui la veulent traverser, puisque d'ailleurs elle ne cede à aucune des autres pour l'abondance du rapport, non plus que sur l'article de la bonté.

La Poire de Leschasserie, que quelques-uns nomment Verte-longue d'Hyver, & d'autres Besidery-landry, &

qui ne paroît dans nos Jardins que depuis une vingtaine d'années : cette Poire, dis-je, pouroit bien plaider toute seule, tant son parti est fort ; cependant elle se joint avec la Poire d'Ambrette, qui parmi nous est assez ancienne & en grande consideration, & qui porte en certains Païs le nom de Trompe-valet.

Ces deux Poires ne se tiennent pas pour vaincuës par tout ce qu'on a dit à l'avantage de celles qui ont parlé les premieres ; elles ne s'attacheront point à se détruire l'une l'autre, elles sont convenuës d'une alternative entr'elles pour l'entrée des Jardins ; & ainsi leur principale ambition est de demeurer unies, & pour ainsi dire alliées d'interest & d'amitié, afin de se défendre plus vigoureusement contre les trois precedentes : ce qui contribuë à cette étroite union qu'elles ont faites, est qu'en effet elles ont quelque rapport de l'une à l'autre, premierement par leur figure, qui paroît à peu prés ronde ; l'Ambrette est pourtant un peu plus plat, & a l'œil plus enfoncé ; au lieu que la Leschasserie a l'œil tout-à-fait en dehors, & que quelques-unes ont la forme de Citron : ils se ressemblent aussi en second lieu par leur grosseur, qui est mediocre, & d'environ deux pouces en tout sens, en troisiéme lieu par leur coloris, qui sur l'Arbre est verdâtre, tiqueté, quoy que l'Ambrette soit d'ordinaire plus couvert & plus roussâtre, & que la Leschasserie soit plus claire & jaunâtre, mais sur tout en meurissant : ces deux Poires se ressemblent presque encore par leur queuë, qui en toutes deux est droite & assez longue, celle de Leschasserie étant cependant plus grosse, & se ressemblent enfin, tant par le temps de leur maturité qui est en Novembre & Decembre, & quelquefois en Janvier, que par leur chair fine & beurrée, & par leur eau sucrée & un peu parfumée, mais d'un parfum si agreable, qu'on n'y sçauroit rien souhaiter davantage : le Leschasserie en a un peu plus que son associé, la chair de l'Ambrette est quelquefois un peu plus verdâtre : son pepin est plus noir, & est, pour ainsi dire, logé plus au large dans son appartement, que le pepin de l'autre, & même la peau en paroît d'ordinaire un peu plus rude ; & de plus, le Leschasserie est assez souvent pour ainsi dire, bossu & raboteux ; à l'égard du bois des Arbres de l'un & de l'autre, il est tres-different, en ce que particulierement celuy de la plûpart des Ambrettes est extrêmement épineux & piquant, & ressemble tout-à-fait à un de ces Sauvageons qu'on voit dans les Hayes & Taillis, ce qui n'est pas au bois des Leschasseries, lequel communément est assez menu, & poussant quelques pointes, mais elles ne sont pas assez aiguës pour piquer les mains qui en approchent, comme font les Ambrettes : ces deux Poires fondent leurs pretentions de preference sur le reproche qu'on a fait au Beurré pour le temps de sa maturité, sur celuy qu'on fait à la Bergamotte pour son bois galeux, & enfin sur celuy qu'on fait aux Virgoulez, non seulement d'être fort tardif à porter, mais aussi d'être sujet à quelque desagrément dans son goût ; si-bien qu'ayans au moins toutes les bonnes qualitez de ces Poires-là, soit au fruit, soit à la disposition d'une belle figure de Buisson ; & n'ayans nuls de leurs défauts, elles pretendent devoir passer devant celles qui en sont incommodées, & ne les sçauroient éviter ni cacher.

L'Epine d'Hyver qui connoît bien ce qu'elle vaut, ne se laissera pas condamner sans parler : c'est une fort belle Poire, qui approche un peu plus de la figure pyramidale, que de la ronde, quoy que pourtant elle n'ait presque rien de menu dans sa taille, si ce n'est qu'elle finit si peu que rien en pointe grossiere vers la queuë ; cette queuë est assez courte & assez menuë, excepté l'endroit de sa sortie, où elle est un peu charnuë, du reste la Poire est grosse par tout, & cela d'environ deux à trois pouces du côté de la tête : elle est particulierement beaucoup plus grosse que la Bergamotte ordinaire, ni que l'Ambrette & que les Leschasseries: elle a la peau satinée, & le coloris entre verd & blanc : elle meurit quelquefois devant les deux precedentes, mais plus communément avec elles, quelquefois aussi aprés : elle est pareillement tendre & beurrée, ayant d'ordinaire la chair tres-fine & tres-delicate, le goût agreable, l'eau douce, & assaisonnée d'un petit parfum merveilleux ; elle fait aussi de beaux Buissons, & réüssit soit sur franc, soit sur Coignassier, quand le pied en est bon & le fond bien conditionné, c'est-à-dire, le fond plûtôt sec qu'humide; elle a peu de chose à dire contre les deux dernieres, & sur tout contre les Leschasseries, elle avoüe même ingenuëment les bonnes qualitez de l'une & de l'autre, sans consentir pourtant de leur donner le pas, jusqu'à ce qu'il y aura eu un reglement sur cela; mais à l'égard des autres, elle leur objecte les mêmes défauts que celles-cy viennent de leur reprocher.

Il est donc presentement question de finir cette contestation, qui peut-être n'a paru que trop longue; surquoy ayant meurement examiné les raisons des unes & des autres, j'avouë que j'ay une estime tres-particuliere pour chacune d'elles, mais que cependant à l'égard des Arbres qui nous les donnent, il ne faut pas tout-à-fait juger icy la question sur le même fondement qu'on la jugeroit, si on n'examinoit que le merite du Fruit en particulier, & par comparaison de l'un à l'autre; car sur ce pied de merite, en quelque Jardin que ce soit, supposé le bon fond & l'abry, à plus forte raison dans le Jardin où il ne faudroit que deux Poiriers en Buissons, j'inclinerois toûjours à donner la deuxiéme place aux Bergamottes, que j'honore infiniment, & qu'on ne sçauroit, ce me semble, trop honorer, comme étant, pour ainsi dire la Reine des Poires; car en effet elle est comme ces excellens Melons, sa chair paroît d'abord ferme sans être dure ni pierreuse, elle est fine & fondante sans être molle ni farineuse, l'eau en est sucrée & un peu parfumée, sans avoir rien d'âcre ni de sauvage, le goût en est relevé, & merveilleusement delicieux, & a, pour ainsi dire, quelque chose de noble; une telle Poire ne peut elle pas se vanter d'avoir approché de bien prés la perfection des Fruits, & de devoir servir de regle & de modele pour celles qui pretendent au Catalogue des bons.

Cette decision en faveur de la Bergamotte à l'exclusion des autres Poires, ne surprendroit gueres les curieux qui en ont goûté de veritablement bonnes; car sûrement elle l'emporte sur le Beurré, qui ne peut disconvenir d'avoir un peu d'âcreté dans son eau; elle l'emporte sur la Virgoulé, en ce qu'elle est d'un plus prompt rapport que luy, & qu'elle n'eſt nullement ſujette à ce petit goût bizarre de paille qui pour ainſi dire, perſecute la plûpart des Poires de Virgoulé, & leur rend mil mauvais offices en beaucoup de bonnes compagnies ; elle ne l'emporte pas moins ſur les autres trois concurrentes, Leſchaſſerie, l'Ambrette, & l'Epine, parce que conſtamment elles n'ont rien de meilleur, ni de plus avantageux qu'elle ſur le fait de la bonté parfaite ; on peut bien dire cependant ſans aucun deſſein de les offenſer, que les unes & les autres ont bien quelquefois le malheur d'avoir l'eau fade & inſipide, & la chair dure, ou farineuſe ; mais cela ne doit pas être reproché à leurs eſpeces en general, ce défaut procede uniquement, ſoit de l'année froide & humide, ſoit du mauvais fond, ou de la méchante expoſition où elles ont été produites.

Cependant ce qui peut quelquefois empêcher que cette Bergamotte ne profite de ma declaration, eſt que le bois de ſon Arbre a le malheur d'être fort délicat de ſon temperament, ſi bien qu'au lieu de faire un agreable objet dans les Jardins, il ne fait ſouvent que chagriner ſon Maître à cauſe de la gale, qui eſt preſque en tous lieux la perſecution ordinaire & du Fruit & de l'Arbre ; de là vient que je ne hazarde pas volontiers à conſeiller d'en planter nulle part en Buiſſon, ni à plus forte raiſon dans les Jardins bien petits : ſi neanmoins nonobſtant cette difformité qui déplaît tant aux yeux, on veut à cauſe de l'excellence de ſon Fruit en planter en toute ſorte de Jardins, ſoit grands, ſoit petits, ſuppoſé toûjours le fond bien conditionné, je ſuis d'avis qu'on prenne de celles qui ſont ſur franc ; mais ſi le fond eſt gras & un peu humide, je ſuis d'avis qu'on en prenne ſur Coignaſſier ; & de plus, je ſuis d'avis qu'on prenne la Bergamotte rayée, autrement Suiſſe, plûtôt que la commune, parce qu'étans toutes deux d'une égale bonté, & auſſi difficiles à élever l'une que l'autre, il me ſemble qu'il ſera à propos de s'attacher premierement à la rayée, devant que d'en planter de l'autre, puiſqu'au moins elle a l'avantage de ſurpaſſer celle-cy en beauté de coloris ; que ſi enfin on n'en plante en Buiſſon ni de l'une ni de l'autre, il ne faut pas manquer dans les grands Jardins d'y en avoir beaucoup en Eſpalier; je veux même qu'on en plante quelqu'un en Arbre de tige pour faire figure dans un grand espace, qui sans cela paroîtroit dégarni, mais sur tout il est fort avantageux d'en planter quelqu'un dans le voisinage d'un grand mur bien exposé; je me trouve tres-bien dans le Potager de Versailles, d'avoir fait ce que je conseille aux autres de faire; j'en plante aussi en Arbre à demy tige, tant dans le milieu des quarrés, que dans le tour, & en plante particulierement à deux ou trois pieds l'un de l'autre, les disposant en forme de pepiniere; je fais la même chose pour toutes les autres especes delicates, les Petit-oin, Espine, Loüise-bonne, Sucré-vert, &c. ausquelles la terre froide & humide est entierement contraire, j'en tire pendant huit ou dix ans une quantité considerable de fort bons Fruits, & quand ces Arbres devenus trop grands paroissent nuire dans l'endroit où ils sont, je les ôte, & en plante ailleurs de jeunes pour avoir le même secours, tout le plus long-temps qu'il est possible.

L'article de cette Poire de Bergamotte m'a fait de la peine à decider: je reviens enfin à me declarer sur ces sortes d'Arbres, qui avec la bonté du Fruit ont encore la beauté du bois: c'est pourquoy j'incline à donner icy la seconde place au Poirier de Beurré.

Deuxiéme, ou peut-être troisiéme Buisson. Premier Beurré.

Le dernier reproche qui a esté fait à la Poire de Virgoulé sur le fait de quelque bizarrerie qui se trouve assez souvent dans son goût, sera favorable au Beurré pour le maintenir en rang devant elle, joint particulierement le droit d'ancienneté de ce Beurré, qui luy a acquis vers tout le monde une veneration singuliere, à laquelle celle-cy ne sçauroit si-tôt pretendre; joint encore la facilité prompte du rapport qui convient aux Poires de Beurré preferablement à celuy de Virgoulé; joint enfin que constamment, quoy que toutes deux soient admirables, cependant il est vray de dire, que generalement parlant, la Poire de Beurré se fait davantage souhaiter à tout le monde, que la Poire de Virgoulé; c'est pourquoy celle-cy le doit ceder à un premier Beurré dans les petits

petits Jardins qui n'ont que deux Buissons.

Et pour s'en consoler, elle doit s'attendre que son tour viendra bien-tôt, pour être ailleurs beaucoup mieux traitée que les Beurrez, c'est-à-dire beaucoup plus multipliée en nombre d'Arbres de son espece; car à cet égard elle l'emportera d'une grande hauteur sur luy dans la plûpart des grands Jardins que nous planterons cy-aprés.

Il est cependant d'une grande importance pour cette Poire de Virgoulé, que nous ne la laissions pas diffamée par le reproche public que toutes les autres Poires luy font à l'égard de son goût: nous ne pouvons pas disconvenir qu'il ne s'en soit trouvé souvent qui avoient ce défaut; mais aussi n'est il pas impossible de les en exempter: il ne leur vient que pour avoir été long-temps sur du foin ou de la paille, ou peut être long temps renfermées, soit dans quelque Armoire où elles n'avoient point d'air, soit dans une maniere de Cave, qui n'est jamais sans quelque goût de relant, soit dans une Fruiterie trop soigneusement close, pendant qu'elle est pleine de beaucoup d'autres sortes de Fruits, & peut-être voisine de quelque endroit infecté de senteur, telle qu'elle soit, car tout cela fait ensemble une odeur desagreable, dont cette Poire est malheureusement susceptible: il n'est donc question que de les mettre en lieu où nul des inconveniens cy-dessus ne se rencontre, & par consequent ayant une Serre bien conditionnée contre le grand froid & contre les humiditez, il faut couvrir les planches d'un peu de mousse extrêmement séche, y placer les Poires séparément l'une de l'autre, & donner de l'air autant de fois que le beau temps le peut permettre; avec ces sortes de précautions, qui ne sont pas difficiles, on est assûré d'avoir pendant tout l'Hyver ces Poires de Virgoulé exemtes de mauvais goût; elles sont, comme nous avons dit, belles & grosses, & sur tout excellentes; pourvû que premierement, sans être fort ridées, elles paroissent simplement comme un peu fanées: en second lieu, qu'elles jaunissent presque par toute l'étenduë de leur peau; en troisiéme lieu, que le pouce les pressant un peu prés de la queuë, on sente qu'elles obéïssent sans être molles dans le cœur, c'eſt-à-dire enfin qu'elles viennent ſi bien à meurir, que la chair en ſoit tendre & fondante ; car ſi quoy qu'apparemment meures, comme étant fort jaunes, elles demeurent fermes & dures, comme il arrive quelquefois à celles qui ont été ſerrées dans des lieux humides, ou qui ſont venuës pendant un Eſté fort pluvieux, ou peut-être à quelque exposition du Nord, ou dans un fond froid & aquatique, pour lors on ne peut pas nier que ces ſortes de Poires ne ſoient & farineuſes & inſipides, & par conſequent deſagreables: c'eſt ainſi que parmi les choſes du monde les plus parfaites, il s'en peut trouver quelques-unes qui tombent dans la corruption, & en même-temps dans le mépris ; mais le défaut d'un Particulier ne doit pas faire l'opprobre d'un general.

Une choſe aſſez extraordinaire à l'égard de ces Poires, eſt, que celles qui peut-être ſont tombées, ou ont été cueïllies une quinzaine de jours avant le temps qu'elles devoient l'être, & qui, à cauſe de cela, deviennent un peu flétries (ſi elles l'étoient beaucoup, elles ſeroient mépriſables en toutes manieres) ces ſortes de Poires, dis-je, quoy qu'un peu vilaines à la vûë, cependant la parfaite maturité leur étant enfin venuë, ſe trouvent preſque toûjours admirables au goût, ce qui ne ſe peut gueres dire d'aucun autre Fruit : on ne conſeille point d'en cueïllir ainſi de beaucoup trop tôt, par exemple, devant la fin de Septembre ; les vents ordinaires de ce mois-là & de celuy d'Octobre, empêchent bien, & même ſouvent plus qu'il ne ſeroit à deſirer, qu'on n'en prenne la peine : on ſe conſolera donc quand il en tombera quelques-unes qui viendront à meurir plus tard que les autres, & ſeront moins ſujettes à molir ; & on ſouhaitera toûjours que cela n'arrive pas, pour avoir ſans faute des Poires qui ſoient bonnes, & en même temps belles, ſaines, & mediocrement ridées : j'expliqueray ailleurs plus particulierement quel eſt le temps de les cueïllir, & quelles ſont les marques infaillibles de leur veritable maturité, auſſi-bien que celle de tous les autres Fruits : ce ſont des articles tres-importans, dans leſquels conſiſtent les principaux points de nôtre curioſité.

Le Poirier de Virgoulé ſera donc régulierement le troiſiéme Buiſſon,

Troisiéme Buisson. Premier Virgoulé.

Que nous planterons dans le Jardin, qui n'en peut recevoir que trois; & il me semble que ce Poirier auroit tort de s'en plaindre, puisqu'on peut dire avec verité, qu'il a l'honneur de se voir encore preferé à d'autres merveilleuses Poires qui le vont suivre; sçavoir la Leschasserie, l'Ambrette, l'Epine d'Hyver, la Crasane, la S. Germain, la Colmar, la Marquise, le Petit-oin, le S. Augustin, le Rousselet, la Robine, &c. *Novembre, Decembre, & Janvier.*

Il faut que tout le monde demeure d'accord, qu'on ne sçauroit presque donner le nom de Jardin Fruitier à quelque Jardin que ce soit, dans lequel on ne trouve pas au moins les treize ou quatorze principales Poires que nous avons, & qu'on ne sçauroit aussi luy en disputer le nom, quand elles s'y rencontrent de compagnie: heureux celuy qui a planté avec tant de connoissance & de discernement, que n'ayant de place dans son Jardin que pour un si petit nombre d'Arbres, y a sagement assemblé les meilleurs Fruits que nous connoissions.

Pour continuer l'ordre de mon choix, je place la Poire de Leschasserie immediatement aprés la Poire de Virgoulé,

Quatriéme Buisson. Premier Leschasserie.

A laquelle peut-être quelques curieux ne feront pas scrupule de la preferer, tant il est vray que souvent elle paroît une Poire sans aucuns défauts, & par consequent un Fruit de la derniere bonté: je diray en sa faveur, que je ne croy pas avoir jamais rien goûté de meilleur en matiere de Poires, que quelques Leschasseries venuës en plein air sur des Arbres, pour ainsi dire abandonnez: elles étoient d'une mediocre grosseur, ayant la peau & la figure toutes sauvages; mais en verité à les manger même avec leur peau, elles charmoient par leur goût relevé, par leur petit parfum délicat, par leur chair fine & fondante: enfin je ne me sçaurois taire de l'étonnement qu'elles m'ont causé, & du plaisir que j'en ay eu, *Novembre, Decembre, & Janvier.*

& que je continuë d'en avoir tous les ans : peut-être pourrois-je dire que la meilleure Bergamotte du monde auroit eu de la peine à se soûtenir devant elles : celles que j'avois eu en Espaliers, & qui étoient beaucoup plus belles, n'en approchoient pas en façon du monde pour la bonté.

Ce Leschasserie l'emporte donc sur l'Ambrette.

Cinquiéme Buisson. Premier Ambrette.

Novembre, Decembre, & Janvier.

Et celuy cy le suit tout le plus prés qu'il est possible; aussi est-ce le plus souvent une tres-excellente Poire en tout, ayant la chair fine & fondante, & un certain goût relevé qui charme, supposé toûjours qu'elle soit venuë en bon fond & en bonne exposition, & que sans être molle ou avortée, elle soit dans sa parfaite maturité ; cependant un je ne sçay quoy de couleur verte dans la chair, & d'eau fade dans le goût, & sur tout un je ne-sçay-quoy de pourriture séche & entierement cachée qui se trouve en quelques-unes, m'y paroissent trois manieres de défauts, pour lesquels au moins cette Poire en general doit sans répugnance ceder au Leschasserie, & pourroit même en bonne justice ceder à l'Epine d'Hyver, quand elle a tout le merite qu'elle peut avoir.

Car enfin cette Poire d'Epine venuë en païs assez chaud, dans un terroir sec, en bonne exposition, pendant des années mediocrement pluvieuses, & venuë sur tout en Arbre de tige, ou demy tige bien placé, est si parfaite en toutes ses parties, qu'elle égale la delicatesse de chair des bonnes Pêches, & qu'enfin le nom de Merveille luy en a été donné dans les Provinces de Xaintonge, d'Angoumois & de Poitou, Provinces situées dans un climat merveilleux, & lesquelles on sçait être fameuses par le grand nombre des bons Fruits qu'elles produisent, & par un grand nombre d'honnêtes gens qui s'y divertissent au Jardinage ; j'avouë de bonne foy, que parmi les Poires je n'en trouve point qui soit meilleure que celles-cy, pourvû qu'elle ait toute la bonté qui convient à son espece ; mais aussi je ne puis m'empêcher d'avoüer qu'il est tres-difficile d'en trouver de parfaites, on pourroit presque dire & d'elles, & des Petit-oin, & des Ambrette, & des Loüise-bonne, & des Colmar, &c. ce qu'on dit des œufs frais; le moindre défaut les fait rebuter: il n'en est pas de même de la plûpart des autres Poires, on ne les rejette pas, quoy qu'il leur manque quelque degré de perfection; tous les Beurrés, tous les Rousselets, tous les Bon-chrétiens, &c. ne sont pas chacun de la derniere excellence, & cependant on ne laisse pas de manger de celles qui sont mediocres.

On a veritablement un petit reproche à faire à cette Poire d'Epine, sur ce qu'elle meurit quelquefois en même-temps que ces autres Poires que je viens de placer, & que par consequent dans les égards que j'ay toûjours en faisant ce choix, & dont il seroit à propos que je ne me departisse jamais, il vaudroit beaucoup mieux pour ce petit Jardin, qu'on y plantât quelque bon Fruit d'une autre saison, que d'y planter celuy-cy; mais je réponds que comme cette maturité avancée n'arrive que rarement, bien loin de bannir d'icy l'Epine pour un tel reproche, si sur tout on n'y a point de Bergamotte en Buisson, il l'y faut soigneusement planter; elle qui fait un si agreable Buisson, & qui se met assez aisément à rapporter.

Je persiste donc à donner au moins à l'Epine.

Sixième Buisson. Premier Epine d'Hyver. *Novembre, Decembre, & Janvier.*

La sixiéme place dans un Jardin bien conditionné, & qui ne peut avoir que six Buissons; encore faut-il avoir un soin particulier de ce Buisson pour le tenir bien ouvert, & même dépoüillé de ses feüilles dés la fin du mois d'Aoust, en sorte que la Poire, dont le coloris est naturellement fort verd, y reçoive une cuisson extraordinaire, & qu'enfin dans la serre elle vienne à jaunir un peu, pour marquer la premiere apparence de sa maturité; car à dire le vray, quand en sa peau elle conserve toûjours le même fond de verd qu'elle avoit sur l'Arbre, comme font celles qui sont venuës dans un terroir humide, ou dans un Buisson trop touffu, ou à une méchante exposition, elle va veritablement jusqu'en Janvier & Février, mais ce n'est que pour chagriner celuy qui a pris soin de la serrer, & de la garder : car ſans meurir elle mollit dans tout le voiſinage de la queuë, & demeure avec une chair cotonneuſe & ſéche, & un goût fade & inſipide ; en un mot elle ſe trouve la plus méchante Poire du monde ; dans la verité, nous n'en avons aucune qui ait beſoin de plus grands égards que celle-là, pour faire qu'elle vienne à bien ; elle veut être ſur franc dans les terres ſéches, & ſur Coignaſſier dans celles qui le ſont un peu moins ; elle réuſſit moins en Buiſſon qu'en Arbre de tige, dans celles qui ſont un peu fortes, & d'ordinaire ne vaut rien dans les fonds gras & humides, ayant cela de commun avec quelqu'autres, que je marqueray cy-aprés ; je diray cependant qu'avec le ſoin que j'ay eu de tenir mes terres un peu élevées, & de découvrir de bonne-heure les Poires d'Epine de mes Buiſſons, j'en ay eu de tres-belles & de tres-bonnes pendant prés de deux mois, & par conſequent les défauts de cette Poire ne ſont pas toûjours incorrigibles, & quand on peut l'en garentir, c'eſt luy faire injuſtice que de ne luy pas donner place devant les deux precedentes.

Je la prefere icy à la Saint-Germain, au Petit-oin, à la Craſane, à la Marquiſe, à la Loüiſe-bonne, à la Colmar, & à la Saint-Auguſtin, parce que tout bien conſideré, elle me paroît valoir mieux qu'elles, & que ſur tout la plûpart de celles-cy meuriſsent dans le temps de quelques-unes des trois precedentes, c'eſt-à dire dans le mois de Novembre & Decembre, dans leſquels, eu égard à la petiteſse des Jardins dont eſt queſtion, nous avons aſsez d'autres Fruits pour nous contenter.

Je la prefere auſſi aux deux plus importantes Poires d'Eſté, qui ſont le fameux Rouſselet & l'illuſtre Robine ; mais ce n'eſt que d'un degré ſeulement, pour la faire marcher immediatement devant elles : & celles-cy à leur tour ſeront preferées à ces cinq autres qui ont tant de reputation ; ſans doute que cette preference donnée même ſans balancer, les doit empêcher de murmurer de ce qu'on ne les a point encore fait paroître ; pour moy je fais un ſi grand cas de l'une & de l'autre, que je n'eſtime pas qu'un Jardin qui peut avoir ſept ou huit Poiriers en

Buiſſon, doive être ſans un Rouſſelet, & ſans une Robine; & celles-cy placées, nous examinerons ce que les autres Poires ont de bon & de conſiderable, pour leur rendre auſſi-tôt la juſtice que je croy leur être dûë.

Plût à Dieu qu'en fait de bonnes Poires, Janvier, Février & Mars me pûſſent fournir autant de conteſtation à démêler, qu'il s'en trouve pour les trois ou quatre mois precedens, ceux-cy pauvres & ſteriles, comme ils ſont, ont grand beſoin de ſecours; je ne ſçay pas quand il leur en viendra conſtamment ce ſeroit une grande fortune pour eux, s'ils poſſedoient quelques-unes de ces bonnes Poires, dont, pour ainſi dire, la foule nous accable à la fin d'Automne & au commencement d'Hyver; je n'y perds pas un moment de temps, comme je m'en ſuis expliqué cy-deſſus.

Je viens donc à placer les deux Poires dont eſt queſtion, m'attendant bien ſûrement que j'en ſeray approuvé; car il me ſemble qu'il ne faut pas tarder davantage à introduire icy quelques Poires d'Eſté, puiſque j'en ay déja placé ſix des autres ſaiſons : mais que dois-je faire pour regler la diſpute qui va naître entre ces deux Poires, à qui ſera la premiere; je ne veux point entreprendre de la vuider de mon chef, c'eſt un procés trop dangereux à juger en preſence des Patrons de l'une & de l'autre; ainſi pour ne me point broüiller d'aucun côté, le parti que je prens eſt de donner l'alternative à ces Poires, ou plûtôt de les faire tirer au billet; ce n'eſt pas la premiere conteſtation de préſéance qui ait été jugée de la ſorte, & même au contentement des Parties,

Le ſort vient de tomber au Rouſſelet pour le Jardin de ſept Buiſſons,

Septiéme Buiſſon. Premier Rouſſelet.

Et partant il ſera toûjours le ſeptiéme en rang, & la Robine le huitiéme. *Aouſt, & Septembre.*

A l'égard de ce Rouſſelet, je ne fais nulle difference du gros au petit, comme font certains curieux ce n'eſt aſſûrément qu'une même choſe; & pour le prouver ſans retour, il n'y a qu'à voir comme quoy un même Arbre en fait d'ordinaire des unes & des autres ; il est vray cependant, que celles qui n'ont qu'une mediocre grosseur sont communément meilleures que les plus belles (Cela se trouve encore en d'autres Especes, mais non pas en toutes.) Les grosses Poires de Rousselet sont sans doute venuës dans un fond gras soit en Buisson, soit en Espalier, & les autres dans un fond sec, ou en Arbre de tige.

Je commence à dire à l'égard de ce Rousselet, qu'il n'y a gueres de Poire au monde plus connuë & plus estimée que celle-là : je ne pense pas qu'il soit necessaire d'en faire la description, pour dire que c'est une Poire mediocre en grosseur, bien-faite dans sa figure, qui est plus longue que ronde, la queuë en est peu grosse & peu étenduë, le coloris gris, roussâtre d'un côté, & rouge obscur de l'autre, avec quelques endroits verdâtres qui jaunissent à propos, pour marquer le temps de la maturité : la chair en est & tendre & fine, & sans marc, & l'eau agreablement parfumée, mais d'un parfum qui ne se trouve qu'en elle : c'est d'ordinaire à la fin d'Aoust & dans les premiers jours de Septembre qu'elle meurit ; & pour lors, à cause des bonnes qualitez dont elle est revêtuë, je croy que sans hesiter, tout le monde convient qu'on peut dire du Rousselet, comme des Bergamottes & des Leschasseries, qu'aucunes Poires ne peuvent être mises en rang des excellentes, qu'à proportion qu'elles approchent plus ou moins de la bonté du Rousselet, aussi-bien que de la bonté de ces deux autres ; constamment le merite de ce Rousselet est si grand, qu'il ne surpasse en rien sa grande reputation : tous les siecles l'ont connuë pour être bonne en quelque maniere qu'on la puisse mettre ; & en effet qu'elle soit cruë, qu'elle soit cuite, qu'elle soit en compote liquide, qu'elle soit en Confiture séche, elle se soûtient également bien par tout : qu'on la mette en toutes sortes de terres, elle y réüssira : la veut-on en Espalier, elle y donnera contentement : la veut-on en Buisson, elle y sera admirable, & encore meilleure en grand Arbre : on peut même dire à son honneur (ce qui parmi tous les Fruits ne convient, ce me semble, qu'à celuy-cy) que quoy qu'il s'en rencontre assez souvent de de meilleures les unes que les autres, jamais cependant il ne s'en voit aucune qu'on puisse dire absolument mauvaise, pourvû qu'elle soit dans sa juste maturité; celles qui ne l'ont point, & encore plus celles qui en ont trop, ne plaisent nullement.

Il est bon de sçavoir que rien ne luy est plus contraire pour être excellente, que l'Espalier, elle y perd assurément une partie de son parfum, mais aussi elle y devient belle, & grosse, & abondante; & voila par où elle repare ce défaut d'extrême bonté; si-bien que nous pouvons établir qu'il n'en faut gueres avoir contre les murailles, à moins qu'on ne fasse plus de cas de la grosseur & de la quantité, que du bon goût & de la delicatesse, ou au moins qu'on ne trouve à propos d'en avoir plûtôt qui soient passablement bonnes, que de n'en avoir point du tout; voila ce que fait d'ordinaire l'Espalier en fait de Poires & de Pêches, c'est assurément le parti que je conseille de prendre à tous les gens qui ont une grande quantité de murailles à garnir, comme je m'en expliqueray cy-aprés, n'étant pas icy le lieu d'en parler; je n'ay pû résister à la tentation qui m'est venuë de ne rien oublier du merite de ce Rousselet; il y a une chose singuliere pour luy, que quoy que la plûpart des Fruits ne réüssissent nullement aux Espaliers du Nord, cependant celle-cy y conserve raisonnablement de bonté, en sorte qu'il n'est pas mal à propos d'en mettre quelques Arbres à ces expositions, qui sont d'ordinaire ou inutiles, ou miserables.

Que nous serions heureux, si premierement le Rousselet se pouvoit garder un peu plus long-temps qu'il ne fait, (il a le malheur d'être fort sujet à mollir, c'est son unique défaut, & on y est souvent trompé, quand on n'y prend pas garde de fort prés;) ou si principalement il pouvoit changer de place avec tant d'autres méchantes Poires, dont les unes viennent inutilement dans les premiers mois de l'Esté, & les autres viennent encore plus inutilement dans le fort de l'Hyver, si-bien que ce Rousselet, au lieu de meurir comme il fait à la fin d'Aoust & au commencement de Septembre, c'est-à-dire dans l'abondance des bonnes Pêches & des bonnes Prunes, il eut le don de nous venir regaler ou quelque temps devant la maturité des principaux Fruits à noyau, ou quelque temps aprés qu'ils sont passez : (Je n'ay pû m'empêcher de faire ce souhait, quoy que fort inutile, & j'en demande pardon.)

Je sçay bien que les Pêches, quand elles ont leur bonté naturelle, sont, pour ainsi dire, la manne precieuse de nos Jardins ; & en effet d'un aveu general elles valent mieux qu'aucuns Fruits à pepin : si-bien que peu de gens font la cour a ceux-cy, pendant que les Pêches avec leur grosseur, leur figure, leur beau coloris, l'abondance de leur eau douce & relevée, & toutes leurs autres bonnes qualitez, sont en état de donner dans la vûë, & d'émouvoir l'appetit.

On ne laisse pas toutefois de faire cas & du Rousselet & de la Robine dans la saison des Pêches : quelque grande que soit l'abondance de celles-cy ; aussi comme d'ordinaire les Pêches sont plus fautives que les Poires, & que de plus les Pêches venuës dans un fond humide sont d'un tres-petit merite, il est necessaire a ceux dont le terrein n'est pas trop bon, de se précautionner au moins par le moyen du Rousselet, qui manque peu, & n'est jamais à rejetter, afin que dans la fin d'Aoust & au mois de Septembre, qui sont la saison d'avidité & d'empressement pour les Fruits, on ait au moins d'assez bonnes Poires, si on a été assez malheureux pour avoir vû perir la plûpart des Pêches, ou pour n'en avoir que de mediocrement bonnes.

La Poire est veritablement petite, mais elle a cela de commode, qu'on la peut cueillir verdelette pour la laisser meurir hors de l'Arbre, & qu'ainsi on la peut au moins conserver quelques jours, en attendant la perfection de sa maturité : jusques-là même que sans aucune diminution de sa bonté on peut hazarder à luy faire faire de petits voyages, comme, par exemple, de la porter sur soy, ou de l'envoyer de Province en Province, quand la distance n'en est pas grande.

Aprés tant d'éloges que je viens de donner au Rousselet, ne semble-t'il pas qu'il pourroit avoir quelque sujet de se plaindre, de ce que je ne luy donne qu'une septiéme place : j'ay certainement autant de consideration pour luy, qu'aucun curieux en puisse avoir ; mais enfin ce qui doit justifier ma conduite, est que quand on peut tant faire que d'avoir un Jardin capable de contenir cinq ou six Poiriers en Buisson, on peut, & on doit vray-semblablement avoir en Espalier quelque quantité proportionnée de Figues, de Pêches, de Prunes, & de Raisins ; & qu'ainsi il pourroit y avoir de l'imprudence, si pour de fort petits lieux, tels que sont les Jardins que nous plantons icy, je conseillois d'avoir ensemble dans les mois d'Aoust & de Septembre, un asſez grand nombre & de Fruits à noyau, & de Fruits à pepin ; ce qui ne se pourroit faire sans se mettre au hazard de n'avoir presque rien dans les saisons plus difficiles : aussi ay-je compté sur les Fruits d'Espalier pour en avoir sûrement dans l'Esté, & j'ay destiné la plûpart des six premiers Poiriers pour en avoir l'Automne & l'Hyver, deux saisons qu'on pasſe desagreablement, si le desſert ne réveille. Je croy même avoir grande raison de dire, que preferablement à tout il faut travailler pour elles.

Le Rousſelet étably, la Robine vient prendre sa huitiéme place,

Huitiéme Buisson. Premier Robine. *Aoust, & Septembre.*

Elle est connuë en differens lieux tantôt sous le nom d'Averat, tantôt sous le nom de Muscat d'Aoust, &c. & même à la Cour sous le nom de Royale ; ce nom luy ayant été donné de nos jours par l'illustre Pere des Curieux, qui crût, & avec raison, que comme parmi nous le titre du Roy se trouve en la personne de celuy de tous les Hommes qui a le plus de merite, le nom de Royale parmi les Poires, devoit être pour celle qui paroît avoir le moins de défauts ; dans la verité on la peut regarder comme une Poire parfaite ; voicy son portrait, elle est à peu prés de la grosseur, & même de la figure d'une petite Bergamotte, c'est-à-dire entre ronde & plate, sa queuë est longuette, asſez droite, & un peu enfoncée, l'œil aussi est un peu en dedans, sa chair est casſante sans être dure ; son eau sucrée & parfumée charme tout le monde, & particulierement le premier Prince de la terre, & avec luy toute la Maison Royale : son coloris est blanc jaunâtre, & la peau en est douce ; elle ne mollit presque point, qui est une qualité importante, & presque unique en fait de Poires d'Esté : son merite ne se termine pas seulement à être mangée cruë, elle est outre cela admirable en pâtes & en compottes : elle fait un tres-beau & tres-grand Buisson, & réüssit bien par tout : elle n'a aucun reproche à craindre, si ce n'est que son bois est sujet à devenir quelquefois chancreux, & que d'ordinaire elle est difficile à se mettre à fruit ; je donne ailleurs d'assez bons remedes contre ces défauts ; il n'y a que le temps de sa maturité qui fait peine pour soûtenir nôtre choix, car il est, comme j'ay dit cy-devant, avec celuy du Rousselet & des premieres grosses Pêches : mais elle a cet avantage de n'être nullement défaite de paroître avec elles ; tout cela ensemble ne fait-il pas demeurer d'accord, que la Robine merite bien au moins une huitiéme place, sans craindre qu'aucune autre Poire luy puisse sur cela donner d'atteinte valable, à moins que ce ne soit la Poire de Colmar pour le mois de Février.

La septiéme & la huitiéme place en Buisson étant si bien remplies, la neuviéme est demandée non seulement par chacune des sept, dont il a été cy-dessus fait mention, la Loüise-bonne, le Petit-oin, la S. Germain, la Marquise, la Crasane, la Saint Augustin, la Colmar, mais aussi par la Vertelongue : de plus, les Sucré-vert, Martin-sec, Lansac, Messire-Jean & Portail, oseroient presque ne s'en croire pas indignes : examinons séparément les raisons des principales aspirantes, de la maniere à peu prés que nous avons fait pour celles qui sont placées.

Je commence par expliquer ce qui regarde ces Poires nouvelles, la Crasane, la S. Germain, la Marquise, la S. Augustin, la Colmar, & passe ensuite à ce Petit-oin, Loüise-bonne, Vertelongue, & Lansac.

La Crasane trouve beaucoup d'honnêtes gens qui la nomment Bergamotte-Crasane, Bergamotte à cause de sa chair, & Crasane à cause de sa figure, qui paroît comme écrasée : il me semble qu'il luy conviendroit mieux de porter le nom de Beurré plat, car elle est assez de la nature & de la couleur du Beurré ; cependant elle en est differente par sa figure plate : elle est à peu prés de la forme des Messire-Jean : il en est de tres-grosses, de mediocres, & de fort petites : le fond de son coloris est verdâtre ; jaunissant en maturité, & presque tout chargé de rousseurs : la queuë en est longue, mediocrement grosse, courbée, & est enfoncée comme celle des Pommes : la peau en est rude, la chair extrêmement tendre & beurrée, quoy qu'elle ne soit pas toûjours fort fine : l'eau en est autant abondante, que celle des fameux Beurrez, & malheureusement rencherit sur eux par une âcreté qu'elle a un peu trop grande, & qui fait que parmi les Bergamottes, les Epines, les Petit-oins, les Loüise-bonnes, les Ambrettes, les Leschasseries, &c. où elle se trouve assez souvent dans les mois d'Octobre & de Novembre, elle est accusée de ne faire pas une trop agreable figure, & particulierement auprés des gens, qui aimans les Poires au naturel, n'y veulent gueres de sucre ; cependant comme il se rencontre assez souvent de ces Poires qui n'ont pas ce grand défaut d'âcreté, & ce sont celles qui ont été élevées dans un terrein un peu gras & humide, comme celuy de Versailles ; on peut dire que ce n'est pas tout-à-fait sans raison qu'elle pretend à la place dont est question, joint que de se conserver un mois entier en parfaite maturité, ne mollir jamais (chose tres-singuliere) & être tout au plus sujette à la condition commune de tous les Fruits, c'est-à-dire à la pourriture qui commence seulement icy par quelque petit endroit, pour faire voir qu'elle ne sçauroit aller plus loin ; ces trois considerations luy doivent attirer un grand nombre de protecteurs.

A voir la Saint-Germain fort longue & assez grosse, les unes vertes & un peu tiquetées, les autres assez rousses, & toutes jaunissans beaucoup en maturité, la queuë courte, assez grosse & penchée, on la prendroit pour une tres-belle Poire de Virgoulé ; à l'égard de celles qui restent petites, elles ressemblent assez au Saint-Lezin : cette espece de Poires vient presque toûjours en même-temps que la

Virgoulé, l'Epine, l'Ambrette, Leſchaſſerie, quoy qu'elle les devance quelquefois, & quelquefois auſſi ne faſſe que les ſuivre, ce qui d'ordinaire dépend de la maniere dont l'Eſté & l'Automne ſe ſont comportez : & cela, comme j'ay dit ailleurs, eſt vray non ſeulement pour ces Poires cy, mais generalement pour toutes les fines Poires d'Automne & d'Hyver; de plus, la difference des pieds ſur leſquels ces eſpeces ſont greffées franc ou Coignaſſier, la difference des expoſitions, & la difference des Terroirs ſecs ou humides font beaucoup a cet égard, &c.

Cette Poire de S. Germain, autrement nommée l'Inconnuë de la Fare, a la chair fort tendre, point de marc, grand goût, & beaucoup d'eau, mais cette eau a ſouvent quelque pointe de l'aigret de Citron, qui plaît à certains curieux, & déplaît à quelques autres; j'en ay vû quelques-unes qui en avoient ſi peu que rien, & d'autres qui heureuſement n'en avoient point du tout, & étoient par conſequent meilleures à mon goût ſans doute que le Coignaſſier & les Terres fort ſéches augmentent ce défaut; ainſi il faut affecter d'en avoir ſur franc, & dans un fond où la ſécheresse ne domine pas tant; je diray cependant à ſon honneur, que ce goût aigret ne ſe trouve que dans celles qui pour être verreuſes meurriſſent en Novembre, il ne s'en trouve gueres dans celles qui ne viennent à leur maturité que dans la fin de Decembre.

La Marquiſe prend deux figures fort differentes, ſuivant la difference des Terres & des Arbres où elle eſt élevée; ſi le fond eſt ſec, elle reſſemble aſſez par ſa groſſeur & ſa figure à un trés-beau Blanquet, ou à un mediocre Bon-chrétien, elle fait la même choſe en Arbre de tige; mais dans les terres graſſes & humides, & en Buiſſon, il en vient d'extraordinairement groſſes; la Poire eſt bien faite, elle a la tête plate, l'œil petit & enfoncé, le ventre aſſez gros, & promptement allongé vers la queuë qui eſt longuette, paſſablement groſſe, courbée, & un peu enfoncée, la peau en eſt aſſez rude, le coloris eſt d'un fond verd avec quelque placards de rouſſeur, comme on en voit au Beurré; que ſi elle ne change point en meuriſſant, elle eſt tres-mauvaiſe, ayant en cela la même destinée que les Loüise-bonne, les Epine, les Petit-oin, les Lansac, ce malheur vient des fonds de terre humide, & de la figure des Buissons trop touffus dans ces sortes de fonds ; mais si ce verd devient jaunâtre dans la maturité, la chair en est tendre & fine, le goût agreable, l'eau assez abondante, & autant sucrée qu'il est à souhaiter pour une merveilleuse Poire ; elle a veritablement un tant soit peu de pierre au cœur, ce qui sûrement ne doit point empêcher de la regarder avec estime pour les mois d'Octobre & de Novembre.

La Poire de Colmar m'est venuë sous ce nom là par un illustre curieux de Guyenne, & m'étoit venuë d'un autre endroit sous le nom de Poire Manne, & sous celui de Bergamotte tardive ; ce dernier nom pourroit bien lui convenir mieux que celui de Colmar ; elle a extrêmement de l'air d'un Bon-chrétien, & quelquefois d'une belle Bergamotte, la tête en est plate, l'œil assez grand & fort enfoncé, le ventre un tant soit peu plus gros que la teste, s'allongeant mediocrement & fort grossierement pour venir à la queuë, qui est courte, assez grosse & penchée; le coloris en est verd tiqueté, comme les Bergamottes, & quelquefois un peu teint du côté du Soleil ; la Poire jaunit un peu en sa maturité, qui arrive en Decembre & Janvier, & va quelquefois jusqu'aux mois de Février & Mars; la peau en est douce & unie, la chair tendre, & l'eau fort douce & fort sucrée : voila bien le portrait d'une excellente Poire, elle craint cependant pour le terrein & les saisons les mesmes choses que l'Epine, la Loüise-bonne, le Petit-oin, &c. étant un peu sujette à avoir la chair sablonneuse & insipide, elle craint de plus les moindres vents d'Automne, qui sur tout en Arbres de tige la font aisément tomber, & l'empeschent d'acquerir le degré de perfection qui lui convient : sa juste maturité n'est pas aisée à trouver, car quoi qu'elle soit jaune, elle n'est pas toûjours assez meure, il faut enfin qu'aprés avoir assez long-temps paru avec cette couleur jaune, elle vienne à obeïr un peu au pouce qui la presse.

Le Petit-oin que quelques Angevins nomment Bouvar, d'autres Roussette d'Anjou, d'autres Amadonte, &

d'autres enfin la Merveille d'Hyver, est une Poire de Novembre; elle est à peu prés de la grosseur & figure des Ambrettes ou des Leschasseries, son coloris est d'un verd clair, qui est un peu tiqueté, & jaunit si peu que rien en maturité; on la prendroit assez pour un mediocre Bergamotte, hors qu'elle n'a rien de plat, & qu'au contraire elle est fort ronde, l'œil grand & en dehors, la queuë menuë, mediocrement longue, un peu courbée, & point enfoncée, la peau entre rude & douce; le corps un peu raboteux, & pour ainsi dire, plein de bosses, la chair extrêmement fine & fondante, sans pierre & sans marc, l'eau tres-douce, tres-sucrée, & agreablement musquée: tout cela confirme que toute petite qu'elle est dans sa taille, elle doit trouver place parmi les bonnes Poires, & être mise des premieres dans les Jardins Fruitiers, quoy que, comme j'ai dit ailleurs, elle court les mêmes hazards que l'Epine & que d'autres principales pour la chair pâteuse & insipide; mais enfin on peut dire que, pourvû que son naturel ne soit pas gâté par ce qui s'appelle les ennemis jurez des bons Fruits, qui sont le trop d'humiditez & le trop peu de chaleur, on ne peut pas pendant prés de deux mois voir une meilleure petite Poire, quand elle est dans sa parfaite maturité.

La Loüise-bonne est d'une figure assez approchante de celle de la Saint-Germain, & même de la Vertelongue d'Automne, hors qu'elle n'est pas tout-à fait si pointuë, on en voit de beaucoup plus grosses & plus longues les unes que les autres, les plus petites sont les meilleures, la queuë en est fort courte, un peu charnuë & penchée, l'œil petit & à fleur, la peau fort douce & fort unie, le coloris verdâtre, tiqueté, & devenant blanchâtre en meurissant, ce qui n'arrive point aux grosses: la premiere marque de sa maturité est donc cette blancheur, mais elle ne suffit pas, il faut encore qu'en luy appuyant le pouce auprés de l'œil, on le sente un peu enfoncer: au reste son merite consiste en ce qu'elle est merveilleusement feconde, qu'elle fournit prés de deux mois, Novembre & Decembre, que sa chair est extrêmement tendre, pleine d'eau, & cette eau assez douce & un peu relevée, qu'elle ne devient point molle comme la plûpart des

des autres, & ſur tout qu'elle plaît beaucoup à Sa Majeſté ; mais cela s'entend, pourvû qu'elle ait toute la bonté qu'elle peut avoir ; car elle eſt, ce ſemble, comme les enfans qui ſont nez avec de bonnes inclinations, deſquels il eſt vrai de dire que s'ils ſont bien élevez, ils ſe perfectionnent, & que s'ils le ſont mal, ils ſe corrompent ; de même les fonds humides rendent cette Poire fort groſſe, mais en même temps fort mauvaiſe, ayant un goût de verd & de ſauvage, & une maniere de chair particuliere qu'on ne ſçauroit définir, qu'en diſant qu'elle eſt à peu prés comme de l'huile figée : auſſi eſt-il vray que cette chair ne fait point de corps, ſes parties ne tenans non plus l'une avec l'autre, que des grains de miel, ou de ſable moüillé; mais en revanche le plein air luy eſt tres favorable, & le ſeroit bien davantage, ſi elle tenoit à la queuë un peu plus qu'elle n'y tient ; partant il eſt facile de conclure, que ce qu'on en voit de bonnes ſont venuës dans des terreins ſecs, ou qu'elles ont été ſoigneuſement cultivées dans d'autres.

La Verte-longue, autrement Moüille-bouche d'Automne, eſt de ces Poires anciennes que tout le monde connoît ; & on peut dire que des deux noms quelle porte, le premier fait la veritable deſcription de ſes dehors, & que l'autre marque ſa bonté interieure ; elle a beaucoup d'amis & beaucoup d'ennemis ; auſſi ceux qui luy en veulent, lui reprochent que ſouvent elle vient mal à propos ſe mêler parmi les Pêches tardives & parmi les Beurrés, c'eſt à-dire, entre d'excellentes Poires, qui ont ſuffiſamment de quoy effacer tout ce que la verte-longue peut avoir de recommandable, & même de quoi faire en ſorte qu'on ſe puiſſe aiſément paſſer d'elle : ils lui reprochent encore qu'elle mollit trop facilement, & que ſi elle ne vient dans une terre ſéche & douce, elle court ordinairement riſque d'être pâteuſe, ou tout au moins de n'avoir qu'une eau fade & inſipide.

J'avoüe bien que ce ſont là de puiſſans reproches, s'ils étoient tout-à-fait veritables & inſeparablement attachez à cette Poire ; mais nous pouvons répondre premierement, que nous ſuppoſons ici le Terroir favorable pour les avoir bonnes ; en second lieu , nous disons que le temps de sa maturité est communément vers la my-Octobre , & que pour lors les Beurrez sont d'ordinaire finis ; si bien que dans ce temps-là elle fait tres-souvent un agreable intermede pour accompagner les dernieres Pêches , & sur tout pour se joindre avec les Muscats , en attendant la maturité des Bergamottes & des Petit-oins,qui ne doit pas être éloignée ; autrement on est réduit à rien , si ce n'est peut-estre aux Messires-Jean , aux Poires de Vigne , aux Lansacs , aux Rousselines , &c. toutes Poires qui doivent se cacher , quand on peut avoir de la Verte-longue.

D'ailleurs si on veut lui faire la justice de considerer exactement la quantité , la douceur & le parfum de son eau,avec la delicatesse de sa chair fine , on ne pourra s'empêcher d'avoüer , que nous n'avons point de Poire qui lui puisse disputer sur ces bonnes qualitez : je dis même qu'elle l'emporte sur la plûpart des autres Poires ; eu égard à l'abondance merveilleuse avec laquelle pour confondre , ce semble , ses ennemis , elle se presente d'ordinaire tous les ans sur le theatre du Jardinage.

Il est tres-certain que pour peu qu'elle soit aidée de sucre , comme c'est une Poire qui n'a nulle apparence de marc , qui même n'a presque pas davantage de peau que les bonnes Pesches , nous trouverons tant de raisons pour elle , & si peu contre , qu'enfin malgré tous les reproches qu'on lui fait , elle se fera considerer comme un Fruit important dans le temps de sa parfaite maturité.

La Dauphine ou Lansac , & en quelques endroits Lichefrion d'Automne, a veritablement de beaux jours , mais elle en a aussi de fort vilains : sa grosseur ordinaire est comme celle des Bergamottes , & il n'y en a de bonnes que les petites : sa figure est entre ronde & plate par la teste , & un peu allongée vers la queuë : sa couleur est d'un jaunâtre pâle : son eau est sucrée & un peu parfumée , elle a sa peau lice , sa chair jaunâtre , tendre & fondante : son œil gros & à fleur , sa queuë droite & longuette , & assez grosse & charnuë : j'en ay trouvé , qui à mon goût étoient des Poires presque parfaites ; mais , comme je viens de dire , ce n'est que quand elles sont mediocrement grosſes, & que ſur tout la plûpart de leur peau eſt, pour ainſi dire, couverte d'un manteau roux ou minime, ce qui arrive ſouvent à celles qui ſont venuës dans les terres ſéches, ou en Arbres de tige; car d'un autre côté cette eſpece de Poire eſt pâteuſe, inſipide, & en un mot elle eſt des plus imparfaites, ce qui ne ſe verifie que trop en celles, qui étant venuës dans des terres froides & humides, & ſur tout à des Buiſſons touffus, ont acquis la groſſeur d'un beau Meſſire-Jean, & ont le coloris d'un verd blanchâtre; il s'enſuit donc que ce Lanſac eſt comme la plûpart des bonnes Poires dont nous avons parlé, c'eſt à dire que veritablement elle ne réüſſit pas par tout, mais que cependant elle a une entiere diſpoſition à bien faire, ſi elle ſe trouve heureuſement plantée; ainſi elle pourroit bien meriter une aſſez bonne place dans un petit Jardin, ſi particulierement elle meurriſſoit dans une autre ſaiſon que dans celle de l'entrée de Novembre, qui eſt ſi bien garnie d'autres Poires du premier ordre; c'eſt ce qui fera que nous pourrons remettre à la placer, juſqu'à ce que nous en ſoyons à faire de plus grands Jardins.

Mais à l'égard des ſept precedentes, qui, pour ainſi dire, font un admirable concert de bons Fruits pendant les mois de Novembre, Decembre & Janvier, ayans pour les ſeconder les Ambrettes, les Leſchaſſeries, les Epines, & ſur tout les Virgoulés, qui font, ce ſemble, dans ce corps de Muſique une maniere de Baſſe continuë: à l'égard, dis je, de ces ſept precedentes Poires, je ne puis diſconvenir que je n'aye beaucoup de peine à décider de l'ordre dans lequel elles doivent avoir entrée dans nos Jardins, tant elles ſont bonnes les unes & les autres; cependant ſi j'avois de ces bons fonds qui ne pêchent ni en ſéchereſſe ni en humidité, le parti que je prendrois ſeroit de donner ma voix au Petit-oin pour la neuviéme place, à la Craſane pour la dixiéme, à la S. Germain pour la onziéme, à la Colmar pour la douziéme, à la Loüiſe-bonne pour la treizieme, à la Verte-longue pour la quatorziéme, à la Marquiſe pour la quinziéme.

Neuviéme Buisson. Premier Petit-oin. A.
Dixiéme Buisson. Premier Crasane. B.
Onziéme Buisson. Premier Saint-Germain. C.
Douziéme Buisson. Premier Colmar. D.
Treiziéme Buisson. Premier Loüise-bonne. E.
Quatorziéme Buisson. Premier Verte-longue. F.
Quinziéme Buisson. Premier Marquise. G.

A *Novembre, & Decembre.* B *Novembre.* C *Novembre, Decembre, & Janvier.* D *Novembre, Decembre, Janvier & Février.* E *Novembre, & Decembre.* F *My Octobre.* G *Octobre.*

Ce qui est à remarquer icy pour tout le monde (car ordinairement on n'a pas de ces fonds si heureux) est que de ces sept Poires il y en a deux qui craignent beaucoup le terrein fort sec, & demandent celuy qui est raisonnablement humide, & ce sont les Crasane & les S. Germain : à l'égard des autres cinq, elles sont d'un temperament tout opposé : elles font merveille où ces autres deux échoüent ; & à leur tour elles font pitié, ou plûtôt font horreur dans les terres humides, à moins que l'industrie & la culture n'en sçachent extrêmement corriger le défaut.

Voicy à cet égard ce que j'ay fait avec assez de succés au Potager du Roy ; la situation du lieu naturellement marécageux, & la nature de la terre froide & grossiere, m'ont inspiré de faire beaucoup d'épreuves, comme j'ay dit ailleurs ; j'y ay voulu necessairement avoir de toutes ces Poires, qui dans la verité ont de quoy se faire souhaiter ; & pour cet effet m'attachant particulierement à contenter le goût du Maître que j'ay l'honneur de servir j'ay tâché d'y avoir des terres de toutes sortes de constitutions, c'est-à-dire de passablement séches & de passablement humides, pour donner à chacune de ces Poires le moyen de bien faire : j'ay donc mis une partie de mes terres en ados pour les égouter, & par consequent les desécher : ensuite j'ay planté sur le haut de ces ados, tant en Buissons qu'en Arbres de tige, celles qui craignent le plus d'humidité, & ay mis dans les lieux que je n'ay par tant élevé, celles qui trouvent mieux leur compte dans une situation moins desséchée.

Le conseil que je prens la liberté de donner à tous les curieux, est que si leurs petits Jardins pêchent en humidité,

& qu'ils veüillent en corriger le défaut, ils imitent autant qu'ils pourront ce que j'ay fait dans un tres-grand, toute proportion gardée; & d'ailleurs ceux qui n'auront qu'un terrein fort sec, s'ils m'en veulent croire, ils ne planteront que mediocrement de Crasane & de S. Germain, à moins que ce ne soit sur franc, ayant à craindre un peu d'âcreté dans la premiere, & un peu d'aigreur dans la seconde; (tout cela cependant se détruisant avec un peu de sucre, ou disparoissant dans la parfaite maturité,) & s'attacheront aux cinq autres, qui les recompenseront amplement de leurs soins & de leurs peines; d'un autre côté, ceux qui ont un fond mediocrement humide, donneront de bonnes places en Buisson à ces Crasane & S. Germain, soit sur Coignassier, soit sur franc; mais en même-temps ils rejetteront les Loüise-bonne, Petit-oin, & Marquise, à moins que d'en avoir en Arbre de tige, ou de prendre grand soin que rien ne les couvre de l'ardeur du Soleil.

Les Poires cassantes qui étoient autrefois en si grande vogue dans tous les Jardins, sont bien éloignées de se voir aujourd'huy en faveur: on ne fait plus gueres de cas, ni des Messire-Jean, ni des Martin-sec, ni des Portail, ni des Besidery; & si elles paroissent dans les bonnes Tables, ce n'est pas pour n'en plus revenir, & pour y donner quelque plaisir au goût, ce n'est tout au plus que pour aider à une construction solide & durable de Pyramide: ces sortes de Poires ne sont pas toutefois sans avoir quelques Patrons, & ainsi comme elles se sentent valoir autant qu'elles valoient autrefois, elles demandent a être reçûës à étaler leur bon droit, pour essaïer de se remettre un peu en credit, & être au moins admises à suivre de prés ces quinze Poires, qui ont eu tout l'honneur des premiers Jardins.

Le merite du Martin-sec, qu'on appelle quelquefois Martin-sec de Champagne, pour le distinguer d'un autre qu'on appelle Martin-sec de Bourgogne, consiste non pas en ce qu'il est de la grosseur & de la figure du Rousselet, en sorte qu'en bien des endroits on l'appelle Rousselet d'Hyver, quoy que cependant il y ait une autre Poire, qui n'ayant que ce nom là, trouve fort mauvais que le Martin-sec luy veüille envier; le merite de ce Martin-sec ne conſiſte pas non plus en ce que ſon teint d'un roux d'iſabelle d'un côté, & fort coloré de l'autre, plaît extrêmement aux yeux; ce ne ſeroit pas aſſez pour l'emporter dans une conteſtation de bonté en fait de Fruits : mais il conſiſte premierement en ce qu'il a une chair caſsante & aſsez fine, avec une eau ſucrée & un peu parfumée : en ſecond lieu, en ce qu'il a même cet avantage, qu'il eſt bon de le manger avec ſa peau, tout de même que le veritable Rouſselet, & le manger même preſque auſſi tôt qu'il eſt cueïlli : en troiſiéme lieu, en ce qu'il eſt d'un grand rapport, & même quelquefois d'aſsez grande garde, ſi-bien qu'il eſt de quelqu'uſage pendant le mois de Novembre, joint qu'il fait un beau Buiſson, & vient bien en toute ſorte de fonds & de figures d'Arbres : je ne puis m'empêcher d'avoir quelque eſtime pour cette Poire : il y paroîtra quand nous ſerons venus à faire les plans des grands Jardins, & même pour achever celuy de cent Arbres : mais pour les petits, il n'y oſeroit paroître avec tant d'excellentes Poires tendres, qui viennent auſſi-bien que luy dans le mois de Novembre.

A l'égard du Meſſire-Jean, ſoit blanc, ſoit gris (car tout cela eſt la même choſe,) qui eſt-ce qui ne le connoît pas? il n'a pas veritablement le don de plaire à tout le monde, & il a cela de commun avec beaucoup d'autres Fruits : ceux qui ne l'aiment pas, mettent en jeu la pierre à laquelle il eſt fort ſujet, & luy reprochent par ce même moyen la chair rude & groſſiere, & en cela ils n'ont que trop de raiſon : ils pouſsent, ce me ſemble, trop loin le mépris qu'ils ont pour luy, en diſant que ce n'eſt qu'une Poire de Curé, de Bourgeois, & de valets, ou tout au plus une Poire de Communauté : mais quelque choſe qu'ils veüillent dire, il faut pourtant qu'ils avoüent pour ſa juſtification, qu'autant qu'il apprehende les Terroirs trop ſecs, & les Eſtez trop brûlans, ce qui le rend petit & mépriſable, autant demande-t-il un fond mediocrement humide, ſoit naturellement, ſoit par artifice, c'eſt-à-dire humide à force d'arroſemens : & pour lors avec un Eſté aſsez tendre, il réüſſit indubitablement à devenir une Poire belle, groſse, & de grand rapport, s'accommodant preſque auſſi-bien du franc, que du Coignassier, & aussi-bien de l'Arbre de tige, que du Buisson : sa figure est plate, & sa peau un peu rude à celles qui sont grises : mais à celles qui sont blanches elle est un peu plus douce, & dans sa chair cassante donne une eau fort sucrée, & mediocrement de marc : on peut mesme le loüer, de ce qu'il prend si-bien son temps pour parvenir en maturité : car afin d'éviter la confusion qu'il pourroit avoir de se trouver en compagnies des Poires tendres & beurrées, ausquelles il ne veut pas se comparer, il attend justement que les Rousselet, les Beurré & les Verte-longue soient finis, & vient un peu devant la my-Octobre, comme si ce n'étoit que pour amuser les curieux, tandis que les Marquise, Loüise-bonne & Petit-oin avancent vers leur maturité : & que sur tout la Bergamotte se prepare à se faire voir avec tout l'éclat & l'agrément de la Reine des Poires : si ce Messire-Jean avoit quelques meilleures raisons, il ne manqueroit pas de les faire valoir : il veut même qu'on compte pour quelque chose de ce qu'il a disposition à faire un beau Buisson, & qu'enfin il fait une assez belle figure dans les desserts de vacances.

Il ne seroit pas juste d'avoir parlé du Messire-Jean, & ne pas parler encore du Portail, qui est une Poire si fameuse dans une des plus grandes Provinces du Royaume, c'est-à-dire dans la Province de Poitou, Province remplie d'honnêtes gens fort delicats, & fort curieux en Jardinage : ce seroit leur reprocher publiquement, qu'ils se trompent beaucoup dans l'estime qu'ils font de leur Portail, ou ce seroit me mettre au hazard d'être accusé par eux de ne la pas connoître assez-bien, si je lui en preferois beaucoup d'autres ; cependant pour en parler avec toute la sincerité possible, je ne sçache aucune Poire qui ait un plus grand nombre d'ennemis que celle-là : ce qui est fondé sur tous les défauts qui la décreditent en beaucoup d'endroits, par exemple ceux-ci, d'être assez dure, pierreuse, & pleine de marc, de ne réüssir gueres qu'en Poitou, & sur tout dans la Ville de Poitiers, de ne commencer presque jamais à être bonne à manger, que quand elle commence à avoir quelque petite tache de pourriture, ce qui ne se peut dire d'aucun autre Fruit : & qu'enfin elle est à peu prés de la nature des Melons, c'est-à-dire que pour une qui se trouve excellente, il y en a beaucoup qui sont fort éloignées de l'être, outre que d'ordinaire les Buissons en font d'une mediocre beauté.

Ce qu'on peut répondre pour elle, est qu'on ne sçauroit lui disputer, que nonobstant tous ces reproches elle n'ait quelques bonnes qualitez, qui sont capables de la faire considerer quand elle a la bonté qui lui convient, & qui d'ordinaire ne se trouve qu'aux Arbres sur franc ; son eau sucrée, son parfum agreable, sa grosseur, sa couleur & sa figure, qui la rendent à peu prés semblable à un Messire-Jean brun & bien plat, sa maturité dans les mois de Janvier & Février &c. Ces raisons pourroient, ce semble, adoucir les esprits pour le Portail, & devroient faire trouver bon que je lui donnasse une bonne place ; joint que, quoy qu'ordinairement il soit meilleur en Poitou que par tout ailleurs, il est cependant vrai qu'assez souvent en ces Païs-ci nous en avons qui ne leur cedent pas de beaucoup, mais dans la verité cela est fort rare ; ainsi je croi qu'il est à propos de laisser Messieurs les Poitevins en pleine liberté de planter tant qu'ils voudront de leur Poire bien-aimée, & de conseiller par tout ailleurs de lui en preferer encore beaucoup d'autres.

J'en ay déja placé une quinzaine ; je parlerai ci-aprés des autres que j'estime encore mieux que le Portail, pour achever les vingt-cinq ou trente premieres places des Jardins de mediocre étenduë.

On est sans doute surpris, de ce qu'ayant ci-dessus nommé en passant la S. Augustin parmi les principales Poires, je n'en ay plus fait de mention pour la bien placer ; la verité est que ce n'est point par oubli, mais seulement à cause du temps de sa maturité, qui arrivant avec celle de plusieurs autres dans la fin de Decembre, fait que je le lui impute comme une maniere de défaut : j'en avois vû autrefois quelques-unes sous ce nom-là, & sous celui de Poire de Pise, & n'en avois fait aucun cas à cause de leur peu de grosseur, & particulierement à cause de leur chair dure & séche, quoi qu'un peu parfumée ; mais depuis j'en

ay

ay eu de fort belles, que je croy differentes de celles-là, & les ay trouvées tres-bonnes ; elles sont à peu prés de la grosseur & figure d'une belle Virgoulé, c'est-à-dire qu'elles sont passablement longues, & même assez grosses, ayans le ventre rond, & la partie d'enbas pareillement, mais avec quelque diminution de grosseur, tant de ce côté-là que du côté de la queuë ; je dois dire que cette queuë est plûtôt longue que courte, & qu'elle paroît droite en quelques-unes, & panchée en d'autres, & cependant point enfoncée dans la partie d'où elle sort; l'œil est mediocrement grand, & passablement enfoncé, le coloris est d'un beau jaune de citron, un peu tiqueté, rougissant si peu que rien à l'endroit où le Soleil donne ; la chair en est tendre sans être beurrée, & fournit plus d'eau dans la bouche, qu'elle n'en promettoit au coûteau ; quelques unes ont un petit goût aigret, qui bien loin de déplaire, leur sert en quelque façon de relief ; quelques autres n'en ont presque point : je croi que cette description peut faire connoître cette Poire; je l'estime assûrément, mais je l'estimerois beaucoup plus, si, comme on me l'avoit fait esperer, elle pouvoit se garder jusqu'aux mois de Février & Mars: cependant elle peut fort bien meriter la seiziéme place que je lui donne.

Seixiéme Buisson. Premier Saint-Augustin. *Fin de Decembre.*
Dix-septiéme Buisson. Premier Messire-Jean. A. A *My. Octobre.*
Dix-huitiéme Buisson. Deuxiéme Beurré. B. B *Septembre, & Octobre.*

Cela fait, je croi ne pouvoir mieux faire que de donner la dix-septiéme place à un premier Messire-Jean, il est assez bon quand il est gros & bien meur ; & la dix-huitiéme à un second Beurré ; car dans un Jardin de dix-huit Buissons, il me semble que ce seroit en avoir trop peu, que de n'en avoir qu'un Arbre en Buisson.

Voici tout d'un coup une foule de Poires des trois saisons qui ont chacune leurs Partisans, pour demander en leur faveur la dix-neuviéme place dans un Jardin de dix-neuf Arbres : le Petit-Muscat qui est une des premieres bonnes Poires d'Esté, & qui vient au commencement de Juillet, la Cuisse-Madame, le gros Blanquet, & le petit le Blanquet à longue queuë, & la Poire sans peau, le Muscat Robert, la Gourmandine, le Bourdon, l'Amiret, le Rousselet hâtif, le Finor, la Poire de Cipre, &c. qui toutes suivent de fort prés le petit Muscat, l'Orange verte pour la fin de Juillet, l'Orange musquée, l'Epine d'Esté, la Bergamotte d'Esté, & la Poire d'Epargne pour la my-Aoust; l'Oignonnet, la Fondante de Brest, le Parfum, la Brutte-bonne, les deux sortes de Bon-chrétien d'Esté, & la Cassolette pour la fin de ce même mois, le Salviati, la Poire d'Angleterre, le Reville, la Poire-Chat du Païs de Forest, le Muscat-Fleuri en Septembre, l'Orange Brune, la Rousseline, la Fille-Dieu, le Sucré-vert, le Besi de la mote au mois d'Octobre, l'Amadote appuyée de la protection des Bourguignons, & le Parfum d'Automne, se veulent faire valoir pour les mois d'Octobre & de Novembre, aussi-bien que le Milan-rond, autrement Milan d'Hyver, l'Archiduc, le Bon-chrétien Beurré, l'Ebergenit, & le Messire-Jean d'Hyver, la Pastourelle pour Novembre & Decembre, le Ronville, le gros Musc, le Chaumontel, & le Rousselet d'Hyver pour Janvier & Février, le Saint-Lezin, & le Bugi pour les mois de Mars & d'Avril; le Citron d'Hyver, autrement Lucine, n'est pas sans avoir donné de l'affection pour luy à quelques curieux qui aiment le parfum aux Fruits: la Poire de Vigne en Octobre se vante d'être si bonne en certains endroits, qu'on ne sçauroit, croit-elle, sans la plus grande injustice du monde, lui refuser au moins l'entrée parmi les dix-neuf; le Bon chrétien d'Espagne en Novembre & Decembre n'a-t-il pas, pour ainsi dire, des adorateurs de sa beauté, & même quelques-uns de sa bonté: peu s'en faut que le Besidery même, la Carmelite, la Bernadiere, la Gilogile, la Poire Cadet, la Deux-têtes, & la Double-fleur, n'ayent presenté leurs Placets pour preceder toutes celles dont je viens de parler; l'Amiral, la Poire-Rose, la Poire de Malte, la Poire-Magdelaine, le Chat brûlé, le Sucrin-noir, la Vilaine-d'Anjou, le Caillot-rosat, la Grosse-queuë, le Besi de Daissoy, & quelques autres de cette sorte ont bien veritablement quelque bonté, & même quelque réputation en de certains endroits; mais je ne croy pas qu'elles ayent assez de vanité, pour demander si-tôt à faire parler d'elles; elles se contenteront sans doute de paroître dans la foule des Fruits, & verront sans jalousie beaucoup d'autres Poires faire par tout une grande figure, durant qu'à petit bruit une partie d'entr'elles auront leur place à l'écart dans les grands Jardins, & y serviront au moins à faire une diversité tolerable.

Les pretentions de cette derniere troupe de Poire m'ont veritablement un peu détourné du choix que j'ay dessein de faire pour nostre dix-neuviéme place; mais elles ne m'ont pas pour cela fait prendre le change : je m'en vais faire l'honneur à celles de toutes pour qui je croy icy me devoir declarer.

Ce n'est pas encore au petit Muscat, quoy qu'en effet je l'estime infiniment, & qu'il soit veritablement fort agreable, & sur tout quand il est un peu gros, & qu'on luy donne le temps de jaunir, c'est à-dire de bien meurir : il vient seul, & presque le premier; c'est luy qui, pour ainsi dire, fait l'ouverture du theatre des bons Fruits : toutes ces considerations sont assez fortes pour me gagner; mais enfin la Poire est trop petite pour occuper si tôt une grande & precieuse place, & sur tout en Buisson, où non plus que la Bergamotte, elle n'est gueres heureuse à réüssir : il luy faut sans doute l'Espalier; aussi prendray-je grand soin de la bien placer; quand j'en seray à garnir des murailles.

La Poire de gros Blanquet, qui est le veritable Blanquet musqué, & la Cuisse-Madame, auroient raison d'être offensées, si le petit Muscat precedoit, tout au moins en Buisson, car pour l'Espalier, l'une & l'autre luy cedent sans contredit; ainsi je ne differeray pas plus long-temps à les produire : je croy donc qu'il est à propos de donner la dix-neuviéme place à la Cuisse-Madame, & la vingtiéme à ce gros Blanquet, plûtôt qu'à aucun autre.

Dix-neuviéme Buisson. Premier Cuisse-Madame. A.
Vingtiéme Buisson. Premier gros Blanquet. B.

A. *Entrée de Juillet.*
B. *Entrée de Juillet.*

La Cuisse-Madame est une espece de Rousselet; la figuere & le coloris y conviennent asſez bien : elle a la chair entre tendre & caſsante, accompagnée d'une eau aſsez abondante, un peu muſquée, & ſûrement fort agreable quand elle eſt bien meure : joignez à cela une grande raiſon favorable pour cette Poire, auſſi-bien que pour le gros Blanquet, qui eſt qu'elle nous viennent réjoüir l'une & l'autre en attendant la venuë des Pêches, & que ce ſont les premieres Poires raiſonnablement groſſes & bonnes, que nous ayons à l'entrée de Juillet : elles font de fort beaux Buiſſons, & le ſeul défaut que j'y trouve, c'eſt que les Arbres ſont tres-difficiles à ſe mettre à Fruit ; mais auſſi font-ils merveille du moment qu'ils ont commencé.

La Poire de gros Blanquet eſt fort differente de celle qu'on appelle ſimplement Blanquet ou petit Blanquet, auſſi elle eſt plus hâtive de quinze jours, elle eſt plus groſſe, moins bien faite en Poire, que le petit Blanquet : elle colore un peu même en Buiſſon, & a la queuë fort courte, fort groſſe, & un peu enfoncée : ſon bois qui eſt menu & ſa feüille, aprochent aſſez du bois & de la feüille de Cuiſſe-Madame, au lieu que le bois du petit Blanquet eſt d'ordinaire fort gros & aſſez court : le gros Blanquet eſt auſſi fort different de la Blanquette à longue queuë : qui eſt une Poire bien-faite, dont l'œil eſt aſſez grand & en dehors, le ventre rond, aſſez allongé vers la queuë qui eſt un peu charnuë, aſſez longue, & un peu courbée, la peau fort lice, blanche, & quelquefois un tant ſoit peu colorée à l'aſpect du Soleil, la chair en eſt entre caſſante & tendre, fort fine, ayant tres-bien de l'eau, & cette eau fort ſucrée & fort agreable : elle a les défauts de la plûpart des Poires d'Eſté, qui ſont d'avoir un peu de marc, & de devenir pâteuſes quand on les laiſſe trop meurir ; cette Poire, non plus que le gros Blanquet, ne ſont pas encore trop communes, mais elles meritent bien de le devenir : elles réüſſiſſent fort bien ; ſoit en Buiſſon, ſoit en Arbre de tige : je ne ſeray pas long temps à placer ce Blanquet à longue queuë : la couleur blanche qui ſe trouve à la peau de ces trois Poires, leur a fait donner le nom de Blanquet, qu'elles portent.

La Caſſolette qui vient de voir paſſer devant elle la

Cuiſſe-Madame & le gros Blanquet , murmure tout de bon de ce qu'elle ne leur eſt pas preferée ; c'eſt une Poire longuette & griſâtre , qui ne cede preſque rien à la Robine , ni par ſa chair , ni par ſon eau , ni par tout ſon merite , ſi ce n'eſt qu'elle eſt ſujette à mollir , ce qui n'arrive point à la Robine ; ainſi elle pourroit bien diſputer les deux dernieres places , ſi à l'égard du temps de la maturité elle étoit auſſi heureuſe que les Cuiſse-Madame & les Blanquet muſqué ; mais elle ne vient qu'aux environs de la my-Aouſt , c'eſt-à-dire avec la Robine , & à peu prés dans le commencement des principales Pèches , & dans le fort des Figues & des meilleures Prunes qu'on a par le moyen des murs de clôture ; c'eſt venir en trop bonne compagnie , pour participer ſi tôt aux premiers honneurs des petits Jardins ; ainſi je la remets encore pour quelque temps.

On voit bien que dans cette diſtribution de places , je fais , pour ainſi dire , le perſonnage d'un Maître des ceremonies , qui pour le bien commun viſe particulierement à faire en ſorte , que ſi dans chaque ſaiſon de l'année on ne peut pas avoir abondance de bons Fruits , on en ait au moins une mediocre & raiſonnable quantité , & cela à proportion de l'étenduë & de la qualité du Jardin qu'on a , & particulierement à proportion du ſecours que doivent donner les Eſpaliers , ſur leſquels je compte : il eſt tres-certain , que ſans de tels égards j'aurois déja placé & la Caſsolette, & le Bon-chrétien d'Eſté muſqué , &c.

Ce que je fais donc preſentement eſt de chercher à compaſser ſi bien tous les bons Fruits , que chacun à ſon rang ait moyen de ſatisfaire à l'obligation qui ſemble avoir été impoſée à tous , non ſeulement de donner du plaiſir à l'homme , mais ſur tout de contribuer à la conſervation de ſa ſanté.

Nous avons , ce me ſemble , aſsez d'apparence de nous perſuader de cette obligation ; car en effet ne paroît-elle pas viſiblement , en ce que la nature nous fournit plus ou moins de Fruits , ſelon que nous ſommes plus ou moins attaquez des chaleurs étrangeres qui ſeroient capables de nous nuire ; c'eſt un remede ſouverain , & un rafraîchiſſement preparé, que contre de tels ennemis elle nous donne à point nommé tous les ans; c'eſt pour cela qu'au mois d'Aouſt, c'eſt-à-dire au temps des chaleurs redoutables de la Canicule, nous avons tant de Melons, de Figues, de Pêches, de Prunes, & même de Poires.

Nous voyons pareillement qu'à l'arrivée des rigoureux froids qui ſont d'ordinaire depuis la my Novembre juſqu'en Février & Mars, chacun de nous ſe trouvant plus ſenſible a la premiere attaque des gelées, eſt contraint de s'approcher davantage du feu pour s'en défendre.

Cette chaleur étrangere ainſi priſe ſubitement, pourroit ſans doute augmenter ſi fort celle que nous avons de la nature, qu'enfin il nous en arriveroit de grandes infirmitez; mais cette bonne mere par ſa ſageſſe ordinaire ſemble y avoir pourvû, en nous donnant préciſément pour ces temps-là une admirable quantité de Fruits tendres, c'eſt-à-dire les Poires de Bergamotte, de Petit-oin, de Craſane, de Loüiſe-bonne, de Leſchaſſerie, d'Ambrette, de Virgoulé, d'Epine, de S. Germain, de Colmar, de S. Auguſtin, & y mêlant même de ces Poires Caſſantes & Muſquées, qui ne ſont pas mauvaiſes, & deſquelles j'ay parlé cy-deſſus, des Amadotes, des gros Muſc, des Martin-ſec, des Portail, ſans toutes les Pommes de Calville, Reinette, Fenoüillet, Cour-pendu, &c, & nous voyons que le nombre de ces divins antidotes diminuë à meſure que nous ceſſons d'en avoir ſi grande neceſſité; c'eſt du gros froid que j'entens parler, qui, ſi je l'oſe dire me paroît, l'ennemy commun du genre humain, & qui particulierement dans le temps que je travaille le plus pour la matiere que je traite, me tourmente & m'afflige.

Ce n'eſt pas veritablement mon fait, ni auſſi le lieu de déclamer icy contre ce froid; mais s'il nous en revenoit quelque avantage, ſans doute que comme il m'incommode également par tout où je le trouve, ſoit en mon corps, ſoit en mon peu d'eſprit, ſoit encore particulierement dans nos Jardins; & ſur tout pour les nouveautez; il n'y auroit rien que je ne fuſſe capable de dire & de faire, pour en bannir une bonne partie de nos climats: en effet à parler humainement, je n'ay aucune conſideration pour le froid, si ce n'est pour quelques glaçons & quelques neiges, qui sont les restes que nous avons de luy en son absence, & que nous prenons grand soin de renfermer dans les cachots de nos glacieres ; il semble que ce soit une maniere de criminels, qui ont besoin de la correction d'une longue prison pour être reduits à bien faire ; & en effet il vient un temps que ces restes de persecuteurs des hommes & des Jardins se font bien valoir ; car enfin pendant les chaleurs importunes de l'Esté, ils font les plus grands delices de la boisson des honnêtes gens : Plût à Dieu que sans éprouver la rigueur des Hyvers, on pût faire venir de la glace du Nord, de la même maniere qu'on fait venir des Païs chauds les Olives, les Oranges, & tant d'autres bonnes choses.

Je marche toûjours sur le plan que je me suis proposé, qui est de faire en sorte autant qu'il se peut, que dans chaque Jardin nous ayons au moins quelque bon Fruit pour chaque saison ; & que du moment qu'on aura commencé d'en avoir il n'y ait plus de discontinuation ni d'intervalle jusqu'aux Fruits de l'année d'aprés. Nous avons à la my-Juillet la Cuisse-Madame ; on y pourroit joindre pour vingt-uniéme place le Bourdon-Musqué, ou plûtôt le Muscat-Robert, qui fait un plus agreable Buisson ;

Vingt-uniéme Buisson. Premier Muscat-Robert, autrement, Poire à la Reine, Poire d'Ambre, Pucelle de Xaintonge, &c.

Car du reste leur merite est à peu prés égal pour la grosseur, la chair tendre, & l'eau assez musquée ; elles meurissent vers la my-Juillet, mais le Muscat-Robert commence : nous attendrons encore quelques temps à placer le Bourdon & le Petit Blanquet, qui leur succedent d'assez prés, & souvent les accompagnent ; ce Muscat Robert fournit presque jusqu'au temps du Bon-chrétien musqué, qui vient à la fin du mois ; mais c'est une Poire tres-bien faite, ayant la chair assez tendre & fort sucrée ; elle est à peu prés de la grosseur du Rousselet, n'ayant gueres d'autres défauts que celuy de la plûpart des Poires d'Esté, qui est d'avoir un peu de marc, & ne durer gueres ; mais en revanche elle rapporte beaucoup.

La vingt-deuxiéme place ne seroit pas trop mal remplie par la Poire de Vigne ou de Demoiselle, que mal à propos on nomme en quelques endroits Petit-oin ; elle est grise roussâtre, ronde, & mediocrement grosse, elle a la queuë extrêmement longue, & meurit vers la my-Octobre, qui est le temps des vacances, c'est-à dire le temps que la campagne est la plus frequentée, & qu'on a le plus de besoin de Fruits pour regaler les Compagnies ; sa chair veritablement n'est pas dure, mais à proprement parler, elle n'est ni de la classe des Beurrées, ni de celle des tendres, encore moins des cassantes:elle fait plûtôt une classe particuliere,qui est une maniere de chair grasse & gluante, & souvent pâteuse : & par dessus cela, son merite est infiniment obscurci par la rencontre des Beurré, des Vertelongue, des Bergamottes, des Sucré vert,des Petit-oin, des Lansac,des Marquise, des Crasane, &c. voilà pourquoi je ne la placerai pas si-tôt, & attendrai à la mettre parmi les Arbres de tige:donnons cependant la vingt-deuxiéme place à un second Vertelongue, qui vaut sans doute beaucoup mieux que la Poire de Vigne.

Vingt-deuxiéme Buisson. Deuxiéme Vertelongue.

La Poire sans peau pourroit bien disputer cette vingt-deuxiéme place à la Vertelongue ; mais pourtant à cause qu'elle est une si bonne Poire au temps des vacances, je la lui veux laiser, & la faire suivre par sa concurrente.

My-Juillet. *Vingt-troisiéme Buisson. Premier sans peau.*

Qu'on nomme autrement Fleur de Guigne, & même Rousselet hâtif, par quelque ressemblance qu'elle a avec le veritable Rousselet dans sa figure longuette & son coloris roussâtre : c'est une fort jolie Poire, & sur tout vers le vingtiéme Juillet, pour tenir compagnie à la Poire de Blanquet à longue queuë, elle a l'eau douce sans aucun mélange de rosat ou d'aigret, & a la chair tendre sans aucun marc : tout cela doit faire approuver le rang que je lui donne, & que j'aurois donné au Bon-chrétien d'Esté musqué, s'il venoit dans la même saison que lui, c'est-à-dire devant les Pêches.

Pour

Pour finir les deux douzaines de Buiſſons, je donne la vingt-quatriéme place à un deuxiéme Bon-chrétien d'Hyver.

Vingt-quatriéme Buiſſon. Deuxiéme Bon-chrétien d'Hyver.

Poire des mois de Février, & Mars.

Je n'aurois jamais fait, & contre mon intention je fatiguerois tout le monde, ſi à démêler les conteſtations des autres Poires qui ont cours dans les Jardins fruitiers, je voulois m'arrêter auſſi long-temps que j'ay fait à l'occaſion des vingt-quatre precedentes; le reſte n'eſt pas d'un merite ſi grand, que j'en veüille faire le panégirique en forme, ni expliquer ſingulierement les raiſons qu'elles peuvent avoir de diſputer avec leurs compagnes.

Je n'eſtime pas comme je croy l'avoir dit ailleurs, qu'il ſoit neceſſaire qu'un Jardin, pour être bien entendu, contienne au moins quelque Arbre de chacune des eſpeces qui ſont raiſonnablement bonnes; mais ce que j'eſtime eſt que de celles qui ſont ſûrement excellentes, il en ait davantage d'Arbres, je ſçay bien que nous avons plus de ſortes d'aſſez bonnes Poires, que ce que j'en ay placé; auſſi à meſure que les Jardins ſeront plus ſpatieux, je ne manqueray pas d'y mettre quelques autres eſpeces.

Tout au moins puis-je dire que juſques-là, ſans avoir dans de ſi petits Jardins une ſeule méchante eſpece de Poire, nous pouvons nous vanter d'y en trouver vingt-une ſorte des meilleures qu'on connoiſſe, quoy qu'il n'y ait en tout que vingt-quatre Poiriers en Buiſſon; je ne parle point encore de ceux qui doivent être en Eſpalier, j'ay marqué l'ordre de la maturité de ces Fruits non ſeulement pour les ſaiſons, mais auſſi pour chaque mois de ces ſaiſons; il y en a ſix pour l'Eſté, qui ſont une Cuiſſe-Madame, un gros Blanquet muſqué, un Muſcat-Robert, un Sans peau, une Robine, & un Rouſſelet; neuf pour l'Automne en ſept eſpeces, qui ſont deux Verte longues, deux Beurrés, un Craſane, un Meſſire-Jean, un Marquiſe, un Loüiſe-bonne, & un Petit oin, & neuf pour l'Hyver en huit eſpeces; cet Hyver outre une partie des Poires d'Automne, dont aſſez ſouvent il a l'avantage de profiter, eſt tout glorieux d'avoir une Epine d'Hyver, un

Saint-Germain, un Virgoulé, un Leschasserie, un Ambrette, un Colmar, un Saint-Augustin, & deux Bon-chrétiens, toutes Poires d'une maturité beaucoup plus étenduë, que celles des autres saisons; nous devons bien nous consoler, si toutes ne sont pas excellentissimes, puisque sans contredit dans le grand nombre que la terre nous en produit, & qui sont venuës à nôtre connoissance, nous n'en avons point de meilleures que celles que nous avons choisies.

Je pretens doubler au moins quatre ou cinq fois les Buissons de quelques unes de nos principales Poires, devant que de multiplier les autres, & devant que d'en venir à placer une vingtaine de celles que nous avons cy devant nommées en passant; je voy bien qu'elles ont un grand empressement de se produire: mais cependant il me semble que quelque merite qu'elles ayent, & que je ne leur dispute pas, tout au moins sur le pied qu'il est, il me semble, dis je, pouvoir avancer à leur égard, que toutes ensemble n'oseroient entrer en dispute contre aucune de ces vingt-une principales, à les prendre séparément.

Ainsi il leur faut conseiller de prendre encore patience pour quelque temps; il me semble que leur condition ne sera pas trop malheureuse de paroître une fois chacune dans les grands Jardins, aprés y avoir vû premierement donner quatre ou cinq places des plus honorables à chacune de celles qui sont actuellement établies, & qui, s'il m'est permis de parler ainsi, sont parmy nos Fruits ce que les clefs de meute sont dans la Vénérie.

Cela posé, & que nous commençons d'entrer dans des Jardins passablement grands, j'estime que pour les planter habilement, il faut premierement faire une destination de canton pour les especes de chaque saison, afin qu'ils ne soient point pêle mêle les uns parmi les autres, mais que les Fruits d'Esté soient dans un endroit à part, qu'il en soit de même pour les Fruits d'Automne, & de même aussi pour les Fruits d'Hyver, faute de quoy il arrive des inconveniens que j'explique ailleurs; il faut en second lieu, que chaque Arbre trouve sa place dans l'ordre qui suit, & par consequent donner.

La vingt-cinquiéme à un troisiéme Beurré gris.

Vingt-sixiéme à un second Virgoulé.

Vingt-septiéme à un second Leschasserie.

Vingt-huitiéme à un second Epine.

Vingt-neuviéme à un second Ambrette.

Trentiéme à un second Saint-Germain.

Trente uniéme à un second Rousselet.

Trente-deuxiéme à un second Crasane.

Trente troisiéme à un second Robine.

Trente-quatriéme à un second Cuisse Madame.

Trente-cinquiéme à un second Colmar.

Trente-sixiéme à un second Petit-oin.

Trente septiéme à un troisiéme Bon-chrétien d'Hyver.

Trente huitiéme à un quatriéme Beurré.

Trente-neuviéme à un troisieme Virgoulé.

Quarantiéme à un troisiéme Leschasserie.

Quarante-uniéme à un troisiéme Epine.

Quarante-deuxiéme à un troisiéme Ambrette.

Quarante-troisiéme à un troisiéme Saint Germain.

Quarante-quatriéme à un premier Muscat fleuri, autrement Muscat à longue queuë d'Automne.

Quarante-cinquiéme à un troisiéme Verte-longue.

Quarante-sixiéme à un troisiéme Crasane.

Quarante septiéme à un second Marquise.

Quarante-huitieme à un second Saint-Augustin.

Quarante-neuvieme à un quatrieme Bon-chretien d'Hyver.

Cinquantieme à un quatriéme Virgoulé.

Et ainsi en cinquante Buissons on en a neuf d'Esté en six especes, dix sept d'Automne en huit especes, & vingt-quatre d'Hyver en huit autres especes.

La cinquante-unieme place se donnera à un troisieme Marquise.

Cinquante-deuxieme à un premier Bon-chretien musqué d'Esté

Cinquante-troisieme à un troisieme Petit-oin.

Cinquante-quatrieme à un cinquieme Bon-chretien d'Hyver.

Cinquante-cinquieme à un cinquieme Virgoulé.

Cinquante sixieme à un quatrieme Leschasserie.

Cinquante septieme à un quatrieme Epine.

La cinquante-huitiéme à un quatriéme Ambrette.
Cinquante-neuviéme à un quatriéme Saint-Germain.
Juillet. *Soixantiéme à un premier Blanquet à la longue queuë.*
Entrée *Soixante-uniéme à un cinquiéme Beurré.*
d'Aoust. *Soixante-deuxiéme à un premier Orange verte.*
Soixante-troisiéme à un quatriéme Vertelongue.
Soixante-quatriéme à un sixiéme Bon-chrétien d'Hyver.
Soixante-cinquiéme à un sixiéme Virgoulé.
Soixante sixiéme à un troisiéme Colmar.
Soixante-septiéme à un quatriéme Crasane.
Soixante-huitiéme à un quatriéme Marquise.
Soixante-neuviéme à un deuxiéme Loüise-bonne.
Soixante dixiéme à un cinquiéme Epine.
Soixante-onziéme à un cinquiéme Ambrette.
Soixante-douziéme à un cinquiéme Leschasserie.
Soixante-treziéme à un cinquiéme Saint-Germain.
Soixante-quatorziéme à un cinquiéme Verte-longue.
My-Septembre, & entrée d'Octobre. *Soixante-quinziéme à un premier Doyenné.*

Par ce moyen un Jardin de soixante & quinze Buissons en aura douze d'Esté en neuf especes, vingt-six d'Automne en autres neuf, & trente-six d'Hyver en huit especes.

Toutes les Poires contenuës dans ce nombre de soixante-quinze ont été cy-devant décrites à la reserve de quatre, sçavoir du Muscat fleuri, du Bon-chrétien d'Esté musqué, de l'Orange-verte, & du Doyenné.

Le Muscat fleuri, autrement Muscat à longue queuë d'Automne, est une excellente Poire ronde, roussâtre, mediocre en grosseur, chair tendre, goût fin & relevé, toute propre à être, pour ainsi dire, mangée goulument, tout de même qu'une bonne Prune, ou qu'une belle Griotte.

Le Bon-chrétien d'Esté musqué ne vient gueres bien que sur franc, la Poire est excellente, & fait un fort bel Arbre; elle est d'une figure agreable à voir, étant bien faite en Poire, d'une grosseur raisonnable, & à peu prés comme celles des belles Bergamottes; son coloris est blanc d'un côté, & rouge de l'autre; sa chair est entre-cassante & tendre, ayant beaucoup d'eau, accompagnée d'un agreable parfum; son malheur est que sa maturité vient, & avec celle de la Robine, par qui constamment elle est effacée, & avec celles des bonnes Pêches de la fin d'Aoust, qui ne souffrent gueres de Poires en leur compagnie ; quoy que c'en soit ; je la croy digne d'entrer au moins une fois dans un Jardin de soixante-quinze Arbres,

A l'égard de l'Orange-verte, elle a un assez grand nombre de petits amis ; tout le monde la connoît par son nom, en effet c'est une Poire commune & populaire, & qui du temps de nos Peres faisoit une assez grande figure dans les Jardins, si-bien que parmi tous les vieux Arbres on ne manque pas d'y en trouver beaucoup : je ne croy pas que personne la veüille chasser de la place que je luy ay donnée ; le temps de sa maturité, qui est au commencement d'Aoust, c'est-à-dire un peu devant les Robine, les Bonchrétien musqué, & les Pêches ; sa chair cassante, son eau sucrée avec son parfum tout particulier pour son espece, sa taille assez grosse, plate & ronde ; son œil enfoncé, son coloris vert & incarnat sur une peau rude, mais particulierement l'abondance qui l'accompagne presque toûjours en Buisson, & qui est favorable pour le Domestique & pour les Communautez ; toutes ces circonstances font une grande sollicitation pour elle ; sa vanité n'est pas grande, elle n'espere nullement à l'Espalier, elle est contente de sa soixante-deuxiéme place, à la bonne-heure, il luy faut laisser.

Enfin le Doyenné entre le dernier dans un Jardin de soixante & quinze Buissons, il n'y fait pas mal son devoir : il se nomme autrement Saint-Michel, Beurré blanc d'Automne, Poire de Neige, Bonn-ente, &c. il est de la grosseur & figure d'un beau Beurré gris, & malheureusement pour luy il vient en même-temps que ce Beurré, devant qui en verité il ne devroit presque jamais paroître pour son honneur : son portrait nous apprend qu'il a la queuë grosse & courte, la peau fort unie, le coloris verdâtre : jaunissant beaucoup en maturité : celles des Espaliers prennent un rouge fort vif du côté que le Soleil les regarde, la Poire est veritablement fondante, & l'eau en est douce, mais d'ordinaire c'est une douceur peu noble & peu élevée, nonobstant un je ne sçay quel petit parfum qu'on y trouve quelquefois, & qui ne me paroît pas digne de grande estime, la chair en devient aisément molle : & comme pateuse & sablonneuse, si-bien qu'il est assez difficile de prendre cette Poire dans le temps justement qu'il faut : mais cependant ayant cette précaution de la cueillir assez verte, & de la servir devant qu'elle ait acquis un jaune clair, qui marque une maturité trop achevée, on peut hazarder de la faire voir sans craindre d'en recevoir affront : j'en ay eu une année de si bonnes, que je les croyois presque une espece particuliere, mais je n'y suis pas revenu depuis ; elle a en toutes sortes de fonds l'avantage de la fecondité, qui luy donne vers beaucoup de mediocres Jardiniers une consideration particuliere ; & de plus, l'avantage de la beauté, qui pendant le mois d'Octobre luy donne place dans toutes les pyramides des grandes tables ; elle trouve assez de curieux qui en font bien plus de cas que moy : je n'y sçaurois que faire, ils me pardonneront si je leur dis, que même j'ay presque honte de l'avoir si-bien placée : nous avons depuis peu une Poire nouvelle sous le nom de Besi-de-la-motte, qui ressemble assez à un gros Ambrette, hors qu'elle est un peu tiquetée de rouge : si une autre année cette Poire est aussi fondante, & d'une eau aussi agreable que je l'ay trouvée dans la fin d'Octobre 1685. qui est le temps de sa maturité, le Doyenné court grand risque de luy ceder la place que je luy ay donnée, tout au moins la verra-t-il reçuë immediatement aprés luy.

Quoy que jusqu'à present dans quelques-uns de ces premiers Jardins, & par exemple dans celuy de soixante & quinze Poiriers le nombre de quelques especes d'Automne soit fort grand à proportion de celles d'Hyver : car il y en a vingt sept Arbres des premieres, & il n'y en a que trente sept des autres : je ne trouveray pourtant point à redire si quelqu'un y veut apporter du changement, & retrancher même une partie des Poires d'Esté, qui sont au nombre de douze, pour multiplier à leurs places celles des autres saisons qui luy plairont le mieux.

C'est pour cela que je croirois avoir tort, si quand nous serons à faire de grands Jardins, je conseillois à tout le monde d'y mettre, par exemple, presque autant de Verte-longue, & même de Beurré, &c. que de Bon-chrétien, d'Ambrette, de Virgoulé, de Leschasserie, d'Epine, de la Fa e, &c. je m'assûre que les grands amateurs de cés bonnes Poires d'Automne, n'improuveroient pas cette conduite, je les multiplieray bien quelquefois, & quelquefois aussi les autres des deuxiéme & troisiéme classe, mais ce sera toûjours avec cet égard, qui doit servir de regle à chaque Jardinier, & que je me propose pour chacun en particulier; c'est à sçavoir que réguliérement il ne faut tâcher d'avoir de chaque sorte de Fruits, qu'autant qu'on en peut apparemment consommer, soit par soy-même, ou par sa famille, soit par ses amis, sans donner à ces Fruits le temps de se corrompre misérablement: je croi même que ces Poires qui n'ont pas la bonne fortune de durer longtemps, & qui aussi-bien que nous la doivent envier à tant de mauvaises, lesquelles sans aucun soin, & pour ainsi dire, malgré qu'on en ait, se conservent aisément jusqu'aux Fruits de l'Esté suivant; je croy, dis je, que ces bonnes Poires se sentiroient, pour ainsi dire, offensées, si on les avoit multipliées d'une telle façon, qu'au lieu d'être durant leur parfaite maturité employées toutes à faire leur devoir à l'égard du genre humain, une grande partie d'entr'elles se voyoient insensiblement devenir inutiles par la pourriture qui leur seroit survenuë.

Quand on a peu de Fruits de chaque sorte, il n'arrive gueres qu'on les laisse gâter, on les visite trop souvent pour leur en donner le temps, au lieu que quand on en a grande abondance, rien n'est si ordinaire que d'en voir perir une bonne partie; il faut sur cela sçavoir judicieusement déterminer ce qu'à peu prés on a besoin d'en avoir selon ses desseins, sur ce pied là proportionner (comme j'ay dit cy-devant) le nombre d'Arbres de chacune des especes qu'on devra planter dans son Jardin.

Il y en a quelques-uns qui sont tardifs à rapporter, comme les Ambrette, les Robine, les Bourdon, les Rousselet, les Epine, & sur tout les Virgoulé, les Colmar, &c. Et il y en a qui sont assez prompts, pourvû qu'ils soient sur Coignassier, comme les Vertelongue, Beurré, Doyenné, &c. mais ceux-ci sont des Fruits, de chacun desquels il est à propos d'avoir un assez bon nõbre, parce qu'on en mange beaucoup dans leur saison ; ils viennent pendant qu'il fait encore chaud , & dans un temps auquel on n'est pas accoûtumé à se passer d'une moitié de Poire ; il faut en effet avoir mangé beaucoup de Rousselet, de Verte-longue, & même de Beurré , &c. devant que d'avoir satisfait à son appetit ; la nature qui connoît aussi-bien nos passions que nos necessitez, & qui a voulu également s'accommoder aux unes & aux autres , a , pour ainsi dire , donné à ces sortes de Poires le talent de la fecondité , aussi-bien que celuy du prompt rapport , afin que dans leur saison on en puisse avoir assez abondamment , puisqu'on est en état de les consommer utilement , & avec plaisir.

Il ne faut donc plus s'étonner si jusques dans ces sortes de Jardins , qui ne peuvent avoir qu'environ soixante & quinze Arbres , j'y souhaite presqu'autant de ces Fruits qui meurissent quasi tous ensemble , que j'y en souhaite de certains qui ne meurissent que successivement , & qui par consequent donnent le temps d'en faire une consommation commode & reguliere ; mais , comme je l'ay déja dit, quand je seray dans les grands plans, j'auray sans doute beaucoup plus de retenuë à l'égard de ces Fruits qui se conservent peu , qu'à l'égard des autres , qui ayans l'avantage de la bonté , aussi-bien que celui de la durée , se conservent plusieurs mois de suite.

Je m'en rapporte cependant à chaque curieux, pour multiplier les Fruits d'une saison davantage que ceux d'une autre , selon son inclination ou selon ses besoins. A tel , par exemple , sur des considerations de certains sejours de campagne , où il doit avoir frequente compagnie , comme il arrive d'ordinaire pendant l'Automne ; à tel, dis-je, il faut necessairement beaucoup plus de Fruits des mois de Septembre, d'Octobre, & de Novembre, que des autres saisons : en tel cas le nombre des Rousselets , Verte-longue , Beurré, Doyenné , Bergamotte , Marquise , Lansac, Crasane, Poire de Vigne , Petit oin , Loüise-bonne , Besi de la motte , & même des Messire-Jean , &c. doit être augmenté , & cela étant , les autres especes de Fruits seront diminuées à proportion : à tel au contraire par d'autres bonnes raisons, comme , par exemple , de ne pouvoir aller consommer les

Fruits

fruits d'Esté & d'Automne, & ne les pouvoir même faire transporter, il convient absolument de n'avoir que beaucoup de fruits d'Hyver; en tel cas les Virgoulé, Bonchrétien d'Hyver, Espine, Ambrette, Leschasserie, Colmar, le Fare, Saint Augustin, Martin-sec, Pastourelle, &c. seront amplement multipliés, & les Fruits des autres saisons reduits à un plus petit nombre.

Il est bien certain que mon veritable dessein dans ce Traité du chois & de la proportion des Fruits, n'a point regardé ces circonstances particulieres, qui peuvent être infinies, soit à l'égard de chaque chef de famille particuliere, soit à l'égard des Chefs de Communauté, & en effet il ne l'a pû faire; il n'a été principalement que pour l'ordinaire des curieux, qui tout le long de l'année voudroient avoir reglement & également tout ce qu'on peut avoir de meilleurs Fruits de leurs Jardins, de quelque grandeur que ces Jardins puissent être; la connoissance que j'auray icy donnée des bons Fruits de chaque saison, & de la durée de chaque espece, aidera les autres Curieux à se determiner conformement à leurs intentions.

Pour continuer donc presentement ce que j'ay commencé pour ces premiers Curieux, je croy que nous devons donner.

La soixante-seiziéme place à un premier Besi de la mote. Fin d'Octobre.

Soixante-dix septieme à un sixieme Beurré.

Soixante-dix huitieme à un deuxieme gros Blanquet.

Soixante-dix-neuvieme à un troisieme Loüise-bonne.

Quatre-vingtieme à un deuxieme Blanquet à longue queüe.

Quatre-vingt-unieme à un septieme Bon-chrétien d'Hyver.

Quatre-vingt-deuxieme à un sixieme Epine.

Quatre-vingt-troisieme à un sixieme Leschasserie.

Quatre-vingt-quatrieme à un sixieme Ambrette.

Quatre-vingt-cinquieme à un septieme Virgoulé.

Quatre-vingt-sixieme à un sixieme Verte-longue.

Quatre-vingt-septieme à un huitieme Virgoulé.

Quatre-vingt-huitieme à un septieme Epine.

La quatre-vingt-neufvieme à un septieme Ambrette.

Quatre-vingt-dixieme, septieme Leschasserie.

Quatre-vingt-onzieme, sixieme Saint-Germain, autrement l'inconnuë la fare.

Quatre-vingt douzieme, quatrieme Colmar.

Quatre-vingt-treizieme, neufviéme Virgoulé.

Quatre-vingt-quatorzieme, deuxieme Muscat-fleury.

My-Novembre. *Quatre-vingt quinzieme, premier Martin-sec.*

Quatre-vingt-seizieme, quatrieme Petit-oin.

Quatre-vingt dix septieme, quatrieme Loüise-bonne.

Quatre-vingt-dix huitieme, huitieme Espine.

Quatre-vingt dix-neufvieme, huitieme Ambrette.

Centieme, dixiéme Virgoulé.

Voilà donc un Jardin de cent Poiriers en Buisson, reglé avec tout le chois & la proportion dont je suis capable, y ayant introduit de vingt-huit especes de Poiriers, sçavoir neuf pour l'Esté, dix pour l'Automne, & neuf pour l'Hyver : les neuf d'Esté donnent quatorze Arbres, les dix d'Automne en donnent trente-trois, & les neuf d'Hyver en donnent cinquante-trois.

Les quatorze d'Esté sont deux Cuisse-Madame, deux Robine, deux Rousselets, deux gros Blanquet, deux Blanquet à longue queuë, un Muscat-Robert, un Sans-peau, un Bon-chrétien d'Esté musqué, un Orange-verte ; je croy que c'est assez de Poires d'Esté avec quelque petit Muscat en Espalier.

Les trente-trois d'Automne sont six Beurré, six Verte-longue, quatre Crasane, quatre Marquise, quatre Loüise-bonne, quatre Petit-oin, un Messire-Jean, deux Muscat-fleuri, un Doyenné, un Besi de la mote, cela étant aidé de quelque Bergamotte d'espalier fait une Automne assez bien garnie.

Les cinquante-trois d'Hyver sont sept Bon-chrétien, dix Virgoulé, huit Espine, huit Ambrette, sept Leschasserie, six Saint-Germain, autrement l'Inconnuë de la fare, quatre Colmar, deux Saint-Augustin, un Martin sec.

Pour commencer le deuxiéme cent de Buissons,

Le cent-unieme Poirier seroit un onzieme Virgoulé.
Cent-deuxieme, huitieme Leschasserie.
Cent-troisieme, neuvieme Epine d'Hyver.
Cent-quatrieme, Premier Bourdon. *Aoust.*
Cent-cinquieme, septieme Lafare, autrement Saint-Germain.
Cent-sixieme, cinquieme Colmar.
Cent-septieme, septieme Beurré.
Cent-huitieme, septieme Verte-longue.
Cent-neuvieme, dixiéme Epine.
Cent-dixieme, cinquieme Petit-oin.
Cent-onzieme, premier Sucré vert. *Fin d'Oct.*
Cent-douzieme, premier Lansac. *My-Nov.*
Cent-treizieme, troisieme Rousselet.
Cent-quatorzieme, troisieme Robine.
Cent-quinzieme, premier Poire Magdelene. *Entrée de Juillet.*
Cent-seizieme, & cent-dix septieme, deux Espargne. *Fin de Juillet.*
Cent-dix-huitieme, douzieme Virgoulé.
Cent-dix-neuvieme, sixieme Colmar.
Cent-vingtieme, huitieme Bon-chrêtien d'Hyver.
Cent-vingt-unieme, deuxieme Martin-sec.
Cent-vingt-deuxieme septieme Colmar.
Cent-vingt troisieme, huitieme Beurré.
Cent vingt-quatrieme, premier Bugi.
Cent-vingt-cinquieme, deuxieme Bugi. *Février & Mars.*

Ainsi dans le nombre de cent vingt-cinq Poiriers on y en trouve vingt d'Esté en douze especes, trente-neuf d'Automne en douze especes, & soixante-six d'Hyver en dix especes. Les vingt d'Esté sont trois Rousselets, trois Robine, deux Cuisse-Madame, deux gros Blanquet, deux Blanquet à longue queuë, deux Espargne, un Sans-peau, un Bon-chrétien d'Esté musqué, un Orange verte, un Muscat-Robert, un Bourdon, un Poire Magdeléne.

Les trente-neuf d'Automne sont huit Beurré, sept Verte-longue, cinq Petit-oin, quatre Marquise, quatre Craſane, quatre Loüiſe-bonne ; deux Muſcat-fleuri, un Doyenné, un Lanſac, un Beſi de la mote, un Sucré-vert, un Meſſire-Jean.

Les ſoixante-ſix d'Hyver ſont huit Bon-chrétien, douze Virgoulé, dix Epine, huit Leſchaſſerie, huit Ambrette, ſept Lafarc, ſept Colmar, deux Martin-ſec, deux Saint-Auguſtin, deux Bugi.

Dans ce nombre de cent vingt-cinq j'ay introduit cinq eſpeces de Poires, qui n'avoient point eu d'entrée dans le premier cent, ſçavoir trois d'Eſté, le Bourdon, l'Eſpargne, & la Poire Magdeléne, une d'Automne qui eſt le Sucré-vert, & une d'Hyver qui eſt le Bugi.

Le Bourdon eſt une Poire de la fin de Juillet, qui pour la groſſeur, la qualité de ſa chair, de ſon goût, de ſon parfum, & de ſon eau, auſſi-bien que par le temps de ſa maturité, reſſemble à peu prés au Muſcat-Robert, & n'en eſt guéres different que par la queuë qu'il a plus longue.

L'Eſpargne, autrement Saint Sanſon eſt une Poire rouge, aſſez groſſe, & fort longue, & pour ainſi dire un peu voutée dans ſa taille ; elle a la chair tendre, & un peu aigrelette ; elle meurit vers la fin de Juillet ; on peut dire ſans deſſein de l'offenſer, qu'elle a plus de beauté que de bonté, auſſi triomphe-t-elle plus dans les pyramides, que dans la bouche.

La Poire Magdeléne eſt une aſſez groſſe Poire verte, & aſſez tendre, aprochant beaucoup de la figure des Bergamottes ; elle meurrit dans les commencemens de Juillet, & ainſi elle eſt des premieres d'Eſté, mais elle eſt fort ſujette à tromper, ſi on attend à la prendre, qu'elle commence à jaunir, car pour lors elle ſe trouve paſſée, & pâteuſe.

Le nom composé que porte le Sucré-vert fait en même temps connoître & ſon eau, & ſon coloris : ſi la Poire étoit un peu plus groſſe, on la prendroit pour l'Epine d'Hyver, tant elle luy reſſemble dans ſa figure, elle meurit vers la fin d'Octobre, a la chair fort beurrée, l'eau ſucrée, le goût agreable, n'ayant guéres d'autre défaut que d'être un peu pierreuſe dans le cœur.

Le Bugi, à qui on donne regulierement le ſurnom de Bergamotte, & de Bergamotte de Pâques, à cause que dans sa couleur verte, & dans sa grosseur il a quelque air de la bonne Bergamotte d'Automne, étant pourtant un peu moins plate du côté de l'œil, & un peu plus longue du côté de la queuë le Bugi, dis-je, est une Poire tiquetée de petits points gris, qui jaunit un peu dans sa maturité, dont la chair participe en même-tems du ferme & du tendre, & pour ainsi dire est presque cassante; elle a le malheur de se trouver quelquefois pâteuse & farineuse: ce qui arrive, quand on la laisse trop meurir, ou qu'elle est venuë dans un fond trop humide: son eau, qui est assez abondante, a un je ne sçay quoy d'aigrelet qui luy attire souvent du mépris & de l'aversion, mais un peu de sucre y sert d'un grand remede, & dans la verité ayant l'avantage d'attendre à meurir dans le Carême, où elle fait une tres bonne figure, y paroissant presque seule dans la plus grande sterilité des Fruits, elle merite au moins la place que je luy ay donnée, & même le Curieux, chez qui elle a coûtume de bien reüssir, pourra fort bien la placer un peu mieux que je n'ay fait.

Pour continuer le deuxiéme cent de Buisson.

Le cent vingt-sixieme Poirier seroit un neuvieme Bon-chrêtien d'Hyver.

Cent vingt-septieme, neuvieme Beurré.

Cent vingt-huitieme, premier gros Oignonnet.

Cent vingt-neuvieme, deuxieme Sucré-vert.

Cent trentieme, premier petit Blanquet. *My-Juillet.*

Cent trente-unieme, treizieme Virgoulé.

Cent trente deuxieme, onzieme Epine.

Cent trente troisieme, neuvieme Ambrette.

Cent trente-quatrieme, huitieme Verte-longue.

Cent trente-cinquieme, sixieme Petit-oin.

Cent trente-sixieme, premier Angober.

Cent trente-septieme, quatrieme Rousselet.

Cent trente huitieme, quatrieme Robine.

Cent trente-neuvieme, cinquieme Crasane.

Cent quarantieme, huitieme Inconnuë la Fare, autrement Saint Germain.

Cent quarante-unieme, huitieme Colmar.

Cent quarante-deuxieme, deuxieme Meſſire-Jean.
Cent quarante troiſieme, quatorzieme Virgoulé.
Cent quarante-quatrieme, dixieme l'Eſchaſſerie.
Cent quarante-cinquieme, dixieme Ambrette.
Cent quarante-ſixieme, premier Double-fleur.
Cent quarante-ſeptieme, Marquiſe.
Octobre & Novembre. *Cent quarante-huitieme, premier Franc-real.*
Cent quarante-neuvieme, deuxieme Sans-peau.
Cent cinquantieme, premier Beſidéry.

Dans ce nombre dernier de Poiriers, que je viens de placer, il s'en trouve cinq deſquels je n'ay point encore fait la deſcription, ſçavoir le Double fleur, le Franc-réal, l'Angober, le Beſidéry, & le gros Oignonnet : ainſi pour ſatisfaire à la curoiſité de ceux qui veulent ſçavoir ce que j'en penſe.

Je diray que je fais un cas tres-particulier de cette Poire de double-fleur, non pas pour la manger cruë, quoy que certaines perſonnes l'eſtiment aſſez pour cela ; y trouvans ce que je n'y trouve pas quelque choſe d'agreable dans la chair & dans le goût ; mais j'en fais cas premierement parce qu'elle eſt tout-à-fait belle à voir ; en effet c'eſt une groſſe Poire plate, qui a la queuë longue & droite, la peau liſſe, colorée d'un côté, & jaune de l'autre ; en ſecond lieu comme on ne fait aucun ſcrupule de la faire paroitre dans les grands plats de fruit, je l'eſtime pour le ſervice qu'elle rend en telles occaſions, & enfin aprés qu'elle a fait figure agreable pendant pluſieurs jours, & que pour avoir été trop ſouvent touchée, elle commence à perdre la fleur de ſon beau coloris, & à devenir toute terne, & noirâtre, pour lors elle eſt en état de faire paroître ſon veritable merite, car elle eſt tres-utilement, & agreablement employée à faire une des plus belles & des meilleures compotes du monde, ayant une chair moëleuſe, ſans être incommodée d'aucune pierre, & ayant ſur tout beaucoup de jus lequel prend aiſément une belle couleur au feu ; ſi bien que tout cela enſemble fait à mon ſens & à mon goût, de tres-grandes raiſons d'eſtime pour cette Poire, à ne la conſiderer particulierement que pour la cuiſſon.

On sçait aussi que le Franc-réal, que quelques-uns nomment Finot d'Hyver, est une Poire de grand raport, grosse, ronde, & jaunâtre, tiquetée de petit pointes de roussëurs, queuë courte, le bois de l'Arbre tout farineux.

On sçait aussi que Langober est une assez grosse Poire; longue, colorée d'un côté, & d'un gris roussastre de l'autre; le bois de l'Arbre tire extremement à celuy de Beurré, & la Poire n'y ressemble pas mal.

On sçait pareillement que le Besidéry est une Poire tres-ronde, de la grosseur à peu prés d'une grosse bale de jeu de Paume; le coloris jaune, & d'un vert blanchâtre, la queuë assez droite & longue, & meurissant en Octobre & Novembre.

Le gros Oignonnet, autrement Amiré-roux, & Roy d'Esté, Poire de la my-Juillet, qui est assez colorée, ronde, & passablement.

Je reviens à continuër mon projet de chois, & de proportion des fruits pour le Jardin qui peut avoir cent cinquante-un Buisson, c'est pourquoy j'ay destiné à la.

Cent cinquante-uniéme place, un dixiéme Bon-chrétien d'Hyver.

Cent cinquante-deuxiéme, quinziéme Virgoulé.

Cent cinquante-troisiéme, seiziéme Virgoulé.

Cent cinquante quatriéme, onziéme l'Eschasserie.

Cent cinquante-cinquiéme, douziéme Espine.

Cent cinquante-sixiéme, dixiéme Beurré.

Cent cinquante-septiéme, premier Poire de Vigne.

Cent cinquante-huitiéme, premier Ronville, que quelques-uns nomment la Hocrenaille, & d'autres Martin-sire : elle est celebrée sur la Riviere de Loire; c'est une Poire des mois de Janvier & Fevrier; sa grosseur & sa figure approchent fort de celles d'un beau Rousselet : elle a l'œil assez enfoncé, & le ventre pour l'ordinaire plus gros d'un côté que d'un autre, mais toûjours assez, & proprement allongé vers la queuë, qui est mediocre en grosseur & longueur, & nullement enfoncée; le coloris en est vif d'un côté, quoy que plus aux unes, & moins aux autres, l'autre côté jauniſſant beaucoup au temps de la maturité ; la peau en eſt fort unie & fort ſatinée ; à l'égard de ce qui m'a engagé à la placer icy eſt le temps de la maturité, & que l'eau en eſt ſucrée avec un peu de parfum aſſez agreable ; la chair en eſt caſſante ; les defauts ſont d'être petite & durette, & d'avoir un peu de pierre, mais ils ſont excuſables par les autres bonnes qualitez, c'eſt pourquoy j'en ay au moins voulu mettre une dans un Jardin de cent cinquante-huit Buiſſons, & pour le cent cinquante-neuviéme je mettray un,

Cent cinquante-neuviéme, cinquiéme Rouſſelet.
Cent ſoixantiéme, cinquiéme Robine.
Cent ſoixante-uniéme, ſixiéme Craſane.
Cent ſoixante-deuxieme, ſixiéme Marquiſe.
Cent ſoixante-troiſiéme, ſeptiéme Petit-oin.
Cent ſoixante-quatriéme, deuxiéme Cuiſſe-Madame.
Cent ſoixante-cinquiéme, neuviéme Colmar.
Cent ſoixante ſixiéme, onziéme Bon-chrétien d'Hyver.
Cent ſoixante-ſeptiéme, deuxiéme Bon-chrétien muſqué.
Cent ſoixante-huitiéme, deuxiéme Muſcat Robert.
Cent ſoixante-neuviéme, troiſiéme Sans-peau.
Cent ſoixante-dixiéme, onziéme Beurré.
Cent ſoixante-onziéme, deuxiéme, Poire Magdelene.
Cent ſoixante-douxiéme, dix-ſeptiéme Virgoulé.
Cent ſoixante-treiziéme, douzieme Leſchaſſerie.
Cent ſoixante-quatorziéme, deuxiéme Bourdon.
Cent ſoixante-quinziéme, troiſiéme Martin-ſec.
Cent ſoixante-ſeiziéme, troiſiéme Bugi.
Cent ſoixante-dix-ſeptiéme, douziéme Bon-chrétien d'Hyver.
Cent ſoixante-dix-huitiéme, dixiéme Verte-longue.
Aouſt & Septembre.
Cent ſoixante-dix-neuviéme, deuxiéme Doyenné.
Cent quatre-vingtiéme, premier Salviati.
Cent quatre-vingt uniéme, douziéme Beurré.
Cent quatre-vint-deuxiéme, onziéme Ambrette.
Cent quatre-vingt-troiſiéme, huitieme Petit-oin.
Cent quatre vingt quatriéme, neuviéme Inconnuë la Fare, autrement Saint Germain.
Cent quatre-vingt-cinquiéme, dixiéme Colmar.

Cent

Cent quatre vingt-sixieme, deuxieme Ambrette.
Cent quatre-vingt-septieme, deuxieme Lansac.
Cent quatre-vingt-huitieme, septieme Crasane.
Cent quatre-vingt-neuvieme, treizieme Bon-Chrétien d'Hyver.
Cent quatre-vingt-dixieme, dix-huitieme Virgoulé.
Cent quatre-vingt onzieme, deuxieme Besi-de la motte.
Cent quatre-vingt-douzieme, sixieme Rousselet.
Cent quatre-vingt-treizieme, sixieme Robine.
Cent quatre-vingt-quatorzieme, premier Cassolette.
Cent quatre-vingt-quinzieme, premier Inconnuë Chaîneau.
Cent quatre-vingt-seizieme, premier petit-Muscat. Septembre.
Cent quatre-vingt-dix-septieme, premier Rousselet hâtif.
Cent quatre-vingt-dix-huitieme, premier Portail.
Cent quatre-vingt-dix-neuvieme, deuxieme Portail.
Le deux centieme, sera un troisieme Saint-Augustin.

Je ne puis m'empêcher d'avoir regret, de ce que parmy tant de Buissons j'y en trouve si peu de Bon-Chrétien, & nuls de Bergamotte d'Automne ; je me suis cy-devant expliqué des raisons, que j'avois pour cela, tant par l'esperance d'en avoir des uns & des autres un assez bon nombre en Espalier, que parce que les terres, qui naturellement sont sujettes à être froides & humides, leur sont entierement funestes : mais si nôtre fond est raisonnablement sec, comme nous avons un grand inconvenient à craindre de la part des Tigres, maudit petit insecte volatile, qui desole infiniment les Poiriers des Espaliers, & nous empêche d'y en plus gueres mettre, & particulierement aux bonnes expositions du Levant, & du Midy, si dis-je nôtre fond n'a pas ce grand défaut de froid, & d'humidité, il est assez à propos d'y planter un assez bon nombre de Bon Chrétien c'est pourquoy le deux cent & uniéme sera un Bon-Chrétien.

Deux cent unieme, un bon-Chrétien d'Hyver.
Deux cent deuxieme, encore un bon-Chrétien d'Hyver.

Deux cent troisieme, un Bon-Chretien d'Hyver.
Deux cent quatrieme, un Bon-Chrétien d'Hyver.
Deux cent cinquieme, un Bon-Chrétien d'Hyver.
Deux cent sixieme, un bon-Chrétien d'Hyver.
Deux cent septieme, un Bergamotte d'Hyver.
Deux cent huitieme, un Virgoulé.
Deux cent neuvieme, un Virgoulé.
Deux cent dixieme, un Virgoulé.
Deux cent onzieme, un Leschasserie.
Deux cent douzieme, un Leschasserie.
Deux cent treizieme, un Ambrette.
Deux cent quatorzieme, un Ambrette.
Deux cent quinzieme, un Epine.
Deux cent seizieme, un Epine.
Deux cent dix-septieme, un Crasane.
Deux cent dix-huitieme, un Petit-oin.
Deux cent dix-neuvieme, un la Fare, autrement saint-Germain.
Deux cent vingtieme, un la Fare.
Deux cent vingt-unieme, un Marquise.
Deux cent vingt-deuxieme, un Marquise.
Deux cent vingt-troisieme, un Martin sec.
Deux cent vingt-quatrieme, un Martin sec.
Deux cent vingt-cinquieme, un Beurré.
Deux cent vingt-sixieme, un Beurré.
Deux cent vingt-septieme, un Rousselet.
Deux cent vingt-huitieme, un Rousselet.
Deux cent vingt-neuvieme, un Bon-chrétien d'Esté musqué.
Deux cent trentieme, un Messire-Jean.
Deux cent trente unieme, un Robine.
Deux cent trente-deuxieme, un Verte-longue.
Deux cent trente-troisieme, un Verte-longue.
Deux cent trente-quatrieme, un Cassolette.
Deux cent trente-cinquieme, un Lansac.
Deux cent trente-sixieme, un Cuisse-Madame.
Deux cent trente septieme, un Cuisse Madame.
Deux cent trente-huitieme, un Blanquet a longue queuë.
Deux cent trente-neuvieme, un premier Blanquet musqué. A
Deux cent quarantieme, un Poirier d'Orange verte.

A La description en est aprés le calcul des 300.

Deux cent quarante-unieme, un Besidery.
Deux cent quarante deuxieme, un Poirier d'Epargne.
Deux cent quarante troisieme, un Messire Iean.
Deux cent quarante quatrieme, un Sucré Vert.
Deux cent quarante cinquieme, un bon Chrêtien d'Hyver.
Deux cent quarante sixieme, un bon Chrétien d'Hyver.
Deux cent quarante-septieme, un bon-Chrétien d'HyVer.
Deux cent quarante-huitieme, un bon Chrétien d'Hyver.
Deux cent quarante-neuvieme, un Virgoulé.
Deux cent cinquantieme, un Virgoulé.
Deux cent cinquante-unieme, un Virgoulé.
Deux cent cinquante-deuxieme, un Ambrette.
Deux cent cinquante-troisieme, un Ambrette.
Deux cent cinquante quatrieme, un Espine.
Deux cent cinquante-cinquieme, un Espine.
Deux cent cinquante-sixieme, un Lechasserie.
Deux cent cinquante-septieme, un Lechasserie.
Deux cent cinquante-huitieme, un Lechasserie.
Deux cent cinquante-neuvieme, un Martin-sec.
Deux cent soixantieme, un Petit oin.
Deux cent soixante-unieme, un la Fare.
Deux cent soixante deuxieme, un saint-Augustin.
Deux cent soixante troisieme, un Marquise.
Deux cent soixante quatrieme, un Beurré.
Deux cent soixante cinquieme, un Amadotte.
Deux cent soixante sixieme, premier Bon-Chrétien d'Espagne. A

A La description en est aprés le calcul des 300.

Deux cent soixante septieme, un Loüise bonne.
Deux cent soixante huitieme, un Doyenné.
Deux cent soixante neuvieme, un Portail.
Deux cent soixante dixieme, un Loüise bonne.
Deux cent soixante onzieme, un Besidéry.
Deux cent soixante douzieme, un Besidéry.
Deux cent soixante treizieme, un double Fleur.
Deux cent soixante quatorzieme, un double Fleur.
Deux cent soixante quinzieme, un Franc réal.
Deux cent soixante seizieme, un Franc réal.
Deux cent soixante dix septieme, un Angober.
Deux cent soixante dix huitieme, un Angober.
Deux cent soixante dix neufvieme, premier Donville.

Deux cent quatre-vingtieme, deuxieme Donville.
Deux cent quatre-vingt-unieme, un Robine,
Deux cent quatre-vingt deuxieme, un Robine.
Deux cent quatre-vingt-troisieme, un Saint-Lesin.
Deux cent quatre-vingt-quatrieme, un Loüise-bonne.
Deux cent quatre-vingt-cinquieme, un Colmar.
Deux cent quatre-vingt-sixieme, un Cresane.
Deux cent quatre-vingt septieme, un Beurré.
Deux cent quatre vingt huitieme, un Bergamotte d'Hyver.
Novembre & Decembre. *Deux cent quatre-vingt-neuvieme, un Bon-chrétien musqué.*
Deux cent quatre-vingt-dixieme, un Verte-longue.
Deux cent quatre-vingt-onzieme, un Bon-chretien d'Espagne.
Deux cent quatre-vingt-douzieme, un Crasane.
Deux cent quatre vingt-treizieme, un Poirier de Vigne.
A La description en est aprés le calcul des 300. *Deux cent quatre-vingt-quatorzieme, un Fondante de Brest.*
Deux cent quatre-vingt-quinze, un Blanquet musqué.
Deux cent quatre-vingt-seizieme, un Salviati. A
Deux cent quatre-vingt-dix septieme, un Poirier de satin-d'Esté.
Deux cent quatre-vingt-dix-huitieme, un Muscat Robert.
Deux cent quatre-vingt dix neuvieme, un Bourdon.
Le trois centieme, sera un Sans-peau.

Je viens d'introduire deux Bons Chrétiens d'Espagne, deux Salviati, deux Blanquet musqué, & deux Donville; il est bien juste que j'en rende raison, & que je les fasse connoître.

Le Bon-Chrétien d'Espagne est presque de toutes les Poires celle qui m'a autant embarassé; peu s'en faut que je n'aye honte de le dire, je me suis naturellement trouvé enclin à l'estimer d'abord par sa figure, on ne s'en sçauroit quasi défendre : C'est une grande Poire, grosse, longue & bien faite en piramide, ressemblant tout àfait par-là à un tres-beau Bon-Chrétien d'Hyver, d'où luy est venu le plus beau nom qu'elle porte : elle a d'un côté un beau rouge éclatant tout piqueté de petits points noirs, & de l'autre côté elle est blanche jaunâtre; sa chair est la plus caſſante de toutes celles que je connois, elle a d'ordinaire une eau douce, ſucrée, & aſſez bonne, quand elle eſt venuë dans un bon fond, & qu'elle eſt dans ſa parfaite maturité qui arrive communement depuis la my-Novembre juſqu'à la my-Decembre, & va quelquesfois juſqu'en Janvier : C'eſt par toutes ces qualités-là que pendant deux ou trois ans j'avois conçû une grande eſtime pour elle : mais outre que dans cette même ſaiſon nous avons toutes nos principales Poires tendres, & fondantes, & que depuis plus de vingt ans j'ay toûjours trouvé à celle-là la chair ſi rude, ſi groſſiere, & ſi pierreuſe, & particulierement dans les terroirs, & les années un peu humides, qu'enfin malgré ma premiere inclination il a falu ſe reſoudre à luy refuſer entrée dans beaucoup de Jardins, & ainſi je ſuis d'avis qu'on ſe contente d'en ſouffrir au moins quelques Arbres dans ceux, où le nombre des Buiſſons paſſe deux cent cinquante, & où le fond eſt paſſablement bon : toûjours a-t-elle cet avantage, qu'elle paye de bonne mine dans l'ornement des piramides.

Le Salviati reſſemble entierement par ſa figure à un Beſidéry, mais non pas par ſa couleur: C'eſt une Poire aſſez groſſette, ronde, queuë longuette, aſſez menuë, un peu enfoncée, l'œil pareillement un peu enfoncé, & petit, le coloris d'un jaune rouſſâtre blanchâtre; celles où il y a de grands placards roux, ont la peau aſſez rude, les autres où le roux n'eſt pas, l'ont aſſez douce; la chair en eſt tendre, mais peu fine, l'eau en eſt ſucrée & parfumée, tirant au goût de Robine plûtôt qu'à celuy d'Orange, mais cette eau eſt en petite quantité; la Poire eſt aſſez bonne, & ſeroit encore mieux reçûë, ſi elle ne venoit pas avec les Pêches de la fin d'Août & du commencement de Septembre.

Le Blanquet muſqué, ou la blanquette muſquée, eſt une Poire du commencement de Juillet, reſſemblant aſſez par ſa groſſeur, & par ſa figure à un Muſcat-Robert: elle a la peau fine, le coloris d'un jaune blanc qui ſe teint un peu à l'aſpect du Soleil; la chair en eſt un peu ferme, ſi bien qu'elle n'eſt pas ſans marc & ſans pierre, mais l'eau en eſt fort douce, & fort ſucrée, ainſi elle n'eſt pas indigne de paroître icy.

Il me ſemble que je voy un aſsez grand nombre de mécontens qui murmurent contre mon chois ; ce ſont les amateurs de certaines Poires, deſquelles je n'ay fait encore aucune mention, c'eſt à ſçavoir des Poires de Chat-brûlé, d'Angleterre, de Citron d'Hyver, de Rouſselet d'Hyver, de Brutte bonne, &c. il s'y en mêle même quelques uns qui aiment la Poire Roze, le Calliot-rozat, l'Orange tulipée, la Vilaine d'Anjou, &c. & qui ne l'oſeroient preſque dire : les uns, & les autres ont cherché ces Poires dans les Jardins que je viens de dreſser, & ne les y ayant pas rencontrées, chacun d'eux en ſon particulier s'en eſt, pour ainſi dire, ſenti offenſé, & en même temps chacun m'aura voulu faire paſſer pour un homme qui ne connoît pas tous les bons Fruits, ou tout au moins pour un homme prevenu.

A quoy je répons que je veux fort bien, que ces Meſſieurs trouvent aſsez bonnes chacun dans leurs Jardins, ces Poires dont eſt queſtion : & en ce cas là je conſens volontiers qu'ils continuënt à les eſtimer, à les multiplier, & à les prôner ; ils me feront ſeulement la grace de ſe ſouvenir de ce que j'ay dit à l'entrée de ce Traité ſur la diverſité des goûts, la diverſité des terroirs, & la diverſité des années, & me permettront de leur dire pour ma juſtification, que ce qui m'a fait rebuter ces fruits, pour leſquels ils ſont ſcandaliſés, n'a été ſeurement autre choſe que de les avoir trouvés regulierement plûtôt mauvais que bons durant une vingtaine d'années que je les ai ſoigneuſement cultivés : cependant parce qu'ils peuvent ſe rencontrer en de certaines circonſtances tres favorables pour le merite qu'ils ont quelquesfois, je m'en vais leur faire enfin dans les grands Jardins la juſtice que je croy leur être deuë. Ainſi pour continuer le troiſieme cent de Buiſsons, je mettray d'abord ſix Bugi,

Trois cent unieme, *un Bugi*.
Trois cent deuxieme, *un Bugi*.
Trois cent troiſieme, *un* Bugi.
Trois cent quatrieme, *un* Bugi.

Trois cent cinquieme, un Bugi.

Trois cent sixieme, un Bugi.

Trois cent septieme, un Pastourelle.

Trois cent huitieme, un Pastourelle.

Trois cent neuvieme, un Pastourelle, c'est une Poire, qui malgré une pointe d'aigreur qui est dans son eau, se fait rechercher de bien des Curieux; elle est de la grosseur & figure à peu prés d'un Saint-Lezin, ou d'un beau Rousselet; la queuë est courbée, point enfoncée, & mediocre dans sa grosseur & longueur, la peau entre rude & douce, se humectant en maturité; le coloris d'un côté est jaune blanchâtre, couvert de placards roux, & de l'autre il est teint si peu que rien, la chair en est fort tendre, & fort beurrée, n'ayant ny marc, ny pierre; mais comme je viens de dire son eau aigrelette ne me réjoüit pas assez; les mois de Decembre, & de Janvier peuvent bien cependant en souffrir quelques-unes; les Poires d'Angleterre, de Chat-brûlé, de Citron d'Hyver, & de Rousselet d'Hyver, suivront aprés les Pastourelles; c'est pourquoy la

Trois cent dixieme sera pour un Poirier d'Angleterre autrement, Beurré d'Angletterre, plus longue que ronde, ressemblant par sa figure, & par sa grosseur à une belle Verte-longe, mais non pas par son coloris; la peau en est unie, grise, verdâtre, chargée de piqueures rousse, la chair fort tendre, & beurrée, & bien de l'eau, qui est agreable : il semble qu'avec cela ce soit une Poire parfaite; mais comme cette chair est d'ordinaire farineuse, & que la Poire molit aisément, & même sur l'Arbre, & qu'enfin elle vient en même-temps que la Verte longue, le Petit-oin, & le Lansac, & même quelquesfois avec le Rousselet, il me semble que je n'ay pas trop tort de n'avoir pas plûtôt pensé à elle; le

Trois cent onzieme Buisson, sera un premier Chat-brulé, autrement Pucelle, Poire d'Octobre & de Novembre; elle passeroit quelquesfois pour un Martin-sec, tant elle luy ressemble de grosseur, & de figure; mais le coloris un peu different fait, qu'on ne s'y trompe pas; il est d'un côté fort roussâtre, & de l'autre assez clair, sans avoir rien d'Isabel; la peau en est assez unie, & la chair tendre; mais c'est un tendre sauvage tirant au pâteux, ayant peu d'eau, & approchant du goût de Besi iéry : La Poire au reste étant fort pierreuse dans le cœur, cela ne la fait que mediocrement valoir auprés de moy, quoy qu'assez de gens veulent dire, qu'ils en ont vû beaucoup, qui n'avoient pas tant de deffauts : le

Trois cent douzieme sera un premier Citron d'Hyver; cette Poire est tres-bien nommée, veu sa figure & sa couleur; si bien qu'on la pourroit prendre pour un veritable Citron d'une mediocre grosseur, quand sur tout il est assez rond, la chair en est fort dure, fort pierreuse, & pleine de beaucoup de marc, on ne dira pas, que c'est là son merite, mais elle a assez d'eau, elle l'a extrêmement musquée, & voilà ce qui lui a fait des amis pour les mois de Janvier & de Février; le

Trois Cent treizieme sera un premier Rousselet d'Hyver.

Les Rousselets d'Hyver, ne sont en beaucoup de Jardins comme j'ay déja dit, que des Martin-sec; mais cependant il y en a qui sont d'une espece differente, ils leur ressemblent extrêmement pour la figure & la grosseur, leur coloris est verdâtre, jaunissant en maturité, la chair en est entre tendre & cassante, & pleine d'un peu de marc, ils ont assez d'eau, qui paroîtroit assez sucré, si un vilain petit goût de Vert & de sauvage ne s'en mêloit un peu trop : Elle meurit en Février, & marque sa maturité tout de même que les Bergamottes, c'est à dire par une petite humidité qui se fait sentir sur la peau : la Poire est assez bonne, & peut au moins se soutenir dans les plans de trois & quatre cens pieds d'Arbres, mais aussi ce n'est pas un grand mal de ne pas l'y laisser entrer : on en peut à la bonne heure avoir quelque Arbre de tige.

Le trois cent quatorzieme sera un Satin d'Esté.

Trois cent quinzieme, deuxieme d'Angleterre.

Trois cent seizieme, deuxieme Chat-brulé.

Trois cent dix septieme, un Bon-chrétien d'Esté.

Trois cent dix huitieme, un Martin sec.

Trois cent dix-neuvieme, un Martin sec.

Trois cent vingtieme, un Colmar.

Trois

Trois cent vingt-unieme, un Loüise bonne.
Trois cent vingt-deuxieme, un Verte-longue.
Trois cent vingt-troisieme, un Verte-longue.
Trois cent vingt-quatrieme, un Virgoulé.
Trois cent vingt-cinquieme, un Virgoulé.
Trois cent vingt-sixieme, un Virgoulé.
Trois cent vingt-septieme, un Virgoulé.
Trois cent vingt-huitieme, un Virgoulé.
Trois cent vingt neuvieme, un Ambrette.
Trois cent trentieme, un Ambrette.
Trois cent trente-unieme, un Ambrette.
Trois cent trente-deuxieme, un Espine.
Traois cent trente-troisieme, un Espine.
Trois cent trente-quatrieme, un Espine.
Trois cent trente-cinquieme, un Leschasserie.
Trois cent trente-sixieme, un Leschasserie.
Trois cent trente-septieme, un Leschasserie.
Trois cent trente-huitieme, un Leschasserie.
Trois cent trente-neuvieme, un Bon-chrétien d'Hyver.
Trois cent quarantieme, un Bon-chrétien d'Hyver.
Trois cent quarante-unieme, un Bon-chrétien d'Hyver.
Trois cent quarante-deuxieme, un Bon-chrétien d'Hyver.
Trois cent quarante-troisiéme, un Virgoulé.
Trois cent quarante quatrieme, un Virgoulé.
Trois cent quarante-cinquieme, un Ambrette.
Trois cent quarante-sixieme, un Espine.
Trois cent quarante-septieme, un Espine.
Trois cent quarante-huitieme, un Ambrette.
Trois cent quarante-neuvieme, un Leschasserie.
Trois cent cinquantieme, un Leschasserie.
Trois cent cinquante-unieme, un la Fare.
Trois cent cinquante-deuxieme, un Doyenné.
Trois cent cinquante-troisieme, un Petit oin.
Trois cent cinquante-quatrieme, un Marquise.
Trois cent cinquante-cinquieme, un Saint-Augustin.
Trois cent cinquante-sixieme, un Lansac.
Trois cent cinquante-septieme, un Poirier de vigne.
Trois cent cinquante-huitieme, un Petit-oin.
Trois cent cinquante neuvieme, un Rousseline. A

A *La descrip- tion en est*

après celle de la Poire de Livre.

Trois cent ſoixantiéme, un Muſcat-Robert.
Trois cent ſoixante uniéme, un Sans peau.
Trois cent ſoixante deuxiéme, un Martin ſec.
Trois cent ſoixante troiſieme, un Martin ſec.
Trois cent ſoixante quatriéme, un Beurré.
Trois cent ſoixante cinquieme, un Beurré.
Trois cent ſoixante ſixieme, un Meſſire Iean.
Trois cent ſoixante ſeptieme, un Meſſire Iean.
Trois cent ſoixante huitieme, un Rouſſelet.
Trois cent ſoixante neuvieme, un Robine.
Trois cent ſoixante dixieme, un Beſidery.
Trois cent ſoixante onzieme, un Beſidery.
Trois cent ſoixante douxieme, un Double fleur.
Trois cent ſoixante treizieme, un Double fleur.
Trois cent ſoixante quatorzieme, un Double fleur.
Trois cent ſoixante quinzieme, un Franc real.
Trois cent ſoixante ſeizieme, un Franc real.
Trois cent ſoixante dix ſeptieme, un Angober.
Trois cent ſoixante dix huitiéme, un Angober.
Trois cent ſoixante dix neuvieme, un Donville.
Trois cent quatre vingtieme, un Donville.
Trois cent quatre vingt unieme, premier Poirier de livre.
Trois cent quatre vingt deuxieme, deuxiéme Poirier de livre.

Cette Poire de Livre, que quelques-uns nomment gros râteau-gris, & d'autres Poires d'Amour, eſt fort groſſe temoin le poids qu'on lui donne : elle eſt peu longue pour ſa groſſeur, ayant la peau aſſez rude, & le coloris d'un roux fort obſcur, la queuë courte, & l'œil fort enfoncé : elle fait une belle & bonne compote de quelque maniere qu'on la faſſe cuire, ſoit dans la cloche, ſoit ſous la cendre, ſoit autrement.

La Poire Rouſſeline ſe nomme en Touraine le Muſcat à longue-queuë de la fin d'Automne, & c'eſt le premier nom, ſous lequel je l'ay premierement connuë, le nom de Rouſſeline plaît mieux, eſt plus court, & plus ſingulier : c'eſt ſa figure, qui approchant de celle de Rouſſelet le luy a fait donner par un de nos illuſtres curieux ; ſon coloris eſt d'un Isabel fort clair, on le prendroit pour un Martin-ſec : ſa chair eſt tendre, & delicate, & ſon eau fort ſucrée, &

agreablement parfumée : son grand défaut est de venir avec les Beurrés, les Bergamottes, les Lansac, &c. & voilà pourquoi il m'a falu resister à la tentation que j'ay euë de la placer mieux que je n'ai fait.

Trois cent quatre vingt troisiéme, un Bon chrétien *d'Hyver.*
Trois cent quatre-vingt-quatrieme, un Bon-Chrêtien *d'Hyver.*
Trois cent quatre vingt-cinquieme, un Bon-Chrêtien *d'Hyver.*
Trois cent quatre-vingt--sixieme, un la Fare.
Trois cent quatre-vingt-septieme, un Cuisse-Madame.
Trois cent quatre vingt-huitieme, un Cuisse-Madame.
Trois cent quatre-vingt-neuviéme, un gros Blanquet
Trois cent quatre vingt dixiéme, un Blanquet *Musqué.*
Trois cent quatre vingt onziéme, un Pendar.
Trois cent quatre vingt douziéme, un Pendar.
Trois cent quatre vingt treiziéme, un Robine. A
Trois cent quatre vingt quatorziéme, un Pastourelle.
Trois cent quate vingt quinziéme, un Bon chrétien *musqué.*
Trois cent quatre vingt seiziéme, un Rousselet.
Trois cent quatre vingt dix septiéme, un Bugi.
Trois cent quatre vingt dix huitiéme, un Portail.
Trois cent quatre vingt dix neuviéme, un Saint Lezin.
Le quatre centieme, sera un du Bouchet.

A *La description en est aprés le calcul des* 400.

Cette Poire du Bouchet est grosse, & ronde, & blanche à peu prés comme un Besidéry, quelques-unes du même arbre ressemblent à de mediocres Bergamottes, & d'autres à de grosses Cassolettes, la chair en est belle & tendre, & l'eau sucrée, le bois semblable à celuy de mon-Dieu, elle meurit à la mi-Aoust.

La Poire de Pendar est de la fin de Septembre ; à l'égard de sa chair, de son goût, de son eau & de sa figure, on la prendroit pour la Cassolette, mais comme elle est un peu plus grosse, & qu'elle a le bois different, aussi-bien que le temps de la maturité, on voit bien que ce n'est pas la même chose.

Il me semble que cette distribution ne doit point être mal recûë, si ce n'est peut-être de ceux, qui au prix de la Poire-Chat comptent pour rien la plus part des Poires que nous estimons, & ce sont les Curieux du voisinage du Rhosne, qui dans le vray en font une estime tres-particuliere, ainsi pour les contenter je donneray la

Quatre-cent-uniéme place à un premier Poire-Chat.

Quatre-cent deuxiéme, deuxiéme Poire-Chat.

C'est une Poire de la my-Octobre, de la grosseur, couleur, & figure à peu prés d'un Martin-sec, ou d'un Chat-brulé, & approche extrémement de la figure d'un œuf de poule, c'est-à-dire qu'elle est ronde en pointe émoussée par la tête, le ventre rond, mais peu gros, allongé grossierement vers la queuë, qui n'est que mediocrement longue & grosse: la peau en est fort lisse, satinée, & séche; le coloris est d'un Isabele fort clair, & beaucoup plus que l'Isabele ordinaire de Chat brulé, & de Martin-sec: la chair en est tendre, & beurrée, & l'eau assez douce, & partant à l'imitation de ces Messieurs qui l'estiment tant, nous pouvons bien en faire quelque cas.

Mais comme nos Beurré, Bergamotte, Lansac, &c. qui sont de la même saison qu'elle, ne la sçauroient guéres laisser paroître dans les mediocres jardins, ou il n'y doit rien avoir qui ne fasse une figure importante, je veux bien au moins que nous en mettions deux dans les plans de quatre-cent un & quatre cent deux Arbres, & même quelqu'uns de plus dans les autres qui seront plus grands.

Je ne suis pas tout à fait si bien persuadé du merite du Besi de Caissoy, autrement Roussette d'Anjou: c'est une petite Poire de Decembre & Janvier, de grosseur à peu prés d'un Blanquet: le fond du coloris est jaunâtre, chargé par tout de rousseurs, la peau peu unie, la chair tendre, mais pâteuse, beaucoup de pierre & de marc, l'eau peu agreable, & comme tirant au goût de Cormes; tous ces défauts joints à la petitesse de la Poire m'ont empêché de la mettre en rang jusqu'icy, cependant parce que quelquefois on en voit d'assez bonnes, & que les Angevins en sont si contens, je veux bien en souffrir deux dans ces Jardins de quatre cent trois, & de quatre cent quatre Buissons, partant

Le quatre cent troisiéme Buisson sera un premier Besi de Caissoy.

Quatre cent quatriéme, deuxiéme Besi de Caissoy.

Jusqu'à present je croy avoir employé environ soixante

ſortes de Poires de toutes les ſaiſons, dix-huit d'Eſté, dix-ſept d'Automne, & vingt-ſix d'Hyver: il me ſemble qu'on doit être difficile à contenter, ſi on n'eſt pas ſatisfait de cette multitude d'eſpeces, qui, comme je l'ay aſſez dit, ne ſont pas à beaucoup prés ſi bonnes les unes que les autres: je mettray cy-aprés une liſte de celles que je nommeray indifferentes, ſi bien qu'à leur égard je n'ay ny trop de mépris pour les rebuter entierement, ny trop d'éſtime pour leur chercher de nouveaux courtiſans, afin que chacun de ceux, qui les connoiſſant ont quelque affection pour elles, les conſervent, s'ils le trouvent à propos: mais pour les autres qui ne les connoiſſent pas, j'oſe dire qu'ils feront aſſez bien de ne s'en mettre nullement en peine, ou même de les joindre à celles que je conſeille d'exterminer tout à fait; la liſte de celles là, c'eſt à dire des mauvaiſes, ſuivra de prés la liſte des indifferentes.

Et ainſi pour continuer de planter les Jardins ſuivans, où je n'introduiray guéres de fruits nouveaux, à moins que ce ne ſoient quelques Poires à cuire, je mettray pour le

Quatre cent cinquiéme, un Virgoulé.
Quatre cent ſixiéme, un Virgoulé.
Quatre cent ſeptiéme, un Virgoulé.
Quatre cent huitiéme, un Virgoulé.
Quatre cent neuviéme, un Double-fleur.
Quatre cent dixiéme, un Francreal.
Quatre cent onziéme, un Ambrette.
Quatre cent douziéme, un Ambrette.
Quatre cent treiziéme, un Eſpine,
Quatre cent quatorziéme, un Eſpine.
Quatre cent quinziéme, un Leſchaſſerie.
Quatre cent-ſeiziéme, un Leſchaſſerie.
Quatre cent dix-ſeptiéme, un Craſane.
Quatre cent dix huitieme, un la Fare.
Quatre cent dix-neuviéme, un Bon-chrétien d'Hyver.
Quatre cent vingtiéme, un Bon-chrétien d'Hyver.
Quatre cent vingt-uniéme, un Bon-chrétien d'Hyver.
Quatre cent vingt-deuxiéme, un Bon-chrétien d'Hyver.
Quatre cent vingt-troiſiéme, un Bon-chrétien d'Hyver.

Quatre cent vingt quatriéme, un Bon Chrétien d'Hyver.

Quatre cent ving-cinquiéme, un bon Chrétien d'Hyver.

Quatre cent ving-sixieme, un Beurré.

Quatre cent vingt-septiéme, un premier Saint-François.

Quatre cent vingt-huitieme, un deuxieme S. François, c'est une Poire qui n'est bonne que cuite, elle est assez grosse, fort longue, & jaunâtre, & a la peau fort unie.

Quatre cent vingt-neuviéme, un Saint Augustin.

Quatre cent trentiéme, un Rousseline.

Quatre cent trente-unieme, un Blanquet musqué.

Quatre cent trente deuxiéme, un Cuisse Madame.

Quatre cent trente-troisiéme, un Robine.

Quatre cent trente-quatriéme, un Salviati.

Quatre cent trente cinquiéme, un premier Orange musquée.

L'Orange musquée est une poire du commencement d'Aoust, elle est mediocrement grosse, plate, assez colorée queuë longuette, peau assez souvent tiquetée de petits placards noirs, chair assez agreable, mais ayant un peu de Marc.

Quatre cent trente sixiéme, un fondant de Brest.

Quatre cent trente septieme, un Martin-sec.

Quatre cent trente-huitiéme, un la Fare.

Quatre cent trente-neuvieme, un Marquise.

Quatre cent quarantieme, un Amadotte.

Quatre cent quarante-unieme, un Lansac..

Quatre cent quarante deuxieme, un Messire-Jean.

Quatre cent quarante-troisieme, un Verte-longue.

Quatre cent quarante quatrieme, un Besidery.

Quatre cent quarante-cinquieme, un Doyenné.

Quatre cent quarante-sixieme, un Saint-Lezin.

Quatre cent quarante septieme, un Poirier de vigne.

Quatre cent quarante huitieme, un Rousseline.

Quatre cent quarante-neuvieme, un Angleterre.

Quatre cent cinquantieme, un Pendar.

Quatre cent cinquantieme-unieme un Bugi.

Quatre cent cinquante-deuxieme, un premier Gros-fremont.

Quatre cent cinquante-troisieme, deuxieme Gros-fremont, cest une Poire qui n'est bonne que cuite, elle est assez grosse, assez longue & jaunâtre, la compote en est un peu parfumée.

Quatre cent cinquante-quatriéme, un Donville.
Quatre cent cinquante cinquieme, un Loüise-bonne.
Quatre cent cinquante-sixieme, un Colmar.
Quatre cent cinquante-septieme, un Portail.
Quatre cent cinquante-huitieme, un Citron.
Quatre cent cinquante-neuvieme, un Chat-Brûlé.
Quatre cent soixante-, un Poirier de livre.
Quatre cent soixante-unieme, un Pastourelle.
Quatre cent soixante-deuxieme, un Virgoulé.
Quatre cent soixante-troisieme, un Virgoulé.
Quatre cent soixante-quatrieme, un Virgoulé.
Quatre cent soixante-cinquieme, un Virgoulé.
Quatre cent soixante-sixieme, un Ambrette.
Quatre cent soixante-septieme, un Ambrette.
Quatre cent soixante-huitieme, un Espine,
Quatre cent soixante-neuvieme, un Espine.
Quatre cent soixante dixieme, un Leschasserie.
Quatre cent soixante onxieme, un Leschasserie.
Quatre cent soixante-douxieme, un Petit-oin.
Quatre cent soixante-treisieme, un Petit-oin.
Quatre cent soixante-quatorzieme, un Bon-chrétien d'Hyver.
Quatre cent soixante-quinzieme, un Bon-chrétien d'Hyver.
Quatre cent soixante-seixieme, un Bon-chrétien d'Hyver.
Quatre cent soixante-dix septieme, un Bon-chrétien d'Hyver
Quatre cent soixante-dix-huitieme, un Sucré-vert.
Quatre cent soixante-dix-neuviéme, un Sucré-vert.
Quatre cent quatre vingt, un Martin sec
Quatre cent quatre-vingt-unieme, un Bourdon.
Quatre cent quatre-vingt-deuxieme, un Poire Magdeleine.
Quatre cent quatre-vingt-troisieme, un Beurré.
Quatre cent quatre vingt quatrieme, un Bon Chrétien musqué.
Quatre cent quatre-vingt-cinquieme, un Bon-Chrétien d Espagne.
Quatre cent quatre-vingt-sixieme, un Messire-Iean.
Quatre cent quatre-vingt-septiéme, un Sans peau.
Quatre cent quatre-vingt-huitiéme, un gros Oignonnet.
Quatre cent quatre-vingt neuviéme, un poirier d'Orange musquée.
Quatre cent quatre vingt dixiéme, un Lansac.
Quatre cent quatre vingt onziéme, un Cuisse Madame,
Quatre cent quatre vingt douziéme, un Espargne.

Quatre cent quatre-vingt treizieme, un Cassolette.
Quatre cent quatre-vingt-quatorzieme, un Bon-chrétien d'Esté.
Quatre cent quatre-vingt-quinzieme, un Doyenné.
Quatre cent quatre-vingt-seizieme, un Poirier du Bouchet.
Quatre cent quatre-vingt-dix-septieme, un Poirier du Bouchet.
Quatre cent quatre-vingt-dix-huitieme, un Poirier de Vigne.
Quatre cent quatre-vingt-dix-neuvieme, un Bergamotte d'Hyver.
Le cinq centieme Buisson sera un Bugi.

Je commence d'être persuadé que mon exactitude à bien choisir ces cinq cens Poiriers, donnera assez de lumieres aux nouveaux curieux pour sçavoir se conduire, s'il se presente des occasions, qui demandent davantage d'Arbres, & sur-tout n'étant plus guéres question de nouvelles especes, on aura bien veu, que sur chaque centaine d'augmentation de Buissons je n'augmente l'ordinaire premierement pour l'Esté qu'environ de la six, ou septieme partie du cent, & même toûjours en les diminuant, à proportion que les plans augmentent de nombre, tant parce que si la quantité de murailles le permet, il y en a toûjours une partie pour quelques Poiriers de la saison, par exemple des petits-Muscats, Cuisse-madame, Robine, Rousselet, &c. (cela supplée au défaut des Buissons) que parce qu'il faut regarder ces fruits d'Esté, comme fruits tres passagers, & de peu de durée : si bien que quand le nombre en est excessif, ils ne font guéres ny honneur ny profit.

Joint que je ne manque guéres dans les plans un peu considerables d'y en mettre toûjours en symetrie quelques-uns des principaux en Arbres de tiges, comme étant un moyen assuré de les avoir beaucoup meilleurs. & même en plus grande quantité.

En second lieu à l'égard des fruits d'Automne j'ay tout au moins les mêmes égards que pour ceux dont je viens de parler : J'envisage la Bergamotte avec la consideration que j'ay par tout témoigné pour elle ; je n'en ay planté qu'un Buisson ou deux sur cinq cens, & c'est cependant un des fruits, pour l'abondance du quel je pretens le moins m'oublier m'oublier : mais comme tout le monde sçait on n'en sçauroit gueres avoir que contre les murailles.

Il n'est pas difficile de conclure de là, que j'en ferai sans doute de grands Espaliers ; pourvû que j'aye dequoy contenter mon inclination : j'en mettrai à la plûpart des expositions, mais veritablement, & cela à mon grand regret, ce ne sera que peu à celle du Levant, & du Midy, tant en faveur des fruits à noyau, pour lesquels j'estime qu'il les faut choyer, qu'à cause du desordre des tiges, dont je ne sçaurois du tout garentir les Poires ; mais en revanche je mettray amplement des Bergamottes aux expositions du Nord, & desquelles toutes les Poires, hors le Bon-chrétien, ne s'accommodent pas mal, & sur tout dans les terreins un peu secs : veritablement elles n'y sont pas tout-à-fait si bonnes que celles qui joüissent long-tems de l'aspect favorable du Pere de la bonté ; mais le secours du Sucre diminuë au moins une partie de leurs defauts, s'il n'est pas capable de les corriger entierement.

Nous allons donc planter beaucoup de Bergamottes, comme je suppose, qu'on l'a déja commencé, tout aussi-tôt qu'on s'est trouvé en état de faire l'honneur à cette Reine des Poires ; je reviens donc pour dire, que sur chaque centaine d'augmentation de Buissons le nombre de ceux qui font des fruits d'Automne, ne doit augmenter tout au plus qu'environ de la sept ou huitiéme partie du cent, le peu de durée de la plûpart d'entr'eux, & la facilité de leur corruption en étant la cause : d'un autre côté le plaisir qu'on a d'en consommer beacoup, & la saison qui attire les compagnies, ou qui engage à des séjours de campagne, sont toûjours comme une espece de Boussole, qui à l'égard de ces fruits d'Automne nous doit conduire dans l'execution de nos plans, soit pour en mettre plus, soit pour en mettre moins.

Restent donc les fruits d'Hyver, qui feront par tout le grand corps de reserve : si bien que sur chaque centaine de buissons ils doivent d'ordinaire augmenter d'environ les trois quarts de cent, & si mes avis ont le don de plaire, on prendra garde à multiplier moins ceux, que pour ainsi dire, je ne multiplie qu'à tâtons.

Or sans m'engager à faire pour un plan de six cens Buissons, comme j'ay fait cy-dessus pour les autres plans, qui est de marquer exactement, & l'un aprés l'autre chaque espece de fruit, & chaque pied d'Arbre, selon l'ordre qu'ils doivent entrer en chaque Jardin en particulier, je me contenteray de dire tout d'un coup, qu'au delà des cinq cens, qui sont déja reglez, je mettray pour faire les six cens, environ dix Poires d'Esté, dix-huit d'Automne, & soixante-douze d'Hyver.

Je ne m'étonne pas que ceux, qui ont à faire de grands plans, soient embarassez pour le choix de la quantité d'Arbres : je croy même qu'ils le seroient davantage, s'ils en venoient eux-mêmes au détail, sans s'en décharger sur leurs Jardiniers, comme ils font la plûpart assez malheureusement. J'avoüe de bonne foy, que cela me paroit un abysme ; & que j'y trouve beaucoup de difficulté, quand avec mon exactitude ordinaire je tâche de compasser & de proportionner les especes.

Ces grands plans me font peur, tout accoûtumé que j'y puisse être, & croy même que c'est à cause que j'y suis si accoûtumé, que j'en vois si bien le peril, & les inconveniens : de là vient aussi, que j'ay si souvent devant les yeux, à la bouche, & au bout de ma plume : *Laudato ingentia rura, exiguum colito.*

On croit ne pouvoir jamais parvenir à avoir autant de fruits qu'on en souhaite : l'idée de l'abondance est en effet la plus agreable du monde, elle est assez difficile à attraper, à cause particulierement de la rigueur des saisons, c'est en veuë de cette abondance, que d'abord on ne fait que prôner les grands plans : mais outre la dépense qui est assez grande, tant pour les faire, que particulierement pour les entretenir, & qui doit sur cela donner de grands égards, s'il arrive, comme il arrive sans doute, qu'on parvienne enfin à se voir à peu prés ce qu'on s'est proposé, je suis asseuré, qu'on se trouve au moins embarassé de ce qu'on en doit faire.

Il seroit bien-tôt temps, que je commençasse de planter un peu de ces fruits, qui sont au moins propres à contribuer à la parure des pyramides ; on n'y devroit point ce me semble trouver à redire, quand on en est venu à planter jusques à des six, & sept cens Buissons d'autres Arbres; & ainsi on pourra y mettre quelques Bons-chrétiens d'Esté, autrement Gracioli, quelques Suprême, quelques Amiral, quelques Moüille-bouche d'Esté, quelques Bellissime, quelques Poires de Bouge, quelques Grilland, quelques Gilogile, &c. je feray la description de ces sortes de fruits à la fin de ce Traité: je me contente de les nommer icy en passant afin que nos curieux qui en sçauront le nom, en plantent quelques Arbres, s'ils le trouvent à propos: quant à moy, tant que je suivray mon inclination, je n'en planterai gueres.

C'est pourquoy pour continuer, comme j'ay commencé, j'estime que les dix fruits d'Esté d'augmentation pour six cens Arbres, seront

Vn gros Blanquet.
Deux Bon-chrêtien d'Esté musqué.
Vn Cassolette.
Deux Robines.
Vn Epargne.
Vn Poirier-Madelene.
Vn Sans-peau.
Vn pendar
Vn Poirier d'Orange musquée.

Les dix-huit d'Automne seront

Deux Amadottes.
Vn Besidéry.
Vn Bon chrêtien d'Espagne.
Quatre Beurré.
Vn Doyenné.
Trois Lansac.
Vn Poirier de Vigne.
Trois Messire-Iean.
Vn Rousseline.
Vn Sucre-vert.

Les soixante-douze d'Hyver seront

Dix Virgoulé.
Sept Bons-chrêtiens d'Hyver.
Cinq Leschasserie.
Cinq Epine.
Cinq Ambrette.
Trois Inconnuë la Fare.
Trois Bugi.
Deux Angober.
Deux Colmar.
Deux double-fleur.
Deux Franc-réal.
Deux Gros-musc.
Deux Martin sec.
Deux Marquise.
Deux Portail.
Deux Saint-Augustin.
Deux Saint-Lezin.
Vn Poirier de Citron.
Vn Besi de Caissoy.
Vn Donville autrement Calot.

Vn gros fremont. *Vn Petit-oin.*
Vn Poirier de livre. *Vn Ronville.*
Vn Loüise-bonne. *Vn Rousselet d'Hyver.*
Vn Pasteurelle. *Deux Saint-François.*

J'y adjoûteray deux Carmelites, qui sont d'assez grosses Poires plates, grises d'un côté, & un peu teintes de l'autre, & chargées en certains endroits de quelques taches assez grandes, qui paroissent comme des pieces qu'on y a appliquées aprés coup.

En tout cela nous avons pour cuire environ soixante-onze Poiriers, sans y comprendre ceux qu'on pourra avoir de tige, comme des petits Certeaux, Angober, Franc-réal, &c. qui viennent fort bien.

Si on a besoin de sept cens Poiriers en Buissons, on n'a qu'à augmenter au de-là des six cens, de la même maniere à peu prés que nous avons fait pour venir des cinq cens aux six cens, c'est à-dire d'environ la dixiéme partie par centaine, soit pour l'Esté, soit pour l'Automne, & de quatre-vingt pour l'Hyver, ou bien qu'on se contente de ce que nous avons mis de fruit d'Esté & d'Automne pour les six cens, & qu'on mette entierement la centaine d'augmentation pour l'Hyver : on trouvera son compte, c'est à-dire que pour sept cens Poiriers en Buisson, on en aura environ cent dix huit pour l'Esté, cent trente-deux pour l'Automne, & quatre cens cinquante pour l'Hyver, ou bien on aura cent quinze pour l'Esté, cent douze pour l'Automne, & quatre cens soixante treize pour l'Hyver; ainsi pour huit cens on aura à peu prés cent vingt-cinq pour l'Esté, cent cinquante pour l'Automne, & cinq cens vingt-cinq pour l'Hyver, & pour neuf cens on en aura environ cent quarante-cinq pour l'Esté, cent soixante pour l'Automne, & cinq cens quatre-vingt-quinze pour l'Hyver : cela posé que pour les huit cens, & pour les neuf cens on croit n'avoir pas assez de fruit d'Esté & d'Automne, que de n'avoir que ceux de six cens, qui sont pourtant un nombre fort raisonnable : pareillement aussi pour mil Poiriers en Buisson on auroit environ cent quarante-cinq pour l'Esté, cent quatre-vingt-cinq pour l'Automne, & six cens soixante-dix pour l'Hyver.

Je m'en vais faire icy la distribution de ce dernier nombre, & finiray là ce que j'ay à dire pour les Poiriers en Buissons, aprés avoir encore dit que le nombre tant des Poiriers d'Esté que d'Automne me fait peur ; si-bien que si je suivois mon penchant, naturellement j'irois à les diminuer pour augmenter davantage les fruits d'Hyver : chaque Curieux verra sur cela ce qu'il trouvera à propos pour son usage.

Les cent quarante-cinq Poiriers d'Esté seront,

Neuf gros Blanquet.
Cinq Blanquet musqué.
Cinq Bourdons.
Quinze Bon-chretien musqué.
Six Cassolette.
Quinze Cuisse-Madame.
Six Espargne.
Six Fondante de Brest.
Seize Robine.
Quatre Orange musquée.
Huit Orange-Verte.
Quatre Gros Oignonnet.
Quatre Madelene.
Trois Poiriers du Bouchet.
Huit sans-peau.
Trois Salviati,
Sept Muscat-Robert.
Quinze Rousselet.
Six Pendar.

Les cent quatre-vingt-cinq Poiriers d'Automne seront.

Trente-deux Beurré.
Vingt Verte-longue.
Quinze Lansac.
Vingt Messire-Jean.
Quinze Besidery.
Douze Amadotte.
Quatre Angleterre.
Six Bon-chrétien d'Espagne.
Vn Bergamotte.
Six Crasane.
Quatre Chat-brûlé.
Quatre Poire-Chat.
Dix Doyenné.
Six Rousseline.
Huit Sucré-vert.
Huit Poiriers de Vigne.

Les six-cent soixante-dix Poiriers d'Hyver seront

Six-vingt Virgoulé.
Soixante-dix Bon-chretien d'Hyver.
Soixante-cinq Amorette.
Soixante-dix Leschasserie.
Soixante-cinq Epine.
Trente Double-fleur.
Vingt-quatre Inconnuë la Fare.
Vingt-quatre Martin-sec.
Dix-huit Franc-real.
Quinze Angober.
Quinze Bugi.

** Quatre Poire-rose.*

** Quatre Vilaine d'Anjou.*

Quatre Caillot-rosat.

** Quoy que ces trois dernieres especes se trouvent dans le nombre des Buissons d'Hyver, elles viennent cependant toutes trois en Automne, mais cela ne doit rien gâter de l'ordre qui est icy observé.*

Je me suis laissé aller à mettre les trois dernieres especes de Poires, quoy que je n'aye pas grande estime pour elles, l'abondance avec laquelle elles se produisent m'a flechi en leur faveur, outre que pour les gens qui n'auroient point d'autres fruits, ceux-cy ont une eau assez sucrée, & qui n'est pas trop desagreable, à qui aime le goût rosat.

La Poire-rose est assez grosse, plate, & ronde, la queuë en est fort longue & fort menuë, & la chair cassante.

Le Caillot-rosat, autrement Eau-rose, est de la couleur, grosseur, & figure à peu prés d'un Messire-Jean ordinaire, elle est pourtant un peu plus ronde, & a la queuë tres-courte & enfoncée comme une Pomme, & la chair cassante.

La Vilaine d'Anjou, autrement Tulipée, & Bigarade, est grosse, plate, d'un gris jaunâtre, & pareillement la chair cassante.

J'ajouteray même deux Grosse queuë, le nom de cette Poire, la fait connoître, sa pierre avec sa sécheresse la fait mépriser, & son grand parfum la fait estimer de ceux qui aiment les fruits fort musquez; elle est jaune, & assez grosse.

Huit Portail.
Quinze Saint-Lezin.
Huit Gros-Musc.
Huit Colmar.
Douze Loüise-bonne.
Huit Pastourelles.
Douze Donville.
Douze Marquise.
Huit Saint-Augustin.
Huit Petit-oin.
Huit Ronville.
Huit Carmelites.
Cinq Citrons.
Quatre Besi de Caissoy.
Six gros-Fremont.
Six Poires de Livre.
Six Saint-François.
Dix Rousselet d'Hyver.

Et sur cela nous en avons cent un, qui ne sont que pour cuire sans les autres, qui, comme nous avons dit, sont d'assez bonnes Poires des deux façons.

Je finis par cette petite reflexion, laquelle regarde un curieux, qui se voit mil Poiriers en Buisson, ou qui se propose de les planter: & je lui demande d'abord que chacun de ces Arbres commenceront de donner quelque peu de fruit, quand cela n'iroit qu'à douze par chaque pied d'Arbre, qui est un nombre tres-modique : je demande, dis-je, à ce curieux, qu'est ce qu'il pourra faire de ces douze mil Poires, à moins qu'il n'en veüille faire present d'une grande partie, ou les vendre, ou en faire du Cidre, &c. J'avoüe de bonne foy, que ce nombre m'épouvante, jusqu'à me chagriner, au moins me faire pitie, sçachant certainement, qu'il y en aura pour le moins la moitié de gâté, &c.

CHAPITRE III.

Des Poiriers de tige à planter.

IL s'en faut de beaucoup, que je me trouve aussi obligé à la discussion pour les Poiriers de tige, que je l'ai été pour les Poiriers en Buisson ; les petits Jardins ne s'accommodent nullement de ceux-là, comme ils font de ceux-cy ; l'ombre des grands Arbres y est pernicieuse pour tout ce qu'on y pourroit élever, joint que tout le monde veut particulierement avoir de l'air autour de sa maison, & que personne ne peut souffrir ce qui est capable de l'empêcher ; voilà en effet une des principales raisons, qui font que chacun souhaitte au moins de petits Jardins, quand il ne peut pas en avoir de grands.

Nous ne planterons donc d'Arbres de tige que dans les grands Jardins, & les y planterons en petite quantité, ce qui ne va d'ordinaire qu'à un Arbre pour chaque quarré de Potager ; je me suis sur cela fait deux usages qui ne reüssissent pas mal, dont l'un est de les planter sur le bord des grandes allées de traverse & toûjours loin de toutes les murailles, à la reserve de celles du Nord, & l'autre de les planter au milieu des quarrés, c'est-à-dire un dans chaque quarré.

Dans la premiere façon, particulierement comme la plûpart de l'ombre donne dans les grandes allées, il n'y en a point qui fasse tort aux petites plantes de dessous, ny aux bons Espaliers qui en sont fort éloignez, & dans la deuxiéme maniere il n'y a rien qui offusque, & embarasse la veuë, parce que les quarrez ayans d'ordinaire au moins dix à douze toises en tout sens, & étant separez les uns des autres par quelques allées, les Arbres de tige y auront entr'eux une distance assez considerable; & comme le nombre de ces quarrez n'est que mediocrement grand, le nombre des Arbres de tige ne peut être aussi que mediocre, n'y ayant gueres de Potagers, qui selon de telles mesures, & une telle destination, puissent avoir plus d'une trentaine d'Arbres.

Or pour cela je choisis ou de ces especes de bons fruits, qui ne sont pas bien gros, qui cependant chargent beaucoup, & sont bons en tombant, c'est-à-dire sont fruits d'Esté, parce que leur peu de grosseur les empêche de se meurtrir, & leur maturité, qui les a détachez, fait que si par hazard quelques-uns ont été cassez, on peut sur le champ les consommer avec plaisir.

Ou bien je choisis de ces especes qui tiennent beaucoup à la queuë, & de celles dont les fruits sont fort dures en soy, comme les menus fruits d'Hyver, & les Poires à cuire, si bien qu'ils ne sont pas aisément abatus par les vents, où leurs chûtes ne sont pas capables de leur faire grand tort.

Parmi les fruits d'Esté à planter en Arbres de tige, je n'y comprens pas le Petit-muscat, quoi que par la taille, & la saison dont il est, il y dût être plus propre qu'aucun autre : le chancre qui s'attache à son bois, & le gâte entierement, m'en empêche à mon grand regret; mais ce que j'y plante tres-volontiers, c'est premierement en fruits d'Esté, (& voici l'ordre de mon choix) le Rousselet, la Cuisse-Madame, le gros Blanquet, le Blanquet musqué, le Bon-chrétien d'Esté musqué, la Poire Sans-peau, l'Orange musquée, le Bourdon, le Muscat Robert, la Poire de Pendar, la Fondante de Brest, & même dans un fort grand plan j'y ajoûterois quelque Bon-chrétien d'Esté, quelques Amiral, &c. Pour des fruits d'Automne ce que je choisis sont des Lansac, des Poires de Vigne, des Rousseline, &c. Pour des fruits d'Hyver ce sera le Martin-ſec, l'Ambrette, le Rouſſelet d'Hyver, le Ronville, & peut-être quelques Beb de Caiſſoy, & enfin pour les fruits à cuire, ce ſera le petit Certeau, le Franc-real, l'Angober, le Donville.

Voilà environ vingt-quatre ſortes de Poiriers de tige à planter aſſez heureuſement dans nos Jardins, mais comme dans des lieux importans, par exemple de beaux Potagers, les fruits à cuire ne ſont pas aſſez conſiderables pour y être placez, & que (comme il eſt à propos pour tous ceux qui le peuvent commodement) on en peut avoir dans des Vergers à l'écart avec toutes ſortes de Ceriziers, Griottes, Bigarreaux, Guignes, avec toutes ſortes de bonnes Pommes, Reinette, Calvil, Api, Fenoüillet, Courpendu, &c. avec quelques Prunes de bonnes eſpeces, ſçavoir des Damas de toutes ſortes, des Mirabelle, Sainte Catherine, Diapré, &c. Et enfin avec des Meuriers, Amandiers, Azeroliers, &c. comme dis je les fruits à cuire peuvent ſans des-honneur être éloignez de nos Potagers, il faut particulierement multiplier quelques-uns de nos fruits d'Eſté qui ſont les principaux.

Je m'aſſure que la voix de tout le monde auſſi bien que la mienne donne auſſi tôt ſur les Rouſſelets ; de maniere qu'on n'eſt pas fâché d'avoir au moins quatre grands Poiriers de Rouſſelet, quand on a un Arbre de chacune des autres eſpeces : la Rouſſeline, la Poire de Lanſac, l'Ambrette, & le Martin-ſec ſont encore des Arbres qui demandent chacun à être doubles devant qu'on double les autres ; un Poirier d'Eſté qui ſera planté depuis dix ou douze ans eſt capable de donner une ſi grande quantité de fruits de ſon eſpece, que ce ſera tout ce qu'on pourra faire, que de les conſommer devant que la pourriture qui ſuit d'aprés la maturité, les rende inutiles : il faut cependant ſe ſouvenir en faiſant des plans de fruitiers, que ſi on en mêle quelques Arbres de tige, il faudra à proportion diminuër le nombre des Buiſſons, qu'on auroit eſté obligé d'avoir des mêmes eſpeces.

Il me ſemble qu'il n'eſt pas hors de propos d'ajoûter icy, qu'à l'égard de ces Arbres de tige il eſt bon de leur laiſſer une partie des branches, que leur tête avoit dans la Pepiniere, il en seront plus prompts à donner du fruit ; & comme la hauteur de leur tige n'est pas si justement reglée que celles des Buissons, soit que cette hauteur commence un pied plus haut, ou un pied plus bas, ils n'en seront pas pour cela plus desagreables dans leur figure, & c'est toûjours beaucoup d'avoir à leur égard cette avance pour le fruit, qu'on ne sçauroit gueres avoir pour les Buissons.

Nous avons jusqu'icy examiné la conduite qui est à tenir à l'égard des bonnes Poires, pour en avoir dans nos Jardins, tant en Buisson, qu'en Arbres de tige, autant qu'il est possible : je n'ay point parlé de ces Bon-chrétiens en grands Arbres, qu'on a dans les cours de quelques maisons en beaucoup de Provinces dont les climats sont chauds, ny de quelques autres Poiriers plus communs, qu'on a ailleurs en d'autres cours.

Je n'ay pas aussi parlé des grands plans de Poiriers, qui se font pour le cidre dans les lieux où les Vignes ne peuvent pas réüssir.

Pour ce qui est des deux premiers articles, outre que je n'en ay rien à dire, la chose n'étant d'aucune consequence, mais simplement du plaisir de quelques particuliers, je m'en raporte entierement à ce que chacun trouvera bon pour sa satisfaction, le succés qu'il en aura luy servira de regle.

Toûjours est-il bon de dire que dans des lieux qui, comme on dit, sont si exposez aux bras seculiers, il faut avoir cette precaution de n'y mettre que des fruits, qu'on ne puisse pas manger sur le champ, ou autrement il est certain que tout ce qui en reviendra au Maistre, ne sera que beaucoup de chagrin, & peu d'autre chose.

Pour ce qui est des plans de Cidre, soit pour Poiriers, soit pour Pommiers, je me contenterai de dire, qu'on y plante les Arbres à dix & douze toises de distance l'un de l'autre, parce que cela n'empêche pas, qu'au moins pendant longues années les terres n'en soient ensemencées de bons grains, la culture des labours qui se font pour ceux-cy, servant extrêmement pour la culture des autres : je laisse cet article aux gens qui ont ou necessité,

& commoditié de cette liqueur, ou qui ont autant de passion pour elle, que j'en ay pour les bons fruits qui font les delices des honnêtes gens.

Il est temps d'examiner qu'elle sorte de Poires nous mettrons en Espalier : je sçay bien qu'il n'y en a pas une, qui pour la grosseur, & la sureté du raport ne s'en accommode assez volontiers, quand les tigres les y veulent souffrir : mais je sçay bien sur tout qu'il y en a quelques-unes qui ont tellement besoin de l'Espalier, qu'elles ne s'en peuvent passer, nous avons cy-devant insinué en quelques endroits que cette necessité étoit particulierement pour les Bergamottes, & encore plus pour le petit-Muscat : elle est encore nommement indispensable pour pouvoir élever du Bon-chrétien bien coloré ; mais comme pour peu qu'on ait de murailles bien exposées, on doit avoir tant d'égard ; afin de les employer utilement selon leur merite, & selon l'importance des fruits qui y demandent place, j'estime que je ne dois traiter des Poires qu'on y peut planter, qu'en traitant particulierement de l'ordre qui est à tenir pour remplir chaque muraille de toutes sortes de bons fruits, autant bien qu'elles le peuvent être ; & c'est l'ordre que je me suis proposé dés le commencement de ce Traité ; j'acheveray donc premierement de dire quels autres fruits réüssissent bien en Buisson, aprés avoir fait une liste particuliere des premiers cinq cens Poiriers en Buisson, que j'ay placez cy-dessus, & aprés avoir dit, qu'elles sont à mon sens les bonnes especes de Poires, qu'elles sont les mediocres, & qu'elles sont enfin les mauvaises, & que je ne conseille point de planter.

LISTE

DES PREMIERS CINQ CENS Poiriers en Buisson, selon l'ordre cy-dessus, où sont marquez les mois, pendant lesquels leurs fruits sont bons à manger, & les pages qui contiennent leurs descriptions.

11. Premier Saint-Germain, autrement l'inconnu la Fare, *Poire de Novembre, Decembre & Ianvier*, sa descrip. p. 278
12. Premier Colmar, *Poire de Novembre, Decembre, Ianvier, & Février*, sa description, page 279
13. Premier Loüise-bonne, *Poire de Novembre & Decembre*, sa description, page 280
14. Premier Verte-longue, *Poire de la my-Octobre*, sa description, page 281
15. Premier Marquise, *Poire du mois d'Octobre*, sa description, page 378
16. Premier Saint-Augustin, *Poire de la fin de Decembre*, sa description, page 288
17. Premier, Messire-Jean, *Poire de la my-Octobre*, sa description, page 286
18. Deuxiéme Beurré.
19. Premier Cuisse-Madame, *Poire de l'entrée de Iuillet*, sa description, page 291
20. Premier gros Blanquet, *Poire de l'entrée de Juillet*, sa description, page 292
21. Premier Muscat-Robert, *Poire de la my-Juillet*, sa description, page 295
22. Deuxiéme Verte-longue.
23. Premier Sans-peau, *Poire de la fin de Juillet*, sa description, page 296
24. Deuxiéme Bon-chrétien d'Hyver.
25. Troisiéme Beurré.
26. Deuxiéme Virgoulé.
27, Deuxiéme Leschasserie.
28. Deuxiéme Epine.
29. Deuxiéme Ambrette.
30. Deuxiéme S. Germain.
31. Deuxiéme Rousselet.
32. Deuxiéme Crasane.
33. Deuxiéme Robine.
34. Deuxiéme Cuisse-Madame.
35. Deuxiéme Colmar.
36. Deuxiéme Petit-oin.
37. Troisiéme Bon-chrétien d'Hyver.
38. Quatriéme Beurré.
39, Troisiéme Virgoulé.
40. Troisiéme Leschasserie.
41. Troisiéme Epine,
42. Troisiéme Ambrette.
43. Troisiéme S. Germain.
44. Premier Muscat-fleury, *Poire de la my-Octobre*, sa description, p. 300
45. Troisiéme Verte-longue.
46. Troisiéme Crasane.
47. Deuxiéme Marquise.
48. Deuxiéme S. Augustin,

49. Quatriéme Bon-chrétien d'Hyver.
50. Quatriéme Virgoulé.
51. Troisiéme Marquise.
52. Premier Bon-chrétien d'Esté musqué, *Poire du mois d'Aoust*, sa description, page 300
53. Troisiéme Petit-oin.
54. Cinquiéme Bon-chrétien d'Hyver.
55. Cinquiéme Virgoulé.
56. Quatriéme Leschasserie.
57. Quatriéme Epine.
58. Quatriéme Ambrette.
59. Quatriéme Saint Germain.
60. Premier Blanquet à longue queuë, *Poire du mois de Iuillet*, sa description, page 292
61. Cinquiéme Beurré.
62. Premier Orange verte, *Poire du commencement d'Aoust*, sa descrip. p. 301
63. Quatriéme Verte-longue.
64. Sixiéme Bon-chrétien d'Hyver.
65. Sixiéme Virgoulé.
66. Troisieme Colmar.
67. Quatriéme Crasane.
68. Quatriéme Marquise.
69. Deuxiéme Loüise-bonne.
70. Cinquiéme Epine.
71. Cinquiéme Ambrette.
72. Cinquiéme Leschasserie.
73. Cinquieme Saint-Germain.
74. Cinquiéme Verte-longue.
75. Premier Doyenné, *Poire de la my-Septembre & d'Octobre*, sa description, pag. 301
76. Premier Besi de la mote, *Poire de la fin d'Octobre.*
77. Sixieme Beurré.
78. Deuxiéme gros Blanquet.
79. Troisieme Loüise-bonne,
80. Deuxieme Blanquet à longue queuë.
81. Septiéme Bon-chrétien d'Hyver.
82. Sixieme Epine.
83. Sixieme Leschasserie.
84. Sixieme Ambrette.
85. Septiéme Virgoulé.
86. Sixiéme Verte-longue.
87. Huitiéme Virgoulé.
88. Septiéme Epine,
89. Septieme Ambrette.
90. Septieme Leschasserie.
91. Sixieme Saint-Germain.
92. Quatriéme Colmar.
93. Neuviéme Virgoulé.
94. Deuxieme Muscat-fleuri,
95. Premier Martin-sec, *Poire de la my-Novembre*, sa description, page 285
96. Quatrieme Petit oin.
97. Quatrieme Loüise-bonne.
98. Huitieme Epine.
99. Huitieme Ambrette,

---

100. Dixiéme Virgoulé.

101. Onzieme Virgoulé.
102. Huitieme Leschasserie.
103. Neuvieme Epine.
104. Premier Bourdon, *Poire de la fin de Iuillet, & du commencement d'Aoust*, sa description, pag. 295.
105. Septieme S. Germain.
106. Cinquieme Colmar.
107. Septieme Beurré.
108. Septieme Verte-longue.
109. Dixieme Espine.
110. Cinquieme Petit-oin.
111. Premier Sucré-verr, *Poire de la fin d'Octobre*, sa description, page 308.
112. Premier Lansac, *Poire de l'entrée de Novembre*, sa description, page 282.
113. Troisieme Rousselet.
114. Troisiéme Robine.
115. Premier Poire-Magdeleine, *Poire de l'entrée de Iuillet*, sa description, page 308.
116. Premier Espargne *Poire de la fin de Iuillet*, sa description, page 308.
117. Deuxieme Espargne.
118. Douxieme Virgoulé.
119. Sixieme Colmar.
120. Huitieme Bon-chrétien d'Hyver.
121. Deuxiéme Martin-sec.
122. Septieme Colmar.
123. Huitieme Beurré.
124. Premier Bugi *Poire de Février & Mars*, sa description, page 308.
125. Deuxieme Bugi.
126. Neuvieme Bon-chrétien d'Hyver.
127. Neuvieme Beurré.
128. Premier gros Oignonnet. *Poire de la my-Iuillet*, sa description, page 311.
129. Deuxieme Sucré-verr.
130. Premier petit-Blanquet, *Poire de la fin de Iuillet*, sa description, page 292.
131. Treizieme Virgoulé.
132. Onzieme Espine.
133. Neuvieme Ambrette.
134. Huitieme Verte-longue.
135. Sixieme Petit-oin.
136. Premier Angober, sa description, page 311
137. Quatrieme Rousselet.
138. Quatrieme Robine.
139. Cinquieme Crasane.
140. Huitieme Saint-Germain.
141. Huitieme Colmar.
142. Deuxieme Messire-jean.
143. Quatorzieme Virgoulé.
144. Dixieme Leschasserie.
145. Dixieme Ambrette.
146. Premier Double-fleur, *Poire de Mars*, sa description, page 310.
147. Cinquieme Marquise.
148. Premier Franc-réal, *Poire de Ianvier*, sa description, page 311
149. Deuxieme Sans-peau.
150. Premier Besideri, *Poire d'Octobre & de Novembre*,

sa description, page 311

151. Dixieme Bon-Chrétien d'Hyver.

152. Quinzieme Virgoulé.

153. Seizieme Virgoulé.

154. Onzieme Leschasserie.

155. Douzieme Epine.

156. Dixieme Beurré.

157. Premier Poirier de Vigne, *Poire de la my Octobre*, sa description, pag. 296

158. Premier Ronville, *Poire de Janvier*, sa description, page 311.

159. Cinquieme Rousselet.

160. Cinquieme Robine.

161. Sixieme Crasane.

162. Sixieme Marquise.

163. Septieme Petit-oin.

164. Deuxieme Cuisse-Madame.

165. Neuvieme Colmar.

166. Onzieme Bon-chrétien d'Hyver.

167. Deuxieme Bon-chrétien d'Esté musqué.

168. Deuxieme Muscat-Robert.

169. Troisieme Sans-peau.

170. Onzieme Beurré.

171. Deuxieme Poire Magdeleine.

172. Dix-septieme Virgoulé.

173. Douzieme Leschasserie.

174. Deuxieme Bourdon.

175. Troisieme Martin-sec.

176. Troisieme Bugi.

177. Douzieme Bon-chrétien d'Hyver.

178. Neuvieme Vert-longue.

179. Deuxieme Doyenné.

180. Premier Salviati, *Poire des mois d'Aoust & de Septembre*, sa description, page 317.

181 Douzieme Beurré.

182. Onzieme Ambrette.

183. Huitieme Petit-oin.

184. Neuvieme Saint Germain.

185. Dixieme Colmar.

186. Douzieme Ambrette.

187. Deuxieme Lansac.

188. Septieme Crasane.

189. Treizieme Bon-chrétien d'Hyver.

190. Dix-huitiéme Virgoulé.

191. Deuxieme Besi de la mote.

192. Sixieme Rousselet.

193. Sixieme Robine.

194. Premier Cassolette, *Poire de la my-Aoust*, sa description, pag. 292.

195. Premier Inconnuë-Chaisneau, *Poire du mois de Septembre.*

196. Premier petit Muscat, *Poire du commencement de Iuillet*, sa description, page 291.

197. Premier Rousselet hâtif, *Poire de la fin de Juillet.*

198. Premier Portail, *Poire des mois de Janvier & de Fevrier*, sa description, pag. 287.

199. Deuxieme Portail.

200. Troisiéme Saint-Augustin.
201. Quatorziéme Bon-chrétien d'Hyver.
202. Quinziéme Bon-chrétien d'Hyver.
203. Seiziéme Bon-chrétien d'Hyver.
204. Dixseptiéme Bon-chrétien d'Hyver.
205. Dixhuitiéme Bon-chrétien d'Hyver.
206. Dixneuviéme Bon-chrétien d'Hyver.
207. Premier Bergamotte d'hyver.
208. Dixneuviéme Virgoulé.
209. Vingtiéme Virgoulé.
210. Vingt-uniéme Virgoulé.
211. Treiziéme Leschasserie.
212. Quatorziéme Leschasserie.
213. Treiziéme Ambrette.
214. Quatorziéme Ambrette.
215. Treiziéme Espine.
216. Quatorziéme Espine.
217. Huitiéme Crasane.
218. Neuviéme Petit-oin.
219. Dixiéme S. Germain.
220. Onziéme Saint-Germain.
221. Septiéme Marquise.
222. Huitiéme Marquise.
223. Quatriéme Martin-sec.
224. Cinquiéme Martin-sec.
225. Treiziéme Beurré.
226. Quatorziéme Beurré.
227. Septiéme Rousselet.
228. Huitiéme Rousselet.
229. Troisiéme Bon-chrétien d'Esté musqué.
230. Troisiéme Messire-Jean.
231. Septiéme Robine.
232. Dixiéme Verte-longue.
233. Onziéme. Verte-longue.
234. Deuxiéme Cassolette.
235. Troisiéme Lansac.
236. Troisiéme Cuisse-Madame.
237. Quatriéme Cuisse-Madame.
238. Troisiéme Blanquet à longue queuë.
239. Premier Blanquet musqué, *Poire du commencement de Iuillet*, sa description, pag. 317.
240. Deuxieme Orange-verte.
241. Deuxiéme Besidéri.
242. Troisiéme Espargne.
243. Quatriéme Messire-Jean.
244. Troisiéme Sucré-vert.
245. Vingtiéme Bon-chrétien d'Hyver.
246. Vingt-uniéme Bon-chrétien d'Hyver.
247. Vingt-deuxieme Bon-chrétien-d'Hyver.
248. Vingt-troisiéme Bon-chrétien-d'Hyver.
249. Vingt-deuxiéme Virgoulé.
250. Vingt-troisiéme Virgoulé.
251. Vingt-quatrieme Virgoulé.

252. Quinzieme Ambrette.
253. Seizieme Ambrette.
254. Quinzieme Epine.
255. Seizieme Epine.
256. Quinzieme Leschasserie.
257. Seizieme Leschasserie.
258. Dix-septieme Leschasserie.
259. Sixieme Martin-sec.
260. Dixieme Petit-oin.
261. Douzieme Saint Germain.
262. Quatrieme Saint-Augustin.
263. Neuvieme Marquise.
264. Quinzieme Beurré.
265. Premier Amadotte, *Poire de Novembre & de Decemb.*
266. Premier Bon-chrétien d'Espagne, *Poire de la my-Nov. & du commencement de Decembre*, sa description, pag. 316.
267. Cinquieme Loüise-bonne.
268. Troisieme Doyenné.
269. Troisieme Portail.
270. Sixieme Loüise-bonne.
271. Troisieme Besidéry, *Poire bonne à cuire.*
272. Quatrieme Besidéry.
273. Deuxieme Double-fleur.
274. Troisieme Double-fleur
275. Deuxieme Franc-réal.
276. Troisieme Franc-réal.
277. Deuxieme Angober.
278. Troisieme Angober.
279. Premier Donville.
280. Deuxieme Donville.
281. Huitieme Robine.
282. Neuvieme Robine.
283. Premier Saint-Lezin, *Poire de Mars.*
284. Septieme Loüise-bonne.
285. Onzieme Colmar.
286. Neuvieme Crasane
287. Seizieme Beurré.
288. Deuxieme Bergamotte d'Hyver.
289. Quatrieme Bon-chrétien d'Esté musqué.
290. Douxieme Verte-longue.
291. Deuxieme Bon-chrétien d'Espagne.
292. Dixieme Crasane.
293. Deuxieme Poirier de Vigne.
294. Premier fondante de Brest, *Poire du mois d'Aoust.*
295. Deuxieme Blanquet musqué.
296. Deuxieme Salviati.
297. Premier Poirier de satin d'Esté.
298. Troisieme Muscat-Robert.
299. Troisieme Bourdon.

---

300. Quatrieme Sans-peau.
301. Quatrieme Bugi.
302. Cinquieme Bugi.
303. Sixieme Bugi.
304. Septieme Bugi.
305. Huitieme Bugi.
306. Neuvieme Bugi.
307. Premier Pastourelle,

Poire de Decembre & de Janv. sa description, pag. 318.
308. Deuxieme Pastourelle.
309. Troisieme Pastourelle.
310. Premier Poirier d'Angleterre, *Poire de Sept. & d'Oct.* sa description, p. 319.
311. Premier Chat-brulé, *Poire d'Octobre & de Novembre,* sa description, pag. 319.
312. Premier Citron d'Hyver, *Poire de Janv. & de Fevrier*, sa descript. pag. 320
313. Premier Rousselet d'Hyver, *Poire de Fevrier*, sa description, pag. 320
314. Deuxieme satin d'Esté.
315. Deuxieme poirier d'Angleterre.
316. Deuxieme Chat-brûlé.
317. Cinquieme Bon-Chrétien d'Esté musqué.
318. Septieme Martin-sec.
319. Huitieme Martin-sec.
320. Douzieme Colmar.
321. Huitieme Loüise-bonne.
322. Treizieme Verte-longue.
323. Quatorzieme Verte-longue.
324. Vingt-cinquieme Virgoulé.
325. Vingt-sixieme Virgoulé.
326. Vingt-septieme Virgoulé.
327. Vingt-huitieme Virgoulé.
328. Vingt-neuvieme Virgoulé.
329. Dix-septiéme Ambrette.
330. Dix-huitieme Ambrette.
331. Dix-neuvieme Ambrette.
332. Dix-septieme Epine.
333. Dix-huitieme Epine.
334, Dix-neuvieme Epine.
335. Dix-huitieme Leschasserie.
336. Dix-neuvieme Leschasserie.
337. Vingtieme Lechasserie.
338. Vingt-unieme Leschasserie.
339. Vingt-quatrieme Bon-Chrétien d'Hyver.
340. Vingt-cinquieme Bon-Chrétien d'Hyver.
341. Vingt-sixieme Bon-Chrétien d'Hyver.
342. Vingt-septieme Bon-Chrétien d'Hyver.
343. Trentieme Virgoulé,
344. Trente-unieme Virgoulé.
345. Vingtieme Ambrette.
346. Vingtieme Epine.
347. Vingt-unieme Epine.
348. Vingt-unieme Ambrette.
349. Vingt-deuxieme Leschasserie.
350. Vingt-troisieme Leschasserie.
351. Treizieme Saint-Germain.
352. Quatrieme Doyenné.
353. Onzieme Petit-oin.

354. Dixiéme Marquise.
355. Cinquieme Saint-Augustin.
356. Quatriéme Lansac.
357. Troisiéme Poirier de Vigne.
358 Douzieme Petit-oin.
359. Premier Rousseline, *Poire de Septembre & d'Octobre*, sa description, p. 322.
360. Quatriéme Muscat-Robert.
361. Cinquiéme Sans-peau,
362. Neuviéme Martin-sec.
363. Dixiéme Martin-sec.
364. Dix-septiéme Beurré.
365. Dix-huitiéme Beurré.
366. Cinquiéme Messire-Jean.
367. Sixiéme Messire-Jean.
368. Neuviéme Rousselet.
369. Dixiéme Robine.
370. Cinquiéme Besidéry.
371. Sixiéme Besidéry.
372. Quatriéme Double-fleur.
373. Cinquiéme Double-fleur.
374. Sixiéme Double-fleur.
375. Quatriéme Franc-réal.
376. Cinquiéme Franc-réal.
377. Quatriéme Angober.
378. Cinquiéme Angober.
379. Troisiéme Donville.
380. Quatrieme Donville.
381. Premier Poirier de livre *Poire de Novembre bonne à cuire*, sa descript. p. 322.
382. Deuxiéme Poirier de livre.
383. Vingt-huitieme Bon-Chrétien d'Hyver.
384. Vingt-neuvieme Bon-Chrétien d'Hyver.
385. Trentieme Bon-Chrétien d'Hyver.
386. Quatorziéme S. Germain.
387. Cinquieme Cuisse-Madame.
388. Sixieme Cuisse-Madame
389. Troisieme Gros Blanquet.
390. Troisiéme Blanquet-musqué.
391. Premier Pendar, *Poire de la fin de Sept.* sa descr. p. 323.
392. Deuxieme Pendar.
393. Onzieme Robine.
394. Quatrieme Pastourelle.
395. Sixieme Bon-chrétien d'Esté musqué.
396. Dixieme Rousselet.
397. Dixieme Bugi.
398. Quatrieme Portail.
399. Deuxieme Saint-Lezin.

---

400. Premier du Bouchet, *Poire de la my-Aoust*, sa description, p. 333.
401. Premier Poire-Chat, *Poire de la my-Octobre*, sa description, pag. 334.
402. Deuxieme Poire-Chat.
403. Premier Besi de Caissoy, *Poire de Decembre & de Janv.* sa descrip. page 334.
404. Deuxieme Besi de Caissoy.

405. Trente-deuxieme Virgoulé.
406. Trente-troisieme Virgoulé,
407. Trente-quatrieme Virgoulé.
408. Trente-cinquieme Virgoulé.
409. Septieme Double fleur.
410. Sixieme Franc-réal.
411. Vingt-deuxieme Ambrette.
412. Vingt-troisieme Ambrette.
413. Vingt-deuxieme Espine.
414. Vint-troisieme Espine.
415. Vingt-quatriéme Leschasserie.
416. Vingt-cinquieme Leschasserie.
417. Onzieme Crasane.
418. Quinzieme S. Germain.
419. Trente-unieme Bon-Chrétien d'Hyver.
420. Trente-deuxieme Bon-Chrétien-d'Hyver.
421. Trente-troisieme Bon-Chrétien d'Hyver.
422. Trente-quatrieme Bon-Chrétien d'Hyver.
423. Trente cinquieme Bon-Chrétien d'Hyver.
424. Trente-sixieme Bon-Chrétien d'Hyver.
425. Trente septiéme Bon-Chrétien d'Hyver.
426. Dix-neuvieme Beurré.
427. Premier S. François. *Poire bonne à cuire*, sa description, pag. 326.
428. Deuxieme Saint-François.
429. Sixieme S. Augustin.
430. Deuxieme Rousseline.
431. Quatrieme Blanquet-musqué.
432. Septieme Cuisse-Madame.
433. Douzieme Robine.
434. Troisieme Salviati.
435. Premier Orange musquée, *Poire du commencement d'Aoust*, sa description, pag. 326.
436. Deuxieme Fondante de Brest.
437. Onzieme Martin-sec.
438. Seizieme S. Germain.
439. Onzieme Marquise.
440. Deuxieme Amadotte.
441. Cinquieme Lansac.
442. Septieme Messire-Jean.
443. Quinzieme Verte-longue.
444. Septieme Besidéry.
445. Cinquieme Doyenné.
446. Troisieme S. Lezin.
447. Quatrieme Poirier de Vigne.
448. Troisieme Rousseline.
449. Troisieme Angleterre.
450. Troisieme Pendar.
451. Onzieme Bugi.
452. Premier gros-Fremont, *Poire bonne à cuire*, sa description, pag. 326.
453. Deuxieme gros-Fremont.

454. Cinquieme Donville.
455. Neuvieme Loüise-bonne.
456. Treizieme Colmar.
457. Cinquieme Portail.
458. Deuxieme Citron-d'hyver.
459. Troisieme Chat-brûlé.
460. Troisieme Poirier de Livre.
461. Cinquieme Pastourelle.
462. Trente-sixieme Virgoulé.
463. Trente-septieme Virgoulé.
464. Trente huitieme Virgoulé.
465. Trente-neuvieme Virgoulé.
466. Vingt-quatrieme Ambrette.
467. Vingt-cinquieme Ambrette.
468. Vingt-quatrieme Epine
469. Vingt-cinquieme Epine.
470. Vingt-sixieme Leschasserie.
471. Vingt-septieme Leschasserie.
472. Treizieme Petit-oin.
473. Quatorzieme Petit-oin.
474. Trente-huitieme, Bon-Chrétien d'hyver.
475. Trente-neuvieme Bon-Chrétien d'Hyver.
476. Quarantieme Bon-Chrétien d'Hyver.
477. Quarante-unieme Bon-Chrétien d'Hyver.
478. Quatrieme Sucré-vert.
479. Cinquieme Sucré-vert.
480. Douzieme Martin-sec.
481. Quatrieme Bourdon.
482. Deuxieme Poire Magdeléne.
483. Vingtrieme Beurré.
484. Septieme Bon-Chrétien d'Esté musqué.
485. Troisiéme Bon Chrétien d'Espagne
486. Septieme Messire-Jean.
487. Sixieme Sans peau.
488. Deuxieme gros Oignonner,
489. Deuxieme Poirier d'Orange musquée.
490. Sixieme Lansac.
491. Huitieme Cuisse-Madame.
492. Troisieme Espargne.
493. Troisieme Cassolette.
494. Huitieme Bon-Chrétien d'Esté musqué.
495. Sixieme Doyenné.
496. Deuxieme Poirier du Bouchet.
497. Troisieme Poirier du Bouchet.
498. Cinquieme Poirier de Vigne.
499. Troisieme Bergamotte d'Hyver.
500. Douzieme Bugi.

Pour ne point fatiguer le Lecteur, j'ay fait seulement une Liste des premiers cinq cens Poiriers, les autres cinq cens se trouvans presque tous ensemble dans les pages 331. 332. 333. & 334. & de plus étant des mêmes especes cy-dessus, exceptez ces cinq.

La Carmelite, *Poire de Mars*, sa description, p. 332.
La Poire-rose, *Poire du mois d'Aoust*, sa description, page 334.
Le Caillot-rosat, *Poire des mois d'Aoust & de Septembre* sa description, p. 334.
La Vilaine d'Anjou, *Poire du mois d'Octobre*, sa description, p. 334.
Et la Grosse-queuë, *Poire d'Octobre*, sa description, pag. 334.

LISTE

DE TOUTES SORTES DE POIRES tant bonnes, que mediocres, & mauvaises.

POIRES BONNES.

La Bergamotte, *Poire de la my-Septembre & d'Octobre.*
Le Bon-chrétien d'Hyver, *Février & Mars.*
Le Beurré, *my Septembre, & commencement d'Octobre.*
La Virgoulé, *Novembre, Decembre, & Ianvier.*
La Leschasserie, *Idem.*
L'Ambrette, *Idem.*
L'Espine, *Idem.*
Le Rousselet, *Aoust, & Sept.*
La Robine, *Idem.*
Le Petit-oin, *Nov. & Dec.*
La Crasane, *Novembre.*
La Saint-Germain, autrement l'Inconnuë la Fare, *Novembre, Decembre, & Ianvier.*
La Colmar, *Idem.*
La Loüise-bonne, *Novembre & Decembre.*
La Verte-longue, *my-Octob.*
La Marquise, *Octobre.*
La Saint-Augustin; *fin de Decembre.*
Le Messire-Jean, *my-Octob.*
La Cuisse-Madame, *entrée de Juillet.*
Le gros Blanquet, *Idem.*
Le Muscat-Robert, autre-

ment Poire à la Reine, Poire d'Ambre, Grosse-musqué de Coüé, la Princesse, Pucelle de Flandre en Poitou, Pucelle de Xaintonge, *my-Iuillet.*

La Poire Sans-peau, *vingtiéme Iuillet.*

Le Muscat-fleury, *my-Octob.*

La Blanquette à longue queuë, *Iuillet.*

L'Orange verte, *Aoust.*

Le Besi de la mote, *fin d'Oct.*

Le Martin-sec, *my Novemb.*

Le Bourdon, *fin de Iuillet, & commencement d'Aoust.*

Le Sucré-vert, *fin d'Octobre.*

La Lansac. *Idem.*

La Poire Magdeléne, *entrée de Iuillet.*

L'Espargne, *fin de Iuillet.*

Le Bugi, *Févrrier & Mars.*

Le petit Blanquet, *fin de Iuil.*

L'Inconnuë-Cheneau, *Sept.*

Le Petit-Muscat, *Iuillet.*

Le Portail, *Ianvier. & Fev.*

Le Satin-vert, *Ianvier.*

L'Amiré-roux, *Iuillet.*

La Poire de Vigne, ou de Demoiselle, *my Octobre.*

La Non-commune des Défuns, *Novembre.*

Le gros-Musc, *Ianvier.*

Le Muscat-l'Aleman, *Mars, & Avril.*

L'Amadotte; *Nov. & Dec.*

Le Saint-Lezin, *Mars.*

La Fondante de Brest, *Aoust,*

La Rousseline, *Octobre.*

Le Pendar, *Septembre.*

La Cassolette, ou Friolet, Muscat-vert, l'Echefrion, *Aoust.*

La Poire de Ropville, ou Martin-Sire, *Ianvier.*

POIRES MEDIOCRES.

LA Poire de Londres, *Novembre.*

L'Orange brune, ou Poire de Monsieur, *Aoust, & Sept.*

Le Bon-chrétien d'Esté musqué, ou Gracioli, *Idem.*

Le Doyenné, ou Saint-Michel, *my-Sept. & Octobre.*

Le Chat brûlé, *Oct. & Nov.*

L'Angleterre, *Sept. & Oct.*

L'Ambrette de Bourgueüil, ou Graville, *treiziéme Oct.*

Le Besidéri, Poire à cuire, *Oct.*

La Pastourelle, ou Musette d'Automne, *Novembre.*

La Topinambou, ou Finor musqué, *Decembre.*

L'Archiduc, *Mars.*

La Naples, *Idem.*

Le Parfum d'Esté, *Iuillet.*

Le Parfum de Berny, *vingt-troisiéme Septembre.*

Le Bon-chrétien d'Espagne, *Novembre.*

La Crapaudine, Grise-bonne, ou Ambrette d'Esté, *Aoust.*
La Portugal d'Esté, Poire de Prince ou Amiral, *Iuillet.*
La Vilaine d'Anjou, *Octobre.*
Le Sucrin noir, *Dec. & Ian.*
La poire-Chat, *Octobre.*
La poire de Jasmin, *Novemb.*
Le Besi de Caissoy, ou Roussette d'Anjou, *Novembre.*
L'Oignon musqué, *Novemb.*
La poire de Citron, *Novembre & Decembre.*
L'Etranguillon-Vibray, *Dec.*
La poire de Milan-rond, *Ianvier & Février.*
La Reine d'Hyver, *Ianvier.*
La Carmelite, *Mars.*
Le Rousselet d'Hyver, *Idem.*
Le Jasmin, & Frangipane, *Aoust.*
L'Ambrette Sans-épine, *Novembre.*
L'or d'Automne, *Idem.*
La Sans-nom de Monsieur le Jeune, *Idem.*
Le Caillot Rosat, Pera del Campo, *Aoust & Septembre.*
La poire-Roze, *Aoust.*
La Milan de la Beuvriere, ou Bergamotte d'Esté, *douzieme Aoust.*
L'Orange d'Hyver, *Mars & Avril.*
La Tulipée, ou poire aux mouches, *Septembre.*
La Brute-bonne, ou poire de Pape, *vingtieme Aoust.*
La Finor d'Orleans, fruit commun du mois d'Aoust, rougeâtre, figure de Rousselet : il la faut cueïllir verdelette pour la faire meurir, afin qu'elle en ait plus d'eau.
Le Beurré blanc, *vingtieme Aoust.*
La Double-fleur, *Mars.*
La poire de Morfontaine, *vingt-cinquieme Septembre.*
La Tibivilliers, ou Bruta-Marma, *Mars & Avril.*

POIRES MAUVAISES.

La poire de Dumas, ou Christallines Moringoût, figure de la Gilogilles, *Février & Mars.*
La Burquet Russette d'Angleterre, *Sept. & Octob.*
La poire de Sain, *Aoust & Septembre.*
Le Certeau d'Esté. *fin de Sept.*
La Belle & Bonne, *dixieme Octobre.*
La poire de Catillac, *Octob. & Novembre.*
La poire de Cadet, *Octobre Novembre & Decembre.*
La Grosse-queuë, *Octobre.*
La Chambrette, *Octobre.*
La poire de Fin-oin. *Octob.*

La Poire de Passe-bon. *Idem.*
Le Caillot d'Hyver Poire à cuire, *Novembre.*
La Carmelite, Mazuer, ou Gilot-giles, *Novembre.*
La Poire de Livre à cuire, *Novembre.*
La Poire de Ros. *Nov. & Dec.*
La Bergamotte, Sicile musquée, ou Poire du Colombier, *Decembre.*
La Poire de Citroli, *Decemb.*
Le Caloët, ou Caillot d'Hyver, *Decembre.*
La Dame Jeanne, ou Rousse de la Merliere, *Dec & Ian.*
La Pernan, *Ianvier.*
La Poire de Miret, *Février.*
La Gourmandine, *Mars.*
La Trouvée de Montagne, *Idem.*
La Suprême, *Iuillet.*
Le Gros-Fremont, *Decembre, & Ianvier.*
La Florentine, *Mars.*
La Macaire, *Avril.*
La Bernadiere, *Avril & May.*
La Betterave, *Aoust.*
L'Orange rouge, *Aoust.*
Le Martin-sec de Bourgogne *Novemb. Decemb. & Ianv.*
La Bellissime, *Aoust.*
La Martineau, *Octobre.*
La Poire de Legat, ou Bouge, ou Bens, *Idem.*
La Poire de Cypre, *Nov.*
La Fontarabie, *Ianvier.*
La Poire de Malte, *Nov.*
La Constantinople de Bourgüeil, *Decembre.*
L'Orange de Saint Lo, *Dec.*
La Jargonnelle d'Hyver, *Ianvier.*
La Gastellier, *Ianvier.*
L'Estoupe, *Mars.*
La Bête-bir. *Idem.*
La Monrave, *Idem.*
La Gambaye, *Avril.*
La Jargonnelle d'Esté, *vingtdeuxième Aoust.*
La Lombardie, *Aoust.*
La Sanguinole, *Aoust.*
La Vallée musquée, *Aoust.*
L'Hastiveau, *Aoust.*
La Deux-tête, *Aoust, & Sept.*
L'Odorante musquée, *Sept.*
L'Oignon de Vervan, *Aoust.*
Le Certeau musqué, *Nov.*
La Vilaine d'Hyver, *Ian.*
La Stergonette, *Idem.*
La Poire Verte du Percus, *Ianv. Février & Mars.*
La Poire de Crapaut, *Ianv.*
L'Escarlatte, *Aoust.*
La Poire de Mondieu, *Id.*
La Belle-Verge, *Idem.*
La Poire de Coûtreau, ou Saint-Giles, *Aoust.*
La Parmein rouge.
La Saint-François.
La Bequesne.
La Poire d'Amour.
La Marin, ou Thomas.
La Carisie.
La Chair-à-Dame, *Aoust.*

Entre ces Poires il s'en trouve quelques-unes bon-

nes à cuire, qui sont
La Carmelite.
Le Caloët.
Le Gros Fremont.
La Saint-François.
Le Bequesne.
La Poire d'amour.
La Poire de Thomas, ou Marin.
Et la Poire de Ros.

OUTRE LES MECHANTES POIRES specifiées cy-dessus, voicy une Liste particuliere de celles que je connois pour si mauuaises, que je ne conseille à personne d'en planter.

POIRES D'ESTE'.

Le Certeau d'Esté.
La Belle & Bonne.
La Poire de Sain.
La Sanguinole.
La Betterave.
L'Orange rouge.
La Bellissime.
La Jargonelle.
La Lombardie.
La Vindsor, *Aoust.*
La Vallée-musquée.
L'Odorante.
L'Escarlatte.
La du Mon-Dieu.
La Poire du Coûtreau, ou Saint Gilles.
La Chair-à-Dame.
La Valée.
La Crapaudine.
La Milan de la Beuvriere, ou Bergamotte d'Esté.

POIRES D'AVTOMNE.

La Poire de Cadet.
Le Certau musqué.
La Poire de Chambret.
La Fin-oin.
La Passe-bon.

POIRES D'HYVER.

La Poire de Catillac.
La Dame-Jeanne.
La Pernan.
La Trouvée de Montagne
La Bernadiere.
Le Martin-sec de Bourgogne

La Fontarabie.
La Gastelier.
La Stergonelle.
La Vertzbourg.
La Crapaut.
La Parmein.
La Carisi.
La Jargonelle.
La Malte.
La Poire Suisse.
La Gilot-giles.
La Moritanie, *mois d'Aoust.*
L'Armenie, *quatrieme Janvier.*

LISTE DE CELLES DONT JE NE FAIS PAS assez de cas pour conseiller de les planter, ny assez de mepris pour les bannir des Jardins de ceux qui les aiment.

LES Poires d'Esté sont
Le Parfum d'Esté.
Le parfum de Berny.
L'Hativeau.
La poire de Janet.
La Frangipane.
La Jasmin.
La Brutte-bonne.
La Finor.
L'Oignon de Vervan.
La Belle-Verge.
La Nicole.
La Besi de Mapan, *Aoust.*

Les poires d'Automne sont
La poire de Monsieur, ou L'Or-brune.
L'Oignon d'Automne.
L'Ambrette Sans épine.
L'Or d'Automne.
La Tulipée, ou Poire aux mouches.
La Cypre.
La Bergamotte-rouge d'Angleterre.
La Sans-nom de Monsieur le Jeune.

Les poires d'Hyver sont
La Taupinanbou.
La Besi des Essars.
L'Archiduc.
La Naples.
La poire d'Armenie.
La Sicile, ou Bergamotte musquée.
La Sucrin-noire.
La Milan rond.
La Vilaine d'Hyver.
L'Or d'Hyver.
La poire de Legat, ou Bouge.
La Bruta-marma.
La Verte du Pereus.
La poire de Ros.
La Citroli.
La poire de Miret, *Fevrier.*
La Gourmandine, *Mars.*
La poire de Macaire, &c.

CHAPITRE IV.

Traité des Pommes.

COmme les Pommes font une partie de nos fruits à pepin, & même une partie aſſez conſiderable, tant par leur bonté & leur durée, que par la commodité que nous avons d'en avoir, ſoit en petits Buiſſons ſur les Pommiers de Paradis, ſoit en gros Buiſſons & en Arbres de tige ſur les ſauvageons: je me ſerviray de cet endroit pour dire ce que je conſeille d'en planter devant que d'en venir aux Eſpaliers, où je ne leur donne jamais guéres d'entrée.

Parmy les Pommes qui ſont bonnes à manger ſoit cruës, ſoit cuites (car je ne parle point icy des Pommes à cidre) j'en compte ſept principales, ſçavoir Reinette griſe, Reinette blanche ou franche, Calville d'Automne, Fenoüillet, Courpendu, Api, Violette: il y en a d'autres dont je ne fais pas tant de cas, quoy qu'elles ne ſoient pas mauvaiſes, & ce ſont les Rambour; Calville d'Eſté, Couſinotte, Orgeran, Jeruſalem, Druë-permein, Pommes de glace, Francatu, Haute-bonté, Royauté, Rouvezeau, Châtaigner, Pigeonet, Paſſe-pomme, Petit-bon, Pomme-figue, &c.

Toutes les Pommes ſe reſſemblent aſſez par leur figure plate & leur queuë courte, & preſque toutes par leur groſſeur, & même par leur chair caſſante, mais ſont toutes fort differentes par leur coloris.

Je n'en connois que deux ou trois un peu plus groſſes que les autres, ſçavoir les Rambours, les Calvilles, & les Pommes de glace; & trois ou quatre qui ſont plus longues que plates, ſçavoir les Calville, les Violettes, les Jeruſalem & les Glacées; & celles-là ſont plus groſſes vers la queuë que vers la tête; ainſi il les faut preſque toutes concevoir plates, ſans en faire d'autre deſcription.

Les deux ſortes de Reinette ſont diſtinguées par les deux noms de griſe & de blanche qu'elles portent, à cela prés auſſi bonnes les unes que les autres; on en peut faire de bonnes compotes en tout temps, & on commence d'en manger de cruës vers le moins de Janvier, elles ont devant ce tems-là une petite pointe d'aigreur qui déplaît à certaines gens : mais malheureusement dés qu'elles commencent à la perdre entierement, elles se chargent d'une odeur qui déplaît encore davantage, & qui même est renduë plus desagreable, quand l'odeur de la paille sur laquelle on les a mises meurir s'en mêle ; enfin à l'avantage de ces Pommes de Reinettes on peut dire, qu'on s'en sert fort utilement presque tout le long de l'année, & à leur desavantage aussi on peut dire, que leur voisinage est infiniment desagreable & incommode.

Les Calville d'Esté & d'Automne se ressemblent assez par leur figure longue, & par leur coloris, qui est d'un rouge de sang ; mais cependant la Calville d'Esté est un peu plus plate, étant aussi moins colorée en dehors, & nullement en dedans, au lieu que celles d'Automne le sont beaucoup, & parmy celles cy les meilleures, c'est-à-dire celles qui ont le plus de l'agreable odeur de violette, qui les rend si considerables, ces meilleures dis-je ont toûjours la chair plus teintes que celles des autres ; & sont aussi plus belles à voir ; on en conserve assez souvent depuis le mois d'Octobre qu'elles commencent jusqu'en Janvier & Février ; c'est un tres excellent fruit à manger cru, & tres-excellent aussi à la mettre en compotes, il devient quelquesfois sec & farineux, mais ce n'est qu'à force de vieillir ; les Calville d'Esté, tant la blanche que l'autre, passent dés le mois de Septembre, on peut au moins dire qu'elles ne sont pas desagreables, & sur tout pour les pyramides de la saison.

Le Fenoüillet ou Pomme d'Anis, est d'une couleur qu'on ne sçauroit bien expliquer, il est gris, roussâtre partout, tirant à la couleur de ventre de Biche, ne prenant gueres jamais aucune couleur vive ; il ne vient pas fort gros, & paroît approcher un peu de la figure longuette ; la chair en est tres-fine, & l'eau fort sucrée avec un petit parfum de ces plantes dont il porte le nom ; la Pomme commence d'être bonne depuis le commencement de Decembre, & pour lors on a le plaisir d'en manger avec les Poires de la saison ; elle se garde jusqu'en Février & Mars ; c'est asurement une tres jolie Pomme, & le seroit encore davantage si elle ne se fanoit pas si aisément, aussi-bien que celle qui suit.

Le Courpendu, à qui on avoit voulu changer son ancien nom pour luy donner celuy de Bardin, est tout à-fait de figure de Pomme, & d'une grosseur raisonnable ; il est gris roussâtre d'un côté, & assez chargé de vermillon de l'autre, la chair en est tres-fine, & l'eau tres-douce & fort agreable : on en mange avec plaisir dés le mois de Decembre jusqu'en Février & Mars, mais il ne luy faut pas donner le temps de devenir trop ridée, parce qu'en ce temps-là elle est insipide, c'est encore une tres-jolie Pomme.

L'Api qui est veritablement une Pomme de Demoiselle, & de bonne compagnie, est connuë de tout le monde par la couleur qu'elle a extraordinairement vive & perçante ; elle commence d'être bonne du moment qu'elle n'a plus rien de vert, ny auprés de la queuë, ny auprés de l'œil, ce qui arrive assez souvent dés le mois de Decembre ; & pour lors, s'il m'est permis de parler ainsi, elle veut être mangée goulument, c'est à dire sans façon, & avec sa peau toute entiere ; parmy toutes les autres Pommes il n'y en a point qui ayent la peau si fine & si delicate que celle-cy ; à peine s'en aperçoit-on en la mangeant, & même elle contribuë si fort à l'agrément qu'on y trouve, que c'est les rendre moins bonnes que de la leur ôter ; elle dure depuis le mois de Decembre jusqu'en Mars & Avril, fait merveilleusement bien son personnage dans les assemblées d'Hyver, où elle n'apporte aucune odeur desagreable ; mais au contraire un certain petit parfum delicieux dans une chair extraordinairement fine ; & enfin elle se fait estimer par tout où elle se presente ; elle est de tres grand raport, & par consequent on peut bien la prôner comme une tres-jolie Pomme, qui a encore cela de particulier, qu'elle ne se fane jamais.

La Violette a le fond du coloris blanchâtre, un peu tiqueté aux endroits où le Soleil n'a pas donné, mais chargé, ou plûtôt rayé & foüetté d'une assez belle couleur de rouge enfoncé aux endroits qui en sont vûs : la couleur de la chair est fort blanche, & cette chair fort fine & delicate, l'eau extrêmement douce & sucrée, ne laissant aucun marc, si bien que seurement c'est une Pomme admirable, à commencer d'en manger, dés qu'on la cueille jusqu'à Noël, & ne passe pas plus outre.

On m'avoit promis d'une violette glacée, qu'on pretend être meilleure, & durer plus long-temps, ne commençant qu'aprés l'autre, mais je ne l'ay pas veuë, j'en ay veu une, qu'on nommoit glacée noire, de grosseur, & figure d'une Reinette ordinaire, & d'un rouge noir fort luisant, à la reserve du côté qui n'a pas été exposé au Soleil, & qui colore si peu que rien ; elle se garde jusqu'en Avril, & a toûjours un goût de vert desagreable, qui m'a donné peu d'envie de la multiplier.

La Rambour est, comme j'ay dit, une belle & grosse Pomme, elle est verte d'un côté, foüettée de rouge de l'autre, se mange dés le mois d'Aoust, & dure peu, elle est tres-bonne cuitte, & demande sur tout des Arbres de haut vent ; les petits Pommiers de Paradis sont trop foibles pour en porter la pesanteur.

Les Cousinottes sont espece de Calville, qui se gardent jusqu'en Fevrier, ont l'eau fort aigre, & la queuë longue & menuë.

Les Orgeran hâtif & tardif me paroissent peu de chose.

La Pomme, qui est faite en estoile, & qui en porte le nom est jaune, & se garde jusqu'en Avril, elle est aigrette & durette, ce n'est pas grand chose.

Les Jerusalem sont presque rouge par tout, ont la chair ferme & de peu de goût, quoy qu'assez sucrée, & n'ayant rien de la mauvaise odeur qui suit la plûpart des Pommes, elles se gardent long-temps.

Les Druë-permein d'Angleterre sont de la couleur des Jerusalem, mais sont plus plates, ont plus de douceur & de sucre ; les Anglois en font plus de cas, que de la plûpart de nos Pommes de France ; ils font encore grande estime d'une autre, qu'ils nomment Guolden Peppius, qui a tout-à-fait l'air d'une Pomme de Paradis, ou de quelqu'autre Pomme sauvage, elle est fort jaune & ronde, elle a peu d'eau, qui est assez relevée, & sans mauvaise odeur.

Les Pommes de glace sont ainsi nommées, parce qu'en meurissant il semble qu'elles viennent comme transparentes, sans l'être pourtant, elles sont tout-à-fait verdâtres, & blanchâtres, & ne font pas grande figure auprés des veritables curieux.

Les

Les Francatu sont rouges d'un côté, & jaunâtres de l'autre, se conservent long-temps, & voilà leur principal merite.

Les haute-bonté sont blanches, cornuës & longuettes, & durent long-temps; on les nomme en Poictou Blandilalie, elles ont la chair assez douce avec si peu que rien d'aigrelet.

Les Rouvezeau sont blanchâtres & colorées.

Les Châtaigniers qu'on appelle Martrange en Anjou sont blanches, rousses, avec un coloris assez sale & obscur.

La Pomme sans fleurir est verte, & sort de l'Arbre, tout de même que les Figues sortent du Figuier; elle se garde long-temps, on l'appelle quelquefois Pomme-figue.

Le Petit-bon est longuet & assez bon.

La Pomme-rose ressemble extrêmement par tout son exterieur à la Pomme d'Apis, mais à mon goût elle ne la vaut pas, quoy que puissent dire les curieux du Rhône, qui la veulent autant élever au dessus des autres, qu'ils élevent la Poire-Chat au dessus des autres Poires.

Voilà à peu prés toutes les Pommes que je connois, aprés en avoir fait une fort exacte recherche; & comme il y a trespeu de difference de bonté parmy elles, je me contente volontiers des sept premieres, pour qui j'ay marqué de l'estime, & ne feray nul scrupule d'en planter une assez grande quantité, pourvû qu'elles soient greffées sur Paradis; c'est un Arbre qui pousse peu de bois, & par consequent fait de fort petits Buissons & peu embarassans; de plus il a l'avantage d'être de grand raport, ce qui le rend fort considerable à nos curieux, joint qu'il s'accommode également de toutes sortes de terreins chauds & froids, secs & humides.

Je m'accoûtume fort d'en mettre entre tous les Buissons des Poiriers, que je plante autour de chaque quarré de nos Potagers, & pour cela je tiens ces Poiriers un peu éloignez les uns des autres, sans avoir peur de faire aucun tort à leur nourriture, parce qu'elle se prend assez avant dans la terre, pendant que ces petits Pommiers, qui n'en ont besoin que de peu, se contentent de ramasser celle qui se perdoit vers la superficie: par le moyen de ces petits Pommiers je me donne presque autant d'Arbres d'une façon que d'autres ; & comme ces petits Pommiers sont agreables à voir dans les grands Jardins, il s'ensuit bien de là qu'ils ne font pas aussi un mauvais effet dans les petits.

Il n'est question que de se determiner pour les especes, & voicy comme j'en use ; si j'ay lieu d'en planter un assez bon nombre, par exemple, du depuis cinquante jusqu'à un cent, ou deux, j'en plante les deux tiers du total de ces quatre especes, Reinette grise, Reinette blanche, Calville d'Automne & Apis, autant d'une façon que d'autre ; & à l'égard de l'autre tiers je le divise en trois portions, pour l'employer en ces trois autres especes, Fenoüillet, Courpendu & Violette.

Ainsi pour cinquante Pommiers j'auray huit Reinette grise, huit Reinette blanche, huit Calville d'Automne, huit Apis, six Fenoüillet, six Courpendu, six Violette; Pour cent Pommiers, j'en auray seize de chacune des quatre especes principales, & douze de chacune des autres, & ainsi à proportion pour les deux cens : mais quand il sera question de trois, quatre, & cinq cens, j'y mêleray environ une douziéme partie composée de Calville d'Esté, & de Rambour ; ainsi sur trois cens Pommiers il y auroit douze Calville d'Esté, & douze Rambour, avec quarante-trois Reinette grise, quarante-trois Reinette blanche, quarante-trois Calville d'Automne, quarante-trois Apis, trente-deux Fenoüillet, trente-deux Courpendu, trente-deux Violette, & ainsi du reste à proportion.

Si même quelque curieux y veut mêler quelqu'autre Pomme, par exemple des Jerusalem, des Petit-bon, des Châtaigners, &c. il le pourra, mais à mon sens, c'est-à-dire à mon goût : elles valent moins que les sept especes que je prefere icy aux autres.

Il ne reste qu'une difficulté, pour sçavoir ce qui est à faire dans les forts petits Jardins, où je conseille volontier d'y planter quelques petits Pommiers : il faut tres-peu de place pour y en mettre une demy douzaine, ou une douzaine entiere, sans la compagnie même d'aucuns Poiriers, & sans faire de tort à quelques petites plantes qu'on y éleve : en tel cas je n'y mettrois que six, ou douze Apis, qui dans le temps du fruit feroient un joly ornement de ce petit Jardin, & si on y en pouvoit mettre deux douzaines, il y en auroit huit Apis huit Calville d'Automne, & huit de Courpendu ; que s'il en falloit une quarantaine, cela seroit partagé entre ces trois especes-là avec le Fenoüillet & les Pommes violettes, ce seroit encore huit de chaque façon, c'est à-dire, que je n'y mettrois guéres de Reinette, attendu la facilité qu'il y a d'en trouver par tout, & qu'il y a plus de curiosité pour les autres especes que pour celle-cy.

Les gros Buissons de Pommes sur sauvageon sont difficiles à rapporter, ils font une quantité de bois horrible, & ne sçauroient se reduire à une figure mediocre ; il leur faut une fort grande estenduë, si-bien qu'il est beaucoup mieux d'avoir de grands Pommiers de tige dans des vergers separez, où ils font des têtes de trois à quatre toises de diamettre ; en ce cas ils veulent être fort éloignez les uns des autres. c'est à-dire de huit à dix toises, & ainsi ils ne seront pas long-temps à fructifier, & par consequent à donner du plaisir : il est sur tout necessaire d'avoir recours à ces Arbres de tige pour les Calvilles d'Automne, les Reinettes de toutes façons, les Rambour, les Francatu, &c. & pour lors on en plantera autant d'Arbres qu'on en aura besoin.

Aprés avoir traité des Poiriers & Pommiers, tant en Buisson, que de haute tige, il est à propos de traiter des fruits à noyau, qui peuvent reüssir dans l'une ou l'autre de ces deux figures, devant que d'en venir aux Espaliers.

CHAPITRE V.

Du bon usage des murailles de chaque Iardin.

PArmy les Jardins fruitiers & potagers dont je traite, il en est qui sont entierement fermez de murailles ; il en est qui ne le sont qu'en partie, & il en est qui ne le sont point du tout ; je n'ay rien à faire, ny à dire à l'égard de ceux-cy, si ce n'est de les plaindre, & leur souhaiter une meilleure fortune, la condition de nos Jardins demandant par beaucoup de bonnes raisons une clôture entiere de murailles.

A l'égard des premiers ils ont au moins trois expositions, n'étant pas possible d'en avoir moins, & regulierement ils en ont quatre; ceux qui n'en ont que trois, sont les Jardins en triangle, & ils sont assez rares; c'est une figure contrainte & forcée, dont on ne manque pas de se deffendre si on peut; à l'égard de ceux qui ont quatre murailles, ils se trouvent être d'une figure quarrée, qui est la plus commune aussi bien que la plus belle & la plus convenable: on en voit, comme j'ay déja dit ailleurs, quelques-uns de Pentagones, d'Exagones, &c. qui ne sont pas trop desagreables pour le fait des Espaliers, mais je n'en fais pas trop grand cas; ils entraînent de fâcheux inconveniens qui embarassent les Jardiniers, & les empêchent de dresser de beaux quarrez de Potager comme nous souhaitons, & par consequent ils me dégoûtent de parler en leur faveur; aussi bien la dépense est-elle plus grande à les faire tels, qu'à les faire simplement & bonnement quarrez; outre cela, quoy qu'ils ayent davantage de côtez de murailles, ils n'en ont pas pour cela davantage d'expositions, on a beau faire, il n'est pas possible d'en avoir jamais plus de quatre, c'est à sçavoir celles du Levant & du Couchant, celles du Midy & du Nord; c'est une verité qui n'a pas besoin de preuve; puisque personne n'en sçauroit douter.

Or en terme de Jardinage nous apellons expositions toute muraille qui joüit de l'aspect & des rayons du Soleil pendant un certain temps de chaque jour: ainsi nous apellons exposition du Levant la muraille qui est au moins vûë du Soleil la premiere moitié du jour, c'est-à-dire depuis le matin jusqu'à midy à quelque heure qu'il ait commencé d'y luire: nous appellons exposition du Couchant la muraille qui est éclairée la seconde moitié du jour, c'est-à-dire qui commence d'être éclairée incontinent aprés Midy, & continuë de l'être jusqu'à ce que le Soleil se couche; & nous appellons exposition du Midy celle qui ayant commencé en Esté d'avoir le Soleil quelque temps aprés son lever, ne le perd entierement que peu de temps devant qu'il cesse de se montrer parmy nous, ou ne le perd peut-être qu'en même-temps ; & pour parler plus generalement, nous apellons exposition du Midy celle, qui constamment est elle seule plus long temps éclairée, que chacune des autres prise separément : il y a tels Jardins qui sont tournez de maniere qu'une de leurs Murailles est presque tout le long du jour éclairée du Soleil.

Je m'explique dans le Traité des Plans sur les sortes d'expositions que j'affecte le plus, & que je conseille d'affecter à ceux qui, comme on dit, peuvent tailler en plein drap pour se faire un beau & bon Jardin, ce qui n'est pas trop ordinaire, & sur tout dans les Villes par mille sujétions de Maisons, pour lesquelles Maisons les Jardins sont faits, sujétions dont on ne sçauroit guéres se deffendre.

Aprés tout ce que nous venons de dire sur les trois bonnes expositions, il n'est pas mal-aisé de conclure, que la malheureuse exposition du Nord est celle qui n'a du Soleil que dans le peu de temps que l'exposition du Midy ne l'a pas : car le Soleil ne sçauroit voir en même temps deux murailles directement opposées l'une à l'autre : le partage de celles du Nord est de joüir depuis l'Equinoxe de Mars, des premiers rayons qui paroissent sur nôtre horizon, c'est-à-dire d'être éclairées dés le grand matin, & cela quelquefois pour une heure ou deux, & quelquefois pour trois ou quatre ; mais aussi elles courent risque de n'être vûës que tres-peu sur le soir, & fort souvent de ne l'être point du tout.

Il s'ensuit de cette explication d'expositions, qu'il n'y a point de muraille, qui n'ait au moins quelque petit regard une fois le jour, & c'est toûjours une faveur qu'il faut compter pour quelque chose.

Voicy l'endroit où je croy qu'il faut dire, que le Soleil ne commence jamais d'éclairer une muraille, qu'il n'en éclaire deux en même temps, & ce sont celles qui concourent à faire l'angle des deux qui sont éclairées : ainsi en se levant il éclaire d'ordinaire tout d'un coup la muraille du Nord, & une partie de celle du Levant, & dés que le progrés de sa course luy fait perdre la vûë de cette muraille du Nord, c'est pour l'étendre insensiblement vers celle du Midy, sans quitter pourtant si tôt celle du Levant, l'une & l'autre se trouvant en même-temps éclairée; tout de même aussi il ne cesse de luire au Levant que pour se porter petit à petit à l'exposition du Couchant, & continuer cependant son favorable aspect à la muraille du Midy, si-bien que ces deux murailles sont aussi toutes deux en même temps éclairées.

Ainsi va finir tous les jours ce beau tour du Soleil, qui fait la fertilité de la terre, la bonté des fruits, & la joye de l'homme, mais il ne finit qu'en répandant quelque peu de sa derniere lueur triste & mourante sur la pauvre muraille du Nord, il la vient trouver en passant, c'est-à dire proprement qu'il la vient effleurer, quand il n'est plus à portée de celle du Midy.

Les deux murailles qui sont opposées diametralement l'une à l'autre, par exemple celles du Midy & du Nord, ou celles du Levant & du Couchant, ne sont jamais en même-temps éclairées, si ce n'est pendant le moment que se fait le passage de l'une à l'autre; ce grand flambeau qui avance toûjours avec une rapidité inconcevable, paroît, ce semble quelque temps fixé & arresté, quoy qu'il ne le soit pas, & pour lors il est vray de dire qu'il voit en même-tems trois expositions, mais c'est qu'il va cesser de voir celle des trois qu'il a veuë le plus long-temps jusques-là, & commencer de voir l'autre qui luy est tout-à fait opposée; c'est dans ce moment qu'il est encore vray de dire qu'une même muraille est en même temps vûë dedans & vûë dehors, mais cela ne sera pas de longue durée.

Sur quoy je suppose qu'il n'y ait ny futaye, ny hautes murailles, ny maisons voisines qui fassent obstacle à la lueur du Soleil pour les expositions, que nous examinons, ou autrement nous ne sçaurions jamais rien dire de positif pour la suite de nos instructions.

Aprés avoir expliqué ce que nous entendons en Jardinage, quand nous parlons d'expositions, chacun pourra aisément juger de celles qu'il a à son Jardin, soit qu'il y ait des murailles par tout, soit qu'il n'y en ait qu'à une partie, comme nous voyons à ceux qui ne sont par exemple fermés à quelques côtez, que de rivieres, ou de canaux, ou de hayes vives, &c.

Or quand bien je sçaurois l'étenduë de la superficie de chaque Jardin, je ne puis pas pour cela dire à peu prés l'etenduë des murailles qui servent à les fermer; par exemple un arpent mesure de Paris contient neuf cens toises de superficie, il se peut faire que cette superficie se trouvera reduite à un quarré parfait de trente toises en tout sens, & ainsi un tel arpent n'aura que cent vingt toises de pourtour, c'est-à-dire trente toises pour chacune de ces quatre expositions, & c'est la moindre quantité de murailles qu'un arpent puisse avoir.

Tel arpent aussi peut avoir cent trente toise, cent cinquante, deux cens, deux cens dix-huit, même jusqu'à trois cens douze & davantage, ce qui arrivera, si dans la premiere occasion il a deux grands côtez chacun de quarante cinq toises, & deux petits chacun de vingt, si dans la seconde il a deux grands côtez chacun de soixante toises, & deux petits chacun de quinze, si dans la troisiéme il a deux grands côtez de quatre-vingt-dix toises, & deux petits chacun de dix; si dans la quatriéme c'est un enclos triangulaire qui ait deux côtez chacun de cent toises, & un petit de dix-huit, & enfin si dans la cinquiéme cet arpent a deux grands côtez chacun de cent cinquante, & deux petits chacun de six, &c. ce qui veritablement feroit un Jardin assez bizarre & assez ridicule, mais enfin cela peut arriver.

Quoy qu'il en soit, il est vray de dire que je ne puis establir au juste combien chaque piece de terre demande de murailles pour être entierement close, puisque, comme je viens de dire, une même quantité de superficie peut en avoir beaucoup plus, ou beaucoup moins selon la plus grande, ou la plus petite longueur des côtez de son terrein.

Enfin il est assez plaisant de voir que, si un quarré a deux cens toises de murailles dans son pourtour, & qu'on veüille clore separement le quart, ou la moitié de ce même quarré, ce quart aura cent toises qui fait la moitié du tout, & cette moitié en aura cent cinquante, c'est-à-dire les trois quarts du total : la Geometrie rend de bonnes raisons de toutes ces differences qui ne sont pas de mon sujet.

Je ne diray donc point combien chaque Jardin peut avoir de pourtour, ny quelle exposition il a, puisque je ne sçaurois le dire, je diray seulement combien chaque exposition peut tenir d'Arbres eu égard à deux choses, la hauteur des murailles, & la bonté du terrein ; car plus la terre est bonne, & plus grande quantité d'Arbres est-elle capable de nourrir ; le contraire est vray pour celle qui est maigre & sterile ; tout de même plus les murailles sont hautes, & plus grande quantité d'Arbres y peut-on appliquer, c'est-à-dire les mettre plus prés à prés les uns des autres, & par ce moyen faire qu'entre deux, qu'on retiendra pour garnir le bas, il y en ait toûjours un qui monte pour garnir le haut, afin que tout d'un coup, & le haut, & le bas de ces Espaliers viennent à être garnis, & donnent par consequent plûtôt des fruits, & en plus grande quantité ; le contraire pareillement est vray au sujet des murailles basses, ayant toûjours égard à la qualité du terrein, c'est à dire que plus elles sont basses, & plus y faut-il éloigner les Arbres les uns des autres, & même aussi ces distances devront-elles être plus grandes, quand le fond sera tres-bon, que quand il ne le sera que mediocrement.

Il faut faire entendre cecy qui paroît un peu paradoxe : nous avons des Espaliers pour avoir veritablement de plus beau fruit, mais sur tout pour en avoir plus seurement beaucoup : les Arbres ne donnent seurement du fruit que sur les branches foibles : nous n'aurons donc point de fruit à nos Espaliers, si nous n'y avons des branches foibles ; or si les Arbres sont tres vigoureux, comme ils le sont d'ordinaire dans les bons fonds, ils ne sçauroient faire de branches foibles, à moins qu'ils n'ayent une grande place à pouvoir bien étendre toutes celles qu'ils sont capables de produire, parce que, supposé qu'ils soient plantez trop prés les uns des autres, & que les murailles ne soient pas assez élevées, on sera necessairement obligé de les tailler fort courts, ou autrement il arrivera qu'ils excederont la muraille,

muraille, & par consequent ne seront plus Espaliers, ou bien ils se mêleront les uns dans les autres, & y feront une confusion desagreable, & même aussi prejudiciable pour les Fruits, que si on les avoit taillés trop courts.

Si donc on les gourmande de cette maniere, c'est-à-dire qu'on ne leur laisse pas des branches grosses, & un peu longues, tout ce qu'ils en feront de nouvelles seront toûjours grosses, or les grosses ne donnent point de fruit, & par consequent les bons Arbres bien plantés & cela prés à prés dans un bon fond, n'auront pas du fruit, & ce sera par la faute du Jardinier; c'est pourquoy par une consequence indubitable dans les bons fond qui n'ont que des murailles basses, il faut donner aux Arbres des distances fort raisonnables, pour en pouvoir esperer beaucoup de beau fruit, & quand les murailles y sont hautes, on peut, & on doit y mettre les Arbres plus prés à prés, comme je l'ay cy-devant expliqué; je diray cy-dessous quel est mon avis touchant la mesure & la regle de ces distances.

Je n'estime pas qu'on doive faire des murs de clôture, qui n'ayent tout au moins sept à huit pieds de haut, tant pour la seureté contre les vols, & les dégats de dehors, que pour avoir de bons Espaliers; je n'estime pas aussi qu'aux expositions qui sont bonnes, on en doive souhaiter au de là de quinze à seize pieds, car à l'égard de celles du Nord, que nous appellons mauvaises, les plus hautes murailles sont d'ordinaire les moins bonnes, elles font une étenduë d'ombre assez pernicieuse pour tous les Jardins, mais dont toutes-fois nous tâcherons de faire un bon usage, & sur tout dans les terroirs un peu secs, & dans les climats assez chauds.

Par tout ce que je viens de dire sur les hauteurs de murailles, il paroît que je fais peu de cas des murs d'appuy pour prétendre d'y faire des Espaliers de Poires, Pêches, Prunes, Abricots, &c. mais ils peuvent servir à autre chose, comme je l'expliqueray: Il paroît aussi que je n'affecte pas des hauteurs extraordinaires de quelques pignons de maisons, ou d'Eglise, quoy que je m'en serve tres-avantageusement, quand il s'en rencontre au Levant, ou au Midy, & c'est pour y élever particulierement des Figues, lesquelles, comme elles n'aiment rien tant que le chaud; & l'abri, aussi ne craignent-elles rien tant que les vents froids, & la gelée; les grandes murailles sont toutes propres tant à leur faire le bien dont elles ont besoin, qu'à les garantir du mal, dont elles sont persecutées.

Quand je fais valoir icy les hautes murailles du Levant, & du Midy, je suppose que c'est dans les climats, dont les chaleurs sont mediocres, ou au moins fort moderées, car dans ceux qui sont chauds, & brûlans comme nôtre Provence, comme l'Espagne, l'Italie, & encore plus comme les Païs qui approchent davantage de la Ligne; en tels climats telles murailles sont aussi redoutables, & pernicieuses pour les Fruits qui y grillent, & s'y fendent, ou s'y crevassent, & pour les Arbres qui y meurent, que les grandes murailles du Nord sont importunes, & contraires à la maturité dans d'autres lieux, qui péchent faute de chaleur, & par excés d'humidité.

CHAPITRE VI.

De la distance des Arbres en Espalier.

DEvant que de me mettre à régler les mesures des distances de tout ce que l'on plante en Espalier, comme il y a certains fruits qui demandent ces distances fort differentes les unes des autres, je croy que pour en parler bien intelligiblement, il faut que j'examine premierement ceux qui meritent d'y entrer, & que je marque en second lieu ceux qui en sont indignes.

Les premiers sont les bonnes especes en fait de Figues, de Pêches, de Prunes, de Poires, & de Raisins avec les Cerises précoces; toutes sortes d'Abricots aussi sont de ce nombre là, & quelques Azerolles pareillement: je parle nommement des bonnes especes en chaque sorte de fruit, pour faire voir que je ne mets pas indifferemment en Espalier toutes sortes de Figues, de Pêches, de Prunes, de Poires, &c. & pour ce qui d'ordinaire en est exclus, ce sont les Pommes, les Meures, les Amandes, les Cerises, Griotes, Bigarreaux, les Pommes de Coin, &c. à moins qu'ayant une quantité si grande de murailles, que pour ainsi dire on n'en sçache que faire, on ne se resolve par curiosité d'y mettre quelques Arbres de ces sortes de Fruits.

Parmy les fruits qui ont place aux Espaliers, & qui demandent le moins de distance entre eux, ce sont toutes sortes de Raisins : ils se contentent par tout de deux pieds, ou deux pieds & demy tout au plus, ainsi ce ne sera pas là une matiere qui embarasse à regler, comme feront les autres fruits ; ce qui demande des distances asez grandes, ce sont les Pêches, & les Prunes : il en faut un peu moins aux Poires, & aux Precoces ; les Abricotiers, & les Figuiers en demandent d'ordinaire plus que tout le reste, ceux là parce qu'ils font de fort grosses branches, qu'il est dangereux de racourcir beaucoup ; & ceux-cy parce qu'ils sont peu sujets à la taille, & qu'ils pousent extrêmement du pied, & qu'ainsi ils ont besoin d'avoir une étenduë asez grande, où autrement ils ne fructifieront presque pas.

Pour parler de tout cela avec plus d'ordre, & de brieveté je veux mettre en deux clases, l'une pour les Arbres, qui regulierement occupent plus de place, & ce sera la premiere clase, & l'autre pour ceux qui en occupent moins, & ce sera la seconde. La premiere clase comprend Figues, Pêches, Prunes, Abricots. La seconde comprend Poires, Cerises precoces, & Azerolles : il faut bien remarquer ces deux clases, pour entendre pleinement mes distinctions.

Or comme nous avons déja dit, rien ne doit tant contribuer à regler toutes nos distances, que le plus, ou le moins de hauteur de murailles, & le plus ou le moins de bonté du fond : voici comme j'ay coûtume d'en user, aprés avoir supposé les deux clases d'Arbres, que je viens d'établir.

Aux murailles qui sont hautes environ de sept à huit pieds, ou un peu plus, si le fond est tres-bon, & les terres nouvelles, comme il s'en voit à beaucoup d'endroits, je mets les Arbres de la premiere clase à douze pieds les uns des autres, & ceux de la seconde à neuf : mais si le fond n'est que mediocre en bonté, je mets les premiers de huit à neuf, & les autres de sept à huit.

La distance de douze pieds surprend un nouveau curieux

quin'a pas beaucoup de murailles à remplir, par exemple celuy qui n'en ayant que trente, ou quarante toises, se voit reduit à ne planter que quinze, ou vingt Arbres : cela luy fait craindre deux choses la premiere de ne voir presque jamais ses murailles garnies, & la seconde de n'avoir jamais guéres de fruit ; mais outre que j'ay cy-devant fait voir les inconveniens qui arrivent, quand les Arbres sont plantés trop prés les uns des autres, soit à l'égard de la sterilité, soit à l'égard de l'embarras pour la culture : outre cela, dis-je, on doit premierement s'attendre, que des Arbres en bon fond font aisément chaque année plusieurs jets chacun de quatre à cinq pieds de long, & qu'ainsi sûrement se trouvans dans un tel fond, prés de murailles peu hautes, & espacés à douze pieds, ce qui par consequent fait tout au tour d'eux environ une toise à garnir tant par en haut, que sur les côtez, que tels Arbres, dis-je, approchent fait tout d'années les uns des autres, & par consequent ne laissent guéres long temps de place vuide entr'eux ; ainsi le remede est prompt contre la premiere.

En second lieu on peut hazarder de planter une fois autant d'Arbres que je ne dis, si on en veut faire la dépense nonobstant mon avis qui est contraire à cela, & ainsi on en peut mettre à six pieds les uns des autres, pour voir plûtôt son mur garni, mais c'est à condition qu'au bout de trois, ou quatre ans que ces Arbres seront en état de commencer à bien faire pour le fruit, & de recompenser par ce moyen la nourriture qu'ils ont prise, & la peine qu'ils ont donnée, c'est, dis je, à condition qu'en ce temps-là on se sente capable d'en arracher entierement la moitié pour les brûler, & de remettre des terres nouvelles à la place de celles, que les malheureux auront inutilement effritées ; car il en faudra necessairement venir là, ou autrement on n'a que faire d'esperer de fruits ; on prend ce semble assez volontiers le premier parti dans le temps des plans, & en effet il réjoüit davantage ceux, qui comptent l'abondance sur la quantité d'Arbres mais on n'a guéres le courage de passer à l'execution du second, quand le temps de la faire est arrivé, & par là on tombe infailliblement dans les inconveniens, que nous avons expliqués ſi-bien que le plus ſeur eſt de ne pas faire ces dépenſes inutiles, & de ne ſe pas mettre en état d'avoir ces combats à eſſuïer en ſoy-même, c'eſt pourquoy je conſeille de ſe contenter de ſuivre l'avis que je donne pour l'éloignement des Arbres dans les fonds merveilleuſement bons.

Revenons à planter des Eſpaliers le long des murailles de neuf pieds, & un peu plus, & diſons, que ſi le fond eſt bon, comme je l'ay cy-devant ſuppoſé, j'y eſpaceray les Arbres de la premiere claſſe de neuf à dix pieds, & ceux de la ſeconde de ſept à huit: mais ſi le fond n'eſt pas fort bon, ce ſera aſſez d'y mettre les premiers à huit pieds, & les autres à ſept: il ſemble que le plus, ou le moins d'un pied, tant à l'égard de la hauteur des murailles, qu'à l'égard de la diſtance des Arbres ne ſoit pas grande choſe; cependant cela eſt tres-conſiderable pour le ſuccez bon, ou mauvais d'un Eſpalier.

Si la muraille va à onze, ou douze pieds, ou un peu plus, & que le fond ait la bonté que nous ſouhaitons, pour lors je me reſous à planter les Arbres une fois plus prés, qu'aux murailles cy-deſſus, prétendant que par tout entre deux Arbres, de mediocre taille, leſquels ſeront conduits en vûë de leur faire garnir le bas, il y en aura un qui montera pour ganir le haut; on peut bien avoir pour cela des Arbres, qui ſoient veritablement de tige; ce qui eſt fort bon, ſur tout pour Poiriers, Ceriſiers, Abricotiers, & même pour Pêchers & Pruniers, quoy qu'à l'égard de ces deux derniers on puiſſe aſſez bien s'en paſſer, attendu que ce ſont des Arbres, qui font d'ordinaire en peu de temps quelque jet capable de former une belle tige, & d'aller par conſequent garnir le haut de nos murailles. En tel cas donc, où les murailles ſont d'une grande hauteur, je mets une fois davantage d'Arbres, & pour cela ſi le fond eſt bon, je les eſpace d'environ ſix pieds l'un de l'autre, & s'il n'eſt que mediocre, je les eſpace de quatre à cinq, faiſant mon compte, que par ce moyen la tête de chaque Arbre doit garnir cinq ou ſix pieds de chacun de ſes côtez, ce qu'elle fait aiſément, pourvû qu'au bout de ſept, ou huit ans, ſi on s'aperçoit que la vigueur ne continuë pas; on ſoit ſoigneux de remettre entre deux

Arbres un peu de bonnes terres nouvelles, afin de la réta-blir, & reparer ce que tant de racines auront alteré, mais tant qu'on n'aperçoit aucun changement aux Arbres, il n'eſt point neceſſaire d'en faire à l'égard des terres.

Je veux avertir en paſſant, qu'une des choſes, qui me déplaît le plus en Eſpalier, c'eſt d'y voir entrelaſſer pêle mêle de la Vigne, des Figues, des fruits à noyau, & des fruits à pepin : je trouve bien plus à propos, qu'on mette chaque eſpece ſeparément ; un bon Eſpalier par exemple ſera entierement pour des Figues, un autre pour des Pê-ches, Prunes, Abricots, dont je ne condamne pas trop le mélange, à cauſe que les Pêchers étant plus ſujets à pe-rir en tout, ou en partie, ſoit par accident, ſoit par vieil-leſſe, que ne ſont pas les autres fruits, il reſte toûjours à l'Eſpalier dequoy y conſerver quelque beauté en cas de mortalité des Pêchers. Un autre bout de muraille ſera pour les Poires, que tant qu'il eſt poſſible, je ne veux nulle-ment mêler avec les Pêches. Enfin une autre partie d'Eſ-palier ſera pour les precoces, & une autre pour les Rai-ſins, que je veux même tous ſeparez par eſpeces, ſans con-fondre enſemble les Muſcats, les Chaſſelas, les Corin-thes, &c.

Il m'arrive bien quelquesfois de mettre quelques pieds de Chaſſelas parmy d'autres fruits ; mais cela ne m'arrive que pour quelque endroit de muraille extrêmement haut, afin d'en faire monter quelque pied tout droit juſqu'à cer-taine hauteur, où les autres fruitiers ne ſçauroient guéres parvenir, ce qui n'eſt pas fort ordinaire. Je ne me ſers pas même du muſcat pour cela, parce qu'il ne meurit pas bien en hauteur de treille, comme fait le chaſſelas.

Preſentement ſans plus parcourir toutes ces differences, ſoit de hauteur de murailles, ſoit de bon fond, je m'en vais ſuppoſer toutes ſortes de murailles d'environ neuf pieds, c'eſt la hauteur la plus ordinaire, & ſuppoſer tous les fonds raiſonnablement bons, je planteray ſur ce pied-là toutes ſortes d'Eſpaliers. Chacun à cét égard ſe regle-ra ſur ce que nous avons dit cy-devant pour éloigner plus ou moins ſes Arbres, ſelon que ſes murailles ſeront plus ou moins hautes, & que ſon fond ſera plus, ou moins bon.

CHAPITRE VII.

Quels fruits meritent le mieux d'avoir place en Espalier.

IL peut y avoir icy une grande & agreable contestation entre les curieux, pour juger quels sont les fruits qu'ils croyent devoir occuper les premieres, & les meilleures places de nos Espaliers ; sans doute que tout au moins en ce pays-cy le merite des bons Raisins fera un parti puissant & redoutable pour faire decider en leur faveur.

La nature, qui a pris ce semble plaisir à faire paroître dans la production des fruits, jusqu'où pouvoit aller l'étenduë de son ingenieuse fecondité, a fait voir dans celle des Raisins, qu'elle ne s'étoit pas épuisée en faisant les Arbres fruitiers ; on pourroit dire, que dans le dessein, qu'elle a eu d'enrichir le genre humain par des tresors si importans, elle avoit voulu se reserver au moins quelque chose de singulier à l'honneur de la Vigne : constamment elle n'a pas refusé aux Raisins, non plus qu'aux autres fruits, cette infinie diversité d'especes, qui fait une partie de leur agrément, c'est-à-dire diversité de coloris, de goût, de grosseur, de figure, de parfum, de maturité en tous, de precocité en quelques-uns, &c. car en effet toutes ces differences se trouvent parmy les Raisins, aussi bien que parmy les Poires, les Pommes, les Pêches, les Prunes, les Figues, &c. puisqu'il y en a de gros, de menus, de long, de ronds, de doux, de parfumez, de precoces, de tardifs, qu'il y en a même de toutes sortes de couleurs, de blancs, de noirs, de rouges, de tanez, de my-partis, &c. Mais elle a voulu rencherir, ou pour ainsi dire se réjoüir en de certains chefs, pour donner à la Vigne quelque avantage audessus des Arbres; j'en pourrois faire remarquer plusieurs, toutefois je ne m'arrête qu'à celuy-cy seulement, qui est, qu'en fait de ceux-là elle n'a regulierement attaché qu'un seul fruit à chaque queuë, & cependant à peine peut on dire, combien est grand le nombre de grains qui tiennent à la queuë d'une seule grape, elle fait bien plus car elles a quelquesfois la complaisance de n'envier pas la hardiesse de certains curieux, qui entreprennent de l'imiter ; ou même de la surpasser en des choses fort extraordinaires ; elle ne trouve point mauvais, que quelques-uns non contens de voir réüssir leurs soins à la culture des Raisins du pays, c'est-à-dire des Chasselas, Cioutat, Morillons, Gennetins, & même des Muscats, &c. Ils transplantent en des climats assez froids le plan de la Vigne, qu'elle n'avoit destiné que pour les pays les plus chauds ; elle ne dédaigne même pas de favoriser leur industrie, pour aider à en conduire quelques-uns à maturité dans des cantons, où elle n'avoit jamais pensé d'en produire : cependant toute liberale, & bien faisante qu'elle est ; il semble qu'elle ait crû, qu'il iroit de son honneur, si elle se laissoit aller jusqu'à souffrir que tous les Raisins d'Egypte, d'Afrique, d'Italie, &c. meurissent dans des pays du voisinage du Nord ; nous essayons à la verité par le moyen de nos murs bien exposez, de procurer autant de chaleurs, qu'il en faut aux Passe-musquée, aux Pergolese, aux Damas, aux Maroquins, &c. Et il est de certaines années, & de certains terroirs, où nous ne reüssissons pas mal en quelques-uns, mais aussi il y en a beaucoup, ou nous avons plus besoin de cherher à nous consoler de nos peines perduë, que nous n'avons de matiere de nous réjoüir de nos succés ; ce qui nous doit être une grande instruction, pour nous faire voir, qu'il ne faut pas entreprendre de forcer cette nature en tout & par tout ; c'est une mere sage & bien entenduë, qui ayant regardé toutes les parties de la terre, comme autant d'enfans qui luy appartenoient également, aussi leur a-t-elle voulu également partager les biens & les faveurs qu'elle avoit à leur faire, de maniere que pour entretenir l'union, & la bonne intelligence, qu'elle vouloit voir éternellement regner entre-elles, elle a si bien reglé toutes choses, que chacune a de quoy se signaler par des productions qui luy sont singulieres ; c'est ce qui fait, qu'étant comme jalouse de maintenir en son entier l'ordre, & la destination qu'elle a établie, elle s'oppose assez souvent à ce qu'une partie veüille entreprendre sur quelqu'une de ses sœurs, & luy voler

Divisæ arboribus patriæ. *Georg.* 2.

voler, pour ainsi dire, ce qui luy a esté donné pour son apanage; l'Anana meurit dans les Indes, le Pergolese, la Passe musquée, & tous les autres principaux Raisins meurissent même en plein air dans l'Italie, &c. Il n'en est pas de même dans nos Provinces, ni les uns, ni les autres n'y peuvent indifferemment meurir; & aussi les fruits à pepin font merveille parmi nous, pendant que les Mexicains & les Maures auront beau faire pour en élever sous la Ligne, tous leurs efforts seront inutiles.

Revenons presentement à establir ce que nous devons faire pour donner aux Raisins tous les moyens possibles d'arriver parmy nous à la perfection qui leur convient; nous n'avons rien de plus souverain pour cela que les bonnes expositions de nos murailles; & voilà pourquoy dans la contestation qui est à vuider icy, il faut s'étudier à les bien traiter, & faire voir par là combien nous faisons de cas de leur merite.

Quelques-uns de nos curieux tiendront icy non pas pour toute sorte de bons Raisins, en sorte que le Chasselas, le Cioutat, & le Corinthe y fussent compris; mais au moins pour le Muscat: or de ce Muscat il y en a de quatre sortes, le Muscat long, autrement la Passe-musquée, & c'est celui de tous qui a le plus de peine à meurir; le Muscat blanc, le Muscat rouge, & le Muscat noir; ces trois derniers ont le grain rond & de mediocre grosseur; & quoy qu'ils ayent besoin de beaucoup de chaleur, cependant il leur en faut moins qu'au muscat long: à mon avis le muscat noir est le moindre de tous, le rouge ou violet est d'ordinaire assez bon, mais le blanc me paroît l'emporter sur les deux autres.

Qualitez d'un bon Raisin.

En effet une grape de Muscat blanc (soit que le grain en soit gros, soit qu'il en soit menu) il n'importe pourvû qu'il soit clair, ferme, jaune, dur & croquant; & que l'eau en soit douce, sucrée & parfumée, telle grappe de Muscat, dis-je, quel plaisir ne donne-t-elle pas à celuy qui la mange? peut-on voir un plus excellent fruit pendant les mois de Septembre & d'Octobre, & quelque fois jusqu'à la fin de Novembre? Dans les pays chauds ils en ont d'admirable en plein air, c'est-à-dire en pleine Vigne; mais icy pour en avoir regulierement d'assez bons, nous avons neceſſairement beſoin des Eſpaliers du Levant, ou du midy, l'année 1676. nous en a particulierement produit du plus delicieux du monde à ces expoſitions, & même dans les terreins ſecs & ſablonneux ; nous en avons eu au Levant qui étoit meilleur que celuy du Midy ; de là on vouloit conclure, qu'une muraille ne ſçauroit jamais être mieux employée que pour avoir de bon Muſcat.

D'autres curieux tiendront pour les bonnes Pêches, tant à cauſe de la beauté de leur coloris (c'eſt en effet de tous les fruits celuy qui plaît ce ſemble le plus à la veuë) qu'à cauſe de la beauté & de la groſſeur du fruit, à cauſe de ſa belle figure ronde, à cauſe de l'abondance de ſon eau ſucrée, & à cauſe de la douceur relevée de ſon parfum, &c. c'eſt icy veritablement un gros & bon parti.

Il eſt vray, qu'il n'y a rien de comparable à la bonne Pêche, pendant les mois d'Aouſt, de Septembre, & d'Octobre, & même dans les commencemens de Novembre juſqu'à ce que les gelées ſoient venuës ; on ne ſçauroit gueres en avoir icy autrement qu'en Eſpalier, dont nous avons tous un ſenſible déplaiſir, parce qu'en plein vent elles ſont ſans comparaiſon meilleures que contre les murailles.

Et c'eſt ce plein vent qui nous a fait icy connoître juſqu'où peut aller leur principal merite, plein vent, qui ne peut nous être favorable pour elles, ſi ce n'eſt en quelques Jardins de Villes, leſquels par une grande quantité de grands pignons de Maiſons ſont en premier lieu extrêmement à l'abri des vents & des gelées du Printemps, & voilà ce qui fait l'abondance ; en effet on ne ſçauroit gueres dire qu'on ait veritablement abondance de Pêches, que quand on a un nombre raiſonnable de Buiſſons, & que ces Buiſſons ont reüſſi ; en ſecond lieu ces grands murs renferment & augmentent la chaleur qui eſt neceſſaire pour meurir les fruits de tous côtez, & enfin ces fruits étant ainſi expoſez à l'air, aux Zephirs, & même aux pluyes, acquierent dans cette maniere de ſituation un degré de bonté, que la violente ardeur du Soleil reflechie contre la muraille ne ſçauroit leur donner dans toute leur circonference : l'experience que nous avons de cette bonté ſinguliere du plein air, m'a fait aviſer de faire, pour ainſi dire, une maniere de chicane aux Espaliers, je sçay certainement que ce sont eux qui contribuënt à nous donner plus sûrement du fruit, & je sçay aussi, que ce sont eux, qui contraignans nos fruits contre les murs, & les privans de la joüissance de l'air, empêchent qu'ils n'ayent toute la bonté qui leur convient, comme si ces Arbres impatiens & offensez de la géne, & de la violence qu'ils souffrent, vouloient en quelque façon nous punir de l'injure que nous leur faisons, en leur ôtant la liberté que la nature leur avoit donnée.

Je profite donc au Printemps du secours de l'Espalier, pour faire plus sûrement noüer les Pêches; & à la Saint-Jean je tire en dehors ces branches à fruit, lesquelles dans ma maniere de tailler je laisse longues; & avec des Eschalas que j'ay fiché bien avant en terre, j'attache, & soutiens ces belles branches toutes chargées de leurs fruits, qui par ce moyen acquierent la bonté du plein air que nous venons de décrire.

Veritablement il y a de la sujettion & de la peine pour le bien faire, & la belle symettrie de l'Espalier en est un peu defigurée au temps des fruits; en sorte que l'œil de tout le monde n'en est pas si satisfait, mais le défaut est amplement recompensé, tant par la beauté du coloris, & la peau bien lisse, que par ce goût relevé qu'on ne sçauroit avoir autrement: aussi-tôt que les fruits sont cueïllis, on remet ces branches tirées au même endroit de l'Espalier qu'elles occupoient auparavant, & il n'y paroît plus; je n'ay pû m'empêcher de parler icy de cette vision que j'ay euë pour les branches tirées.

Il est donc certain, que toutes les especes de Pêches mises en plein air dans ces sortes de Jardins de Ville, dont nous avons parlé, reüssissent à y faire des fruits pour ainsi dire, enchantez; il n'y a que les avant-Pêches, les Pêches de Troyes, les Magdelénes blanches, & les Violettes tardives, qui n'y sont pas si heureuses; celles cy n'y trouvans pas assez de chaleur, & les autres ayans le bois trop delicat pour s'accommoder du grand air: à l'egard des Jardins un peu exposez, non seulement presque tous les ans les fleurs des Pêches y sont gelées, & ainsi on n'en a nul plaiſir, mais auſſi le bois des Arbres en meurt, ou devient ſi galeux & ſi vilain, qu'il ne vaut guéres mieux, que s'il étoit entierement mort; voilà pourquoy aprés m'être tres-long-temps opiniâtré pour élever des Pêchers en Buiſſons en differens Jardins à la Campagne, comme j'avois fait dans les Jardins de Paris; il a falu enfin renoncer à toutes les eſperances que nous en avions conçûës, & nous reduire en Eſpaliers tous ſeuls.

Revenons à pourſuivre la conteſtation des fruits, pour avoir la preference à l'égard de ces Eſpaliers.

Je ne croy pas que perſonne voulût icy mettre les Poires en jeu, pour avoir la preference des bonnes places au préjudice du Muſcat, des Pêches & des Figues, &c. (quelques merites que les bonnes Poires ayent d'ailleurs, dont nous convenons volontiers, & particulierement pour ces belles Poires de Bon-Chrétien bien groſſes, bien longues, & bien colorées; (mais enfin nous avons d'autres fruits qui ſurement l'emportent ſur les Poires; encore moins propoſera-t-on dans cette diſpute, ny les Abricots, ny les Ceriſes-precoces, ny les Azeroles; on en auroit le démenty ſi on les y vouloit engager, nous leur ferons cépendant honneur aux uns & aux autres quand il faudra; de maniere que leurs protecteurs, s'il y en a qui vouluſſent prendre l'affirmative pour eux, n'en ſeront pas mal ſatisfaits.

Peu de gens ſe ſont aviſez de declarer ſur cecy en faveur des bonnes Prunes, je ne dis pas de toutes ſortes de Prunes, mais ſeulement de quatre ou cinq ſortes des meilleures; & c'eſt peut-être faute d'avoir éprouvé de quelle delicateſſe, de quel goût, & de quel ſucre elles y viennent, non ſeulement en comparaiſon de celles de plein vent, mais auſſi en comparaiſon de tous les autres fruits; difference fort ſurprenante en ſoy, mais encore plus, comme j'ay dit ailleurs, pour pouvoir rendre une bonne raiſon, d'où vient en fait de Prunes d'Eſpalier un effet ſi contraire à ce qui ſe paſſe à l'égard des autres fruits, étant tres-certain, que ceux-cy diminuënt notablement de bonté en Eſpalier, pendant que les Prunes y augmentent la leur notablement.

Peut-être me mettrois-je volontiers à la tête de ceux, qui pour la contestation presente voudroient donner aux bonnes Prunes d'Espalier, la preference sur tous les autres fruits

Et pour rendre ma cause bonne, je presenterois volontiers une corbeille de bonnes Prunes de Perdrigon violet bien meures, & bien fleuries, mêlées avec quelques Perdrigon blanc, quelques Sainte-Catherine, & quelques Prunes d'Abricot ; je suis asseuré que la vûë en seroit ébranlée en ma faveur, que le goût en seroit presque convaincu, & qu'enfin cela seroit tres capable de me donner des compagnons, & rendre mon parti assez fort.

CHAPITRE V.

Traité des Figues.

LEs bonnes Figues mettent icy d'accord toutes ces contestations, elles emportent le prix sans contredit, comme étant sûrement le plus delicieux fruit qu'on puisse avoir en Espalier ; je ne dis pas veritablement qu'elle soit le plus considerable fruit que la terre produise en ce pays-cy : car à mon sens il n'y en a point qui le puisse disputer à un Melon parfaitement bon, & bien conditionné (chose tellement rare, & sur tout en ce pays-cy, que le Proverbe en est venu pour exprimer la rareté de tout ce qui peut-être bon) mais le Melon n'a que faire icy, son fait est de ramper sur la terre, il n'est presentement question que des fruits, qui à la faveur des Espaliers nous peuvent réüssir.

La bonne Figue est donc celuy de tous les Fruits qui parmy nous merite d'avoir la meilleure place en Espalier (dans les Pays chauds elle en pourroit être incommodée ;) mais pour juger de son exterieur & de son merite, & par consequent de l'estime qui luy est dûë, il n'y a qu'à voir le mouvement dés épaules, & des sourcils de ceux qui en mangent, & voir aussi la quantité qu'on en peut manger sans aucun peril à l'égard de la santé.

Joint que d'avoir l'avantage de rapporter deux fois l'année, c'eſt à ſçavoir premierement pendant les mois de Juillet & d'Aouſt, & ce ſont les premieres qu'on nomme Figue-fleurs ; & en ſecond lieu de rapporter pendant les mois de Septembre & d'Octobre, & ce ſont les ſecondes ; cet avantage, dis je, eſt d'une merveilleuſe conſideration pour les faire maintenir dans le premier rang qu'elles doivent occuper.

Je pourrois dire icy ce qui eſt vray, que parmy ces ſecondes celles qui meuriſſent dans le commencement de Septembre, & devant qu'il ſoit venu aucunes gelées, ont ce me ſemble, & la chair plus ſucrée, & le goût plus relevé, & par conſequent ſont meilleures, quoy qu'un peu plus petites, que ne ſont pas les premieres : la raiſon en eſt aſſez palpable, c'eſt que ces Figues de Septembre on eſté formées dans la plus belle ſaiſon de l'année, & nourries d'un ſuc bien cuit, & bien perfectionné, au lieu que les Figues-fleurs ont eû tout le froid & toutes les pluyes du Printemps à eſſuyer, deux conditions peu favorables pour donner à des fruits un goût ſucré, delicieux & relevé.

Je connois de pluſieurs ſortes de Figues, qui apparemment ſont toutes bonnes dans les Pays fort chauds, parce qu'elles y meuriſſent toutes, mais nous n'en avons proprement icy d'admirables que de deux ſortes, & ce ſont de groſses blanches, dont les unes ſont rondes, & les autres ſont longues, les rondes ſont plus abondantes, & les longues ſont ſur tout admirables pour la fin d'Automne, quand elles peuvent tant faire que de meurir, elles ſont peu ſujettes à crever du côté de l'œil, comme font les rondes ; ce défaut provient de ce que d'ordinaire il vient au mois d'Octobre quelques pluyes chaudes qui font tellement gonfler ces pauvres Figues, que l'œil s'en ouvre à faire peur, & laiſse par là ſortir & éventer ſa douceur & ſon parfum ; ſi bien que les longues qui ſont davantage à l'épreuve de ces pluyes, que ne ſont pas les rondes, ont dans la verité pour lors un goût exquis & miraculeux que les autres n'ont plus.

J'ay eû à un même Eſpalier du Midy douze ou quinze ſortes de Figues toutes differentes, pour faire voir qu'il ne faut seurement s'attacher icy qu'aux blanches, tant pour la promptitude & l'abondance du raport, que pour la delicatesse & le sucre de la chair ; la plûpart des autres à la reserve de deux, sçavoir de la grosse Violette longue qui est la plus mauvaise de toutes, & de la plate qui vaut un peu mieux, étans non seulement difficiles à rapporter, mais faisans leur fruits assez petit, peu delicat, peu moëleux, & peu sucré ; & voilà les conditions d'une bonne Figue, c'est à dire qu'elles doivent être delicates, moëleuses, fort sucrées, & d'un goût relevé. *Conditions d'une bonne Figue.*

Parmi les moins bonnes, car on ne peut pas dire parmi les mauvaises, la noire tient le premier lieu, elle est fort longue, & assez grosse, & tellement colorée d'un rouge brun qu'on luy en a donné le nom de noires qu'elle porte ; elle n'est pas tout-à-fait si rouge en dedans qu'en dehors, elle est fort sucrée, mais elle est un peu plus séche que nos Bonnes blanches, j'en conserve quelques pieds pour la rareté.

Il y a les Grosses jaunes qui sont un peu teintes & carnées dedans, elles raportent peu de fruits au Printemps, & raportent assez l'Automne, mais à mon goût elles ne sont guéres delicates ny en premieres, ny en secondes.

Il y a les grosses-Violettes tant longues que plates, dont nous venons de parler, & dont la chair est fort grossiere, je n'en fais guéres de cas.

Il y a la Figue verte qui a la queuë fort longue, & la chair vermeille, elle est assez sucrée, mais elle raporte peu.

Il y a la petite Figue-grise approchant du tané, sa chair est rouge, on l'appelle Mellete en Gascogne, son défaut est comme des autres de raporter peu, & de n'être pas doüillette.

Il y en a une, qu'on y appelle la Medot, elle est jaune dedans & dehors.

Une qui est assez noire, ayant seulement la peau un peu foüetée de gris, la chair en est fort rouge.

Une petite blanche dont le goût est plûtôt fade que sucré, on l'appelle Precoce & ne l'est guéres.

Il y a la petite Bourjassotte qui est noirâtre, ou plûtôt

d'un violet obſcur, tel qu'eſt celuy de certaines Prunes, elle eſt fort delicate, mais elle ne raporte guéres au Printemps, & meurit rarement à l'Automne.

Il y a auſſi l'Angelique qui eſt violette & longue, peu groſſe, la chair rouge, & paſſablement bonne.

Aprés avoir bien examiné toutes ces Figues, j'eſtime que pour nôtre profit il en faut bannir la plûpart, & ne s'attacher qu'aux Bonnes-blanches, qui conſtamment nous réüſſiſſent mieux icy que les autres. Si cependant il ſe trouve quelque Curieux qui veüille avoir dans ſon Jardin toutes ſortes de Figues, auſſi-bien que toutes ſortes de Poires, Pommes, Pêches, Prunes, Raiſins, &c. en ſorte que pour ainſi dire, il ait un Hôpital general ouvert à tous les fruits, tant paſſans qu'étrangers; pardonnons luy cet eſprit de charité, allons même juſqu'a loüer une telle curioſité qui n'a point de bornes, mais gardons-nous bien de la vouloir imiter. *Exiguum colito.*

Voilà le chois fait, & le merite établi en faveur des Figues autant qu'il dépend de moy, je diray cy aprés en garniſſant nos murailles, la quantité raiſonnable que je conſeille à chacun d'en planter à proportion de la grandeur de ſon Jardin.

CHAPITRE IX.

Traité des Pêches.

PAſsons aux autres Fruits qui pretendent à l'Eſpalier, c'eſt-à dire aux Pêches & aux Prunes, pour voir qui des deux aprés les Figues aura la preference, & commençons par les Peſches, voicy l'ordinaire de la maturité de celles que je connois, j'en feray la deſcription à meſure que je les placeray.

La premiere de toutes, c'eſt la Petite-avant Peſche-blanche, qui étant bien expoſée meurit au commencement de Juillet, & en donnera preſque tout le mois, ſi les pieds en ſont multipliez en diverſes expoſitions.

La Peſche de Troye la ſuit, mais un peu de loin, quelque bien expoſée qu'elle ſoit, & ne meurit qu'à la fin de Juillet, ou ou tout au moins dans le commencement d'Aoust, merveilleuse petite Pêche pour reveiller l'idée des bonnes qu'on a euës les années précedentes.

La Pêche Alberge jaune, & le petit Pavie Alberge jaune meurissent presque en mesme temps que la Pesche de Troye, ou un peu aprés, & sont bien éloignées l'une & l'autre du merite qui nous fait tant estimer celle-là.

Les Magdeléne-blanche, Magdeléne-rouge, Mignonne, & Pesche d'Italie, qui est une façon de Persique hâtive, meurissent presque toutes ensembles à la my-Aoust avec le Pavie blanc.

On peut dire avec verité qu'on trouve dans ces temps-là dequoy se satisfaire.

La Pesche Alberge violette, & le petit Pavie-Alberge violet avec la Bourdin, meurissent vers la fin du mois, & font parfaitement bien leur personnage.

Les Drusellcs, & les Pesches-Cerises, sur tout celles qui ont la chair jaune, se presentent pour leur tenir une mauvaise & fastidieuse compagnie, la Pesche-Cerise à chair blanche qui meurit aussi en mesme temps, n'est point de cette categorie, elle est tres-jolie, quand on la laisse extrémement meurir.

La Chevreuse, & la Rossane avec le Pavie Rossane viennent au commencement de Septembre, & presque aussi-tôt commencent les Persique les Violettes hâtives, les Bellegardes, les Brugnons violets, & les pourprées, pour fournir amplement une bonne quinzaine de jours, & c'est là veritablement une flotte illustre, charmante, & delicieuse, la seule Violette qui est à mon sens la Reine des Pesches, & qui l'est aussi au goût de gens infiniment plus considerables que moy, ayant sans le secours d'aucune autre dequoy satisfaire agreablement la curiosité de tout le monde.

Les Admirables paroissent en foule dés la my-Septembre, bon Dieu quelle Pesche en grosseur, coloris, & delicatesse de chair, en abondance d'eau, en sucre, en goût relevé! &c. qui est ce qui n'en est pas charmé, & particulierement de celles qui ont meuri en plein air.

Les Nivettes toutes belles & merveilleuses qu'elles soient

attendent à meurir, que les Admirables soient sur leur déclin, & pendant dix ou douze jours, payent amplement la peine de ceux qui les ont placées en bon lieu.

Les Pêches de Pau, les Blanche d'Andilly, & les Narbonne sont les empressées pour accompagner les Nivette, & avec toute leur beauté, qui en verité peut-être appelée une beauté fardée, ces Pêches-là, dis-je, feroient sagement de s'en dispenser.

Nous ne dirons pas la même chose de la Grosse jaune tardive, de la Pesche Royale, de la Violette tardive, & de la jaune lisse, & des gros Pavies tant rouges, que jaunes, & des petits Pavies jaunes, qu'on appelle Pavies Saint-Martin; car quand la saison a été favorable à leur maturité, le theâtre du Jardinage pour la representation d'Automne, me paroît pendant tout le mois d'Octobre grandement honoré de cette derniere compagnie : mais aussi il faut s'en tenir là pour la bonne bouche, & empescher de paroître le Brugnon jaune lisse, le Brugnon violet tardif, la Pesche à tetin, la Sanguinolle, Pesche blanche de Corbeil, la Pesche à fleur double, la Pesche noix, &c. ce sont les dernieres Pesches du mois d'Octobre, & les moins bonnes de l'année; personne ne s'en étonnera, des nuits longues, souvent humides, & toûjours froides ne sont guéres propres à faire de bons fruits, & sur tout en fruits à noyau.

Dans cette liste de Pesches, de Brugnons, & de Pavies, on compte jusqu'à trente-deux Pesches bien differentes, trois Brugnons bien differens, & sept Pavies aussi tres-differens; je n'ay que faire de dire pour les gens de ce pays-cy, que nous appellons Pesches celles qui quittent le noyau, nos compatriotes le sçavent assez : les Gascons, Languedochiens, & Provençaux, & generalement tous les curieux de Guienne ne le sçavent pas si bien, mais il faut dire pour tout le monde, que nous appellons Brugnons tout ce qui étant lisse, c'est à dire sans aucun poil, ne quitte pas le noyau, & nous appellons Pavie avec addition de blanc, ou de rouge, ou de jaune, ce qui ayant la peau un peu vestuë de quelque couleur qu'elle soit, jaune, blanche ou rouge, ne quitte aussi nullement le noyau.

Nous avons des curieux , qui prétendent, qu'il y a autant de Pavies, que de Pesches , & disent sur cela, que le Pavie est le mâle , & que la Pesche est la femelle ; à la bonne-heure pour vision de mâle & de femelle , ou plûtôt pour ancien langage de Jardiniers , je n'y veux rien trouver à redire ; quoy que je n'aye jamais pû trouver de raison , ny apparence de raison , qui m'aye satisfait : mais à l'égard de la quantité de ces mâles,elle m'est inconnuë ; ce n'est pas que je n'aye assez fait tout ce que j'ay pû pour en découvrir d'autres que les huit cy-dessus ; peut-estre que la race s'en est conservée en Perse , d'où on prétend, que toutes les Pesches sont sorties , sans avoir cependant avec elle apporté la qualité mortelle qu'elles y ont, à ce qu'on nous fait accroire : ou si on en fait sortir les Pavies , il faut que ceux que nous n'avons pas, ayent fait naufrage dans le grand trajet qu'ils avoient à faire : j'ay particulierement regret , à ceux qui auroient été extrémement hâtifs dans nos climats , nous serions bien-heureux , si nous en pouvions réparer la perte, supposé que nous l'ayons faite.

Je sçay bien que nous avons aussi de nos curieux , qui comptent un plus grand nombre de ces sortes de fruits à noyau , que je n'en viens de compter je veux croire qu'ils en connoissent, que je ne connois pas ; mais au moins ils me permettront s'il leur plaît de dire , qu'avec une tres-grande , & tres-longue exactitude je n'en ay pû trouver davantage ; & j'ajoûteray qu'on s'est pour le moins donné autant de liberté pour multiplier les noms des Pesches, que pour multiplier les noms des autres fruits. La moindre difference soit dans la fleur & dans le coloris , soit dans la grosseur & la figure , soit dans le temps de la maturité , ou dans le goût , & dans la delicatesse de l'eau , a donné de tout temps , & donne encore aujourd'huy à beaucoup de gens une demengeaison de dire , qu'ils ont quelque Pesche particuliere , & sur cela ne manquent pas de la baptiser d'un nouveau nom.

Malheureuse demangeaison , qu'on pourroit pour ainsi dire , nommer fille de vanité , ou d'ignorance , qui nous cause tant de confusion parmy nos fruits ! Est-il possible , qu'on ne ſçache pas, qu'une difference de terrein, ou d'expoſitions de climats, ou de ſaiſon, eſt capable de faire ces petites varietez, qui ne ſont nullement eſsentielles; elles m'ont cependant donné des peines infinies, pour en découvrir la verité : je m'en vais avec mon ingenuité ordinaire dire ce que j'en penſe, au hazard d'encourir la diſgrace de beaucoup de faiſeurs de pepinieres.

Je ſuis bien éloigné de vouloir ſupprimer aucun bon fruit, puiſque par tout où ma curioſité, & mes habitudes peuvent s'étendre, je travaille infatigablement pour en découvrir de nouveaux, qui ſoient bons, & pour les multiplier dés qu'ils ſont venus à ma connoiſsance : mais auſſi bien loin de vouloir, pour ainſi dire, faire des chimeres & des eſtres de raiſons, en multipliant des noms pour les moindres petites differences, je m'oppoſe à cette maladie avec toute la vigueur, & toute la ſincerité dont je ſuis capable, quoy que j'aye compté trente deux ſortes de Pêches : je ne dis pas pour cela, qu'il y en ait trente-deux ſortes de bonnes, de maniere que je vouluſse les avoir dans mon Jardin, ou conſeiller à mes amis de les planter dans le leur : dans ce nombre-là il y en a bien quelques unes, qu'on peut veritablement dire n'être pas bonnes; & je les banniray autant qu'il me ſera poſſible : mais auſſi, quoy que d'une eſpece il s'en trouve quelquesfois de mauvaiſe, il me ſemble qu'on ne doit pas ſur cela dire auſſi tôt, que l'eſpece en ſoit mauvaiſe, voyons exactement ce qui fait le merite des unes, & le démerite des autres, pour juger ſainement de celles qui ſont ou à recevoir, & multiplier, ou à proſcrire, & ſuprimer entierement de nos bonnes places d'Eſpalier.

Article Premier.

Du merite & des bonnes qualitez des Pêches.

Le merite des Pêches conſiſte aux bonnes qualités qu'elles doivent avoir.

Dont la premiere eſt d'avoir la chair ſi peu que rien ferme, cependant fine, ce qui doit paroître quand on luy ôte la peau, laquelle doit être fine, luisante, & jaunâtre, sans aucun endroit de vert, & doit se déprendre fort aisément, sans quoy la Pêche n'est pas meure : ce merite paroît encore, ou quand on coupe la Pêche avec le coûteau qui est ce me semble la premiere chose à faire, à qui la veut agreablement manger quand on est à table, & pour lors on voit tout le long de la taille du coûteau, comme une infinité de petites sources, qui sont ce me sembles les plus agreables du monde à voir : ceux qui ouvrent autrement les Pêches perdent souvent la moitié de ce jus, qui les fait estimer de tout le monde.

La seconde bonne qualité de la Pêche est que cette chair fonde dés qu'elle est dans la bouche, & en effet la chair des Pêches n'est proprement qu'une eau congelée, qui se réduit en eau liquide, pour peu qu'elle soit presséée de la dent, ou d'autre chose : en troisiéme lieu, il faut que cette eau en fondant se trouve douce & sucrée, que le goût en soit relevé, & vineux, & même en quelques-unes musqué : je veux aussi que le noyeau soit fort petit, & que les Pêches, qui ne sont pas lisses, ne soient que mediocrement veluës, le grand poil est une marque assez certaine du peu de bonté de la Pêche : ce poil tombe presque tout-à-fait aux bonnes, & particulierement à celles qui sont venuës en plein air.

Enfin je conterois pour une des principales qualités de la Pêche d'estre grosse, si nous n'en avions pas de petites, qui sont merveilleuses, par exemple les Pêches de Troye, les Alberge-rouge, les Pêches violettes : mais au moins est-il vray, que si les Pesches, qui doivent estre assez grosses, n'approchent pas de la grosseur qui leur convient, ou qu'elles le passent de beaucoup : elles sont constamment mauvaises : peut-estre a-t-il été dit assez à propos, que celles-cy étoient hydropiques, & les autres étiques : les étiques ont beaucoup plus de noyau, & moins de chair, qu'elles n'en devroient avoir : & les hydropiques ont le noyau ouvert, & du vuide entre ce noyau & la chair, & ont de plus cette chair grossiere, coriasse, & l'eau aigre ou amere.

Il n'y a veritablement, comme j'ay dit, que les Pesches

de plein vent, qui ayent toutes ces bonnes qualitez au souverain degré, avec un je ne sçay quoy de relevé, qu'on ne sçauroit décrire; les pesches d'Espaliers en ont bien quelque chose, mais elles ne l'ont pas au point que nous venons de marquer pour les Pêches de plein vent, si ce n'est celles qui sont venuës aux branches que je fais tirer, j'ay expliqué cy-dessus, ce que c'est que ces branches tirées.

ARTICLE II.

Des qualités indifferentes en fait de Pêches.

VOila en fait de Pêches les bonnes qualités expliquées, elles en ont d'indifferentes, que je ne fais consister qu'à la fleur; en sorte que les unes l'ont grande sçavoir les avant-Pêche, Pêche de Troye, les deux Magdeléne, la Mignonne, la Persique, la Tetin tardive, les Rossane, les Pavies blanc, la Narbonne, &c. les autres l'ont petite, sçavoir les Chevreuse, Admirable, Pourprée, Nivette, Royalle, Bourdin, Bellegarde, Pavie-rouge, Alberge-rouge, & le Pavie Alberge-rouge.

Quelques-unes en ont de grandes, & de petites, mais non pas sur un même Arbre, sçavoir les deux Violettes hâtives, & tardives, les deux Brugnons violets, les Pesches de pau, les Aberges jaunes, &c.

Il n'y en a qu'une seule qui ait la fleur double, & elle en porte le nom.

ARTICLE III.

Des mauvaises qualités des Pêches.

VOyons presentement les mauvaises qualités de ces Pesches.

Elles consistent premierement à avoir la chair molle, & presque en bouillie, les Blanches d'Andilly sont fort sujettes à ce défaut.

En second lieu à avoir la chair pâteuse, & séche comme la plûpart des pesches jaunes, & la plûpart des autres pesches, qu'on a trop laissées meurir sur l'Arbre.

En troisiéme lieu à l'avoir grossiere comme les Druselle, les Pesches-betteraves, les pesches de Pau ordinaires.

En quatriéme lieu à avoir l'eau fade, & insipide avec un goût de vert, & d'amer, telles sont d'ordinaire ces mesmes pesches de pau venuës en Espalier, les Narbonne, les pesches à double-fleur, les pesches communes, autrement pesches de Corbeil, & de Vigne.

En cinquiéme lieu c'est un défaut d'avoir la peau dure comme les Pesches à tetin, & enfin c'est encore un défaut d'estre quelquesfois si vineuse, , qu'elles en tirent sur l'aigre.

Presentement, il ne doit pas estre difficile de juger des bonnes Pesches, & parmy les bonnes de juger des meilleures, non plus que de juger des mauvaises, & parmy ces mauvaises de juger de celles qui le sont le plus.

Il est certain qu'on ne trouve pas toûjours parfaites toutes les Peches d'une certaine espece, qui le devroient estre, ny mesme toutes les pesches d'un mesme Arbre ne sont pas d'une égale bonté.

Nous avons déja dit que c'est un grand défaut d'estre ou trop grosses ou trop petites, s'en est un d'estre trop meures, ou trop peu; les pesches pour avoir leur juste maturité, doivent tenir si peu que rien à la queuë; celles qui y tiennent trop, & qui quelquefois emportent la queuë avec elles, ne sont pas assez meures; celles qui y tiennent trop peu ou point du tout, & qui peut-estre étoient déja détachées d'elles-mesmes, & tombées à terre, ou sur l'échallas, sont trop meures, elles sont passées, comme on dit en terme de Jardinier, il n'y a que les pesches-lisses, tous les Brugnons, & tous les Pavies qui ne sçauroient presque avoir trop de maturité; ainsi à leur égard ce n'est pas un défaut d'estre tombés d'eux mesmes.

Celles qui viennent sur des branches jaunissantes, & malades, & celles qui meurissent fort long-temps devant toutes les autres du mesme Arbre, ou fort long-temps aprés les unes & les autres de toutes celles-là, sont sujettes à estre mauvaises, c'est à dire d'avoir toutes les mauvaises qualités, que nous avons marquées, ou d'en avoir une partie ; ainsi pour rencontrer une bonne Pesche sur un Arbre, bien des conditions y sont necessaires, je les expliqueray, quand j'aprenderay à cueillir, & à connoître infailliblement une fort bonne Pesche d'avec une mediocre.

Il n'est icy question que de juger de ces bonnes especes, qui meritent place dans nos Espaliers ; je vais m'en expliquer, à la charge, comme j'ay cy-devant marqué, qu'on ne dira pas, que pour quelque défaut, qui se trouve en quelques fruits des especes que j'estime, l'espece pour cela en soit toute mauvaise, ni que pour quelque perfection, qui se trouvera peut estre en quelqu'une de celles que je rebute, l'espece en soit veritablement bonne.

Article IV.

Du jugement des Pêches.

Parmy les trente deux Pêches que j'ay marquées, j'en condamne huit, & presque neuf ; cette neuviémée, qui est presque excluë, c'est la blanche d'Andilly ; je condamne aussi deux Brugnons, les huit sont la Narbonne, la Drusselle, la jaune lisse, la Pêche à tetin tardive, la Betterave, la Pêche de Corbeil, la Pêche noix, la Pêche à double fleur, à moins qu'on n'en veüille quelques-unes de celle-cy amplement pour la fleur qui est fort belle, & qu'on n'en veüille quelques-unes des Betteraves pour la compote, à quoy elles sont admirables ; les deux Brugnons disgraciez sont le jaune, & le violet tardif, l'un & l'autre ne meurissent guéres icy, & sont sujets à se crevasser, & à pourrir sur l'Arbre.

A l'endroit cy dessus, où j'ay marqué les mauvaises qualitez des Pêches, on peut voir les raisons que j'ay d'en bannir huit ou neuf ; à l'égard des Pavies j'honore extrémement tous ceux qui peuvent bien meurir ; mais cela est assez rare en ce climat, à la reserve de ceux qui sont hâtifs ; les curieux qui sont en des pays chauds, & qui ont des murailles bien exposées, font fort bien d'en avoir beaucoup, & même sont assez heureux pour les voir meurir

en

en plein vent, & pour lors au lieu de cette chair dure & coriace, qu'ils ont d'ordinaire en ce pays-cy, sans aucun accompagnement d'eau ſucrée, & de goût vineux, relevé & parfumé; ils ont la chair fine & tendre, & preſque auſſi fondante que nos bonnes Pêches; c'eſt-à-dire qu'ils ont beaucoup d'eau, & cette eau bien aſſaiſonnée du bon goût qu'on y ſouhaite, tout cela avec le coloris d'un rouge obſcur qui a penetré par tout, & davantage même prés du noyau que loin du noyau, tout cela, dis je, donne envie d'en manger, & par conſequent donne beaucoup d'eſtime pour eux, & curioſité d'en élever.

L'annee 1676. nous en a donné de merveilleux, & particulierement de ceux qui portent le nom de monſtrueux, & de Pompone; c'étoit l'illuſtre pere de tous les honnêtes Jardiniers, qui en avoit eu le premier en ſa maiſon de Pompone, & l'avoit enſuite multiplié chez tous les Curieux: il y a d'honnêtes gens qui les aiment preſque mieux que les Pêches, il les faut contenter, & en planter beaucoup dans leurs Jardins: de plus le nombre de ces Curieux-là n'eſt pas ſi grand, c'eſt pour les Pêches qu'on eſt particulierement declaré; c'eſt pourquoy dans la plûpart des Jardins nous en mettrons infiniment plus que de Pavies.

Aprés avoir expliqué premierement le merite des principales Poires, & c'a eſté en parlant des Buiſſons, & enſuite à l'occaſion des Eſpaliers avoir expliqué le merite du Raiſin Muſcat, le merite des Figues, le merite des Pêches & des Pavies; je ne puis me declarer ſur l'ordre & la preference des fruits qui doivent occuper nos murailles, que je n'aye fait en faveur de quelques bonnes Prunes le denombrement de leurs bonnes qualitez.

CHAPITRE X.

Traité des Prunes.

ON compte un nombre preſque infini de Prunes; je ne parleray que de celles que j'ay vû, gouté, & examiné qui ſont en aſſez grande quantité, quoy qu'il y en ait peu, dont je faſſe grand cas.

Dans l'idée que je me fais des Prunes, j'y voy des qualitez bonnes, des qualitez mauvaises, & des qualitez indifferentes ; je voy des Prunes qui sont bonnes cruës & cuites, & j'en voy qui ne sont bonnes que cuites.

Bonnes qualitez des Prunes.

Les bonnes qualitez des Prunes sont d'avoir la chair fine, tendre, & bien fondante, l'eau fort douce, & fort sucrée, le goût relevé, & en quelques-unes parfumé ; la bonne Prune est le seul fruit, qui à être mangé cru n'a que faire de sucre : telles sont en Espalier les Perdrigons tant le violet que le blanc, les Sainte-Catherine, les Prunes d'Abricot, le Roche Courbon, les Imperatrice, ou Perdrigon tardif ; telles sont aussi en Buisson les Reine-Claude, les Imperiale, les Royale, les Damas, tant le violet, que le rouge & le blanc, & même les Mirabelles blanches.

Défauts des Prunes.

Les qualitez mauvaises des Prunes sont d'avoir la peau dure ; mais comme il n'y a point de Prune telle qu'elle soit qui n'ait ce défaut, il ne le faut pas compter pour quelque chose de considerable comme ceux qui suivent, sçavoir d'avoir la chair coriace, farineuse, & pâteuse comme le Perdrigon de Cernay, la Blanche à fleur double, &c. aigrette comme le Damas noir hâtif, les Datte, les Moyeu, les Brugnolles ; séche comme le Damas musqué, le Moyeu, la Prune d'Ambre, la Prune de Taureau, la Brugnolle, la Rhodes ; durette comme la Datte ; pisseuse comme beaucoup qu'il ne faut pas connoître ; verreuse comme les Imperialles, beaucoup de Damas & de Diaprée, & principalement toutes les Prunes, qui en chaque Arbre paroissent meurir les premieres, c'est à dire devant la saison de la maturité de telle espece.

Nous pouvons icy dire en faveur de nos chers Perdrigons, que ce sont de toutes les Prunes celles où les vers se mettent le moins.

Qualitez indifferentes des Prunes.

Les qualitez indifferentes des Prunes regardent la figure, la grosseur, la couleur, la raye, &c. Et même d'estre attachée au noyau est une qualité indifferente, si d'ailleurs la Prune est bonne : car si la Prune est en effet mauvaise, elle est encore plus méprisée, si elle ne quitte pas le noyau, que si elle le quittoit ; à l'égard de la figure il est indifferent, que la Prune soit longue comme l'Imperialle, la Datte, l'Ilvert ; le Rognon de coq.

Longuette comme les Perdrigons, les Sainte Catherine, les Diaprée, les Mirabelles, les Damas violet long, les Datille, la Mignonne, le Moyeu de Bourgogne, la Rhodes, &c.

Ronde, & presque quarrée, & plate comme la Reine-Claude, le Damas blanc, le violet, le gris, le vert, le musqué, les Cerisette, les Perdrigons de Cernay, la Royale, le cœur de Pigeon, les Brugnolle, le Drap d'or, &c.

Cette figure donc ne fait rien, pour donner du mépris, ou de la consideration aux Prunes; la couleur n'y fait rien non plus que la figure, y en ayant de bonnes & de mauvaises de toutes les couleurs, qui sont ou blanches jaunâtres comme les Perdrigon blanc, le Damas blanc, les Sainte-Catherine, les Prunes d'Abricot, les Mignonne, Reine-Claude, Drap d'or, grosse Datte, ou Imperialle blanche, &c.

Ou Violette tirant au rouge (& c'est la plus belle de toutes) comme le Perdrigon violet, les Roche-Courbon, Imperatrice, Imperialle, Damas long, Damas rond, Royalle, Diaprée violette, Cœur de Bœuf, &c.

Ou violette tirant au noir, comme Brugnolle, gros Damas violet de Tours, Saint-Julien, &c ou noire comme les Prunes de Rhodes, les Damas noirs tardifs & hâtifs, le Damas musqué, le cœur de pigeon.

Ou verte comme l'Ilver, le Damas vert, la Castelane; ou grise comme le Damas gris; ou rouge comme les Cerisettes, la Prune-morin, la Datille, &c. Tout de même que la raye, soit fort enfoncée, comme au cœur de Pigeon, ou fort peu comme à la plûpart des autres Prunes, cela ne sert de rien.

Il est bien mieux, qu'elles soient assez grosses comme le Pedrigon, Sainte-Catherine, Abricot, Damas, &c. que petites comme les Mirabelles: il y en a peu de fort grosses, comme le cœur de Bœuf, les Perdrigon de Cernay, les Imperiales, tant la blanche que la rouge, & tant la hâtive que la tardive,

Toutes les Prunes qui sont bonnes cruës, sont aussi d'ordinaire fort bonnes cuittes, soit à faire des Pruneaux secs, soit à faire des compottes, comme les Perdrigon, &c. mais il y en a qui ne sont bonnes que cuittes, & même parmy les cuittes il y en a qui ſont particulierement bonnes en pruneaux, comme les Roche-courbon, & les Sainte-Catherine, & d'autres qui ont leur principal merite en compotte, comme, les Moyeux, les Caſtellane, les Ilvert, les Brugnolles, les Drap-d'or, les Mirabelles, &c.

Dans toutes les Prunes la chair eſt jaunâtre, aux unes plus, aux autres moins, & cela n'eſt d'aucune conſequence.

Deux choſes ce me ſemble ſeroient à ſouhaiter en fait de Prunes; premierement qu'elles vinſſent devant la ſaiſon des Pêches, c'eſt à dire pendant le mois de Juillet, elles nous ſeroient pour lors d'un grand ſecours, que de venir preſque toutes comme elles ſont dans le mois d'Aouſt, c'eſt à dire avec les Pêches, cependant elles s'y ſoûtiennent merveilleuſement bien; mais nos ſouhaits ſur cela ſont fort inutiles.

On voudroit bien en ſecond lieu, que toutes les bonnes quittaſſent le noyau bien net, & toutefois il faut ſe conſoler de ce que les Perdrigon d'Eſpalier en meuriſſant & acquerant leur derniere perfection, s'attachent extrêmement au noyau; Les Roche-courbon, qui ſont les plus ſucrées Prunes que nous ayons, ne le quittent nullement.

Il y en a auſſi beaucoup de mauvaiſes, qui ne quittent point; par exemple l'œil de Bœuf noir, la Prune d'Ambre, les Moyeux, l'Ilvert, Saint Julien, Norbette, Caſtellane, &c.

Celles qui quittent le mieux, ſont preſque tous les Damas, dont le nombre eſt grand, au moins le nombre des noms qu'on leur donne, fondé ſur les moindres petites differences du monde.

De toutes les bonnes qualitez de Prunes, que je viens d'expliquer, je conclus conformement à mon experience, qu'il n'y a que quatre ou cinq ſortes de Prunes, qui meritent place en Eſpaliers, ſçavoir les deux Perdrigons, blanc & violet, la Sainte-Catherine, la Prune d'Abricot; & la Roche courbon, on y peut pourtant mettre quelques Imperatrices, & même quelques Mirabelles, mais ce ne doit être qu'en veuë, non pas d'en avoir de meilleures, on n'en mange guéres de cruës, mais d'en avoir plus ſeurement, parce qu'elles ſont, auſſi bien que la plûpart des autres Prunes, tres ſujettes à perir à la fleur, & que cependant il eſt tres-important d'en avoir pour les compottes de la ſaiſon.

A meſure que j'emploiray chaque Prune, j'en feray une petite deſcription, ſoit pour celles que nous mettrons en Eſpalier, ſoit pour celles que nous mettrons en Buiſſon & en Arbres de tige ; car enfin je fais état d'en avoir en toutes ſortes de ſituations, ſi le terrein me le permet, plaçant cependant chacune de la maniere qui luy eſt la plus convenable.

Autres Arbres Fruitiers qui peuvent être employez en Eſpalier.

Ceriſes.

Je n'ay rien à redire ſur les Cerifes précoces : il n'en eſt pas de deux façons que je ſçache ; c'eſt la nouveauté du fruit qui fait tout leur merite au commencement de Juin, ſoit pour les ſervir cruës, ſoit pour en faire des compottes ; car d'être aigre, avoir peu de chair, un gros noyau, & la peau épaiſſe, ce n'eſt pas ſûrement ce qui les rend recommandables ; cette nouveauté nous obligera d'en mettre en Eſpalier, quand nous aurons aſſez de murailles pour cela.

Raiſins.

Nous y mettrons auſſi du Raiſin de Corinthe, petit Raiſin à grain menu, qui a l'eau fort douce & agreable, il y en a de deux ou trois couleurs, & nous y mettrons du Chaſſelas, dont je fais grand cas en ce pays-cy, par la beauté de la grape & du grain, par la douceur de l'eau fort ſucrée, & ſur tout par la facilité du rapport & de la maturité, qui nous eſt preſque infaillible, au lieu que le Muſcat n'y ſçauroit preſque parvenir, à moins que d'avoir un Eſté chaud & long.

Abricots.

J'ay peu de choſes à dire ſur les Arbres ; tout le monde en connoît & le goût, & la couleur, & la figure, & la groſſeur ; on en fait veritablement quelque cas ; mais ce n'eſt que pour les confitures, tant ſéches que liquides ; ce n'eſt pas un fruit delicieux à manger crû, pour en manger beaucoup : toutesfois dans les Jardins au temps de leur maturité, on a aſſez de plaiſir d'en détacher quelqu'un pour en goûter ſur le champ.

Il en vient d'aſſez bons en grands Arbres, où ils ſe trouvent tous tanelez de petites marques rouges, qui réjoüiſſent la veuë, & éveillent l'appetit par un goût bien plus relevé qu'ils n'ont en Eſpalier, mais en revanche cet Eſpalier leur augmente la grosseur, & leur donne un vermillon admirable, & principalement il fait qu'on en a plus sûrement ; les uns & les autres sont également bons pour la confiture ; les meilleurs sont un peu sucrez, mais cependant d'ordinaire pâteux, il n'y a guéres de Jardins où il n'en faille quelqu'un, le fruit est hâtif, c'est à dire qu'on commence d'en voir dés l'entrée de Juillet, & sur tout d'une petite espece, qu'on appelle l'Abricot hâtif, & qu'il faut mettre au grand Midy, la chair en est fort blanche, & la feüille plus ronde, & plus verte qu'aux autres, mais pour cela il n'est pas meilleur.

Les Abricots ordinaires, qui sont bien plus gros, & ont la chair jaune, ne meurissent que vers la my-Juillet, il en faut aux quatre expositions, si on a assez de murailles pour cela, ou autrement on manqueroit de la meilleure de toutes les compottes, chose étonnante, que le feu & le sucre réveillent dans l'Abricot qui cuit, un certain parfum dont on ne s'étoit point aperçû dans le cru.

Ce qui fait que j'en veux en toutes sortes d'expositions, est que comme ils fleurissent de trés bonne heure, c'est à dire dans la my-Mars, saison fort traversée de gelées blanches, qui sont mortelles à la fleur, de quelque côté que le vent froid vienne à donner sur cette fleur, il la gele sans doute, & ainsi il ne s'en sauve guéres ; & comme les vents du Printemps ne donnent pas toûjours sur les quatre murailles, celle qui n'en est pas affligée, peut au moins nous recompenser de ceux qui auront été perdus d'ailleurs, & ainsi on en a quelquesfois au Nord, sans en avoir ny au Midy, ny au Levant, ny au Couchant, quelquesfois le côté heureux se trouve seulement au Midy ; & quelquefois seulement au Levant, ou seulement au Couchant, c'est pourquoy autant qu'on le peut il faut en hazarder à toutes les expositions, pour tâcher enfin d'avoir des Abricots.

Et s'il en noüe une trop grande quantité, comme il arrive assez souvent, il ne faut pas manquer d'en éplucher une bonne partie, avec cette consolation qu'ils ne seront pas perdus, comme le sont aux autres especes de fruits ceux qu'on est obligé d'ôter petits & verts ; on en fait des compotes vertes, & des confitures séches, & toutes beaucoup meilleures qu'on l'auroit osé esperer.

En Angoûmois nous avons communément d'un petit Abricot à amande si douce, qu'on la prendroit presque pour des Avelines, aussi casse-t-on souvent ces noyaux pour les manger; cet Abricot a la chair blanche, & est tres-bon en ce pays-là, il n'en est guéres qu'en grands Arbres, & voilà ce qui a établi la reputation de sa bonté.

Les années bien chaudes, comme a été celle de 1676. s'il reste long-temps quelques Abricots sur les Arbres de nos Espaliers, ils y acquierent presque la même perfection, que les confits au sucre, aprés y avoir perdu une certaine aigreur qui leur est naturelle, c'est ce que nous avons éprouvé, & en avons esté surpris.

CHAPITRE XI.

Distribution des Arbres en Espalier suivant leur merite, & leur bonté.

APrés avoir parcouru tous les fruits qui peuvent entrer à nos Espaliers, employons-les maintenant à nos murailles, chacun selon le plus ou le moins de merite qu'il peut avoir, & disons, que.

J'appelleray bonne exposition, premierement celle qui est au midy (car d'ordinaire c'est la meilleure, au moins c'est la plus hâtive.)

En second lieu, celle qui est au Levant, & dont je ne fais guéres moins de cas que de la premiere.

J'appelleray mediocre exposition celle du Couchant, & mauvaise celle du Nord.

Cela posé, je suis d'avis que pour peu qu'on ait de bonnes expositions, on y mette un Figuier blanc de l'espece ronde, c'est le meilleur de tous sans contredit, & comme à quelque prix que ce soit, il faut avoir un peu de Figues, on ne sçauroit mieux choisir que celuy-là. Ce Figuier d'Espalier étant seul demande dix à douze pieds d'étenduë.

Je supose, que les moindres Jardins ont au moins quatre à cinq toises d'un sens, & un peu davantage sur un autre, si bien qu'un Jardin qui auroit environ douze toises de bonne exposition, tant au Midy qu'au Levant, cinq à six de mediocre, & quatre à cinq de mauvaise, auroit à la bonne premierement un Figuier, & ce seroit dans le coin Levant, & Midy; c'est la place que je destine par tout aux Figuiers, comme la meilleure pour les deffendre des vents de Nord & de Galerne, qu'on nomme autrement Nord Nord oüest; ce vent d'ordinaire regne au mois d'Avril, qui est le temps de la naissance des Figues-fleurs, & comme en ce temps-là ce vent n'est guéres sans gelées, il tuë impitoyablement ces pauvres petites Figues, qui étant tres-tendres, comme ne venans que de naître, ne sçauroient resister à la rigueur d'une gelée: l'encoignûre de ces deux murailles exposées au Levant & au Midy, est capable de les en garentir; je ne dis pas qu'on plante le Figuier tout-à-fait dans le coin, mais aprochant du coin, soit le long de la muraille du Midy, si on en a une, soit à celle du Levant si l'autre manque.

Le Figuier placé, il nous peut encore rester dans ce petit Jardin environ dix toises de bonnes murailles, supposé qu'un des côtez ne soit pas employé en face de bâtiment, ou en balustres, ce qui est assez ordinaire, & en ce cas le nombre de nos expositions en sera plus petit, & le nombre des Arbres pareillement; mais au moins si par bonheur ce bâtiment, ou ce balustre se trouvent du côté du Couchant, ou du côté du Nord, il nous restera, comme je viens de dire, environ dix toises de bonne muraille, & ce sera pour six Arbres, leur donnant à chacun huit pieds, selon ce que nous l'avons cy-dessus reglé, quand nous avons supposé toutes sortes de clôtures environ de neuf pieds de haut.

Dans les six Arbres je suis d'avis qu'il y ait cinq Pêchers, & un Prunier de Perdrigon violet, je nomme d'abord les cinq Pêchers, parce que personne d'ordinaire n'a de petit Jardin, qui n'y veüille absolument des Pêchers, & si on a place pour en avoir jusqu'à sept ou huit, on auroit grand tort, ce me semble, de n'y pas mettre un Prunier de Perdrigon violet, pour avoir à la my-Aoust de ces belles Prunes assez grosses & longues, si bien fleuries

par

par dessus leur coloris violet, tirant au rouge, & si merveilleuses pour leur chair fine, leur eau sucrée, & leur goût relevé, & encore faut-il surement à ce Prunier une des meilleures places aux environs du Figuier, car autrement on n'en auroit aucun plaisir; nous mettrons icy de certaines Pêches qui s'accommoderont mieux que luy d'une exposition, qui ne seroit que mediocrement bonne.

A l'égard des Pêchers examinons serieusement lesquels seront icy les cinq favoris, pour employer par leur moyen le plus utilement que faire se pourra le peu de place que nous avons.

Je ne croy pas que ce doive être aucun de ceux qui font de petites Pêches, quoy que la Pêche de Troye soit à mon gré une des meilleures qu'on puisse avoir: il vaut mieux ne commencer pas si tôt à avoir des Pêches de son petit Jardin, afin de commencer d'abord par en avoir des plus grosses; de plus il faut icy de celles qui raportent le plus sûrement, & de celles qui sont les moins sujettes aux fourmis, & par là les Magdelénes blanches en seront aussi-bien excluses que celles qui l'ont été par leur petitesse.

La Pêche violette hâtive est bien veritablement la meilleure de toutes, c'est elle qui a la chair la plus agreable & la plus parfumée, celle qui a le goût le plus vineux & le plus relevé, elle a raison de vouloir être icy, & par tout la premiere, mais elle n'est guéres grosse.

La Pêche Admirable a presque toutes les bonnes qualitez qu'on peut soûhaiter, & n'en a point de mauvaises; elle fait un tres-bel Arbre, elle est des plus grosses & des plus rondes, elle a le coloris beau, la chair ferme, fine & bien fondante, l'eau douce & sucrée, le goût vineux & relevé, elle a le noyau petit, & n'est point sujette à être pâteuse, elle est assez long-temps sur l'Arbre à réjoüir la veuë, elle meurit vers la my-Septembre, elle rapporte beaucoup, c'est à dire que c'est une des plus parfaites que nous connoissons, aussi ne ferois-je point de Jardins où elle n'entre infailliblement & la Pêche violette aussi; mais si je n'en pouvois mettre qu'un des deux, la Pêche admirable l'emporteroit sans doute, quoyque la Violette soit effectivement meilleure, la chose se pourroit bien passer autrement, si la grosseur étoit égale des deux côtez.

Cette Pêche Admirable s'accommode assez volontiers des expositions mediocres, & encore mieux des bonnes, c'est pourquoy pour bien ménager nôtre petite place il vaut mieux planter cette Pêche prés de l'exposition du Nord, qu'aucune de toutes les autres; & mesme toutes les fois que nous en pourrons planter deux ou trois, il sera bon de les partager pour en mettre une à chaque exposition, & toûjours faire son conte d'en avoir quelqu'une en bon lieu, pour tirer avantage de tout ce qu'elle est capable de faire.

J'ay icy deux choses à dire sur son Chapitre, que je ne veux ny oublier, ny remettre ailleurs; la premiere est que contre la maxime cy-dessus établie, les Pêches Admirables qui meurissent les dernieres de l'Arbre, sont d'ordinaires les meilleures, elles ont eu le temps d'acquerir la parfaite maturité, dont les Pêches ont besoin, ce ne sont pas fruits à meurir hors de l'Arbre, quoy qu'aprés les en avoir détachés on les puisse garder trois ou quatre jours sans se gâter; or à moins que l'Arbre ne soit tres-vigoureux, cette Pesche est assez sujette à tomber demy meure, verdâtre & veluë, & pour lors tout ce qu'elle devroit avoir de goût vineux & relevé, se tourne en amertume & en acreté; cette chair qui doit estre si fine & si fondante, se trouve grossiere & presque seiche; enfin le noyau en est plus gros qu'il ne devroit estre, & s'ouvre mesme quelquefois; ce sont tous de fort méchans signes que nous ne voyons point aux fruits des Arbres bien sains, & qui sont immanquables, quand les Pesches tombent d'elles-mesmes devant que d'estre parfaitement meures.

De là je tire la seconde chose que j'ay à dire, qui est que quand les Arbres ont ces sortes de défauts; il ne faut quasi plus les compter, il faut les rapetisser beaucoup, afin d'essayer, si ayant moins d'étenduë ils ne feront pas de plus beau bois & de plus sain, & par consequent de meilleur fruit; en mesme temps il faut se mettre en état de reparer la perte qu'on va faire, & cela par le moyen de quelque bon Arbre de la mesme espece, qu'on plantera au meilleur endroit qu'on pourra choisir, sans quoy on court risque de languir long-temps à n'avoir que de méchantes Pêches, d'une espece qui devroit estre la meilleure du monde.

Puisque nous avons icy place pour cinq Pêchers, il faut que la Mignonne, la belle Chevreuse, & la Nivette soient de la partie, & voicy la disposition de nos douze toises.

Le Figuier prend les deux premieres.
La troisieme à quatrieme sera pour un premier Admirable.
La quatrieme à cinquieme pour un premier Violette hâtive.
La cinquieme à sixieme pour un premier Mignonne.
La sixieme à septieme pour un premier Chevreuse.
La septieme à huitieme rien, pour faciliter les distances qui doivent être environ de huit pieds.
La huitieme à neuvieme pour un premier Nivette.
La neuvieme à dixieme pour un premier Perdrigon violet.
La onzieme à douzieme pour un deuxieme Admirable.

La Mignonne est constamment pour les yeux la plus belle Pêche qu'on puisse voir, elle est tres-grosse, tres rouge, satinée & ronde; elle meurit des premieres de la saison, & a la chair fine & bien fondante, & le noyau tres-petit, veritablement son goût n'est pas toûjours des plus rélevez, il y a quelquefois quelque chose de fade, mais cela ne l'empêchera pas d'être icy la troisieme.

La Belle Chevreuse commence à marquer à peu prés son merite par la beauté de son nom, elle succede à la Mignonne, & devance un peu la Violette, comme l'Admirable succede à la Violette, & devance un peu la Nivette, si bien qu'avec les cinq Pêches on peut avoir pendant six semaines une suitte des plus belles & des meilleures Pêches de tous nos Jardins.

La Chevreuse a de tres grands avantages, premierement elle ne cede guéres à aucune autre en grosseur, en beauté de coloris, en belle figure (qui est un tant soit peu longuette) en chair fine & fondante, en abondance d'eau sucrée, & de bon goût, & par dessus cela elle excelle par la fecondité de son raport, si bien que c'est avec beaucoup de Justice que je la mets icy pour la quatriéme; elle n'a d'autre défaut que celuy d'être quelquefois pâteuse, mais elle ne l'a que quand on la laisse trop meurir, ou qu'elle a été nourrie dans un fond froid & humide, ou qu'elle a rencontré un Esté peu chaud & peu sec; elle demande sur tout place au Levant ou au Midy, & même dans les fonds mediocrement humides, elle ne s'accommode pas mal du Couchant; c'est une tres-bonne espece de Pêche, & la plus commune parmy les gens qui en élevent pour en vendre.

La Pêche Nivette, autrement la Veloutée est encore à mon gré une tres-belle & tres-grosse Pêche, elle a ce beau coloris & dedans & dehors, qui rend ce fruit si agreable à voir, elle a toutes les bonnes qualitez interieures soit de la chair & de l'eau, soit du goût & du noyau: elle charge beaucoup; elle n'est pas tout-à-fait si ronde que les Mignonne & les Admirable, mais elle l'est assés, quand l'Arbre, ou au moins la branche qui l'a produite se porte bien, autrement elle est un peu cornuë & longuette: elle meurit vers le vingtiéme Septembre, comme les Pêches Admirables commencent de finir: avec tant de bonnes qualitez qui oseroit luy disputer l'entrée à un Espalier de bonne exposition, où l'on peut mettre cinq Pêchers.

Si nôtre exposition mediocre ne peut contenir que quatre Pêchers, j'y voudrois mettre un Admirable, un Chevreuse, un Abricotier ordinaire, & un Pourprée, qu'on nomme ordinairement Vineuse.

Celui-cy est un des Pêchers qui rapportent le plus, & il me semble que dans les petits Jardins il faut particulierement viser à l'abondance, c'est pourquoy je la prefere à la Bourdin, qui dans le fond est plus considerable pour le bon goût, & réüssit aussi bien qu'elle au Couchant, mais elle rapporte moins; je ne mets à cette exposition aucune Magdeléne, parce qu'elles n'y réüssissent pas non plus que les Mignonne, & les Belle garde, & les Dandilly, &c. étans toutes sujettes à devenir pâteuses.

Cette Pourprée marque son coloris par un de ses noms, & les qualitez de son goût par l'autre, en effet elle est d'un rouge brun enfoncé, dont la chair est assez penetrée, elle est tres-ronde & assez grosse, la chair assez fine, & le goût relevé, elle tiendra fort bien sa place dans ce petit Jardin.

Les quatre Arbres du Nord seront Poiriers, qui se contenteront de sept pieds & demy de distance, & ce sera une Orange verte deux Beurré, & un Verte-longue, toutes Poires d'un rapport prompt, aisé & abondant.

Ainsi dans un fort petit Jardin, dont les quatre murailles ne contiendront qu'environ vingt-deux à vingt-quatre toises de tour, on en auroit cependant seize des meilleurs Arbres fruitiers, sçavoir un Figuier blanc, un Perdrigon violet, un Abricotier ordinaire, neuf Pêchers, & quatre Poiriers: les Pêchers seroient trois Admirables, un Violette hâtive, un Mignonne, deux Chevreuse, un Nivette, un Pourprée: les quatre Poiriers seroient deux Beurré, un Verte-longue, & un Orange verte.

Aprés avoir employé onze à douze toises de bonne exposition, six à sept de mediocre, & cinq à six de mauvaise, qui font en tout vingt-quatre pour un Jardin qui n'en a que cela à ses quatre murailles, je croy que pour bien suivre l'execution de mon dessein, je dois premierement continuer jusqu'à trente toises de bonne exposition, qui font environ quinze de Levant, & quinze de Midy, & ensuite en employer trente des autres deux, sçavoir quinze de la mediocre, & quinze de la mauvaise, aprés quoy j'en employeray de trente en trente jusqu'à six cent de bonne.

Il me semble que dans cette disposition, presque tout le monde trouvera sans peine & sans embaras, ce qu'il luy faudra pour planter ses Espaliers; & enfin ce que j'auray fait sera suffisant pour aider pleinement à ceux qui en auront un plus grand nombre à employer.

J'oserois dire, qu'à moins que ce ne soit pour le Jardin d'un grand Roy, on a une terrible quantité d'Espaliers, si on en a jusqu'à 1200. c'est à-dire 600. fort bons 300. de mediocres, & 300. de mauvais, c'est à qui en sçait la consequence, un nombre capable de faire peur pour la difficulté qu'il y a à le bien façonner.

Joint qu'à supputer par exemple la quantité de Pêches, que chaque Pêcher peut raisonnablement donner au bout de cinq à six ans, il en faut esperer de chaque centaine de pieds tout au moins cinq à six mille, quand chaque pied n'en donneroit que cinquante à soixante : qu'est-ce que ce sera au prix, quand ils en donneront une fois autant, comme ils le pourront aisément à l'âge de huit à neuf ans.

Ayant déja employé douze toises de bonne exposition, & voulant continuer jusqu'à trente de la même, il faut faire état, que.

La douziéme à treiziéme donnera de plus un deuxiéme Mignonne.

La treizieme à quatorzieme donnera un deuxieme Violette hâtive.

Nous ne mettrons rien dans la

Quatorzieme à quinzieme, pour faciliter les distances des autres : les.

Quinze à seize seront pour un deuxieme Chevreuse.

Seize à dix-sept pour un Premier Magdeléne blanche.

Dix-sept à dix-huit pour un premier Persique.

Dix-huit à dix-neuf pour un premier Abricotier ordinaire.

Dix-neuf à vingt ne donneront rien pour faciliter les distances comme j'ay déja dit.

Nous ne sçaurions dire assez de bien de la Pêche-Magdeléne blanche quand elle est en bon fond & bien exposée ; les Fourmis luy font un peu trop la guerre, sans que nous l'en puissions garentir, & ce reproche luy fait tort parmy les curiex.

A voir comme quelques Arbres en rapportent beaucoup, & les autres peu, il semble qu'on auroit lieu de dire avec quelques Jardiniers, qu'il y en a de deux especes, l'une qu'ils nomment la grosse, & l'autre qu'ils nomment la petite ; mais cependant, ny par la fleur qui à toutes deux est grande & peu colorée, ny par la feüille de l'Arbre, qui à toutes deux est grande & fort dentellée, ny par la maturité, qui à toutes deux arrive en même temps, & c'est vers la fin d'Aoust, ny par la couleur, grosseur, figure, eau, goût, noyau, qui sont semblables en toutes deux ; par toutes ces marques, dis-je, qui devroient établir une difference essentielle, je ne trouve pas lieu d'entrer dans les sentimens de ceux qui veulent qu'il y en ait de deux sortes ; l'une & l'autre sont grosses : rondes, à demy plates, fort colorées du côté du Soleil, & nullement de l'autre, la chair fine, l'eau douce & ſucrée, le goût relevé, nul rouge autour du noyau, ce noyau court & aſſez rond : voilà ce qui ſuſpend mon jugement pour les deux eſpeces.

Outre que tous deux font de fort beaux Arbres, & qu'ayant pris les greffes d'un qui en faiſoit peu, j'en ay élevé d'autres qui en faiſoient beaucoup, & en ayant greffé de celles qui en faiſoient beaucoup, il m'en eſt venu qui n'en rapportoient gueres.

Si bien qu'enfin je crois que cette difference de rapport n'eſt fondée que ſur le plus, ou le moins de vigueur, qui eſt au pied de cet Arbre ; celuy qui en a beaucoup, fait ſon bois plus gros, & en fait moins de menu, & l'autre au contraire fait ſon bois moins gros, & en fait plus de menu ; les gros bois, comme nous avons tant de fois ſupputé, ne donnent point de fruit, c'eſt le menu tout ſeul qui en rapporte ; & ſi à ces Arbres forts & vigoureux on donne une plus grande étenduë ; qu'on leur laiſſe aſſez de groſſes branches, & un peu plus longues qu'à l'ordinaire, on verra qu'ayant plus de place à employer leur furie, ils ne feront plus leurs branches ſi groſſes, & en feront davantage de menuës, & par conſequent nous donneront plus de plaiſir.

La Perſique eſt encore d'un merveilleux rapport & d'un merveilleux goût, elle eſt longuette, & a toutes les bonnes qualitez qu'on luy peut ſouhaiter, quand l'Arbre ſe porte bien, qu'il eſt en bon fond & bien expoſé. Comme les noyaux marquent aſſez la figure du fruit, le noyau de la Perſique eſt un peu longuet, la chair qui luy eſt voiſine n'a qu'un tant ſoit peu de couleur, elle meurit comme la Chevreuſe finit, & un peu devant que l'Admirable commence, c'eſt à-dire qu'elle prend bien le temps qui nous eſt le plus avantageux.

Pour vingt à vingt-uniéme, troiſiéme Admirable.

Pour vingt-un à vingt-deux j'ay grande envie d'y mettre un Brugnon violet, afin que dans ce nombre on puiſſe avoir aux moins un fruit qu'on puiſſe porter un peu loin ſans courre aucun riſque de le gâter ; je fais un cas tres-particulier de ce Brugnon, quand on luy donne le temps de meurir si fort qu'il en devienne un peu ridé, pour lors en verité il est admirable, la chair en est assez tendre, ou tout au moins n'est point dure ; elle est assez teinte autour du noyau, l'eau & le goût en sont enchantez : tant de bonnes qualitez doivent justifier mon choix.

Pour vingt-deux à vingt-trois, ce seroit un premier Pêcher de Troye.

Et pour vingt-trois à vingt-quatre, rien.

Et pour vingt-quatre à vingt-cinq, un premier Sainte-Catherine.

Outre ce que j'ay dit cy-devant des Pêches de Troye sur leur petitesse, sur le temps de leur maturité, & sur leur bon goût, je n'ay qu'à dire qu'elle est fort colorée & ronde avec un si peu que rien de tête au bout ; je l'aime de tout mon cœur, sa fleur est du nombre des grandes, nous sommes bien malheureux de ne la pouvoir deffendre des fourmis ; ny elle, ny l'avant-Pêche ne sont pas d'ordinaire des Arbres si grands que le reste des Pêchers ; & par cette raison on peut leur donner un peu moins de place qu'aux autres, & cela peut bien aller jusqu'à leur retrancher un pied, ou un pied & demy pour les deux : elles ne durent pas aussi si long-temps que les autres.

La prune de Sainte-Catherine en Espalier bien exposé & en bon fond, surprendra certainement & ceux qui ne la connoissent que peu, & ceux qui croyans la connoître la méprisent ; il ne se peut guéres un meilleur fruit au monde pourvû qu'on luy donne le temps de meurir, tellement qu'elle en devienne ridée autour de la queuë ; c'est, comme j'ay déja dit, une Prune blanche, jaunâtre, longuette, assez grosse, & qui quitte le noyau fort net.

Je ne sçay si je ne pourrois point dire que malgré le mauvais renom qu'elle auroit de tout temps, de n'estre absolument bonne qu'à faire des Pruneaux, je suis le premier qui luy ay fait l'honneur de la mettre en Espalier, veritablement je m'en suis si bien trouvé, que je ne la sçaurois assez prôner sur cela.

Et comme j'ay toûjours esté un grand chercheur d'experiences, j'ay bien voulu pareillement essayer, s'il y auroit d'autres d'autres Prunes, qui puſſent trouver à l'Eſpalier quelque choſe qui augmentât leur merite, auſſi bien qu'on y a trouvé pour les Perdrigons & les Sainte-Catherine : mais comme je diray cy-aprés, bien loin d'avoir fait parmi elles aucune bonne rencontre, j'ay ſimplement trouvé, que pour ainſi dire, beaucoup s'y deshonorent.

Il en eſt à peu prés de l'Eſpalier pour ces bonnes Prunes, comme de ce que le ſucre boüillant abonnit notablement de certains fruits, témoins les Abricots, & en gâte notablement d'autres, telles ſont d'ordinaires les Poires Beurrées, qui ont atteint aſſez de maturité pour ſe faire manger cruës.

Je me conſole de n'avoir trouvé que peu de Prunes qui ſe perfectionnent en Eſpalier, puiſqu'au moins je me ſuis deſabuſé de l'eſperance que j'en avois, & que je puis par conſequent épargner, & du temps & de la peine, à qui auroit la même curioſité que moi.

Pour vingt-cinq à vingt-ſix toiſes, nous mettrons un Premier Admirable jaune.

Et pour vingt-ſix à vingt-ſept, un premier Violette tardive.

Or devant que d'expliquer le merite de ces deux Pêches, je dois avertir qu'il leur faut tout le meilleur Midi, pour pouvoir eſperer qu'elles meuriſſent bien ; mais auſſi faut-il s'attendre d'avoir à la fin des Niverte deux Pêches qu'on ne peut aſſez loüer, & ſur tout les années qui auront été hâtives, c'eſt-à-dire chaudes & ſéches.

Cette admirable jaune tardive eſt auſſi nommée Pêche d'Abricot & Sandalie, elle eſt une mirlicotonne, comme le Pavie jaune eſt un mirlicoton ; elle reſſemble entierement par ſa figure & par ſa groſſeur à la Pêche admirable, ſi bien qu'on la pourroit fort bien nommer l'Admirable jaune, & nommer l'autre ſimplement l'Admirable, mais elle eſt differente par le coloris jaune qui eſt dans ſa peau & dans ſa chair.

L'une & l'autre colorent aſſez au Soleil, & ce rouge penetre même un peu davantage auprés du noyau de la jaune, qu'auprés du noyau de la blanche ; elle eſt de fort bon goût & merite bien d'être icy, quoy qu'elle soit un peu sujette à devenir pâteuse, aussi bien que toutes les autres Pesches jaunes.

A l'égard de la violette tardive, autrement Pesche marbrée, il faut dire à sa loüange, que sûrement en goût agreable & vineux, quand elle est bien meure, elle passe toutes les autres; nous n'avons qu'à luy souhaiter autant de chaleur qu'il luì en faut, car seurement il lui en faut beaucoup; elle vient un peu plus grosse que la Violette ordinaire, & ne colore pas si universellement qu'elle, d'où vient qu'on luy a donné cet autre nom de Marbrée, parce que souvent elle n'est en effet que foüetée d'un rouge violet: son défaut est de ne pas bien meurir, & de crevasser par tout quand la fin de l'Esté & l'Automne sont trop humides ou trop froids; elle fait un bel Arbre, & quoy qu'il n'y en ait pas de deux especes differentes, non plus que parmi les Violettes hâtives, cependant tel Arbre à la fleur grande, & tel autre l'a petite, tout de mesme que parmi les autres Violettes.

Il faut mettre pour la vingt-septieme à vingt-huitieme toise, un premier Bourdin.

Pour vingt-huit à vingt-neuf, rien pour faciliter les distances.

Pour vingt-neuf à trente, un premier avant-Pêche blanche.

Cela fait vingt-deux Arbres à huit pieds chacun, & il y a quatre pieds de surplus pour le Figuier, à qui il en faut douze quand il est seul.

On peut dire en faveur de la Pesche Bourdin presque tout ce qui a été dit en faveur de toutes les autres, hors que regulierement elle n'est pas tout-à-fait si grosse que les Magdeléne, Mignonne, Chevreuse, Persique, Admirable, Nivette, &c. quoique quelquefois elle en approche de fort prés, ce qui arrive, quand l'Arbre étant un peu vieux, on lui laisse moins de charge; naturellement les nouvelles plantées sont un peu tardives à rapporter, & voilà ce qui l'a empesché d'entrer si-tôt dans les petits Jardins; mais aussi quand elle commence de se mettre à fruit, elle charge extrémement, & voilà ce qui fait que quelquefois les Pêches en sont moins grosses qu'elles ne devroient ; mais prenant soin de les éplucher à la S. Jean pour n'en laisser que raisonnablement sur chaque branche, on se met en état de les avoir suffisamment grosses ; du reste elle est des plus rondes, des mieux colorées, & enfin des plus agreables à voir que nous ayons, joint que le dedans ne dément en façon du monde toute cette belle Phisionomie exterieure, & partant sans doute, c'est une Pêche qui ne gâtera rien dans ce Jardin.

J'ay dit à la premiere exposition du Couchant, où nous avons mis quatre Arbres, ce que j'avois à dire sur la Pêche pourprée.

Reste à voir ce que l'avant-Pêche a de merite, le principal est d'être parmi les Pêches, ce que les petits hâtiveaux sont parmi les Poires, & les Cerisettes parmi les Prunes ; elle entre d'ordinaire en maturité un mois devant toutes les autres Pêches, & pour cela elle prend chair, grossit, & meurit dés le commencement de Juillet : elle est petite, rondelette, avec une petite tête au bout ; elle est tellement blanche, qu'aucun Soleil ne la sçauroit colorer quelque ardent qu'il puisse être, non plus qu'à la Narbonne, comme nous dirons ci-aprés ; elle a la chair assez fine, mais fort sujette à devenir pâteuse, elle a un petit goût de Pêche, qu'on est ravi de retrouver aprés avoir esté si long temps sans avoir rien senti de pareil ; mais sur tout parce qu'elle est comme l'Aurore à l'égard du Soleil, c'est à dire comme un avant-coureur, qui annonce la nouvelle des bonnes Pesches (d'où vient qu'on a crû luy devoir donner le nom d'Avant-Pesche) on en fait cas, & on excuse non seulement ce défaut du pâteux, mais encore celui d'avoir un goût peu relevé, c'est pourquoy on se resoût d'avoir quelque avant-Pesche, quand on peut avoir une douzaine & demi de Peschers.

Joint que pour ne lui pas donner le temps de nous faire voir ses défauts, il est vrai qu'on s'en sert moins à la manger cruë, qu'à en faire des compotes de la saison, à quoi elle est admirable ; sa fleur est des plus grandes, & tellement blafarde, qu'elle en paroît presque blanche, naturellement elle pousse peu de bois, & ainsi ne fait pas un bel Arbre ;

c'eſt pourquoy il ne lui faut pas même tant de place qu'à la Pêche de Troye : naturellement auſſi eſt elle une de toutes les Pêches la plus ſujette aux Fourmis , & c'eſt ce qui ne m'a pas preſſé de l'introduire plûtôt parmi les vingt-deux Arbres que nous avons plantez aux trente premieres toiſes de bonne expoſition.

Avant que d'entrer en de plus grands Jardins, pour y trouver davantage de bonnes expoſitions , plantons conformément à ce que j'ay ci-devant propoſé ; ce qu'à peu prés on doit avoir d'expoſition mediocre ; & d'expoſition mauvaiſe dans les Jardins , où je viens d'employer ce qu'il y en avoit de bonne.

Comme toutes deux enſemble n'en doivent pas regulierement faire davantage que les deux du Midi & du Levant priſes enſemble , auſqu'elles vraiſemblablement elles ſont paralelles , je veux m'imaginer que cela peut bien aller à quinze toiſes pour chacune , afin d'en faire trente de l'une & de l'autre , comme il y en a trente des deux bonnes , ce qui ſeroit en effet , ſi le Jardin étoit parfaitement quarré , en quoy il en ſeroit veritablement moins agreable , par ce qu'il eſt à ſouhaiter pour la belle figure d'un Jardin , premierement qu'il ait environ une fois plus de longueur que de largeur , en ſecond lieu que les côtez oppoſez ſoient d'une égale longueur , & enfin qu'il ſoit par tout à angles droits , c'eſt-à dire à l'équaire , comme je l'ay ci-devant expliqué en traitant de la maniere de diſpoſer chaque terrein , &c.

Ceux qui à une de leurs expoſitions en auront un peu moins que je ne ſupoſe , y planteront moins de ces Arbres que je n'ay marquez , & pourront s'arréter à l'endroit où en paſſant je toucherai ce qu'ils ont aujuſte de toiſes de murailles ; mais ſi d'un autre côté leur Couchant eſt un peu plus grand que je ne l'aurai penſé , ils multiplieront laquelle des Pêches leur plaira le mieux de celles que j'aurai plantées à pareille diſpoſition ; la Pêche Admirable eſt toûjours celle de toutes que je conſeille le plus volontiers de multiplier.

Comme auſſi en cas que leur Nord ait plus d'étenduë, ce qui peut fort bien être , ils augmenteront le nombre des

Poires, dont ils auront veu que j'aurai fait cas, & cela tombera sur des Beurré, ou des Bergamotte, des Virgoulé, ou des Verte-longue, ainsi qu'ils le trouveront le plus à propos pour leur goût, ou pour leur besoin ; & pareillement si ce Nord en a moins, ils planteront moins d'Arbres & s'en tiendront à ce que j'aurai marqué pour une étenduë pareille à la leur.

Nous avons déja employé un Couchant de cinq à six toises en quatre Arbres, qui sont un Abricotier & trois Pêchers, sçavoir un Admirable, un Chevreuse, & un Pourprée.

A une autre muraille du Couchant, qui se trouvera de six à sept toises, je suis d'avis qu'on n'y mette rien davantage que les quatre Arbres cy-dessus, afin de faciliter les distances qui doivent toûjours estre environ de huit pieds, mais à celui de sept à huit on y ajoûtera,

Un premier Bourdin.
De huit à neuf, un deuxieme Admirable.
De neuf à dix, un premier Perdrigon blanc.
De dix à onze, un premier Pêche de Troye.
De onze à douze, un premier Viollette hâtive.
De douze à treize, rien pour la susdite raison des distances.
De treize à quatorze, un deuxieme Chevreuse.
De quatorze à quinze, un deuxieme Bourdin.

A l'égard du Nord aprés en avoir déja employé un de cinq à six toises en quatre Poiriers, sçavoir deux Beurré, un Verte-longue, un Orange verte : comme les distances des Poiriers à cette exception sont raisonnables d'estre de sept pieds & demi, nous mettrons de plus à tel Nord qui auroit six à sept toises,

Un premier Virgoulé
A celui de sept à huit, un premier Bergamotte.
A celuy de huit à neuf, un deuxieme Verte-longue.
A celuy de neuf à dix, rien pour la même raison des distances,
A celuy de dix à onze, un deuxieme Bergamotte.
A celuy de onze à douze, un deuxieme Orange verte.
A celuy de douze à treize, un troisieme Beurré.

A celuy de treize à quatorze, un troisieme Bergamotte.
A celuy de quatorze à quinze, un douzieme Virgoulé.
Et ainsi un Nord de quinze toises aura douze Poiriers.

Tous les Poiriers que je mets au Nord ne manquent pas d'y faire & de beaux Arbres, & de beaux fruits; il peut veritablement leur manquer quelque chose pour le bon goût, mais si on s'en aperçoit, on a de quoy y remedier avec un peu de sucre, c'est pourquoi on n'aura nul regret d'avoir planté de bons Poiriers à ce Nord, au lieu de le laisser nud, ou d'y planter seulement du Filaria, ou du Chevrefeüille, comme beaucoup de gens font.

Je suppose toûjours que ce Nord, ait au moins en Esté une heure ou deux de l'aspect du Soleil, car s'il n'en avoit point du tout, ou en avoit si peu que rien, les fruits auroient peine à y bien faire.

Dans la disposition que je viens de regler à un Jardin qui auroit soixante toises du murailles, donnant à chacune quinze toises, & y plantant les Arbres qui y peuvent réüssir, nous aurions en tout quarante-cinq bons Arbres, sçavoir un Figuier, vingt-sept Peschers, douze Poiriers, deux Abricotiers ordinaires, deux Perdrigon violet, & un Sainte-Catherine.

Les vingt-sept Peschers seroient cinq Admirable, trois Violette hâtive, deux Mignonne, quatre Chevreuse, un Nivette, un Magdeléne blanche, un Persique, deux Pesche de Troye, un Admirable jaune: un Violette tardive, deux Bourdin, un avant-Pesche, & un Brugnon violet.

Les douze Poiriers seroient trois Bergamotte, trois Beurré, deux Virgoulé, deux Verte-longue deux Orange verte.

On peut avec cela se vanter, que n'ayant dans son Jardin que trente toises de bonne exposition, & quinze de mediocre, on ne les a pas mal employées, puisqu'on y a mis dans une distance de huit pieds pour chacun, tout ce que nous avons de plus considerables Pesches, avec le meilleur de tous les Figuiers, trois excellens Pruniers, & deux Abricotiers.

Bien entendu que les Abricotiers & les Pruniers doivent estre dispersez parmi les Peschers, & y estre à leur égard dans une égale distance les uns desautres, en sorte que par exemple il y ait entre un Prunier & un Abricotier, cinq ou six Peschers, & ainsi du reste,

Les Pruniers & Abricotiers ne sont pas si sujets à mourir jeunes en tout ou en partie que les Peschers ; & ainsi ils sont, pour ainsi dire, capables de soûtenir en quelque façon l'honneur des Espaliers, quand il arrive accident ou mortalité à ces pauvres Peschers.

Je ne méle pas toûjours des Pruniers parmi les Peschers, quoi qu'ils n'y gâtent rien; je fais quelquefois des Espaliers de Pruniers tous entiers, quand j'ay assez de murailles pour cela, & je fais même quelquefois de petits Jardins entierement de Prunes, quand la disposition du terrein me le permet.

Revenons à une bonne exposition, qui peut avoir trente à trente-une toise pour y mettre un deuxiéme Figuier tout auprés du premier, l'un étant à la muraille du Midy, si nous en avons une, & l'autre à celle du Levant, si pareillement nous en avons une, ou bien tous deux seront à une des deux expositions, si l'une ou l'autre manque.

Trente un à trente deux seront pour un troisieme Violette hâtive.
Trente deux à trente trois, pour un troisieme Mignonne
Trente trois à trente quatre, rien pour faciliter les distances.
Trente quatre à trente cinq, deuxieme Magdeléne blanche.
Trente cinq à trente six,, premier Abricotier hâtif.
Trente six à trente sept, deuxieme Perdrigon violet.
Trente sept à trente huit, deuxieme Nivette.
Trente huit à trente neuf, rien pour faciliter, &c.
Trente neuf à quarante, premier Pêcher d'Italie.

La Pesche d'Italie est une espece de Persique hâtive, & ressemble en tout à la Persique ordinaire par sa grosseur qui est honeste, par sa figure qui est longuette avec une teste au bout, par son coloris qui est d'un bel incarnat un peu enfoncé, par son bon goût, sa bonne chair, son noyau, &c. mais celle-cy meurit à la my-Aoust, c'est à-dire une bonne quinzaine de jours devant l'autre : toûjours est-il certain que la Pesche est excellente.

Quarante à quarante-un, un deuxieme Troye.
Quarante-un à quarante-deux, un premier Pèche Royale.
Quarante-deux à quarante-trois, un premier Rossane.
Quarante-trois à quarante-quatre, rien.
Quarante-quatre à quarante-cinq, premier Alberge violette.

Je mets icy tout de suite trois Pêches, que je n'avois point encore plantées : la Royale est une espece d'Admirable, hors qu'elle est constamment plus tardive, & colore plus noir en dehors, & un peu davantage prés du noyau, du reste entierement semblable à l'Admirable, & par consequent admirable elle-même, c'est-à-dire tres-excellente.

La Rossanne ressemble en grosseur & figure à la Bourdin, & lui est differente en couleur de peau & de chair, celle-cy l'ayant jaune ; l'une & l'autre prennent au Soleil une teinture tres-forte, c'est-à-dire un rouge fort obscur, celle-cy raporte beaucoup, est de fort bon goût, & n'a d'autre défaut que d'avoir un peu de penchant aux pâteux, il faut pour en éviter le dégoût, ne la pas tant laisser meurir.

L'Alberge rouge est un de nos plus jolies Pêches par son goût vineux & relevé, si on la laisse bien meurir, autrement elle a la chair dure comme toutes les autres Pêches ; mais constamment elle demande plus de maturité qu'elles, elle n'est que de la grosseur de la Pêche de Troye, & luy ressemble assez, hors qu'elle me paroît plus colorée, le seul défaut de Pêche qu'on luy puisse reprocher, c'est de n'estre pas grosse.

Pour quarante-cinq à quarante-six, deuxieme Persique.
Quarante-six à quarante-sept, deuxieme Brugnon violet.
Quarante-sept à quarante-huit, premier Prune d'Abricot.
Quarante-huit à quarante-neuf, rien
Quarante-neuf à cinquante, premier Magdeleine rouge.

Quoique la Prune d'Abricot en plein vent soit bien meilleure à manger cruë que la Sainte-Catherine, il me semble que la Sainte-Catherine l'emporte d'une grande hauteur, en Espalier, elles ont en dehors beaucoup d'air l'une de l'autre l'autre, & je n'y vois d'autre difference, si ce n'est que la Prune d'Abricot approche plus de la figure ronde, & qu'elle a quelques taches rouges.

La Magdeleine rouge, qui est la même que la Double de Troye, & la Paysane, & qui nonobstant l'humeur multipliante de ceux qui en veulent faire de différentes especes, est ronde, plate, camuse, extrêmement colorée en dehors, & assez en dedans; elle est mediocrement grosse, & sujette à devenir jumelle, ce qui n'est pas agreable, & empêche de faire un beau fruit; sa fleur est grande & haute en couleur, la chair en est peu fine, & le goût assez bon; mais elle n'approche pas ce me semble du merite de toutes celles que nous avons cy dessus plantées; quoi qu'en certains lieux je luy aye veu faire des merveilles en grosseur, aussi bien qu'en bon goût; cependant je ne crois pas que ses amis me veüillent blâmer de ne l'avoir pas assez bien placée, & en tout cas ceux là luy feront l'honneur de la mettre à la place de celle des precedentes qu'il leur plaira de chasser.

Pour cinquante à cinquante-un, on mettra un premier Belle garde.

Cinquante un à cinquante deux, un deuxiéme Violette tardive.

Cinquante deux à cinquante trois, un deuxiéme Bourdin.

Cinquante trois à cinquante quatre rien, pour faciliter les distances.

Cinquante quatre à cinquante cinq, premier Diaprée de Rochecourbon.

Cinquante cinq à cinquante six, un premier Pourprée.

Cinquante six à cinquante sept, un deuxiéme Admirable jaune.

Cinquante sept à cinquante huit, un troisiéme Magdeleine blanche, ou plûtôt un premier Pavie blanc, pour ceux qui l'ayment.

Cinquante huit à cinquante neuf, rien.

Cinquante neuf à soixante, un deuxiéme Chevreuse, ou plûtôt un gros Pavie rouge de Pompone.

La Belle-garde est une tres-belle Pêche du commencement de Septembre ; elle est un peu plus hâtive , & un peu moins colorée dehors & dedans que l'Admirable, & a même la chair un peu plus jaunâtre , & peut-être le goût un peu moins relevé , à cela prés , on la pourroit prendre pour l'Admirable, à voir sa grosseur , & sa figure ; mais elle ne fait pas un si bel Arbre.

La Prune de Roche-courbon est assez connuë par ce que nous en avons dit ci-dessus en traitant des qualitez des Prunes, nous n'en avons seurement point de plus sucrée.

Le Pavie blanc ne differe en rien de la Magdeleine blanche par tous les dehors, il n'y a qu'à l'ouvrir , & à manger. qu'on le trouve Pavie, c'est à-dire une chair ferme, tenant au noyau, & assez de goût quand il est bien meur.

Le Pavie rouge de Pompone , ou monstreux , est effectivement monstrueux , c'est-à dire d'une grosseur surprenante , ayant quelquefois jusqu'à treize & quatorze pouces de tour , & étant du plus beau coloris du monde ; en verité rien n'est si agreable , que d'en voir une assez bonne quantité à un bel Arbre d'Espalier , les yeux en sont presque éblouïs , & quand au surplus ils sont bien meurs, & cela par un beau temps, un Jardin est fort honoré de les avoir ,une main fort satisfaite de les tenir, & une bouche fort réjoüie de les manger.

Garnissons maintenant de nouveaux Espaliers du Couchant depuis ceux de quinze toises que nous avons déja plantez jusqu'à ceux de trente, & nous ferons ensuite la même chose pour des Espaliers du Nord de la même étenduë , & verrons par là ce qu'un Jardin qui auroit six vingt toises de tour, soit en quarré parfait, soit en quaré long, pourroit avoir de bonnes especes de fruits.

A l'Espalier du Couchant, qui auroit.

Quinze à seize toises, on mettroit un premier Pêche d'Italie.
A celui de seize à dix-sept, un troisiéme Admirable.
Dix sept à dix huit, rien.
Dix huit à dix neuf, un deuxiéme Troye.
Dix neuf à vingt, un deuxiéme Violette hâtive.
Vingt à vingt un, un deuxiéme Abricotier.

Vingt un à vingt deux, premier avant Pêche.
Vingt deux à vingt trois, rien.
Vingt trois à vingt quatre, un premier Persique.
Vingt quatre à vingt cinq, un premier Royale tardive.
Vingt cinq à vingt six, un premier Nivette.
Vingt six à vingt sept, un premier Brugnon violet.
Vingt sept à vingt huit, rien.
Vingt huit à vingt neuf, un premier Bon-Chrétien.
Vingt neuf à trente, un premier Bergamotte d'Automne.

Il me semble que pouvant dans un Jardin mettre en Espalier jusqu'à cinquante trois Pêchers, six bons Pruniers, quatre Abricotiers, & deux Figuiers, & ayant encore place pour deux Arbres au Couchant, on doit y mettre un Bon-Chrêtien & un Bergamotte, puisque l'un & l'autre reüsissent fort bien à cette exposition : tout le monde connoît leur merite, & la difficulté qu'on a d'en élever autrement qu'en Espalier, si bien qu'à mon sens on fera fort bien de les y planter dans ce Jardin ; nous en planterons un peu davantage, à mesure que nous aurons des Jardins un peu plus grands, & même il nous en viendra de tels que nous y ferons des Espaliers tous entiers de chacune.

La susdite distribution fait vingt trois Arbres, qui auront chacun huit pieds moins deux Pouces, on donnera à chacun huit pieds entiers, & le reste se partagera également aux deux Poiriers qui en auront assez pour eux.

L'Espalier du Nord qui auroit de plus,

Quinze à seize toises, auroit un premier Ambrette.
Seize à dix sept, un deuxiéme Ambrette.
Dix sept à dix huit, un premier Leschasserie.
Dix huit à dix neuf, un deuxiéme Leschasserie.
Dix neuf à vingt, rien.
Vingt à vingt un, premier Abricotier.
Vingt un à vingt deux, un quatriéme Beurré.
Vingt deux à vingt trois, un cinquiéme Beurré.
Vingt trois à vingt quatre, un troisiéme Bergamotte.
Vingt quatre à vingt cinq, un deuxiéme Verte longue.

Vingt-cinq à vingt six, rien.
Vingt-six à vingt sept, un premier Martin-sec.
Vingt-sept à vingt huit, deuxieme Martin-sec.
Vingt-huit à vingt neuf, premier Bugi.
Vingt-neuf à trente, rien.

Ainsi dans un Jardin, qui auroit cent-vingt toises de pourtour, dont à peu prés les deux bonnes expositions seront ensemble de soixante, & les autres deux de la méme quantité, nous aurions en tout quatre-vigt onze Arbres, sçavoir deux Figuiers blancs ronds, six Abricotiers, six bons Pruniers, deux Pavies, trois Brugnons violets hâtifs, quarante-sept Pêchers, vingt-cinq Poiriers.

Les six Pruniers sont deux Perdrigon violet, un Perdrigon blanc, une Sainte-Catherine, une Prune d'Abricot, une Roche Courbon; parmy les Abricots il y en a un hâtif, & cinq ordinaires, les deux Pavies sont un blanc & un rouge, les trois Brugnons violets sont hatifs.

Les quarante-sept Pêchers sont deux Avant-Pêches, quatre Pêches de Troye, une Alberge rouge, deux Magdeleine blanche, un Magdeleine rouge quatre Mignonne, deux Bourdin une Rossanne, un Pêche d'Italie, quatre Chevreuse, quatre Violette hâtive, deux Persique, un Bellegarde, six Admirables, deux Pourprée, deux Pêches Royale tardive, deux Violette tardive, trois Nivette, deux admirable jaune.

On a vû cy-dessus celles que j'ay mise au Couchant, parce qu'elles y reussissent assez bien.

Les vingt-cinq Poiriers sont un bon Chrêtien d'Hyver, quatre Bergamotte d'Automne, cinq Beurré gris, quatre Virgoulé, deux Ambrette, deux Leschasserie, deux Martin sec, deux Verte-longue, deux Orange verte, & un Bugi & tout cela au Nord à la reserve d'un Bon-Chrêtien & d'un Bergamotte que nous avons mis au Couchant.

Pour continuër ce que j'ay proposé, je m'en vais encore garnir trente toises de bonnes expositions, avec quinze de mediocres, & quinze de mauvaises, mettant toûjours aux bonnes, & à la mediocre les Arbres à huit pieds, &

ſeulement à ſept & demy ceux de la méchante ; ainſi pour ne ſe pas tromper devant que de rien planter, il faut toujours commencer par faire autant de trous dans les diſtances reglées & marquées, qu'on ſçait avoir d'Arbres à planter.

Dans les bonnes expoſitions nous mettrons.

Pour ſoixante à ſoixante une toiſe, ſoixante un à ſoixante-deux, ſoixante deux à ſoixante trois, & ſoixante trois à ſoixante-quatre, deux Figuiers blancs qui ſeront enſuite, & attenant des deux premiers vers le coin Levant & Midi; il leur faut quatre toiſes à eux deux.

Pour ſoixante quatre à ſoixante cinq toiſes, un quatriéme Admirable.

Soixante cinq à ſoixante ſix, rien.

Sixante ſix à ſoixante ſept, troiſiéme Violette hâtive.

Soixante ſept à ſoixante huit, quatriéme Mignonne.

Soixante huit à ſoixante neuf, troiſiéme Magdeleine blanche.

Soixante neuf à ſoixante dix, troiſiéme Chevreuſe.

Soixante dix à ſoixante onze, rien.

Soixante onze à ſoixante douze, un troiſiéme Perdrigon violet.

Soixante douze à ſoixante treize, troiſiéme Pêcher de Troye.

Soixante treize à ſoixante quatorze, troiſiéme Nivette.

Soixante quatorze à ſoixante quinze, rien.

Soixante quinze à ſoixante ſeize, un Pavie Roſſane.

Soixante ſeize à ſoixante dix-ſept, deuxiéme Abricotier hâtif.

Soixante dix ſept à ſoixante dix huit, un deuxieme Perſique.

Soixante dix huit à ſoixante dix neuf, rien.

Soixante dix neuf à quatre vingt, deuxiéme Alberge rouge.

Quatre vingt à quatre vingt un, troiſiéme violette tardive.

Quatre vingt un à quatre vingt deux, troiſiéme Admirable jaune.

Quatre vingt deux à quatre vingt trois, rien.

Quatre vingt trois à quatre vingt quatre, deuxiéme Pêche d'Italie.

Quatre vingt quatre à quatre vingt cinq, premier Perdrigon blanc.

Quatre vingt cinq à quatre vingt ſix, deuxiéme avant-Pêche.

Quatre-vingt six à quatre-vingt sept, rien.

Quatre-vingt sept à quatre-vingt-huit, quatrieme Magdeleine blanche.

Quatre vingt huit à quatre vingt neuf, troisieme Abricotier ordinaire.

Quatre vingt neuf à quatre vingt dix, cinquiéme Violette hâtive.

Et voilà vingt deux Arbres pour trente toises de murailles.

Voyons maintenant ce que nous mettrons en quinze toises de Couchant, & quinze toises de Nord, pour achever ce Jardin, qui peut avoir quarante-cinq toises à chaque exposition, & par consequent cent quatre-vingt toises de tour pour ses quatre côtez.

Pour trente à trente une toise de la muraille du Couchant, nous mettrons un quatrieme Admirable.

Trente un à trente deux, rien.

Trente deux à trente trois, un troisieme Chevreuse.

Trente trois à trente quatre, un deuxieme Royale.

Trente quatre à trente cinq, un troisieme Violette hative.

Trente cinq à trente six, un troisiéme Troye.

Trente six à trente sept, rien.

Trente sept à trente huit, un troisiéme Bourdin.

Trente huit à trente neuf, un deuxiéme avant Pêche.

Trente neuf à quarante, un deuxiéme Pêche d'Italie.

Quarante à quarante un, rien.

Quarante un à quarante deux, premier Perdrigon violet.

Quarante deux à quarante trois, troisiéme Abricotier.

Quarante trois à quarante quatre, deuxiéme Nivette.

Quarante quatre à quarante cinq, rien.

Et voilà onze Arbres pour quinze toises du Couchant.
A l'égard du Nord nous mettrons

Pour trente à trente une toise, un cinquiéme Virgoulé.

Trente un à trente deux, un quatriéme Bergamotte.

Trente deux à trente trois, un sixiéme Beurré.

Trente trois à trente quatre, un troisiéme Verte-longue.

Trente-quatre à trente-cinq, rien.
Trente-cinq à trente six, troisiéme Ambrette.
Trente-six à trente-sept, troisiéme Leschasserie.
Trente sept à trente-huit, troisiéme Martin-sec.
Trente-huit à trente-neuf, deuxiéme Abricotier.
Trente-neuf à quarante, rien.
Quarante à quarante-un, troisiéme Orange-Verte.
Quarante-un à quarante-deux, premier Fondante de Brest.
Quarante-deux à quarante-trois, deuxiéme Bugi.
Quarante-trois à quarante-quatre, rien.
Quarante-quatre à quarante-cinq, septiéme Beurré.

Ainsi pour cent quatre-vingt toises de murailles, dont il en peut avoir quarante-cinq au Levant, quarante-cinq au Midy, quarante-cinq au Couchant, & quarante-cinq au Nord, nous aurons cent trente-six Arbres, sçavoir soixante dix-huit Pêchers, trente-six Poiriers; quatre Figuiers, neuf Pruniers, & neuf Abricotiers dont deux sont hâtifs.

Dans les soixante-dix-huit Pêchers il y a trois Pavies, un blanc hâtif, un rouge tardif, un Rossane hâtif, trois Brugnons violets hâtifs, & soixante-douze Pêches qui sont trois avant-Pêches, six Pêche de Troye, deux Alberge rouge; quatre Magdeleine blanche, un Magdeleine rouge, six Mignonne, trois Bourdin, un Rossane, trois Pêche d'Italie, six Chevreuse; huit Violette hâtive, trois Persique, un Bellegarde, huit Admirable, deux Pourprée, trois Royale tardive, quatre Violette tardive, cinq Nivette, trois Admirable jaune.

Les neuf Pruniers sont quatre Perdrigon violet, deux Perdrigon blanc, un Sainte-Catherine; un Prune d'Abricot, un Roche-Courbon.

Les trente-six Poires sont un Bon-Chrétien d'Hyver, cinq Bergamotte d'Automne, sept Beurré gris, cinq Virgoulé, trois Ambrette, trois Leschasserie, trois Martin-sec, trois Verte-longue trois Orange verte, un Fondante de Brest, & deux Bugi.

Si j'étois obligé de garnir deux bonnes expositions, qui au lieu d'avoir à elles-deux quatre-vingt dix toises, en eussent cent vingt, en sorte que j'eusse environ soixante toises à un Espalier, au lieu de quarante-cinq, soit que cet Espalier fût en une seule muraille, ou separé en plusieurs, j'employerois volontiers ces quinze toises en deux Figuiers, qui prendroient prés de quatre toises, en quinze pieds de Muscat blanc, & trois de rouge, qui à les mettre de deux pieds en deux pieds en prendront six toises; en neuf pieds de Chasselas, qui en prendroient trois toises, & en six pieds de Corinthe qui en prendroient deux toises, & je mettrois tout ce Raisin à part, comme je me suis déja expliqué.

Outre la bonté du Raisin qui est considerable, on a encore du secours des feüilles pour garnir les plats pendant les mois d'Octobre que les fleurs commencent de devenir rares.

Le Chasselas, autrement Bat-sur-Aube, est un Raisin fort doux, qui fait de belles grandes grapes, & le grain gros & croquant; il se garde plus long temps qu'aucun autre Raisin, & fait un plaisir merveilleux quand il se presente ainsi hors de saison; il en est de rouge & de noir, que je n'aime pas tant que le blanc.

Le Corinthe blanc est un Raisin fort doux, les grapes en sont petites & longues, les grains en sont menus, tres-pressez, & n'ont point de pepin; le rouge n'est pas meilleur que le blanc; cependant il est bon d'avoir un peu de ce Raisin, quand on a raisonnablement de murailles, & sur tout au midy, car à une autre exposition, ny le muscat, ny le Corinthe ne reussiront pas: mais ayant un bon Midy, il n'y a guére rien de plus agreable, que de cueillir en même tems dans son Jardin une Corbeille de belles Pêches, une de bon Muscat, une de Corinthe, & même une de beaux Chasselas. La maniere de manger le Corinthe est differente des autres Raisins qu'on mange grain à grain, le Corinthe se mange grape à grape comme des Prunes, &c.

Les quinze toises d'augmentation de Levant, pour en faire soixante seront employées en cet ordre.

Pour quarante cinq à quarante six toises, deuxieme Sainte Catherine

Quarante

Quarante-six à quarante-sept, un quatriéme Brugnon violet.
Quarante-sept à quarante-huit, un cinquiéme Admirable.
Quarante-huit à quarante-neuf, rien.
Quarante-neuf à cinquante-un deuxiéme Belle-garde.
Cinquante à cinquante-un, un quatriéme Chevreuse,
Cinquante-un à cinquante-deux, un quatriéme Troye.
Cinquante-deux à cinquante-trois, rien.
Cinquante-trois à cinquante-quatre, un cinquiéme Magdeléine blanche.
Cinquante-quatre à cinquante-cinq, un deuxiéme Bourdin.
Cinquante-cinq à cinquante-six, un septiéme Mignone.
Cinquante-six à cinquante-sept, rien.
Cinquante-sept à cinquante-huit, un troisiéme Abricotier ordinaire.
Cinquante-huit à cinquante-neuf, un premier blanche d'Andilly.
Cinquante-neuf à soixante, rien.

Je me laisse aller à mettre icy un blanche d'Andilly, tant par la consideration du beau surnom qu'elle porte, qu'aussi parce que la Pêche est de grand raport; elle est belle à voir, grosse, ronde, platte, elle colore fort vif au Soleil, n'a nul rouge au dedans, & donne quelque satisfaction, si on ne la laisse pas trop meurir, ensorte qu'elle en devienne pâteuse.

Les quinze toises d'augmentation du Couchant donneront

Pour les quarante-cinq à quarante six, un deuxiéme Perdrigon violet.
Pour les quarante-six à quarante-sept, un sixiéme Admirable.
Pour les quarante-sept à quarante-huit, un quatriéme Chevreuse.
Pour les quarante-huit à quarante-neuf, rien.
Pour les quarante-neuf, à cinquante, un troisiéme Royale tardive.
Pour les cinquante à cinquante-un, un quatriéme Violette hâtive.
Pour les cinquante-un à cinquante-deux, un septiéme Admirabls.

Pour les cinquante-deux à cinquante-trois, un premier Mirabelle.

Pour les cinquante-trois à cinquante-quatre, rien.

J'ay cy-dessus assez dit ce que je pensois de cette Prune, qui est petite, blanche, un peu tanelée, rapporte infiniment, & quitte le noyau; elle est assez bonne cruë, mais est particulierement excellente pour la confiture, soit à garder, soit à manger sur le champ.

Cinquante-quatre à cinquante-cinq, deuxiéme Brugnon violet.

Cinquante-cinq à cinquante-six, deuxiéme Bon-chrétien.

Cinquante-six à cinquante-sept, deuxiéme Bergamotte d'Automne.

Cinquante-sept à cinquante-huit, rien.

Cinquante-huit à cinquante neuf, troisiéme Bon chrétien.

Cinquante-neuf à soixante, troisiéme Bergamotte.

Le Couchant de quinze toises avec le précedent de pareille longueur, donnent vingt-trois Arbres; les quinze toises d'augmentation du Nord donneront.

Pour les quarante-cinq à quarante-six toises, un quatriéme Vertelongue.

Pour les quarante-six à quarante-sept un sixieme Virgoulé.

Pour les quarante-sept à quarante-huit, un cinquiéme Bergamotte.

Pour les quarante-huit à quarante-neuf, rien.

Pour les quarante-neuf à cinquante, premier Epine d'Hyver.

Pour les cinquante à cinquante-un, premier Episne Mareüil.

Pour les cinquante-un à cinquante-deux, troisiéme Bugi.

Pour les cinquante-deux à cinquante-trois, quatriéme Ambrette.

Pour les cinquante-trois à cinquante-quatre, rien.

Pour les cinquante-quatre à cinquante-cinq, troisiéme Abricot.

Pour les cinquante-cinq à cinquante-six, quatriéme Leschasserie.

Pour les cinquante-six à cinquante-sept, deuxiéme Epine d'Hyver.

Pour les cinquante-sept à cinquante-huit, deuxiéme Epine Mareüil.

Pour les cinquante-huit à cinquante-neuf, rien.
Pour les cinquante-neuf à soixante, septiéme Virgoulé.

Et voilà douze Arbres pour les quinze toises du Nord, aussi bien qu'il y en a eu quinze pour les quinze precedentes, à raison de sept pieds & demy pour chacun.

On pourra remarquer icy, que, quoy qu'en plantant chaque exposition, j'aye tous les égards necessaires pour bien garder ensemble la proportion generale de tous les fruits de quatre murailles de chaque Jardin, ensorte que cela ne fasse qu'un tout; cependant en marquant les fruits de chacune separément, je les numerotte, sans avoir aucun égard aux fruits des autres, afin que ceux qui voudront se servir de mes avis, voyent à point nommé, & quels fruits, & quelle quantité de chaque espece je mets à chaque exposition; ainsi quand vers la fin des toises de quelqu'une des quatres murailles, ils verront par exemple septiéme Virgoulé, troisiéme Abricot ordinaire, sixiéme Admirable, &c. c'est à dire, que dans telle exposition il y a sept Poiriers de Virgoulé, trois Abricots, six Pêchers admirable, &c. sans que pour cela je veüille dire, qu'il n'y a dans tout le jardin que tant d'Arbres d'une telle espece, &c.

Et enfin comme aprés avoir garny quatre murailles chacune de quinze toises, qui font en tout soixante toises, je fais aussi tôt une récapitulation generale de tout ce que j'ai planté dés le commencement des Espaliers jusques-là; on verra tout d'un coup par cette récapulation, combien il entre d'Arbres dans un Jardin, qui auroit par exemple soixante toises; combien dans un de cent vingt toises; combien dans un de cent quatre-vingt; combien dans un autre de deux cent quarante; & en même temps on peut voir par le détail cy-dessus, comme quoy cette quantité d'Arbres est distribuée en chaque exposition.

Dans ma derniere récapitulation j'ay marqué tout ce qui regarde les fruits d'un Jardin de cent quatre vingt Arbres; voicy celle des fruits de tel autre Jardin, qui en auroit deux cent quarante, & ce seroit quinze pieds de Muscat blanc, trois de Muscat rouge, neuf pieds de

Cheſſelas blanc, & ſix pieds de Corinthe blanc, ſix Figuiers blancs, quatre-vingt-dix Pechers, cinquante-un Poiriers, onze Abricotiers, & douze Pruniers; dans les quatre-vingt-dix Pêchers: il y a trois avant-Pêche, ſept Pêche de Troye, deux Alberge rouge, cinq Madeleine blanche, un Madeleine rouge, ſept Mignonne, quatre Bourdin, un Roſſane, trois Pêche d'Italie, huit Chevreuſe, neuf Violette hâtive, trois Perſique, deux Belle-garde, onze Admirable, deux Pourprée, quatre Royale tardive, quatre Violette tardive, cinq Nivette, trois jaune Admirable, cinq Brugnon violet, un blanche d'Andilly, & trois Pavies, le blanc hâtif, le Roſſane hâtif, & le rouge tardif.

Dans les douze Pruniers il y a cinq Perdrigon violet, deux blanc, deux Sainte-Catherine, un Prune d'Abricot, un Roche-Courbon, & un Mirabelle.

Dans les onze Abricotiers il y en a deux hâtifs pour mettre au Midy, & neuf pour mettre à toutes les expoſitions.

Dans les cinquante-un Poirier il y a trois Bon-Chrétien d'Hyver, huit Bergamotte d'Automne, ſept Beurré, ſept Virgoulé, quatre Ambrette, quatre Leſchaſſerie, deux Eſpine d'Hyver; deux Eſpine Mareüil, trois Martin-ſec, quatre Verte-longue, trois Orange verte; trois Bugi, un Fondante-de-Breſt.

Ces ſortes de récapitulations ſi frequemment faites, pourront bien paroître inutiles & ennuyeuſes à ceux qui n'en ont que faire, à la bonne-heure, ce n'eſt pas pour eux que je travaille; mais ceux qui en auront beſoin, m'en ſçauront ſans doute quelque gré, s'ils veulent ſçavoir, quelle eſt la peine que cela m'a fait (que je puis dire être une des plus grandes de tout mon ouvrage) ils n'ont qu'à eſſaïer par divertiſſement de faire la diſtribution de deux ou trois Jardins de differentes grandeurs, ſe propoſans toûjours d'y planter tout ce qu'on peut avoir de meilleur, ſans y rien mêler de mauvais, mettant bien à chaque expoſition ce qui y peut reüſſir, & gardant une proportion raiſonnable de chaque eſpece de fruits, eu égard à la grandeur du Jardin; pour lors ils jugeront, ſi j'ay fait plaiſir aux honnêtes Jardiniers, à qui j'ay voulu épargner un détail assez long, & assez ennuyeux.

Si j'avois cent cinquante toises de bonne exposition, soit à un seul aspect du Midy, ou à un seul aspect du Levant, soit en deux aspects, dont partie fût au Midy, & partie au Levant, je pourrois bien me déterminer à planter une douzaine de Cerisiers précoces; mais il faudroit sûrement que ce fût au Midy, parce qu'on ne se résout point d'employer un endroit bien important de son Jardin, pour essaïer d'avoir de ce petit fruit, que dans l'esperance d'en avoir de tres bonne heure, à quoy on ne peut parvenir que par le moien d'une exposition tres-chaude; or le Levant n'est pas suffisant pour cela; & ainsi outre tout le Raisin, & les autres fruits cy-devant marquez pour nos bonnes expositions, nous aurions encore douze Précociers, qui se contenteroient chacun de sept pieds & demy, & ce seroit dequoy occuper les quinzes toises du Midy.

A l'égard des autres toises de chaque augmentation, je ne specifieray plus ce qui est à faire de toise en toise, comme j'ay fait ci-devant, tant parce que ma maniere de disposer est assez entenduë par le moyen des dispositions precedentes, sans qu'il soit plus besoin d'un détail si exact, que parce que nous entrons presentement dans de grands Jardins, où je croy qu'il suffit de marquer simplement l'ordre des Arbres, qui est à tenir en plantant quinze toises d'augmentation de chaque exposition; ceux, dont les murailles ne sont peut-être pas tout-à-fait augmentées de ces quinze toises, sçachans la distance que nous donnons aux Arbres, & voyans l'ordre de la préséance de ceux que je destine pour les augmentations entieres, sçauront bien s'en tenir à la quantité que leur terrein leur pourra permettre; si on n'a par exemple que soixante-six toises, on n'a pas besoin d'autant d'Arbres, que si on en avoit soixante-quinze.

Voici donc l'ordre que je conseille de suivre pour le choix des Arbres d'un Espalier du Levant, augmenté de quinze toises au de-là des soixante ci-devant employées.

Deux Figuiers blancs emporteront quatre toises, l'un des deux sera des blanches longues: les treize toises restantes seront pour neuf Arbres en cet ordre, sçavoir un sixiéme Admirable, un huitiéme Mignonne, un sixiéme Violette hâtive, un sixiéme Madeleine blanche, un cinquiéme Pêcher de Troye, un quatriéme Perdrigon violet, un deuxiéme Perdrigon blanc, un cinquiéme Chevreuse, un quatriéme Nivette.

Les quinze toises d'augmentation du Couchant pour faire le nombre de soixante quinze toises, seront pour onze Arbres en cet ordre, sçavoir un quatriéme Royale, un quatriéme Arbricotier, un quatriéme Bourdin, un deuxiéme Pourprée, un deuxiéme Pêche d'Italie, un deuxiéme Persique, un septiéme Admirable, deux Bon Chrétien, & deux Bergamotte.

Pour achever les soixante-quinze toises de Nord, j'y mettray douze Arbres en cet ordre, sçavoir un huitiéme & un neuviéme Virgoulé, un huitiéme & un neuviéme Beurré, un premier, un deuxiéme, & troisiéme Francréal, un cinquiéme Verte-longue, un premier & un deuxiéme Saint-Lezin, un quatriéme Martin-sec, un quatriéme Bugi.

Ainsi pour trois cent toises de murailles, dont chaque côté en auroit environ soixante-quinze, nous aurions huit Figuiers, dont un seroit des longues, douze Abricotiers, dont deux hâtifs, douze Ceriziers Precoces, quinze pieds de muscat blanc, trois de muscat rouge, neuf pieds de Chasselas, si pieds de Corinthe, quatorze Pruniers, cent trois Pêchers, soixante-sept Poiriers.

Les quatorze Pruniers, sçavoir six Perdrigon violet, trois Perdrigon blanc, deux Sainte Catherine, un Prune d'Abricot, un Roche-Courbon, un Mirabelle.

Les 103 Pêchers, sçavoir 3. avant Pêches, 8. Pêche de Troye, 2. Alberge rouge, 6. Madeleine blanche, un Madeleine rouge 8 Mignonne, 5. Bourdin, un Rossane, quatre Pêche d'Italie, neuf Chevreuse, dix Violette hâtive, quatre Persique deux Bellegarde, treize Admirable, trois Pourprée, cinq Royale tardive, quatre Violette tardive, six Nivette, trois jaunes Admirable, cinq Brugnon violet, deux Blanche d'Andilly, & trois Pavies, le blanc hâtif, le Rossane hâtif, le rouge tardif.

Les 67. Poiriers sont 5. Bon-Chrétien, 10. Bergamotte, 9. Beurré, neuf Virgoulé, quatre Ambrette, quatre Lechasserie, deux Epine d'Hyver, deux Epine Mareüil, quatre Martin-sec, cinq Verte-longue, quatre Bugi, trois Orange verte, un Fondante de Brest, deux Saint-Lezin, trois Francréal.

Cent quatre-vingt toises de bonne exposition ; qui comprennent, comme je l'ay toûjours supofé, les murailles du Midy & du Levant, lesquels deux ensemble j'estime presque également pour toute sorte de plan, à la reserve d'un peu plus d'avancement de maturité au Midy, & sur tout pour les Cerises Precoces, & à la reserve du Muscat, qui d'ordinaire meurit aussi mieux au midy qu'au Levant : ces cent quatre-vingt toises, dis-je, me donnent lieu de souhaiter de petits Jardins particuliers, qui en accompagnent un grand.

En effet un Potager est grand, quand il y a d'un sens soixante-dix ou quatre-vingt toises, sur cinquante ou soixante de l'autre, & encore plus si les quatre côtez sont à peu prés égaux ; si bien qu'avec un grand, que je tiens necessaire : quelques petits Jardins mediocres d'environ vingt ou vingt-cinq toises d'un sens, sur quatorze, & quinze, ou seize toises de l'autre, me paroissent souhaitables, tant pour l'agrément des yeux qui aiment cette diversité, que pour la commodité, & l'abondance : l'abry des murailles qui est si favorable pour les fruits, se trouve mieux dans les petits Jardins, que dans les grands, & il me semble qu'il est fort à propos d'avoir de ces petits Jardins, pour y ranger dans chacun une sorte de fruit particuliere.

Par exemple, il est bon d'avoir un petit Jardin, où les deux bonnes expositions Midy & Levant, & même celle du Couchant, soient pour les Figues, & un autre où soient toutes les bonnes Prunes, un où soient toutes les petites especes de Pêches, un autre où soit tout ce qu'on peut avoir de Pavies, un où soient tous les fruits rouges, un autre soient toutes les Poires hâtives, &c. pendant que le grand Jardin est pour l'abondance des grosses Pêches au Levant & au Midy, & pour l'abondance des Poires d'Automne au Couchant, & de celle d'Hyver au Nord.

Employons presentement nos cent quatre-vingt toises de bonne exposition, c'est à-dire ajoûtons aux cent cinquante qui sont déja employées, les trente que nous venons d'augmenter, supposant qu'il y en a quinze au Midy pour y mettre encore deux bons Figuiers, & neuf Poiriers hâtifs, sçavoir six de petit-Muscat, & trois de Cuisse-Madame.

Les quinze du Levant seront onze Arbres en cet ordre, pour un quatriéme & cinquiéme avant-Pêche, un deuxiéme Rossane, un neuviéme Troye, un neuviéme Mignonne, un septiéme Magdeleine blanche, un onziéme Violette hâtive, un deuxiéme Magdeleine rouge, un cinquiéme Pêche d'Italie, un quatriéme Pourprée, un quatriéme Abricotier ordinaire.

Les quinze du Couchant pour faire le nombre de quatre-vingt-dix seront pour onze Arbres, sçavoir un quatriéme Troye, un cinquiéme Chevreuse, un premier & un deuxiéme Alberge jaune, un deuxiéme Mirabelle blanche, un huitiéme Admirable, trois Bon-Chrétien, & deux Bergamotte.

Les quinze toises d'augmentation de Nord ne seront pas mal employées, partie en trente pieds de Framboisier qui y viennent beaucoup plus belles, & durent plus longtemps, qu'en plein air, & partie en six pieds de Bourdelais qui monteront au dessus pour garnir le haut de la muraille; & pour cela on les distribuera également parmi ces Framboisiers.

Le Bourdelais est une espece de gros Raisin blanc & longuet, qui fait de tres-grandes & grosses grapes, ne meurit presque jamais, & par consequent est propre à en faire des confitures, ou à s'en servir simplement en Verjus, quand on en a besoin; il sert encore extremement pour fournir des feüilles à garnir les plats au mois d'Octobre.

Ainsi en trois cent soixante toises d'espalier, on auroit dix Figuiers blancs, treize Abricotiers, dont deux hâtifs, douze Cerisiers precoces, quinze pieds de Muscat blanc, trois de Muscat rouge, neuf pieds de Chasselas, six de Corinthe, quatre-vingt-un Poirier, quinze Pruniers, & cent vingt-deux Pêchers.

Les

Les cent vingt-deux Pêchers sont cinq avant Pêches, dix Pêche de Troye, deux Alberge rouge, deux Alberge jaunes, deux Roſſane, ſept Magdeleine rouge, ſept Magdeleine blanche, neuf Mignonne, cinq Bourdin, cinq Peſches d'Italie, dix Chevreuſe, onze violette hâtive, quatre Perſique, deux Bellegarde, quatorze Admirable, quatre Pourprée, cinq Royale tardive, quatre Violette tardive, ſix Nivette, trois jaune Admirable, cinq Brugnon violet, un Blanche d'Andilly & trois Pavies, le blanc & le jaune hâtif, & le rouge tardif. Les quinze Pruniers ſont ſix Perdrigon violet, trois Perdrigon blanc, deux Sainte-Catherine, deux Mirabelle, un Prune d'Abricot, & un Roche-Courbon.

Les quatre-vingt-un Poiriers ſont huit Bon Chrétien, douze Bergamotte, ſix petit Muſcat, trois Cuiſſe Madame, neuf Beurré, neuf Virgoulé, quatre Ambrette, quatre Leſchaſſerie, deux Epine d'Hyver, deux Epine Mareüil, quatre Martin-ſec, cinq Verte-longue, quatre Bugi, trois Orange-verte, un Fondante de Breſt, deux Saint-Lezin, & trois Franc-réal.

Quatre cent vingt toiſes d'Eſpalier, ſçavoir deux cent-dix de bonne expoſition au Midy, au Levant, cent cinq de mediocre au Couchant, & cent cinq de mauvaiſe au Nord, ſeront employées comme il s'enſuit.

Les trente toiſes d'augmentation, pour faire les deux cent dix de bonne expoſition, qui ſe partagent environ à cent cinq pour le Midy, & cent cinq pour le Levant, auroient au Midy onze Arbres en cet ordre, & deux Abricotiers hâtifs, deux Pavies blancs hâtifs, un Pavie jaune hâtif, deux rouges tardifs, deux Pavies jaunes tardifs, & deux Pêches violetes tardives, & au Levant deux Figuiers blancs pour faire la douzaine; quand les Figuiers ſont pluſieurs enſemble, ils ſe contentent de neuf pieds pour chacun, ainſi nous pourrons encore avoir à ce Levant neuf Arbres en cet ordre; un deuxiéme Blanche d'Andilly, un premier Imperatrice, un deuxiéme Roche Courbon, un deuxiéme Prune d'Abricot, un troiſiéme Sainte Catherine, un cinquiéme Abricotier, un dixiéme Mignonne, un huitiéme Admirable, un huitiéme Violette hâtive.

L'Imperatrice est une espece de Perdrigon violet tardif, qui ne meurit qu'en Octobre, & est tres bon.

Les quinze toises d'augmentées au Couchant pour en faire cent cinq, auront onze Arbres en cet ordre : un premier & un deuxiéme Robine, un premier & un deuxiéme Leschasserie, un premier & un deuxiéme Ambrette, un premier & un deuxiéme Epine d'Hyver, un premier & un deuxiéme Mareüil, un premier Rousseler.

Les quinze du Nord pour faire cent cinq auront douze Arbres en cet ordre.

Un premier & un deuxiéme Lansac, un premier gros Blanquet, un premier Espargne, un premier Robine, un premier Cassolette, un premier Doyenné, un quatriéme Abricotier, un premier & un deuxiéme Double-fleur, un premier Angober.

Si bien que les quatre cent vingt toises d'Espalier, que nous venons d'employer, auroient douze Figuiers blancs, dix-sept Abricotiers, dont quatre hâtifs, douze Cerziers Précoces, quinze pieds de Muscat blanc, trois de Muscat rouge, neuf de Chasselas, six de Corinthe, dix-neuf Pruniers, cent vingt quatre Peschers, dix Pavies, cent deux Poiriers, vingt-quatre pieds de Bourdelais, & vingt-un pied de Framboisiers.

Les dix neuf Pruniers sont six Perdrigon violet, trois Perdrigon blanc, trois Sainte-Catherine, deux Mirabelle blanche, deux Prunes d'Abricot, deux Roche-Courbon, un Imperatrice.

Les cent vingt quatre Pêchers sont cinq avant-Pêche, dix Pêche de Troye, deux Alberge rouge, deux Alberge jaune, deux Rossane, sept Magdeleine blanche, deux Magdeleine rouge, dix Mignonne, cinq Bourdin, cinq Pêches d'Italie, dix chevreuse, douze Violette hâtive, quatre Persique, deux Bellegarde, quinze Admirable, quatre Pourprée, cinq Royale tardive, six Violette tardive, six Nivette, trois jaunes Admirable, cinq Brugnon violet, deux Blanche d'Andilly.

Les dix Pavies hâtifs sont deux Pavies blancs hâtifs, un Pavie Alberge rouge, deux Pavie jaune hâtifs, trois Pavies rouges tardifs, & deux Pavies jaunes tardifs.

Les cent deux Poiriers ſont huit Bon-Chrétien, douze Bergamotte, ſix Petit-Muſcat, trois Cuiſſe-Madame, trois Robine, ſix Leſchaſſerie, ſix Ambrette, quatre Epine d'Hyver, quatre Epine-Mareüil, quatre Martin-ſec, cinq Verte-longue, quatre Bugi, trois Orange-verte, un Fondante de Breſt, deux Saint-Lezin, trois Franc-réal, deux Lanſac, un gros Blanquet, un Eſpargne, un Caſſolette, un Doyenné, un Angober, deux Double-fleur, un Rouſſelet, neuf Beurré, neuf Virgoulé.

Comme je me ſuis vû un aſſez bon nombre de Pêchers pour quatre cent vingt-toiſes d'Eſpaliers, & trop peu de Poires pour une auſſi grande quantité de murailles; j'ay crû qu'il étoit à propos d'augmenter moins les Fruits à noyau, & davantage les Fruits à Pepin, c'eſt pourquoy j'ay fait un Eſpalier de quinze toiſes tout entier de Poires, dont quatre ſont d'Eſté le reſte eſt pour l'Hyver: j'ay même multiplié au Nord les Fruits d'Eſté, d'Automne, & d'Hyver, ſçachant par une experience certaine qu'ils n'y réüſſiſſent pas trop mal, pour eſtre à une expoſition auſſi peu favorable qu'eſt celle-là.

Pour quatre cens quatre-vingt toiſes d'Eſpaliers, ſçavoir cent vingt à chaque expoſition; je croy que les quinze nouvelles du Midy demandent d'eſtre toutes de Raiſin, ainſi nous aurons quinze pieds de Muſcat blanc, trois de Muſcat rouge, neuf de Chaſſelas, ſix de Corinthe.

Je croy auſſi que les quinze nouvelles du Levant demandent encore deux Figuiers, un cinquiéme & un ſixiéme Perdrigon violet, un troiſiéme Perdrigon blanc, avec ſix Pêchers, qui ſeront un ſixiéme, & un ſeptiéme Chevreuſe, un ſixiéme avant-Pêche, un onziéme & un douziéme Pêche de Troye, un huitiéme Magdeleine blanche.

Les quinze du Couchant pour faire cent vingt, demandent un cinquiéme & un ſixiéme Bourdin, un troiſiéme Brugnon violet, un Pêche d'Italie, un Perſique, un Pourprée, un Royale tardive, deux Bon-Chrétien d'Hyver, deux Bergamotte d'Automne.

Et nous mettrons aux quinze du Nord, qui font les cent vingt toiſes de cette expoſition, douze Poiriers, ſçavoir un dixiéme, un onziéme, un douziéme & treiziéme Virgoulé, un quatriéme & un cinquiéme Franc-réal, un deuxiéme & un troisiéme Angober.

Quatre cens quatre-vingt toises d'Espaliers aux quatre expositions differentes auront donc en tout quatorze Figuiers, dix sept Arbricotiers, dont quatre hâtifs, douze Cerisiers precoces, trente pieds de Muscat blanc, six de Muscat rouge, dix-huit pieds de Chasselas, douze de Corinthe, vingt deux Pruniers, cent trente-sept Pêchers, dix Pavie, cent seize Poiriers, trente pieds de Framboisiers, & six pieds de Bourdelais, pour garnir le haut de la muraille.

Les vingt-deux Pruniers sont huit Perdrigon violet, quatre Perdrigon blanc, trois Sainte-Catherine, deux Mirabelle blanche, deux Prunes d'Abricot, deux Rochecourbon, & un Imperatrice.

Les cent trente sept Pêchers, sont six avant Pêche, douze Pêche de Troye, deux Alberge rouge, deux Alberge jaune, deux Rossane, huit Magdeleine blanche, deux Magdeleine rouge, dix Mignonne, sept Bourdin, six Pêche d'Italie, douze Chevreuse, douze Violette hâtive, cinq Persique, deux Bellegarde, quinze Admirable, cinq Pourprée, six Royale tardive, six Violette tardive, six Nivette, trois Jaune-Admirable, six Brugnon violet, deux Blanche d'Andilly. Les dix Pavies sont deux Pavies blancs hâtifs, un Pavie Alberge rouge, deux Pavies jaune hâtifs, trois Pavies rouges tardifs, deux Pavies jaunes tardifs.

Les cent dix-huit Poiriers sont dix bon-Chrétien, quatorze Bergamotte, six petit Muscat, trois Cuisse-Madame trois Robine, six Leschasserie, six Ambrette, quatre Epine d'Hyver, quatre Epine mareüil, quatre Martin-sec, quatre Verte-longue, un Sucré vert, quatre Bugi, trois Orange-verte, un Fondante de Brest, deux Saint-Lezin, cinq Franc-réal, deux Lansac, un gros Blanquet, un Espargne, un Cassolette, un Doyenné, trois Angober, deux Double-fleur, un Rousselet, treize Beurré, treize Virgoulé.

Je croy devoir dire ici, que quand j'ay vû combien d'Arbres d'une certaine eſpece, ſoit Pêchers, ſoit Poiriers, &c. Je dois mettre à un certain Eſpalier, par exemple, combien de Violette, ou d'Admirable, de Bon-Chrétien, ou de Bergamotte, &c. Je deſtine pour mon Levant, ou pour mon Midy, pour mon Couchant, ou pour mon Nord, je mets enſemble & tout de ſuite, premierement tous les Arbres d'une meſme eſpece, c'eſt-à-dire toutes les Pêches violettes, & en ſecond lieu tous les Arbres d'une autre eſpece, & cela pareillement tout de ſuite, c'eſt-à-dire, tous les Admirable, &c. ſans meſler les eſpeces les unes parmi les autres: je trouve que cela fait mieux, tant pour la commodité de cuëillir, que pour ne laiſſer perir aucun Fruit.

Je ne fais de mélange, comme j'ay dit cy-deſſus, que des Abricotiers parmi les Pêchers, j'en uſe auſſi de meſme pour les Pruniers à méler avec les Pêchers, à moins que je n'aye un Jardin à part pour y mettre entierement les Pruniers: car pour lors ſi ce Jardin à part eſt ſuffiſant pour recevoir tous les Pruniers, que l'étenduë de mon terrein demande, je les reduits tous à ce ſeul endroit: je fais de meſme pour les Figuiers, &c.

Pour cinq cens quarante toiſes d'Eſpaliers, ſçavoir environ cent trente-cinq à chaque expoſition: il me ſemble que pour remplir nos quinze toiſes d'augmentation du Midy, il n'eſt pas mal à propos pour certains curieux d'introduire icy huit pieds de Raiſins précoces, qui prendront la place de deux Arbres, deux Azeroliers, & vingt pieds de Muſcat blanc, dix pieds de Chaſſelas, ou plûtôt ſi on veut dix pieds de Cioutat; les Ceriſiers précoces ont aſſez de place quand on leur donne ſept pieds.

L'Azerolle eſt une eſpece d'Epine blanche, qui fait ſon fruit ſemblable en couleur & figure au fruit de cette Epine blanche, mais il eſt une fois plus gros, l'œil en eſt fort grand & fort ouvert, la queuë courte, menuë & enfoncée, la chair jaunâtre & un peu pâteuſe, ayant deux aſſez gros noyaux, ce qui fait que ce Fruit n'a pas beaucoup de chair; le goût en eſt aigret qui plaît à de certaines gens: ſi bien que, quand on a cinq à ſi cens toiſes d'Eſpaliers, il n'eſt pas mal à propos d'en avoir une couple de pieds, il fait beaucoup de bois, & par conſequent l'Arbre en eſt aſſez beau, il a la feüille un peu plus grande, que celle de l'Epine ordinaire, & n'eſt pas à beaucoup prés ſi heureux à rapporter qu'elle.

Le Raiſin précoce eſt une eſpece de Morillon noir, qui prend couleur de tres-bonne heure, ce qui le fait paroître meur long-temps devant qu'il le ſoit; la peau en eſt fort dure, & quand il eſt meur il eſt fort doux, on en voit d'ordinaire dés le commencement de Juillet : il paroît bien que je n'en fais pas trop grand cas, puiſque j'ay tant differé à le placer; mais ayant beaucoup de murailles, on en peut planter quelques pieds pour la curioſité.

A l'égard du Cioutat je laiſſe la liberté aux Curieux de le preferer icy au Chaſſelas, le fruit des deux eſt fort ſemblable en tout pour la couleur, groſſeur, & le goût, la feüille en eſt tres-differente, celle du Cioutat étant toute chiquetée comme des feüilles de Perſil; il me ſemble meſme qu'il rapporte un peu davantage que le Chaſſelas, mais cependant j'aime mieux le Chaſſelas, il n'y a que la ſimple curioſité qui en peut faire planter quelques pieds dans de grands Jardins.

Les quinze toiſes de Levant, pour faire cent trente-cinq recevront deux Figuiers, un onziéme, un douziéme, & un treiziéme Mignonne, un neuviéme, & un dixiéme Magdeleine blanche, un treiziéme & quatorziéme Violette hâtive, un neuviéme & dixiéme Admirable.

Les quinze du Couchant pour faire les cent trente-cinq recevront un premier & un deuxiéme Beurré, un premier & un deuxiéme Virgoulé, un neuviéme, dixiéme, onziéme & douziéme Bon Chrétien, & un huitiéme, neuviéme, dixiéme, & onziéme Bergamotte; & les quinze du Nord pour faire pareillement les cent trente cinq toiſes de cette expoſition, recevront un ſixiéme, un ſeptiéme & huitiéme Franc réal, un quatriéme, cinquiéme & ſixiéme Angober, un premier, deuxiéme, troiſiéme & quatriéme Beſidéry, un troiſiéme & un quatriéme Double-fleur.

Nos cinq cent quarante toiſes d'Eſpalier auront donc ſeize Figuiers blancs, dont deux Longues; dix-ſept Abricotiers, dont quatre hâtifs; douze Ceriziers Précoces, cinquante quatre pieds de Muscat blanc, six de Muscat rouge, dix neuf de Chasselas blanc, dix de Ciotat, douze de Corinthe, huit pieds de Raisin Précoce, vingt deux Pruniers, cent quarante six Peschers, dix Pavies, deux Azeroliers, & cent quarante deux Poiriers. Les vingt-deux Pruniers sont entierement les mesmes que ceux qui sont dans la distribution precedente de quatre cent quatre vingt toises.

Les cent quarante six Peschers sont six avant-Pesche, douze Pesche de Troye, deux Alberge rouge, deux Alberge jaune, deux Rossane, dix Magdeleine blanche, deux Magdeleine rouge, treize Mignonne, sept Bourdin, six Pesches d'Italie, douze Chevreuse, quatorze Violette hâtive, cinq Persique, deux Bellegarde, dix sept Admirable, cinq Pourprée, six Royale tardive, six Nivette, trois jaune Admirable, six Brugnon violet, deux Blanches d'Andilly.

Les dix Pavies sont les mesmes de la distribution precedente.

Les cent quarante deux Poiriers sont quatorze Bon-Chrétien, dix-huit Bergamotte, six petits Muscats, trois Cuisse-Madame, trois Robine, six Leschasserie, six Ambrette, quatre Epine d'Hyver, quatre Epine Mareüil, quatre Martin-sec, quatre Verte-longue, un Sucré-vert, quatre Bugi, trois Orange verte, un Fondante de Brest, deux Saint-Lezin, huit Franc-réal, quatre Besidéry, six Angober, quatre Double-fleur, deux Lansac, un gros Blanquet, un Espargne, un Cassolette, un Doyenné, un Rousseler, quinze Beurré, quinze Virgoulé.

Pour six cens toises d'Espalier, sçavoir environ cent cinquante pour chaque exposition, je mettrois pour les quinze d'augmentation du Midy, un septiéme, huitiéme, neuviéme & dixiéme Violette tardive, un septiéme & huitiéme Nivette, un quatriéme, cinquiéme & sixiéme jaune Admirable, un quatriéme Brugnon violet, un troisiéme Avant Pêche.

Pour les quinze d'agmentation du Levant, deux Figuiers, un quatriéme Avant Pesche, un dixiéme Troye, un troisiéme Rossane, un onziéme & douziéme Magdeleine blanche, un onziéme Violette hâtive, un quatorziéme &

quinziéme Mignonne, un premier Pêche Cerise à chair blanche.

Il y a deux sortes de Pêche Cerise, l'une à chair blanche, & l'autre à chair jaune, toutes deux de la grosseur à peu prés des Pêches de Troye, toutes deux à peau lisse, & toutes deux tres rondes, & quasi plates & camuses, l'une & l'autre extrêmement colorée en dehors, ce qui leur a fait donner le nom qu'elles portent, mais l'une ayant la chair jaune & pâteuse, & par consequent d'un tres petit merite, & l'autre l'ayant blanche & ferme, & vallant beaucoup mieux, quand celle-cy peut bien meurir le goût en est assez bon & vineux, & même a la chair assez tendre; les Perçoreilles, qui sont de petits animaux longuets & bruns leur font une cruelle guerre, aussi bien qu'aux Avant Pêches & Pêches de Troye.

Pour les quinze d'augmentation du Couchant, un neuviéme Admirable, un sixiéme & septiéme Chevreuse, un cinquiéme & sixiéme Troye, un sixiéme Royale tardive, un cinquiéme & sixiéme Abricotier ordinaire, un troisiéme Perdrigon blanc, un deuxiéme Perdrigon violet, un Prunier Royale.

Pour les quinze d'augmentation du Nord, qui achevent les 150. nous mettrons un deuxiéme, & troisiéme Robine, un deuxiéme fondante de Brest, un deuxiéme Espargne, un deuxiéme Doyenné, un deuxiéme Cassolette, un deuxiéme Blanquet, un troisiéme & un quatriéme S. Lezin, un premier & deuxiéme Cuisse Madame, un cinquiéme Martin sec.

Et partant pour garnir six cens toises d'Espalier, dont il y en a environ cent cinquante toises pour chaque exposition, nous aurions en tout dix-huit Figuiers blancs, dont deux de longue, dix-neuf Abricotiers, dont quatre hâtifs, douze Ceriziers précoces, cent vingt huit pieds de Raisin, sçavoir cinquante Muscat blanc, six de Muscat rouge, vingt huit de Chasselas, douze de Corinthe, & huit de Raisin précoce, vingt-quatre de Bourdelais blanc, vingt-cinq Pruniers, cent soixante & treize Pêchers, dix Pavies, deux Azeroliers, & cent cinquante & un Poirier.

Les quinze Pruniers sont neuf Perdrigon violet, cinq Perdrigon blanc, trois Sainte-Catherine, deux Mirabelle blanche

blanche, deux Prunes d'Abricot, deux Roche-courbon, un Imperatrice, un Prune Royale.

Les cent soixante & treize Pêchers sont huit Avant-Pêche, quinze Pêche de Troye, deux Alberge rouge, deux Alberge jaune, trois Rossane, douze Magdeleine blanche, & deux Magdeleine rouge, quinze Mignonne, sept Bourdin, six Pêche d'Italie, quatorze Chevreuse, quinze Violette hâtive, cinq Persique, deux Belle-garde, dix-huit admirable, cinq pourprée, sept Royale tardive, dix Violette tardive, huit Nivette, six Jaune-Admirable, sept Brugnons violets, deux blanche d'Andilly, un Pêche-Cerise à chair blanche : les dix Pavies sont deux Pavies blancs hâtifs, un Pavie-Alberge rouge, deux Pavies Rossanes hâtifs, trois Pavies rouges tardifs, & deux Pavies jaunes tardifs.

Les cent cinquante & un Poirier, sont quatorze Bon-Chrétien, dix huit Bergamotte, six Petit-Muscat, cinq Cuisse-Madame, cinq Robine, six Leschasserie, six Ambrette, quatre Epine d'Hyver, quatre Epine-Mareüil, cinq Martin-sec, quatre verte-longue, un Sucré-vert, quatre Bugi, trois Orange-verte, deux Fondante de Brest, quatre Saint-Lezin, six Franc-réal, cinq Bésidéry, six Angober, quatre Double-fleur, Deux Lansac, deux gros Blanquet, deux Espargne, deux Cassolette, deux Doyenné, un Rousselet, quatorze Beurré, & quatorze Virgoulé.

Il me semble que cette distribution de six cens toises d'Espalier pourroit estre suffisante pour ayder à en bien employer une plus grande quantité, fut elle même de mille ou douze cens toises puisqu'ayant dés le commencement disposé des murailles de quinze en quinze toises pour chaque exposition, & remarqué à point nommé ce qu'il en entre d'abord dans les premieres quinze, & ensuite dans trente, dans 45. dans 60. 75. 90. 105. 120. 135. & 150. Ceux, qui par exemple, au lieu des 150. d'une des quatre que nous avons déja reglées, en auroient 165. 180. 195. 210. &c. pourroient se servir de ce que j'auray mis pour augmenter chaque quinzaine de toises de la même exposition : ainsi sans pousser plus avant ce grand détail je pourrois finir là, & esperer que les uns seroient contens de moy, & que les autres ne me reprocheroient pas d'avoir été trop long.

Cependant pour faciliter encore davantage toutes choses, je diray en peu de mots, que pour si cens soixante toises d'Espalier, dont le Midy seroit de cent soixante-cinq, je mettrois pour les quinze toises de surplus onze Arbres, sçavoir quatre Pêchers, deux Mignonne, & deux de Magdeléine blanche, un Abricotier hâtif, & six Cerisiers précoces.

A un Levant de pareille étenduë je mettrois onze autres Arbres, sçavoir deux Figuiers, & neuf bons Pêchers, qui seroient trois Chevreuse, trois Bourdin, trois Persique.

A un Couchant augmenté de quinze toises pour en faire cent soixante & cinq, j'y mettrois onze Péchers, qui seroient trois Violette hâtive, deux Pourprée, deux Pêche d'Italie, un Rossane, un Alberge rouge, un Alberge jaune, & un Nivette.

Et à un Nord pour faire la mesme quantité de toises, j'y mettrois douze Poiriers, qui seroient deux Beurré, deux Virgoulé, deux Bergamotte, deux Double-fleur, deux Bugi, deux Saint-Lezin.

Ainsi dans six cens soixante toises d'Espalier, outre tout le Raisin, les vingt-cinq Pruniers; les dix Pavies, les deux Azeroliers marqués dans la distribution de six cens toises, nous aurions dix-huit Cerisiers précoces, vingt Abricotiers, dont cinq hâtifs, vingt Figuiers, cent quatre-vingt dix-sept Peschers, & cent soixante trois Poiriers.

Pour sept cens vingt toises d'Espalier.

Le Midy de cent quatre-vingt auroit pour son augmentation de quinze toises huit Poiriers de bon Chrétien, & quatre Poiriers de Bergamotte Suisse; il faut bien tâcher d'avoir quelques Poires de bon Chrétien bien colorées, & quelque Bergamottes un peu avancées, le Midy est necessaire pour cela; les Tigres veritablement me font peur pour ces douze Poiriers; mais outre qu'il ne faut pas qu'on me puisse reprocher, que je n'aye eu aucun soin de placer honorablement & avantageusement ces deux Poires dont je fais tant de cas, nous ferons ce que nous pourrons pour le défendre de leurs ennemis, & enfin si tous nos soins & nôtre industrie n'y réüssissent pas, nous remettrons des fruits à noyau, ou des Figuiers, ou des Muscats à la place de ces Poiriers, ayans cependant cette consolation de n'avoir rien oublié pour bien faire nôtre devoir.

Le Levant de cent quatre-vingt pour son augmentation de quinze toises auroit onze Arbres, sçavoir trois Perdrigon violet, un Perdrigon blanc, un Mirabelle blanche deux Imperatrice, un Roche-courbon, deux Sainte Catherine, un Prune d'Abricot.

Le Couchant de cent quatre vingt auroit onze Arbres, quatre Admirable, deux Royale tardive, deux Bourdin, un Brugnon, un Nivette, & un Poirier de Rousselet.

Le Nord de cent quatre-vingt auroit pour son augmentation de quinze toises, vingt huit pieds de Framboisiers, & seize pieds de Groseillers; je donne trois pieds aux Groseillers, & seulement deux aux Framboisiers; ces Groseillers, aussi bien que ces Framboisiers donneront leur fruits plus tard, mais aussi plus gros; & parmi ces Framboisiers & Groseillers, nous mettrons huit Arbres de tige pour garnir le haut du mur, sçavoir un Abricotier, & sept tels Poiriers qu'on pourra trouver des especes cy dessus, par exemple deux Martin-sec, deux Franc-réal deux Angober, un Bésidéry.

Ainsi dans sept cens vingt toises d'Espaliers, outre tout le Raisin, les dix Pavies, & les deux Azeroliers marquez dans la distribution de six cens toises, nous aurions deux cens sept Pêchers, cent quatre-vingt trois Poiriers, dix-huit Cerisiers précoces, vingt un Abricotier, dont cinq hâtifs, vingt Figuiers blancs, trente six Pruniers, quarante-huit pieds de Framboisiers, & seize de Groseillers d'Hollande.

Les deux cens sept Pêchers seront huit Avant Pêches, Quinze Pesche de Troye, trois Alberge rouge, trois Alberge jaune, quatre Rossane, quatorze Magdeleine blanche, deux Magdeléine rouge, dix sept Mignonne, douze Bourdin, huit Pesche d'Italie, dix-sept Chevreuse, dix-huit Violette hâtive, huit Persique, deux Bellegarde, vingt-deux Admirable, sept Pourprée, neuf Royale tardive, dix Violette tardive, dix Nivette, six Jaune Admirable, huit Brugnon violet, deux blanche d'Andilly, un Pêche-Cerise à chair blanche.

Les cent quatre-vingt-trois Poiriers seroient vingt-deux Bon Chrétien d'Hyver, vingt-quatre Bergamotte, six petit Muscat, cinq Cuisse-Madame, cinq Robine, six Leschasserie, six Ambrette, quatre Espine d'Hyver, quatre Espine Mareüil, sept Martin-sec, quatre Verte-longue un Sucré vert, six Bugi, trois Orange verte, deux Fondante de Brest, six Saint Lezin, huit Franc-réal, huit Angober, six Double fleur, six Besidéri, deux Lansac, deux gros Blanquet, deux Espargne, deux Cassolette, deux Doyenné, deux Rousselet, seize Beurré, & seize Virgoulé.

Les trente six Pruniers seroient douze Perdrigon violet, six Perdrigon blanc, cinq Sainte-Catherine, trois Mirabelle blanche, trois Prune d'Abricot, trois Imperatrice, trois Roche Courbon, & un Prune Royale.

A sept cens quatre-vingt toises d'Espalier pour les quinze d'augmentation du Midy, qui font en tout cent quatre-vingt-quinze, j'y mettrois onze Arbres, qui seroient deux Pêches de Pau, trois Bellegarde, & six Pavies, sçavoir un deuxiéme & troisiéme petit Pavie Alberge rouge, un troisiéme Pavie Rossane hâtif, un troisiéme Pavie blanc hâtif, un quatriéme Pavie rouge tardif, & un troisiéme Pavie jaune tardif.

Je hazarde icy deux Pêches de Pau sur une grande quantité d'autres Pêches, étant certain que quand elles peuvent bien meurir, elles sont assez bonnes, & raportent beaucoup, tout au moins seront-elles bonnes à la compote.

Pour les quinze d'augmentation du Levant qui font cent quatre-vingt-quinze nous mettrons onze Arbres, sçavoir deux Figuiers, deux Pêches de Troye, deux avant-Pêche, un Cerise à chair blanche, deux Admirable, deux Violette hâtive.

Pour les quinze d'augmentation du Couchant qui font aussi quatre-vingt-quinze nous mettrons douze Arbres, sçavoir deux Ambrette, deux Leschasserie, deux Espine d'Hyver, deux Espine Mareüil, deux petit Muscat pour en avoir long-temps, un Robine, & un Pécher à fleur double pour la simple curiosité de la fleur.

Les quinze d'augmentation du Nord pour aller au nombre de cent quatre vingt quinze toises seront pour vingtquatre pieds de Bourdelais, & vingt un pied de Chasselas, tant pour avoir le secours des feüilles & du Verjus, que pour avoir du Raisin qui se garde long temps.

Pour huit cens quarante toises d'Espalier nous mettrons au Midi qui sera de deux cens dix, quatre Figuiers blancs, deux petit Muscat, deux Robine, deux Cuisse-Madame, un Bon-Chrêtien d'Esté musqué.

Les quinze toises d'augmentation du Levant pour faire deux cens dix seront pour onze Arbres, sçavoir trois Magdeleine rouge, quatre Mignonne, quatre Magdeleine blanche.

Les quinze toises du Couchant pour faire pareille quantité de deux cent dix seront pour onze Arbres, sçavoir six Figuiers, deux avant Pêche, & trois Pêche de Troye.

J'ay mis six Figuiers au Couchant, non pas pour en esperer des secondes, car rarement y peuvent-elles meurir à moins d'un Esté pareil à celui de 1676. mais à l'égard des premieres elles y viennent fort belles, & y meurissent tres-bien : j'en mets même quelquefois au Nord, quand j'ay une quantité extraordinaire de Murailles, & j'en tire du secours, soit pour les premieres Figues qui n'y manquent pas d'y meurir, soit par les Marcottes qui s'y font belles, & en quantité.

Les quinze toises de Nord seront pour douze Poiriers, sçavoir deux sucré vert, trois Messire-Jean, deux Verte-longue, deux Lansac, deux Poires de Vigne, une Orange verte.

Ainsi huit cens quarante toises d'Espalier auroient deux cens trente huit Pêchers, seize Pavies, deux cens treize Poiriers, deux Azeroliers, trente deux Figuiers, quarante sept Pruniers, dix huit Cerisiers precoces, vingt un Abricotier, dont cinq hâtifs, quarante huit pieds de Framboisiers, seize de Groseilliers, cent soixante quatorze pieds de Raiſin, ſçavoir cinquante pieds de Muſcat blanc, ſix de Muſcat rouge, cinquante pieds de Chaſſelas, douze de Corinthe, huit de Raiſin précoce, quarante-huit pieds de Bourdelais.

Les deux cens trente-huit Pêchers ſont douze avant-Pêche, vingt Pêche de Troye, trois Alberge jaune, quatre Roſſane, dix huit Magdeléine blanche, cinq Magdeléine rouge, vingt un Mignonne, douze Bourdin, huit Pêche d'Italie, dix ſept Chevreuſe, vingt Violette hâtive, huit Perſique, cinq Bellegarde, deux Peſche de Pau, vingt quatre Admirable, ſept Pourprées, neuf Royale tardive, dix Violette tardive, dix Nivette, ſix jaune Admirable, huit Brugnon violet, deux Blanche d'Andilly, deux Peſche-Ceriſe à chair blanche, & un Peſche à fleur double.

Les ſeize Pavies ſont trois Pavies blancs hâtifs, trois Pavies Alberge rouge, trois Pavies Roſſanes hâtifs, quatre Pavies Rouges tardifs, trois Pavies jaunes tardifs.

Les deux cens treize Poiriers ſont vingt deux bon Chrétien d'Hyver, vingt quatre Bergamotte, dix petit Muſcat, ſept Cuiſſe Madame, huit Robine, huit Leſchaſſerie, huit Ambretté, ſix Eſpine d'Hyver, ſix Eſpine Mareüil, ſept Martin-ſec, ſix Verte longue, trois Sucré vert, ſix Bugi, quatre Orange verte, deux Fondante de Breſt, ſix Saint-Lezin, trois Meſſire-Jean, huit Franc-réal, huit Angober, ſix double-fleur, ſix Béſidery, quatre Lanſac, deux Poire de Vigne, deux gros Blanquet, deux Eſpargne, deux Caſſolette, deux Doyenné, deux Rouſſelet, ſeize Beurré, & ſeize Virgoulé.

Les trente ſix Pruniers ſont les meſmes de la diſtribution de ſept cent vingt toiſes cy-deſſus.

Pour neuf cens toiſes de murailles je mets en ados les treize toiſes d'augmentation du Midy, faiſant en tous deux cens vingt-cinq, & feray la meſme choſe, ſi je me trouve deux cens quarante toiſes du Midy, qui eſt juſtement le quart de neuf cens ſoixante toiſes de tour; ces ados ſont favorables & neceſſaires pour avoir des Pois hâtifs, des Féves hâtives, des Artichaux hâtifs &c. & pour cela il faut avoir fait des contre murs aux murailles qui doivent fournir les ados, & que cela ſoit en quelque lieu écarté, ou dans quelque Jardin separé, autrement cela feroit une figure desagreable dans un grand Jardin.

Pour les quinze toises augmentées au Levant, & faisant deux cens vingt-cinq, nous y mettrons onze Arbres, sçavoir quatre Violette hâtive, trois Chevreuse, un Niverte, deux Mignonne, un Magdeléine blanche.

Pour le Couchant augmenté de la même maniere, onze Arbres, sçavoir trois Bourdin, trois Pêche, d'Italie deux Persique, deux Pourprée, un Brugnon violet.

Pour les quinze toises du Nord augmentées pour en faire deux cent ving-cinq, nous y mettrons trente pieds de toute sorte de Groseilles, tant rouges que perlées, avec huit Arbres de tige, sçavoir quatre Virgoulé, deux Beurré, deux Martin-sec.

Pour neuf cens soixante toises de murailles, je mettray en ados les quinze toises de Midy augmentées au delà de deux cens vingt-cinq, comme je l'ay déja insinué.

Les quinze toises de Levant, qui en font deux cens quarante, seront pour onze Arbres, sçavoir trois Abricotiers, un Perdrigon, violet, un Perdrigon blanc, un sainte-Catherine, un Prune d'Abricot, un Roche-courbon, un Imperatrice, un Prune-Mignonne, un Prune Royale.

Les quinze toises du Couchant seront pour quatre Admirable, deux Pêche violette, trois bon-Chrétien, d'Hyver, deux Bergamotte.

Les quinze de Nord faisans pareillement deux cens quarante toises, seront pour douze Arbres, sçavoir six Figuiers, deux Poire-Magdeleine, un Abricotier, trois Double-fleur; ces six Figuiers du Nord en peuvent donner pour remplir l'intervalle qui est entre les premieres & les secondes.

Ainsi pour neuf cens soixante toises d'Espalier nous aurions deux cens soixante-six Pêchers, seize Pavies, deux cens trente-un Poirier, deux Azeroliers, trente-huit Figuiers quarante-quatre Pruniers, dix-huit Cerisiers précoces, vingt-cinq Abricotiers, dont cinq hâtifs, quarante-huit pieds de Framboisiers, quarante-six pieds de Groseillers tant rouges & perlées, que piquantes, deux cens soixante-quatorze pieds de Raisin, trente toises d'Ados,

Les deux cens soixante-six Pêchers ; sont douze Avant-Pêche, vingt Pêche de Troye, trois Alberge rouge, trois Alberge jaune, quatre Rossane, dix-neuf Magdeleine blance, cinq Magdeleine rouge, 23. Mignonne, quinze Bourdin, onze Pêche d'Italie, 20. Chevreuse, vingt-six Violette hâtive, 10. Persique, cinq Belle-garde, deux Pêche de Pau, deux Admirable, neuf Pourprée, neuf Royale tardive, 10. Violette tardive, onze Nivette, 6. Jaune-admirable, neuf Brugnons violets, 2. blanche d'Andilly, 2. Pêche-cerise à chair blanche, 2. Pêche à fleur double.

Les seize Pavies sont les mêmes de la distribution de 840. toises.

Les 231. Poirier sont vint-cinq Bon-Chrétien, 26. Bergamotte, 10. pieds de petit Muscat, sept Cuisse madame, huit Robine, huit Leschasserie, huit Ambrette, 6. Epine d'Hyver, 6. Epine Mareüil, neuf Martin-sec, 6. Verte-longe, trois Sucré-vert, 6. Bugi, 4. Orange verte, 2. Fondante de Brest, 6. Saint Lezin, trois Messire-Jean, huit Franc-réal, huit Angober, 9. Double-fleur, 6. Besidéry, quatre Lansac, 2. Poires de Vigne, 2. gros Blanquet, 2. Epargne, 2. Cassolette, 2. Doyenné, 2. Rousselet, 18. Beurré, vingt-huit Virgoulé, deux Poire Magdeleine.

Les quarante-quatre Pruniers, sont treize Perdrigon violet, sept Perdrigon blanc, 6. Sainte Catherine, trois Mirabelle blanche, quatre prunes d'Abricot, quatre Roche-courbon, quatre Imperatrice, un prune Mignonne, 2. prune Royale.

Les cent septante quatre pieds de Raisin, sont les mêmes de la distribution de huit cens quarante toises.

Les trente toises d'ados sont pour des poids hâtifs, des Féves hâtives, & des Artichaux hâtifs.

Des trente-huit Figuiers il y en a 6. de blanches longues, tout le reste est de blanches rondes.

Pour mille-vingt toises partagées en quatre expositions égales, chacune de deux cens cinquante-cinq, je mettrois pour les quinze d'augmentation du Midy encore vingt-quatre pieds de Muscat blanc, 6. de rouge, & quinze pieds

pieds de Corinthe, supposant qu'on soit en païs où ils puissent bien meurir, ce que l'experience doit avoir appris.

Pour les quinze d'augmentation du Levant, onze Arbres, sçavoir trois Pêche de Troye, un avant-Pêche, un Alberge rouge, un Rossane, un Magdeleine blanche, un Mignonne, deux Admirable jaune, & un Pourprée.

Pour les quinze du Couchant, onze Arbres, sçavoir deux Pêches de Troye, un avant-Pêche, un Alberge jaune, trois Chevreuse, quatre Virgoulé.

Pour les quinze du Nord, douze Arbres, sçavoir quatre Bergamotte, deux Verte longue, deux Beurré, deux Martin-sec, deux Franc-réal.

Pour mille quatre-vingt toises d'Espalier, partagées en quatre Expositions égales, chacune de deux cens soixante dix, nous mettrons pour les quinze d'augmentation de Midy onze Arbres, sçavoir quatre Violette tardive, deux jaune Admirable, deux Nivette, deux Admirable, un Royale tardif.

Pour les quinze du Levant douze Arbres, sçavoir trois Bon-Chrétien, deux Bergamotte, un Ambrette, un Epine d'Hyver, un Leschasserie, deux Epine-Mareüil, un Beurré, un Lansac.

Pour les quinze du Couchant douze Arbres, deux Robine, deux Cassolette, deux Cuisse Madame, deux Rousselet, un Lansac, un Poire Magdeleine, un Ambrette, un Leschasserie.

Pour les quinze toises du Nord, onze Pruniers, tous pour les compôtes, sçavoir quatre Imperiale, deux Perdrigon de Cernay, deux Castelane, deux Ilevert, un Mirabelle.

Ainsi pour mille quatre-vingt toises d'Espalier nous aurions deux cens nonante-trois Pêchers, seize Pavies, deux cens septante Poiriers, deux Azeroliers, trente-huit Figuiers, cinquante-cinq Pruniers, dix huit Cerisiers-precoces, vingt-cinq Abricotiers, quarante-huit pieds de Framboisiers, quarante-six pieds de toutes sortes de Groseilles, deux cens dix-neuf pieds de Raisin, & trente toises d'ados.

Les deux cens nonante-trois Pêchers, quatorze avant-

Pêche, vingt cinq Pêche de Troye, quatre Alberge rouge : quatre Alberge jaune, cinq Rossane, vingt-Magdeleine blanche, cinq Magdeleine rouge, vingt-quatre Mignonne, quatorze Bourdin, dix Pêche d'Italie, vingt-trois Chevreuse, vingt-six Violette hâtive, dix Persique, cinq Bellegarde, deux Pêches de Pau, trente-deux Admirable, dix Pourprée, dix Royale tardive, quatorze Violette tardive, treize Nivette, huit jaune Admirable, neuf Brugnons violets, deux Blanche-d'Andilly, deux Pêche-Cerise à chair blanche, un Pêche à fleur double.

Les seize Pavies, sont trois Pavies blancs hâtifs, trois Pavies-Alberges rouges, trois Pavies Rossannes hâtifs, quatre Pavies rouges tardifs, trois Pavies jaunes tardifs.

Les deux cens soixante-dix Poiriers, sont vingt-sept Bon-Chrétien d'Hyver, trente-deux Bergamotte, dix petit Muscat, neuf Cuisse-Madame, dix Robine, dix Leschasserie, dix Ambrette, sept Epine d'Hyver, huit Espine Mareüil, onze Martin-sec, huit Verte-longue, trois Sucré vert, six Bugi, quarante Orange-verte, deux Fondante de Brest, six Saint-Lezin, trois Messire Jean, dix Franc-real, huit Angober, neuf Double-fleur, 6. Besidéri, 6. Lansac, deux Poires de Vigne, deux gros Blanquet, deux Espargne, quatre Cassolette, 2. Doyenné, quatre Rousselet, vingt-un Beurré, vingt-quatre Virgoulé, trois Poires Magdeleine, un Bon-Chrétien-d'Esté musqué.

Dans les trente-huit Figuiers il y en a six de blanches longues, le reste est des blanches rondes. Les cinquante-cinq Pruniers sont quinze Perdrigon violet, sept Perdrigon blanc, six Sainte-Catherine, quatre Mirabelle blanche, quatre Prunes d'Abricot, quatre Roche-courbon, quatre Imperatrice, deux Prunes Mignonne, quatre Imperialle, deux Perdrigon de Cernay, deux Castellane, & deux Ilvert. Dans les ving-cinq Abricotiers il y en a cinq de hâtifs. Dans les quarante-huit pieds de Framboisiers il y en a une douzaine de blanches.

Dans les quarante-six pieds de Groseillers il y en a de rouges, de perlées & de piquantes.

Dans les deux cens-dix neuf pieds de Raisin il y a vingt-quatre pieds de Muscat blanc, douze de Muscat rouge, vingt sept pieds de Corinthe blanc, quarante de Chasselas, dix de Cioutat, huit pieds de Raisin-précoce, quarante-huit pieds de Bourdelais. Les trente toises d'ados sont employées en dix-huit toises pour des Pois hâtifs, six pour des Féves hâtives, & six pour des Artichaux hâtifs.

Pour onze cens quarante toises d'Espalier, distribuées en quatre expositions égales, chacune faisant deux cens quatre-vingt-cinq, nous mettrons pour les quinze du Midy augmentées, trois Poiriers de Bon Chrétien d'Hyver, trois Bergamotte-Suisse, deux Rousselet, un Bon-Chrétien d'Esté musqué, un Lansac, un Abricotier hâtif, & un Abricotier ordinaire.

Pour les quinze d'augmentation du Levant, nous y mettrons onze Arbres, qui sont deux Magdeleine blanche, 2. Mignonne, 2. Pêches d'Italie, un Belle-garde, 2. Pourprée, un Brugnon violet, un Pêche de Troye.

Pour les quinze du Couchant onze Arbres, sçavoir quatre Admirables, un Pêche de Troye, un avant-Pêche, 2. Bourdin, 2. Persique, un Pêche à fleur double.

Pour les quinze du Nord onze Arbres sçavoir quatre Figuiers, un Abricotier ordinaire, & six Pêches Admirables.

On pourra estre surpris de voir au Nord six Pêchers; mais je sçay par mon experience, que comme toutes les autres especes n'y rêüssissent point à cause sur tout de leur penchant au pâteux, celle-cy n'y est point trop malheureuse, & sur tout dans les terrains sécs, & par des années séche; j'y ay vû des Pêches Admirables fort belles, & assez bonnes, joint que je ne me resous d'en hazarder quelque peu au Nord, que quand j'ay une extrême quantité de murailles à garnir.

Pour mille deux cens toises partagées en quatre expositions égales chacune de trois cens toises, je mets les quinze d'augmentation du Midy en ados, pour Pois, Fèves, & Artichaux: ce n'est point trop d'en avoir employé à cela quarante-cinq toises de trois cens, & ces quarante cinq toises sont tres-capables de donner de la satisfaction l'Hyver; & le Printemps elles sont occupées à ce que je viens de dire ; & l'Esté il y en aura trente six en Pourpier & Basilic pour graine.

Les quinze toises d'augmentation du Levant sont pour onze Arbres, sçavoir 2. Violette hâtive, deux Pêche de Troye, un avant-Pesche, un Magdeleine rouge, un Rossane, 2. Magdeleine blanche, & deux Migonne.

Les quinze du Couchant sont onze Arbres, sçavoir quatre Figuiers, afin d'en avoir dix à cette exposition, qui succedent à celle du Midy & du Levant, deux Violette hâtive, deux Chevreuse, deux Royale tardive, un Abricotier ordinaire.

Les quinze toises du Nord pour faire les trois cens, seront en vingt pieds de Groiseilles rouges communes, & vingt pieds de Framboises, avec cinq pieds de Bourdelais mêlez parmy en distances égales, pour monter par dessus, & aller garnir le haut du mur.

Ainsi en mille deux cens toises de murailles hautes de neuf pieds, on peut avoir en Espalier sept cens quatre-vingt dix huit Arbres, soixante-dix pieds de Framboisiers, soixante-six pieds de toutes sortes de Groiseilles, deux cens onze pieds de Raisin, & quarante cinq toises d'ados pour Pois, Féves, & Artichaux hâtifs; les sept cens quatre-vingt dix huit Arbres sont trois cens trente-quatre Peschers, seize Pavies, trois cent un Poirier, deux Azerolliers, quarante-quatre Figuiers, cinquante-quatre Pruniers, dix huit Cerisiers-precoces, vingt-neuf Abricotiers.

Les trois cens trente-quatre Peschers sont quinze avant-Pesches, vingt-neuf Pesche de Troye, quatre Alberge rouge, quatre Alberge jaune, six Rossane, vingt-quatre Magdeleine blanche, six Magdeleine rouge, vingt-huit Mignonne, dix-sept Bourdin, treize Pesche d'Italie, vingt-cinq Chevreuse, trente violette hâtive, douze Persique, 6. Bellegarde, deux Pesche de Pau, quarante Admirable, douze Pourprée, douze Royale tardive, quatorze Violette tardive, treize Nivette, dix jaune Admirable, dix Brugnon violet, deux Blanche-d'Andilly, deux Pesche-Cerise à chair blanche, deux Pesche à fleur double.

Les seize Pavies sont trois Pavies blancs hâtifs, trois Pavies-Alberges rouges, trois Pavies-Rossanes hâtifs, quatre

Pavies rouges tardifs, trois Pavies jaunes tardifs.

Les trois cent-un Poirier, sont trente Bon-Chrétien d'Hyver, trente-cinq Bergamotte, dont douze Suisse, dix petit Muscat, neuf Cuisse-Madame, 10. Robine, 10. Leschasserie, 10. Ambrette, sept Epine d'Hyver, huit Epine Marcüil, onze Martin-sec, huit Verte-longue, trois Sucré-vert, six Bugi, quatre Orange-verte, 2. Fondante de Brest, 6. Saint Lezin, trois Messire-Jean, dix Francréal, huit Angobert, neuf Double fleur, huit Besidéri, sept Lansac, trois Poire de Vigne, deux gros Blanquet, 2. Espargne, quatre Cassolette, 2. Doyenné, six Rousselet, vingt-un Beurré, vingt-trois Virgoulé, trois Poire Magdeleine, deux Bon-Chrétien d'Esté musqué.

Dans les quarante-quatre Figuiers il y en a dix des blanches longues.

Les cinquante-quatre Pruniers sont treize Perdrigon violet, 6. Perdrigon blanc, 6. Sainte-Catherine, quatre Mirabelle blanche, quatre Prune d'Abricot, quatre Roche-Courbon, quatre Imperatrice, un Mignonne, quatre Imperialle, deux Perdrigon de Cernay, deux Castellane 2. Ilevert, deux Prune Royale.

Dans les vingt-neuf Abricotiers, il y en a six de hâtifs.

Dans les soixante-dix pieds de Framboisiers il y en a vingt de blanches.

Dans les soixante-six pieds de Groseilliers, il y en a trente-quatre de la rouge d'Hollande, huit de la blanche de Hollande, dix-huit de la rouge commune, & six de la Verte piquante.

Dans les 211. pieds de Raisin, il y a huit pieds de Muscat blanc, douze de Muscat rouge, vingt-sept pieds de Corinthe blanc, huit pieds de Raisin-précoce, trente-six pieds de Bourdelais, quarante de Chasselas, & dix de Cioutat.

Les quarante-cinq toises d'Ados sont employées en vingt-six pour des Pois hâtifs, huit pour des Féves hâtives, & en neuf pour des Artichaux hâtifs.

Presentement que je me suis acquitté le mieux que j'ay pû de l'entreprise où je m'étois engagé, pour employer en Espaliers jusqu'à douze cent toises de Murailles hautes de neuf pieds, il me semble encore, que pour donner plus de lumiere de mon dessein, je dois mettre icy separément tout ce qui est à chacune des quatres expositions, afin que dans ce grand nombre de fruits on voye tout d'un coup ce que j'ay executé en particulier, & ce qu'on pourra voir cy-devant d'article en article, chaque article n'étant que de quinze toises pour chaque exposition ; si bien qu'on sçaura combien par exemple des quarante Pêches Admirables, des trente Violettes hâtives, des trente-cinq Bergamotte, &c. que nous avons employées, il y en a à un Midy de trois cent toises, combien au Levant de pareille étenduë, combien au Couchant, combien au Nord, & ainsi de chacun des autres fruits soit à pepin, soit à noyau, &c.

Je me suis déja cy-devant expliqué, que je ne faisois pas une fort grande difference entre les expositions du Midy, & du Levant, si ce n'est pour les choses qu'on veut avoir hâtives, par exemple les Pois, Féves & Artichaux, que nous mettrons en Ados, les Cerises precoces, les Raisins-précoces, les Abricots hâtifs, &c. & particulierement pour le Raisin Muscat, & les Poires de petit Muscat, que je conseille de mettre au Midy, c'est ce qui a fait que j'ay mélé ensemble ces deux expositions, pour n'en faire qu'une que j'appelle la bonne exposition, à la difference de celle du Couchant que j'appelle mediocre, & de celle du Nord, que j'appelle mauvaise ; ce qui m'a engagé à méler ensemble ces deux expositions, & qu'assez souvent les Jardins sont disposez, de maniere que l'une des deux y manque entierement, & ainsi celle, qui s'y trouve, doit à l'égard du Jardinier tenir la place des deux, en effet combien en voit on, qui n'ont pour tout qu'une grande muraille au Midy, ou une grande au Levant, sans qu'il y en ait, ou au moins que fort peu aux autres côtez ; il n'en est pas de même des expositions du Couchant & du Nord, on ne s'avise gueres de faire un Jardin pour n'avoir que de celles là.

C'est pourquoy ceux qui n'ont que la seule muraille du Midy, pourront fort bien l'employer de tout ce que j'ay mis pour les deux, & tout de même ceux qui n'auront que le Levant, ne pouvant avoir tout l'avantage que donne l'expoſition du Midy, ſe conſoleront, & feront de leur Levant la même choſe que ceux qui n'ont que le Midy: ces deux expoſitions, comme tout le monde ſçait, ſont propres à recevoir tout ce qu'on met aux autres deux, mais ces autres deux ne ne ſçauroient ſervir pour la plûpart des choſes qui demandent le Levant & le Midy, & partant on ne hazardera guéres de mettre au Nord ou au Couchant, de Muſcat, des Ceriſes-précoces, des Pois hâtifs, des Prunes à manger cruës, &c.

Je dis des Prunes à manger cruës, car les bonnes Prunes, auſſi-bien que le bon Muſcat, doivent porter leur ſucre naturel avec elles: ce n'eſt que la parfaite maturité qui le leur donne, & cette maturité ne s'acquiert point au Nord: la plûpart des autres fruits, Pêches, Poires, &c. ſont abonnies par le ſucre artificiel, mais à l'égard des Prunes on n'y met nul aſſaiſonnement.

Je n'ay qu'une obſervation à faire pour ceux qui ont beaucoup de Midy ou de Levant, & point de Nord, c'eſt qu'il pourront bien ſe paſſer de mettre au Midy ou au Levant beaucoup de choſes que j'ay fait planter au Nord, par exemple des Poires à cuire, du Bourdelais, des Groſeilles, des Framboiſes, &c. les places du Midy me paroiſſent trop precieuſes pour des fruits ſi peu importans, & qui viennent fort bien ſans aucun ſecours de murailles, à moins qu'on ne ſçût en effet que choiſir de mieux, pour achever de remplir ſon Midy, ou ſon Levant.

Mais ceux qui auront & le Levant & le Midy, pourront partager en deux ce que j'ay mis ſous le titre ſeul de bonne expoſition, & le partageront également, ou inégalement ſelon l'étenduë de leurs murailles, reſervans ſimplement pour Midy, comme j'ay dit, ce qui eſt particuliérement conſiderable pour ſa précocité.

CHAPITRE XII.

Abregé des Fruits en Espalier de chaque exposition.

AUx six cens toises de murailles exposées, partie au Midy, & partie au Levant, nous avons destiné de mettre deux cens cinq Pêchers, seize Pavies, trente-six Pruniers, quarante-neuf Poiriers, dix-huit Cerisiers précoces, cent cinquante quatre pieds de Raisin, quarante-cinq toises d'Ados, 2. Azeroliers, vingt-deux Figuiers dont quatre longues.

Les deux cens cinq Pêchers sont treize Admirable, neuf Violette hâtive, vingt-huit Mignonne, treize Chevreuse, neuf Nivette, vingt-quatre Magdeleine blanche, 6. Magdeleine rouge, cinq Persique, neuf Abricotiers ordinaires, 6. hâtifs, cinq Brugnons violets, dix sept Pêche de Troye, cinq Pourprée, 10. jaune Admirable, quatorze Violette tardive, quatre Bourdin, neuf avant-Pêche, quatre Pêche d'Italie. 2. Pêche de Pau, 2. Royale tardive, 2. Blanche d'Andilly, cinq Rossane, trois Alberge rouge.

Les trente-six Pruniers sont 10. Perdrigon violet, cinq Perdrigon blanc, 6. Sainte-Catherine, quatre Prune d'Abricot, quatre Prune Imperatrice, un Mirabelle, un Prune Royale, un Prune Mignonne, quatre Roche-Courbon.

Les seize Pavies sont quatre Pavies de Pompone, quatre Pavies blancs hâtifs, trois Pavies Rossannes, deux Pavies jaunes tardifs, trois Pavies Alberges rouges.

Les quarante neuf Poiriers sont huit petit Muscat, cinq Cuisse-Madame, quinze Bon Chrétien d'Hyver, neuf Bergamotte, deux Robine, 2 Bon Chrétien d'Esté musqué, 2. Rousselet, 2. Lansac, un Ambrette, un Epine d'Hyver, un Epine Mareüille, un Leschasserie, 2. Beurré, dix-huit Cerisiers précoces.

Les cent cinquante-quatre pieds de Raisin, sont soixante-dix-huit pieds de Muscat blanc; douze de rouge, dix-neuf de Chasselas, dix de Cioutat, vingt-sept de Corinthe, huit

huit de Raisin-précoce ; deux Azeroliers, quarante-cinq toises d'Ados pour Pois, Féves, & Artichaux hâtifs.

Aux trois cens toises de Couchant, dix Figuiers, sept Abricotiers ordinaires, cent vingt-trois Pêchers, huit Pruniers, soixante & quatorze Poiriers.

Les cent vingt-trois Pêchers sont vingt un Admirable, douze Chevreuse, sept Pourpré, treize Bourdin, douze Pêches de Troye, six Avant-Pêche, un Violette hâtive, neuf Pêches d'Italie, sept Persique, dix Royale tardive, quatre Nivette, cinq Brugnons violets, un Rossane, un Alberge rouge, deux Alberge jaune, deux Pêches à fleur-double.

Les huit Pruniers sont deux Perdrigon violet, deux Perdrigon blanc, deux Mirabelle, un Prune royale.

Les soixante quatorze Poiriers sont dix sept Bon-Chrétien-d'Hyver, quinze Bergamotte d'Automne, cinq Leschasserie, cinq Ambrette, quatre Epine d'Hyver, cinq Epine-Mareüil, quatre Rousselet, deux Beurré, quatre Virgoulé, deux petit-Muscat, cinq Robine, deux Cassolette, deux Cuisse-Madame, un Lansac, un Poire Magdeleine.

Au Nord de trois cens toises, cent soixante & dix-huit Poires, dix Prunes, soixante-six pieds de Groiseilles, six Pêchers, soixante-dix Framboisiers, soixante & dix-sept Bourdelais, vingt Chasselas, sept Abricotiers.

Les cent soixante & dix-huit Poiriers, sont dix sept Beurré huit Verte longue, quatre Orange-verte, dix-neuf Virgoulé, onze Bergamotte, quatre Ambrette, quatre Leschasserie, onze Martin sec, six Bugi, deux Epine d'Hyver, deux Epine-Mareüil, dix Franc-réal, trois Sucré-vert, six Saint Lezin, quatre Lansac, deux Blanquet, deux Espargne, trois Robine, deux Cassolette, 2. Doyenné, trois Poires de Vigne, neuf Double-fleur, huit Angober, sept Besidéri, deux Cuisse Madame, trois Messire Jean, 2. Poire Magdeleine, deux Fondante de Brest.

Les dix Prunes sont quatre Imperialle, deux Perdrigons de Cernay, deux Castellane, deux Livert, & un Mirabelle

Les six Pêchers sont Admirable,

Dans les ſoixante-ſix pieds de Groiſeilles il y en a trente-quatre rouges de Hollande, huit blanches d'Hollande, dix-huit de communes, & ſix de piquantes.

Dans les ſoixante-dix Frambroiſiers, il y en a vingt de blanches.

J'ay cy-deſſus expliqué, en quoy conſiſte les ſoixante-ſix pieds de Groiſeillers qui ſont tous au Nord, & en quoy les deux cens onze pieds de Raiſin, qui ſont partie au Midy, & partie au Nord; & tout de même en quoy ſont employez les quarante-cinq toiſes d'ados, qui ſont toutes au Midy, ainſi voilà des Eſpaliers garnis juſqu'à douze cens toiſes, & cela en Figues, Pêches, Prunes, Poires, Précoces, Azerolles, Raiſins, Groſeilles, Fromboiſes, &c. voilà des Poiriers & Pommiers plantez en Buiſſon & en grands Arbres, juſqu'au nombre de douze cens pour des Buiſſons & autant qu'on en peut vouloir pour Arbres de tige, voyons à faire une Prunelaye & une Ceriſaye, ſi l'étenduë & la qualité de nôtre terrein le peuvent permettre.

Les Prunes ſont une eſpece de fruit qui plaît aſſez à tout le monde, & les Pruniers réüſſiſſent aſſez bien en toutes ſortes de terre, ſoit ſéche & ſablonneuſe, ſoit humide & forte; ils font par tout d'aſſez beaux Arbres, tant en Buiſſon qu'en plein vent: & fleuriſſent d'ordinaire beaucoup par tout; mais auſſi ils ſont par tout fort ſujets à être malheureux à leur fleur; il arrive ſouvent des gelées au Printemps qui les font perir; c'eſt pourquoy la rareté des Prunes eſt aſſez frequente; mais enfin s'ils ſe rencontrent des mois de Mars & d'Avril favorables, ils font une quantité de fruit inconcevable.

Nous en avons de certaines eſpeces, qui ſont en ce qui regarde les fleurs bien plus delicates les unes que les autres, par exemple les Perdrigons, & particulierement le violet, voilà pourquoy je ne conſeille gueres d'en planter en plein air, & ſur tout dans les pays un peu froids, & dans les côteaux un peu ſujets aux gelées: je prend ſoin de les mettre en Eſpalier, tant par cette raiſon, que par celle d'une plus grande bonté, dont je me ſuis cy-devant expliqué.

Les especes de Prunes qui se défendent un peu mieux, ce sont le Perdrigon de Cernay dont je fais peu de cas, & ensuite toutes les especes de Damas, parmy lesquelles j'estime particulierement le rouge ou violet rond, le gros blanc, & le noir tardif, la Reine-Claude, l'Imperialle violette, la Sainte-Catherine, la Prune d'Abricot, la Mirabelle blanche, la Diaprée violette, la Diaprée de Roche-courbon, la Prune-Royale, la Prune-Mignonne, la Brugnolle, l'Imperatrice, la Morin hâtive, & même la Cerisette, & toutes ces seize sont tres-bonnes cruës, & tres-bonnes cuittes.

Les Ilvert, Castellanne, Moyeux, Saint Julien, Drap d'or, Damas vert, sont pour les confitures; il est bon d'avoir de toutes ces especes si on peut, mais si le terrein l'empêche, & qu'on n'en puisse planter qu'en petite quantité, voicy celles que je prefererois.

Pour un Prunier seul, soit Buisson, soit Arbre de tige, je prendrois

Pour un premier, le Damas violet rond.
Pour un deuxieme, la Reine-Claude.
Pour un troisiéme, l'Imperiale.
Pour un quatrieme, le gros Damas blanc.
Pour un cinquieme, la Diaprée de Roche-Courbon.
Pour un sixieme, la Mirabelle.
Pour un septieme, l'Imperatrice.
Pour un huitieme, le gros Damas noir tardif.
Pour un neuvieme, la Sainte-Catherine.
Pour un dixieme, la Prune d'Abricot.
Pour un onziéme, la Prune Royale.
Pour un douziéme, la prune Mignonne.
Pour un treiziéme, la Diaprée violette.
Pour un quatorzieme, le Damas gris.
Pour un quinzieme, la prune Brugnoll.
Pour un seizieme, la prune Morin hâtive.
Pour un dix-septieme, la Cerisette, à cause de sa hâtivité.
Pour un dix-huitieme, la prune de drap d'or.
Pour un dix-neuvieme, la Castelane.
Pour un vingtieme, l'Ilvert.

Pour un vingt unieme, le Perdrigon de Cernay, à cause de son abondance, & qu'il peut servir aux compotes.

Pour un vingt-deuxieme, la Prune-Datte.

Je doublerois trois ou quatre fois les douze premieres dans l'ordre que je les ay mises, devant que de doubler les dix autres, & n'en planterois d'aucun autre espece, que je n'eusse au moins deux fois ces dix dernieres, je ne planterois même les Saint-Julien, & Damas noir hâtifs, qu'en grands Arbres.

Insensiblement on se feroit une Prunelaye de quatre-vingt ou cent pieds d'Arbres, & c'est beaucoup attendu que ce fruit est de tres-peu de durée quand il vient, & qu'il afflige quand il occupe inutilement une grande place, comme il arrive souvent; de plus quand il reüssit on en a de cela une suffisante abondance pour s'en faire des Pruneaux & des confitures.

Le nombre des autres Prunes est extrêmement grand, comme nous avons dit cy-devant; ceux qui auront la curiosité d'en vouloir, pour ainsi dire, farcir leurs Jardins, le pourront faire, & au moins ne m'accuseront-ils jamais de le leur avoir conseillé.

Dans la my-Juin commencent les Fruits rouges, & durent au moins jusqu'à la fin de Juillet: parmy ces Fruits rouges je compte principalement les Cerises, les Griottes, & les Bigarreaux, on en peut avoir en Buisson, mais il vaut mieux en avoir en Arbres de tige: ce sont des Fruits assez connus par tout, sans qu'il soit besoin d'en faire des descriptions; je ne fais particulierement cas que des grosses Cerises tardives, qu'on appelle de Montmorancy, en second lieu des Bigarreaux, & en troisiéme lieu de Griottes.

Les Guignes, dont il en est de blanches, de rouges, & de noires, sont veritablement hâtives, mais elles sont trop fades, les honnêtes gens n'en mangent gueres: les Cerises qu'on nomme hâtives; & qui ne sont pas les Précoces, succedent aux Guignes; elles sont assez belles, ont la queuë longue, sont aigrelettes & un peu ameres; ainsi je les estime peu, si ce n'est pour les premieres compotes.

Les veritablement bonnes & belles Cerises, qu'on appelle vulgairement Cerises à confire, sont ces Cerises de Montmorancy : il en vient sur des Arbres qui font le bois gros, & toûjours montans droit, ce sont les plus grosses : mais ces sortes d'Arbres en donnent peu, on les appelle la Cerise Coularde.

La bonne espece de Cerise fait son bois fort menu & renversé, celle là charge beaucoup, est fort douce, & agreable au goût ; un même Arbre en fait à courte-queuë & à longue-queuë ; c'est particulierement de cette sorte de Cerise qu'il faut planter.

Le Bigarreau a son fruit ferme & croquant, longuet, & quasi quarré, mais toûjours fort doux & fort agreable ; le bois en est fort gros, asses badinant, & la feüille longuette.

La Griotte est une espece de grosse Cerise noirâtre, assez ferme, tres douce, & tres excellente ; elle fleurit beaucoup, mais elle est fort sujette à perir à la fleur, l'Arbre fait son buisson gros, retroussé, & assez serré, a la feüille large & noirâtre.

Toutes les especes de Merises sont indignes d'entrer dans un Jardin qu'on fait, ce sont promptement des Arbres de forest, c'est à dire des Arbres sauvages, qui nous serviront au moins à recevoir les greffes des bonnes Cerises cy-dessus.

En Poitou, & en Angoumois on appelle Guignes, ce que nous appellons Cerises, on appelle Cerise ce que nous appellons Merises, & on appelle Guindoux ce que nous appellons Griottes.

Si j'avois de ces Arbres à planter jusqu'à une douzaine, il y en auroit six Cerises tardifs, deux Bigarreaux, deux Griottes, & deux Cerises hârifs : si j'en avois à planter deux douzaines, il y en auroit douze tardives, & quatre de chacune des autres façons ; si trois douzaines, il y en auroit dix-huit de tardives, sept Bigarreaux, sept Griottiers, & n'y auroit que quatre Cerises hârives, & ainsi du reste ; peut être me resoudrois je de planter une couple de Guignes blanche rougeâtres, si j'avois jusqu'à quatre douzaine de Cerisiers à planter, on ne passe gueres ce nombre là, à moins que d'avoir dessein d'en élever pour en vendre.

Preparons-nous presentement à planter en haute tige quelques Meuriers, quelques Abricotiers, & quelques Amandiers, & choisissons pour cela quelque endroit à l'écart qui ne gâte rien pour la vûë, ou bien plantons les parmy d'autres Arbres de tiges, si nous avons fait un Verger de grands Arbres : il est bon d'avoir un peu de Meures, & on en peu planter même dans quelques basses-cours, un seul, ou deux ou trois, ou quatre au plus, sont plus que suffisans pour toute sorte de personnes.

A l'égard des Abricotiers & Amandiers depuis deux jusqu'à douze, tant des uns que des autres, il y a ce me semble de quoy en fournir raisonnablement les Jardins de toute sorte d'honnestes gens, tels qu'ils puissent être. Les Abricots qui viennent en grands Arbres ont beaucoup plus de goût que les autres ; & les Amandes sont un fruit necessaire & agreable, particulierement dans les mois de Juillet & d'Aoust qu'on les mange vertes. Je conseille sur tout d'en avoir de celles qui ont la coquille tendre, & comme ce sont des Arbres, qui en quatre ou cinq ans viennent fort grands, il ne faut que mettre en Février des Amandes en place à l'endroit où on en veut avoir des Arbres, & prendre soin de les eslaguer les premiers années : ils donneront bien-tôt la satisfaction qu'on s'en est promise, outre qu'on ne réüssit presque jamais à les planter tous faits comme d'autres Arbres.

Destinons aussi quelque peu de Nefliers pour qui les aime, mais à condition de ne les pas mettre en lieu de parade ; ce n'est pas un fruit assez precieux pour cela, n'y même pour avoir besoin d'en planter beaucoup ; le nombre des gens qui ne les haïssent pas est mediocrement grandit.

Il ne faut pas oublier quelques douzaines de Coignassiers pour avoir des pommes de Coing à confire, & que ce soit pour les planter en lieu où l'on n'aille pas trop souvent ; l'odeur de ce fruit sur l'Arbre, n'est pas de celles qui rejoüissent, & sur tout comme on ne n'en doit guéres planter moins que par douzaine, parce qu'à mon sens, ou il n'en faut point avoir dans ces Jardins, ou il en faut avoir raisonnablement ; or une douzaine, ou deux, ou trois, ou quatre au plus me paroiſsent faire un nombre aſsez grand de cette ſorte d'Arbre.

Enfin ſongeons encore à planter quelques Azerolliers en Buiſson, pour qui ne ſera pas content des deux qui ſont en Eſpalier : ils ne réüſſiſsent point mal de cette maniere, & ſur tout pour la quantité, mais à l'égard de la groſseur ceux des Eſpaliers l'emportent au deſsus des autres ; & aprés cela diſons que nous avons fait tout ce qui nous a été poſſible pour nous mettre en état de bien employer en Arbres Fruitiers, la place qui aura pû leur être deſtinée dans toutes ſortes de Jardins.

Aprés avoir traité des Eſpaliers & des Arbres & fruits qu'on y doit mettre, je croy que pour la commodité du Lecteur il ſera bon de donner icy une Liſte de differentes ſortes de fruits, comme Pêches, Pavies, Brugnons, Prunes, Figues, Abricots, Ceriſes, Raiſins, Azerolles & Pommes cette Liſte marquera le temps que ces fruits ſe doivent manger & l'endroit de ce Livre ou eſt leur deſcription.

LISTE

DE DIFFERENTES SORTES DE Fruits, ſçavoir de Pêches, Pavies, Brugnons, Prunes, Figues, Abricots, Ceriſes, Raiſins, Azerolles, & Pommes, qui marque le temps que ces Fruits ſe doivent manger, & le lieu de leurs diſcriptions.

PESCHES, PAVIES, BRUGNONS.

LA

PRUNES.

FIGUES.

ABRICOTS.

CERISES.

RAISINS.

AZEROLLES.

POMMES.

CHAPITRE XIII.

Du choix des Arbres Fruitiers.

APrés avoir donné des instructions sur la distribution du Jardin Fruitier, tant pour les Buissons que les Espaliers, & les hautes tiges; il faut traiter du choix de chaque Arbre en General & en particulier.

ARTICLE I.

Conditions necessaires à chaque Arbre Fruitier, pour meriter d'être choisi & destiné à quelque bonne place d'un Jardin Fruitier.

NOstre Jardin estant dressé, fumé, accommodé, distribué, & enfin tout prest à planter, & chacun sçachant la quantité d'Arbres dont il a besoin, eu égard à la grandeur de son Jardin, & s'étant aussi determiné pour le choix des especes, & la proportion de chacune, eu égard tant à la qualité de son terrein, qu'à chaque saison de l'année; il est maintenant question de choisir des pieds d'Arbres qui soient beaux & bien conditionnez, en sorte qu'ils meritent d'être plantez comme donnans esperance du bon succez.

Je suppose qu'on ait à faire à des Jardiniers qui soient en reputation d'estre habiles, exacts, & de bonne foy, car autrement on court risque d'estre vilainement trompé aux especes, & sur tout pour des Pêchers, lesquels se ressemblent presque tous par la feüille & par l'écorce, à la reserve des Pêches de Troye, des avant-Pêche, & des Magdeleine blanche, qui ont quelques differences particulieres; si bien que je suis d'avis qu'on ne prenne jamais d'Arbres chez des Jardiniers suspects & décriez, quelque bonne composition qu'ils en veüillent faire; l'erreur icy est d'une trop grande consequence.

Or ce choix de pieds d'Arbres se fera, ou pendant qu'ils sont encore en terre dans les pepiniers, ou aprés qu'ils en auront esté arrachez; en l'un & l'autre cas on doit avoir égard premierement à la figure de chaque Arbre; en second lieu à sa grosseur; en troisiéme lieu à la maniere dont il est bâti; & si les Arbres sont arrachez, on doit de plus avoir particulierement égard aux racines & à l'écorce, tant de la tige que des branches.

ARTICLE II.

Du choix des Arbres dans les Pepiniers.

SI le choix se fait dans les Pepiniers, ce qui seroit toûjours à soûhaiter, & qu'on le fist à la my-Septembre, pour marquer les Arbres qu'on choisir, & qu'on pretend enlever : mais cela n'est pas toûjours faisable à cause de l'éloignement des lieux où sont les bonnes Pepinieres; si donc on peut aller sur les lieux, il ne faut faire cas que des Arbres qui ont poussé vigoureusement dans l'année, & qui paroissent sains, tant à la feüille & à l'extremité du jet, qu'à leur écorce unie & luisante : si bien que les Arbres qui n'ont que des jets de l'année fort foibles, ou qui peut-être n'en ont point du tout; ceux qui devant la saison de la chute des feüilles ont les leurs jaunes, & toutes plus petites qu'elles ne devroient estre : ceux qui ont l'extremité du jet noir & amorti, ou l'écorce rude & ridée, & pleine de mousse; & si ce sont Poiriers, Pommiers ou Pruniers qu'on y voye des chancres, ou si ce sont Fruits à noyau qu'on y voye de la gomme à la tige ou aux racines; tout cela sont autant de marques du rebut qu'il en faut faire, joint à ces autres marques particulieres que je vais expliquer, & qui sont encore tres importantes.

Les Pêchers qui ont plus d'un an de greffe, ou plus de deux sans avoir esté recepez en bas ne valent rien, ils ont grand peine à pousser sur le vieux bois : il en est de même de ceux qui par en bas ont une grosseur de plus de trois pouces, ou qui n'en ont pas une de deux, & de ceux qui ſont greffez ſur des Amandiers vieux, & environ gros de quatre à cinq pouces.

Les Pruniers, les Abricotiers, les Azeroliers, les Poiriers ſont paſſables à deux pouces & demy, & ſont admirables de trois à quatre; n'importe que la greffe ſoit d'un an, de deux, ou de trois, & qu'elle ſoit recouverte ou non; il ſeroit encore mieux qu'elle le fuſt, mais je ne les veux ny plus menus, ny plus vieux.

Ces ſortes d'Arbres qui ont une bonne groſſeur dés la premiere, ou au moins dés la deuxiéme année, ſont d'ordinaire admirables, parce qu'ils marquent un fort bon pied.

Les Pommiers ſur Paradis, & les Ceriſiers precoces ſont bons d'un pouce & demi à deux pouces.

Les Arbres de tige doivent eſtre bien droits, avoir au moins ſix bons pieds de hauteur, avec cinq à ſix pouces par bas, & trois à quatre par haut, ayans toûjours l'écorce peu rabouteuſe, mais au contraire luiſante, pour marque de leur jeuneſſe, & du bon fond d'où ils ſortent.

Pour ce qui eſt de la maniere dont les Arbres doivent eſtre bâtis, j'eſtime que pour toutes ſortes de Nains, ou d'Eſpaliers, il eſt mieux qu'ils ſoient droits d'un ſeul brin, & d'une ſeule greffe, que s'ils avoient deux ou trois greffes ou pluſieurs branches; les jets nouveaux qui viendront à ſortir au tour de la tige unique de l'Arbre étronconné, & nouveau planté, ſeront plus propres à tourner comme on voudra pour faire un bel Arbre, que s'ils avoient deux brins; ou de vieilles branches, parce qu'on ne peut aſſurer de quel endroit de ces vieilles branches de l'Arbre nouveau planté il en ſortira de nouveaux jets, & d'ordinaire ils viennent aſſez mal à propos, s'entrelaſſans & faiſans confuſion, en ſorte qu'on eſt obligé de les oſter tout à fait, & par conſequent leur faire des playes, & c'eſt du temps perdu pour la beauté de l'Arbre, & pour la production du Fruit.

Je veux donc que mon Arbre ſoit ſans aucunes branches par bas, mais je veux qu'il y paroiſſe de bons yeux, qui promettent par conſequent de bonnes branches, & ſur tout pour les Pêchers; en ſorte qu'il ne faut jamais prendre celuy où tous les yeux sont éborgnez, c'est-à-dire les issuës bouchées, parce que rarement en sort-il de nouvelles branches, & il est si vray que je ne veux qu'un brin, que d'ordinaire s'il y a deux greffes, j'en ôte la plus foible, pour ne conserver que la plus forte & la mieux placée.

Pour ce qui est des Arbres de tige à planter en plain air, je veux bien qu'ils ayent à leur tête quelques branches, lesquelles on racourcit en plantant : nous ne demandons pas une exactitude si reguliere pour la beauté de ceux-cy, que pour la beauté des petits Arbres ; il suffit que ceux-là fassent une teste à peu prés ronde, pour être raisonnablement beaux.

ARTICLE III.

Du choix des Arbres hors des Pepinieres.

QUe si les Arbres sont déja arrachez, il faut non seulement avoir tous les égards cy-dessus, sans en negliger aucun, mais encore il faut prendre garde, si tels Arbres ne sont point trop vieux arrachez, en sorte qu'ils ayent l'écorce ridée & le bois sec, & peut-être mort, ou l'écorce beaucoup écorchée, ou l'endroit de la greffe étranglé de la fillasse, ou qu'ils soient greffez trop bas, & sur tout en fait de Pêchers : en sorte que pour bien placer les racines comme il faut absolument, on seroit reduit à enterrer la greffe en les plantant, ou qu'ils soient greffez trop haut, en sorte qu'ils ne sçauroient commencer un bel Espalier ou un Buisson, l'un & l'autre devant commencer à six ou sept pouces de terre.

Ce n'est pas tout, il faut paticulierement prendre garde aux racines : car quand toutes les autres conditions s'y trouveroient toutes parfaites, s'il y avoit de grands défauts aux racines, il faudroit compter l'Arbre pour ne valoir rien.

Or pour pouvoir dire qu'un Arbre est bien conditionné à l'égard de ses racines, il faut en premier lieu qu'elles soient grosses à proportion de la grosseur de l'Arbre, c'est-à-dire qu'il y en ait au moins quelqu'une qui soit à peu prés grosse comme la tige, car quand elles sont toutes petites, & en forme de chevelu, c'est un signe presque infaillible de la foiblesse de l'Arbre, & de sa mort prochaine, ou au moins qu'il ne fera pas un bon effet; la trop grande quantité de chevelu n'est pas même un fort bon signe.

Il faut en second lieu que les principales ne soient ny pourries, ny éclatées, ny fort écorchées, ou fort rongées, ny séches, & dures; car si elles sont pourries, elles marquent une grande infirmité dans le principe de vie de tout l'Arbre, les racines ne pourissant jamais quand l'Arbre se porte bien; si elles sont éclatées dans l'endroit où elles sortent: c'est une playe, pour ainsi dire incurable, sa pourriture & la cangraine s'y mettront, c'est un ouvrier sans mains & sans outils.

C'est pourquoy ceux qui arrachent des Arbres doivent être grandement soigneux de le faire adroitement & doucement, & pour cela faire de bons trous, afin de ne rien tirer de force en arrachant, autrement ils ne manqueront point d'éclater, ou rompre quelque bonne racine.

Si pareillement elles sont fort rongées ou écorchées aux endroits qu'il faudroit conserver, ce sont encore des playes tres dangereuses, & particulierement pour les fruits à noyau, la gomme ne manque gueres de s'y former.

Et si enfin les racines sont seiches, soit pour avoir esté gelées, soit pour estre trop vieilles arrachées, & trop long-temps ensuite exposées à l'air, c'est à dire que l'Arbre doit absolument être rejetté, estant certain qu'il ne reprendra pas.

Et par dessus tout cela il est à souhaiter que l'Arbre qu'on doit choisir, ait ses racines si bien disposées, qu'on y en puisse trouver un étage de bonnes, & sur tout de nouvelles, & que cet étage soit en quelque façon parfait, de sorte qu'ôtant toutes les mauvaises soit hautes, soit basses, il en reste environ deux, ou trois, ou quatre qui fassent à peu prés le tour de la tige, ou qui soient au moins si bien situées, qu'en plantant l'Arbre, on les puisse heureusement tourner du costé de la bonne terre.

Je fais cas particulierement des racines jeunes, c'est à dire nouvelles faites, elles viennent communement à la partie la plus approchante de la superfice de la terre, & ne fais que peu de cas des vieilles, celles-cy sont d'ordinaire rabouteuses; & en fait de Poiriers, Pruniers, Sauvageons, &c. elles sont noirâtres, au lieu que les jaunes sont rougeâtres & assez unies : en Amandiers elles sont blanchâtres, en Muriers jaunâtres, & en Cerisiers rougeâtres.

ARTICLE IV.

Des manieres de preparer un Arbre pour le planter.

CEtte preparation est d'une si grande consequence pour la reprise des Arbres, que souvent ils ne reprennent, & ne font un bel effet que parce qu'ils ont été bien preparez devant que d'être plantez, & que souvent aussi ils manquent de reprendre & de faire une belle tête, pour avoir été mal preparez.

Il a y icy deux choses à preparer, l'une moins principale, & c'est la teste, l'autre principale au dernier point, c'est le pied, c'est à dire les racines.

A l'egard de la tête il y a peu de mystere soit en Arbres de tige, soit en Arbres nains, il n'est question pour cela que de se souvenir de deux points.

Le premier, que comme on fait ce me semble, un grand préjudice à un Arbre qu'on arrache, en ce que constamment l'on affoiblit, ou l'on diminuë sa vigueur & son action tout au moins pour quelque temps, il faut qu'on luy ôte de la charge de sa tête à proportion qu'on luy ôte de cette action & de cette force, comme on luy en ôte sans doute en le changeant de place, & luy retranchant des racines, c'est une maxime qui n'a pas besoin de preuve.

Le second point dont il faut se souvenir, est qu'il ne faut luy laisser de tige que selon l'usage auquel un Arbre est destiné; car l'un est pour faire son effet fort bas, tels sont les Buissons & les Espaliers, & ainsi il les faut couper assez court, l'autre est pour faire son effet assez haut, tels sont les

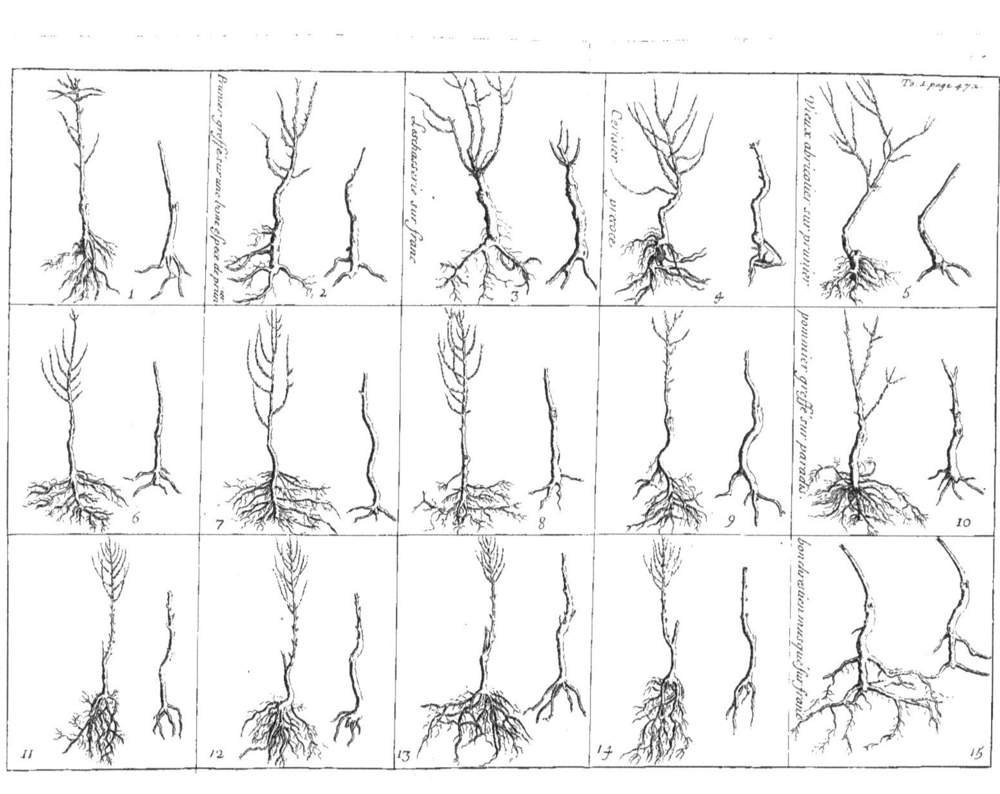
To. 1. page 472.
1
Pruniers greffés sur une bone espece de prun
2
Leschasserie sur franc
3
Cerisier precoce
4
Vieux abricotier sur prunier
5
6
7
8
9
pommier greffé sur paradis.
10
11
12
13
14
bon chretien musqué sur franc
15

les Arbres de tiges, à qui par consequent il faut laisser une hauteur considérable, mais je ne racourcis guére n'y les uns ni les autres à la hauteur qu'ils doivent demeurer, que premierement je n'aye fait toute l'operation qui est à faire aux racines, & voicy comme je m'y prens.

Je fais premierement couper tout le chevelu le plus prés qu'il se peut du lieu d'où il sort, à moins que ce ne soit un Arbre que je replante aussi-tôt qu'il est arraché, c'est-à-dire sur le champ, sans le quitter un moment qu'il ne soit replanté, autrement pour peu qu'il soit à l'air, tout ce qui seroit bon à conserver, c'est-à-dire de certain chevelu blanc, vient à noircir, & par consequent perir, il semble qu'il ne puisse pas davantage souffrir l'air, que de certains Poissons qui meurent du moment qu'ils sont hors de l'eau.

L'occasion de conserver ce chevelu blanc ne peut guéres arriver que quand d'un endroit du Jardin, on arrache un Arbre pour le replanter à un autre endroit du même Jardin; on peut donc pour lors conserver quelque chevelu qui n'a point esté rompu, dont l'extremité paroit encore toute agissante, & qui sort de bon lieu, autrement si toutes ces conditions ne s'y trouvent, il n'en faut faire nul cas, & même pour le conserver plus utilement il faut, s'il est possible, conserver en même temps quelque peu de la vieille terre qui tient auprés comme une espece de motte, & prendre soin en plantant l'Arbre de bien placer & étendre ce chevelu.

Revenons à l'Arbre un peu plus vieux arraché, j'en fais donc oster tout ce chevelu, que beaucoup de Jardiniers conservent avec tant de soin, & si peu de raison, & même quand j'ay à faire quelque plan assez grand, je fais tout d'un coup travailler à retrancher à tous les Arbres ce qui leur doit estre retranché devant que de les planter, & cela soit de jour en quelque endroit du Jardin à l'écart, soit particulierement de nuit à la chandelle à quelque endroit de la maison, pour ne pas differer de faire quelque autre ouvrage qui presse, & qui ne se peut faire que dehors, & cependant je tire l'avantage de la nuit qui vient si-tôt, & si importunement au temps des plans.

Le retranchement du chevelu estant-fait, & par ce moyen les grosses racines étant tout à plein découvertes, j'ay plus de facilité à voir les mauvaises pour les ôter entierement, & à voir les bonnes pour les conserver, & ensuite regler à chacune la longueur juste que je pretends leur laisser : assez souvent quand les racines de tels Arbres me paroissent un peu alterées de secheresse, je prends soin de les faire tremper durant sept ou huit heures, devant que de les replanter.

Quand je parle de bonnes & de méchantes racines, il semble que je ne veüille dire que des racines rompuës, ou écorchées, ou pourries, ou séches, mais cependant je veux dire quelque chose de plus important, & c'est que tout Arbre planté, & particulierement un Arbre de Pepiniere fait quelquefois ou toutes racines bonnes, ou toutes racines mauvaises, ou en même temps il en fait quelques-unes bonnes, ou quelques-unes mauvaises, & voicy comment.

Un Arbre planté avec les preparations que je recommande, s'il vient à prendre il doit faire de nouvelles racines, autrement il meurt, toutes les racines anciennes luy étant inutiles s'il n'en fait de nouvelles, or de ces nouvelles les unes sont belles & grosses ; les autres sont foibles & menuës ; ces belles viendront toutes, ou de l'extremité de celles qu'on a laissées, & voilà ce qui est à souhaiter, ou elles viendront d'ailleurs, c'est-à dire ou du corps de l'Arbre, & par consequent au dessus des vieilles racines, car celles-cy faisoient l'extremité de l'Arbre, ou elles viendront de la partie des vieilles qui approche le plus prés du corps de l'Arbre pendant que ces vieilles, ou n'auront rien fait dans toute leur étenduë, ou n'auront fait que de fort petites racines à leur extremité, & quelques-unes de grosses un peu loin de cette extremité.

En ces deux cas les grosses venuës du corps de l'Arbre, ou venuës des vieilles, mais non pas de l'extremité, font insensiblement perir toutes les autres, soit vieilles, soit nouvelles, & par consequent il faut compter celles-cy pour mauvaises, comme étant celles qui font jaunir & languir l'Arbre en quelque endroit de sa tête.

Il n'eſt pas difficile de connoître ces bonnes d'avec ces mauvaiſes, parce que ſuppoſant, comme il eſt vray, que le bas de la tige de l'Arbre qu'on plante, auquel bas tiennent les racines qu'on y a conſervées, ſuppoſant, dis-je que ſelon l'ordre de la nature, ce bas eſt toûjours plus gros que tout le reſte de la tige, & doit auſſi toûjours ſe maintenir en cet état ; ſi cependant on s'apperçoit, que cet endroit, bien loin d'avoir conſervé depuis que l'Arbre a été planté, cet avantage de groſſeur qu'il avoit en ce tems là, & que ſelon le même ordre de la nature il devoit avoir conſervé en groſſiſſant à proportion de tout le reſte ; ſi cependant on s'apperçoit que cet endroit demeure au contraire plus menu que quelque endroit un peu plus haut, d'où ſortent en effet quelques belles racines, pour lors il faut regarder cet endroit malheureux, & demeuré comme une partie abandonnée par la nature, qui prend ce ſemble plaiſir d'en favoriſer un autre, & par conſequent il faut retrancher entierement cette partie plus menuë avec tout ce qu'elle avoit pû faire auparavant (bien des Jardiniers l'appellent Pivot, & ſe trompent, comme je feray voir cy aprés.)

La premiere choſe qui eſt icy à faire, c'eſt donc d'ôter, entierement tout ce qui paroît ainſi abandonné, & pour ainſi dire diſgracié, l'ôter tout le plus prés qu'on peut de l'endroit bien nourry, & qui pour ainſi dire eſt en faveur pour ne conſerver uniquement que les racines qui viennent de cet endroit fortuné quelles qu'elles ſoient, & en quelque petit nombre qu'elles ſoient, car en effet le nombre n'en doit jamais être grand ; & ſur tout, comme j'ay déja dit, il faut entierement ôter la plûpart des vieilles, qui bien loin d'avoir un air de vigueur, & de jeuneſſe, & une couleur vive & fraiche, parroiſſent noires, ridées, raboteuſes, uſées, & ainſi il ne faut faire état que des nouvelles, qui ſe trouvent en même tems bien placées.

Et celles-cy il les faut tenir courtes à proportion de leur longueur, la plus longue en fait d'Arbres nains, quelque groſſeur qu'elle ait, qui d'ordinaire n'eſt pas grande, ne devant jamais avoir plus de huit à neuf pouces, & en Arbres de tige ne devant gueres avoir plus d'un pied ; on peut laiſſer un peu plus d'étenduë aux racines de Meurier & d'Amandier, parce que les premieres, comme fort moles, & les ſecondes comme fort ſeiches, & fort dures, courent riſque de perir, ſi on les taille trop courtes.

Aprés avoir fixé la longueur des plus groſſes racines de nos Fruitiers, il faut ſçavoir, que les foibles ſe contenteront de deux, ou de trois, ou de quatre pouces de longueur, & cela chacune à proportion de ſa groſſeur, c'eſt à dire les plus petites devans toûjours eſtre les plus courtes; il en eſt en cecy, comme j'ay dit ailleurs, tout à rebours de ce que j'ay dit de la taille des branches.

Un ſeul étage de racines ſuffit, & même je fais plus de cas de deux ou trois bonnes racines bien placées, que d'une vingtaine de mediocres; j'appelle racines bien placées, quand étans au tour du pied, elle font à peu prés comme autant de lignes, qui ſortant du centre, viennent à la circonference.

Je veux que tous mes Arbres, autant que faire ſe peut; ſoient preparez, de maniere que ſans être plantez, ils ſe puiſſent tenir droits comme autant de quilles, & ſur tout ceux qui ſont pour faire Buiſſons ou Arbres de tige en plein air; car pour ſervir en Eſpalier, comme il faut toûjours les tenir un peu couchez, & qu'il eſt à propos qu'aucune racine ne ſoit tournée du coſté de la muraille, il faut entierement retrancher toutes celles qui pourroient ſe trouver tournées de ce côté-là, & qui aparemment étoient les moins bonnes; car ayant beſoin de conſerver les meilleures pour les tourner du coſté des terres, je ne fais ſans doute retrancher que celles qui étoient les moins bonnes, & les plus mal placées.

Ces maximes ſont ce me ſemble aiſées à entendre, & le ſont tellement à pratiquer, que quiconque a veu preparer un Arbre ſelon leur doctine, comme il paroît dans les figures, eſt capable de preparer toutes ſortes d'Arbres, & ſur tout en fait d'Arbres qui ne picotent gueres, comme ſont par exemple les Coignaſſiers, Ceriſiers, Pruniers, ſauvageons de bois, &c. Mais en fait d'Arbres qui picottent, par exemple Sauvageons venus de pepin, Arbres venus de noyaux, &c. il y a un peu plus de difficulté.

Et afin d'en venir à bout auſſi-bien que des autres plus aiſez, j'ay fait chois d'une quinzaine d'Arbres parmy le grand nombre de ceux que j'ay arrachez & plantez depuis vingt cinq ou trente ans ; ce ſont ceux dans leſquels j'ay remarqué quelque difference de ſcituation de racines, ayant trouvé que generalement tous les Arbres ont raport à quelqu'un de ces quinze, ſi bien que les ayant deſſinez exactement comme ils ſont au point qu'on les arrache, & puis les ayant taillez, & pareillement deſſinez en cet eſtat là, pour faire voir comme ils doivent eſtre devant que de les planter, chacun ſe pourra doreſnavant regler ſur cela pour l'operation qui eſt à faire aux racines de toutes ſortes d'Arbres.

J'ay même trouvé à propos de les deſſiner dans l'état de la production des nouvelles racines qu'ils font aprés eſtre plantez, afin que chacun ſçache ce qu'un Arbre bien preparé & bien planté doit faire pour réüſſir, & par où il aura manqué s'il ne réüſſit pas.

Quand j'ay fait à l'égard des racines tout ce que j'ai trouvé à propos, pour lors je tâche de juger ſagement de la profondeur que les plus baſſes racines doivent avoir dans le fond de la terre, auſſi bien que de la quantité de terre que chacune des plus hautes racines doivent avoir au deſſus d'elle, car il faut les mettre à couvert & hors de portée, tant des injures de l'air, que des outils qui ſervent à labourer, &c. pour lors je determine la longueur de tige que l'Arbre doit avoir hors de terre, afin de n'avoir plus rien à y toucher aprés qu'il eſt planté, on l'ébranle neceſſairement, ſi on attend à le racourcir dans le temps qu'il commence à pouſſer ; & cet ébranlement me paroît tres dangereux.

On n'a que faire de craindre que la gelée gâte rien par l'endroit ou l'Arbre a eſté racourcy, il n'en arrive ſeurement jamais d'inconvenient ; c'eſt une experience tres ſeure, & de laquelle on peut bien s'en rapporter à ma bonne foy ; cette longueur de tige à regler pour le dehors en toute ſortes d'Arbres eſt, s'ils ſont petits, & à planter en terre ſeiches, qu'il leur faut ſix à ſept pouces, afin qu'en Eſté la tête couvre le pied contre l'ardeur du Soleil ; & en terres humides, cela pourra être de neuf à dix, ou d'onze à douze au plus, afin que la tête n'empêche pas la chaleur de donner au pied qui en a besoin; pour ce qui est des Arbres de tige elle est toûjours de six à sept pieds en toutes sortes de terres: de plus grands seroient trop sujets à estre ébranlez ou arrachez par les vents; de plus courts aussi seroient desagreables à voir, à moins que ce ne fust un plan tout entier d'Arbres à demy tige, comme on en fait assez souvent pour des Pruniers, des Cerisiers, &c.

Il faut grandement prendre garde en fait de Pêchers, qu'ils ayent deux ou trois bons yeux dans la longueur qu'on leur laisse autrement ils couroient risque de ne pousser que du Sauvageon.

J'ay déja dit, que pour toute sorte d'Arbres, mais particulierement pour les Nains, je n'y voulois qu'un brin tout droit; à l'égard des Arbres de tige, je ne trouve pas mauvais qu'ils ayent quelques branches, j'y conserve volontiers longues celles, qui s'y trouvans foibles, ne peuvent contribuer à la beauté de la figure, mais peuvent donner du fruit plûtôt; pour ce qui est des grosses j'en conserve deux ou trois, ou même quatre, qui se trouvans bien placées, peuvent commencer un beau rond, & je les racourcis chacune à sept ou huit pouces.

ARTICLE V.

Manieres de planter les Arbres qu'on a déja preparez.

LA premiere observation qui est icy à faire, est que dans le temps de planter, que tout le monde sçait être depuis la fin d'Octobre jusqu'à la my-Mars, c'est à dire depuis que les Arbres quittent leurs feüilles, jusques à ce qu'ils soient sur le point de recommencer à en pousser de nouvelles; la premiere observation, dis-je, est de choisir un temps sec & assez doux, sans se mettre aucunement en peine des égards qu'on avoit autrefois pour les Lunes; les temps pluvieux sont icy non seulement incommodes pour le Jardinier, qui travaille, mais aussi ils sont préjudiciables aux Arbres qu'on plante, attendu que les terres se mettent aisément en mortier, & ne sont pas propres à se glisser tout au tour des racines pour n'y laisser aucun vuide, comme il est tres-expedient de l'empêcher; or quoy que tous ces mois-là soient également propres pour planter, si-bien même que le plûtôt fait est toûjours ce me semble le meilleur, cependant comme j'affecte volontiers de planter dés la Saint-Martin dans les terres seiches & legeres, j'affecte aussi de ne planter qu'à la fin de Février dans les terres froides & humides. Les Arbres n'y sçauroient rien faire pendant l'Hyver, & ainsi ils pourroient plûtôt s'y gâter que s'y conserver, au lieu que dans les terres legeres ils peuvent dés l'Automne commencer à faire quelques petites racines, & c'est toûjours une grande avance pour eux, & pour les mettre en train de faire merveilles au Printemps.

La deuxiéme observation est de regler juste toutes les distances qui doivent être entre chaque Arbre, soit en Espalier, soit en Buisson, soit en Arbres de tige, afin de sçavoir au vray, & le nombre en general qu'on a à planter, & le nombre particulier de chaque espece.

La troisiéme observation est de regler exactement les places qu'on destine, & à chaque espece d'Arbre, & à chaque Arbre en particulier; j'aime mieux que les fruits d'une même saison soient tous dans un même canton.

La quatriéme observation est de faire faire au cordeau des trous de la grandeur de la forme d'un chapeau, car je suppose que les tranchées ont eté bien faites, si bien que pour petit que soit le trou, il est assez grand pour planter l'Arbre, & ce ne seroit que du temps, de la peine, & de la dépense perduë de le faire plus grand.

La cinquiéme observation est de faire porter chaque Arbre prés son trou, devant que commencer d'en planter aucun, & s'il est question de planter des Buissons autour de quelques quarrez, ou de faire un quinconce, je veux qu'on ait soin de mettre particulierement les plus beaux, & les mieux conditionnez, aux encoigneures des quarrés, ou aux encoigneures des rangées.

Et pareillement s'il est question d'un Espalier; il est à propos de mettre toûjours les plus beaux Arbres, & ceux qui font les plus beaux fruits aux endroits les plus appa-rens & les plus visitez, par exemple prés des portes, & le long des Espaliers, ou sont les plus belles allées.

Quoyque je fasse icy un chois des plus beaux, il ne s'en-suit pas qu'il n'en faille jamais planter aucun qui ne soit beau, & accompagné de tres belles apparences de repri-se; mais cependant il est vray, que quelque soin qu'on prenne de n'en choisir que de beaux, il y en a toûjours de plus beaux les uns que les autres.

Les Arbres étant donc ainsi tous portez chacun prés de sa place qui luy est destinée, s'il est question de planter des Buissons, je commence par planter ceux des encoi-gneures de chaque quarré, afin qu'ils servent d'alligne-mens pour tous les autres, & si les terres sont fraîche-ment remuées, & mélées d'assez grande quantité de fu-mier long, en sorte qu'elles ne paroissent pas autant af-faissées qu'elles le doivent être, je prens soin de n'enfon-cer les Arbres qu'environ d'un demy pied; c'est-à-dire, que l'extremité de la plus basse racine n'est pas plus avant d'un demy pied dans la terre, parce que comme je fais état que les terres s'affaisseront au moins d'un demy pied, & qu'il y a beaucoup plus d'inconvenient de planter les Arbres un peu haut, que de les planter bas, il se trou-vera au bout de quelques mois, que mes Arbres seront environ d'un pied dans la terre, qui est la mesure la plus juste qu'on puisse regler à cet égard : des Arbres plantez plus bas ne manquent gueres de perir en peu d'années.

Ayant donc planté les Arbres des encoigneures, je mets un homme à celle de la rangée que je veux plan-ter, afin qu'il aligne les Arbres, pour qu'ils se trouvent toûjours bien plantez en ligne droite; je prens un au-tre homme avec une Bêche pour couvrir les racines des Arbres, à mesure que je les presente en place; & que mon Aligneur m'avertit qu'ils sont bien dans la ligne, & en une matinée je planteray facilement quatre ou cinq cens pieds de Buissons.

Il est encore plus aisé d'en planter en peu de temps beau-coup en Espalier, parce qu'il n'est pas question d'ali-gner; mais pour un Quinconce on ne peut pas aller si vîte; parce

parce, que comme il faut que chaque Arbre réponde juste à deux rangs, il faut deux Aligneurs, sçavoir un pour chaque rang, & il se perd toûjours un peu de temps devant que l'Arbre soit justement placé pour répondre aux deux rangs également.

Or il ne faut pas seulement être soigneux de planter un peu haut, & fort droit, mais il le faut être particulierement de tourner les principales racines du côté de la bonne terre; c'est ici le point le plus important, en sorte que, quoi qu'il soit fort à souhaiter que tous les Arbres destinez pour être en Buisson, paroissent droits sur leur pied aprés avoir été plantez, si neanmoins la disposition de leurs racines, qui peut-être vont naturellement à pivoter, demande que l'Arbre soit un peu couché pour avoir la bonne assiette que je souhaite à ses racines, c'est à dire afin qu'il pousse plûtôt entre deux terres, que de pousser en fond, non seulement je ne fais nulle difficulté de tenir la tête de l'Arbre un peu couchée, & toûjours sur la ligne du cordeau tiré, mais même je le conseille comme une chose necessaire: autrement comme les racines qui sortent, suivent toûjours la pante de celles d'où elles sortent, il arrivera bien tôt que ces racines ayans enfin pénétré jusqu'aux méchantes terres du fond, ou même étant descenduës trop bas, & sur tout hors de la portée de l'eau des pluyes, l'Arbre en deviendra malade, & languira, fera une vilaine figure & de vilains fruits, & enfin mourra.

De ce que je viens de dire pour la bonne situation des racines, il s'ensuit que si on a à planter le long de quelques allées, on évitera de tourner les principales racines du côté de cette allée, à plus forte raison, fera-t-on la même chose quand on plantera des Espaliers, pour ne laisser aucune bonne racine qui puisse pousser du côté des murailles.

Ce panchement de tête aux petits Arbres ne doit faire aucun scrupule ni aucune appréhension pour la beauté, tant de leur figure particuliere, que de leur plan en général, parce qu'il n'est pas des branches qui ont à sortir, comme des racines; les branches ne suivent nullement la disposition de la tête couchée, au contraire elles naissent regulierement toutes droites autour de la tige, & ainsi comme leur origine est fort prés de terre, les Arbres font une figure aussi-bien tournée, que s'ils avoient été plantez droits sur leur centre.

C'est aux Arbres de tige en plein air, qu'on est necessairement obligé de les planter sur leur centre tout le plus droit qu'il est possible, autrement cette tige demeureroit toûjours courbée, & par consequent feroit une vilaine figure, joint qu'elle se trouveroit davantage en prise à la violence des vents, & par consequent l'Arbre courroit risque d'être renversé, & par la même consideration des vents, il les faut planter un peu plus avant que d'autres Arbres, c'est à dire qu'en les plantant il les faut mettre un bon pied avant dans la terre, & même quoi que je recommande de ne point trépigner sur mes petits Arbres de peur de les enfoncer trop, & qu'aussi bien ils n'ont rien à craindre du côté des vents, je recommande au contraire de presser la terre contre le pied de ceux là, afin de les rasseurer, & les mettre en état de résister à l'effort des vents.

Chaque Arbre étant planté, si j'ay la commodité des fumiers, j'en mets un lit de deux ou trois pouces sur chaque pied, & le recouvre en même temps d'un peu de terre pour en ôter la veuë qui n'est pas agréable : ce lit de fumier ne sert pas tant pour abonnir la terre, car je suppose qu'elle est bonne & bien préparée, comme il sert particulierement pour empêcher que le hâle des mois d'Avril, Mai & Juin ne pénétre jusqu'aux racines, & par conséquent ne les altere, & ne les empêche d'agir, ce qui ne causeroit rien moins que la mort.

Que si je manque de fumier, je me contente pendant ces premiers mois dangereux, de couvrir de méchantes herbes, ou de fougere les pieds des Arbres : j'empêche qu'il n'y vienne rien qui offusque les jeunes jets, & si la sécheresse est fort grande, comme elle est assez souvent, je fais pendant les trois ou quatre mois, & cela tous les quinze jours donner une cruchée d'eau à chaque pied, aprés avoir fait un cercle tout autour, afin que l'eau penétre entierement; & aussitôt qu'elle paroît imbibée, je fais remplir & raccommoder ce cercle, en forte qu'il n'y paroît plus rien.

Que si la saison est un peu pluvieuse, les arrosemens ne sont point necessaires : avec de tels apprêts & de telles précautions, on est d'ordinaire assez heureux à faire des plans, si bien qu'il n'y meurt guéres d'Arbres.

ARTICLE SIXIE'ME.

Des Arbres en mannequin.

MAis cependant comme il peut mourir quelques Arbres, & qu'autant que faire se peut il est à souhaiter qu'un Plan soit parfait dés la premiere année, je pratique de préparer un plus grand nombre d'Arbres, que je n'ai actuellement besoin d'en planter pour rendre mon Plan complet, afin d'en avoir toûjours quelques uns comme en corps de réserve ; & pour cet effet je pratique dés le même temps du Plan d'élever en mannequin quelques Arbres de chaque espece, mais beaucoup plus de fruits à noyau que de fruits à Pepin, ceux-là d'ordinaire courans un peu plus de risque de mourir, que les autres.

Je choisis donc quelque bon endroit du Jardin (ceux qui sont le plus à l'ombre, y étans fort propres) & là je mets des Arbres en mannequin bien étiquetez, ou au moins bien marquez sur mon Livre par l'ordre, & des rangs, & de la place de chacun dans son rang, afin d'y avoir recours si quelque Arbre vient à mourir en place, ou même à languir, voulant, s'il est possible, que mon Plan demeure fait & parfait, tant pour la figure que pour les especes selon la premiere disposition que j'en ai faite.

Et pour cela je tiens couchez dans les mannequins les Arbres qui sont destinez pour les Espaliers, & je tiens droits au milieu des mannequins ceux qui sont destinez pour Buissons, afin qu'en l'un & l'autre cas je puisse plus commodement placer le mannequin tout entier, en sorte que l'Arbre s'y trouve aussi bien situé, que s'il y avoit été planté d'abord, ce qui ne seroit pas, si l'Arbre destiné pour l'Espalier étoit droit au milieu du mannequin, parce que on ne pourroit pas assez facilement approcher l'Arbre de la muraille ; le même inconvenient à peu prés est d'avoir à planter en Buisson un Arbre couché dans un mannequin, quoi qu'on ait en ceci plus de facilité à le bien placer, que l'Arbre destiné à l'Espalier.

Cette operation de transport de mannequins se peut faire jusqu'à la Saint Jean, & quand on la veut faire, il faut commencer par bien arroser les mannequins qu'on veut enlever, qui apparemment seront les plus beaux : il faut ensuite détourner proprement la terre d'autour du mannequin, afin de ne point rompre de racines, s'il s'en est fait qui ayent déja poussé au delà des mannequins : il faut choisir un temps de pluye, ou au moins un temps doux & bas, comme on dit, ou même le soir aprés Soleil couché, ou le matin devant qu'il se leve : il faut prendre grandement soin de n'ébranler l'Arbre en façon du monde, soit en le retirant de terre, soit en le transportant, soit en le replaçant à l'endroit destiné ; l'ébranlement en ceci est tres-pernicieux, & souvent mortel.

Or quand en faisant ce mouvement de mannequins on s'apperçoit que les racines ont commencé à sortir hors du mannequin, il faut premierement en plaçant ce mannequin être soigneux de conserver les pointes de ces racines nouvelles, les bien ranger, & soutenir de bonnes terres, les couvrir sur le champ, presser même les terres contre le mannequin, & ensuite arroser assez amplement tout autour de ce mannequin, afin d'en approcher les terres voisines, si bien qu'il n'y reste aucun vuide, ce qu'on connoît quand l'eau des arrosemens ne s'imbibe plus avec précipitation, & cet arrosement est necessaire indispensablement, de quelque maniere qu'on fasse ces changemens de mannequins ; & enfin les jours de grand Soleil il faut couvrir de paillassons la tête de cet Arbre jusqu'à ce qu'on s'apperçoive qu'il commence de pousser, & pour lors on commence de les ôter les nuits, cette derniere précaution de couverture n'est necessaire qu'en cas qu'on ait veu des racines nouvelles sortir de ce mannequin, ou que l'Arbre ait été ébranlé.

Les mêmes soins qu'on a pour remplacer en Espalier des Arbres élevez en mannequins, les mêmes faut il avoir pour remplacer en buisson, ou en haute tige, des Arbres pareillement élevez en mannequins, & sur tout prendre garde de laisser tout le moins qu'on peut ces nouvelles racines à l'air, autrement elles noirciront, & par consequent mourront.

Il me reste seulement de dire que les mannequins doivent être faits exprés, & être à claire voye, tant afin que les racines sortent plus aisément, qu'afin qu'ayans moins de matiere ils coûtent moins, aussi bien le trop de matiere qui les rend plus épais est-il nuisible : ils doivent être faits d'ozier le plus frais & le plus verd que faire se pourra, afin qu'étant mis tous verds en terre ils y durent plus long-temps sans se pourrir, c'est à dire qu'au moins ils puissent se conserver une année entiere (ceux qui sont vieux faits se pourrissent plûtôt) ils ne doivent être guéres profonds, autrement le transport en seroit-il trop difficile : huit à neuf pouces de profondeur sont suffisans, afin qu'étant enterrez jusqu'à ce que leurs bords soient cachez, on y puisse mettre quatre ou cinq pouces de terre dedans, & l'Arbre ensuite, dont on couvrira les racines d'une pareille quantité de terre ; & même en faisant le transport de ces mannequins on pourra enlever une partie de ces terres de dessus, si elles incommodent à porter : il faut être bien soigneux de presser, comme nous avons dit, la terre de dehors contre les mannequins, afin qu'il n'y reste aucun vuide.

A l'égard de la grandeur du mannequin, elle doit être proportionnée à la longueur des racines des Arbres qu'on y veut planter : il faut au moins qu'entre l'extremité de chaque racine & le bord du mannequin, on y puisse mettre trois à quatre pouces de terre, si bien que pour les Arbres destinez à l'Espalier les mannequins n'ont que faire d'être si grands, attendu que ces Arbres y sont couchés, & par consequent fort prés d'un des côtez, de telle sorte qu'il ne leur reste de racines que de l'autre côté, ainsi les nouvelles racines y trouveront assez de place, pourvû que le mannequin soit assez grand, à l'égard des Arbres destinez en Buisson, comme ils doivent être plantez dans le milieu, & que par consequent ils doivent pousser des racines tout autour, il faut que le mannequin soit un peu plus grand.

A proportion aussi faut il le mannequin plus grand pour les Arbres de tige, que pour les petits Arbres : il est inutile de dire que les mannequins doivent être ronds, personne ne l'ignore, il s'en pourroit faire d'ovalle, ou de quarré, mais ils en coûteroient davantage, & ne vaudroient pas mieux.

La difference de grosseur des Arbres oblige donc à faire de trois differentes grandeurs de mannequins, sçavoir de petits qui sont environ d'un pied de diametre, de moyens qui ont quinze à seize pouces, & de grands qui en ont dix-huit à vingt : le principal est que le fond soit assez fort & assez solide pour pouvoir porter sans crever la pesanteur de la terre, & que les bords d'en haut & d'en bas soient aussi bien fabriquez pour n'être pas faciles à s'évaser : il faut aussi une entrelaslure tout autour du milieu par la même raison.

Je ne me contente pas seulement d'avoir cette précaution de mannequins dans le temps que je fais de grands plans, mais je l'ai encore tous les ans pour quelque petit nombre d'Arbres, eu égard à la grandeur du Plan que j'ai à cultiver, afin qu'en cas qu'il arrive accident à quelqu'un de ceux qui sont en place, comme il leur en peut arriver beaucoup, je puisse remedier d'abord que j'en suis menacé, ou d'abord que je m'apperçois que l'accident est arrivé : car enfin il faut toûjours être en état d'avoir son Plan complet, sans y souffrir aucun Arbre qui rechigne.

Peu de dépense suffit pour se mettre l'esprit en repos à cet égard, & faute de cela on perd bien du temps & du plaisir.

Il est temps presentement de passer au chef d'œuvres de Jardiniers, c'est à dire à la taille.

Fin de la troisiéme Partie.

QUATRIE'ME PARTIE DES JARDINS FRUITIERS ET POTAGERS.

De la taille des Arbres Fruitiers.

DISCOURS PRE'LIMINAIRE.

GENERALEMENT parlant tailler les Arbres c'est y couper des branches; ainsi on dit pour l'ordinaire, qu'un Arbre est taillé; quand on y voit beaucoup de marques de branches coupées; On dit qu'un Jardinier taille, quand la Serpette à la main on le voit couper quelques branches à ses Arbres: De tout temps cette taille a passé parmi les curieux d'Arbres fruitiers pour le chef d'œuvre du Jardinage. En effet ce n'est pas seulement de nos jours qu'elle a commencé d'être en usage, il y a plusieurs siécles qu'on s'en étoit fait une maxime, comme il paroît par le témoignage de nos Anciens ; si bien qu'à vrai dire nous ne faisons presentement que suivre, ou peut-être perfectionner ce qui se pratiquoit par nos Peres.

Columelle. Theophraste. Xenophon.

Cet usage de tailler ne s'étend pas d'ordinaire à toutes sortes d'Arbres fruitiers, ce n'est qu'à ceux qu'on connoît dans les Jardins sous les noms d'Espaliers, de contre Espaliers, & de Buissons ; car pour ceux qu'on appelle de Haut-vent ou de Tige, on ne se met guéres en peine de les tailler, si ce n'est peut-être une fois ou deux dans leurs premieres années, soit pour le premier tour de figure ronde & ouverture, qu'il est bon de leur donner dans le temps qu'ils commencent à faire leur tête, soit pour ôter quelque branche de faux bois, qui dans la suite du temps pourroit embarasser ou défigurer cette tête, & constamment telle taille est absolument necessaire. On fait aussi quelquefois une maniere de taille aux Arbres de tige fort vieux, quand on y ôte des branches mortes ou langoureuses, soit grosses, soit menuës, mais cela s'appelle plûtôt les éplucher, ou nettoyer & débarasser, que les tailler.

Or quoique la premiere idée qu'on a de la taille ne regarde d'ordinaire que la tête des Arbres, c'est à dire leurs branches, qui constamment ont, pour ainsi dire, besoin de quelque correction pour être mises en train de bien faire au gré de leur Maître ; il y a cependant une autre taille fort importante, qui est celle des racines ; & celle-ci se fait en deux occasions, dont l'une qui est la plus ordinaire se fait généralement à tous les Arbres devant que de les planter (j'en ai assez parlé dans le Traité des Plans,) & l'autre qui est extraordinaire ne se fait qu'à quelques-uns en place, desquels on a intention d'en rendre les uns plus vigoureux, ou les autres moins vigoureux qu'ils ne sont ; & je parlerai de celle-ci sur la fin de ce Traité.

Cette maxime, ou cette necessité de tailler la tête de tous les Arbres qui ne sont point de haut vent, étant bien établie, quoique sur cela il y ait une petite maniere d'hérésie en fait des buissons trés vigoureux, laquelle je détruirai

truiray aiſément, je crois être obligé indiſpenſablement d'examiner icy autant que je pourray tout ce qui regarde un uſage ſi renommé dans le Jardinage des Fruitiers ; c'eſt pourquoy j'aſſure d'abord que je ne reſerveray rien de particulier pour moy, & qu'au contraire j'auray une ſinguliere application pour n'obmettre abſolument rien de ce que j'y ay pû comprendre juſqu'à preſent, & de ce que j'y pratique aſſez heureuſement il y a ſi long-temps.

Je ſuis perſuadé que la Taille eſt une choſe non ſeulement fort utile, mais auſſi fort curieuſe, & capable de donner du plaiſir à qui l'entend : Mais en même temps il faut convenir qu'elle eſt aſſez pernicieuſe quand elle eſt faite par des mains ignorantes.

Car à proprement parler, tailler dans le ſens que nous l'entendons, n'eſt pas ſimplement couper, tout le monde coupe, mais peu de gens taillent : Rien n'eſt ſi aiſé que de couper, & même le hazard peut faire quelquefois que ce qu'on à coupé ſans diſcretion réüſſit aſſez bien, quoique le plus ſouvent il ait de tres-fâcheuſes ſuites ; au lieu que comme à tailler habilement il y a bien du diſcernement & de la regle, auſſi pour l'ordinaire le ſuccés en eſt-il aſſuré, tout au moins pour ce qui peut dépendre du Jardinier, car tout ne dépend pas de luy ; on ſçait bien qu'il n'eſt pas le maître des temps & des ſaiſons qui doivent neceſſairement & principalement concourir à l'achevement de ſon œuvre ; & ainſi quand on n'a pas cette abondance de fruits qu'on voudroit, & qu'on avoit eſperé, ce n'eſt pas toûjours au Jardinier qu'il en faut imputer la faute : Il n'eſt blâmable qu'en cecy, c'eſt à ſçavoir quand ſes Arbres ne ſont pas bien faits, quand ils ne fleuriſſent pas aſſez amplement, & quand les fruits n'en ſont pas univerſellement & également beaux, en ſorte que ſur un même Arbre on en voit de beaucoup plus petits les uns que les autres, car de cela il en eſt en quelque façon le maître.

Qui cum judicio amputat Arborem, efficit, ut quod Arbor ſponte noluit facere, juſtitiâ violentâ cogitur, ut id agat. *Creſcentius.* Terræ imperamus, cœlo, & ſoli nequaquam.

CHAPITRE I.

Définition de la taille des Arbres.

POUR commencer d'entendre ce que c'est que cette taille, je dis que c'est une operation du Jardinage pour trois choses qui sont à faire tous les ans à ces Arbres, dans l'intervalle du temps qui court depuis le mois de Novembre jusqu'à la fin de Mars: La premiere est leur ôter entierement tout ce qu'ils ont de branches qui ne valent rien, ou qui peuvent nuire, soit à l'abondance & à la bonté du fruit, soit à la beauté de l'Arbre.

La seconde, conserver toutes celles dont on peut faire un bon usage à l'égard de ces Arbres.

Et la troisiéme, racourcir sagement celles qui se trouvent trop longues, & laisser entieres celles qui n'ont pas trop de longueur,

Et tout cela en vuë de faire durer un Arbre, le rendre beau & disposer en même tems à donner bien-tôt beaucoup de beaux & de bons fruits.

Par branches qui ne valent rien, j'entens celles qui sont de faux bois, celles qui sont usées à force d'avoir donné du fruit, & celles qui sont par trop menuës, ou qui n'ont nulle disposition ny à bois, ny à fruit.

Par branches qui peuvent, nuire soit à la beauté de l'Arbre, soit à l'abondance & à la bonté du fruit, j'entens celles qui peuvent faire confusion, ou offusquent le fruit, & celles qui prennent une partie de la seve d'un Arbre, quand il est trop chargé de bois, eu égard à son peu de vigueur.

Par branches dont on peut faire un bon usage, j'entens toutes celles qui sont si bien conditionnées, qu'elles sont propres à faire la belle figure de l'Arbre, & à donner infailliblement du fruit.

Par branches trop longues j'entens celles qui excedent neuf à dix pouces de longueur, & qui par consequent ont besoin d'être racourcies, telles sont toutes les grosses branches que nous appellons branches à bois, & quelques-unes des menuës que nous appellons branches à fruit.

Enfin par branches qui n'ont pas trop de longueur, j'entens certaines petites branches, qui étans d'une mediocre grosseur ont des boutons à leur extremité, ou sont en disposition d'en avoir l'année d'aprés, & cependant sont assez fortes pour porter sans se rompre le fruit qu'elles doivent.

Cette distinction si importante en fait de branches sera plus particulierement expliquée dans les Chapitres qui traittent de la maniere de tailler.

Je ne diray rien icy de l'origine de la taille, parce qu'on n'en dit rien qui ne soit fabuleux & risible, & par consequent rien qui nous puisse presentement servir d'instruction : Car par exemple, à quoy sert-il de sçavoir qu'on veut faire venir l'origine de la taille, de ce que dans une Province de Grece qu'on nommoit la Nauptie, Province abondante en Vignobles, un Asne ayant broutté quelques ceps de Vignes, on s'apperçût que les ceps broutez avoient produit beaucoup plus de Raisins, que ceux qui ne l'avoient pas été, ce qui fit qu'on resolut de racourcir d'oresnavant, ou si vous voulez, de rompre ou couper, c'est à dire de tailler toutes les branches de Vignes : On dit de plus qu'effectivement on se trouva si bien de cet usage, que pour marque de reconnoissance d'une si riche invention, on dressa dans un bel endroit de cette Province une Statuë de marbre à cet Animal comme à l'Auteur de la taille de la Vigne, c'est à dire l'Auteur de l'abondance du Vin ; & c'est, disent nos Livres, la veritable raison pourquoy on dépeint Bacchus monté sur un Asne.

Or comme on vit sensiblement qu'il étoit utile de tailler la Vigne, on jugea de là qu'il ne le seroit pas moins de tailler aussi les Arbres fruitiers ; & ainsi dans les premiers temps on fit à cecy, comme on a fait à l'égard de tous les autres Arts, & de toutes les autres Sciences ; on commença grossierement de couper, c'est à dire de tailler aux Arbres quelques-unes de leurs branches, & petit à petit on a cherché à s'y rendre habile, comme encore tous les jours à force de raisonnemens & d'observations on s'étudie de plus en plus à s'y perfectionner. Voilà donc ce que nos Livres nous apprennent de l'origine de la taille : On n'aura pas de peine à convenir avec moy, que ce n'est pas une chose fort importante; mais ce que constamment il est avantageux de sçavoir.

Ce sont trois principaux points sans l'intelligence desquels il n'est ce me semble, ny possible de bien parler de cette taille, ny possible de la bien faire.

Le premier regarde les raisons pourquoy on l'a fait.

Le second regarde le temps dans lequel on la doit faire.

Et le troisiéme regarde la maniere dont il faut s'y prendre pour la faire habilement, & heureusement : Examinons ces trois points l'un aprés l'autre.

CHAPITRE II.

Raisons de la Taille.

JE commenceray par les raisons pour lesquelles on fait la Taille, sur quoy il me semble pouvoir dire qu'il y en a deux. La premiere & la plus principale est celle qui a pour objet, de faire qu'en taillant on ait bien-tôt une grande quantité de beaux & de bons Fruits, sans quoy on n'auroit, ny on ne cultiveroit aucuns Arbres fruitiers.

La seconde qui est assez considerable, nous apprend que la Taille sert à faire, qu'en toute saison les Arbres dans les temps même qu'ils n'ont ny fruits, ny feüilles, soient plus agreables à la vuë, qu'ils ne seroient si on ne les tailloit point.

Or la satisfaction de la vuë en ce dernier point dépend uniquement de la figure bien entenduë & bien proportionnée, qu'une main habile peut donner à chaque Arbre.

Et pour ce qui est de l'abondance du beau & de bon fruit, autant que l'industrie du Jardinier y peut contribuer, elle dépend premierement de la connoissance qu'il faut avoir de chaque branche en particulier, pour sçavoir celles qui sont bonnes & celles qui ne le sont pas : Elle dépend en second lieu de la distinction judicieuse qui est à faire parmi ces branches, pour ôter entierement ce qu'il y en a de mauvaises ou d'inutils, & conserver soigneusement toutes les bonnes, soit branches à bois, soit branches à fruit, avec cette circonſpection que ſi dans ces dernieres il y en aquelques-unes qui ne ſoient pas trop longues, on les laiſſera comme elles ſont: Mais à l'égard de la plûpart des autres qui ont trop de longueur, on les taillera plus ou moins courtes, ſelon que la raiſon de l'abondance, & même la figure de l'Arbre le peuvent ordonner. Cette abondance dépend en troiſiéme lieu du temps qu'il eſt à propos de prendre pour tailler : Car toutes ſortes de temps n'y ſont pas propres.

A l'égard des deux premiers chefs qui regardent la connoiſſance, & la diſtinction des branches en general, je feray voir cy aprés en quel ordre, & à quel uſage la nature les produit ſur les Arbres fruitiers; comme quoy les unes ſont propres à une choſe, les autres à une autre, & comme quoy ſur tout les unes ont plus de diſpoſition à fructifier, & les autres moins, & concluray de là que c'eſt ſelon cette ordre, & cette intention de la nature, & ſelon ce plus & ce moins de diſpoſition, que differemment les unes des autres, ces branches doivent eſtre & conduites & taillées.

Mais devant que d'entrer plus avant dans cette matiere qui a beaucoup d'étenduë, eſtant queſtion d'y expliquer ſur tout la maniere, ou les regles qu'on doit pratiquer dans la taille d'un grand nombre d'Arbres, qui d'ordinaire ſont infiniment differens les uns des autres; j'eſtime qu'il ne ſera pas mal à propos de dire premierement, & le plus ſuccinctement que je pourray, ce que je penſe du temps de la taille, car c'eſt l'article ſur lequel on a le plûtôt decidé.

CHAPITRE III.

Du temps de la Taille.

IL y a peu de choſes à dire ſur le temps de tailler, parce que d'un aveu general il eſt ordinairement fixé à la fin de l'hyver ou à l'entrée du printemps, c'eſt à dire un peu devant que les Arbres pouſſent, & quand à peu prés une partie de leurs bourgeons commence à s'enfler pour fleurir,

& l'autre à s'allonger pour devenir branches, ce qui arrive infailliblement, lors que les grands froids qui accompagnent pour l'ordinaire les mois de Novembre, Decembre, Janvier & Février étant passez le renouveau vient, & que par consequent l'air commençant à s'échauffer & à s'adoucir, les Plantes qui avoient entierement cessé d'agir pendant quatre mois, viennent pour ainsi dire, à se reveiller, & recommencent en effet d'entrer en action : Ce premier mouvement se fait constamment à la tête devant que de commencer aux racines, mais cela s'entend si le froid a été assez grand pour interrompre leur fonction : car parmy nous aux années extrêmement tendres il n'y a gueres plus d'interruption que dans les pays fort chauds : Nous ferons voir cet ordre dans un autre endroit : Or ce renouvellement d'action exterieure est un signal assûré qu'il est temps de tailler.

On étoit autrefois si scrupuleux pour le temps precis de cette taille, qu'on n'osoit absolument y travailler que dans le décours des Lunes de Février & de Mars : C'étoit presque la seule maxime qui sur ce fait là parut bien établie, & qui fut en effet inviolablement observée ; on peut dire que c'étoit une espece de routine que la plûpart des Jardiniers affectoient avec une opiniâtreté incroyable, ou plûtôt que c'étoit une espece de tyrannie qu'ils exerçoient, quand ils avoient affaire à des honnêtes gens amoureux de leurs Arbres fruitiers ; on en étoit venu jusqu'à ce point d'habitude que les uns & les autres auroient cru tout perdu si on en avoit taillé hors le temps de ces décours, c'étoit une maladie inveterée, dont il ne se trouve encore que de méchans restes : Je veux bien qu'en d'autres choses qui passent ma portée, & dans lesquelles je ne connois rien, il soit bon d'avoir égard aux Lunaisons ; mais pour ce qui est de la taille des Arbres, & generalement de tout le Jardinage, je pretends faire voir cy aprés dans le traité de quelques reflexions que j'ay faites sur l'Agriculture, que ces observations sont inutiles, & même chimeriques ; & comme aprés en avoir été premierement imbu, j'en suis enfin pleinement desabusé, j'espere parvenir aussi à délivrer les Jardiniers de cette sorte de vision ou d'ignorance, en même tems délivrer les honnêtes gens de cette sorte d'inquietude.

Il est bien vray qu'il est tres-bon de tailler dans la fin de Février, & au commencement de Mars, qui sont d'ordinaire des tems de décours mais il est encore tres vray que sans prendre garde à la Lune, on peut commencer à tailler d'abord que les feüilles des Arbres sont tombées, c'est-à dire à la fin d'Octobre, ou au moins environ la Saint Martin, & qu'on peut continuer ensuite tout l'Hyver, jusqu'à ce qu'on ait achevé: Et cela par ce que comme d'ordinaire on a trois sortes d'Arbres à tailler, les uns trop foibles, les autres trop vigoureux, & les autres qui sont dans le bon état qu'on leur peut souhaiter, j'estime qu'il y peut avoir de la sagesse & de l'utilité à ne les pas tous tailler en même tems, & qu'il est à propos d'en tailler les uns plûtôt, & les autres plus tard: Par exemple je suis assez persuadé que plus un Arbre est foible & languissant & plûtôt doit-on le tailler pour lui retrancher de bonne heure les mêmes branches, qui comme nuisibles ou inutiles doivent dans un autre tems luy être ôtées, c'est-à-dire sur la fin de l'Hyver; & voilà pourquoy à l'égard de ceux-cy la taille de Novembre, Décembre & Janvier est tres bonne & tres salutaire, & même meilleure que celle de Février & de Mars; & par la raison des contraires, plus un Arbre est fort & vigoureux, & plus tard aussi peut-on retarder à le tailler; je veux dire qu'à son egard on peut non seulement sans peril, mais même fort utilement attendre à le tailler qu'on en soit venu jusqu'à la fin d'Avril.

Omnis Arborum putatio quandocumque fieri potest a tempore casus foliorum. *Crescentius.*

J'avance en cela deux principes qui parroissent assez nouveaux: Ceux qui en voudront voir la preuve bien certaine, peuvent continuer de lire ce qui suit: A l'égard de ceux qui voulans bien s'en reposer sur ma bonne foy & sur mon experience, ne demandent qu'à voir la suite de mes manieres d'agir, peuvent passer le reste de ce Chapitre, pour aller à celui qui explique pourquoy on doit tailler.

Pour établir les deux principes que j'ai ci-devant avancez, je me sers de deux comparaisons, dont la premiere qui regarde la taille des Arbres foibles, est tirée de la conduite te que tiennent certains Meûniers bons œconomes, qui avec peu d'eau trouvent moyen de faire moudre un Moulin, auquel cependant il en faut beaucoup; & la seconde qui regarde la taille des Arbres trés-vigoureux, est prise d'autres Meûniers, qui sçachans combien les grands courans des cruës d'eau sont dangereux pour leurs Moulins, laissent pour un temps perdre, ou couler l'abondance qui les incommoderoit; & enfin la rapidité estant passée ils ferment les écluses, & ensuite employent ce qui leur reste d'eau, selon qu'il est expedient pour le nombre des rouës qu'ils ont à entretenir.

Pour faire entendre ces deux comparaisons, je dis que la seve dans chaque Arbre m'y paroît estre à peu prés ce qu'est l'eau dans chaque riviere: Je diray dans un autre endroit ce que l'eau est dans les tuyaux des fontaines jalissantes.

Quelques soient les Rivieres, ou grandes, ou petites, toûjours est-il vray qu'elles sont belles, pourvû que le lit de chacune, tel qu'il peut être, soit d'ordinaire fourny d'une quantité d'eau proportionnée à ce qu'il est, & sans cela elles sont miserables, & peu estimées; ainsi trouve-t-on un Arbre beau tel qu'il soit (car il en est de grands, & de petits) pourvû que cet Arbre dans toutes ses parties fasse tous les ans d'assez beaux jets, & autant qu'il en convient à la condition de grandeur & de grosseur dans laquelle il se trouve, & sans cela il est asseurement vilain & miserable.

Or constamment durant que l'Arbre qui est dans un bon fond se porte bien, & qu'il ne fait point un froid assez grand pour avoir pû geler la terre jusqu'auprés des racines, car un tel froid arreste toute sorte de vegetation, pour lors, dis je, à l'extremité des racines il s'en fait toûjours d'autres nouvelles, & par consequent il se fait toûjours de la seve nouvelle, comme je le prouve dans mes reflexions, & ainsi il monte perpetuellement de la seve, tant dans la tige de l'Arbre, que dans toutes les branches dont la teste est composée, & cela plus ou moins dans toute l'étenduë de chacun, selon que cette seve est en soy plus ou moins abondante, tout de même que dans une riviere, pendant que la source est bonne, & nullement empêchée, l'eau coule perpetuellement, non seulement dans le lit que l'Art ou la nature lui ont preparé, mais aussi generalement dans tous les bras ou elle se peut partager, c'est-à-dire dans tous les ruisseaux où canaux qui se peuvent former le long de son cours, & cela plus au moins, selon que cette eau est en soy plus au moins, abondante.

Quand on voit que l'Arbre est un peu vigoureux, en sorte qu'il n'a fait aucuns jets qui soient beaux, ou qu'ayant esté vigoureux les années precedentes il a cessé de l'estre, de maniere qu'il n'a plus fait de jets, ou au moins n'en a fait que de tres-petits & tres-menus, nous pouvons dire que c'est une marque infaillible, ou que la source de la seve est naturellement foible & petite, ou qu'enfin elle l'est devenuë, si bien que n'estant pas capable, ou ne l'étant plus de faire effet en de longues branches, ny en beaucoup, & cependant estant necessaire qu'elle en fasse pour nôtre profit & nôtre satisfaction, il faut de bonne heure soulager cet Arbre du fardeau qu'il a, & qui est trop grand, eu égard à son peu de force & de vigueur, & par consequent il faut de bonne heure luy retrancher entierement une grande partie de ses branches, afin que pour ainsi dire, on bouche le plûtôt qu'on peut beaucoup de ces ouvertures par où il entroit partie de la seve de cet Arbre; & ainsi ce qui par exemple étant partagé en quarante rameaux paroissoit faire peu d'effet en chacun, cela même estant ensuite ramassé & distribué à la moitié moins, se trouvera suffisant pour faire sur cet Arbre de plus grandes productions, quoy que veritablement moins nombreuses, C'étoit une riviere dont la source étoit ou naturellement foible, ou notablement diminuée, & qui cependant toute telle qu'elle étoit étant encore partagée en trop de bras, ne pouvoit rien faire de considerable en pas un endroit, mais étant industrieusement ramassée, ou bien reduite & resserrée en moins d'étenduë, de sorte qu'il ne s'en perd plus nulle part, comme elle avoit accoûtumé, elle se trouve par ce moyen capable de tourner au moins quelque rouë: Une chaussée, ou des écluses faites de bonne heure, ont fait icy ce que la bonne fortune d'une Riviere plus abondante fait à l'égard de plusieurs roues.

Et voilà ce qui m'a engagé à conseiller de tailler de bonne heure les Arbres foibles,& cela même apprend qu'il les faut tailler fort court ainsi que nous le montrerons ci-aprés,

Or ce qui prouve bien à l'égard de la taille de ceux-là, doit, ce me semble, par la regle des contraires servir de lumiere à l'égard de la taille des Arbres vigoureux, soit pour la faire plus tard, soit pour laisser à chacun davantage de charge.

Constamment nous n'avons d'Arbres fruitiers que pour avoir du Fruit, & constamment ce Fruit ne vient communement que sur ces branches foibles, car les grosses n'en font gueres, leur fonction étant de faire quelqu'autre chose d'assez important : C'est ainsi que les grands torrens ne sont pas propres pour faire moudre, au contraire ils sont sujets à tout engorger, ou à tout rompre ; leur fonction est de servir à autre chose, par exemple au transport des voyageurs, au transport des fardeaux & des marchandises, &c. Ce ne sont donc que les mediocres qui sont icy utiles à la moulure : Ainsi un Arbre estant tres-vigoureux ne fait d'ordinaire que des grosses branches, & sur tout à l'entrée du Printemps ou sont les grandes cruës de seve, & n'en sçauroit commencer de ces foibles dont nous avons besoin pour le Fruit.

Or à un tel Arbre qui doit estre taillé afin qu'il donne du Fruit, & que cependant il ait une figure agreable, il ne faut pas seulement luy laisser beaucoup de charge,soit pour le nombre des branches, soit pour l'étenduë de chacune, ce qui en effet est absolument necessaire, il faut encore quelque chose de plus ; & comme c'est particulierement à ces extremitez, sur lesquelles à l'entrée du Printemps se font les grands effets de la seve nouvelle, il y faut, pour ainsi dire, laisser passer la fougue & la furie de la premiere action : c'est pourquoy un tel Arbre a besoin d'estre taillé plus tard, c'est-à dire qu'il ne le doit estre que quand la premiere impetuosité de seve sera passée, il luy en restera encore suffisamment pour faire que sur ces sortes de branches ainsi taillées aprés coup, il pousse en même temps & de gros jets pour la figure, & de ces foibles que nous souhaitons pour le Fruit.

Ce n'eſt pas que, comme je diray cy-aprés, le meilleur expedient en fait d'Arbres trés-vigoureux, & même s'il m'eſt permis de parler ainſi, opiniâtres à l'égard du Fruit, le meilleur expedient, dis-je, ne ſoit d'aller à la ſource de leur vigueur qui ſont les racines : C'eſt cette vigueur qu'il faut affoiblir, & par conſequent il faut diminuër le nombre des racines qui travaillent le mieux, & par ce moyen on diminuëra l'effet qui provient de pluſieurs bonnes ouvrieres, leſquelles agiſſans en même temps font plus de ſeve qu'il n'en faut à tel Arbre fruitier : Car enfin il faut que ſelon nôtre intention il faſſe promptement du Fruit dans une figure contrainte, & qui ne luy eſt nullement naturelle, & il ne le peut, quand la ſeve étant par trop abondante, il ne ſe fait par tout que de trés-groſſes branches.

L'experience qu'un chacun pourra cy-aprés acquerir en pratiquant ces deux maximes, & particulierement celle qui regarde la taille des Arbres foibles ; cette experience, dis-je, achevera ſans doute de les établir pour toûjours ; & pour les autres Arbres je répons qu'il n'y a perſonne qui ne s'en trouve trés-bien, & je répons ſur tout que ce ſera un grand ſecours pour les Jardiniers qui ont un grand Fruitier à conduire, & qui comme il eſt fort à ſouhaiter, veulent tailler eux-mêmes la plûpart de leurs Arbres.

Or comme je crois qu'ils ne ſçauroient mieux faire que de ſuivre ce conſeil, auſſi me paroiſſent-ils trés-blâmables, ſi pour commencer à tailler ils attendent qu'on en ſoit à la fin de l'Hyver, & au temps de ces décours de Février & de Mars, parce que c'eſt pour lors le temps du grand accablement de toutes ſortes d'ouvrages pour les Jardiniers : Tout vient tout à coup à l'entrée du Printemps, les labours de tout le Jardin, les ſemences de la plûpart des Plantes potageres, l'œilletonnement des Artichaux, les differentes couches à faire, le nettoyement des Allées, ſi bien que c'eſt un étrange embarras d'avoir encore pour lors à faire le plus important de tous les ouvrages ; car enfin c'eſt le ſeul où il n'y a point de petites fautes à faire, elles ſont toutes grandes & pernicieuſes, c'eſt la taille de beaucoup d'Arbres, & peut-être grands Arbres, tant en Buiſſon qu'en

Espalier, sans oublier le premier palissage de ceux cy, & par ce moyen comme tout s'y fait avec precipitation, aussi pour l'ordinaire tout s'y fait-il assez mal : Car à vrai dire chaque chose pressant egalement d'être faite, il y en a peu à qui on puisse donner tout le tems & toute l'application necessaire.

J'ai dit en passant que je ne faisois nul cas des décours, &c. mais je n'ay pas répondu à une objection que quelques Jardiniers pretendent invincible, & dans laquelle à mon sens ils se trompent infiniment ; c'est, disent-ils, que la gelée d'Hyver peut gâter l'extremité de la branche taillée, & que s'il n'y a pas tant à craindre pour les Fruits à Pepin, tout au moins cela est il fort dangereux pour les Fruits à Noyau, dont, à ce qu'il pretendent, le bois est fort delicat, parce qu'il est fort moëleux ; je me contente de supplier tous ces scrupuleux de se défaire de cette apprehension, & je les asseure que l'experience qu'il en feront sans prévention achevera de les guerir pleinement de leur erreur ; Nous avons eu depuis sept ou huit ans les plus rudes Hyvers, qu'aucun homme vivant se souvienne d'avoir vû. J'avois taillé tous mes Pêchers devant cette grande rigueur, & ne me suis jamais apperçû qu'il en fût arrivé le moindre inconvenient.

Constamment je trouve qu'il fait bon de tailler tout autant de fois, que le froid n'est point assez violent pour incommoder personnellement celui qui taille : Il n'y a que de certains jours de givre, que le bois des Arbres étant tout couvert de verglas, la serpette quelque bien affilée qu'elle soit, ne sçauroit passer, c'est à-dire ne sçauroit couper net ; & ainsi comme il faut trouver du plaisir dans cette taille, on n'y en trouve seurement point dans ces tems là, & partant il est necessaire d'attendre à tailler, que ce verglas soit entierement fondu & passé.

Les tems propres à tailler étant reglez, il en faut venir à quelque chose de plus important & de plus curieux.

Comme rien ne sied mieux, & n'est plus naturel à un Ouvrier que de sçavoir au vray pourquoy il fait l'ouvrage auquel il travaille, aussi ne crois je pas qu'il y ait rien ny de plus stupide, ny de plus indigne d'un homme que d'agir simplement par coûtume & par habitude : C'est un défaut qui n'est que trop ordinaire dans la plûpart des Jardiniers, ils ne se mettent gueres à tailler que parce que c'est l'usage de le faire. Je suis persuadé qu'il est indispensablement necessaire de sçavoir quelque chose de plus, ou qu'autrement on ne sçauroit parvenir à bien tailler, c'est une verité que je tiens incontestable : Je ne sçaurois souffrir qu'un Jardinier se trouve embarassé & presque tout interdit, quand on vient à lui demander la raison pourquoy il taille, & voilà le sujet que je m'en vais traiter dans le Chapitre suivant.

CHAPITRE IV.

Des raisons qui obligent de tailler.

NOus avons deux principales raisons qui prescrivent & autorisent la taille.

La premiere est pour avoir seurement plus grande abondance de beaux Fruits, & même en avoir plutôt.

Et la seconde pour faire qu'en tout tems l'Arbre soit plus agreable à la vûë qu'il ne seroit si on ne le tailloit pas : On ne peut pas disconvenir, que ce n'est pas seulement le fruit & les feuilles qui rendent un Arbre beau, ce sont veritablement ses plus grands ornemens, mais il y faut encore quelque autre chose, puisque n'ayant pas du Fruit tout le long de l'année, il est à souhaiter que quand il est dépouillé de ses agrémens, ou qu'il n'est pas encore en âge de les avoir tous, il soit au moins composé & tourné de maniere qu'il donne plaisir à le voir.

Or ce qui outre l'importance du Fruit rend un Arbre agreable à la vûë, n'est autre chose que la belle figure qu'un Jardinier habile luy sçait donner ; & comme nous avons de deux sortes d'Arbres, sur lesquelles particulierement nous exerçons la taille, sçavoir les Buissons & les Espaliers, il faut établir de bons principes pour se conduire sagement aux uns & aux autres : Ces principes regardent principalement les grosses branches, sans lesquelles on ne sçauroit avoir de beaux Buissons, & par le moyen desquelles il est aisé, & même infaillible de parvenir à les avoir beaux; tout le mystere de cette operation sera developé dans les Chapitres qui traitent de la maniere de tailler tant les Buissons que les Espaliers, n'y ayant point d'autres regles pour les uns que pour les autres.

Je dis d'abord que pour ces deux sortes d'Arbres il faut convenir que leur figure étant si opposée l'une à l'autre, il faut par consequent que leur beauté ne le soit gueres moins; il est donc à propos d'établir en quoi particulierement j'estime que peuvent consister ces deux sortes de beautez si differentes.

Et peut-être aprés cela ne sera-t-il pas mal à propos de comparer à cet égard le bon Jardinier à l'habile Sculpteur: Car comme celuy-cy conformement à l'idée dont il a l'imagination pleine, doit voir tout d'un coup dans son bloc de marbre la figure qu'il en veut travailler, & par consequent y voir distinctement où seront chacune des belles parties dont elle sera composée.

Ainsi l'habile Jardinier conformement à l'idée qu'il se sera faite d'un bel Arbre, doit voir tout d'un coup dans quelque Arbre que ce soit ce qu'il a à faire, soit pour le rendre beau quand il ne l'est pas, ou pour luy conserver sa beauté quand il l'a acquise, soit pour le rendre utile; y voir par exemple où seront les fruits, & par consequent les branches qui les produiront, y voir les branches qu'il faut ôter, & celles qu'il faut conserver pour en faire une agreable figure, &c. Et même comme de temps en temps le Sculpteur s'éloigne de son ouvrage pour voir s'il exécute assez bien sa pensée, aussi le Jardinier habile en taillant son Arbre doit-il faire la même chose à l'égard de cet Arbre, c'est-à-dire, s'en éloigner de temps en temps pour voir s'il donne veritablement dans la belle figure qu'il prétend.

Mais devant que d'expliquer cette idée de beauté des Arbres, il faut se souvenir que comme j'ay dit dans le traité des Plans, nous avons peu de ceux qu'on appelle Fruitiers, qui naturellement demeurent bas, nains, & pour ainsi dire rampans, soit pour nous faire des Buissons, soit encore moins pour nous faire des Espaliers: Tous les Arbres suivant la pente que la nature leur a donnée, cherchent à s'élever, & par consequent ce n'est que l'industrie des Jardiniers, qui s'opposant au cours de la nature, les empêche de former des tiges, & de devenir grands.

Ces Jardiniers sçachans, que comme nous avons déja dit, la seve qui doit faire ces tiges est à peu prés dans les Arbres, tout de même que l'eau qui doit faire le jet des Fontaines jalissantes est dans les tuyaux, ils ont conclu de là, que s'ils bouchoient le passage qui porte cette seve en haut, comme il est aisé en étronçonnant les Arbres, il n'y auroit plus d'apparence de tige, & partant cette seve qui est en action pour sortir, sans pouvoir absolument en être empêchée, ne trouvant plus de passage pour monter où elle devoit, crevera à l'endroit où son cours a été rompu, & y fera le même effet qu'elle auroit pû faire plus haut, si elle avoit eu la liberté d'y monter; si bien que cette seve sortant sur les côtez, non seulement par beaucoup d'ouvertures qui y sont déja toutes formées, mais aussi par d'autres qu'elle même s'y fera, à proportion qu'elle sera abondante, elle produira à droit & à gauche une assez belle quantité de branches.

Il faut presentement dire, que si l'Arbre étronçonné est en plein air, il pourra être disposé à faire un beau Buisson, & s'il est prés de quelques murailles, il pourra être disposé à faire un bel Espalier. J'ay aussi expliqué dans le même traité des Plans ce que c'est que Buisson, & ce que c'est qu'Espalier: J'y ay expliqué l'intention qu'on a eu en les faisant, & l'usage que nous en devons tirer; j'y ay pareillement expliqué que quand les murailles sont hautes, on y plante des Arbres de tige pour garnir cette hauteur, & que là au lieu de leur laisser la liberté de faire un Arbre rond, comme ils le feroient s'ils n'étoient point gênez, on contraint leurs branches, tout de même que celles des Arbres étronçonnez, ainsi que nous l'allons faire voir aprés avoir premierement expliqué en quoy consiste la beauté des uns & des autres, c'est-à-dire, des Arbres en Buisson, & des Arbres en Espalier.

CHAPITRE V.

Idée de la beauté que demandent les Buissons.

LA beauté des Buissons demande deux conditions, l'une qui regarde la tige, & l'autre qui regarde la teste : Selon la premiere condition les Buissons doivent estre bas de tige ; & selon la seconde ils doivent avoir la tête ouverte, c'est à dire vuide de grosses branches dans le milieu, ils la doivent avoir ronde dans sa circonference, & également garnies de bonnes branches sur les côtez.

J'expliqueray plus particulierement cy-aprés ce que j'entens par cette ouverture du milieu, & ce sera à l'endroit où je diray ce qu'il faut faire pour y parvenir, mais cependant il faut bien comprendre les quatre conditions de cette figure, & s'en bien persuader pour entendre utilement mes maximes de la taille, & s'y rendre habile en cas qu'on les approuve assez pour les vouloir pratiquer.

Je ne dis rien encore pour la hauteur de toute la teste de ces Buissons, elle dépend de l'âge des Arbres, étant basse à ceux qui sont encore jeunes, & s'élevant à tous à mesure qu'ils croissent : Mais autant qu'il est possible je voudrois bien qu'elle ne passât pas six ou sept pieds : Il vaut mieux, ce me semble, que ces Arbres croissent en étenduë de circonference & de largeur, que de les laisser monter haut. Le plaisir de la vûë qui craint tout ce qui la borne trop, & particulierement dans les Jardins, & de plus la persecution des vents qui abbattent facilement les fruits des Arbres élevez, me font fixer à cette mesure : Comme la taille des Buissons est infiniment plus difficile, & par consequent contient beaucoup plus de régles que la taille des Espaliers, je commenceray par celle cy devant que de parler de l'autre.

CHAPITRE VI.

Idée de la beauté que demandent les Espaliers, & maximes du palissage.

POur faire que des Espaliers ayent la beauté qui leur convient, je croy qu'il faut principalement que toutes les branches de chaque arbre, en garnissant sur les côtez l'endroit de muraille qu'elles doivent garnir, soient si bien tirées, & si également placées à droit & à gauche, que dans toute leur étenduë à les prendre d'où chacune commence jusqu'à toutes les extremitez de leur hauteur & de leur rondeur, on ne puisse appercevoir aucune partie de l'Arbre ny plus vuide, ny plus pleine l'une que l'autre, ensorte que d'un coup d'œil on voye distinctement tout ce qui le compose jusqu'à le pouvoir aisément conter si on veut : Le vuide est le grand défaut des Espaliers, comme le plein est le grand défaut des Buissons; & quand je veux mes Espaliers pleins, je n'entens pas qu'ils soient pleins de méchantes branches vieilles, usées, inutiles, comme beaucoup d'ignorans affectent; ny tout de même quand je veux mes Buissons ouverts dans le milieu je ne veux pas qu'ils soient vuides comme le dedans d'un verre, &c. J'exhorte particulierement tous les Jardiniers de bien prendre ces deux idées de beauté.

A l'égard de la beauté des Espaliers, il est veritablement desageable d'y voir quelquesfois des branches qui se croisent, autant qu'il est possible il les faut éviter. mais parce que le vuide, comme je viens de dire, c'est à mon sens le deffaut le plus contraire à la beauté de ces sortes d'Arbres; je suis d'avis que preferablement à toutes choses on s'étudie à l'empêcher; si bien que par cette raison je veux qu'il soit permis, & même ordonné de croiser en quelques rencontres, & que particulierement pour les grosses branches, qui seules font le fondement de toute la beauté de l'Arbre, il soit quelques fois permis de les passer par dessus les petites, ou de passer les petites par dessus ces grosses, autrement on courroit entierement risque de tomber dans le desagrément de ce malheureux vuide.

Ces petites branches, qu'il faut pour ainsi dire, regarder icy comme branches de passage, sont ordinairement, comme nous avons dit, les seules qui doivent donner du Fruit, & voilà ce qui les a fait soigneusement & précieusement conserver : Mais comme aprés avoir donné ce Fruit, elles doivent infailliblement perir, aussi seront-elles bien-tôt retranchées de nôtre Espalier, & par consequent feront bien-tôt cesser le reproche de croiser, qu'elles auront pû attirer au Jardinier; mais cependant elles l'auront défendu de cet autre reproche qui est beaucoup plus à craindre, c'est-à dire, du manque de fruit.

Il ne faut donc croiser que dans la derniere necessité ; si bien que quand on peut s'en empêcher, je condamne entierement les Jardiniers, qui par négligence, ou par malhabileté ont en cela ruiné l'agreable symmetrie que leurs Espaliers auroient pû avoir.

Et parce que premierement c'est de la taille que dépend le seul moyen de donner à chacun de ces Arbres la beauté dont je viens de parler : Qu'en deuxiéme lieu chaque Arbre étant composé de deux parties, dont l'une s'appelle le pied ou la tige, & l'autre s'appelle les branches, c'est bien veritablement sur ces deux parties que se fait la taille, mais bien plus sur les branches que sur la tige.

Et parce que principalement dans les Arbres il y a, comme nous avons dit, de plusieurs sortes de branches fort differentes les unes des autres, toutes ayans leurs raisons particulieres soit pour être entierement ôtées, soit pour être conservées, & parmy ces conservées, les unes doivent être racourcies à cause qu'elles sont trop longues, les autres devans demeurer toutes entieres, & que par consequent il y a de grands égards à avoir pour bien conduire les unes & les autres.

Je croy qu'indispensablement je dois essayer de démêler, si je puis, toutes les distinctions qui sont à faire parmy ces branches, on autrement il ne sera pas possible de rien entendre aux maximes que je prétends établir pour bien tailler.

Il me semble que je dois en user icy de la même maniete à peu prés qu'on en uſe pour montrer à lire:La premiere choſe qu'on fait eſt d'apprendre à connoître les Lettres de l'Alphabeth ; la ſeconde eſt d'apprendre à ſe ſervir de ces Lettres pour en joindre deux ou trois enſemble qui faſſent des ſyllabes, & la troiſiéme enfin eſt d'apprendre l'union de pluſieurs ſyllabes pour faire des mots entiers; & ces mots ſe trouvans pluſieurs de ſuite compoſent, & la ligne & la page, &c.

Ainſi veux-je premierement apprendre à bien connoître les branches de nos Arbres Fruitiers, leur donner des noms qui marquent ce qu'elles ſont, & apprendre enſuite l'uſage & la fonction particuliere de chacune, pour faire que pluſieurs enſemble bien placées rendent les Arbres beaux, & les mettent en état de donner promptement abondance de bons Fruits. Peut-être qu'à l'occaſion de cette comparaiſon, ne ſeroit-il pas mal à propos de dire que comme dans la lecture, les mots ne ſe forment que par la fonction reciproque, des voyelles & des conſonnes, auſſi nos Arbres ne deviennent beaux que quand ils ont en même temps une proportion raiſonnable de branches à Bois, & de branches à Fruit; en ſorte que comme ny les voyelles ſeules, ny les conſonnes ſeules ne font point de mots, & des diſcours, auſſi ny les branches à Bois ſeules, ny les branches à Fruit ſeules ne font point de beaux Arbres Fruitiers.

CHAPITRE VII.

Des branches en general.

POur bien entendre la doctrine des branches, il y a cinq choſes importantes à ſçavoir.

Premierement, que comme elles ſont une bonne partie de l'Arbre, il en ſort de deux endroits de cet Arbre, les unes ſortent immédiatement de la tige, & ce ſont les premieres, & pour ainſi dire les aînées ou les meres, le nombre de celles-cy n'eſt pas grand, les autres ſortent enſuite de ces premieres, & ſont comme les filles de ces meres branches: Le nombre de ces dernieres eſt infini; car ſuccessivement chacune vient à être à son tour la mere branche de beaucoup d'autres.

Il faut sçavoir en second lieu que du corps de chaque branche quand l'Arbre se porte assez bien, il en vient tous les ans de nouvelles à son extremité ; & cela plus ou moins selon la force, ou la foiblesse de cette branche que je veux nommer mere branche par rapport aux nouvelles qu'elle produit.

Il faut sçavoir en troisiéme lieu que ces branches nouvelles viennent en deux façons, les unes dans un ordre reglé qui est le meilleur, le plus commun, & le plus ordinaire, les autres dans un ordre dereglé, qui est le moins commun & le moins ordinaire.

Cet ordre le plus commun, & le meilleur de la production des branches nouvelles, quand il en sort plus d'une, est que quoy que les unes & les autres soient en même temps issuës de l'extremité d'une plus ancienne, soit taillée, soit non taillée, cependant elles sont regulierement toutes differentes de grosseur & de longueur, car chacune des plus hautes placées se trouve & plus grosse & plus longue, que chacune des autres qui sont immediatement au dessous d'elle en raprochant de la tige : J'ay dit quand il en sort plus d'une, car quand la mere branche n'en fait qu'une, la fille à la fin de l'Eté se trouve aussi grosse que la mere, & est tres bonne ; quand cette mere branche en fait deux, celle qui est venuë toute à l'extremité, & que je nomme la premiere ou la plus haute, est plus grosse & plus longue que celle qui est venuë immediatement au dessous, & que je nomme la deuxiéme, ou plus basse ; & pareillement quand la mere branche en produit trois, quatre, cinq, &c. comme la premiere, c'est-à-dire la plus haute a plus de grosseur & de longueur que la seconde, aussi cette seconde a plus de grosseur & de longueur que la troisiéme, & la troisiéme plus que la quatriéme, & ainsi de suite, quelque quantité de branches nouvelles que la mere branche vienne à produire, comme il paroît aux figures.

Cela posé il est facile de juger que l'ordre le moins commun, & le moins bon de la production des branches

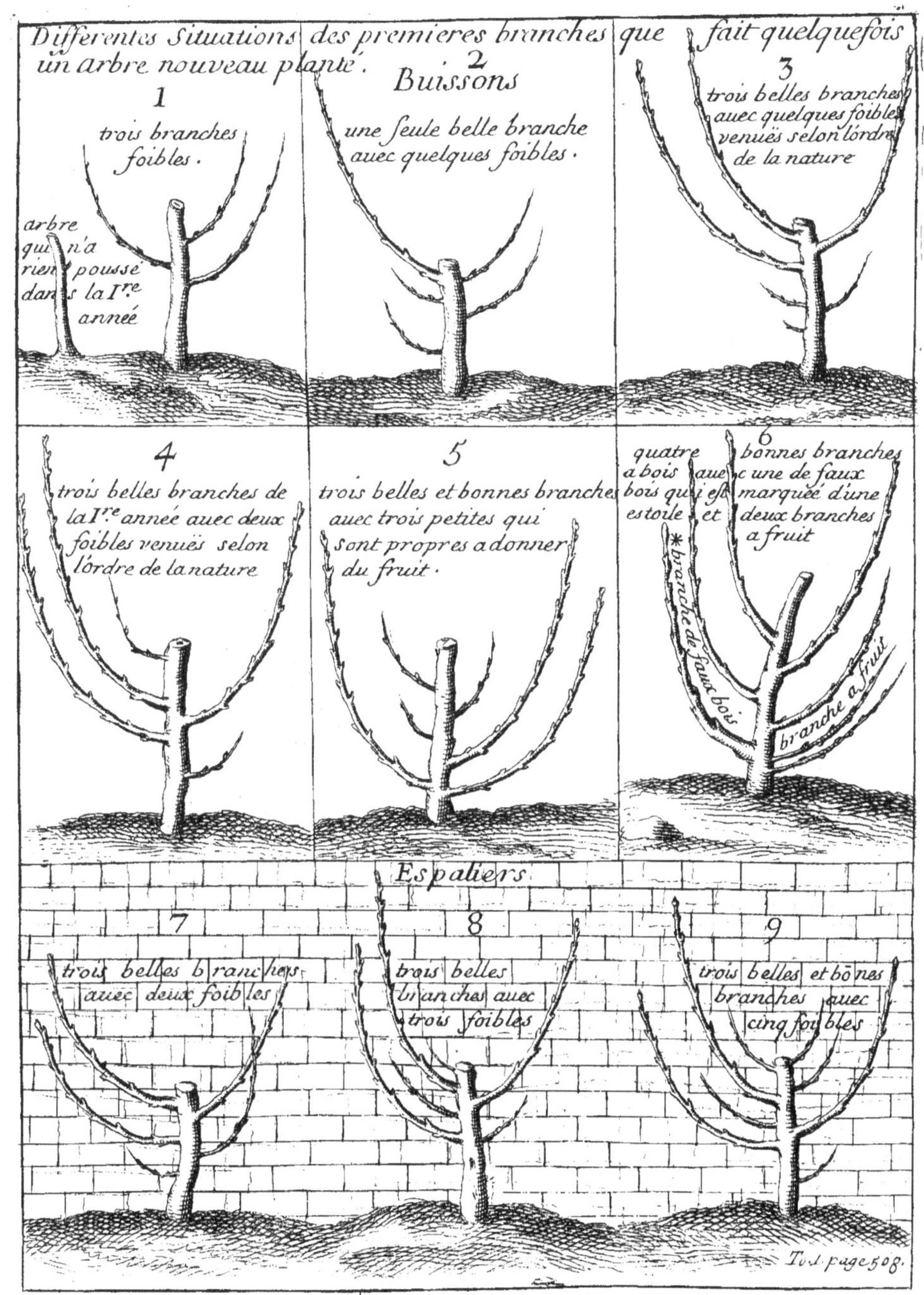
Differentes Situations des premieres branches que fait quelquefois un arbre nouveau planté.
Buissons
1
trois branches foibles.
arbre qui n'a rien poussé dans la Ire. année
2
une seule belle branche auec quelques foibles.
3
trois belles branches auec quelques foibles venuës selon l'ordre de la nature
4
trois belles branches de la Ire année auec deux foibles venuës selon l'ordre de la nature
5
trois belles et bonnes branches auec trois petites qui sont propres a donner du fruit.
6
quatre bonnes branches a bois auec une de faux bois qui est marquée d'une estoile et deux branches a fruit
*branche de faux bois
branche a fruit
Espaliers
7
trois belles branches auec deux foibles
8
trois belles branches auec trois foibles
9
trois belles et bõnes branches auec cinq foibles
To.1. page 508.

nouvelles est quand l'ordre commun est perverti, en sorte qu'il y en a de foibles à l'endroit où il devoit y en avoir de grosses, & qu'au contraire il y en a de grosses à l'endroit où elles devroient être foibles, & ou peut être il n'y en devroit avoir aucune, comme il paroît dans la figure aux branches qui sont marquées d'une *

Ce n'est pas assez de sçavoir d'où les branches sortent, & quel est l'ordre dans lequel elles sortent, il faut sçavoir en quatriéme lieu, que comme ce plus grand, ou ce moins grand nombre de ces nouvelles branches dépend de la force ou de la foiblesse de la mere branche, je crois que pour me faire mieux entendre, il est à propos que dans ce nombre de branches je nomme fortes celles qui sont grosses, & que je nomme foibles celles qui sont menuës, chacune de ces branches ayant pour ainsi dire sa fonction reglée sur le pied de sa force ou de sa foiblesse, en sorte que rarement leur arrive-t-il d'entreprendre l'une sur l'autre, tant elles sont attachées chacune à satisfaire au premier devoir que la nature paroît leur avoir imposé en les formant.

En cinquiéme lieu il faut sçavoir, & c'est icy le point le plus important, que parmy toutes les branches, tant les fortes que les foibles, il y en a qui ont le veritable caractere de bonnes, & de celles-là on en doit conserver beaucoup; il y en a aussi qui ont le veritable caractere de mauvaises, aussi leur donne-t-on un nom de reprobation, regulierement presque toutes celles-là doivent être entierement bannies: Voyons par où on peut sûrement connoître les unes & les autres.

CHAPITRE VIII.

Difference des bonnes & des mauvaises branches.

NOus avons deux marques certaines & indubitables à l'égard des Arbres Fruitiers pour démêler sûrement leurs bonnes & leurs mauvaises branches les unes d'avec les autres, soit quand elles sont encore sur l'Arbre, soit quand elles en ont été retranchées. Une de ces marques se prend de la difference de leurs situations & de leur origine, & l'autre se prend de la difference de leurs yeux.

Je suppose que tout le monde sçait que sur chaque branche il y a des yeux, c'est-à dire, de petits endroits noüeux, & un peu plus élevez que le reste de l'écorce; c'est à ces petits endroits où les feüilles sont actuellement attachées, comme on les y voit pendant l'Eté, ou au moins y en a-t-il eu d'attachées quelque temps auparavant: mais ou elles en sont tombées d'elles-mêmes, ou peut-être en ont elles été arrachées.

Ce que nous apprenons de cette difference de situation & d'origine, est premierement que les branches pour être bonnes, doivent absolument & uniquement naître de l'extremité de celles qui étoient restées sur l'Arbre à l'entrée du Printemps, soit qu'elles eussent été formées dans l'année derniere, soit formées quelques années auparavant, & encore soit que les unes & les autres ayent été taillées, comme c'est l'ordinaire, soit qu'elles ne l'ayent pas été, comme il arrive quelquefois, & par exemple aux Arbres de tige; enfin comme nous ne parlons icy que des Arbres sujets à la taille, il faut convenir que c'est seulement de l'extremité des branches, qui quelqu'âgées qu'elles soient ont été taillées au temps de la derniere taille que doivent venir les branches nouvelles: En second lieu ce que nous apprenons de la difference de situation & d'origine des branches nouvelles, est que ces branches pour être bonnes doivent avoir été produites dans l'ordre le plus ordinaire, & le plus commun de la nature, selon que nous l'avons cy-devant expliqué.

De-là il faut conclure deux choses: La premiere que toute branche, qui au lieu d'être venuë de l'extrémité de celle qui avoit été formée l'Eté précedent, ou au moins de l'extrémité de celle qu'on avoit racourcie à la taille derniere, est cependant sortie d'un autre endroit de l'Arbre; soit de la tige, soit de quelqu'autre vieille branche qui n'avoit pas été taillée, il faut dis-je, conclure que telle branche telle qu'elle soit, grosse ou menuë,

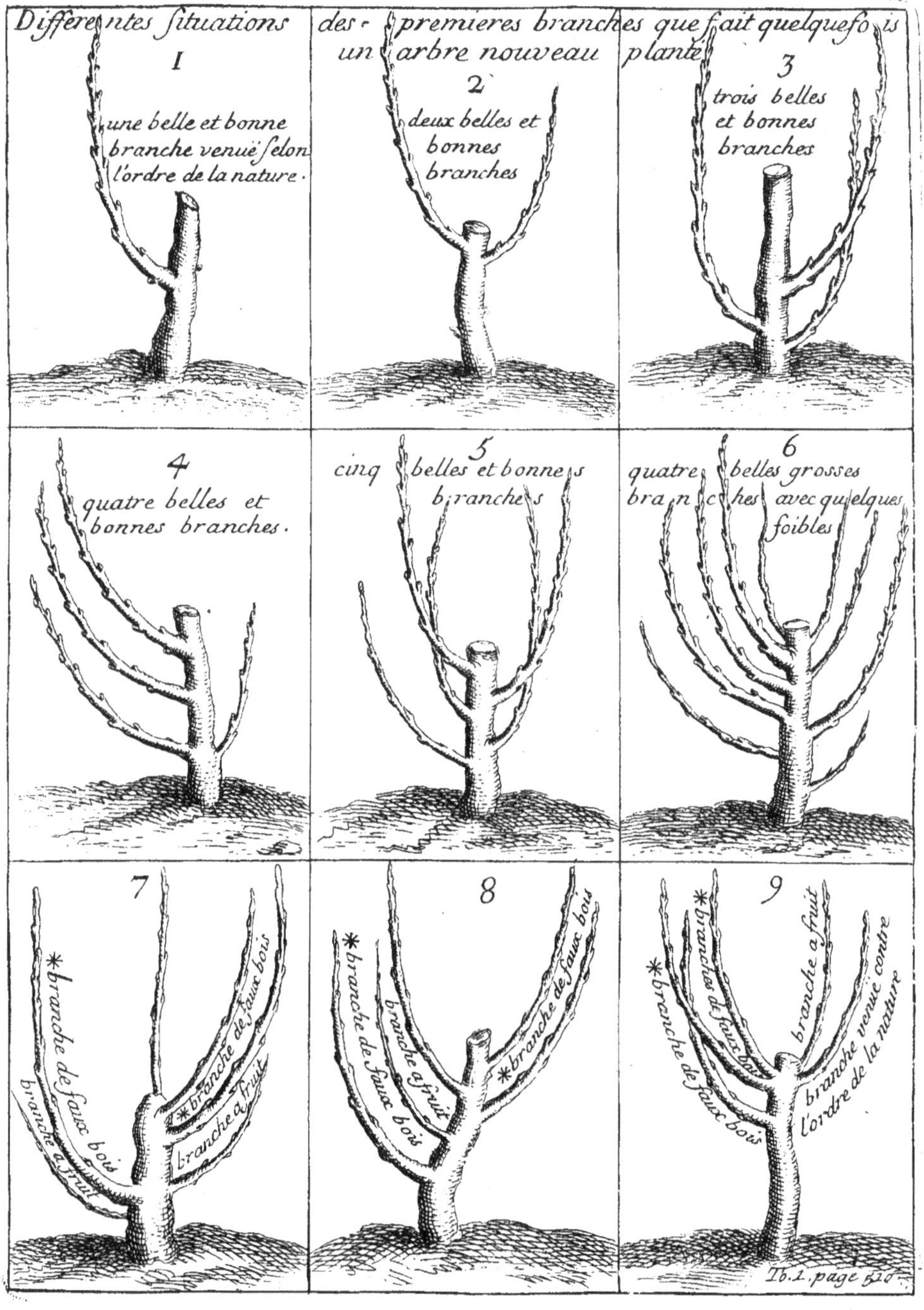

Differentes situations des premieres branches que fait quelquefois un arbre nouveau planté

1
une belle et bonne branche venuë selon l'ordre de la nature.

2
deux belles et bonnes branches

3
trois belles et bonnes branches

4
quatre belles et bonnes branches.

5
cinq belles et bonnes branches

6
quatre belles grosses branches avec quelques foibles

7
* branche de faux bois
branche a fruit
* branche de faux bois
branche a fruit

8
* branche de faux bois
branche a fruit
* branche de faux bois

9
* branches de faux bois
* branche de faux bois
branche a fruit
branche venuë contre l'ordre de la nature

Tb. 1, page 520

est une branche mauvaise, comme je le feray voir cy-aprés.

Et ce qu'il faut conclure en second lieu, est que toute branche, qui au lieu d'être venuë dans le bon ordre de la nature se trouve ou plus grosse, ou plus longue que celle qui est immédiatement au dessus d'elle, tirant vers l'extremité superieure, il faut, dis-je conclure que telle branche est pareillement mauvaise : C'est pour ces sortes de branches qu'a été fait le nom de faux bois, pour dire que ce sont branches incapables de faire ce que nous cherchons, il les faut traiter tout autrement que les bonnes, il y aura pour cet effet des maximes particulieres.

Or comme je ne croy pas qu'il suffise d'avoir, ce me semble, assez intelligiblement expliqué la difference des branches par celle qui est fondée sur la difference de leurs situations & de leur origine, il faut encore expliquer cette autre qui est fondée sur la difference de leurs yeux.

La marque des bonnes par cette difference des yeux, demande que dans toute l'étenduë de la branche ces yeux y soient gros, bien nourris, & fort prés les uns des autres, comme aussi la marque des mauvaises par ces mêmes yeux, est que dans tout le bas de telles branches, ces yeux y soient plats, mal nourris, à peine formez, & fort éloignez les uns des autres.

Ces deux differentes marques, tant par les situations que par les yeux sont aisées à connoître dans les figures cy-jointes A. B. dans lesquelles les mauvaises sont marquées d'une *

On y en voit de fort bonnes, & de fort mauvaises, tant parmy les grosses ou fortes, que parmy les menuës ou foibles, & à l'égard de celles cy la foiblesse est quelquefois si excessive, que comme branches chifonnes & incapables de fructifier ou au moins de nourrir & soutenir la pesanteur de leur fruit, il les faut entierement retrancher de nos Arbres Fruitiers, & sur tout des Buissons où l'on n'attache pas les branches, parce que pour bien faire nous ne devons rien souffrir qui ne soit bon.

Les bonnes foibles, je veux dire celles qui se trouvent

bien placées, & qui sont d'une grosseur & longueur mediocre, sont pour ainsi dire des instrumens propres & asseurez pour faire promptement de beaux & de bons Fruits, & le font infailliblement, pourvû que la gelée ne gâte rien, soit pendant la fleur, soit peu de temps aprés que les Fruits sont noüez, car telles branches ne manquent gueres de faire des boutons à fleur, & même elles ne peuvent absolument servir à autre chose qu'à faire du Fruit, à moins que contre l'ordre naturel & ordinaire de la vegetation, il leur arrive de certains débordemens de séve qui les grossissent extraordinairement, & leur font changer de condition, c'est-à dire, les convertissent en branches à bois, ce qui se fait quelquefois en toutes sortes d'Arbres, & particulierement en ceux qui ont été mal taillez : J'expliqueray cy-aprés quelle conduite il faut tenir en telles occasions.

Les bonnes fortes, dont le principal usage est de commencer, & ensuite de continuer à donner aux Arbres la figure qui leur convient, & qu'ils ne peuvent avoir que par leur moyen, sont particulierement employées à faire tous les ans à leur extremité d'autres bonnes branches nouvelles ; les unes fortes, & les autres foibles, comme il paroît dans la figure A. & c'est à se bien servir des unes & des autres que consiste la grande habileté du Jardinier.

Et pour cet effet comme il est important de conserver les bonnes foibles à cause du fruit, en vûë duquel particulierement on se donne des Jardins Fruitiers ; aussi est-il necessaire de travailler sagement à l'égard des bonnes fortes : Il faut bien veritablement à l'extremité de chaque vieille branche conserver quelques unes de ces nouvelles grosses qui y sont venuës, mais d'ordinaire cela ne va qu'à un petit nombre, par exemple à une seule, & quelquefois si la mere branche est extraordinairement vigoureuse cela peut aller à deux & à trois, comme je feray voir cy-aprés en expliquant la maniere de tailler, & pour cela il faut de grandes raisons ; car si on en conservoit beaucoup, on tomberoit sans doute dans l'inconvenient de la confusion, inconvenient qui gâte toute la disposition à fruit,

fruit, aussi bien que toute la beauté de la figure.

Il faut principalement être assez éclairé pour sçavoir ôter entierement les inutiles; soit parce qu'elles sont usées, soit parce qu'elles n'ont aucune bonne qualité; & cependant à l'égard de celles qu'on conserve, leur regler une longueur proportionnée à leur force, & à la force de tout l'Arbre, de maniere que chacune puisse ensuite justement produire à son extremité autant de bonnes branches qu'on en a besoin; soit pour le fruit, soit pour achever de composer aux Arbres la beauté dont est question, ou pour l'entretenir quand elle est une fois établie; & voilà ce qu'on appelle la taille ordinaire des Arbres.

CHAPITRE IX.

L'explication des mots de fort & de force, de foible & de foiblesse.

COmme dans ce Traité de la taille je suis necessairement obligé de me servir souvent des mots de fort & de force, de foible & de foiblesse, & que ce sont des termes équivoques, & par consequent capables de faire de la peine au Lecteur, j'estime que devant que d'en venir au détail de cette matiere, je dois établir succinctement en quel sens je les prens. Il faut que je n'oublie rien de ce qui peut m'aider à prevenir l'ambiguité que ces termes pourroient faire naître dans mes maximes, autrement il est à craindre que faute d'être bien entenduës, paradoxes comme elles sont, elles n'ayent pas d'abord toute l'approbation que je leur souhaite, & que j'espere leur procurer dans la suite.

Toutes les fois donc que je parle icy de branches fortes, & de racines fortes, c'est, comme j'ay cy-devant marqué de celles qui sont grosses que j'entends parler; comme aussi quand je parle de branches foibles, c'est de celles qui sont menuës que je parle: Et de plus quand je parle d'un Arbre fort j'entends un Arbre vigoureux, c'est-à-dire, un Arbre qui pousse beaucoup de belles & de grosses branches; & quand je parle d'un Arbre foible j'entens un Arbre languiſſant, c'eſt-à-dire, qui pouſſe trés-peu de jets, & preſque tous petits.

Cela poſé, & conformément au ſens dans lequel on prend communément les mots de fort & de force, de foible & de foibleſſe, quand on s'en ſert à parler tantôt des animaux, & tantôt du bois à bâtir, quand on parle des fardeaux qu'ils ſont capables de porter.

Je dis en parlant de la taille des branches, qu'il faut tenir courtes celles qui ſont fortes, cela veut dire celles qui ſont groſſes, & qu'il faut tenir longues celles qui ſont foibles, cela veut dire celles qui ſont menuës ; & en parlant de la taille des racines je dis tout au contraire des branches, il faut tenir courtes celles qui ſont foibles & menuës, & tenir un peu plus longues celles qui ſont groſſes, fortes, & mieux nourries, comme je l'explique dans le traité des Plans à l'endroit où je prepare des Arbres pour les planter.

Je nomme auſſi Arbres foibles les Pommiers greffez ſur Paradis, & les Ceriſiers précoces greffez ſur Ceriſiers de pied, comme je dis que ceux qui ſont greffez ſur franc, c'eſt-à dire, ſur de bons Sauvageons, ſont des Arbres forts & vigoureux, ceux-cy en effet étant capables de produire & de porter beaucoup, & les autres n'étant capables de produire & de porter que peu.

Et c'eſt auſſi dans ce ſens qu'aprés avoir établi de quelle groſſeur à peu prés doivent être les Arbres de chaque eſpece, pour qu'ils ſoient propres à être choiſis & plantez par un habile Jardinier, je dis à cet égard en faiſant la difference des uns aux autres, que par exemple un tel Poirier, ou un tel Pêcher en qui je trouve une groſſeur convenable, eſt aſſez fort, & qu'ainſi il ſera bon à planter : Je dis auſſi qu'un autre tel Arbre en qui la groſſeur eſt exceſſive eſt trop fort, & qu'au contraire un autre tel en qui cette groſſeur neceſſaire ne ſe trouve pas eſt trop foible : C'eſt pareillement dans ce ſens qu'il eſt vray de dire que les Arbres qui croiſſent lentement, & ne deviennent jamais extrêmement grands ſont les plus foibles, témoin le Coignaſſier, le Sureau, le Neflier, le Coudre ou Noiſetier, le Pommier de Paradis, &c.

C'est encore dans ce même sens que je soutiens deux choses.

La premiere qu'il faut prendre garde que la branche foible qui est chargée de boutons, soit cependant assez forte pour porter la pesanteur de son fruit, parce qu'autrement si elle est trop foible elle rompra sous le faix de sa charge, & ainsi j'établis qu'il n'en faut laisser sur chacune qu'à proportion de la force qu'elle peut avoir pour le porter.

Aspice curvatos Pomorum pondere ramos. Ut sua quod peperit, vix ferat Arbor onus. *Ovidius.*

Et la seconde chose que je soutiens regarde particulierement les greffes qui se font en fente, sur lesquelles, quand une branche de menuë qu'elle étoit au temps qu'on l'a appliquée, devient par la suite beaucoup plus grosse qu'auparavant, il me semble qu'on ne peut s'empêcher de dire qu'elle en est devenuë plus forte, n'y ayant nulle apparence de soutenir au contraire, que plus elle est grosse, & plus elle est foible.

De tout ce que je viens de dire pour expliquer la signification de ces mots fort & forcé, foible & foiblesse, il s'ensuit, ce me semble, qu'ils peuvent selon mon sens être utilement employez, & distinctement entendus dans le Traité de la taille des Arbres.

Or parmy ces Arbres, il y en a qui produisent tous les ans une grande quantité de grosses branches, & peu de menuës : Il y en a qui produisent raisonnablement, & des unes & des autres ; & il y en a enfin qui ne croissent que peu, tant par le pied que par la tête, c'est-à-dire, qu'ils ne font en terre que peu de racines nouvelles, & les font même toutes menuës, & ne poussent aussi hors de terre que peu de branches nouvelles, & pareillement presque toutes coutes & menuës, & qui par consequent bien loin de paroître, comme on dit ordinairement des Arbres beaux, forts & vigoureux, paroissent au contraire, pour ainsi dire, des Arbres malades & languissans.

Cette production de differentes branches est le pur ouvrage de la nature, qui se fait innocemment & indépendemment des raisonnemens de la Philosophie, & quoy que cette production n'ait pas été l'ouvrage de la méditation de l'homme, elle luy en a pourtant servi d'une belle maniere, si bien qu'enfin nous prétendons en avoir tiré de grandes instructions pour la Culture & la conduite de nos Fruitiers.

Etant donc certain qu'en toutes sortes d'Arbres, il ne va pas également de seve dans toutes les parties dont ils sont composez, puisqu'en effet toutes les branches n'y sont pas égales en grosseur & en longueur, c'est à-dire, qu'il y en a de certaines qui sont considerablement plus grosses & plus difficiles à rompre, & qui par consequent peuvent être appellées plus fortes que d'autres leurs voisines: Etant pareillement certain que sur ces mêmes Arbres, il y a de certaines branches qui sont considerablement plus menuës & plus faciles à casser, & qui par consequent peuvent être apellées plus foibles que d'autres leurs voisines.

Il est encore certain, comme je l'ay cy devant avancé, & c'est de quoy je me suis apperçû (ce qui peut-être n'étoit gueres arrivé à personne devant moy.) Il est dis-je certain que rarement se forme-t-il des boutons à fruit sur les branches grosses & fortes: Si bien par exemple que si un Poirier n'en fait que de celles-là, il ne donne d'ordinaire aucunes Poires, & qu'au contraire il se forme communément beaucoup de fruits sur les branches menuës & foibles, jusques-là même que si quelquefois dans un même Arbre tout un côté paroît comme languissant en ce qu'il n'a poussé aucunes branches nouvelles, ou n'y en a poussé que de fort foibles, nous voyons que ce côté-là devient ordinairement plein de boutons à fruit, pendant que sur le reste de l'Arbre, qui par l'abondance de ses belles branches paroît trés-sain & trés-vigoureux, il ne s'y en forme que trés-peu, ou même souvent point du tout.

Cette remarque m'a donné lieu de faire deux operations dont je me suis bien trouvé: La premiere est que quand un Arbre fruitier demeure plusieurs années sans faire presque autre chose que ces sortes de branches d'une grosseur & d'une longueur extraordinaire, & que par consequent il fait peu de fruit, en tel cas je n'ay point trouvé de meilleur, & de plus prompt remede pour mettre tel Arbre en train de fructifier que d'en venir à la taille extraordinaire dont j'ay parlé cy-dessus, c'est-à-dire, qu'il faut à l'entrée du Printemps aller à la source de cette force & de cette vigueur, qui sont les racines, afin de diminuer leur action, & pour cet effet je foüille la moitié du pied d'un Arbre, & j'ôte entierement une ou deux, & quelquefois davantage des plus grosses, & des plus agissantes racines que j'y trouve, & les retranche si bien du lieu d'où elles sortent, qu'il n'en reste pas la moindre partie capable de faire aucune fonction de racines, par ce moyen j'empêche qu'il ne se fasse plus tant de seve, & par consequent je fais qu'il y ait moins de vigueur dans toute la tête, d'où il arrive qu'il s'y fait moins de grosses branches & davantage de menuës, & ainsi il s'y forme une disposition à fruit.

Et la seconde operation, est que quand au mois de May une branche vient à naître extraordinairement grosse, soit dans le train ordinaire d'un Arbre vieux planté, soit dans de premieres années de greffe, & que par consequent on doit être assuré que telle branche sera en même temps fort longue, & n'aura aucune disposition à fruit, cela fondé sur la raison de sa force, ou de sa grosseur qui provient d'une trop grande abondance de seve, pour lors je trouve que si on veut on est toûjours maître de partager, pour ainsi dire, ce torrent de seve, & de faire qu'au lieu que toute sa destinée n'alloit qu'à la production d'une grosse branche qui seroit inutile pour la plûpart : On peut, dis-je, faire qu'elle soit réduite, & comme obligée à en faire plusieurs toutes bonnes, dont une partie seront foibles pour le fruit, & quelques-unes toûjours suffisamment grosses pour le bois.

Et cela est bon à faire au mois de May : c'est pourquoy en ce temps là je fais pincer, c'est-à-dire, rompre avec l'ongle ce jeune gros jet, de maniere qu'on ne luy laisse d'étenduë que celle de deux ou trois, ou quatre yeux au plus.

J'explique cy-aprés, & la maniere & le succez d'une telle operation, aprés avoir expliqué ce qui regarde la taille.

Or devant que d'entrer au détail de la taille ; je suppose que nous avons à tailler ou de jeunes Arbres qui n'ont encore jamais senti la serpette, & ne sont par exemple plantez que depuis un an ou deux, ou de vieux Arbres qui ont déja été taillez plusieurs années auparavant.

Je suppose de plus que ces vieux sont en bon état, comme ayant été gouvernez par d'habiles gens, ainsi il n'est question que de les entretenir, ou qu'ils sont en mauvais état, soit pour avoir toûjours été négligez, c'est à dire, point taillez, soit pour avoir été fort mal coupez, & ainsi il faut essayer d'en corriger les défauts.

Je ne crois pas veritablement que je puisse tellement prévoir tous les cas de la taille, que sans en oublier un seul j'aye des regles à donner pour chacun de ceux qui peuvent arriver, je n'ay garde d'avoir cette présomption, sçachant qu'il en est presque de cecy comme de la medecine & de la matiere des procez : Hypocrate & Galien avec tant d'Aphorismes pour l'une : le Code & le Digeste, avec tant de Reglemens & d'Ordonnances, pour l'autre n'ont pû prévoir à tout, ny par consequent tout décider, puisqu'il survient tous les jours des faits nouveaux : Tout ce que j'espere est d'instruire exactement de l'usage que je pratique en cecy depuis trente ans avec une application extraordinaire, duquel usage je me trouve fort bien, comme pareillement ceux qui l'entendent, & qui à mon imitation me font l'honneur de pratiquer mes maximes.

Or pour expliquer le détail de cet usage, je distribueray en trois classes ce que j'ay à dire, & premierement en faveur des curieux, qui commencent de faire de jeunes Plans, je parleray des Arbres nouveaux plantez, sur lesquels je donneray d'abord des regles generales, pour bien tailler tous les jets que chaque Arbre aura faits, à commencer par ceux de la premiere année, & continueray ainsi d'année en année pendant cinq ans consecutifs, pour faire remarquer l'effet de la taille de chacune de ces cinq années ; ensuite je donneray d'autres regles pour remedier à de certains défauts, qui surviennent quelquefois nonobstant les premiers soins d'un habile Jardinier : Avec toutes ces précautions & cette méthode, je dois croire que par ce moyen un Jardinier raisonnablement appliqué sera devenu assez instruit en cette matiere pour y voir clair, y prendre plaisir, & enfin s'y perfectionner de luy-même autant qu'il en aura besoin.

Aprés avoir ainsi travaillé en faveur des curieux qui ont fait des Plans nouveaux, & les veulent conduire eux-mêmes, je viendray à ces autres curieux, qui tout d'un coup se trouvent maîtres de certains Jardins où les Arbres sont vieux, soit que ces Arbres ayent été de longue main bien conduits, soit qu'ils l'ayent été mal, ou par négligence, ou par malhabileté, & je tâcheray de faire comprendre ce que j'y ferois si j'avois à y mettre la main, cecy servira particulierement à toutes sortes de Jardiniers, qui en toutes saisons jettans les yeux sur quelques Arbres que ce soient, voudront non seulement juger de leur bon ou mauvais état pour le faire connoître, mais se mettront en devoir ou de les tailler, ou du moins de marquer ce qu'on y devroit faire pour le bien de l'Arbre ou le plaisir & l'utilité du Maître : Mais premierement il faut un peu parler des outils qui sont nécessaires pour tailler, & de la maniere de s'en servir.

CHAPITRE X.

Des Outils necessaires pour tailler, & de la maniere de s'en servir.

JE n'aurois que faire de dire icy que pour tailler, soit branches, soit racines, on a nécessairement besoin de deux bons outils, sçavoir d'une serpette & d'une scie, parce que ce n'est rien dire de nouveau n'y ayant personne qui ne le sçache aussi-bien que moy : mais comme je ne dois rien obmettre de ce qui regarde mon sujet, je croirois avoir tort si je ne disois rien de ces deux instrumens.

Outre que comme je cherche toûjours à rendre l'ouvrage aisé, & que je suis l'ennemy juré de l'embarras, je veux détruire de certaines boutiques portatives, qui font un gros & grand étuy farcy d'une multitude d'outils assez grands, & par consequent massifs & pesans, dont les anciens Jardiniers se servoient seulement au temps de la taille, & qu'ils nommoient une Jardiniere, & ainsi au lieu de tout ce fracas je ne demande que ces deux petits outils, qu'on puisse en tout temps porter dans sa poche, sans être incommodé, ny de leur grandeur, ny de leur pesanteur, si bien qu'en toutes rencontres on ait dequoy ôter sur le champ tout ce qu'en se promenant on juge devoir être ôté, autrement il arrive souvent que certaines choses demeurent malfaites faute d'avoir à point nommé de quoy le mieux faire d'abord qu'on s'en apperçoit.

Je dis donc avec tout le monde que la scie sert icy pour ôter le bois qui est sec & vieux, & par consequent fort dur, & capable de gâter la serpette, ou pour ôter celuy qui est si mal placé, ou celuy qui est si gros, qu'on ne peut aisement & tout d'un coup le couper avec cette serpette. Je dis ensuite que cela posé la serpette, doit indispensablement servir à couper tout d'un coup le bois qui est jeune, vif, tendre, bien placé, & d'une grosseur mediocre; si bien qu'il ne faut jamais employer la serpette à l'endroit ou son trenchant s'émousseroit aussi-tôt, & où la scie feroit mieux qu'elle, ny pareillement employer la scie à retrancher des branches qu'un seul bon coup de serpette peut couper adroitement.

Mais ce n'est pas tout que d'être convenu de la necessité & de l'usage de ces deux outils pour les differentes occasions où ils sont employez, peut-être ne sera-t-il point inutile, qu'outre cela je fasse icy la description de l'un & de l'autre, Je commence par la figure des Serpettes dont je me sers, & que j'estime les plus commodes; car il est vray qu'on en fait de plusieurs façons que je n'approuve pas, quelques-unes étant trop courbes eu égard à leur longueur, & d'autres ne l'étant pas assez, si bien qu'à mon sens, ny les unes, ny les autres ne donnent de facilité à travailler, comme font celles qui ont la mediocrité entre ces deux figures, j'en ay souvent essayé de toutes les manieres, & enfin je m'en suis tenu à celle

dont

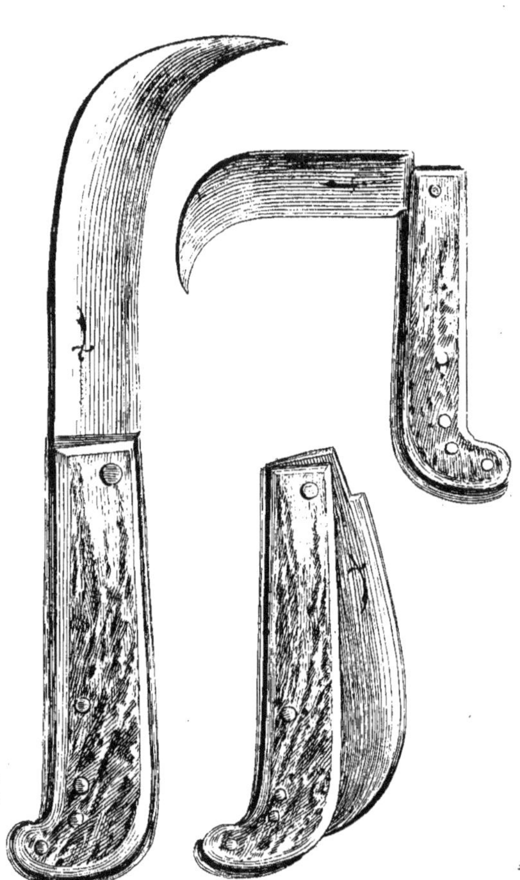

To 1. page 512.

dont la figure paroît icy, & qui sont peut-être de mon invention ; tout au moins ay-je eu bien de la peine à accoûtumer les Ouvriers d'en faire de justes sur le modele que je leur donnois, ils revenoient toûjours à m'en faire, ou qui étoient trop courbes, ou qui étoient trop droites, & par consequent incommodes : Constamment donc la figure des serpettes est icy quelque chose de considerable.

Toutefois ce n'est pas assez que d'avoir des serpettes bien tournées, il faut encore que la matiere en soit d'un bon acier & bien trempé, de sorte que le trenchant ne se rebrousse, ny ne s'égraine, ou ne s'ébréche pas aisement : Il faut qu'elles soient bien affilées, souvent nettoyées de la crasse qui s'y attache en travaillant, & qu'elles soient autant de fois repassées qu'on s'apperçoit que le trenchant ne coule pas bien, c'est à-dire, qu'il ne passe pas aisement à proportion de l'effort qu'on a fait, & même si on a beaucoup d'Arbres à tailler, il est besoin d'avoir beaucoup de serpettes pour en changer souvent : car sans doute ayant de bons outils on fait en un jour beaucoup plus d'ouvrage, & on le fait avec plus de plaisir qu'on n'en sçauroit faire en deux ou trois jours, quand on n'en a que de mediocrement bons, à plus forte raison quand on n'en a que de mauvais.

Il faut encore que l'allumelle de ces serpettes soit d'une mediocre longueur, c'est à dire, qu'elle ne soit qu'environ de deux pouces jusqu'à l'endroit où la courbure du dos commence, & ensuite toute la courbure jusqu'à l'extremité de la pointe doit encore avoir deux pouces ; si bien que le tour du dehors ne doit estre que de quatre pouces en tout : il faut de plus que le manche tire plus au quarré qu'au rond, qu'il soit d'une matiere un peu raboteuse : Le bois de cerf y est tres-propre, il faut que ce manche soit d'une grosseur raisonnable, en sorte que la main en soit pleine, & qu'elle le puisse tenir bien ferme sans qu'il tourne, ou qu'il lui échappe en faisant effort ; une grosseur de deux pouces & huit lignes, ou tout au plus de trois pouces est celle qu'il faut pour l'usage d'un homme qui taille actuellement toutes sortes d'Arbres, c'est-à-dire, pour couper par-cy par-là quelques petites branches : c'est de ces sortes-là qu'il ne sied pas mal aux Maîtres de la Maison d'en avoir quelqu'une pour couper en se promenant ce qu'il remarque de branches mal placées. Voilà tout ce que je puis dire des conditions d'une bonne serpette.

A l'égard de la scie il n'y a pas ce me semble tant de façons : cependant voicy ce qui est à y souhaiter, il faut qu'elle soit droite, qu'elle soit d'une matiere extrêmement dure & bien trempée, les vieilles lames d'épées y sont tres-propres & il faut qu'elle ait bien de la voye, c'est-à-dire, qu'elle ait les dens bien écartées & bien ouvertes, l'une allant d'un côté, & l'autre de l'autre, & qu'avec cela le dos soit fort mince, tout au moins doit-il être moins gros & moins materiel que les dens, ou autrement la scie ne passera pas aisément, parce que les dens en seront tout aussi tôt pleines & engorgées, si bien qu'à s'en servir on se lasse en un moment, & on n'avance gueres.

Il n'est point necessaire que les scies pour l'usage ordinaire de tailler soient larges, un bon demi-pouce de largeur suffit ; il ne les faut non plus gueres longues, c'est assez qu'elles ayent environ cinq pouces de longueur ; & pour ce qui est du manche il peut être rond, attendu que c'est pour pousser en droite ligne devant soy, & qu'ainsi on ne doit pas craindre qu'il tourne dans la main comme fait une serpette à manche rond, il sera assez gros pourvû qu'à l'endroit de sa plus grande grosseur qui est l'extremité où se vient ranger la pointe de l'alumelle quand on la ferme, il ait environ deux pouces, & sept ou huit lignes de tour, & que par l'autre extremité il ait un peu moins de deux pouces, & ainsi on aura des scies qui se plient, & sans faire aucun embarras seront portatives comme des serpettes, le trenchant se serrant dans le manche, & cela est fort commode, & même necessaire à un Jardinier.

Je conte donc pour beaucoup d'avoir de bons outils, mais ce n'est pas assez, il y a encore quelque adresse à s'en sçavoir habilement servir, soit pour expedier besongne, soit pour éviter quelques accidens ; c'est icy un apprentissage qui ne se fait gueres sans qu'il en coute un peu de sang à ceux qui n'ayant jamais eu de bonnes leçons commencent de travailler : Il est de certaines précautions fort necessaires qui regardent les manieres de bien placer tout le corps, & particulierment celle de bien placer la main gauche, sans lesquelles un Apprentif court grand risque de se blesser : c'est pourquoy il est ce me semble tres-à-propos de l'en instruire d'abord.

Et pour cet effet j'avertis premierement qu'il faut se disposer, & se planter auprés de son Arbre, de maniere qu'on se sente ferme sur les pieds, afin de pouvoir se servir aisement de sa force, de sa vigueur & de ses instrumens : En second lieu j'avertis qu'il faut tenir le manche des outils le plus ferme qu'il est possible, en sorte qu'il ne tourne point dans la main ; & en troisiéme lieu j'avertis qu'à l'égard de la serpette il faut toûjours commencer à faire sa taille, c'est-à-dire, commencer à couper par le côté qui est opposé à l'œil, ou à la branhe, sur lequel ou laquelle on coupe, & qui doit aprés cela faire l'extremité de la branche coupée : Et enfin soit qu'on coupe à droit, c'est-à dire, en tirant à soy, ce qui est le plus ordinaire, soit qu'on coupe de revers, comme il est souvent necessaire & à propos de le faire, toûjours faut-il avoir ce soin & cette précaution de mettre la main gauche au dessous & tout proche de l'endroit qui est à couper, pour y demeurer comme attachée, & pour y tenir, si ferme l'endroit qu'elle empoigne, qu'il ne puisse en façon du monde être ébranlée, & que par consequent il resiste à l'effort que fait la main droite en coupant, autrement si la main gauche quitte sa place, la serpette la trouvera sans doute, & la pourra dangereusement blesser.

Il faut encore accoûtumer cette main droite non seulement à tenir la serpette de maniere que le trenchant soit en quelque façon plat & orizontal, mais aussi l'accoûtumer à s'arrêter tout court aprés l'effort qu'elle vient de donner en coupant, afin de ne couper que la branche ou la racine qu'on a eu intention de couper sans aller à quelqu'une du voisinage, qu'il faut si soigneusement conserver, qu'elle ne soit ny coupée, ny blessée le moins du monde,

& pour cela devant que de venir à presenter la ſerpette, il faut bien obſerver la ſituation des branches voiſines, & voir à peu prés non-ſeulement, comme il faut que la main aille en coupant, car cette main doit dans l'effort donner un certain tour à la ſerpette, afin que la pointe ne rencontre rien, mais auſſi il faut ſentir juſqu'où pourra aller l'effort qu'il faudra donner pour emporter tout d'un coup la partie qui eſt à ôter ſans qu'en chemin faiſant la ſerpette nuiſe à aucune de ſes voiſines, & voilà ce qu'on appelle couper ſec comme il faut pour bien tailler, c'eſt-à-dire, couper net, de maniere que ſi c'eſt une branche, la coupeure ſoit en quelque façon ronde, platte, tout au moins qu'elle ne ſoit nullement longue comme les gens mal adroits les font, & s'il arrive qu'on l'ait fait longue, il faut encore donner quelques coups de ſerpette pour ôter cette difformité, bien entendu qu'il n'en eſt pas de méme en fait de racines où la coupure doit abſolument être en pied de biche, c'eſt-à-dire, un peu longue : Nous en avons dit la raiſon dans le Chapitre des Plans.

Quand par un frequent exercice ou habitude de tailler, on eſt devenu adroit & hardy à couper, on peut fort bien, & cela particulierement à l'égard de certaines branches vertes & aſſez groſſes qui ſont à ôter, on peut fort bien, dis-je, mettre la main gauche au deſſus de la main droite, pour empoigner & pour courber, ou plier ſi peu que rien telles branches en les tirant à ſoy, & par ce moyen telles branches deviennent en effet beaucoup plus aiſées à couper, ſi bien que ſouvent on eſt étonné de voir qu'une ſi groſſe branche ait été coupée d'un ſeul coup de ſerpette : mais pour cela il faut que cette main gauche ſoit ſi loin de la droite, que du grand effort que celle-cy donne pour couper tout d'un coup la branche dont eſt queſtion, elle ne puiſſe pas venir juſqu'à cette main gauche ; & méme l'induſtrie & l'adreſſe veulent qu'à meſure qu'en coupant la main droite aproche de la gauche, celle-cy s'éloigne de ſon côté en emportant pour ainſi dire le butin que la droite vient de luy preparer, ou autrement, comme nous avons déja dit, cette main gauche ſeroit en peril d'une bleſſure dangereuſe, ce qui ne ſe voit que trop ſouvent.

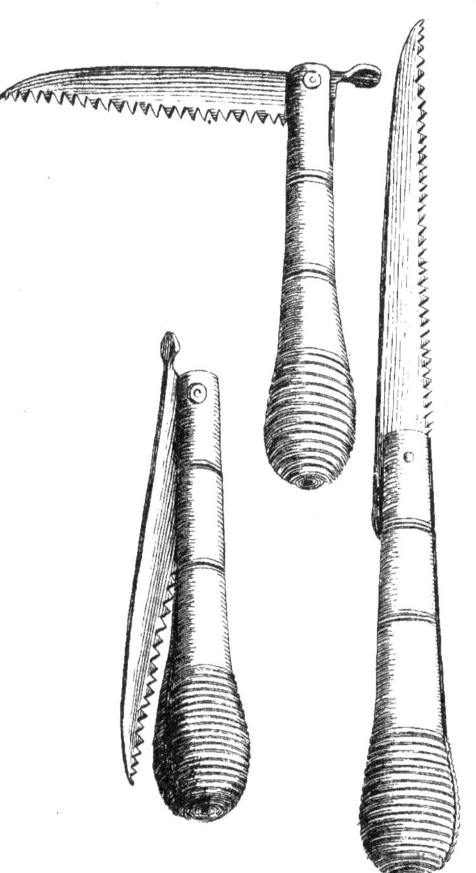

To 1. page 524.

Disons encore que pour bien couper, il faut que chaque branche soit à peu prés à portée de celuy qui coupe, en sorte qu'il la puisse couper sans se contraindre, c'est-à-dire, qu'il est à souhaiter que telle branche réponde environ à l'estomach du Jardinier : que si elle est beaucoup plus basse, il faudra se baisser jusqu'à mettre un genoüil en terre, s'il est expedient de le faire, & si cette branche est trop haute, il faut monter sur quelque chose, soit échelle, soit marche-pied, afin d'être en état de couper à son aise & sans se gêner ; car il est fort dangereux de se blesser, ou d'éclater la branche quand on coupe de haut en bas, & il ne l'est pas tant quand on coupe de bas en haut, pourvû, comme j'ay dit, que la main gauche soit au dessous de la droite.

Je puis dire en passant que les feüilles de Vigne sont un baume naturel qui est trés-propre à arrêter le sang des playes qu'on se fait en taillant, elles ôtent la douleur, & font fermer la playe en peu de temps, les feüilles les plus tendres sont d'ordinaire les meilleures, & faute de feüilles vertes les vieilles sont encore assez bonnes : J'ay autrefois éprouvé ce remede, & même l'ay éprouvé trés-souvent sur moy-même, & enfin je m'en suis toûjours si bien trouvé, que je conseille volontiers à nos nouveaux curieux de s'en servir au besoin.

A l'égard de la scie, quand on a à s'en servir, il faut qu'au contraire de ce qui se fait pour la serpette, la main gauche, tant que faire se peut, soit toûjours placée au dessus de la droite, & qu'elle appuye ferme sur la partie qui est à scier, pour l'empécher de branler, autrement la scie ne passera pas assez bien ; cela fait il faut tenir le manche de la scie, de maniere que le gros bout ne vienne qu'environ jusqu'au milieu de la paume de la main, & justement au dessous du pouce, & que là il soit en quelque façon arrêté ou accoté pour mieux faire aller la scie, à quoy il est bon encore que le premier doigt soit étendu le long du manche jusques sur le bord de l'allumelle, pour conduire plus droit le mouvement de la scie ; & pour cet effet, il faut premierement une assez grande application d'esprit à ce qu'on veut scier, sans se laisser distraire à quoy que ce soit, & en méme temps il faut agiter cette ſcie avec une extrême vigueur & viteſſe, ou autrement ſi on va mollement, ou qu'on ſoit diſtrait à autre choſe, l'ouvrage ira mal, & ſouvent la ſcie ſe tortura, ou ſe rompra; il faut ne pas achever entierement de ſcier ce qu'on a commencé, mais s'arrêter tout auprés de la derniere écorce, ou autrement on court riſque que cette écorce de deſſous ſe déprendra de la partie de la branche qui demeure, & par conſequent y fera une écorchûre dangereuſe; ſi bien que la ſerpette doit toûjours achever l'ouvrage de la ſcie, tant pour couper net ce qui n'a pas eſté achevé de ſcier, que pour ragréer comme l'on dit, la partie ſciée, c'eſt-à-dire, couper tout ce qui reſte de rude par l'action de la ſcie & qui ſans cela ne ſe recouvriroit pas, la ſcie ayant en quelque façon brûlé la partie ſciée.

Il y a même de certaines occaſions où la main gauche pliant ſi peu que rien la branche qui eſt à ſcier, fait que la ſcie en paſſe mieux, & acheve plûtôt, & plus proprement l'ouvrage: mais il faut bien prendre garde à la juſteſſe de l'effort qu'on fait icy en pliant, de peur qu'il ne ſe faſſe un éclat fâcheux pour la partie qui doit reſter, & voilà ce que j'avois à dire ſur le fait de nos outils, paſſons maintenant à l'application de leur uſage.

CHAPITRE XI.

Maniere de tailler les Arbres dans les premieres années qu'ils ont été plantez.

UN Arbre fruitier de quelque eſpece qu'il ſoit, Poirier, Pommier, Prunier, Pêcher, &c. qui paroiſſoit avoir en ſoy toutes les bonnes qualitez neceſſaires pour être planté, & qui en effet vient d'être planté avec toute l'adreſſe, & tous les égards que nous avons cy-devant expliquez dans le Chapitre des Plans, cet Arbre fruitier, dis-je, depuis le mois de Mars juſqu'au mois de Septembre & Octobre enſuite fera neceſſairement de quatre choſes l'une, où il ne pouſſera rien du tout, où il pouſſera peu, où il pouſſera raiſonnablement, c'eſt-à-dire, au moins une belle branche, où il poussera beaucoup, c'est-à-dire, deux ou trois belles branches, & peut-être même davantage comme il paroît dans les figures ; il faut exactement expliquer ce qui est à faire dans chacun de ces quatre cas particuliers.

CHAPITRE XII.

De la premiere taille d'un Arbre qui n'a rien poussé la premiere année.

POur ce qui est du premier cas où nous supposons que pendant l'Eté cet Arbre n'ait rien poussé du tout, c'est peut-être qu'il est mort, & le paroît visiblement, peut être aussi qu'il est mort tout-à-fait, quoy qu'il ne le paroisse pas encore à cause d'un peu de vert que la serpette découvre au dessous de l'écorce, car sans doute il peut paroître vivant par la tête, & cependant être mort par les racines, & cela s'appelle aussi être mort tout-à-fait, sans que cependant il le paroisse au dehors, ou enfin il peut paroître mort, soit seulement parce qu'il n'a rien poussé, soit peut-être parce qu'une partie de sa tige est effectivement morte, quoy que cependant il ne soit nullement mort au principal endroit, c'est-à-dire, à l'endroit du principe de vie & des grosses racines, d'où dépend tout le ressort de la vegetation.

Quand cet Arbre est mort de tous les côtez, cela se connoît aisément par la secheresse ou la noirceur de la tige entiere, soit d'une bonne partie, & sur tout si cette noirceur paroît aux environs de la greffe, & en ce cas il n'est ny difficile de donner un bon conseil, ny difficile de prendre un bon party, c'est à dire, qu'il faut ôter un tel Arbre dés qu'on sera convaincu de sa mort, mais toûjours avec intention d'en remplacer un autre au premier tems de pluye douce, cela s'entend, si on s'est aperçû de cette mort dés le mois de May, ou au commencement de Juin, ce remplacement se pouvant faire jusques-là, mais il n'est pas si sûr de le faire pendant les grandes chaleurs du reste de l'Eté.

Ce remplacement marque assez, que je prétens qu'il se

fasse par le moyen des Arbres qu'on doit avoir en manequin, si, comme j'ay tant exhorté de le faire, chaque curieux a pris soin d'y en élever quelques-uns, non seulement dans la premiere année de son plan, mais aussi toutes les années suivantes, afin que dés cette premiere année, & méme en tout temps il ait le plaisir de voir toûjours son Plan parfait; or sans doute que tels Arbres de manequin, auroient dans les mois de Juillet & d'Aoust leurs racines hors du manequin, s'ils y ont si bien repris qu'on y voye de fort beaux jets, & ce n'est en effet que de ces bien repris qu'il faut remplacer, mais il est trés-hazardeux de les arracher, & transporter, ou planter dans l'Eté, quand leurs racines sont aussi sorties, car où elles se rompent en remuant, ou comme leurs extremitez sont blanches, elles se noircissent aisément à un air chaud, & par consequent perissent, & l'Arbre en est trés-long-temps à languir, & méme assez souvent il en vient à mourir.

Que si on ne se sert pas de manequins dans les mois de May & de Juin, on attendra à s'en servir que la premiere saison de planter soit revenuë, qui est depuis Novembre jusqu'à la mi-Mars, & ce sera pour lors qu'on s'en servira, ou bien que n'en ayant pas on replantera un nouvel Arbre bien conditionné à la place du mort.

Et cependant il faut soigneusement examiner d'où vient que nous avons été trompez à cet Arbre, en qui nous avions vû toutes les apparences d'une meilleure fortune, puisque sans cela on ne l'auroit pas planté, afin que si on peut, & découvrir, & éviter les inconveniens qui l'ont fait mourir, on essaye d'y remedier pour l'avenir.

Fundusque mendax Arbore nunc aquas culpante, nunc torrente agros sidera. *Horatius.*

C'est par exemple le grand froid pendant l'Hyver, ce qui arrive fort rarement, ou c'est le grand chaud pendant l'Eté, ce qui peut arriver: Or puisque & le grand froid, & le grand chaud sont capables d'alterer & de perdre les racines d'un Arbre, avertissement certain de couvrir de quelque chose le pied de celuy qu'on plantera de nouveau, car ce n'est point un bon expedient que de planter plus avant que je ne l'ay dit dans le Traité des Plans, prétendant par là de garentir les racines du froid, ou du chaud: Il vaut donc mieux le replanter suivant nos regles,

gles, & pendant l'Esté prendre soin de couvrir le pied avec de la fougere ou du fumier sec, ou des herbes nouvellement arrachées, &c.

Que si l'Arbre n'est mort que faute d'arrosement, on arrosera ce nouveau, si c'est faute de bonne terre on y en remettra : si c'est pour avoir été souvent, & malicieusement ébranlé dans le temps de la premiere pousse, ou l'en garentira, soit en mettant quelque treillage au devant, soit en éloignant les fripons qui auront fait ce desordre.

Si c'est pour avoir été planté trop bas ou en terre trop humide, on plantera l'autre un peu plus haut, ou bien on elevera le terrein pour lui donner quelque moyen de l'égoûter.

Si c'est pour avoir été à l'ombre d'autres Arbres, ou dans le voisinage de quelques Bois ou de quelques Pallissades, qui par une infinité de racines usent toutes les terres d'alentour, on se resoudra ou d'ôter soit ces Arbres qui font ombre, soit ceux qui effrittent tant la terre, & devant que d'y rien replanter on ôtera les terres usées pour y en remettre de meilleures; sans croire qu'avec du fumier on puisse les ameliorer, ou bien on se resoudra à ne replanter plus de Fruitiers à cette place malheureuse.

Si enfin ce sont quelques Taupes qui les ayent soulevez & ébranlez, on tâchera de les faire prendre; si ce sont quelques vers qui les ayent rongez, on les cherchera pour les détruire, quoy que comme nous avons dit ailleurs ce soit de tous les maux qui peuvent affliger les Plans, le plus grand, le plus dangereux & le plus incurable : Toute la consolation qu'on peut avoir en cecy est que c'est une maniere de torrent qui doit necessairement avoir son cours, mais qui passe, & qui ne revient pas souvent; & voilà ce que j'ay à dire pour un Arbre qui est, & qui paroît actuellement mort la premiere année qu'il a été planté.

Que si l'Arbre est demeuré dans toute sa tige, ou au moins dans une bonne partie, vert sans avoir rien poussé, & que peut être ce ne soit qu'une espece de lethargie qui ait pour ainsi dire engourdi sa faculté vegetative, comme il arrive à quelques Orangers nouveaux plantez, les-

Nec sentire sitim patitur, bibulæque recurvas radicis fibras labentibus irrigat undis. *Ovid.*

Vim tamen agrestûm metuens pomaria claudit. Intus & accessus prohibet, *idem, Ovid.*

Juniperi gravis umbra, nocent & frugibus umbræ. *Virgil.* 10. *Eccl.*

Hortus nullas amat umbras præter umbram domini. *Crescentius.*

quels ſont par fois des deux, trois, & quatre années ſans rien faire, & enfin font des merveilles, choſe étrange & difficile à comprendre que le principe de vie de ces ſortes d'Arbres, leſquels en effet ont tant de facilité à prendre, & tant de peine à mourir, que leur principe de vie, dis-je, ſoit cependant quelquefois ſi difficile à émouvoir pour commencer quelques racines : mais il n'eſt pas icy queſtion de cela, nos Arbres fruitiers ne ſont pas ſi long-tems ſans faire paroître certainement, ou leur vie, ou leur mort.

En cas, dis-je, que cet Arbre fruitier ſoit demeuré vert tout l'Eſté ſans faire aucuns jets, il peut bien donner quelque eſperance de ſatisfaction pour l'avenir, mais en verité elle eſt tres-legere, & ſi on le peut facilement, le plus ſeur eſt d'en replanter auſſi-tôt qu'on pourra un nouveau qui paroiſſe, ou meilleur, ou au moins également bon ; mais ſi on ne peut en avoir d'autres, je ſuis toujours d'avis qu'au mois de Novembre enſuite on foüille tout autour de ce pied douteux, pour voir s'il paroît quelque bon commencement de groſſes racines, ou s'il n'en paroît point du tout.

Au premier cas, c'eſt-à-dire ſi on decouvre quelque bon ſigne qui conſiſte en quelque commencement de groſſes racines, ce qui eſt aſſez rare : car d'abord qu'il ſe fait de nouvelles racines en Eſté, il ſe fait auſſi en même temps de nouveaux jets, ſi dis-je, on découvre quelque commencement de groſſes racines, qui peut-être n'auront commencé de ſe former que depuis la fin de l Eté, il s'en faut tenir là ſans y rien faire davantage, & ſimplement bien racommoder la terre foüillée, & même l'Eté ſuivant prendre quelque ſoin extraordinaire de l'arroſer de fois à autre, ſi le terrein & la ſaiſon paroiſſent le demander : Un tel Arbre peut fort bien reparer le temps perdu, & devenir beau les années ſuivantes.

Et au ſecond cas, c'eſt à dire que cet Arbre n'ait rien fait par racine, il faut l'arracher entierement, & retailler, c'eſt à dire en terme de Jardinier rafraîchir toutes les racines, & même en faire autant à la tête dont peut-être l'extremité eſt morte, & pour lors il la faut rafraîchir jusqu'au vif, & ensuite on pourra replanter cet Arbre au même instant & au même endroit si on trouve qu'il le merite, en ce que les racines se sont conservées saines & entieres, où il faudra le rebuter tout-à fait, si les principales racines sont defectueuses, soit par être seiches ou noircies, soit par être actuellement pourries ou rongées, comme il arrive quelquefois, car cela estant il n'y a rien de bon à esperer : Il n'en est pas de méme s'il n'y a simplement que quelques petites racines de gâtées, quoy que ce ne soit pas un trop bon signe, mais enfin en ce cas là on se contenteroit de les recouper jusqu'au vif, & replanter l'Arbre au méme endroit où il a donné lieu de douter de sa destinée ; il m'est arrivé assez souvent de replanter de tels Arbres en pepiniere, & de les y voir si bien reüssir que quelques années aprés je leur ay heureusement donné ailleurs des principales places du Jardin ; & cependant j'avois planté de bons Arbres nouveaux dans les endroits où ceux-cy n'avoient pas reüssi : Il est tres-difficile d'avoir des Plans parfaits, si on n'a tous ces égards qui sont si necessaires.

La fraîcheur d'une terre humide est quelquefois suffisante pour conserver pendant un an ou davantage des marmarques incertaines de vie, tant dans les racines que dans la tige d'un Arbre, aussi-bien qu'elle en conserve dans les branches coupées, sans que pour cela il y ait seureté de les voir quelque temps aprés heureusement operer, c'est-à-dire operer de la méme façon que des Arbres bien conditionnez ont accoûtumé de faire ; c'est pourquoy il faut se rendre tres difficile sur ces sortes d'apparence de vie, où tant de gens se laissent tant d'années muser & tromper ; & voilà ce que j'ay à dire sur ces mémes apparences de vie, soit bonnes & certaines, soit mauvaises & douteuses.

CHAPITRE XIII.

De la premiere taille d'un Arbre qui a poussé foiblement.

Vix unquam bene surculus proficit nisi primo anno valde proficiat. *Crescentius.*

JE passe au second article d'un Arbre nouveau planté qui est de ne pousser que peu de chose, & particulierement si la pousse est foible & menuë & jaunâtre, & par fois accompagnée de quelque boutons à fruit.

Sur quoy j'ay à dire que je ne fais gueres plus de cas de cet Arbre cy que du precedent, lequel nous venons d'examiner, & avons trouvé qu'il étoit ou mort tout à fait, tant aux racines qu'à la tige, ou simplement mort par les racines, quoy qu'il parût vert à l'écorce, ou avons trouvé qu'il avoit encore quelque petite apparence de vie du côté des racines aussi bien que du côte de la tige, en ce que tant celles-cy que les autres ont encore conservé les marques de vie, c'est-à-dire du vert, & un peu de seve. Et ainsi quand je me trouve fourni de bons Arbres, je ne manque jamais de rejetter celui-cy, quoy qu'il ait un peu poussé aussi bien que le precedent qui n'a rien poussé; mais si je me trouve dans la disette, je me contente de couper ces petits jets jusqu'auprés de la tige, & de la ravaler elle même d'environ la moitié, & de plus je foüille immanquablement au pied; & si je trouve que les racines n'ayent rien poussé, comme cela arrive quelquefois, j'arrache l'Arbre tout à-fait, je rafraîchis toutes les racines pour voir si elles sont toutes bonnes, & cela étant je le replante, ou si quelques unes des principales sont gâtées, & cela étant je le rebute.

Que si pour replanter un tel Arbre je crains que la terre ne soit pas assez bonne j'y en remets de meilleure, il n'y a que ce seul expedient de bon à suivre; le secours des fumiers est trop incertain & trompeur pour s'y amuser, & enfin j'en use entierement pour cet Arbre, ou comme je fais à l'égard de celuy qui n'a fait autre chose que de demeurer vert par la tête & par les racines, lequel nous avons retaillé par tout, & ensuite replanté, soit en place, soit en pepinier, ou comme à l'égard de l'autre qui a veritablement la tête en assez bon état, c'est à-dire verte, mais qui cependant a ses principales racines entierement gâtées, & qu'à cause de cela nous avons rebuté comme mort, c'est pourquoy je me mets en état de chercher un nouvel Arbre pour le remettre à la place de celuy-cy, qui pour ainsi dire, n'a fait que semblant de pousser, tels petits jets n'étans proprement que de fausses marques de reprise, puisqu'ils ne sont faits que par le seul effet de la rarefaction, indépendamment des racines, comme j'explique ailleurs.

Ce miserable bouton à fruit qui paroît sur la tête languissante de cet Arbre nouveau planté, bien loin de faire en moy le même effet qu'il opere en tant de Philosophes, c'est-à-dire de me rejoüir, & de me donner de la consideration, tant pour le pere qu'il la mis au jour, que pour l'action par laquelle il a été produit; il me donne au contraire un veritable mépris pour tous les deux, & me confirmant dans les maximes que j'ay avancées pour faire voir que les Fruits ne sont que des marques de foiblesse, me fait prendre la resolution d'abandonner cet Arbre, & de le rejetter comme une piece de bois mort & inutile; c'est ainsi que j'en use, non seulement pour les Arbres bas qui doivent être Buissons, ou faire partie des Espaliers, mais aussi pour les Arbres de tiges, les uns & les autres étans d'une même condition à l'égard de la reprise.

Je diray icy en passant que ce miserable bouton que je crois devoir appeller bouton de pauvreté me suscite auprés de quelques Philosophes une fort grosse guerre, parce que je ne veux pas demeurer d'accord avec eux que sa production soit une marque de vigueur dans l'Arbre, comme constamment la generation des animaux en est une marque dans les Peres.

J'explique plus amplement cette matiere dans mes reflexions, n'ayant pas jugé à propos de pousser icy plus loin les raisonnemens que j'ai trouvé lieu d'y faire conformement à mille experiences irreprochables.

CHAPITRE XIV.

De la premiere taille d'un Arbre qui a au moins poussé une belle branche.

IL faut presentement venir au troisiéme article qui regarde nôtre Arbre bas nouveau planté, soit pour Buisson, soit pour Espalier, & dire ce que nous avons à faire s'il pousse raisonnablement, c'est-à-dire au moins une branche belle & assez grosse, laquelle d'ordinaire est accompagnée de quelques-unes de foibles.

En ce cas nous avons trois considerations particulieres à faire, sçavoir si cette belle branche s'est faite à l'extremité de la tige, ou si au milieu, ou si au bas.

Si tout-à-fait à l'extremité par l'aprehension que j'ay de tomber dans l'inconvenient que je crains, & qui est un défaut pour un Buisson, c'est à-dire, d'avoir la tige trop haute, dans lequel inconvenient je tomberois sans doute, si je faisois ma taille sur ce nouveau jet, pour lors je me resous volontiers à baisser entierement d'un bon pouce ou deux la tige de ce jeune Arbre, & ainsi je le remets à l'A.B.C. étant assuré qu'autour de l'extremité où je l'auray ravallé, il me poussera de belles branches nouvelles, toutes bien placées & en assez grande quantité, & cela fondé sur ce que par ce beau jet qu'il avoit fait, je suis entierement convaincu qu'il a fait de bonnes racines.

Ainsi en reculant peut-être le plaisir d'une année, en ce que dans la verité je cours risque d'en avoir du fruit un peu plus tard, au moins j'évite d'avoir un Arbre trop haut monté, comme je l'aurois si je le faisois tout sortir de cette branche, & cela étant il me choqueroit éternellement, au lieu qu'en le baissant un peu, je le mets cependant en état de se presenter avec tout l'agrément qui est à souhaitter dans un Arbre bien conduit, & par consequent je le mets en état de me recompenser encore mieux, tant par une belle figure, que par le plaisir de l'abondance.

Que si la belle branche est venuë au milieu de la tige; il faut sans hesiter ravaller cette tige jusqu'à cette branche, & racourcir même cette branche jusqu'à quatre ou cinq yeux au plus pour y mettre tout le fondement & toute l'esperance de la belle figure de nôtre Arbre, étant certain qu'à l'endroit où nous l'avons racourcie, elle poussera dans la seconde année tout ou moins deux belles branches, & toutes deux opposées l'un à l'autre : Il n'en faut pas davantage pour faire un bel Arbre à qui le sçaura bien conduire ; que si cette branche racourcie en pousse trois ou quatre comme il arrive assez souvent, le succés en sera encore plus heureux, plus aisé & plus agreable.

Je suppose pour cela que les Jardiniers un peu soigneux auront eu soin de faire de bonne heure prendre à cette branche unique, dont nous parlons, une assiete bien droite, pour y former ensuite un Arbre droit sur son centre, comme il le doit être necessairement.

Que si on a manqué à cette precaution, il faut en venir au grand remede, qui est de racourcir à deux ou trois yeux cette branche, qui n'est ainsi rudement traitée que pour avoir été mal élevée.

En faisant sa taille sur la branche qui est icy venuë toute seule, on pourra bien cependant conserver, non pas les branches tres menuës que je nomme chifonnes, & qu'il faut entierement exterminer de nôtre nouveau planté, mais seulement quelques-unes de celles qui sont ou courtes, & passablement grosses, ou longuettes, & aussi passablement grosses en quelque endroit qu'elles soient, tant les unes que les autres ; pourvû qu'elles ayent les yeux assez beaux & assez bien placez, nous pouvons seurement en esperer assez tôt quelque fruit, sans craindre que cela fasse aucun tort à la vigueur de nôtre Arbre, & sur tout en fruits à noyau, & même en fruits à pepin, à la charge toutefois de racourcir un peu ces sortes de branches qui sont en effet trop longues, & de ne point toucher aux autres qui sont courtes, & passablement grosses.

Ce qui fait que je n'empêche point de conserver quelques-unes de ces branches foibles, est qu'étant trés-certain, comme j'ay tant de fois repeté, que c'est le peu de seve qui fait le fruit, il s'ensuit de-là qu'une petite quantité de cette même seve, employée à en faire ne sçauroit porter un préjudice conſiderable à nôtre nouvel Arbre, & que cependant il nous aura fait un aſſez grand plaiſir, en nous donnant du fruit de bonne heure.

Ce n'eſt pas que je veüille dire pour cela que ce ſoit un fort grand mal quand la premiere année on ôte impitoyablement toutes ces eſperances de premiers fruits : Chaque curieux en uſera à cet égard comme il le trouvera à propos, mais pour moy je les conſerve.

Si nôtre branche unique eſt ſortie du bas de la tige il faut s'en réjoüir, elle eſt tres-bien placée, pourvû que le Jardinier ait de bonne heure pris ſoin de celle-cy pour la ſoutenir droite en cas qu'elle ne le fut pas, comme nous avons dit de la precedente : on y peut avec certitude faire ſa taille à la hauteur où l'on ſouhaite voir commencer un bel Arbre, ſoit Buiſſon, ſoit Eſpalier : mais ſi elle ne ſe trouve pas droite, ou qu'elle ne puiſſe pas être redreſſée avec quelque lien un peu fort, il la faut traiter comme l'autre, c'eſt à dire la ravaller tout bas pour en faire ſortir une qui ſoit droite, autrement on auroit toûjours un Arbre de côté, & par conſequent de vilaine figure, bien entendu toûjours qu'il aura fallu ravaller la tige juſqu'au prés de la branche unique qu'elle avoit pouſſée, & que nous venons de tailler.

Je diray icy en paſſant, que quand nous plantons un Arbre nous pouvons bien apparemment, mais non pas demonſtrativement & infailliblement aſſeurer qu'il reprendra : Encore moins, en cas qu'il reprenne, pouvons nous marquer à quel endroit il fera ſes premiers jets : mais à l'égard des belles branches qu'un Arbre repris a pouſſées, & que nous avons taillées enſuite, nous pouvons avec aſſez de certitude aſſurer qu'à l'extremité où nous les avons ravalées elles en pouſſeront de nouvelles, & marquer même à peu prés la quantité ; ſi bien qu'on peut conter là-deſſus ; & par conſequent ſi nôtre Arbre n'a fait que la ſeule branche dont nous parlons, nous pouvons ſeurement attendre qu'étant taillée un peu courte, elle en pouſſera au moins deux belles capables de faire en toute maniere ce que nous avons cy deſſus étably pour le commencement de la belle figure d'un Arbre.

J'eſtime

J'estime donc que pour cette branche sortie du bas de nôtre tige, nous luy pouvons à peu prés laisser la même longueur que nous avions donné à cette tige en plantant l'Arbre, c'est-à-dire, une longueur de sept à huit pouces, & cela en quelque endroit que nous l'ayons planté, soit en terrein froid & humide, soit en terrein chaud & sec.

CHAPITRE XV.

De la premiere taille d'un Arbre qui a poussé plus d'une belle branche.

AU quatriéme cas où nôtre Arbre nouveau planté a poussé deux belles branches, ou trois, ou quatre, ou même davantage avec quelques foibles parmy.

Nous avons sur cela d'autres grandes considerations à faire, & qui feront icy differens Chapitres, sçavoir en premier lieu si cette pluralité de branches sera venuë à souhait, c'est-à-dire, sera venuë tout autour de quelque endroit de la tige, soit en haut, soit au milieu, soit en bas, en sorte qu'elles y representent comme un chandelier pour un Buisson, ou comme une main ouverte pour un Espalier.

Sçavoir en second lieu si toutes ces branches sont toutes venuës d'un côté, & toutes les unes sur les autres.

Ou si en étages fort éloignées les unes des autres, quoy qu'au tour de la tige, ou si même quelquefois elles sont toutes venuës d'un même œil, & que pareillement ce soit, ou au haut de la tige, ou au milieu, ou au bas.

Et enfin sçavoir si toutes ces branches prennent d'elles-mêmes le chemin de s'écarter & de s'ouvrir, ou toutes celuy de se serrer & de faire de la confusion.

Voilà à peu prés toutes les differentes manieres dont se font les premiers jets de chaque Arbre nouveau planté, quand il a été assez heureux pour bien reprendre, ainsi qu'il paroît dans les figures cy-jointes.

Je redis encore que je ne regarde point icy comme quelque chose de bien considerable les petites branches menuës, quand même elles seroient bonnes pour le fruit de l'année immédiatement suivante, ce qui est assez souvent vray en fruits à noyau, mais rarement en fruits à pepin : En effet malheur à l'Arbre quel qu'il soit, qui fait trop de celles-là, ou qui n'en fait pas d'autres, je diray cependant le traitement dont j'ay besoin, quand j'auray fait le plus important de mon Ouvrage.

Ce sont les grosses branches toutes seules dont je fais icy cas, voulant avoir un bel Arbre & un bon Arbre, ce sont elles qui à cet égard ont fait le premier objet de mes souhaits, & qui seules peuvent servir pour la premiere fondation de mon Arbre, mais cela s'entend en cas qu'elles se trouvent naturellement bien placées, & en cas que je leur sçache donner une taille qui soit convenable à mon intention, & à la beauté que demande l'Arbre que je veux conduire.

Car comme les premieres branches quoy qu'heureuses dans leur origine, peuvent fort bien être mal dirigées, & par consequent donner un méchant commencement à l'Arbre, si elles sont à la mercy d'un ignorant ; aussi ces premieres branches, quoy qu'en venant au monde elles se soient trouvées dans une défectueuse situation, elles peuvent fort bien avec un peu de tems & de bonne discipline, être comme j'ay dit, si habilement tournées, que le défaut de leur naissance ne les empêchera pas d'être les meres d'un Arbre bien fait, & pour ainsi de bonne mine.

Le premier avertissement que j'ay à donner icy, est que communément toutes les grosses branches qui viennent la premiere année aux Arbres nouveaux, sont ce que nous appellons branches de faux bois, elles en ont le caractere dans leurs yeux, & doivent en recevoir le traitement à la taille, & même les foibles & menuës sont d'ordinaire à cet égard de la classe des grosses, à moins qu'elles ne soient demeurées fort courtes.

Le second avertissement est, que dans la premiere taille que je fais aux grosses branches des nouveaux Buissons, il n'y a gueres de difference d'avec celle que je donne aussi la premiere année à celles des nouveaux Espaliers ; il est bien vray que dans ceux cy je contrains aisément les branches les plus opiniâtres, c'est-à-dire, les plus mal venuës, je les contrains, dis-je, de se mettre dans la posture que

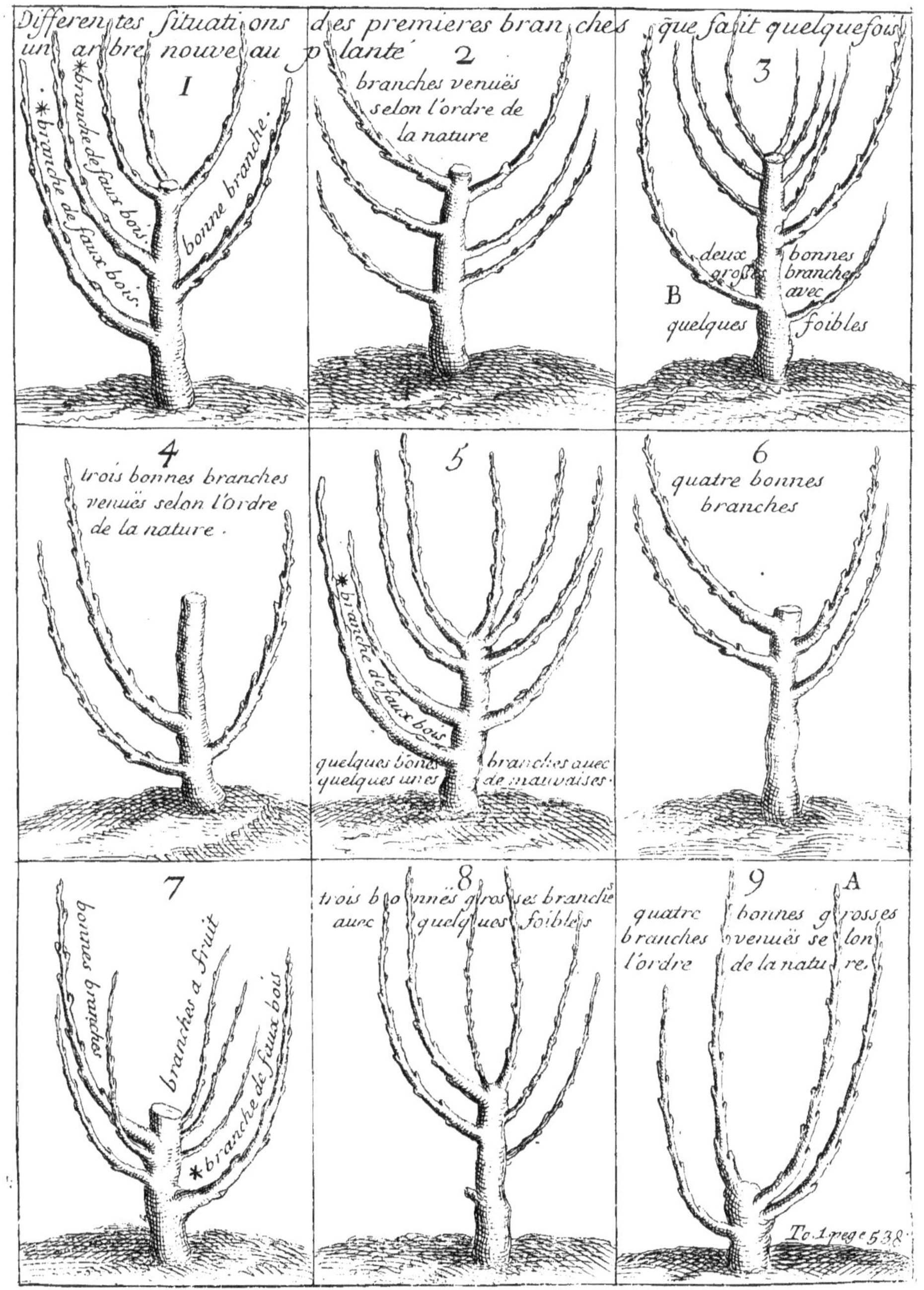
Differentes situations des premieres branches que fait quelquefois un arbre nouveau planté
I
branche de faux bois.
branche de faux bois.
bonne branche.
2
branches venuës selon l'ordre de la nature
3
deux grosses bonnes branches avec quelques foibles
B
4
trois bonnes branches venuës selon l'ordre de la nature.
5
branche de faux bois
quelques bones branches avec quelques unes de mauvaises.
6
quatre bonnes branches
7
bonnes branches
branches a fruit
branche de faux bois
8
trois bonnes grosses branches avec quelques foibles
9
A
quatre bonnes grosses branches venuës selon l'ordre de la nature.
To. 1. page 538.

je souhaite pour parvenir à la beauté de l'Espalier, & cela sert aussi à me donner plus de fruit & de plus beau, il est vray aussi que les Buissons sont pour ainsi dire une maniere de demy volontaires, qui font bien veritablement une partie de ce qu'ils veulent; mais cependant pour l'ordinaire ils se laissent en même temps conduire à mon industrie, tant pour la satisfaction de mes yeux, que pour le plaisir de mon goût: Il n'y a que les branches à fruit qu'on ne peut pas laisser si longues sur les Buissons que sur les Espaliers, attendu qu'en ceux-cy on a la facilité des liens & des échalas, laquelle on n'a pas aux autres.

CHAPITRE XVI.

De la premiere taille d'un Arbre qui a poussé deux belles branches, & toutes deux bien placées.

POur ce qui est donc de ce quatriéme cas, dans lequel un Arbre nouveau planté a poussé heureusement & vigoureusement plus d'une belle branche avec quelques-unes de foibles parmy, si par exemple il en a au haut de la tige deux à peu prés également fortes & bien placées, c'est-à dire, l'une d'un côté, & l'autre de l'autre, on ne peut gueres rien souhaiter de mieux, c'est un trés-beau commencement pour faire un bel Arbre; il n'est question que de les racourcir toutes également environ à cinq ou six pouces de longueur: Mais sur tout il faut avoir cette prévoyance, que les deux derniers yeux de l'extrémité de chacune de ces deux branches ainsi racourcies, regardent à droit & à gauche les deux côtez vuides, afin que chacune venant à en donner au moins deux nouvelles, ces quatre se trouvent si bien placées, qu'on les puisse conserver les unes & les autres; & pour cet effet il faut que si c'est un Buisson, elles aillent faire le rond vuide que nous cherchons, & si c'est un Espalier qu'elles aillent faire le rond plat & plein que nous cherchons pareillement.

Ce seroit mal tailler si ces deux derniers yeux regardoient par exemple, ou le dedans du Buisson pour commencer à le remplir, ou le dehors pour commencer à se trop écarter étant premierement question de bien établir la premiere beauté de la figure de cet Arbre qui est de s'ouvrir en rond également garni : Et tout de même à l'égard de l'Espalier ce ne seroit pas assez bien tailler, si on ne cherchoit pas à faire en sorte que les yeux qui se doivent trouver aux extrémitez des deux branches qu'on doit racourcir, donnassent sur des côtez opposez l'un à l'autre ce qu'ils peuvent donner de branches nouvelles, car il est important que ces mêmes branches ayant d'elles-mêmes, & sans aucune violence une disposition naturelle à se bien placer sur les parties de murailles qu'on cherche à couvrir, on les puisse toutes conserver ; & ainsi les premieres branches vigoureuses de cet Arbre d'Espalier auront fait leur devoir, aussi-bien que les premieres vigoureuses du premier Buisson auront fait le leur ; il faut cependant & pour l'un & pour l'autre avoir toûjours les mêmes égards necessaires, qui vont premierement, & principalement à arrondir, & à continuer dans cette vûë-là, jusqu'à ce que le rond soit à peu prés parfait, & pour lors on commencera d'avoir deux autres vûës pour ne les quitter plus, dont l'une est de chercher à donner par tous les moyens possibles une ouvertûre raisonnable à cet Arbre, s'il est Buisson, qui a déja sa rondeur, & à le remplir également dans la suite de son étenduë, s'il est l'Espalier qui a pareillement sa rondeur ; & l'autre vûë est d'entretenir à tous les deux ce rond qui est déja formé, & qui tous les ans doit croître en circonference, sans que jamais, autant qu'il peut dépendre de nous, on luy laisse rien perdre de sa belle figure.

Il faut particulierement prendre garde, que si l'une de ces deux branches a quelque avantage de grosseur sur l'autre, en sorte que vrai-semblablement l'une puisse bien en faire deux autres grosses, pendant que sa voisine n'en sçauroit faire qu'une seule, pour lors, dis-je, il faut prendre garde que tant les deux de la plus grosse, que l'unique de la moins grosse, viennent à sortir si heureusement, que toutes trois ensemble puisent être conservées comme propres & nécessaires pour l'établissement de la belle figure dont il est question ; autrement s'il en falloit ôter quel-

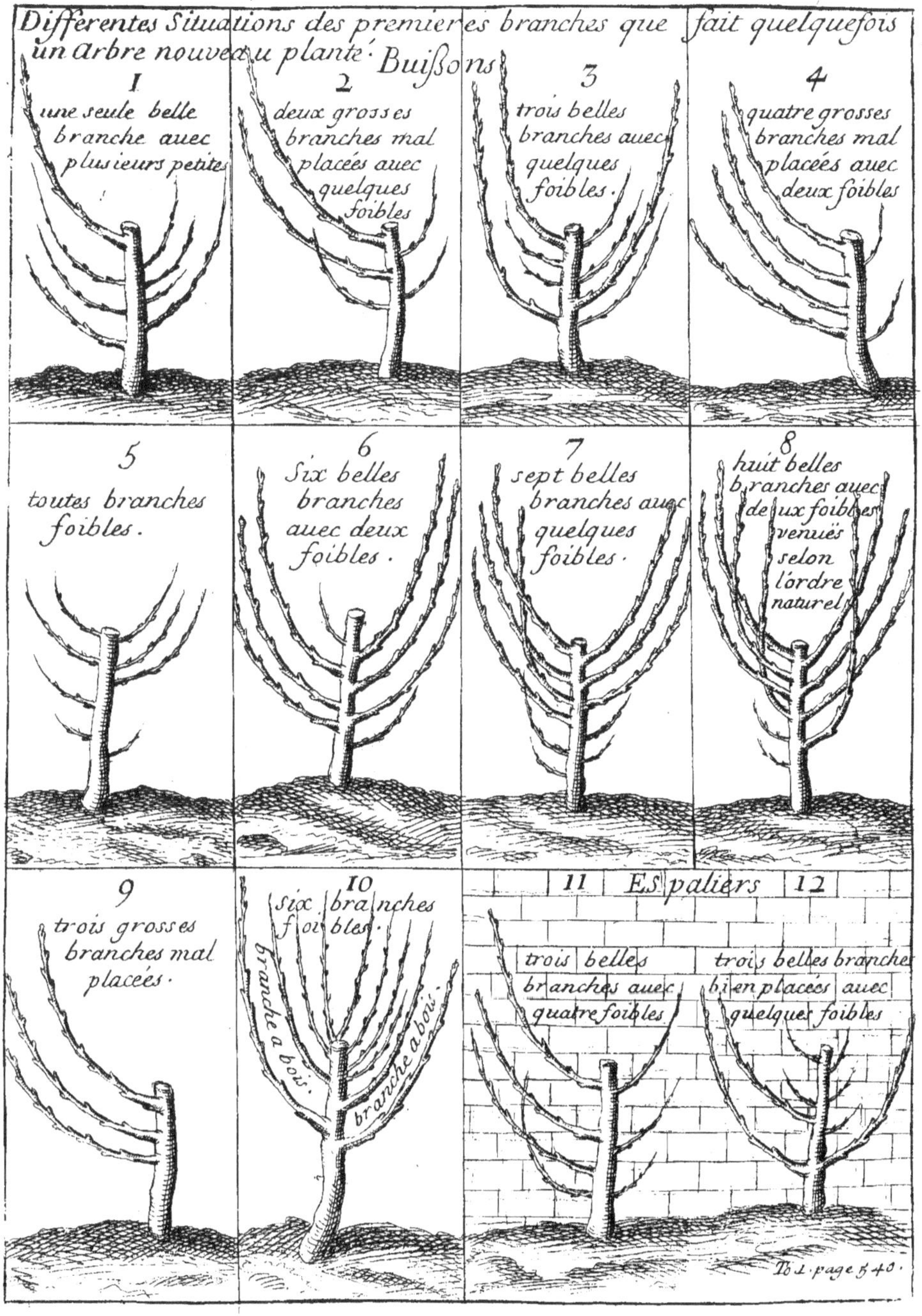

Differentes Situations des premieres branches que fait quelquefois un Arbre nouveau planté. Buissons

1 une seule belle branche auec plusieurs petites

2 deux grosses branches mal placées auec quelques foibles

3 trois belles branches auec quelques foibles.

4 quatre grosses branches mal placées auec deux foibles

5 toutes branches foibles.

6 Six belles branches auec deux foibles.

7 sept belles branches auec quelques foibles.

8 huit belles branches auec deux foibles venuës selon l'ordre naturel

9 trois grosses branches mal placées.

10 six branches foibles. branche a bois. branche a bois.

11 Espaliers 12

trois belles branches auec quatre foibles

trois belles branches bien placées auec quelques foibles

qu'une comme mal venuë, ce seroit une perte trés fâcheuse, tant à l'égard de l'Arbre qu'à l'égard du Jardinier. Il est à propos de dire icy, que si dans ces deux sortes d'Arbres dont il est question, il se trouve une branche à fruit jointe avec les deux branches à bois, on la peut garder sans aucun inconvenient.

CHAPITRE XVII.

Premiere taille d'un Arbre qui n'a poussé que deux branches, toutes deux belles & grosses, mais toutes deux mal placées.

QUe si des deux premieres belles branches que l'Arbre aura poussé, l'une est fort au dessous de l'autre, toutes deux étant peut-être d'un même côté, ou peut-être l'une d'un côté tout en haut de l'extrémité, & l'autre toute en bas du côté opposé, en ce ce cas-là il faut, pour ainsi dire, se résoudre fierement & impitoyablement à n'en conserver qu'une, & que ce soit la plus propre à commencer une belle figure, & par consequent il faut retrancher si bien l'autre, que vrai-semblablement il n'en puisse plus sortir de grosses du même endroit, étant certain que si on les conservoit toutes deux, il ne s'en pourroit jamais faire un Arbre qui donnât du plaisir dans sa figure, & chaque fois qu'on le verroit on auroit du chagrin de ne l'avoir pas bien conduit dés son enfance; il semblera peut-être aux gens mal entendus qu'il y ait en cela une année de temps à perdre, mais j'assure du contraire à qui voudra s'en rapporter à moy: il faudra donc dans le cas proposé, ou ravaller tout l'Arbre sur la plus basse, si c'est elle qui doit être conservée, comme étant en effet la plus propre pour nôtre dessein, & ce moyen-là est infaillible pour ne plus craindre de branches mal placées de ce côté là, ou bien si c'est la plus basse qu'il faut ôter, comme ne pouvant contribuer à la beauté de la figure de nôtre Arbre, il la faudra couper à l'épaisseur d'un écu, car rarement arrive-t-il qu'il faille tellement couper une grosse branche nouvelle, laquelle se trouve mal placée, qu'il n'en puisse plus rien sorrir du tout, j'explique plus amplement cette sorte de taille aussi-bien que la taille en talus dans le Chapitre 21.

Or de cette taille faite à l'épaisseur d'un écu, où il ne viendra rien, où il ne viendra que des branches foibles, qui bien loin de gâter rien seront bonnes à conserver pour le Fruit. Cette maniere de taille suppose que la branche fut grosse & vigoureuse, autrement si elle n'avoit été que médiocre, il auroit fallu la conserver entierement comme branche à fruit, & si elle avoit été trés-menuë, il auroit fallu la couper si prés de la tige, qu'il n'y fût pas resté la moindre sortie pour quelque chose de nouveau, & cela particulierement si elle étoit trés-mal placée, ou que l'Arbre ne fût que médiocrement vigoureux.

Ce cas d'une seule branche qui a été conservée, & qu'il faut tailler, se réduit à un autre cy-devant expliqué, où nôtre Arbre n'a poussé d'abord qu'une seule belle branche, & par consequent il faut suivre pour la taille de celle-cy, ce qui a été dit pour la taille de celle-là, & qu'il seroit inutile de repeter icy.

Il arrive quelquefois que d'un même œil d'un Arbre nouveau planté il sort deux belles branches, sans qu'il en sorte d'ailleurs : En ce cas-là on peut fort bien les conserver toutes deux en quelqu'endroit de la tige qu'elles soient, c'est-à-dire, si elles peuvent servir à faire une belle figure, comme cela se peut, si la vigueur du pied, ou la prévoyance du Jardinier les ont faites pousser droit en haut ; mais si une des deux ne peut pas servir à cette figure, on fera bien de l'ôter pour se réduire à la seule dont on peut faire un bon usage, & à son égard on fera ce que nous venons d'établir cy-dessus.

CHAPITRE XVIII.

Premiere taille d'un Arbre qui a poussé trois ou quatre belles branches bien ou mal placées.

QUe si nôtre Arbre a poussé trois ou quatre belles branches bien placées, ou trois ou quatre mal placées, & que cela soit, ou tout à l'extrémité, ou un peu au dessous.

Au premier de ces deux cas nous ſuppoſons que les trois ou quatre branches ſont venuës à l'extrémité de la tige, & en lieu convenable pour faire d'abord un bel Arbre, en ce cas-là, dis-je, il faudra pour la premiere fois les tailler toutes avec les mêmes égards que nous avons expliqué pour tailler les deux premieres, qui étoient ſeules & pareillement bien placées, ſoit que ces trois ou quatre ſoient à peu prés toutes d'une égale groſſeur, & pour lors elles recevront toutes un traitement pareil, ſoit qu'il y en ait une ou deux un peu moins groſſes, mais toûjours propres à être branches à bois, ou au moins à demy bois, & par conſequent capables de contribuer à la beauté de la figure, & en ce cas-là on ne taillera celles-cy qu'en vûë d'en retirer une ſeule branche nouvelle qu'on fera ſortir du côté où ſe trouvera le plus grand vuide, & pour cet effet on les racourcira ſur un œil qui regarde de ce côté-là, comme auſſi on prendra garde que les deux derniers yeux des autres qui ſont plus fortes, regardent les deux côtez oppoſez, afin de commencer à les garnir davantage.

Que ſi ces trois ou quatre belles branches ſont ſorties un peu au deſſous de l'extrémité, il n'y a qu'à ravaller la tige juſqu'à elles, & faire enſuite ce que je viens de dire, quand les branches ſont d'abord ſorties au haut de la tige.

Au ſecond cas, où nous ſuppoſons que les branches ſorties ſont la plûpart mal placées, en ſorte qu'elles ne peuvent pas toutes contribuer à faire un bel Arbre, & par conſequent ne peuvent pas être toutes conſervées, on examinera ſi des trois ou quatre il n'y en a point au moins deux qui ſoient aſſez bien ſituées, c'eſt-à-dire, l'une d'un côté, & l'autre de l'autre, & ſi les étages n'en ſont pas trop éloignez pour pouvoir donner lieu d'aſſeoir ſur ces deux quelque fondement de nôtre figure, & cela étant on s'en contentera fort bien, & on retranchera les autres à l'épaiſſeur d'un écu, comme nous avons cy-devant établi.

On taillera donc les deux conſervées avec les mêmes égards cy-devant expliquez pour la taille de deux belles, ſoit qu'on les ait par nôtre choix, ſoit qu'on les ait par la bonne fortune de la vegetation, qui n'en ayant donné que deux les a données dans une situation telle qu'on la pouvoit souhaiter, & on prendra soin que ces deux étant taillées, elles se trouvent ensuite d'une égale hauteur quoy que de differente longueur, afin que celles qui en sortiront, commencent heureusement nôtre figure; car aprés cela nous n'aurons pas de grandes difficultez pour suivre ce qui aura été une fois bien commencé.

Je ne repete point ce qui est à faire pour les bonnes branches foibles, ayant ce me semble assez marqué qu'il les faut soigneusement conserver pour le Fruit, se contentant seulement de les racourcir un peu par l'extrémité, si elles paroissent trop foibles pour leur longueur, & ne manquant point d'ôter entierement les chifonnes en quelque quantité qu'elles soient.

CHAPITRE XIX.

Taille des Arbres qui ont fait jusqu'à cinq, six & sept belles branches.

ENfin nôtre Arbre nouveau planté peut, comme il arrive quelquefois en de bons fonds, & particulierement à de beaux Arbres qu'on a plantez avec tous les égards nécessaires quels qu'ils soient sur franc, ou sur Coignassier, il peut, dis-je, avoir poussé jusqu'à cinq, six & sept belles branches, & même davantage: Ce seroit une bonne fortune si elles se trouvoient toutes assez heureusement placées pour pouvoir être conservées sans faire aucune confusion, comme cela m'est arrivé quelquefois, & par ce moyen on a bien-tôt un bel Arbre, & un bon Arbre; mais comme il est assez rare qu'elles soient toutes bien placées, pour lors j'estime qu'il se faut réduire à n'en garder que trois ou quatre de celles que le Jardinier habile jugera, tant par leur situation, que par leur force, être les plus propres à l'exécution de nôtre dessein, & les taillera comme nous avons expliqué en cas pareil; cela étant il retranchera entierement toutes les autres, si elles

se

ſe rencontrent plus hautes que les conſervées & que particulierement elles ſoient groſſes : car ſi elles ſont foibles, c'eſt-à-dire bien faites en branches à Fruit, il ſera bien de les conſerver juſqu'à ce qu'elles ayent fait ce qu'elles ſont capables de faire.

En cas donc qu'il en faille ôter de ces plus hautes qui ſont groſſes, il faudra ou les ôter en moignon pour y amuſer un peu de ſeve pendant deux ou trois ans, ou bien il faudra entierement ravaller la tige juſqu'aux conſervées, ſi ſur tout l'Arbre n'eſt pas extrêmement vigoureux : mais s'il s'en trouve quelque groſſes plus baſſes que celles que nous conſervons pour toûjours, il eſt bon de conſerver auſſi ces baſſes pour quelque tems, pourvû qu'elles ne gâtent rien pour la figure, car il s'y perd pendant deux ou trois ans un peu d'une ſeve dont l'abondance nous incommode, tant pour arriver au Fruit, que pour arriver à la belle figure : mais ſi telles branches baſſes peuvent nous embaraſſer, pour lors, comme nous avons dit, il faudra les couper à l'épaiſſeur d'un écu, ou bien les ôter tout à fait, quand on ne void qu'une vigeur mediocre au pied de l'Arbre.

J'avertis toûjours que ſi parmy les groſſes il s'en trouve beaucoup de foibles, il faut ſe contenter de deux ou trois des mieux placées & des mieux conditionnées, rompant un peu de l'extremité des plus longues, & laiſſant toutes entieres celles qui ſont & naturellement courtes & paſſablement groſſes ; par conſequent il faut ruiner entierement les autres qui ne feront que de la confuſion.

Voilà tout ce que je penſe devoir être fait pour la premiere taille des Arbres, c'eſt-à-dire pour la taille des premieres branches qu'ils auront pouſſées à l'endroit où ils ont été nouvellement plantez.

CHAPITRE XX.

Seconde taille qui est à faire la troisiéme année à un Arbre nouveau planté.

LA premiere taille de ces Arbres nouveaux plantez étant faite, & cela sur les premiers jets qu'ils ont faits la premiere année qu'on les avoit plantez, il faut presentement faire voir quel en doit être apparemment le succez, & quelle conduite est à tenir l'année d'aprés pour la deuxiéme taille, c'est-à-dire pour la taille des jets qui seront venus à l'extremité de ceux qui ont été tailliez l'année d'auparavant; & pour cet effet j'estime qu'il est à propos de suivre le même ordre que j'ay établi pour la premiere, c'est-à-dire pour la taille des premiers jets qu'ils avoient faits.

Mais devant que d'en venir là, il faut premierement voir ce qui est à faire aux Arbres qui n'avoient gueres bien fait la premiere année.

Si l'Arbre fruitier, qui sans avoir la premiere année poussé aucunes branches a été conservé par l'esperance qu'on a eu qu'étant demeuré vert, & par consequent vivant, il pourroit mieux faire la seconde; si cet Arbre, dis-je, ne commence pas de bonne heure, c'est-à-dire dés le mois d'Avril à pousser d'une grande vigueur, c'est une marque certaine qu'il ne vaudra jamais rien, & ainsi sans perdre davantage de temps il le faut arracher & remettre en sa place un de ceux qu'on doit avoir elevé en manequin en vûë de suppléer à de tels accidens.

Et pareillement si l'Arbre, qui n'ayant fait que de petits jets dans la premiere année a été conservé, & simplement baissé de tige, si cet Arbre, dis je, ne se met pas dés l'entrée du Printemps à pousser de belles branches nouvelles, je suis aussi d'avis que sans hesiter on le traite de la même maniere que celuy dont nous venons de parler; ce seroit pour ainsi dire une espece de miracle, si jamais il venoit en état de donner quelque satisfaction.

Mais si, comme il arrive assez souvent en matiere de

Poiriers, & quelque fois aussi, mais moins souvent en matiere de fruits à noyau, si dis-je cet Arbre ainsi baissé à fait de belles branches à sa nouvelle extremité, aussi bien que celuy qui n'en ayant fait qu'une au haut de sa tige a été pareillement baissé plus bas que l'endroit de cette branche, pour lors l'un & l'autre tomberont dans l'un des cas cy-devant expliquez pour la premiere pousse de ces Arbres nouveaux plantez qui ont heureusement réüssi, & ainsi nous n'avons rien de particulier à ajoûter à la conduite qu'il y faut observer.

Venons presentement à l'Arbre qui n'avoit fait en Buisson qu'une seule belle branche, soit environ le milieu de la tige, soit au bas, supposant toûjours, comme nous avons dit, que dés cette premiere année on aura eu soin en l'un & l'autre cas de faire tenir droite l'une & l'autre de ces deux branches uniques, si naturellement elles ne l'étoient pas; car si on n'a pas eu ce soin, on aura été obligé, comme j'ay dit cy-devant, non seulement de ravaller la tige jusqu'à elles, mais aussi de les racourcir jusqu'à deux ou trois yeux prés de l'endroit d'où elles sortoient, & cela étant il ne faut icy regarder pour premiere taille que celle qui se fera sur les branches qui doivent venir sur ces deux ou trois yeux d'une branche si extraordinairement racourcie, & ainsi cette premiere taille tombera dans l'un des cas de la taille des premieres branches de l'Arbre nouveau planté, sans qu'il soit besoin de dire autre chose à cet égard.

L'Arbre qui dans la premiere année n'avoit fait qu'une seule branche à bois, ayant été taillé sur cette branche, ne manque jamais, comme nous avons déja dit, d'en produire d'autres à l'extremité de cette branche, & par exemple y en aura sans doute fait tout au moins une grosse avec quelques foibles, & peut-être deux ou trois grosses, ce qui est assez ordinaire, peut-être même en aura-t-il poussé davantage. (Cette grande multitude n'arrive pas communement, mais cependant elle arrive quelquefois.)

Si malheureusement il n'y en avoit poussé qu'une seule qui fût à peu prés de même grosseur que la mere, ce qui peut arriver par quelque accident survenu aux premieres racines ; pour lors il faudroit s'opiniâtrer, soit à recouper fort court la nouvelle, c'est-à-dire ne lui laisser seulement que deux yeux, soit à l'ôter entierement, ce qui est encore mieux pour attendre que de l'autre qu'il faut nommer la vieille, il en vienne quelque chose de plus considerable dans l'année qui suit, comme cela se peut : Car l'Arbre aura pû faire de meilleures racines la troisiéme année, qu'il n'en a fait & la premiere & la seconde, & par consequent s'étant rendu plus vigoureux, il pourra pousser plus grande quantité de grosses branches.

Mais à dire le vray en telles occasions il est à propos de se defier du succés d'un tel Arbre qui marque si peu de vigueur dans les commencemens ; & ainsi je suis fort d'avis, & cecy est tres important, qu'on ait recours au Magazin d'Arbres en mannequin pour ne pas languir en vaines esperances, tout au moins au de-là d'une deuxiéme année, ou autrement on court risque de languir encore plus longtems ; & toûjours fort inutilement, comme il arrive à un grand nombre de curieux.

Que si cette branche unique étant taillée a bien fait son devoir, en sorte qu'elle en ait produit au moins deux de ces belles que nous regardons pour branches à bois, ou peut être trois ou quatre sans quelqu'unes qui sont propres pour le fruit.

En tout ces cas on n'a autre chose à faire que ce qui a été dit pour les Arbres, qui la premiere année de leur plan ont fait semblable quantité de jets, c'est à dire qu'on peut bien conserver quelques branches à fruit, mais qu'il n'en faut conserver de grosses que celles qui peuvent contribuer à la beauté de la figure, & ôter impitoyablement toutes les autres, soit les ôter tout à fait, soit ne les ôter qu'à l'épaisseur d'un écu.

Ainsi la seconde taille d'un tel Arbre se fera sur les belles branches qui sont sorties de cette branche unique, & ne sera en rien differente de la premiere qu'on doit faire sur les belles branches, qui la premiere année sont heureusement venuës de la tige de l'Arbre nouveau planté.

La précaution de tenir droite la grosse branche unique venuë de l'Arbre planté en Espalier y seroit veritablement bonne, mais elle n'eſt point ſi abſolument neceſſaire que pour le buiſſon; parce qu'on y a la commodité de tourner preſque comme on veut les branches qui ſortiront de celle-là aprés l'avoir taillée: Il n'eſt queſtion que de prendre ſoin dans leur premiere jeuneſſe de les attacher à droite & à gauche ſelon les beſoins qu'on en peut avoir pour faire le fondement d'une belle figure, & par là on y remedie à de certains defauts auſquels on ne ſçauroit gueres remedier pour le buiſſon.

CHAPITRE XXI.

Deuxiéme taille d'un Arbre qui avoit fait deux belles branches dans la premiere année qu'il a été planté.

QUant à nôtre Arbre, qui dans la premiere année avoit fait deux belles branches bien placées, il faut ſuppoſer, & cela eſt d'ordinaire fort ſeur, que l'un & l'autre ayant eſté taillez environ à quatre, cinq ou ſix pouces de long avec les égards cy-devant remarquez, tant pour leur groſſeur & leur origine, que pour la ſituation des derniers yeux qu'on a laiſſé à leur extremité, il faut, dis-je, ſuppoſer que l'une & l'autre de ces deux branches en auront fait chacune à leur extremité tout au moins deux belles & fortes, & toutes deux bien placées, ſans quelques petites qui ſeront venuës au deſſous d'elles, ou peut être même au deſſus.

Ces deux belles branches venuës de nouveau garniſſent agreablement les deux côtez, qui pour avancer la perfection de la figure ronde & ouverte avoient beſoin de ce ſecours.

Que ſi une de ces deux premieres, ou même toutes deux en avoient faites chacune plus de deux, ſoit dans l'ordre de la nature, ſoit contre l'ordre de la nature, il eſt ſans doute qu'il faut ſe reſoudre à ôter entierement celles de ces nouvelles venuës, qui en quelque ſituation qu'elles ſe trouvent, ne ſont pas aſſez favorablement placées pour pouvoir aider à nôtre deſſein, & partant ſi elles ſe trouvent plus hautes que celles que nous conſervons, c'eſtpour lors, que si l'Arbre est mediocrement vigoureux, il faut ravaller jusqu'à celles-cy pour les fortifier davantage : Mais s'il est fort vigoureux on peut couper ces plus hautes carrement à l'épaisseur d'un écu du lieu d'où elles sortent, que si pareillement ces branches malheureuses se rencontrent plus basses que les conservées, & dans une situation qui les portent en dedans de l'Arbre, il faut aussi les ôter, mais ce ne sera absolument que de la maniere que je viens de marquer, & que je nomme une taille à l'épaisseur d'un écu, comme il paroît dans la figure.

Cette taille faite à l'épaisseur d'un écu sert souvent, comme j'ay dit, à nous donner pour l'année d'apres une ou deux petites branches qui naissent des côtez de cette épaisseur, & d'ordinaire elles sont fort bonnes pour du fruit; il arrive même pour lors, que comme la seve se trouve ainsi arrêtée à l'ouverture de la branche dont est question, & comme elle doit necessairement avancer chemin, puis qu'elle ne sçauroit rebrousser étant poussée & pressee par d'autres qui la talonne de prés pour la faire sortir par en haut; il arrive, dis-je pour lors, que cette premiere seve entre bien quelquefois pour la plûpart dans la branche superieure qui se trouve la plus voisine de cette épaisseur, & qui toutefois en avoit déja une portion convenable à sa grosseur.

Que si elle n'y peut entrer toute entiere, comme il arrive assez souvent, le peu qui reste se partage & creve comme nous avons dit sur les côtez de cette petite épaisseur, & nous y donne de ces bonnes petites branches que nous demandons, comme il paroît dans la figure.

On peut même quelquefois ôter en talus ces branches malheureuses, c'est-à-dire les couper de maniere que par le dedans de l'Arbre il n'en reste pas la moindre partie, & que par le dehors il en reste suffisamment pour y donner sortie à quelque branche nouvelle, comme il paroît aussi dans la figure.

Cette taille en talus se doit faire quand les branches n'étans ny tout-à-fait en dehors, ny tout-à-fait en dedans; elles se trouvent un peu sur le côté, auquel endroit cependant on ne sçauroit les conserver, mais elles sont placées de maniere que de ce talus on en peut esperer pour l'année suivante une branche saillante tout-à-fait en dehors.

Or telle branche pourra être ou grosse, & par consequent capable de contribuer à la figure, ou foible, & par consequent capable de donner du fruit ; & si, comme il arrive quelquefois, il ne sort rien de ce talus ; la figure de nôtre Arbre ne s'en trouvera nullement alterée.

J'ose dire que cette taille en talus qui est tout-à-fait de nouvelle invention, est une taille excellente à pratiquer en toutes sortes d'Arbres un peu vigoureux, soit vieux, soit jeunes, quand quelque branche peu heureusement placée, comme nous venons d'expliquer, donne lieu de la faire avec esperance de succés : Elle n'est pas veritablement infaillible, mais tres-souvent elle reüssit, & certainement elle ne gâte jamais rien : C'est pourquoy je conseille extrêmement de s'en servir comme je fais, je m'en trouve ordinairement tres-bien, & me sçay assez bon gré de l'avoir imaginée.

Peut-être n'est il pas mal à propos de dire icy ce qui m'en a fait aviser, c'est que je sçavois, comme tout le monde sçait, & comme nous venons de le marquer en rendant raison de la taille qui se fait à l'épaisseur d'un écu : je sçavois, dis je, que selon l'ordre de la nature la séve nouvellement formée au Printemps venoit reglément se presenter à l'entrée de tous les canaux des branches formées de l'année precedente, afin de les nourrir, grossir, alonger, &c. Et ainsi je sçavois qu'elle devoit sûrement revenir chercher à faire sa fonction dans la branche que j'ôtois, & laquelle, pour ainsi dire, elle ignoroit avoir eté ôtée ; c'est pourquoy je conclus de là qu'apparemment une partie de cette séve devroit percer à l'endroit où elle trouveroit son chemin barré, pourvû qu'elle y trouvât assez de place pour y faire une sortie : si bien donc que laissant une telle place en dehors, j'y verrois naître une branche qui m'accommoderoit. Le succés a confirmé mon raisonnement & ma pratique, & ainsi d'une branche qui étoit venuë dans une situation fâcheuse & incommode, je me mets en état d'en tirer un si bel avantage pour mon Arbre.

S'il arrivoit, comme il arrive quelquefois, qu'une de ces deux premieres branches, dont nous parlons dans ce Chapitre, n'en eût fait à son extremité qu'une assez grosse avec quelques petites plus basses, pendant que sa voisine a fait les deux que nous avions attendu; ou qu'effectivement celle-cy en ayant fait deux il y en eût une d'arrachée, ou de gâtée par quelque accident, de sorte qu'enfin il n'en restât qu'une seule de ce cô é là: Ce sont deux occasions où j'estime qu'il est assez important de bien expliquer ce qu'on y doit faire.

Au premier cas où il n'est venu qu'une seule branche au lieu des deux, qui vrai-semblablement devoient y être venuës, à ce premier cas, dis-je, supposé qu'on ait lieu de juger que la branche taillée n'ait pas reçû autant de seve que sa compagne, ce qui paroîtra en ce que par exemple elle n'aura pas grossi à proportion de l'autre, & ce qui provient de quelque défaut interne imprevû & inévitable; à ce premier cas, dis je, il faut tailler cette nouvelle branche un peu plus courte, & que ce soit en vûë qu'apparemment elle n'en donnera qu'une, laquelle par consequent il faut attendre du côté où est le plus grand besoin pour la figure, avec resolution que si l'année suivante la branche originaire ne marque pas plus de vigueur que l'année d'auparavant, on ne regardera plus gueres ny elle ny ses descendans, que sur le pied de branches à fruit, c'est-à-dire de branches qui ne peuvent pas durer long temps, & ainsi il faudra de bonne heure chercher à établir les fondemens de la beauté de nôtre Arbre sur les branches qui peuvent venir de ses voisines.

Au deuxiéme cas où une des deux branches nouvelles qui sont venuës d'une vigoureuse, peut avoir été arrachée ou rompuë, à ce deuxieme cas, dis-je, soit que la branche qui a resté se trouve celle qui estoit venuë tout à l'extremité, ou celle qui estoit venuë du second œil, nous pouvons apparemment conter que la seve qui faisoit les deux, & les feroit venuës nourrir si elles estoient restées, viendra toute entiere dans celle dont est question, & ainsi on la doit tailler en vûë d'esperer qu'elle en fera au moins deux qui se trouveront bien placées selon que nous les

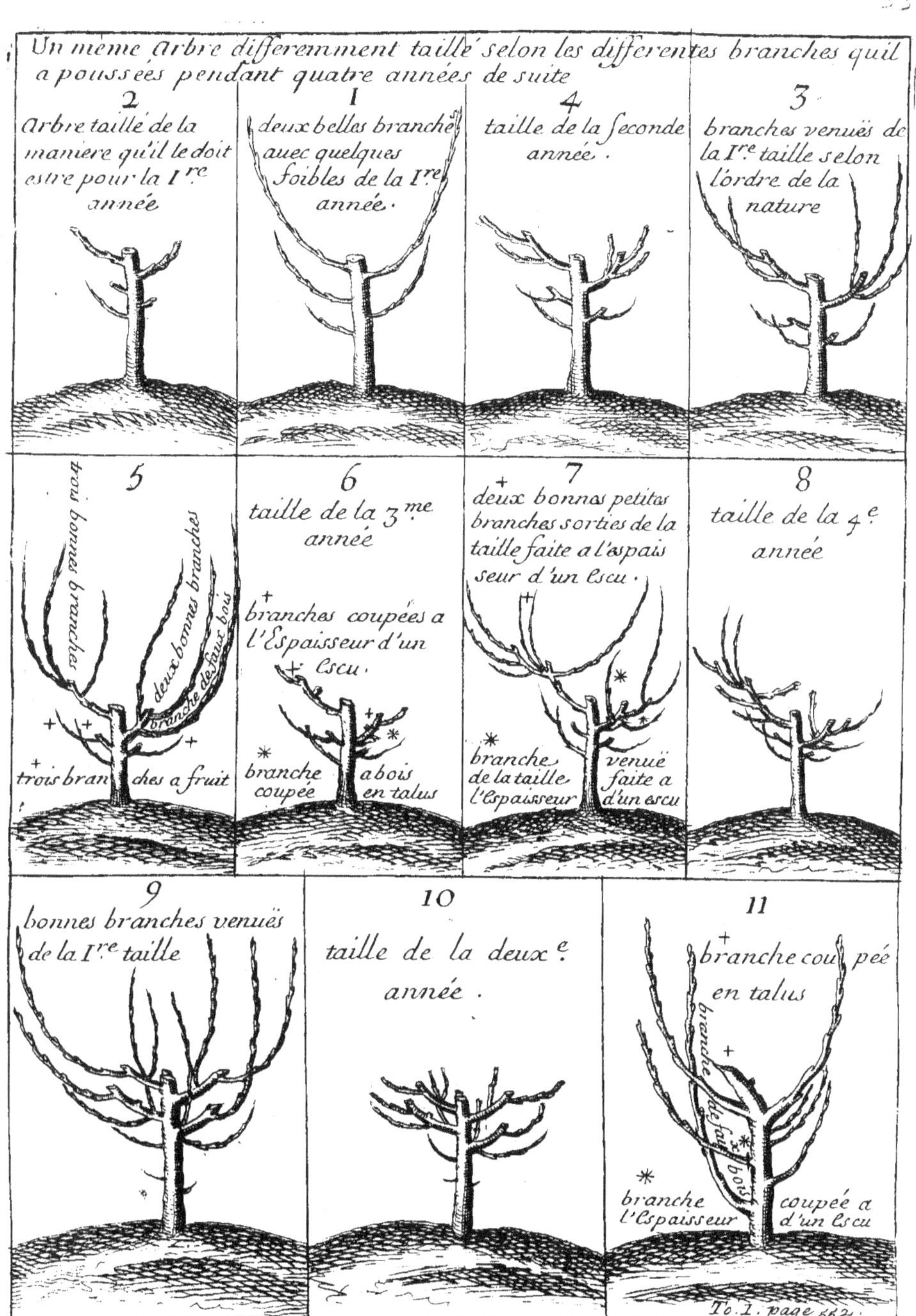

Un même arbre differemment taillé selon les differentes branches quil a poussées pendant quatre années de suite
2
Arbre taillé de la maniere qu'il le doit estre pour la Ire année
1
deux belles branche auec quelques foibles de la Ire année.
4
taille de la seconde année.
3
branches venuës de la Ire taille selon l'ordre de la nature
5
trois bonnes branches
deux bonnes branches
branche de faux bois
trois branches a fruit
6
taille de la 3me année
branches coupées a l'Espaisseur d'un escu.
branche coupée a bois en talus
7
deux bonnes petites branches sorties de la taille faite a l'espaisseur d'un escu.
branche de la taille venuë faite a l'Espaisseur d'un escu
8
taille de la 4e année
9
bonnes branches venuës de la Ire taille
10
taille de la deuxe année.
11
branche coupée en talus
branche de faux bois
branche coupée a l'Espaisseur d'un escu
To. I. page 552.

les pouvons souhaiter, si en la taillant nous avons les égards necessaires ; mais toûjours faut il avoir celui-cy de ne pas laisser monter un côté de nôtre Arbre plus que l'autre, de peur de la difformité qui se trouve, quand l'égalité de hauteur n'y est pas, difformité qu'il faut éviter autant qu'il est possible : Et partant en taillant une telle branche vigoureuse qui nous est restée seule par un accident survenu à sa sœur, il faudra regler à peu prés la longueur de la nouvelle taille que nous y ferons sur la hauteur de la taille qui se doit faire à la branche opposée, laquelle n'a pas profité à proportion de ce qu'elle avoit fait la premiere année ; & cela jusqu'à ce qu'enfin toute la figure d'un tel Arbre vienne à s'établir entierement sur les branches, qui successivement doivent venir du côté vigoureux : Le Jardinier habile est assez le maître d'une telle operation.

Que si au dernier œil d'une des deux premieres branches, duquel œil selon l'ordre de la nature devoit être venuë une grosse, si dis-je, de ce dernier œil il en est cependant venu une branche foible, ou si même il en est venu deux foibles aux deux derniers yeux, desquels, comme nous avons dit, il devoit regulierement en être venu deux grosses, & qu'au dessous de ces foibles, il s'en soit produit une grosse ou deux, ou davantage, ce qui arrive quelquefois, pour lors il faut immanquablement conter pour branche à fruit cette foible, ou ces deux foibles, leur foiblesse leur procurant ce merite à nôtre égard, & ainsi nous les conserverons fort precieusement les rompans si peu que rien par leur extremité, si elles paroissent trop foibles pour leur longueur, ou les laissans toutes entieres, si elles paroissent en soy bien proportionnées, & cecy sans doute est un avis des plus importans que je puisse donner.

Malheur aux Arbres qui auront à passer pour les mains des Jardiniers qui ne sçauront pas profiter de cet avis, ou qui ôteront ces branches foibles comme faisans quelque maniere de difformité à la miserable idée d'Arbre qu'ils se seront faite, si effectivement ils s'en sont fait quelqu'une, car la plûpart ne s'en sont jamais fait, & coupent indifferemment quelque sorte de branche que ce soit qui se trouve sous leur main : Ces miserables ne prennent pas garde premierement que le beau fruit ne gâte jamais rien en quelque endroit qu'il soit : En deuxiéme lieu, que c'est une espece de meurtre d'ôter une belle disposition à fruit toute formée, quoy qu'un ignorant ne la connoisse pas, & qu'enfin la beauté de la figure des Arbres ne consiste, & ne roule absolument que sur les grosses branches.

Il faut cependant remarquer que les grosses branches qui sont ainsi venuës au dessous de ces foibles, lesquelles se trouvent à l'extremite, que ces grosses branches, dis-je, auront d'ordinaire à cet endroit-là commencé à suivre l'ordre de la nature pour la difference de leur grosseur & de leur longueur tout de même que si elles s'étoient trouvées à cette extremité, où naturellement elles devoient être.

Et en ce cas il les faut tailler tout de même que si elles estoient en effet sorties de cette extremité, c'est à dire qu'on en conservera une ou deux, supposé qu'elles puissent contribuer à la figure ; & cela estant on les taillera d'une longueur raisonnable suivant leur force, & suivant la vigueur de tout l'Arbre, ayant toûjours les égards necessaires pour les branches qu'elles doivent produire aux derniers yeux de leur nouvelle extremité ; & pour ce qui est de celles que pourroient nuire à la beauté de l'Arbre, si effectivement il y en a, on les ôtera de la maniere cy-dessus expliquée, c'est à dire à l'épaisseur d'un écu ou en talus, suivant ce qui se trouvera le plus à propos pour le bien de cet Arbre.

Je puis commencer d'avertir icy qu'il arrive quelquefois, & même assez souvent, que la branche laissée longue pour du fruit, & qui dans l'ordre de la nature devoit toûjours demeurer foible, aura cependant grossi extraordinairement, & en aura peut être fait une ou plusieurs grosses à son extremité, pendant que celles, lesquelles estans grosses on avoit taillées courtes pour le bois, sont demeurées presque en même estat, & n'en auront produit que de foibles, la seve ayant pour ainsi dire changé de route de la même maniere à peu prés que nous voyons arriver à de certaines rivieres.

Pour lors il faut s'accommoder à ce changement qu'on ne sçauroit prevenir, ny gueres détourner quand une fois il est formé ; il faut donc dés la premiere année aprés ce changement commencer à traiter pour branche à bois cette branche, qui ayant changé de condition est devenuë branche à bois de branche à fruit qu'elle étoit, & changer pour ainsi dire de baterie à l'égard de celle, qui de branche à bois qu'elle estoit, est devenuë branche à fruit.

Nous n'avons rien tant à craindre, que de voir dégarnir un Arbre dans le bas, qui est l'endroit où il doit être le plus garni ; c'est ce qui fait que je recommande avec tant d'instance, qu'on ne fasse presque jamais une taille fort longue à une branche à bois, si ce n'est peut être à quelqu'une par cy par là, comme nous avons dit, pour les laisser un an ou deux pour prendre une partie de seve qui nous incommoderoit, & les ôter ensuite quand l'Arbre se sera mis à fruit, c'est-à-dire qu'on fait cela quelquefois quand ce sont des Arbres extraordinairement vigoureux ; mais comme on le fait avec de bonnes veuës, il n'en arrive que du bien.

Cette maniere de tailler longues les grosses branches est un défaut où presque tous les Jardiniers manquent, & cela faute de sçavoir, ou de prendre garde, que comme la plûpart de nos fruitiers ne sont pas capables de fournir en même temps une grande étenduë, c'est-à-dire de garnir en même temps les places d'en haut & les places d'en bas, & que naturellement contre nôtre intention, & contre la beauté que nous affectons, ils cherchent tous à monter, & par consequent à s'éloigner de ce bas, il arrivera sans doute que ce bas qui doit être le plus garny, le sera le moins, si on n'a une application particuliere pour s'opposer en ce-cecy au cours de la nature qui cherche ce semble à nous tromper ; il faut donc estre fort soigneux d'arrêter, c'est-à-dire tailler asscz courtes ces grosses branches, estant certain qu'elles ne foisonnent jamais dans le bas d'où elles sortent, mais seulement à leur extremité quelle qu'elle soit, haute ou basse.

Le défaut de dégarny qui se fait assez sentir en Buisson, est encore beaucoup plus palpable en Espalier, où chez les mal-habiles Jardiniers nous ne voyons presque jamais que le haut de la muraille qui soit garny, & là il est garny en façon de guirlande, si bien même que souvent tout ce qui vient de nouvelles branches excede le chaperon, & qu'on a le déplaisir d'y voir inutilement employer la vigueur des Arbres, & que de plus on est obligé de roigner ces miserables branches quatre ou cinq fois l'Esté de peur du desordre des vents, pendant que le cœur de l'Arbre n'est composé que de jarréts (comme l'on dit en terme de Jardinage) c'est-à-dire n'est composé que de longues branches noirâtres, mossuës, ridées, denuées de ces autres petites qui les devroient accompagner; bien souvent même elles sont pleines de cicatrices, & par consequent la muraille qui devoit être couverte par tout, à commencer toûjours par le bas, paroît au contraire toute nuë; cela veut dire que l'Espalier n'a nulle des beautez qu'il devroit avoir.

S'il est donc vray qu'il ne faut gueres jamais à sa premiere taille laisser longue une branche à bois, à moins que nommément on ne veüille faire un Arbre de tige, ou garnir quelque endroit des côtez fort éloigné, encore moins faut-il faire les années suivantes une nouvelle taille à bois un peu longue sur la grosse branche nouvelle, qui est venuë de celle, laquelle ayant été laissée longue pour le fruit, est ensuite devenuë grosse par une abondance de seve imprevûë & extraordinaire.

C'est icy un autre écueil tres dangereux, d'où presque personne ne se sauve: c'est pourquoy je suis entierement d'avis, qu'au lieu de faire sa taille sur une branche grosse & & longue, venuë d'une qui avoit été laissée longue pour fruit, on descende jusques à celle-cy qui est la vieille, & que par consequent on fasse sa taille sur cette vieille, c'est-à-dire qu'on la racourcisse pour ne lui laisser que la même longueur qu'on lui auroit pû donner, si d'abord elle avoit été de la grosseur dont elle est devenuë depuis.

Que si même une telle vieille branche ne se trouvoit pas d'une longueur bien excessive, il faudroit se contenter de couper en moignon toutes les nouvelles qui en sont venuës, c'est-à-dire les tailler si prés de leur sortie, qu'il n'en reste pas la moindre petite partie d'où il en puisse sortir quelque chose de nouveau.

Et en ces deux cas on doit être asseuré que telle vieille

branche ainsi traitée ne manquera point dés le Printemps suivant d'en produire à son extremité d'autres, les unes pour fruit & les autres pour bois, & parmy celles-cy on aura à choisir celles qui seront les plus propres pour la figure, afin que suivant les maximes cy-dessus établies, on les taille comme grosses branches, & qu'on continuë à les conduire sur ce pied-là, tandis qu'il n'arrivera aucun changement de la part de la nature.

CHAPITRE XXII.

Seconde taille d'un Arbre, qui la premiere année avoit fait trois belles branches à bois.

L'Arbre qui n'avoit fait d'abord que deux belles branches étant taillé la premiere & la deuxiéme fois qu'il a pû l'estre, il faut venir à tailler pareillement celuy qui en avoit fait trois propres à faire un bel Arbre.

A l'égard duquel je ne crois pas devoir dire autre chose que ce que j'ay dit pour la taille du precedent, si ce n'est que pour éviter la confusion on peut donner à chaque branche environ deux pouces davantage, qu'à celles dont nous venons de parler, & que ce soit toûjours en vuë de procurer de l'ouverture & de la rondeur au Buisson, aussi-bien que de la plenitude & de la rondeur à l'Espalier; & par consequent il faut toûjours avoir de grands égards pour les deux ou trois yeux qui doivent estre les derniers à l'extremité des branches taillées, afin que celles qui doivent venir de ces yeux, rencontrent heureusement pour contribuer à la beauté de la figure : c'est, comme nous avons dit, une bonne fortune qu'un Arbre nouveau ait fait trois belles branches dans sa premiere année : cette fortune est encore meilleure, si dans la seconde année il en fait encore deux à l'extremité de chacune de ces trois.

Je puis avertir icy, que si à un Buisson la branche taillée de la longueur dont on à besoin, est capable d'en faire à son extremité plus d'une grosse nouvelle, & que cependant nous n'en n'ayons besoin que d'une seule, je puis dis-je avertir, que son dernier œil peut bien veritablement être en dedans, mais que jamais le second ne s'y doit trouver, & ainsi ou il faut rompre ou arracher ce second œil, si la disposition des branches à venir le demande, ou bien il faut être resolu d'ôter la branche qui viendra, & ce sera, comme nous avons dit, ou à l'épaisseur d'un écu, ou en talus, selon qu'il sera trouvé plus à propos.

CHAPITRE XXIII.

Deuxiéme taille d'un Arbre qui la premiere année avoit fait quatre belles branches à bois, ou même davantage.

POur tailler la seconde fois un Arbre, qui dans la premiere année avoit poussé quatre belles branches, & même davantage; il est certain que comme celuy-cy est beaucoup plus vigoureux que tous les autres dont nous avons cy-devant parlé, aussi demande-t-il beaucoup plus d'application & d'habileté, afin de ne le pas laisser tomber dans les inconveniens dont il est menacé.

Je dois icy dire que dans un tel Arbre, & sur tout en Buisson, il est besoin d'y conserver quelquefois des branches, qui dans ce temps-là ne servent de rien à la beauté de la figure, mais qui au moins servent à consommer pour un temps une partie de la seve, dont les branches, lesquelles sont propres à donner du fruit, pourroient être cependant incommodées, & particulierement il n'en faut point laisser qui fassent de confusion : or à l'égard de telles branches qu'il faut en effet regarder comme passageres, il faut aussi les tailler sans consequence, & partant il n'est question que de les laisser longues, l'intention étant de les ôter entierement dés que l'Arbre sera formé, & qu'il donnera raisonnablement du fruit.

A l'égard des autres qui sont essentielles pour la beauté de l'Arbre j'ay commencé de les tailler toutes un peu plus longues que celles des Arbres precedens, c'est-à-dire d'environ deux ou trois yeux au plus; & cela tant par la crainte de la confusion qui est une chose tres pernicieuse, & qu'il faut éviter à quelque prix que ce soit, qu'en vûë

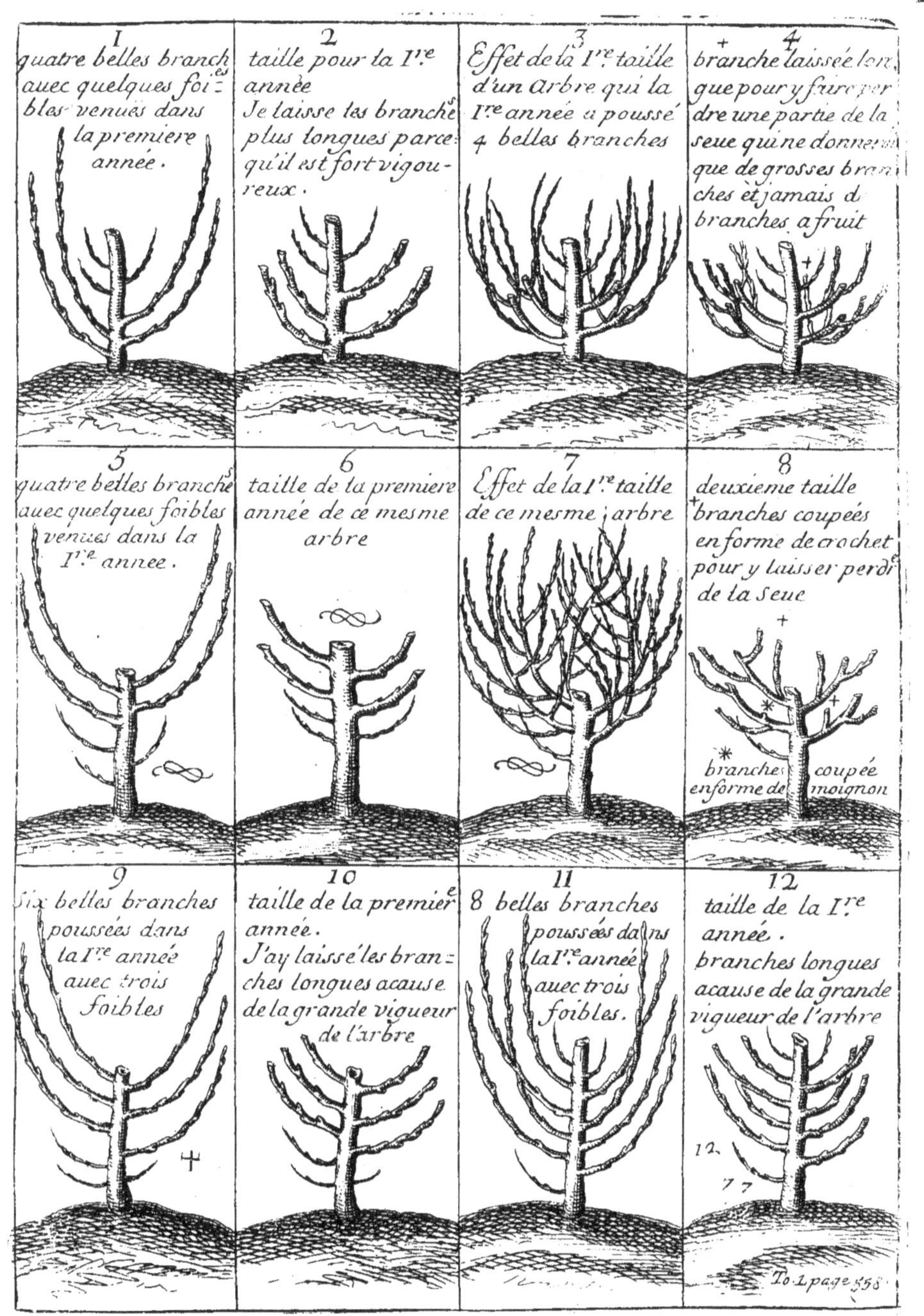
1
quatre belles branches
auec quelques foi-
bles venuës dans
la premiere
année.
2
taille pour la Ire
année
Je laisse les branches
plus longues parce
qu'il est fort vigou-
reux.
3
Effet de la Ire taille
d'un Arbre qui la
Ire année a poussé
4 belles branches
4
branche laissée lon
gue pour y faire per
dre une partie de la
seue qui ne donne
que de grosses bran
ches et jamais d
branches a fruit
5
quatre belles branches
auec quelques foibles
venuës dans la
Ire annee.
6
taille de la premiere
année de ce mesme
arbre
7
Effet de la Ire taille
de ce mesme arbre
8
deuxieme taille
branches coupées
en forme de crochet
pour y laisser perdre
de la seue
branches coupée
en forme de moignon
9
Six belles branches
poussées dans
la Ire année
auec trois
foibles
10
taille de la premiere
année.
J'ay laissé les bran-
ches longues acause
de la grande vigueur
de l'arbre
11
8 belles branches
poussées dans
la Ire année
auec trois
foibles.
12
taille de la Ire
année.
branches longues
acause de la grande
vigueur de l'arbre
To. 1 page 558

de profiter de la vigueur d'un tel Arbre, qui sans une telle precaution ne parviendroit de fort long-tems à nous donner du fruit, parce que la grande abondance de la séve pourroit allonger en branches tous les yeux qui se seroient arrondis en boutons à fleur si leur nourriture avoit été plus mediocre.

Or un tel Arbre à la fin de la deuxiéme année paroît en quelque façon tout formé par toutes les nouvelles branches, que chacune des anciennes qu'on aura taillées aura produites à son extremité ; & parmy les nouvelles il faut toûjours bien choisir celles qui contribuënt à la beauté de la figure, afin de les tailler encore de la même longueur à peu prés qu'on avoit taillé pour la premiere fois celles d'où elles sortent, tâchant particulierement de juger si la branche qu'on a taillée peut au moins en faire deux, afin de les conserver l'une & l'autre si elles peuvent venir à propos pour contribuer à nôtre dessein; ou en cas qu'il faille entierement en ôter une, que ce soit d'ordinaire la plus haute, afin que tant que faire se peut on conserve toûjours la plus basse comme plus propre à former ou conserver la beauté que nous cherchons, & par ce moyen non seulement l'endroit coupé sera, comme on dit en terme de Jardiniers, promptement recouvert, ce qui est fort à souhaiter comme un agrément dans l'Arbre, mais aussi il ne se fera d'ailleurs aucune playe sur les branches conservées, & par consequent l'Arbre en sera infailliblement & plus beau & plus sain.

Mais si on voit que non seulement la vigueur de cet Arbre continuë, comme il est fort ordinaire, & que même elle augmente visiblement, pour lors il faut commencer à craindre plus que jamais la confusion, soit dans le cœur de nôtre Buisson, soit à l'égard de notre Espalier, tels que soient les Arbres de l'un ou de l'autre Poirier, Pommier, Prunier, Pêcher, Cerisier, Figuier, &c. C'est pourquoy pour cette seconde taille il la faut tenir encore un peu plus longue que la premiere, & particulierement si l'Arbre paroît enclin à se serrer, & cette longueur peut aller jusques à un bon pied ou un peu plus, pour y employer cette abondance de séve que nous jugeons ne pouvoir être ny gênée, ny contenuë en peu de place.

A la charge, que quand de cette seconde taille il en sera venu d'autres bonnes branches qui commenceront d'ouvrir raisonnablement le Buisson, ou de garnir suffisamment l'Espalier dont est question, & que sur tout l'Arbre commencera à donner du fruit, à la charge, dis-je, que pour lors nous nous remettrons à faire nôtre taille ordinaire de six à sept pouces sur les plus vigoureuses branches, & de quatre à cinq sur les mediocres.

Cette grande furie ne manque gueres jamais de se ralentir au bout des cinq ou six premieres années, si l'Arbre a été bien conduit, & c'est pour lors que toutes ces petites branches que nous avons fait venir en grand nombre dans le bas, & que nous y avons ensuite fort soigneusement conservées, commencent à nous recompenser amplement de nos soins & de nostre prévoyance; même assez souvent en telles occasions nous en venons à retailler par-cy par-là quelques-unes des vieilles branches, que la grande vigueur de l'Arbre nous avoit obligé de laisser d'une longueur exraordinaire, & cependant nous visons toûjours à donner de l'étenduë en ouverture sur les côtez pour y employer utilement la force de cet Arbre, & luy conserver indispensablemement sa figure agreable.

C'est sur ces sortes d'Arbres tres vigoureux, qu'il faut commencer à faire quelquefois des coups de Maistre; il faut, comme on fait en matiere de fontaines, faire pour ainsi dire par-cy par-là une espece de ventouse, ou plûtôt une espece de décharge de superficie, c'est-à-dire par exemple que sur ces Arbres il y faut laisser hors œuvre, & des branches coupées en moignon, & même quelques grosses branches, fussent-elles de faux boix, dans lesquelles pendant quelques années il se perde inutilement une partie de cette seve furieuse dont nous avons trop, & qui nous feroit du desordre aux parties principales; si même sur ces sortes d'Arbres il s'y trouve des branches de faux bois qui soient en lieu où elles puissent servir à la figure, il les faut conserver, & les traiter sur ce pied-là de faux boix, estant asluré que comme la plus grande abondance de la seve leur viendra, le reste des bonnes branches, d'où

ces

ces fausses sont sorties en receveront moins, & par consequent se mettront plûtôt à fruit qu'elles n'auroient fait, ces fausses branches cependant faisans le même effet pour la figure que de bonnes auroient pû faire.

Telles branches aussi peuvent être laissées par tout où l'ouverture de l'Arbre ne s'en trouvera pas incommodée, & d'où, quand on voudra, & que l'Arbre sera à fruit, on les pourra ôter sans rien gâter à la figure: mais comme nous avons déja dit, il ne les y faut jamais laisser pour peu qu'elles y fassent de confusion, car la confusion est le plus grand mal qui puisse arriver à un Arbre bien vigoureux.

Et comme pour moderer à nôtre égard la grande furie d'un tel Arbre, c'est-à-dire pour faire qu'il nous donne plûtôt de Fruit, deux choses outre l'ouverture sont souveraines, c'est à sçavoir premierement la longueur & la multitude des bonnes banches foibles quand elles sont placées de maniere qu'elles ne font pas confusion; & en second lieu une pluralité considerable de sorties sur les grosses branches, afin que par ces sorties cette abondance de seve puisse faire son effet, puisque aussi bien on ne sçauroit empêcher qu'elle ne le fit en quelqu'endroit de l'Arbre.

De là vient que souvent quand la figure de mon Arbre le permet, si quelque branche taillée l'année precedente en a poussé trois ou quatre toutes assez grosses, je n'en viens pas à les retrancher, si bien qu'il ne m'en reste qu'une ou deux des mieux placées, mais j'en conserve une ou deux de celles-là pour la taille de l'année, & les laisse raisonnablement longues; & outre cela si ce sont les plus basses que je conserve, je coupe en moignon les plus hautes; & si ce sont les plus hautes que je conserve, je laisse au dessous de celles là, soit en dehors, soit sur les côtez, un ou deux bouts de ces grosses branches en façon de coursons ou de crochets de vigne, chacun n'ayant de longueur qu'environ deux pouces, comme il paroît dans la figure cy-jointe, & m'en trouve fort bien.

Il se fait immanquablement, soit à ces Moignons, soit à ces Coursons une décharge de seve qui me produit quelques branches favorables, soit pour donner du Fruit quand elles se rencontrent foibles, soit pour devenir au bout de quelque temps des branches propres à la figure si elles se trouvent fortes.

Aussi bien l'intention doit-elle toûjours être de ravaller, c'est-à-dire de baisser l'Arbre en ôtant les plus hautes branches sur les plus basses, & non pas d'élaguer, c'est-à-dire d'ôter les plus basses pour conserver les plus hautes, afin que si l'Arbre ne peut en même temps garnir le haut & le bas, il soit plûtôt disposé à demeurer bas & bien garny, que de devenir haut monté & mal garny.

Cette maniere de moignons & de crochets ne plaira pas d'abord aux Jardiniers qui ne sçavent pas mes principes, non plus que la maniere de ventouse que nous avons cy-dessus expliquée : Mais si aprés avoir sçu mes raisons & ma longue experience ils ne veulent ny les approuver, ny les essayer, tant pis pour eux : Ils me permettront, s'il leur plaît de les plaindre de leur ignorance, ou de leur opiniâtreté.

CHAPITRE XXIV.

Taille qu'on doit faire la troisiéme année à toutes sortes d'Arbres plantez depuis quatre ans.

IL n'est plus icy question de recommencer les precedentes distinctions que nous avons faites, pour determiner ce qui étoit à faire aux Arbres selon le plus ou le moins de branches qu'ils avoient poussé la premiere année : Ils doivent au bout de quatre ans être à peu prés tous d'une même classe, quoy qu'ils ne soient pas tous fournis d'un égale qualité de grosses branches: Mais quoy que ç'en soit les uns & les autres en doivent avoir fait suffisamment pour faire paroître une tête formée, & quand bien même celuy par exemple qui la premiere année n'en avoit fait qu'une, n'en auroit fait dans la quatriéme que quatre ou cinq, toûjours n'y auroit-il rien de nouveau à dire à son égard, puisque s'il est vigoureux il tomberoit à peu prés dans le cas d'un Arbre qui d'abord en avoit fait quatre ou cinq, ou même davantage, & s'il n'est pas de ceux qui

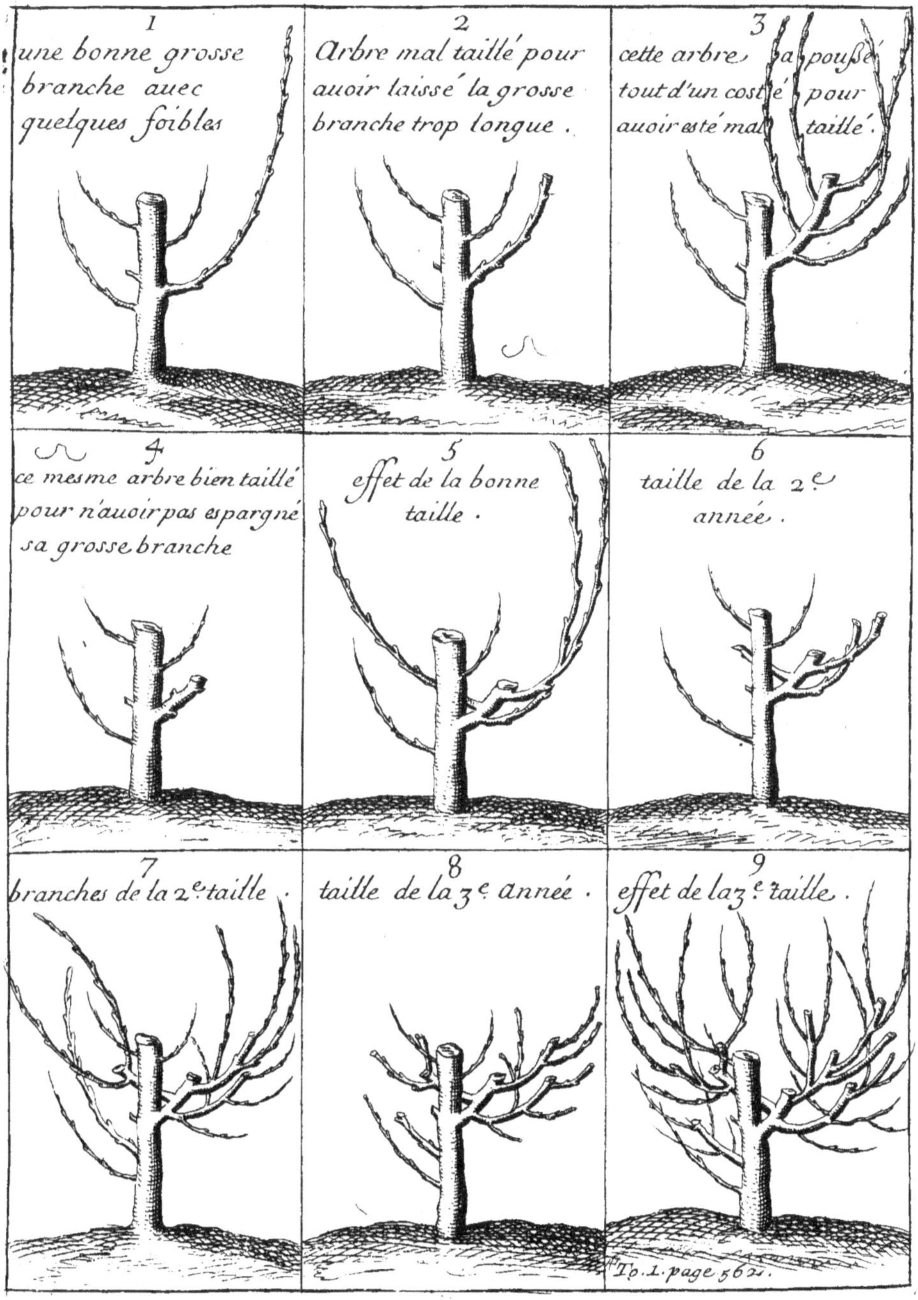

3

1
une bonne grosse branche auec quelques foibles

2
Arbre mal taillé pour auoir laissé la grosse branche trop longue.

3
cette arbre a poussé tout d'un costé pour auoir esté mal taillé.

4
ce mesme arbre bien taillé pour n'auoir pas espargné sa grosse branche

5
effet de la bonne taille.

6
taille de la 2.e année.

7
branches de la 2.e taille.

8
taille de la 3.e année.

9
effet de la 3.e taille.

To. 1. page 562.

ſont capables de faire plus d'une groſſe branche à l'extremité de la taille, il faudra ſe regler ſur la mediocrité de ſa vigueur, tant pour tenir courtes ſes plus groſſes branches, que pour n'en attendre qu'une groſſe à l'extremité de chacune, & toûjours la faire venir à l'endroit où la figure en a le plus de beſoin.

Il ne faut que ſuivre toûjours inviolablement l'idée d'un bel Arbre que nous avons d'abord propoſé, ſoit pour le Buiſſon, ſoit pour l'Eſpalier, & ne manquer jamais de proportionner la charge de la tête à la vigueur du pied, c'eſt-à-dire laiſſer plus de branches, & de plus longues à l'Arbre qui eſt fort vigoureux, & en laiſser moins, & de plus courtes à celuy qui paroît plus foible.

Et comme au vigoureux il faut luy conſerver ſoigneuſement beaucoup de vieilles branches, & ſur tout pour Fruit, pourvû qu'il n'y ait point de confuſion, il faut au contraire ravaller le foible ſur les vieilles, tant celles qui ſont pour bois, que celles qui ſont pour Fruit, & les tailler courtes en vûë de luy en faire pouſſer de nouvelles, s'il le peut, avec reſolution de l'arracher s'il n'eſt pas en état de le faire. Et cela étant nous en remettrons un meilleur à ſa place aprés en avoir ôté toute la vieille terre que nous croyons mauvaiſe ou uſée, & y en avoir remis de nouvelle qui ſoit bonne.

J'avertis toûjours qu'il faut en taillant prevoir aux branches qui peuvent venir de celles qu'on taille, pour s'en preparer qui ſoient propres à contribuer à la figure, & il faut s'aſsurer que quand on a ravallé la branche haute ſur la branche baſse, celle-cy ſe trouvant renforcée de toute la nourriture qui ſeroit allée à la plus haute, laquelle on a ôtée; cette branche baſse, dis je, fera plus de branches que ſi elle n'avoit reçû aucun renfort.

Bref quand ſelon mes principes on a conduit un jeune Arbre juſqu'à une quatriéme taille, on aura infailliblement vû l'effet que j'en ay promis, tant pour la belle figure qui doit paroître toute faite, que pour le beau fruit, dont en fait de Poires on commence de voir quelque échantillon, & en fait de Fruit à noyau on commence de voir l'abondance: Aprés cela on doit être apparemment capable de conduire doresnavant toutes sortes d'Arbres fruitiers, sans qu'il soit besoin d'autres instructions que les precedentes, aussi-bien n'en ay-je point de nouvelles à donner; & ce seroit ennuyer ridiculement que de repeter les mêmes choses que je crois avoir suffisamment établies.

Il n'arrive gueres que tous les Arbres d'un même Jardin, quoy que conduits d'une même maniere soient également vigoureux, non plus qu'il n'arrive gueres que tous les enfans d'un même pere soient également sains : Les Arbres aussi bien que les hommes sont sujets à une infinité d'accidens qu'on ne sçauroit ny prevoir ny éviter, mais on peut dire, & il est certain que tous les Arbres d'un même Jardin peuvent les uns & les autres être formez agreablement dans leur figure, & voilà une des principales obligations de nôtre Jardinier.

Je conseille sur tout de ne se pas opiniâtrer à conserver les Poiriers, qui tous les ans sur la fin de l'Esté jaunissent extrêmement sans avoir fait de beaux jets, ny ceux dont les extremitez des branches meurent aussi tous les ans ; Ce sont d'ordinaire des Arbres greffez sur Coignassiers, dont quelqu'une des principales racines est morte & pourrie, Arbres qui n'en font que de petits au colet, & par consequent ce sont racines exposées à toutes les injures de l'air & de la bêche.

La même chose est à dire, tant pour les Pêchers qui paroissent les premieres années se charger de gomme à la plûpart de leurs yeux, que pour ceux qui sont extrêmement attaquez de pucerons & de fourmis: tels Pêchers seurement ont quelques racines pourries, & ne feront jamais un bel effet.

Je suis encore du même avis à l'égard des Arbres qui font de tous côtez une infinité de petites branches foibles & chiffonnées avec quelques grosses par-cy par-là, les unes & les autres, toutes la plûpart de faux bois : il n'y a sur cela que beaucoup de temps à perdre en esperances mal fondées.

Ce qui est de mieux à faire en toutes ces occasions est d'arracher au plûtôt de tels Arbres ; & hazarder quand ils ne sont pas extrêmement vieux, ou extrêmement gâtez par les racines, hazarder, dis-je, de les replanter en quelqu'endroit de bonne terre apres les avoir nettoyez de toute pourriture, & de leurs chancres, & cela pour voir s'ils se referont afin de s'en servir ailleurs, ce qui arrive quelquefois en fait de Poiriers; & presque jamais en fait de Fruits à noyau, & sur tout en Pêchers, & cependant à la place des arrachez on en remettra de meilleurs avec toutes les conditions cy-devant expliquées.

CHAPITRE XXV.

De la premiere taille des Arbres qui ont été plantez avec beaucoup de branches.

APrés m'être assez expliqué dans le Traité des Plans de l'aversion que j'ay à planter de petits Arbres avec beaucoup de branches, je veux croire presentement que comme il ne m'arrive guéres d'en planter, ceux qui voudront me faire l'honneur de m'imiter, n'en planteront guéres non plus que moy. Toutefois si on en veut planter, j'estime qu'il faut s'étudier principalement à deux choses. La premiere à leur ôter tout ce qui peut faire de la confusion, & n'est pas propre à commencer une belle figure. La deuxiéme à laisser une longueur d'environ six à sept pouces à chacune des branches qu'on y conserve; & au surplus pour les nouvelles branches qui en viendront, il faudra se regler sur les principes que nous avons amplement établis pour la taille des autres Arbres.

Il est vray que tels Arbres plantez avec des branches ne sont pas d'ordinaire si aisez à tourner pour recevoir une belle figure, que ceux que j'affecte de planter: Les vieilles branches qu'on a laissées à ceux-là ne sont pas souvent heureuses à en pousser d'autres à leur extremité, encore moins d'y en pousser de bien placées; elles n'en font communement qu'en desordre dans leur etenduë, & ainsi on est long temps obligé à y faire beaucoup de playes devant que d'avoir rencontré ce qu'on cherche: mais quand enfin on y est parvenu, on n'a qu'a suivre ce qui a été dit assez distinctement pour la conduite d'un Arbre, qui ayant été planté sans aucunes branches, en a depuis fait de belles & de bien placées.

Et si on trouve des Arbres plantez avec beaucoup plus de branches & de plus longues qu'il ne faudroit, en sorte qu'il n'y paroisse aucune disposition à la figure que nous devons souhaiter, il faut d'abord chercher à les reduire sur un beau commencement, & que ce soit conformement aux idées de beauté tant de fois expliquées.

Ce que nous dirons cy-aprés pour la premiere taille à faire sur de vieux Arbres qui n'ont jamais été bien conduits, pourra entierement servir pour la premiere taille de ceux-cy, sans qu'il soit besoin d'en rien dire davantage.

Quoique communement soit pour Buisson, soit pour Espalier, je condamne la maniere de planter de petits Arbres avec beaucoup de branches, à cause des inconveniens qui embarassent pour la figure qu'ils doivent avoir, je ne suis pas toutefois si severe à l'égard des Arbres de tige, c'est-à-dire que je ne les condamne pas si fort; la raison en est qu'ils ne demandent pas à beaucoup prés une si grande justesse pour leur beauté, & ainsi je veux bien qu'on en plante quelquefois avec quelques branches à leur tête, quand il s'en trouve d'assez bien disposées pour cela; ils feront sans doute du Fruit plûtôt que les autres, mais cela n'empêche pas que je ne fasse toûjours une estime particuliere de ceux qu'on plante, & qui n'en ont point.

Il y a encore quelque occasion où il n'est pas mal de planter un Arbre avec beaucoup de branches, & c'est dans un grand Plan où il en est mort quelqu'un en place; car supposé que le fond étant tres-bon on ait encore remis de bonne terre dans le trou fait pour replanter, pour lors on y peut fort bien remettre avec des branches quelques Arbres de ces especes qui sont si difficiles à fructifier, par exemple des Cuisse-Madame, des Poires sans peau, des Virgoulés, &c.

CHAPITRE XXVI.

De la taille des Arbres de tige.

Autant qu'à été grand le nombre des principes pour la taille des Arbres nains, autant est petit celuy des principes pour la taille des Arbres de tige plantez en plein vent, car pour les Arbres de tige plantez en Espalier ils demandent toutes les mêmes precautions que les petits : Bien loin donc qu'il faille toucher tous les ans à ces grands Arbres, je me contente, comme j'ay dit au commencement de ce Traité, qu'on y touche seulement une fois ou deux dans les commencemens, c'est à dire dans les trois ou quatre premieres années, & cela pour ôter quelques branches du milieu qui y peuvent faire de la confusion, ou pour racourcir un côté qui s'éleve trop, ou en raprocher un autre qui s'écarte plus que de raison : Du surplus il faut s'en rapporter à la nature, & lui laisser pousser en liberté tout ce qu'elle pourra ; la peine & le peril seroient trop grands s'il falloit traiter ceux-cy avec autant de circonspections que les autres.

CHAPITRE XXVII.

De la premiere conduite des greffes en fentes faites & multipliées sur de vieux Arbres en place, soit en Buissons, soit en Espaliers.

Rien n'est si ordinaire dans nos Jardins que d'y regreffer en fente sur de vieux Arbres, soit pour se delivrer de quelque méchans Fruits dont on est rebuté, soit pour profiter de quelque nouveauté considerable qu'on a decouverte, si bien que pour cela on en vient souvent à n'épargner pas même les bonnes especes, dont on croit d'ailleurs avoir suffisamment d'Arbres.

Or il y a plusieurs choses à dire sur ces sortes de greffes, & premierement si l'Arbre a si peu de grosseur qu'il n'en puisse recevoir qu'une seule, comme on n'en applique point d'ordinaire qui n'ait trois yeux, il se peut fort bien que de chacune de telles greffes il en vienne trois belles branches capables de commencer un bel Arbre, & en ce cas il faut avoir recours à ce que nous avons dit cy-devant pour la premiere taille d'un Arbre qui la premiere année avoit fait trois beaux jets; on pourra même leur donner environ deux ou trois yeux de longueur davantage, si, comme vray-semblablement cela doit arriver, la greffe a poussé des jets tres-vigoureux, & si sur tout l'Arbre paroît enclin à se serrer.

En deuxiéme lieu si l'Arbre à greffer est assez gros pour recevoir deux greffes, comme il l'est quand il a un bon pouce de diamettre ou un peu plus, & si les deux greffes font chacune deux ou trois belles branches, comme il arrive assez souvent, pour lors il faut grandement s'étudier à éviter la confusion dont on est icy menacé, veu la grande proximité des greffes, & par consequent il faut s'étudier à ouvrir; c'est-pourquoy on ôtera celles des branches qui étant grosses, & en dedans y forment le défaut que nous ne devons jamais souffrir: on les ôtera donc, soit à l'épaisseur d'un écu, soit en talus, suivant que la prudence du Jardinier & le besoin de l'Arbre le prescriront, & ensuite non seulement on tiendra la premiere taille un peu plus longue que celle des Arbres qui ont été plantez depuis un an ou deux, mais même on y laissera plus grande quantité de branches, tant pour achever promptement la figure, si la matiere est belle pour cela que pour employer pendant un certain temps ce que nous jugeons y avoir trop de seve pour nos desseins, & cette pluralité de branches pourra comprendre, & de ces moignons, & de ces branches passageres, & de ces manieres de crochets ou de coursons qui sont en dehors, & dont j'ay parlé cy-devant.

En troisiéme lieu les mêmes égards sont à observer, & encore plus severement, tant pour l'ouverture que pour la longueur des premieres tailles, si l'Arbre greffé a pu recevoir sur sa teste jusqu'à trois ou quatre greffes, ce qui arrive quand on greffe en couronne.

A plus forte raison si l'Arbre ayant plusieurs grosses branches toutes assez voisines les unes des autres, & toutes

capables

capables de recevoir en tête plusieurs greffes, il vient à être greffé sur chacune. Tel Arbre apparemment est un peu vieux, & cependant assez vigoureux, si bien que toute la seve que le grand nombre de ses racines preparoit, & qui étoit suffisante pour la nourriture & l'entretien d'une grande quantité de branches longues & fortes, se trouvant reduite dans la petite étenduë de ces greffes, y fait d'ordinaire des branches d'une grosseur, & d'une longueur extraordinaire, jusques-là même qu'assez souvent d'un seul œil il en sort deux ou trois branches la plûpart fortes.

En telles occasions il ne faut pas des novices, & des ignorans, il est besoin de toute la prudence d'un habile Jardinier pour faire un bon usage de cette grande vigueur, reduite, pour ainsi dire, au petit pied, afin que par le moyen d'une sage conduite on puisse faire en peu de temps un Arbre d'une belle figure, & d'un grand rapport, rien n'est si ordinaire que de voir de telles greffes mal conduites, & s'il m'est permis de parler ainsi, de les voir charpentées, ou plûtôt massacrées, & par consequent malheur à tel Arbre, qui pour les premieres fois tombe entre les mains d'un ignorant.

La grande ouverture de l'Arbre, la longueur raisonnable de certaines branches qui sont essentiellement necessaires pour la figure, la pluralité de quelques-unes qui ne le sont pas, & cela tant par le moyen des Coursons & des Moignons, &c. que par le moyen de celles qui sont hors œuvre, & qu'on pourra ôter quand on voudra sans faire tort à l'Arbre, tant par l'usage des tailles faites à l'épaisseur d'un écu, que par la grande longueur des plus foibles branches pour le fruit, &c. Tout cela ensemble ce sont des remedes souverains & assez aisez contre le desordre qui peut provenir d'une telle abonbance de seve ainsi reduite en peu d'étenduë ; mais cependant combien voit-on de vilains Arbres, faute que les Jardiniers n'ont pas sçû de bons principes, ou qu'ils ne les ont pas bien pratiquez dès le commencement.

En quatriéme lieu, les seconde, troisiéme & quatriéme années, & même plus long-temps s'il y échet, il faut travailler sur le pied que nous venons de dire, jusques à ce que l'Arbre commence à nous donner du fruit, & pour lors non seulement on viendra à se remettre à la taille de six à sept pouces sur chaque branche, mais aussi on viendra à ravaller d'année en année, & par cy par là sur quelqu'une des vieilles tailles precedentes, afin de viser à avoir toûjours le bas de nôtre Arbre bien garny, ce que nous ne sçaurions avoir sans ce secours.

Ce que je viens de dire en general sur les vieux Arbres regreffez en place peut-être indifferemment appliqué tant aux Buissons qu'aux Espaliers, & cela étant il faut se proposer toûjours ces belles idées des uns & des autres que nous avons recommandées au commencement de ce Traité; sçachant certainement qu'il y a beaucoup à craindre pour la confusion & le dégarny en fait d'Espaliers, aussi-bien que pour ces mêmes défauts en fait de Buissons, quoy qu'il soit vray que la facilité d'attacher les branches d'Espalier, & de les contraindre par ce moyen à prendre telle place qu'on trouve à propos que cette facilité, dis je, rende leur conduite plus aisée, plus seure, & plus prompte pour le succés qu'elle ne l'est pas pour les Buissons.

CHAPITRE XXVIII.

De ce qui est à faire pour les cas impréveus, & assez souvent ordinaires à toutes sortes d'Arbres, même à ceux qui ont été conduits avec toutes les regles de l'Art.

JE crois devoir supposer que quiconque aura lû avec assez d'attention ce que je viens d'établir pour la taille des Arbres aura acquis suffisamment de lumiere : soit pour la bien entendre, soit pour la pratiquer agreablement & utilement : à dire le vray je serois infiniment trompé si cela n'étoit point, m'étant étudié avec des soins infinis à me rendre intelligible dans ce Traité, tant à l'ignorant & au novice qu'à l'honnête homme Jardinier, ou non Jardinier, qui voudra sçavoir mes sentimens sur cette matiere; mais il faut ajoûter que sans doute on y sera encore plus habile, si on a essayé soy-même pendant deux ou trois ans de mettre en usage sur de jeunes Arbres les principes

& la maniere dont je me sers : il faut icy de l'experience au de-là de-la theorie, aussi bien qu'à tous les autres arts & sciences pratiques.

J'ose avancer qu'on ne trouveroit presque jamais de difficulté dans l'application de ces principes, si pour ainsi dire la nature estoit toûjours sage dans la production des branches & des fruits, ou si on la pouvoit gouverner tout de même que le Sculpteur fait son marbre, & le Peintre ses couleurs ; mais il est vray que quelque soin que nous prenions de la conduite de nos Arbres, nous ne sçaurions cependant y travailler toûjours avec tant de succez, que cette nature dont nous ne sommes pas entierement les maîtres, réponde en toutes rencontres à nos intentions & à nôtre labeur.

Elle est un agent particulier, mais agent necessaire, qui dans son action dépend d'une infinité de circonstances, soit à l'égard du temps & des saisons, soit à l'égard des terreins, dont il en est de bons & de mauvais, de chauds & de froids, de secs & d'humides, & soit enfin à l'égard de la difference du temperamment des Arbres, dont les uns sont plus prompts à fructifier, les autres plus lents, les uns font plus de branches, les autres en font moins, les uns sont à noyau, les autres sont à pepins, & quelques-uns même sont d'une autre classe particuliere comme les Figues, les Raisins, &c.

Je ne sçay si je ne pourrois point dire qu'assez souvent les regles de la taille sont à peu prés à l'égard des Arbres, ce que les regles de la Morale Chrétienne sont à l'égard de la conduite de l'Homme ; nos Arbres sont ce me semble impatiens de la contrainte où nous les assujettissons pour les tenir bas, & peut-être colez à des murailles ; on diroit qu'ils affectent de chercher toûjours à s'échaper, & à surprendre le Jardinier pour aller où il ne veut pas qu'ils aillent, & faire des branches où il ne voudroit pas qu'ils en fissent, tout de même que la nature corrompuë de l'homme se revolte souvent contre les loix divines & contre la raison, & se porte à la plûpart des choses que la Morale défend.

Aussi est-il vray que dans nos Arbres il arrive quelquefois de certains inconveniens, que nous n'avons pû ny prevoir, ny empêcher ; mais au moins quand ils sont arrivez, faut-il se mettre en devoir d'éviter les fâcheuses suites qui en peuvent venir, & même s'il est possible, comme j'ay assez souvent lieu de le croire, il faut tâcher d'en tirer avantage.

Il y a en cela de certains détails qui pourront être ennuyeux à quelques Lecteurs, je veux dire à ceux qui n'en auront que faire, ou à ceux qui n'aiment pas de sçavoir la taille à fond ; mais j'espere qu'ils seront d'une grande utilité, ou au moins de quelque plaisir aux veritables Jardiniers, qui n'ignorent pas qu'il n'y a rien qui rende plus habile en toutes sortes de sciences, que ces détails recherchez & instructifs.

Il m'est arrivé dans la suite des temps d'avoir remarqué beaucoup de cas particuliers sur la taille de toutes sortes d'Arbres; il me semble que je les dois ajoûter icy, & en même temps la conduite que j'y ay tenu.

Mais je crois devoir premierement dire que les fruits à noyau, & sur tout les Pêchers, & même les Abricotiers, ont grandement besoin d'une seconde taille, & quelquefois d'une troisiéme, outre la premiere qui se fait à la fin de l'Hyver, ces dernieres tailles se doivent faire vers la my May, c'est-à-dire quand les fruits sont ou noüés, ou coulez, & je puis assurer que pour lors elles sont non seulement avantageuses, mais aussi tres necessaires ; il se doit encore en même temps faire à quelques-uns un ébourgeonnement, qui ne vaut pas moins que ces sortes de tailles.

Ces dernieres operations, sçavoir les deuxiéme & troisiéme tailles des fruits à noyau, & l'ébourgeonnement de toutes sortes d'Arbres servent, tant pour faire fortifier de certaines branches dont on prevoit qu'on aura besoin à l'avenir pour en faire des branches à bois, que pour en ôter entierement quelques-unes qui sont devenuës inutiles & incommodes, puisque leur fonction, qui étoit de donner du fruit n'a pas réüssi, leurs fleurs étant venuës à perir ; j'en feray cy-aprés un Chapitre particulier aprés avoir expliqué tous les détails que je viens d'annoncer pour la premiere taille.

Et de tout cecy j'en ay fait quatre Classes, dont la premiere est des remarques qui sont generalement communes à la taille de toutes sortes de fruits, tant en Buisson qu'en Espalier, cette Classe est assez grande, & ce sera la premiere que j'expliqueray.

La deuxiéme est des remarques qui sont particulieres en chaque année pour la premiere taille des fruits à noyau, & sur tout des Pêchers & Abricotiers.

La troisiéme est de ces remarques qui regardent uniquement les deuxiéme & troisiéme tailles de ces mêmes fruits à noyau, tant en Espalier qu'en Buisson.

Enfin la quatriéme est pour l'ébourgeonnement des uns & des autres.

CHAPITRE XXIX.

Remarques communes pour de certains cas singuliers qui regardent la taille de toutes sortes d'Arbres.

JE mettray icy sans ordre & sans liaison toute la matiere de ce Chapitre, tant parce qu'il seroit presque impossible de le faire autrement, chaque cas étant singulier & sans rapport à aucun autre, que parce qu'il seroit ce semble assez inutile, quand il se pourroit faire, ce qui m'est arrivé est qu'à mesure que dans l'étude que j'ay faite de la vegetation, j'ay observé quelque chose de singulier, je l'ay soigneusement remarqué dans mon Journal, & ainsi je crois qu'il n'est pas mal à propos de le communiquer de la même maniere que je l'ay recueilly, & voicy comment.

PREMIERE OBSERVATION.

QUand de quelque endroit d'une branche couchée & contrainte en Espalier, ou de quelque endroit d'une branche de Buisson, laquelle naturellement s'est tenuë orisontale, c'est-à-dire laquelle au lieu de monter droite, comme font la plûpart des autres, s'est laissée aller sur le côté (je fais grand cas de celles-cy pour devenir bientôt branches à fruit) quand , dis-je ; de telles branches il en est sorti quelqu'une de faux bois , dont je ne puis tirer aucun secours , ny pour la figure , ny pour le fruit, en tel cas je la coupe à l'épaisseur d'un écu , ou en talus, suivant mon besoin , autrement il arrivera que ce faux bois ruinera le bon , ou au moins il le ruinera depuis l'endroit où il est sorti jusqu'à l'extremité de la branche ; & si l'Esté j'apperçois le commencement & la naissance de telles branches , je les arrache sur le champ : elles s'arrachent fort aisement , soit en les pressant du pouce par en bas , c'est-à-dire à l'endroit où elles commencent de paroître , soit en les tirant un peu à soy.

II. Observation.

J'Oste pareillement toutes les branches un peu fortes, qui sont sorties d'une maniere de calus , sur lequel ont été les queuës des Poires, & où peut être il y en a encore de nouvelles ; Telles branches ne sont gueres jamais propres à meriter qu'on fasse sur elles aucun fondement de quoy que ce soit , & ainsi quand pendant l'Esté j'aperçois qu'il s'en fait, je les ôte aussi tôt en les arrachant.

III. Observation.

JE fais la même chose des branches qui naissent de celles , lesquelles originairement étoient & courtes & droites, regardans l'orizon , & placées en forme d'éperons , & cela sur de certains Arbres ou ces éperons sont ordinaires , & merveilleusement bons à conserver , tels sont les Ambret, Virgoulé , Bergamotte , &c. soit en Buisson , soit en Espalier, ces sortes de branches venuës de ces manieres d'éperons ne seroient propres à rien , elles ruineroient & la beauté de la figure , & la disposition à fruit , qui d'ordinaire suit ces sortes d'éperons , & si , comme il arrive souvent, la nature paroît s'opiniâtrer à produire sur ces mêmes éperons de ces sortes de branches ausquelles je fais icy la guerre , il faudra enfin couper ces éperons à l'épaisseur d'un écu , afin de détourner entierement le grand cours de seve qui se jette de ce côté-là, & qui ne fait qu'incommoder; nous avons assez dit quel est l'effet de cette sorte de taille extraordinaire.

IV. Observation.

LA taille des branches foibles & longues se fait aussi bien en leur rompant simplement l'extremité, qu'en la coupant avec la serpette, & peut-être même se fait-elle mieux, comme aussi elle se fait plus vîte; il semble qu'il se perde davantage de seve en rompant, & que cela serve à y faire former plûtôt & davantage de boutons à Fruit, lesquels, comme nous avons dit, ne se forment qu'aux endroits où il y a peu de seve, c'est à dire où il n'y en a pas beaucoup.

V. Observation.

UN Jardinier habile, & qui est propre dans son travail, ne doit jamais souffrir d'argots secs & morts en aucune sortes d'Arbres, & ainsi il les doit couper jusqu'au vif, d'abord qu'il les apperçoit, il n'y a qu'à de certains Pêchers qui paroissent un peu sujets à la gomme, où il est assez dangereux de le faire, parce que la playe ne sçauroit se recouvrir, & que la gomme vient à suppurer par là: dans la verité il est beau & avantageux, sur tout aux fruits à pepin, de couper entierement ces sortes d'argots, parce que la partie se recouvre ensuite sans y manquer, pourvû que l'Arbre se porte bien.

Par le mot d'argot j'entens icy l'ancienne extremité d'une branche, laquelle autrefois a été racourcie un peu loin d'un œil, si bien que de cet œil il est ensuite venu une autre branche, & pour lors cette extremité est demeurée seiche & à demy morte, sans avoir profité depuis la taille par laquelle elle a été faite.

VI. Observation.

QUand de quelque bon endroit d'un Arbre, qui pendant les premieres années n'avoit fait que des branches mediocrement vigoureuſes, & ainſi ne donnoit pas eſperance d'une longue durée, quand, dis-je, de quelque bon endroit d'un tel Arbre il en vient enſuite une belle branche ou deux, ou davantage, quoy que toutes de faux bois, ſi je vois que j'y puiſſe faire fondement d'une belle figure nouvelle pour un tel Arbre, je ne manque pas de m'en ſervir pour cela conformement aux regles cy-devant établies, & cependant je conſerve toûjours les anciennes foibles, tant qu'elles peuvent donner du fruit, avec intention de les ôter quand elles n'en produiront plus; auſſi bien pour lors s'en ſera-t-il formé d'autres dans la nouvelle figure, & celles-cy auront inſenſiblement ſuppleé au défaut des vieilles,

Que ſi telles branches viennent en lieu dont je ne puiſſe tirer aucun avantage pour en faire un plus bel Arbre, je les ôte entierement, avec eſperance qu'une autre année il en pourra venir de plus heureuſes, & cela fondé ſur ce que tel Arbre ayant été capable d'en faire de mal placées, ſa vigueur qui non ſeulement ſubſiſte, mais qui même va toûjours en augmentant, en produira ſeurement de nouvelles, & vray-ſemblablement mieux placées; telles ſortes de branches doivent leur naiſſance à quelques racines nouvelles, qui auront été extraordinairement formées.

VII. Observation.

SI pareillement d'un Arbre vieux, & un peu haut monté, il ſe preſente de plus belles branches par le bas que dans le haut, & que je voye ce haut en aſſez méchant état, & preſque abandonné de la nature, je l'abandonne auſſi, & me mets à ſuivre le changement qui vient d'arriver, pour recommencer par ce moyen une figure toute nouvelle, & par conſequent refaire un Arbre nouveau; tel changement arrive ſur tout aſſez ſouvent en fait de Pêchers qui commencent à vieillir, il faut en cela profiter de l'avertiſſement que la nature nous donne.

Mais ſi le haut me paroît aſſez bon & aſſez vigoureux, en ſorte qu'il puiſſe durer encore long-temps en l'état où il il eſt, je me contente d'arracher entierement ces nouvelles branches baſſes pour conſerver les vieilles, à moins que dans le voiſinage du pied je ne trouve place à y ranger ces nouvelles branches.

VIII. Observation.

JE ne fais jamais cas de certaines branches menuës, petites & foibles, qui viennent d'autres branches menuës & foibles, & ſi de celles-cy il en ſort quelquefois de groſſes, je les regarde comme branches de faux bois, & les traite ſur ce pied-là.

IX. Observation.

DAns l'ordre que la nature obſerve le plus communement pour la production des branches & des racines, ce qui eſt produit de nouveau eſt moins gros que l'endroit qui vient de le produire : que ſi cet ordre ſe trouve perverti, en ſorte que les branches ou les racines qui ſortent ſe trouvent plus groſſes que celles d'ou elles ſont ſorties, les nouvelles ſont communement de faux bois, & par conſequent doivent être traitées comme telles : bien entendu à l'égard des branches que celles de faux bois puiſſent nuire à la figure & au Fruit, comme nous l'avons cy-devant expliqué : car ſi au lieu de nuire elles ſe preſentent heureuſement pour la figure, ou que même elles puiſſent conſumer pour un temps une partie de la ſeve qui eſt icy trop abondante, pour lors on les conſervera ſuivant nos precedentes regles, bien entendu encore à l'égard des racines, que comme les plus groſſes ſont regulierement les meilleures, car la diſtinction de faux bois n'a pas icy de lieu, nous conſerverons ces groſſes de quelque maniere qu'elles ſoient venuës, & détruirons les anciennes qui paroiſſent abandonnées.

X. Observation.

IL ne faut jamais tailler une branche ſans avoir égard premierement au lieu d'ou elle ſort, pour juger par là si elle est bonne & capable de repondre à ce que nous en demandons : Car par exemple telle branche pourroit passer pour grosse si elle venoit d'un endroit originairement foible, qui cependant doit passer pour foible, à cause qu elle vient d'un endroit originairement fort & vigoureux, & ainsi du reste.

XI. Observation.

IL ne faut aussi jamais commencer à tailler un Arbre que premierement on n'ait examiné l'effet de la taille precedente, afin d'en corriger les défauts s'il y en a, & d'y conserver exactement la beauté si elle s'y trouve.

XII. Observation.

EN fait de Buissons où l'usage n'est pas de lier les branches comme on fait en Espalier, en ce fait-là, dis-je quand on veut juger de la quantité de boutons qu'il faut laisser sur chaque branche à Fruit, il faut voir ce que la force de telle branche est capable de porter, c'est à dire de soûtenir d'elle-même, sans être au hazard de plier sous le fais, ou plûtôt au hazard de rompre, & pour cet effet il faut appuyer sur l'extremité de telle branche, afin que par la resistance grande ou petite qu'on y trouve en appuyant, & par raport à la pesanteur connuë des Fruits d'une telle espece, on proportionne le fardeau à la force ou à la foiblesse de la branche.

XIII. Observation.

D'Ordinaire en Pêchers & Pruniers, si on racourcit une grosse branche un peu vieille, il n'en faut guéres attendre de nouvelles, ny à son extremité, ny dans toute son étenduë: La seve d'un tel Arbre ne sçauroit guéres percer une écorce si dure; mais quelquefois, si l'Arbre est tant soit peu vigoureux, la seve va faire son effet sur les plus jeunes branches voisines de cette vieille dont est question.

En Abricotiers, soit vieux, soit jeunes, & en jeunes Pêchers aussi-bien qu'en toutes sortes d'autres Arbres il n'en est pas de même, on y peut regulierement attendre de nouvelles branches à venir des vieilles qu'on a racourcies, & rarement arrive-t-il qu'on y soit trompé.

XIV. Observation.

AU lieu que dans les Arbres vigoureux, soit vieux, soit jeunes, comme nous avons dit tant de fois, nous ne cherchons le Fruit que sur les branches foibles, tout au contraire dans les Arbres foibles, c'est-à-dire peu vigoureux, il faut chercher le Fruit sur les grosses branches, & jamais sur les foibles; celles-cy n'ont déja que trop de foiblesse pour pouvoir faire de beaux Fruits, & les autres qui paroissent grosses, & qui ne le sont dans la verité que par rapport au peu de vigueur de tout l'Arbre, ces autres, dis je, n'ont effectivement en soy que la mediocrité de séve qui est necessaire pour la formation des beaux Fruits, si bien que dans tels Arbres foibles il faut ôter toutes les petites, & regulierement elles paroissent usées, soit qu'elles ayent donné du Fruit, soit qu'elles n'en ayent point donné, car assez souvent il en perit sans avoir fructifié.

XV. Observation.

EN toutes sortes d'Arbres fruitiers qui se portent bien, il sort quelquefois d'un seul œil jusqu'à deux, trois, & quatre branches, & la plûpart assez belles, il faut sagement juger quelles sont celles qui sont les plus propres à être conservées, soit pour le bois, soit pour le fruit, & quelles sons celles qu'il faut entierement retrancher, il n'arrive guéret qu'on en conserve plus de deux, encore faut-il qu'elles regardent deux côtez vuides, & qui soient éloignez l'un de l'autre, & souvent pour cela on en ôte une du milieu des trois, & ainsi les deux de reste en deviennent mieux nourries; une telle operation est bonne à faire en ébourgeonnant, ce qui se fait aux mois de May & de Juin.

XVI. Observation.

EN Espalier toutes les branches se peuvent aisément toucher d'un côté ou d'autre, pourvû qu'on les palisse pendant qu'elles sont encore jeunes, car pour lors elles sont faciles à plier : mais si on ne les couche en ce temps-là, & qu'elles fassent un vilain effet pour la figure, il faudra au temps de la premiere taille qui se fera dans les mois de Février & de Mars de l'année d'aprés, il faudra, dis-je, pour lors les couper à l'épaisseur d'un écu, ou au moins sur le premier œil, avec esperance que des côtez d'une telle épaisseur il en sortira quelque branche, dont on se pourra servir mieux qu'on n'a fait de la mere.

XVII. Observation.

QUoy qu'il soit en quelque façon desagreable tant en Espalier, que sur tout dans un Buisson, d'y voir une grosse branche qui croise & traverse le milieu de l'Arbre, cependant il est tres à-propos de la conserver si elle contribuë à garnir un des côtez, qui sans cela seroit vuide, & que par consequent elle soit necessaire pour la beauté de la figure : tel scrupule ne doit point se former pour les branches à Fruit qui croisent, elles sont bonnes en quelque endroit qu'elles se placent.

XVIII. Observation.

DE tout ce qui dépend de l'Art, rien ne paroît capable de fortifier seurement une branche foible, laquelle est dans l'étenduë d'une grosse branche, si ce n'est de ravaller sur elle, c'est-à-dire d'ôter toutes les autres branches qui lui sont superieures, & ôter même la partie d'où elle sort, ensorte que celle-cy vienne à se trouver la plus haute de celles qui naissent d'une même mere, & par consequent y fasse une extremité : Toutes les tailles, tant la premiere que la deuxiéme & troisiéme aussi-bien que l'ébourgeonnement du mois de May sont tres propres à cela, mais si naturellement une branche se trouve foible à l'extremité d'une grosse, on ne sçauroit s'assurer de la pouvoir fortifier, à moins que d'ôter une vieille branche qui soit originairement superieure à celle d'où cette foible est sortie.

Ce n'est pas que quelquefois la nature ne fasse de ces coups-là d'elle-même sans avoir ôté rien de superieur, comme nous l'avons remarqué en parlant de quelques branches à fruit, qui par un surcroît de seve extraordinaire viennent à grossir plus que naturellement elles ne devoient, mais nous ne sçaurions dire comme quoy elle l'a fait, ny par consequent essayer de l'imiter.

XIX. Observation.

Pour faire sur la fin de l'Hyver la premiere taille aux Pêchers bien vigoureux, il est à propos d'attendre qu'ils soient prêts à fleurir, afin de connoître plus surement les boutons qui fleuriront : car il y en a beaucoup qui quoy qu'ils soient boutons à fleur, ne fleurissent pas pour cela, le froid de l'Hyver, ou l'abondance de seve nouvelle, & quelquefois la gomme en détruisent beaucoup : Connoissant donc les boutons heureux on se reglera sur cela, tant pour le choix des branches à conserver, que pour la longueur à donner à celles qui seront conservées.

XX. Observation.

Nous remarquons, que les boutons à Fruit, qui se trouvent aux extremitez des branches, sont d'ordinaire plus gros & mieux nourris que les autres, ce qui confirme ce que l'ordre de la production des nouvelles branches nous avoit appris, c'est-à-dire que la seve va toûjours plus abondamment aux extremitez qu'ailleurs, & c'est ce qui a donné lieu à la maxime que j'ay établie dans mes reflexions pour l'effet du fort & du foible, en matiere de boutons à fruit qui se forment sur toutes sortes de branches fortes ou foibles : C'est de là aussi que j'ay conclu, que sur tout pour les arbres foibles, il est bon de les tailler de bonne heure, pour ne pas laisser aller inutilement de la seve à des extremitez qu'on doit retrancher : cela nous apprend encore que l'Hyver les branches & les boutons grossissent : nous le sçavons assez par l'exemple des Amandiers greffez à la fin d'Automne, lesquels devant le retour du Printemps on voit être devenus grandement serrez par la filasse qu'on y avoit appliquée en greffant.

XXI Observation.

ON ne doit jamais commencer à tailler un Espalier qu'il ne soit entierement dépalissé, car outre qu'on taille plus aisément & plus vîte, il arrive encore qu'en palissant pour la premiere fois aprés la taille on en range mieux les branches conservées, & que souvent par paresse de défaire un lien pour en refaire un nouveau, on laisse la branche comme on l'à trouvée ; quoy que mal placée.

XXII. Observation.

IL faut même souvent dépalisser pour le premier palissage du mois de May, premierement afin de bien égaler la figure ; en second lieu pour retirer de derriere les échalas les branches qui s'y étoient déja glissées, & qu'il ny faut jamais souffrir; c'est pourquoy pendant le mois de May il faut être soigneux de visiter souvent les Espaliers, tant afin que tel desordre n'arrive pas, que pour ôter les jets langoureux & miserables qui ne feroient que de la confusion.

XXIII. Observation.

LA multitude des branches dans la premiere année n'est pas toûjours une marque de vigueur : au contraire si elles sont toutes foibles, c'est une mauvaise marque, c'est à dire une marque d'infirmité aux racines, c'est ainsi par exemple que le rouge aux joües n'est pas toûjours une marque de santé.

XXIV. Observation.

QUand un Arbre, soit Buisson, soit Espalier, est grand & vieux, pour lors il ne fait presque plus de grosses branches, & ainsi il n'y a plus ce semble de fautes à faire en le taillant, supposé que s'il est Buisson il soit ouvert: & s'il est Espalier, il ait la figure passablement bien établie; les fautes ne sont bien à craindre que sur les Arbres qui sont bien vigoureux, & qui pour ainsi dire font plusque le Jardinier ne veut, c'est à-dire font plus de branches nouvelles qu'il n'avoit attendu.

XXV. OBSERVATION.

EN matiere de branches, pour juger de leur grosseur ou de leur foiblesse, il n'en faut regarder aucune pour grosse & forte, si ce n'est par comparaison à celles qui sur le même Arbre luy sont voisines: car par exemple telle est censée foible dans un certain endroit d'Arbre, ou dans certains Arbres, qui dans un autre passeroit pour grosse; le voisinage d'une tres-grosse fait que celle qui l'est moins doit passer pour foible, comme le voisinage de beaucoup de foibles fait que celle qui ne l'est pas tant doit passer pour grosse.

XXVI. OBSERVATION.

CEtte regle est tres importante pour ne pas manquer à donner quelquefois une longueur extraordinaire à de certaines branches quoy qu'assez grosses, lesquelles cependant il faut icy regarder comme foibles & menuës, cette longueur étant causée par la consideration d'autres branches voisines & plus grosses, lesquelles dans le voisinage on regarde & on traite comme branches à bois.

XXVII. OBSERVATION.

QUand les branches foibles ont leur extremité tres-menuë, c'est une marque asseurée d'une extrême foiblesse, c'est pourquoi il les faut beaucoup racourcir, quand elles l'ont assez grosse, il les faut tenir un peu plus longues, parce qu'en effet elles ont moins de foiblesse.

XXVIII. OBSERVATION.

PLus une branche foible est éloignée du cœur de l'Arbre, plus aussi est-elle mal nourrie: Voilà pourquoy en telles occaſions il faut rapprocher ſur les plus baſſes comme aucontraire plus une branche groſſe eſt éloignée du cœur, plus reçoit-elle de nourriture, & voilà pourquoy il la faut ôter pour retenir la vigueur dans le milieu, ou dans le bas de l'Arbre.

XXIX. Observation.

A Quelques Arbres, ſoit vieux, ſoit nouveaux plantez, & ſur tout en fait de Poiriers, ſoit Buiſſons, ſoit Eſpaliers il ſort quelquefois des branches orizontales mediocrement groſſes, & elles ſont admirables à conſerver pour le fruit, ſoit qu'elles ſe jettent en dehors, ſoit qu'elles aillent en dedans: mais regulierement la plûpart des branches ſe redreſſent & menacent grandement de confuſion ſi on n'y prend ſoin d'ôter les plus mal placées, ou bien elles menacent de dégarnir ſi on n'eſt ſevere pour en couper court quelques unes.

XXX. Observation.

QUelquefois on taille, comme branches à bois certaines branches, qui cependant n'ont veritablement que la groſſeur qu'il faut pour branches à Fruit, & ainſi il ne les faut pas regarder comme veritables branches à bois capables d'établir & conſerver pour long temps une partie de la figure d'un Arbre, mais pour ainſi dire il les faut regarder comme demy branches à bois, elles aident veritablement un peu à la figure pour remplir quelque vuide pendant deux ou trois ans, mais paſſé cela elles doivent perir, & ainſi il faut s'y attendre, & ſans y faire un grand fondement il faut faire en ſorte que dans le voiſinage il s'en prepare d'autres pour remplir leur place, ou autrement on aura bien tôt ſon Arbre defectueux.

XXXI. Observation

QUand un Arbre, ſoit Buiſſon, ſoit particulierement Eſpalier, & ſur tout en fait de Pêches & de Prunes, ne fait plus de groſſes branches nouvelles, il faut le regarder comme un Arbre qui s'en va, & ainſi il faut en preparer un autre pour l'année prochaine, & cependant ſans y tailler aucune

aucune branche pour bois il faut conserver à fruit toutes celles qui ont apparence d'en pouvoir donner de beauxs & en même temps il faut exactement retrancher toute, les chifonnes comme incapables de rien faire qui vaille.

XXXII. Observation.

IL ne faut jamais tailler pour branches à bois une branche dont on n'a que faire pour bois, & partant si par exemple il arrive qu'un Arbre de tige commence d'être pressé par le voisinage de celuy qui est bas, en sorte qu'on est en quelque façon obligé d'élaguer quelques branches des plus basses de cet Arbre de tige pour faire place aux plushautes de son voisin, en tel cas il faut laisser longues pour fruit telles branches de cet Arbre de tige, si particulierement il est si vigoureux, & que sans faire tort aux branches principales il puisse encore nourrir celles-cy, & par ce moyen on essaye d'avoir quelque fruit dans la longueur extraordinaire de telles branches, devant que d'être reduit à les ôter tout-à-fait.

XXXIII. Observation.

ON coupe en moignon, c'est-à-dire entierement les grosses branches, lesquelles sont venuë à l'extremité d'une autre qui est grosse & passablement longue, & lesquelles si on faisoit sur elles une taille ordinaire, nous donneroient une longueur trop nuë & trop étenduë, & par consequent feroient un fort grand desagrément ; cette taille faite en moignon fait d'ordinaire que du corps de la vieille on en peut esperer quelqu'une nouvelle qui sera propre à maintenir la beauté de la figure, c'est-à dire à tenir chaque endroit bien garny.

XXXIV. Observation.

ON coupe aussi en moignon, quand sur un Arbre bien vigoureux des deux branches fortes venuës à l'extremité d'une vigoureuse, on trouve plus à propos de se servir de la seconde que de la premiere, & que cependant on ne trouve pas à propos de fortifier davantage cette seconde ; ainsi on laisse pour un an ou deux, ou même pour plus long-temps, une petite sortie de seve à la plus haute coupée en moignon, en intention de l'ôter entierement aussi-bien que la branche nouvelle qui en sera sortie, quand l'Arbre commencera de donner du fruit.

Il est vray cependant que l'usage le plus ordinaire de cette taille en moignon, n'est gueres que pour les branches, qui de foibles & passablement longues qu'elles étoient sont devenuës extraordinairement grosses & vigoureuses : si bien quelles ont poussé à leur extremité une ou deux, ou plusieurs grosses branches : la foiblesse originaire de telles branches avoit été cause de leur longueur, on ne la leur auroit pas laissée si elles avoient été aussi grosses qu'elles sont devenuës depuis, & ainsi la grosseur survenuë est cause qu'on commence à les traiter sur le pied de branches à bois, c'est-à dire de les racourcir.

XXXV. Observation.

Et si la branche coupée en moignon n'a pas fait de branches à bois dans son étenduë, & sur tout en approchant du lieu d'où elle sort, & qu'au contraire elle ait fait une grosse branche à l'endroit du moignon, ou tout auprés, il faut encore s'opiniâtrer à recouper en moignon cette grosse derniere, & sur tout si la vieille n'est pas trop longue : car si elle est trop longue, & qu'on ait manqué à la racourcir aussi tôt qu'on l'a dû faire, il en faut venir à faire la taille sur le corps de cette vieille, & par consequent la racourcir selon les regles cy-devant établies.

XXXVI. Observation.

Si à un vieil Arbre assez vigoureux, & qui est tout en desordre de faux bois par les seuls défauts de la taille mal faite, on n'a soin pendant trois ou quatre ans de suite d'en baiser une branche ou deux par chaque année, pour en venir enfin à le voir tout-à-fait racourcy, on n'en aura jamais satisfaction ; mais avec un tel soin on peut fort bien le remette sur le pied d'un beau & bon Arbre, & il le faut faire quand cet Arbre est de tres-bonne espece; mais s'il n'en est point, il seroit à propos de le baisser entierement, & d'y regreffer en fente une meilleure espece de celles dont on n'a point, ou au moins dont on n'a pas assez.

XXXVII. Observation.

IL est quelquefois de certains Arbres si vigoureux qu'ils ne sçauroient, & sur tout les premieres années, être reduits à peu de place, il leur faut donner de l'étenduë, soit en haut, soit sur les côtez, ou autrement on n'aura que des faux bois, avec intention pourtant de les remettre petit à petit sur le pied des autres quand ils commenceront d'être à fruit tels sont d'ordinaire les Virgoulé, Cuisse-Madame, Saint Lezin, Robine, Rousselets, &c.

XXXVIII. Observation.

UN Arbre bien vigoureux ne sçauroit avoir trop de branches, pourveu qu'elles soient bien conduites, & qu'elles ne fassent point de confusion, comme aussi un Arbre qui ne l'est pas n'en sçauroit avoir trop peu, pour n'avoir de charge qu'à proportion de sa vigueur, & à celui-cy il ne faut gueres laisser que les grosses branches qu'il peut avoir.

XXXIX. Observation.

LEs branches de faux bois en fait de Pêchers & d'autres fruits à noyau, ne sont pas d'ordinaire si defectueuses pour leurs yeux, que celles qui viennent en fruits à Pepin, mais elles sont plus sujettes à perir, & à avoir les yeux éteints par la maladie qui leur est particuliere, c'est-à-dire par la gomme; du reste pour la taille il les faut traiter à peu prés comme les branches de faux bois de Poiriers, quand elles ne sont qu'en petite quantité sur un Arbre; mais si elles sont en grand nombre au bas de l'Arbre, il faut les regarder comme propres à renouveller cet Arbre, & ainsi on laissera une longueur extraordinaire à quelq'une en intention de l'ôter quand la furie sera passée, & cependant on donnera une taille ordinaire à celles qu'on aura regardées pour être le fondement d'un rétablissement de belle figure ; cette abondance de grosses branches ne vient gueres, comme nous avons dit cy.devant, que sur des Pêchers, & sur tout Pêchers de noyau, qui commencent d'être vieux & usez par la tête.

XL. Observation.

EN toutes sortes d'Arbres il y a toûjours une branche ou deux qui dominent, & quelque fois il y en a davantage, heureux ceux où la vigueur est partagee, malheureux ceux où le torrent est tout d'un côté.

XLI. Observation.

UNe branche à bois qui vient en dedans d'un buisson qu'on veut resserrer, est toûjours la bien venuë, & pareillement si elle se trouve favorablement placée pour garder un côté vuide.

XLII. Observation.

LEs boutons à fruit des Poiriers & Pommiers se forment bien quelquefois dés l'année même que la branche où ils sont adherans a été formée, comme sont generalement tous les boutons des fruits à noyau, mais il y en a quelquefois qui sont des deux ou trois ans, & même davantage à s'achever, & à se perfectionner : il s'en acheve même à l'entrée du Printemps, si bien qu'on en voit quelquefois au temps de la fleur, qui ne paroissent nullement pendant l'Hyver.

XLIII. Observation.

LEs extremitez des pousses, c'est-dire des jets qui se font bien avant dans l'Automne, & sur tout aprés une grande cessation de seve, comme il en arrive quelquefois, sont toûjours mauvaises : leur couleur qui est differente du reste de la branche le fait assez voir, & par consequent elles ne valent rien il les faut ôter, puis qu'aussi bien elles sont sujettes à perir, les Jardiniers les appellans branches non aoûtées, ou branches du mois d'Aoust.

XLIV. Observation.

NOus disons bien, & avons raison de le dire, que d'ordinaire nous pouvons faire venir des boutons à fruit aux endroits où nous voulons, mais ce n'est pas toûjours aussi-tôt que nous voudrions.

XLV. Observation.

S'il arrive qu'une grosse branche taillée en ait fait trois, dont la plus haute soit d'une bonne grosseur, la seconde soit foible pour fruit, & la troisiéme plus grosse que la plus haute, on a deux considerations à voir pour y faire sa taille à propos, c'est à dire que si la plus haute est assez propre pour la figure il s'en faut servir, & couper en talus, ou à l'épaisseur d'un écu cette troisiéme plus grosse.

Que si celle cy se trouve mieux placée pour la figure, on la peut tailler sur le pied d'une branche à bois, & laisser pour branche à fruit, ou plûtôt pour ainsi dire, pour branche à ôter au bout de quelque temps cette plus haute, & sur tout si elle ne fait point de confusion, & que l'Arbre soit tres vigoureux: car si elle fait confusion, & que l'Arbre n'ait que mediocrement de vigueur, il la faut simplement couper en moignon, de peur de faire perdre la disposition à fruit qui étoit dans la foible, si nous venions à ôter entierement la plus haute sur cette foible.

XLVI. Observation.

C'Est toûjours une bonne fortune, & sur tout en Espalier de fruits à noyau, quand du bas de la grosse branche il en sort dés l'année même une autre grosse: nos Arbres n'ont d'ordinaire que trop de penchant à s'échaper en haut.

XLVIII. Observation.

IL ne faut jamais pour quelque consideration que ce soit conserver de branches chifonnes, non pas même celles qui se trouveront au haut de la taille d'une branche vigoureuse.

XLVIII. Observation.

DEs que les Poiriers de Beurré en Buisson sont à fruit, il faut d'ordinaire les tailler plus court que d'autres Arbres, parce que comme ils font beaucoup de fruits, & que ce fruit est gros & pesant, ils sont sujets à devenir trop ouverts & trop évasez : cette figure ne plaît pas.

XLIX. Observation

PEndant le mois de May on ne sçauroit trop regarder aux Arbres d'Espalier, & sur tout aux Pêchers, pour empêcher que derriere les échalas il ne se glisse de bonnes branches qu'on ne sçauroit plus ôter sans les rompre, ou au moins sans rompre le treillage.

L. Observation.

UN jeune Poirier qui languit en un endroit, peut quelquefois se rétablir, si aprés l'avoir arraché & retaillé par tout on le remet en meilleure terre; mais à l'égard d'un Pêcher langoureux il n'en est pas de même, & sur tout si la gomme y a paru; car ces sortes d'Arbres ne se refont gueres jamais.

LI. Observation.

S'Il arrive qu'à quelque Buisson que ce soit, planté de trois, quatre ou cinq ans, ou même planté de plus vieux, lequel n'ait pas esté bien conduit à la taille en vûë de devenir agreablement figuré, ou que peut-être il ait été gâté par quelque accident impréveu, en sorte qu'il se trouve avoir un côté plus bas & moins garni que l'autre, & qu'enfin il est mal fait & desagreable à voir, s'il arrive, dis-je, qu'heureusement à ce Buisson il soit venu du côté defectueux une branche, qui étant grosse, quoy que de faux bois, paroît propre à corriger le défaut dont est question, comme cela arrive quelquefois, en tel cas il est à propos de donner à telle branche une longueur plus grande que celle que mes maximes ont pour l'ordinaire reglé sur le fait des branches de faux bois, afin que cette branche se trouvant égale en hauteur à celles de l'autre côté, la figure de l'Arbre acquiert la perfection qui lui manquoit : ce défaut de longueur extraordinaire en une branche n'est seurement pas si grand que le défaut de tortu, de plat ou de vuide qu'il vient de corriger en un Buisson.

LII. Observation.

SI toute la seve d'un Arbre est employée à faire plusieurs branches partie fortes & partie foibles, apparemment elle donnera bien tôt du fruit sur les foibles ; mais si étant abondante, elle est reduite à un fort petit nombre de branches, & presque toutes grosses ; elle ne donnera de fruit nulle part jusqu'à ce que sa grande vigueur se trouve en quelque façon amortie par le grand nombre des branches qu'elle produira dans la succession des temps, & qu'on luy laissera.

LIII. Observation.

QUand les Arbres sont difficiles à se mettre à fruit, parce qu'ils sont tres-vigoureux, comme sont ceux dont nous avons tant de fois parlé, & particulierement certains Pruniers d'Espalier ; une des choses que je fais d'ordinaire, est que j'affecte d'y laisser beaucoup de vieux bois, & sur tout pour branches à fruit, évitant cependant la confusion & le vide, à la charge toutefois que quand une branche laissée longue pour fruit une premiere année, en fait ensuite une autre à son extremité, que je trouve encore à propos d'y conserver, à la charge, dis-je, qu'en ce cas-là je ne vais jamais jusqu'à en laisser une troisiéme au bout de ces deux là, une telle longueur seroit desagreable à avoir, & ne feroit pas pour cela ce que nous cherchons, c'est-à dire du fruit.

En telles occasions je fais de deux choses l'une, c'est à sçavoir que je fais ma taille sur la seconde, si les deux sont suffisamment longues, ou bien je taille en moignon la troisiéme venuë au bout de cette seconde, si les deux premieres n'ont rien d'excessif pour leur longueur,

LIV. OBSERVATION.

QUelquefois un habile homme en taillant peut dans certains momens estre distrait, & ainsi il peut fort bien luy estre arrivé d'avoir fait quelques fautes, mais d'ordinaire ce sont fautes legeres & faciles à corriger, par exemple, d'avoir laissé un peu trop de longueur à quelques branches, ou d'en avoir conservé quelques unes qui sont à ôter; c'est pourquoy j'estime qu'une revûë à faire le lendemain ou le jour même est absolument necessaire autrement on ne doit pas être pleinement assuré de tout ce qu'on a fait ; il en est de cecy tout de même que de tous les autres Ouvrages des hommes.

LV. OBSERVATION.

QUand un côté de vieil Arbre, soit Buisson, soit Espalier est extrêmement fort vigoreux, & l'autre foible & mal garny, c'est à-dire proprement que l'Arbre est tortu & desagréable à voir, on a bien de la peine à le reduire à une belle figure; pour lors il faut extrêmement faire la guerre à ce côté vigoureux, & par consequent ôter tout-à-fait la plûpart des fortes branches tout auprés de la tige d'où elles sortent, ou en couper une partie en moignon, pour pour attendre qu'enfin la seve qui venoit toute de ce côté là, se fasse quelque sortie vers ce côté foible, & pour lors on pourra avoir de quoy commencer à rétablir ce qui manquoit.

LVI. OBSERVATION.

EN toutes sortes d'Arbres, il faut toûjours prendre garde de donnner moins de longueur à la branche à bois qui est un peu foible, qu'à la branche à bois qui est grosse & forte.

LVII. OBSERVATION.

ASsez souvent en toutes sortes d'Arbres, & sur tout quand ils sont un peu vieux on y voit certaines branches foibles, qui sans jamais avoir fait de fruit sont, pour ainsi dire, menacées de perir de pauvreté; c'est pourquoi il

faut

faut tous les ans à la grande taille, & même à la deuxiéme qu'on fait en fruits à noyau, & sur tout en Espalier, il faut dis je, prendre soigneusement garde que telles branches ne soient pas sans nourriture, & pour cela il faut & les tenir plus courtes, & en diminuer le nombre & ôter même quelquefois quelques unes des grosses qui leur sont superieures : ou si aprés que telles branches ont fleury, c'est à dire qu'elles ont fait une bonne partie de leur devoir, leurs fleurs sont venuës à perir, il faut les ôter entierement, quand sur tout elles ne paroissent pas avoir de disposition à pousser quelques bonnes branches pour l'année d'aprés.

LVIII. Observation.

QUand on ôte une branche haute sur une plus basse, & c'est, comme nous avons dit, ce qu'on appelle ravaller, il faut pour lors tellement ôter celle qu'on ôte, qu'il n'en reste pas la moindre partie, afin que l'endroit se recouvre promptement & proprement ; mais quand on ôte la basse pour conserver la haute, il faut conserver de cette basse du moins l'épaisseur d'un écu, ou la couper en talus, ainsi que nous l'avons dit ailleurs, afin d'en esperer quelque bonne branche nouvelle.

LIX. Observation.

QUand ayant taillé assez court une branche qui étoit assez grosse, elle n'a rien fait que de foible à son extremité, c'est une marque qu'elle s'en va perir, & que la nature a retiré en faveur d'un autre la subsistance annuelle qu'elle lui fournissoit, & ainsi il n'y faut plus faire de fondement pour la beauté de l'Arbre.

LX. Observation.

SI d'un Arbre qui étoit tortu en plantant il en sort dés la premiere année une branche belle & bien droite, comme il arrive quelquefois, il faut ravaller toute la tige sur cette branche pour y faire uniquement le fondement de la beauté de cet Arbre.

LXI Observation.

ON peut bien plûtôt se resoudre à conserver sur un Arbre d'Espalier une grosse branche qui n'est pas tout à-fait bien placée, qu'on ne le peut faire sur un Buisson où telle branche se trouveroit mal située, & cela pour la raison de la facilité qu'on a aux Espaliers de forcer & de contraindre en liant en tel endroit qu'on voudra, soit une telle branche, soit celles qui en sortiront, ce qu'on ne sçauroit faire en Buisson où l'on n'a pas cette facilité d'attacher à droit & à gauche; & ainsi telle branche seroit capable de faire un Buisson de travers: voilà pourquoy en tel Buisson il la faudroit ôter, au lieu qu'avec le secours des ligatures telle branche se trouveroit propre à faire un bel Espalier, & partant il la faudroit conserver.

LXII. Observation.

LA longueur ordinaire des branches à bois, laquelle je fixe volontiers à cinq, six & sept pouces, & qui se doit cependant regler & proportionner sur beaucoup de choses pour être ou plus ou moins étenduë, par exemple sur la vigueur ou foiblesse de tout l'Arbre, & sur la grosseur ou mediocrité de la branche pour être plus grande où sont la vigueur & la grosseur, & être plus petite où elles ne sont pas: cette longueur se regle aussi sur le vuide qui est à remplir pour être plus ou moins grande, selon que le vuide est plus ou moins grand, elle se reglera particulierement sur la hauteur des autres branches à bois du même Arbre; afin que les nouvelles taillées fassent symmetrie avec les vieilles.

LXIII. Observation.

ON trouve quelquefois des gens qui croyent qu'il ne faut pas bien de l'art pour tailler un Arbre, & citent sur cela & les grands Arbres qu'on ne taille jamais, & les Arbres de certains Jardiniers, qui sans avoir jamais rien sçû couper taillent si heureusement qu'ils ne manquent pas d'avoir bien des Fruits.

Je n'ay rien à dire à ces gens-là, ou plûtôt j'ay tant de

choses à dire, que je n'estime pas qu'il leur faille répondre: Les Medecins, les Jurisconsultes, & la plûpart des habiles gens en toutes sortes d'Arts trouvent quelquefois chacun à leur égard des faiseurs de pareilles objections.

LXIV. Observation.

QUand une belle branche à fruit vient à en pousser plusieurs autres, qui pareillement paroissent propres pour faire du Fruit, je suis d'avis qu'on les conserve si elles ne font point de confusion, & que l'Arbre soit vigoureux, & particulierement en fait de Poiriers.

LXV. Observation.

IL arrive quelquefois, & sur tout en Espaliers, que dans l'étenduë d'une branche, qui l'Esté même qu'elle est produite devient grosse & vigoureuse, il arrive, dis-je, quelquefois, que sur telles branches il s'en forme une ou deux assez grosses, qui viennent ce semble aprés coup, si bien que ce qui est au delà de ces nouvelles venuës tirant vers l'extremité, paroît notablement plus menu que ce qui est de l'autre côté tirant vers la naissance de cette mere branche, pour lors il faut regarder ces dernieres venuës comme branches qui d'ordinaire augmenteront toûjours de grosseur, & qui par consequent ne manqueront pas de devenir veritables branches à bois à l'endroit où elles sont, ainsi il les faut tailler courtes; & pour ce qui est de celles qui approchent de l'extremité, il les faut regarder comme branches à Fruit qui en effet ne grossiront plus, la nature ayant pris son cours sur ces dernieres faites.

LXVI. Observation.

IL ne faut faire aucun scrupule de ravaller jusques dans les vieux Arbres, & sur tout en fait de Poiriers, Pommiers, Abricotiers, il ne faut, dis-je, faire aucun scrupule de ravaller jusques dans les vieux certains côtez d'Arbres, qui pour avoir été mal conduits se trouvent trop longs & trop dégarnis: mais je ne veux guéres jamais sans une extrême necessité qu'on ravalle immediatement plusieurs fort grosses branches sur une tres-foible, qui est venuë du même endroit qu'elles,quoy que celle.cy se trouve bien placée pour la figure,il en arrive trop d'inconveniens pour des faux bois qui viennent d'ordinaire à se former autour de cette foible, & cela parce que cette foible n'étant pas capable de recevoir en soy toute la seve qui se vient presenter à son embouchure, & qui étoit toute destinée à la nourriture & entretien de ces branches superieures qu'on aura ôtées; cette seve donc devant necessairement sortir, & par consequent se faire des issuës forcées & extraordinaires, puisqu'elles n'y en trouve pas de toutes faites, telle seve; dis-je, qui est tres-abondante y sort, pour ainsi dire, en desordre & en furie, de la même maniere à peu prés qu'on voit sortir l'eau qui vient de crever une chaussée, laquelle avoit arrêté son cours; or toutes ces sorties forcées & violentes sont de ces sortes de branches que nous avons cy-devant expliquées en leur donnant le nom de faux bois,c'est-à-dire bois qui n'est pas venu dans l'ordre le plus commun & le plus ordinaire que la nature suit en produisant de nouvelles branches, & par consequent il faut éviter autant qu'il est possible de tomber en tels inconveniens.

Et si quelquefois on est reduit à faire de ces grands ravallemens,& que la petite branche n'ait pas fait icy ce que font les greffes en fente,car elle le fait quelquefois,mais souvent aussi elle ne le fait,il faut pour lors se resoudre à se servir icy d'une des branches de faux bois qui y auront été formées, choisir pour cela la mieux placée, y commencer la taille ordinaire, & y établir par ce moyen la figure de l'Arbre.

LXVII. Observation.

Quoy que les branches qui dans l'ordre de la nature viennent aux extremitez des branches soient d'ordinaire de bon bois, cependant on en voit quelquefois qui ne le sont pas,& sur tout quand elles viennent du bas des branches qui étant originairement de faux bois ont été expediées fort courtes, ou qu'elles viennent d'un moignon, ou bien quand dans l'année même elles n'ont commencé à sortir que long-tems aprés les autres du même Arbre(cela arrive fort rarement si ce n'est aux Poiriers de Virgoulé) il ne faut pas s'étonner de cela, il faut simplement tailler d'une longueur mediocre ces sortes de branches qui paroissent mal conditionnées, aussi-bien ne faut-il gueres jamais laisser longues telles branches de faux bois.

CHAPITRE XXX.

Remarques particulieres pour la premiere taille qui tous les ans est à faire en Février & Mars aux Arbres des Fruits à noyau, & sur tout aux Pêchers & Abricotiers, tant en Buisson qu'en Espalier.

JE ne trouverai pas beaucoup de choses à dire sur cet article de la premiere taille, & particulierement aprés avoir amplement expliqué en general les regles de toutes sortes de tailles ; il faut simplement remarquer que les branches à fruit de ces sortes d'Arbres, dont il est icy question, sont de peu de durée, parce que beaucoup d'entre-elles perissent dés la premiere année qu'elles ont donné leur Fruit, ou que même sans en avoir donné leurs fleurs ont été gâtées, ou par la gomme, ou par les roux-vents, ou par les gelées du Printems, & cela étant il les faut ôter entierement, à moins qu'elles n'ayent grossi notablement, ou qu'elles n'ayent poussé quelques belles branches qui sont propres à faire du Fruit dans l'année d'aprés; car pour lors elles peuvent durer jusqu'à deux ans, quelquefois même, mais fort rarement jusqu'à trois & quatre ; ce qui s'entend quand elles font encore quelque bonne branche soit à l'extremité de leur derniere taille, soit dans leur étenduë : mais passé cela il ne les faut plus regarder que comme branches usées, & par consequent inutiles.

Il n'en est pas de même des branches à fruit aux Poiriers & Pommiers, & même à celles des Pruniers; les unes & les autres durent assez long-tems, c'est-à-dire bien plus que celles des Pêchers, & en effet dans leur étenduë elles en font de petites tres-bonnes qui donnent regulierement du fruit, jusqu'à ce qu'enfin suivant la condition des branches à Fruit elles viennent toutes à perir entierement,

Je puis dire icy, & cela sans aucune vanité, que suivant ma maniere de tailler les Pêchers on se met en état d'avoir communement de beaux Arbres & de plus longue durée ; on aura aussi sans doute beaucoup plus de Fruits, & même de plus beaux que n'en ont pas ceux qui les taillent d'une autre façon, & cela est immanquable, pourvû que le tems soit beau à la saison des fleurs, & que la gomme ne gâte rien aux branches, & que particulierement les Arbres soient dans une bonne terre : car en verité on doit grandement plaindre les curieux, dont les Jardins sont dans un font qui est froid & mauvais, ou dont la terre est usée, parce qu'il ne s'y fait gueres de bonnes racines nouvelles, & que par consequent il y en perit beaucoup de veilles, une racine ne pouvant subsister à moins que d'agir, & delà vient, qu'il se fait tant de gomme & sur la tige & sur les branches, & même dans le pied & dans les racines.

Ce qui me fait dire que ma maniere de tailler conserve beaucoup les Arbres, & les rend beaux, est le soin qu'elle prescrit de tenir assez courtes les grosses branches, &c. Et pour ce qui est de l'abondance des Fruits, & des beaux Fruits elle doit être une suite infaillible de cet autre soin que je recommande, qui est de conserver toutes les bonnes branches à Fruit sans en ôter aucune, mais cependant de n'en laisser sur chaçune qu'autant qu'elles en peuvent nourrir pour être tous fort beaux.

Or quant au mois de Février ou de Mars on veut faire la premiere taille des Pêchers, & qu'aprés avoir ôté toutes les vieilles branches qui sont seiches, ou qui pour leur extrême foiblesse sont inutiles, car c'est par là qu'il faut commencer afin de voir clairement & distinctement ce qu'on a à faire, on trouve qu'il ne reste que deux sortes de bonnes branches, dont les unes (& ce sont les foibles) doivent donner du Fruit dans l'année qui court, les boutons y étant deja tous formez, & les autres, c'est-à-dires les fortes n'en doivent communement point donner, attendu qu'elles n'ont point de boutons dans leur étenduë, mais elles ont un autre service à rendre qui est tres-important.

Ce qui eſt donc à faire pour ces foibles eſt de les conſerver ſoigneuſement, & même tres-longues à cauſe de l'apparence viſible de leur Fruit preſent, mais ſur la plûpart il ne faut guéres fonder d'eſperance pour les années ſuivantes; la nature nous en donnera d'ailleurs pour ſuppléer à leur faute, bien entendu que cette longueur de branche doit être proportionnée à leur force, & bien entendu auſſi qu'on doit cependant croire, qu'une branche d'une mediocre groſſeur eſt capable de nourrir une grande partie des Fruits, dont elle paroît avoir la diſpoſition: ſi bien qu'à la premiere taille on ne ſçauroit trop hazarder de lui en laiſſer beaucoup, à la charge d'en diminuer une partie à la deuxiéme ſi on craint qu'il y en ait trop.

A l'égard des fortes il les faut particulierement regarder pour l'avenir, & par conſequent les tailler courtes en vûë que ſelon l'ordre de la nature elles en produiront d'autres de deux façons, c'eſt-à-dire quelques groſſes pour bois, & beaucoup de foibles pour fruit, ce qui ne manquera pas d'arriver; mais ſur tout il faut prévoir aux branches qui doivent remplir la place de ces menuës, qui dans le tems preſent font un ſi bel effet, mais qu'il ne faut ce ſemble plus conter que pour mortes, attendu qu'aprés le Fruit donné il les faudra ôter.

Nous avons aſſez expliqué la difference qu'il y a entre branches foibles & branches chifonnes; ainſi il ſuffit icy de dire qu'il ne faut conſerver aucunes branches longues, ſi ce n'eſt qu'elles ayent une groſſeur mediocre, & en même tems des boutons à Fruit tous formez pour l'année qui court: Je n'appelle d'ordinaire bons boutons que ceux qui ſont doubles avec un œil à bois au milieu, & je n'en conſidere point d'autres pour les conſerver ſi ce n'eſt aux Pêches de Troye, & aux avant-Pêches.

Comme auſſi il ne faut tailler aucune branche courte, ſi ce n'eſt que ne pouvant point donner de Fruit dans l'année qui court, leur force & leur vigueur promettent d'autres branches pour l'année d'aprés, ou que l'Arbre ayant tres-grande quantité de branches à fruit, & tres-peu de branches à bois, & toutes fort hautes on ait grand lieu de craindre que quelque endroit bas, ou du milieu ne ſe dégarnisse trop pour les années d'aprés ; en ce cas il est trés àpropos de sacrifier quelques boutons, & pour cet effet de racourcir quelques unes des plus belles, & des plus grosses d'entre celles qui en sont trop chargées, & ainsi on en fait, comme nous avons dit ailleurs, des demi branches à bois, & on s'en trouve fort bien.

Il faut cependant observer qu'il y a de certains Pêchers tres-vigoureux, lesquels d'ordinaire sont difficiles à fructifier, & qu'à ceux là il est tres à-propos aussi-bien qu'à de certains Poiriers furieux de laisser longues des branches d'une mediocre grosseur, quoy qu'elles n'ayent aucuns boutons à Fruit: tels Pêchers furieux sont quelques Magdelaines, quelques Pavies blancs, les Bourdins, les Brugnons, les Violettes tardives, &c. c'est-à-dire quand ces Pêchers là sont jeunes: or ceux là on leur doit laisser de ces branches longues, quoyque dépourvûës de toute apparence de Fruit, & on les leur doit laisser sur la certitude aparente qu'on a qu'elles donneront beaucoup d'autres branches foibles pour l'année d'aprés; & quoy que ces branches soient assez grosses en sorte qu'on pourroit les regarder comme branches à bois, cependant on ne les taille pas courtes, parce que dans leur voisinage on en a vrai-semblablement d'autres plus grosses qu'on a taillées pour bois, & que suivant les bonnes regles il ne faut jamais laisser plusieurs branches à bois fort voisines les unes des autres.

Ces differentes manieres de couper long ou court, font qu'on ne peut & qu'on ne doit dire qu'un Pêcher soit bien taillé, à moins que chaque branche ne soit de deux choses; l'une, c'est-à dire qu'elle ne soit ou propre pour donner actuellement du fruit dans l'année même qui court, ou propre à donner dans l'année qui suit de beaux bois aux endroits où l'on en aura besoin, & on peut dire aussi qu'un Pêcher est bien taillé quand ces deux conditions s'y rencontrent parfaitement bien observées.

On ne doit pas seulement avoir ces sortes d'égards au tems de la premiere taille, mais encore particulierement au tems de la seconde & de la troisiéme si on l'a fait, & pareillement il les faut avoir au tems de l'ébourgeonnement.

Le

Le malheur de la gomme à laquelle, comme tout le monde ſçait, ſont d'ordinaire ſujets les Pêchers, & même beaucoup plus que les autres fruits à noyau, ce malheur, dis je, fait qu'on n'eſt pas ſi aſſuré qu'une groſſe branche étant taillée en fera d'autres à ſon extremité, comme cela eſt aſſez immanquable en Poiriers, Pruniers, Abricotiers, &c. & quand on a des Pêchers qui paroiſſent attaquez de cette gomme, & que cependant on voudroit bien les garder encore quelques années, il faut attendre un peu tard à les tailler, c'eſt-à-dire juſques à ce qu'ils commencent à fleurir & à pouſſer, afin d'être aſſuré de conſerver au moins quelques bons yeux & quelques bonnes fleurs : on ne ſçauroit être aſſuré de rien devant ce tems-là.

J'ajoûte icy que quand un Pêcher n'a fait aucune branche pour bois, il ne le faut plus regarder que comme un Arbre à ôter, dés que ſon fruit aura été cueilly, & cependant il luy faut preparer un ſucceſſeur.

J'ajoûte auſſi que s'il arrive, qu'un vieux Pêcher ayant été ravallé ait fait pluſieurs branches, ce qui n'arrive pas ſouvent; à moins que ce ne ſoit un Pêcher de noyau, j'ajoûte, dis-je, qu'il faut commencer à le tailler ſur ces nouvelles branches, tout de même qu'on taille un jeune Arbre, ſi ce n'eſt qu'il luy faut laiſſer les branches un peu plus longues de peur de la gomme.

Il eſt bon d'avertir que pour ainſi dire on doit avoir de grands combats interieurs à eſſuyer quand on taille des Pêchers, ſoit en Buiſſon, ſoit en Eſpalier, parce qu'on a une grande demangeaiſon de conſerver tous les boutons qu'on y voit formez pour l'année qui court, ſans ſe pouvoir reſoudre à ſe priver d'un bien preſent; mais ſi on n'a un peu de dureté pour le preſent en vûë de l'avenir, on doit être aſſuré qu'en tres-peu de tems on verra ces ſortes d'Arbres perir par ſa faute, ou au moins devenir inutils; Il eſt bien vray que par ce moyen on aura peut-être eu pendant deux ou trois ans une tres-grande abondance de fruit; mais il eſt encore tres-vray que paſſé ces deux ou trois années on ſe trouve dans une extrême diſette, & avec de fort vilains Arbres.

Ces ſortes de combats dont je viens de parler n'arrivent gueres qu'aux habiles Jardiniers : les autres ne voyent pas ſeulement le peril, & ainſi ils ne ſont pas ſujets à aucune agitation ; la matiere d'inquietude vient particulierement quand une branche qui étoit foible, & qu'on avoit laiſſée longue pour fruit, eſt devenuë groſſe contre l'ordre accoûtumé de la vegetation, & que la groſſe qu'on avoit coupée courte pour en faire beaucoup de nouvelles eſt devenuë comme abandonnée, & n'a preſque rien fait : ce changement produit d'ordinaire un grand deſordre dans l'Arbre ; car ces ſortes de branches devenuës groſſes ont fait communement beaucoup de branches à fruit, matiere d'une tres-grande & tres juſte tentation pour donner envie de les conſerver ; ainſi ſi le deſſein d'avoir un Arbre qui ſoit beau, & qui dure long tems, ne reſiſte au deſſein de conſerver les apparences de Fruit preſentes, on court grand riſque de ſuccomber à la tentation, & par conſequent de faire bientôt, comme nous avons dit un vilain Arbre : il faut donc examiner ce qui eſt de plus important à faire dans de telles conjonctures.

Il eſt quelquefois à propos de profiter d'un tel deſordre, & de laiſſer échapper l'Arbre pour garnir le haut d'une muraille, à la bonne-heure on le fera, & cela étant il n'y aura point de reſolution terrible à prendre ; mais quelquefois il eſt dangereux de prendre ce party, & cela étant il ſe faut reſoudre à ſacrifier impitoïablement une partie de ces belles apparences de fruit, & par conſequent à racourcir extrêmement de telles branches avec cette eſperance que dans les années ſuivantes on ſera recompenſé au centuple des fruits, que pour ainſi dire on aura fait cruellement perir ; ce deſordre n'arrive pas ſouvent, voilà ce qui doit conſoler, mais cependant comme il arrive quelquefois, il a falu dire ce que j'en penſois.

Quand les murailles ſont tres-baſſes, par exemple comme des murailles d'appuy, ou au moins qu'elles n'ont que ſix à ſept pieds, & que cependant on y veut avoir des Pêchers en Eſpalier, leſquels cela étant on y doit avoir mis fort éloignez les uns des autres, quand dis je le long de ces murailles baſſes on voit que ces Pêchers ſont tres-vigoureux, il faut les deux premieres années tenir aſſez longues les grosses branches qui doivent garnir les côtez; autrement si on les taille courtes on n'aura que des faux bois, & presque jamais de fruits : telle longueur peut aller au double de celle qu'on donne aux Espaliers ordinaires, & quelquefois même peut aller au triple, c'est-à dire à un pied & demy, ou un peu plus.

Quand un Arbre d'Espalier est raisonnablement vigoureux, il faut necessairement qu'au dessus de la taille qu'on luy fait au Printems, il ait au moins trois pieds de muraille libre, où ses jets nouveaux puissent s'aller placer, autrement la plûpart de ces principales branches seront inutiles, en ce qu'elles excedront le chaperon, & qu'on sera obligé de les couper souvent dans le long de l'Eté, de peur que les grands vents ne viennent à les rompre, & cependant outre qu'il est fâcheux de ne pas profiter de la vigueur de ces Arbres, ces branches toutes coupées qu'elles sont font toûjours un grand desagrément à un Espalier par cette quantité de toupillons, ou comme on dit cette quantité de vergettes & de broussailles qui paroissent à l'extremité d'un tel Arbre.

CHAPITRE XXXI.

Remarques particulieres sur la deuxiéme & troisiéme taille des fruits à noyau.

CEs deuxiéme & troisiéme tailles sont tout-à-fait de nouvelle invention; & ne sont sûrement ny moins necessaires, ny moins importantes que la premiere; elles se doivent faire vers la my-May, & ne regardent qu'une seule sorte de branches, & ce sont les foibles : la taille d'hyver les avoit fait laisser fort longues en vûë d'avoir beaucoup de fruit, mais comme elles sont sujettes à de certaines circonstances que nous allons icy examiner, elles nous ont fait aviser de l'avantage & de la necessité d'une deuxiéme operation, & quelquefois d'une troisiéme.

A l'égard des grosses branches qu'on a taillées courtes en Février ou Mars; elles ont assez senti le coûteau, elles n'en ont plus de besoin, leur fonction étant non pas de rien faire qu'il faille en ce tems cy retrancher, mais au contraire de faire beaucoup de branches qui sont precieuses, & meritent d'être conservées avec grand soin.

Ces dernieres tailles que nous expliquons icy, sont d'un grand avantage pour la grande taille de l'année d'aprés, en ce qu'elles nettoyent un Arbre de toutes les branches inutiles & à demi-mortes qui n'y feroient que de la confusion : elles fortifient d'autres branches dont on aura besoin dans la suite en leur faisant venir toute la seve qui iroit inutilement à ces malheureuses, lesquelles ne peuvent jamais servir de rien, & lesquelles aussi bien doit on ôter infailliblement l'Hyver suivant ; elles contribuënt à la beauté & bonté des fruits, elles servent à faire qu'un Arbre soit toûjours également garni, de sorte que par leur moyen on ne verroit presque jamais de défauts à aucuns de ces Pêchers, si cette malheureuse gomme ne les persecutoit pas.

Voicy quelles sont les suites de ces sortes de branches, pour lesquelles on fait ces sortes de tailles dont est question ; j'exhorte le Jardinier à bien suivre cette discution.

Ces branches que je dois particulierement regarder en vûë du Fruit auront fait de six choses l'une.

Premierement elles pourront dans presque toute leur étenduë avoir fait beaucoup de Fruits & de belles branchés, ou beaucoup de Fruits & de vilaines branches : J'appelle icy belles branches celles qui sont assez grosses pour être branches à Fruit de l'année d'aprés, & font cependant de belles feüilles ; & au contraire j'appelle chetives & vilaines branches celles qui sont courtes & déliées, & incapables de fructifier, & qui ne font que de petites feüilles.

Secondement ces branches à fruit pourront n'avoir de fruit que jusqu'à une partie de leur longueur, par exemple le quart, le tiers, la moitié, &c. & avoir fait de belles ou de vailaines branches par tout, ou en certaine partie, & tout cela quelquefois vers le bout d'en haut quelquefois aussi vers le bout d'en bas.

En troisiéme lieu elles pourront n'avoir fait nul fruit, mais beaucoup de belles branches, ou plusieurs toutes vilaines & chifonnes.

En quatriéme lieu elles pourront n'avoir fait qu'une ſeule branche à l'extremité avec beaucoup de fruit par tout, ou ſans aucun fruit nulle part.

En cinquiéme lieu n'avoir fait qu'un ſeul fruit à l'extremité avec quelques branches dans une partie de leur étenduë.

Enfin elles peuvent être peries de gomme, ou du foid en toute leur étenduë, ou ſeulement vers l'extremité.

Tous ces cas me ſont arrivez une infinité de fois, & j'y ay tenu la conduite que je vais expliquer.

Dans la premiere partie du premier cas, où les branches à fruit auront fait du fruit, & de belles branches dans la plûpart de leur étenduë, on doit ſe réjoüir de l'abondance, car tout ſans doute viendra bien, puiſqu'au mois de May les apparences en ſont ſi belles: on n'a qu'à ôter ſeulement quelques fruits des endroits où ils ſont ſi prés à prés, qu'on a lieu de juger qu'en groſſiſſant ils ne pourroient pas compâtir enſemble, auſſi bien ils ſe feroient tort les uns aux autres; & ſi même on eſt menacé de quelque confuſion par cette multitude de nouvelles branches, on en pourra retrancher quelqu'une des moins belles & des plus mal placées; il eſt toûjours à ſouhaiter que le retranchement tombe ſur les plus éloignées.

Dans la deuxiéme partie du premier cas, où la branche a fait beaucoup de fruit, mais nulles branches belles, & au contraire toutes foibles & chifonnes, il faut ôter la plûpart de ce fruit, il ne viendroit ny beau ny bon; on en conſervera ſeulement quelque peu de ceux qui ont la meilleure mine, & qui ſont les mieux placez, c'eſt-à-dire dans la plus baſſe partie de la branche: il faut en même tems racourcir beaucoup cette branche pour la ravaller juſqu'au deux ou troiſiéme œil d'en bas, afin d'y fortifier pour l'année d'aprés quelqu'une des moins vilaines branches qui y ſont.

Dans le ſecond cas où la branche à fruit n'a de fruit que juſqu'à une partie de ſa longueur, , ſi ſûrement ce fruit ſe trouve dans le bas de telle branche, il faut conſerver & ravaller entierement la branche juſqu'à celle des nouvelles venuës, qui paroît la plus belle & la plus voiſine de ce fruit; c'eſt aſſez qu'il en reſte une ou deux paſſablement belles.

Que si le fruit est en assez bon nombre, & vers l'extremité d'en haut, & que là aussi il y ait d'assez belles branches, il y faut pareillement conserver ce fruit, ôter toutes les chetives branches qui y sont, & les ôter de la maniere que nous venons de dire, n'en gardant seulement qu'une ou deux de celles qui paroissent les plus belles en quelque endroit qu'elles soient, & particulierement si elles sont dans le bas où nous les souhaitons toûjours; car pour les fruits ils sont bien placez en quelqu'endroit qu'ils soient, même au bout de la branche pourvû qu'ils soient beaux; bien entendu que conservant une ou deux belles branches à l'extremité d'une branche à fruit qu'on a tenuë fort longue, on doit faire son conte que l'année d'aprés on retranchera entierement tant la mere que la fille, ou les filles, autrement il se feroit un endroit trop dégarni.

Dans la premiere partie du troisiéme cas, ou veritablement la branche n'a retenu nul fruit, mais qui en revanche a fait beaucoup de belles branches nouvelles, en tel cas dis je, il faut conserver autant qu'on pourra le plûpart de ces belles branches, prenant seulement garde de n'y en laisser fortifier aucune beaucoup plus que les autres, & sur tout vers l'extremité, car telle branche ruineroit toutes les basses, & ainsi il faut ou l'arracher entierement si on se trouve suffisamment garni d'ailleurs, ou la pincer, c'est-à-dire la rompre à deux ou trois yeux, comme nous l'avons déja expliqué.

Et dans la seconde partie de ce troisiéme cas où la branche à fruit n'a été heureuse, ny en fruit, ny en bois de belle venuë, il faudra ravaller entierement une telle branche sur une seule de celles qu'elle a faites, & que ce soit la plus basse, esperant par ce moyen de la fortifier pour pouvoir être bonne l'année d'aprés, ou enfin l'ôter entierement si elle n'a pas secondé nos intentions.

Dans la premiere partie du quatriéme cas où la branche à fruit n'a fait qu'une seule branche à l'extremité avec beaucoup de fruits par tout, je trouve à propos de conserver cette branche, pourvû qu'elle ne prenne pas le train de devenir branche à bois, car cela étant il la faut extrêmement pincer; si donc telle branche n'est que mediocrement grosse, elle promet beaucoup pour l'année d'aprés, & cependant pour toutes les petites branchettes qui se trouvent parmy les fruits dont elle est chargée, nous les taillons, comme nous l'avons dit dans l'exposition du second cas.

A plus forte raison faut-il traiter de la même maniere les petites branches qui se trouvent icy sans fruit dans l'étenduë de celle dont est question, étant assuré que d'ordinaire elles ne repoussent plus, car elles sont toutes aoûtées dés le mois de Juin : nôtre consolation pour l'année d'aprés seulement est renfermée dans la belle branche à fruit, qui se presente icy à l'extremité de la branche qui à fleury inutilement dans toute son étenduë.

Dans le cinquiéme cas, où la branche laissée longue pour donner beaucoup de fruit a été cependant si malheureuse & si maltraitée, qu'elle n'en a retenu qu'un ou deux à son extremité, & qui cependant a fait quelques branches dans une partie de son étenduë.

Il y a icy plusieurs égards particuliers à observer, par exemple si l'Arbre d'ailleurs a peu de fruit, car si cela est on sera tenté, & avec raison, de conserver celuy-cy que l'on sçait être bon, ainsi en pareil cas on ne touchera point à une telle branche; ou bien on observera si l'Arbre a beaucoup fructifié dans toute son étenduë, & pour lors on ne fera pas grande difficulté d'en perdre si peu, & par consequent de retailler court une telle branche pour en pouvoir fortifier quelqu'une qui paroît assez bonne, & qui est bien placée, & dont on a besoin pour la beauté de l'Arbre, & pour les esperances des années à venir.

On considerera encore si l'année est universellement sterile, car cela empêcheroit l'operation que je viens de conseiller, ou si c'est un fruit douteux, & dont il soit necessaire de connoître l'espece; soit pour la supprimer, soit pour la multiplier, &c. Et cela étant il faudra se resoudre à conserver cette Pêche unique, ou ces deux Pêches qui sont restées dans le haut de la branche dont est question, quoy que ce soit avec quelque sorte de regret par la juste apprehension d'une difformité future dans cet Arbre.

Car enfin la principale chose à faire dans la conduite

des Pêchers eſt de preferer la beauté de tout l'Arbre par l'eſpoir d'une abondance future, de preferer dis-je la beauté de cet Arbre à une petite quantité de fruit, quoyque veritablement preſente.

Enfin au ſixiéme cas où les branches ſont peries de gomme ou de froid, il n'eſt pas difficile de donner un bon conſeil & de prendre un bon parti, c'eſt-à-dire qu'il faut entierement retrancher tout ce qui eſt mort, & qui par conſequent eſt inutile & deſagreable à voir en quelque endroit qu'il ſoit, ſi particulierement il eſt à l'extremité.

Voilà donc ce que je pratique pour la deuxiéme taille : Que ſi on ne l'a pû faire vers la my-May, on en peut faire juſques à la my-Juin : en ſorte que même on en peut faire pour lors juſqu'à une troiſiéme, quant à la ſeconde faite à la my-May, on a trouvé à propos d'hazarder encore quelque longueur de branches & quelques fruits.

C'eſt encore un effet de la ſeconde taille que de couper toutes les petites branches chifonnes qui naiſſent dans l'étenduë de la belle, laquelle a été produite de l'année même, comme auſſi de racourcir en Septembre les branches des Pêchers qui ſont foibles & aouſtées.

J'ajoûte que telle operation eſt tres-importante à faire, mais que malheureuſement on ne la fait preſque point ; ou au moins la fait-on rarement, ſoit par pareſſe, ſoit faute d'avoir le tems de la faire, à cauſe qu'on a peut-être un trop grand nombre d'Arbres, & d'autres ouvrages qui accablent le Jardinier.

CHAPITRE XXXII.

De differentes manieres dont on gouverne les Pêchers en Eſté.

JE vois parmy les Jardiniers trois manieres differentes de gouverner en Eſté toutes ſortes de Pêchers pour ce qui regarde les jeunes branches qu'ils font. Les premiers arrachent indifferemment toutes celles qui viennent devant & derriere, & n'en laiſſent que peu d'autres, ceux-là me paroiſſent fort blâmables, & indignes de la profeſſion qu'ils font.

Le

Les seconds coupent toutes les branches à trois ou quatre yeux, & par là font beaucoup de brouſſailles & de fretin, parmy lequel il vient quelquefois un peu de fruit, mais cela eſt aſſez rare, outre que cette maniere rend les Arbres vilains & deſagreables, & par conſequent je n'en fais point de cas.

Les troiſiémes enfin conſervent en Eſté toutes les bonnes branches & les paliſſent proprement, attendant à choiſir les meilleures à la ſaiſon de tailler ; ceux-là font ce me ſemble ce qui eſt à faire, & je les imite autant que je puis.

CHAPITRE XXXIII.

De l'ébourgeonnement

COmme la taille ne ſert que pour racourcir ſimplement, ou pour ôter tout-à-fait quelques vieilles branches, qui ſoit par leur longueur, ſoit par leur ſituation, ſoit par leur multitude peuvent incommoder un Arbre, auſſi l'ébourgeonnement n'eſt que pour détruire & arracher entierement de jeunes branches de l'année, ſoit groſſes ou menuës quand il en vient quelques-unes mal à propos, qui peuvent ou faire confuſion ou faire tort, ſoit à tout l'Arbre, ſoit ſeulement à la branche où celles-cy ſont venuës.

Le temps de la taille eſt, comme nous avons dit, depuis Novembre juſqu'à la fin de Mars, & regulierement cette taille doit eſtre faite tous les ans, au lieu que le temps de l'ébourgeonnement eſt d'ordinaire en May & Juin, quelquefois auſſi en Juillet & Aouſt ; ſouvent même il ne ſe fait point : mais s'il arrive qu'il y ait lieu de le faire, il ne faut pas manquer d'y travailler, & pour l'ordinaire on ne ſçauroit trop-tôt faire cet ébourgeonnement, afin de ne pas laiſſer croître des jets inutiles, & par conſequent ne pas laiſſer perir mal à propos une certaine quantité de ſeve qui pourroit être employée à de bons uſages, de maniere que quand on ne l'a pas fait aſſez-tôt, il le faut faire tard ſi on peut, & cela par la Regle qui dit qu'il vaut mieux faire tard que jamais une chose qui est bonne à faire.

Il n'est pas aisé de marquer bien précisement quelles sont les branches qu'il faut ébourgeonner, & particulierement les marquer à des curieux peu éclairez, & qui ne font guerres que commencer : Car pour un Jardinier habile, qui par les regles cy-devant établies doit s'être fait l'idée d'un bel Arbre, & qui par consequent doit sçavoir à peu prés quelles branches sont à souhaiter, tant pour la belle figure de chaque Arbre que pour le Fruit, un tel Jardinier, dis je, doit aussi d'abord connoître les branches qui viennent mal à propos, en sorte qu'elles ne conviennent nullement à l'idée qu'il a conçûë, & par consequent il doit les ôter dés le moment de leur naissance, ou les ôter au moins d'abord qu'il s'en aperçoit, & sur tout devant la fin de l'Esté, c'est à dire devant que les Arbres ayent achevé de pousser, & que telles branches soient devenuës grosses, ou autrement ce sera au temps de la taille qu'enfin il les faudra ôter : mais generalement parlant je puis dire que l'ebourgeonnement doit retrancher toutes les branches qui sont mal placées de quelqu'endroit qu'elles viennent, soit bon, soit mauvais, & qui sur tout font de la confusion & de l'embaras sans qu'elles puissent être bonnes ni à bois ni à fruit : la connoissance de l'ordre dans lequel les branches viennent, soit les bonnes ; soit les mauvaises, & que nous avons assez nettement expliqué au commencement de ce traité est icy absolument necessaire.

Il faut particulierement prendre garde aux Poiriers dés le commencement du mois d'Avril, afin que si d'auprés un talus qui devoit donner une branche à bois en dehors il vient à en sortir une grosse par le dedans de l'Arbre on l'ôte aussi tôt par la consideration des deux raisons qui ordonnent l'ébourgeonnement.

Il faut aussi ôter les branches qui empêchent que d'autres mieux placées, & qui seroient plus utiles, ne soient pas bien nourries, ôter par exemple des branches hautes en faveur d'autres plus basses : car par ce moyen on fait que celles cy deviennent importantes, au lieu que sans secours elles auroient été miserables, & l'Arbre en auroit souffert, tant à l'égard de sa figure, qu'à l'égard du Fruit que nous lui demandons.

L'ébourgeonnement se fait quelquefois à de jeunes Arbres aussi-bien qu'à des Arbres plus anciens, & ainsi quand à un jeune Arbre il vient en même temps, & des branches hautes, & des branches basses avec un grand interval des unes aux autres, il est expedient d'ôter les plus hautes, quand on veut conserver les plus basses, ou d'ôter celles cy quand les autres meritent mieux d'être conservées, & cela se fait non seulement par la maniere d'ébourgeonnement, mais aussi par la veritable maniere de tailler, c'est-à-dire avec la serpette, si l'ébourgeonnement simple n'y est pas suffisant.

Si d'un même œil sur quelque Arbre que ce soit il sort deux ou trois branches, il en faut ébourgeonner quelques-unes pour faire meilleure la condition des autres, & ôter en même temps la confusion.

Ainsi sur une branche foible, qui d'un méme œil en pousse par exemple deux ou trois, & toutes apparemment foibles, je n'en conserveray qu'une seule, & ce sera celle qui paroîtra la meilleure, c'est-à-dire la plus grosse.

Mais si au contraire c'est une branche bien vigoureuse qui en fasse trois sur un méme œil, & que celle du milieu paroisse trop forte & la moins bien placée, je l'ôteray sans doute pour fortifier un peu les deux voisines, qui pourront ensuite, l'une d'un côté, & l'autre de l'autre faire un tres bon effet pour l'Arbre.

Ainsi sur les Arbres tres vigoureux il faut à l'ébourgeonnement ôter quelques-unes de leurs plus fortes branches, & conserver toûjours de celles qui le sont un peu moins, pourveu qu'elles ayent l'apparence d'étre bonnes; & sur tout quand la grosse branche taillée en fait plusieurs d'où il arrive confusion, il faut ôter des plus hautes prenant garde cependant de ne pas trop décharger ces sortes d'Arbres, qui à cause de leur grande vigueur ne font presque que des grosses branches, comme au contraire sur les Arbres qui sont si peu vigoureux, il faut ôter toutes les chetives pour fortifier davantage celles qui le paroissent moins, & qui toutefois ne sont pas aussi fortes qu'il le faudroit.

De là il eſt facile de conclure qu'on peut auſſi bien faire tort à un certain Arbre ſi on l'ébourgeonne trop, qu'à un autre certain ſi on ne l'ébourgeonne pas aſſez : c'eſt à la prudence du Jardinier à bien démêler celui qui pour être tres-vigoureux a beſoin d'être ébourgeonné d'une façon d'avec celui qui à cauſe de ſon peu de vigueur a beſoin de l'être d'une autre maniere.

Je dirai en paſſant, que ſi on juge qu'on ait beſoin de beaucoup de rameaux pour greffer en Ecuſſon, il faut étre un peu plus reſervé en ébourgeonnant les Arbres vigoureux, leſquels peuvent fournir les greffes, ayant cependant ſoin que cela ne faſſe aucun tort pour les Fruits de l'année d'aprés.

Aſſez ſouvent faute d'avoir ſagement ébourgeonné, ou d'avoir bien paliſſé, nous voyons que dans la confuſion des branches il s'en eſt fait de certaines menuës & élancées, que nous appellons d'un terme aſsez barbare Veules, & celles-là il les faut ſoigneuſement ôter à la taille, ou au moins les ravaller à un œil prés, parce que trés ſouvent elles ne valent rien.

Il arrive auſſi d'ordinaire qu'une branche de Pécher en pouſſe d'autre dans l'Eté méme qu'elle eſt faite, & pour lors il faut examiner ſi telles branches ſont tres chetives, & cela étant on les ébourgeonnera en quelqu'endroit qu'elles ſoient, mais ſi elles ſont d'une bonne groſseur, & qu'elles ayent les yeux doubles, en ſorte qu'elles puiſſent étre branches à Fruit, il les faut conſerver ſoigneuſement quand méme elles ne ſeroient venuës qu'en Juillet ; & ſi du bas d'une telle branche il en ſort une raiſonnablement groſſe, en ſorte qu'elle puiſſe ſervir pour branche à bois, il la faut reſpecter comme une tres bonne fortune pour la beauté & conſervation de l'Arbre ; que ſi au contraire vers la partie haute de cette branche il s'en forme quelqu'une, qui devienne tellement groſſe qu'elle ne pourroit étre qu'une branche à bois, il la faut ébourgeonner, attendu qu'elle n'eſt pas en lieu où nous ayons beſoin d'une branche à bois, & que d'ailleurs elle feroit tort à la mere qui l'a produite.

Il ne faut pas trop douter, que comme taillant la vigne

pendant qu'elle eſt en ſeve,il ſe perd viſiblement beaucoup de la ſeve par l'endroit taillé, tout de même auſſi en fait d'Arbres fruitiers il ne s'évapore quelque peu de leur ſeve par l'endroit coupé, ſi on y coupe quelque choſe au temps de la pouſſe, c'eſt-à-dire pendant l'Eſté: cela ſe voit pareillement à la taille des Melons, qu'une branche taillée en produit plus de nouvelles que celle qui ne l'a pas été, & voilà pourquoy j'ai avancé qu'il eſt bon de tailler tard les Arbres trop vigoureux; auſſi voit-on ſouvent en matiere de Pêchers, qu'une groſſe branche jeune laquelle a été coupée pendant l'Eſté; on voit, dis-je, qu'une telle branche ne pouſſe preſque plus, ou au moins ne pouſſe que fort foiblement, juſques là même que ſon extremité noircit & meurt, & ce qui arrive eſt que pour lors les branches voiſines en deviennent d'ordinaire plus vigoureuſes; véritablement, ny l'ébourgeonnement, ny le pincement ne font point ainſi perdre de la ſeve, auſſi bien loin que ce ſoit des operations dangereuſes à faire en Eſté, comme le peut être la taille qui ſe fait avec le coûteau, celles là ſont tres-utiles, & ſouvent même trés neceſſaires.

Or quoi que l'ébourgeonnement ne regarde proprement que les bourgeons à ôter, on peut pourtant encore l'entendre pour un éclairciſſement, ou un épluchement à faire des Fruits, & ſur tout des Fruits à noyau quand il y en a trop en quelqu'endroit, cet épluchement ſe faiſant en même temps que l'ébourgeonnement; je traite aſſez amplement cette matiere dans un autre endroit, & ainſi je n'en dirai rien icy davantage.

Quand une branche qui avoit paru bonne en taillant, & qu'à cauſe de cela on a conſervée, devient miſerable, & cela faute d'un bon ſecours de ſeve nouvelle, ce qui arrive quelquefois par un déſordre interieur lequel on n'a pû empêcher, en tel cas il n'y a autre choſe à faire que d'ôter une telle branche dés qu'on l'aperçoit; quelquefois auſſi il eſt reſté des branches chiffonnes que la negligence, ou le peu d'application ont laiſſé par mégard, il faut pareillement les ôter d'abord qu'on vient à les remarquer; & ſuppoſé qu'il ſoit reſté de fort beaux Fruits à l'extremité d'une branche qui n'a pouſſé aucun bois nouveau, ce qui n'est pas fort ordinaire, en tel cas il faut sans doute attendre à ôter telle branche que les Fruits en ayent esté cueillis, & pour lors on l'ôtera, parce qu'aussi-bien elle ne seroit jamais plus bonne à rien.

CHAPITRE XXXIV.

Remarques particulieres pour une autre operation importante qui se fait en Esté sur quelques Arbres, & qui s'appelle pincer.

QUi dit pincer en fait de Jardinage dit rompre à dessein un jet tendre de quelque plante que ce soit, & le rompre sans le secours d'aucun instrument, mais seulement avec les ongles de deux doigts : cette maniere de rompre s'est pratiquée de tout temps sur les jets des Melons, Concombres, &c. mais je ne sçache point qu'on l'eût jamais pratiquée en aucune sorte d'Arbres fruitiers, à l'égard desquels cependant j'ay trouvé à propos de m'en servir, quoique pourtant ce n'est que sur quatre sortes d'Arbres fruitiers, sçavoir, Poiriers, Pêchers, Figuiers, Orangers, & je ne traiteray icy que ce qui regarde les grosses branches nouvelles des Pêchers vigoureux, & les grosses branches nouvelles, qui viennent des greffes en fente faites sur de vieux Poiriers qui se portent encore assez bien ; je traiteray en d'autres endroits ce qui regarde le pincer des Orangers & des Figuiers, & même des Fraisiers, & des Raves montées en graine, &c.

Or ce qui m'a fait imaginer cette maniere de pincer ces deux sortes d'Arbres, & ce qui fait qu'assez souvent je m'en sers, c'est qu'étant constant, comme nous l'avons dit tant de fois, que le Fruit vient rarement sur les grosses branches, & vient d'ordinaire sur les foibles, j'ai crû que si on pouvoit parvenir à faire que la seve, qui va toute à ne pousser qu'une grosse branche, laquelle se trouve ou inutile ou incommode, si dis-je on pouvoit parvenir à faire que cette seve fut tellement partagée, qu'elle fit plusieurs branches, il arriveroit sans doute que dans la quantité il s'en trouveroit quelqu'une de foible, ou peut-être plusieurs qui par consequent seroient propres à donner du Fruit, au lieu que, comme nous venons de dire, la grosse branche n'auroit produit aucun bon effet.

J'ay trouvé que la chose estoit possible, & que pour cela il n'y avoit particulierement dans les mois de May, & encore quelquefois dans les mois de Juin & de Juillet, qu'il n'y avoit, dis je en ce temps-là qu'à rompre les gros jets nouveaux de ces sortes d'Arbres, pendant que ces jets sont encore tendres, & pour ainsi dire aussi faciles à casser que si c'étoit du verre, ce qui est trés-veritable.

Cette operation est fondée sur un raisonnement que j'ay amplement expliqué dans mes reflexions, & qui peut bien n'être pas icy necessaire.

Ayant donc dans le temps cy-devant marqué, rompu à deux ou trois yeux quelques-uns de ces sortes de gros jets nouveaux il m'en est arrivé souvent ce que je souhaitois, c'est à dire autant de branches que j'avois laissé d'yeux, aussi bien un Arbre vigoureux ne sçauroit-il en avoir trop, pourvû qu'elles soient bonnes & bien placées: Parmi les branches qui sont venuës d'un tel pincement s'il est permis de se servir de ce terme, il s'en est d'ordinaire trouvé de foibles, & celles-là ont fait du Fruit, il s'en est aussi trouvé d'assez grosses, & celles-cy ont été des branches à bois, si la seve qui faisoit telles grosses branches, & les faisoit avec une action tres-vive, & tres vigoureuse, si cette seve, dis je venoit à trouver en chemin un obstacle qui l'arrêtât tout court au plus fort de l'action & qui part consequent l'empêcheroit de suivre sa route pour continuer de monter, comme elle feroit n'étant point empêchée, en tel cas cette seve ne pouvant cependant cesser d'agir, & étant forcée de sortir d'une façon ou d'autre elle creveroit par autant d'ouvertures qu'elle en pourroit trouver de faites prés de l'empéchement survenu, ou qu'en cas de besoin elle feroit elle-même.

Mais il faut sçavoir que ce pincement ne se doit gueres pratiquer que sur les grosses branches d'en haut, lesquelles demeureroient inutiles par leur situation, & cependant consommeroient mal à propos une quantité de bonne seve,

& ainsi rarement se doit-il faire sur les grosses branches basses puisqu'il est toûjours trés-important de les conserver telles jusqu'à la taille d'hyver, afin que pour l'année d'aprés elles en fassent quelques autres, qui soient propres à garnir des endroits, lesquels naturellement & ordinairement ne sont que trop sujets à se degarnir.

Il faut aussi sçavoir que ce pincement ne se doit jamais faire sur les branches foibles, puisque n'ayant justement de seve qu'autant qu'il leur en faut pour être bonnes, il ne s'en feroit que de chifonnes à l'endroit où se feroit le partage de la mediocre portion de seve que la nature leur distribuë.

Et ainsi il ne faut jamais rien pincer sur les Arbres qui ne font que trop de ces branches foibles, & peu de ces bonnes grosses, il s'en trouve de ce caractere en toute sorte d'espece de Pêchers.

Le bon temps pour pincer, & particulierement dans les climats un peu froids comme le nôtre de Paris & au voisinage, est comme nous avons dit, à la fin de May, & au commencement de Juin, que s'il est necessaire de pincer pour une seconde fois, le temps du solstice est admirable pour cela, aussi-bien que pour arroser quelques Arbres en terre seiche, & pendant un temps sec; c'est pour lors qu'il se fait un redoublement merveilleux d'action aux racines, & par consequent aux branches, & en effet c'est le plus grand effort de tout l'Esté.

Nous avons déja vû que la premiere furie des Fruits à noyau commence de paroître à la pleine Lune d'Avril qui se trouve d'ordinaire en May, & nous allons voir une autre maniere de furie au premier quartier de la Lune de ce même mois de May, ces deux temps-là sont bons pour pincer, aussi bien remarquons-nous que toutes les branches de chaque Arbre ne commencent pas toutes à pousser vigoureusement dans un même temps, si bien que ce qui n'a pas été pincé à la premiere saison le pourra fort bien être à la seconde.

J'ay dit qu'il ne falloit guerre pincer les grosses branches jeunes des Pêchers si ce n'est dans le temps qu'elles sont faciles à se casser au moindre effort, sans qu'on soit obligé de se servir du coûteau pour les racourcir: de là il est aisé

à

à juger que j'ay donc trouvé, qu'il étoit dangereux de se servir d'instrumens pour couper de telles branches, cela est vray : car comme j'ay dit cy-devant, l'extremité de telles branches ainsi coupées est sujette à noircir & à mourir, & ne fait point assurement le même effet que celuy qui vient de l'action de pincer ; on peut encore bien dire la même chose à l'égard des grosses branches tendres qui sont provenuës des belles greffes de Poiriers faites sur un sujet gros & vigoureux ; mais toutefois l'experience nous apprend que le coûteau n'est pas si dangereux à celles-cy qu'il l'est à celles des Pêchers.

CHAPITRE XXXV.

De ce qui est à faire à certains Arbres extraordinairement vigoureux, & ne se mettans point à fruit.

Reste à voir ce qui est à faire à l'égard de certains Arbres extraordinairement vigoureux, & à un tel point qu'ils sont quelquefois de tres-longues années à ne pousser que beaucoup de bois & peu de fruit, ou assez souvent point du tout, tels sont d'ordinaire la plûpart des Poiriers & Pommiers greffez sur franc, & particulierement conserver un Arbre qui ne fait que des petits jets, & qui pour la plûpart sont tous de faux bois, ou qui fait paroître tous les ans son infirmité au bout de ses branches & dans la couleur de ses feüilles.

Or pour les Arbres tres-vigoureux dont il est icy principalement question, bien des gens proposent comme souverains & infaillibles tous pleins d'expediens & de remedes que j'ay essayé pendant un long tems avec beaucoup d'application, mais de bonne foy ç'a toûjours été sans aucun succés.

Troüer un Arbre au travers de la tige, & y mettre une cheville de chêne sec, fendre une des principales racines, & y mettre une pierre, tailler en decours, &c. Ce sont de miserables secrets de bonnes gens imbus des vieilles routines, gens qui n'entendent gueres la vegetation, & se repaissent de peu de chose.

Pour moy outre que je suis persuadé par mon experience, que ma maniere de tailler évite souvent la difficulté, dont est question, j'ay encore en cas d'une opiniâtreté recours à ce que j'ay dit ailleurs; car dans la verité il n'y a rien de mieux à faire, c'est à sçavoir que comme constamment le fruit aux Arbres n'est qu'un effet, ou au moins qu'une marque d'une certaine foiblesse moderée, il faut sans s'amuser à mille bagatelles aller à la source de la vigueur de l'Arbre, c'est à dire à ses racines, en découvrir entierement la moitié, en retrancher si bien une ou deux, ou trois de celles qui de ce côté-là sont les plus grosses, & par consequent les plus agissantes, qu'il n'en reste pas la moindre partie capable d'agir, ou de produire même un filet de chevelu: les racines de l'autre moitié, car je suppose qu'il y en ait de bonnes, ou autrement il en faudroit moins ôter de celles du côté foüillé, les racines, dis je, de cette autre moitié ausquelles on n'aura pas touché, seront suffisantes pour nourrir honnêtement tout l'Arbre.

Ce remede est infaillible pour faire que tels Arbres cessans pour ainsi dire d'être rétifs à nos soins & à nôtre industrie fassent bien-tôt du fruit, parce qu'aprés cela ne se preparant plus tant de seve qu'auparavant, puisqu'une ou deux, ou trois des principales ouvrieres n'y sont plus, cela étant il ne montera plus que mediocrement de nourriture dans les branches foibles, & ainsi les boutons commencez n'ayans plus de quoy s'allonger ils s'arrondiront, & par consequent deviendront boutons à fruit, ils fleuriront, & enfin donneront le contentement qu'on en souhaite.

Messieurs les Philosophes donneront à cela telle couleur & telle explication qu'il leur plaira, mais toûjours constamment la chose arrive, comme je viens de l'exposer.

Arracher entierement tels Arbres & les replanter aussi-tôt avec la plûpart de leurs branches & de leurs racines, soit dans la même place, soit dans un autre, comme de certains Auteurs proposent est encore un remede qui les range quelquefois à la raison, mais il me paroît un peu violent, puisqu'il menace quelquefois de la mort, & souvent de faire de vilains Arbres, qui est un mal presque aussi redoutable pour moy que celuy de peu de fertilité:

c'est pourquoy je m'en sers fort rarement, quoy que pourtant je m'en sers quelquefois.

CHAPITRE XXXVI.

De la conduite ou culture des Figuiers.

APrés avoir dit ailleurs, & cela aprés une longue experience que la Figue bien meure étoit à mon goût le meilleur de tous les fruits des Arbres, qui jusques à present sont venus à ma connoissance, comme aussi est-elle en effet celuy que la plûpart des honnêtes gens trouvent le plus delicieux de tous, aprés cela, dis-je, j'ay crû que dans ce traité general de la culture des fruits je ne devois pas manquer d'en faire un particulier pour la conduite de celuy-cy.

Or devant que d'entrer en matiere je ne puis m'empêcher de témoigner d'abord l'étonnement où je suis, de ce que vû l'estime singuliere que presque tout le monde fait des bonnes Figues, cependant nous voyons que dans ces pays-cy on s'étoit accoûtumé de n'en avoir qu'en tres-petit nombre pour chaque Jardin, c'est-à-dire qu'on se contentoit d'en avoir deux ou trois ou plus, & même assez souvent les abandonnoit on dans quelque coin de basse cour, où ils étoient exposez à toutes sortes de mauvais traitemens, sans que jamais on leur fit aucune sorte de culture; veritablement dans les climats chauds ils sont mieux & plus honnorablement traitez, on y en a toûjours eu une fort grande abondance, non seulement dans les Jardins & à quelque bon abry de maison, mais particulierement dans les Vignes, dans les hayes & en pleine campagne, aussi est-il vray qu'on y en fait un trafic considerable de celles qu'ils font confire, & desquelles je ne parle nullement icy.

Je sçay bien que la difficulté de conserver les Figuiers contre les grands froids de l'hyver est la principale raison pourquoy on en a si peu dans nos climats: mais enfin vû l'importance & le merite du fruit on devoit ce me semble s'être un peu plus étudié qu'on n'a fait pour joüir plus amplement de ce riche present de la nature.

Il n'est pas necessaire de repeter icy ce que dans le Traité du choix & de la proportion des Fruits j'ay dit assez au long touchant la diversité des especes de Figues, ny comme quoy je fais pour ce pays icy beaucoup plus de cas des blanches, soit longues, soit rondes, que je ne fais pas de toutes les autres : Je ne repeteray pas non plus ce que j'ay dit pour la situation qui leur convient le mieux.

Je diray simplement de quelle maniere je les cultive, & diray sur tout comme quoy nonobstant le mauvais usage, qui nous faisoit contenter de peu, je me suis mis à en élever beaucoup, & cela non seulement par les voyes ordinaires des Espaliers, mais aussi par d'autres voyes extraordinaires, c'est-à-dire par le moyen des Caisses ; si bien que je m'en suis fait une chose assez nouvelle, assez plaisante, & assez utile, laquelle, s'il m'est permis d'introduire un terme nouveau, peut être appellée une Figuerie à l'imitation des Orangeries.

Le plaisir que nôtre grand Monarque trouve à ce Fruit-là, & le peril de mourir que courent icy les Figuiers en place pendant les grandes gelées, ou au moins de n'avoir point de Figues dans le cours de l'année, ces deux raisons-là ont été deux puissans motifs, qui pour moy honoré comme je suis de la charge de Directeur de tous les Jardins Fruitiers & Potagers des Maisons Royales m'ont fait aviser de cette maniere d'avoir sûrement beaucoup de Figues tous les ans.

A quoy il est vray que j'ay trouvé de grandes facilitez : car premierement la terre ordinaire de chaque Jardin mêlée à environ la moitié de terreau y est tres-bonne & tres-propre : secondement les racines des Figuiers au lieu d'être & dures & grosses comme celles des autres Fruitiers, tant à noyau qu'à pepin demeurent au contraire molles & flexibles, & communement menuës, & ainsi se rangent aisément dans les caisses, & même plus aisément ce semble que celles des Orangers, qui cependant y reüssissent si bien. En troisiéme lieu ces sortes d'Arbres font naturellement un tres-grand nombre de racines, de maniere qu'il ne leur est nullement difficile de trouver à vivre grassement & vigoureusement dans une petite quantité de terrein, pourvû que l'humidité n'y manque pas; joint que l'approbation universelle que j'ay eu de cette entreprise, & l'imitation qui s'en est ensuivie chez beaucoup de curieux, m'ont encouragé à pousser assez loin la Figuerie; & ce qui particulierement y a beaucoup contribué, c'est que le fruit en meurit icy un peu plûtôt que celuy des autres Figuiers que nous avons en place, & que même il est un peu meilleur, & à la couleur un peu plus jaune; la terre facilement échauffée dans les caisses faisant le premier bon effet & le plein vent faisant les autres deux.

Je pourrois encore conter pour quelque chose le plaisir qu'il y a de voir dans ce pays-cy cette abondance de Figues en plein air (ce qui paroissoit uniquement reservé pour les pays chauds) & conter aussi le plaisir qu'il y a de se trouver en Eté au milieu d'un bois tout chargé de Figues, & d'y pouvoir choisir & cueïllir des plus belles & des plus meures sans aucune peine.

J'ay donc élevé beaucoup de Figuiers en caisse, ayant trouvé qu'outre les avantages cy dessus il y avoit encore celuy-cy qui est fort considerable, c'est à sçavoir que pour les pouvoir sûrement & facilement conserver l'hyver, c'étoit assez d'avoir une serre passablement bonne qui empêchât la grosse gelée de donner dessus, car il n'est pas necessaire que cette serre soit à beaucoup prés si importante que celles des Orangers & des Jassemins, dont les uns & les autres se dépoüillent au moindre froid, c'est-à-dire qu'ils sont presque entierement gâtez; car comme tout le monde sçait, une chûte de feüilles provenuë de la rigueur du froid, ou d'une trop grande humidité marque à l'égard de ces sortes d'Arbres tout au moins une grande infirmité aux branches dépoüillées, si bien qu'elles ont peine à se rétablir; au lieu que l'hyver nous n'avons point de feüilles à conserver à nos Figuiers, ce n'est seulement que du bois, c'est à dire des branches dont le bois est assez grossier quoy qu'extrêmement moüelleux, si bien qu'il se défend mieux du froid que ne font pas les Orangers, la verité etant que ce bois, qui de soy est assez delicat, vient cependant à se ſécher à la chûte ordinaire des feüilles, & par conſequent à s'endurcir, ce qui procede de ce que les racines de Figuier ceſſans d'agir en dedans, dés que les feüilles commencent à tomber au dehors, ſon bois qui ne reçoit plus de ſeve nouvelle, ceſſe auſſi de craindre, comme il faiſoit la rigueur de la ſaiſon, au lieu que le bois des Orangers & des Jaſsemins à cauſe de l'operation perpetuelle de leurs racines demeure auſſi tendre l'hyver que tout le reſte de l'année: ce qui fait que comme particulierement pour la nourriture des feüilles qui reſtent ſur les branches, auſſi bien que pour la nourriture des branches mêmes il monte inceſsamment de la ſeve nouvelle, cette ſeve en ce tems là tient pour ainſi dire les unes & les autres tellement ſenſibles à la gelée & aux humiditez, qu'il leur en arrive ſouvent ces grands deſordres que tout le monde, ſçait & qui ſont preſque les plus grands qu'elles ayent à craindre.

Eſtant donc certain que pour la conſervation de nos Figuiers il ſuffit que la groſse gelée ne donne pas immediatement ſur leurs branches; il s'enſuit de là que c'eſt aſsez pour eux que la ſerre ſoit raiſonnablement cloſe, tant par la couverture, qu'aux portes & aux fenêtres, juſques-là même que la terre y peut avoir aſsez gelé dans les caiſses, ſans que pour cela le Figuier en ait été incommodé, & ainſi une cave mediocrement baſse, ou une Eſcurie, ou une ſale ordinaire qui ſeroient ſi pernicieuſes pour les Orangers & pour les Jaſsemins, peuvent n'être pas mauvaiſes pour nos Figuiers: bien entendu toutefois que ſi le lieu étoit extraordinairement humide, il pourroit leur en arriver quelque malheur, & bien entendu auſſi, que ſi un Figuier en caiſse demeure l'hyver hors de la ſerre, il a bien plus à craindre qu'un Figuier en place, car la groſse gelée le fait entierement mourir, tant par les racines que par la tête, au lieu qu'un Figuier en pleine terre ſe conſerve au moins du côté des racines.

Le tems de mettre les Figuiers dans les ſerres, c'eſt le mois de Novembre, c'eſt à dire qu'il les y faut faire mettre dés qu'on void que les groſses gelées vont commencer, & c'eſt pour y demeurer tout l'hyver ſans avoir beſoin, ny d'aucune culture telle qu'elle ſoit, ny d'aucune autre soin que de celuy de tenir les lieux autant clos qu'il est possible, & cela seulement pendant les gros froids, car hors ce tems-là ils n'ont pas besoin d'une si grande cloture.

Enfin on peut les sortir vers la my-Mars, ou même dés le commencement du mois, c'est-à dire si dés ce tems-là on commence d'avoir de fort beaux jours, & que la saison des grandes gelées paroisse en quelque façon être passée; on n'attend pas même qu'il n'y ait plus rien du tout à craindre pour les Figues nouvelles, autrement il faudroit attendre jusques vers la fin d'Avril : car assez souvent il arrive encore jusques en ce tems là de certaines gelées qui les noircissent & les font perir, quoique déja raisonnablement grosses; & la raison qui oblige de les sortir plûtôt est qu'il est necessaire que les Figuiers joüissent immediatement des rayons du Soleil, & de quelques pluyes douces des mois de Mars & Avril pour pouvoir heureusement pousser leurs premiers fruits, afin que sur toutes choses ces premiers fruits s'accoutument insensiblement au grand air qui les doit faire croître, & meurir de bonne heure, étant certain que les Figues qui naissent dans serre sont sujettes à noircir & à perir dés qu'elles se trouvent au grand air, fut-il même sans gelée & sans aucun froid considerable, parce qu'il ne faut qu'un miserable roux-vent, ou une chaleur excessive dans les premiers jours de leur sortie pour les détruire sans ressource, au lieu que les Figues un peu accoûtumées à l'air se sont assez endarcies pour y pouvoir resister malgré quelque ntemperie de la saison.

En sortant les Figuiers de la serre dans le tems que nous venons de marquer, on n'a que deux choses à faire, la premiere est de les mettre aussi tôt long, & tout le plus prés qu'on peut de quelques bonnes murailles qui soient exposées au Midy ou au Levant & les y laisser jusqu'à ce que la pleine Lune d'Avril soit passée, ce qui arrive dans le commencement de May : Cette situation leur est necessaire tant pour y joüir de l'aspect du pere de la vegetation, & être humectez des pluyes printanieres, que pour y trouver cependant un peu d'abry contre les gelées matutinales du reste de l'hyver, c'est-à-dire contre celles des mois de Mars & d'Avril, parce que comme ce merveilleux fruit vient en ce tems là à sortir tout formé du corps de la branche, & à se presenter ainsi tout d'un coup sans aucun secours d'envelope, ou d'accompagnement de fleurs & de feüilles, il est sans doute extraordinairement delicat dans les premiers jours de sa naissance, & ainsi telles gelées qui sont si ordinaires & si frequentes en ces tems-là venans pour lors à se faire sentir elles luy sont tres-dangereuses, ou pour dire mieux elles luy sont mortelles jusques-là même, que quoy que cet abri soit favorable aux Figuiers, tant à ceux qui sont en place, qu'à ceux qui sont en caisse, il ne faut pas laisser encore d'avoir soin de les couvrir de draps ou de paillassons, ou de grand fumier sec, ou de cossats de pois, toutes les fois qu'on se voit menacé de quelque gelée : les vents froids de galerne, les vents de Nord & de Nord-est, ou quelques grélots, & quelques neiges fonduës ne manquent guéres de les donner la nuit aprés les avoir communément annoncées le jour d'auparavant, & ainsi malheur au Jardinier qui n'a pas sçû profiter du signal d'un si mauvais augure.

La seconde chose qu'on a à faire aprés avoir sorti les Figuiers de la serre, & les avoir ainsi rangez à l'abri est, comme disent les Jardiniers, de donner une bonne moüilleure à chacune des caisses, c'est-à dire les arroser une bonne fois, en sorte que toute la mote en soit penetrée & ce sera pour ne le plus guéres arroser que quand avec quelques feüilles le fruit commencera d'y paroître tout à-fait, & même un peu gros, ce qui arrive vers la my-Avril ; les pluyes ordinaires du Printems suppléeront assez à d'autres arrosemens, mais cette premiere moüilleure est tres-necessaire pour humecter tout de nouveau la terre, qui au bout de quatre à cinq mois de serre étoit entierement desséchée, ou autrement les racines au renouveau de la chaleur ne pourroient faute d'humidité renouveller leur action, & par consequent il ne se feroit aucun bon mouvement de vegetation, soit pour nourrir, & faire plûtôt grossir ce fruit nouveau, soit pour nous donner aussi plûtôt de nouvelles feüilles & du nouveau bois, avec certitude que plûtôt les Figuiers pousseront au Printems, & plûtôt aura-t-on les secondes Figues de l'Automne : Je dirai

dirai icy en passant que les premieres Figues naissent independamment de l'action des racines, tout de même que les fleurs des autres Fruitiers s'épanoüissent, & leurs premiers bourgeons naissent indépendamment de l'action de leurs racines.

Enfin le froid, c'est à dire le grand ennemy de ces Figues étant passé, ce qui arrive d'ordinaire approchant de la my-May, on éloigne les caisses de cet abri, & on les met un peu au large pour être en plein air, & sur tout dans quelque petit Jardin qui soit entouré de bonnes murailles; on en peut faire quelque petite figure d'allées bordées des deux, côtez, ou même on en peut faire, comme je fais, une maniere de petit bois vert, si on en a suffisamment pour cela, & voilà veritablement ce qui se doit appeller une Figuerie.

Aussi tôt que ces caisses sont ainsi rangées on les arrose encore une bonne fois, & puis on fait tous les huit jours la même chose jusqu'à la fin de May, car pour lors il faut commencer de les arroser au moins deux fois la semaine & enfin vers la mi-Juin on se met tout de bon aux grands & frequens arrosemens de presque tous les jours.

Mais devant que d'en venir là il faut sçavoir que pour gagner tems, & avoir facilement beaucoup de Figuiers pour l'établissement & l'entretien de la Figuerie, je commence par faire vers la my Mars une couche ordinaire de bons fumiers, je la fais haute de 3. bons pieds sur quatre à cinq de large, & aussi longue que j'en puis avoir besoin; j'en laisse passer la grande chaleur qui communement dure cinq ou six jours: & ensuite ayant fait provision de pots de terre de cinq à six pouces de diametre, ou de petites caisses qui en ayent sept à huit, je remplis ces pots & ces caisses de la terre du Jardin mêlée, comme j'ay dit d'environ la moitié de terreau, ou même on les peut remplir de terreau tout pur, car il est fort bon pour la premiere multiplication des racines, mais il le seroit moins pour les autres encaissemens, il faut être soigneux de bien presser ou fouler cette terre, tant dans le fond du pot, que dans le fond de la caisse, c'est assez qu'il en reste deux ou trois pouces de meuble par en haut.

Ensuite je prens de petits Figuiers tous enracinez, & aprés avoir extrêmement racourcy toutes leurs racines je les mets environ trois ou quatre pouces avant dans ces pots, ou dans ces caisses, & ne leur laisse à chacun que quatre ou cinq pouces de tige: (les Figuiers en caisse n'en sçauroient avoir trop peu.) J'enfonce ces pots ou ces caisses environ la moitié dans la couche: une bonne partie de ces Figuiers ainsi plantez prennent d'ordinaire, & font dés l'année même d'assez beaux jets, & en assez bon nombre, pourvû que, comme il est tres-necessaire, on les ait assez bien arrosé pendant l'Esté, & qu'on ait deux ou trois fois réchauffé la couche sur les côtez pour la maintenir toûjours raisonnablement chaude.

Que si je me suis servi de pots, je dépote pendant l'Esté même, ou au moins l'Automne, ou le Printems suivant, je dépote, dis je, ceux de ces petits Figuiers qui ont bien poussé dans ces pots; pour les remettre avec leur mote dans des caisses de sept à huit pouces remplies de la terre preparée, laquelle sur tout, comme j'ay déja dit on aura bien pressée dans le fond pour empêcher que cette mote, & les racines nouvelles qui se feront, ne descendent pas si-tôt & si aisément dans ce fond, & même pour empêcher encore plus efficacement cette descente, je fais en les encaissant toute la même chose que je fais en rencaissant des Orangers, à la reserve des plâtras, qui ne sont icy nullement necessaires, c'est à dire que je plante ces Figuiers de sorte que la superficie de la mote excede de deux ou trois pouces le bord de la caisse, avec des douves mises sur les côtez; je soûtiens la terre & l'eau des arrosemens, si bien que rien ne tombe: la pesanteur de la mote, & sur tout les frequens arrosemens, & le remuëment ou transport des Figuiers ainsi encaissez ne font que trop-tôt descendre cette superficie.

Or prenant grand soin d'arroser ces jeunes Figuiers dans ces petites caisses ils commencent assez souvent à y donner quelque fruit dés l'année même de leur encaissement, tout au moins sont-ils en état d'en donner les années suivantes: on les conserve deux ans dans ces sortes de petites caisses pour les remettre au bout de ce tems-là dans de plus grandes qui ayent environ treize à quatorze pouces en dedans, & pour cela il ne faut pas manquer de leur retrancher les deux tiers de leur mote, & particulierement comme je viens de dire les planter toûjours un peu haut, & presser autant qu'il est possible la terre dans le fond, ce sont toutes choses qui se doivent absolument faire à chaque changement de caisses.

Ils demeurent dans celles-cy jusqu'à ce qu'on soit obligé de les changer tout de nouveau, ce qui se doit faire quand on s'apperçoit que les Figuiers ne font plus de gros bois, & ce qui arrive d'ordinaire au bout de la trois ou quatriéme de leur encaissement; on les sort donc de cette caisse; & aprés avoir fait les operations cy devant expliquées on les remet encore, soit dans la même caisse, si aprés avoir servi trois ou quatre ans elle est assez bonne, ce qui n'arrive pas souvent, car les grands arrosemens en pourrissent beaucoup, ou bien on les remet dans d'autres caisses neuves de pareille grandeur.

On laisse encore trois ou quatre ans ces Figuiers dans ces sortes de caisses qui ont treize à quatorze pouces en dedans, & ensuite dés qu'on voit par les marques cy-dessus expliquées qu'il y a necessité de les changer, on se sert des mêmes appareils que cy devant pour les remettre dans d'autres caisses qui ayent dix-sept à dix-huit pouces: on les conserve aussi environ trois ou quatre ans dans celles cy, & au bout de ce-tems là faisant encore les mêmes choses cy-dessus pratiquées on les remet pour un quatriéme changement, soit dans ces mêmes caisses, soit dans des caisses de pareille grandeur.

La difficulté du transport fait d'ordinaire que quand ces deuxiémes caisses de dix-huit pouces ne valent plus rien, je ne hazarde gueres de leur en donner de plus grandes, qui pourtant les accommoderoient bien, & c'est-à-dire qu'il leur en faudroit qui eussent vingt-un à vingt-deux pouces, mais celles-cy seroient veritablement les dernieres que je leur voudrois donner, à moins d'avoir de grandes facilitez, soit pour le transport: soit pour la commodité de la serre.

Or donc comme enfin ces Figuiers en caisse viendroient en un tel point de grandeur & de pesanteur, qu'il faudroit trop de machines pour les remuer, & même une trop grande quantité d'eau pour les entretenir d'arrosemens, je les abandonne aprés les avoir ainsi cultivez pendant quinze ou vingt ans, & ne les regarde plus que pour les mettre en place, soit dans nos Jardins, soit dans ceux de nos amis à quoy ils sont encore assez bons, pourvû qu'on leur retranche une bonne partie de leur bois, & sur tout la plûpart de leurs racines, ou enfin à mon grand regret il faut se resoudre à les brûler; mais cependant pour avoir toûjours ma serre & ma Figuerie également fournies j'en éleve tous les ans de nouveaux de la maniere que j'ay élevé les premiers; & ceux cy servent à remplacer les anciens, dont j'ay été obligé de me défaire.

Heureusement l'elevation en est facile, puisque premierement les pieds des Figuiers en place repoussent beaucoup de drageons enracinez. En deuxiéme lieu qu'on a la commodité de coucher ou marcoter des branches autour de chaque vieux pied, & qu'enfin on en éleve aussi par le moyen des boutures un peu courbées & mises en terre fraîche & particulierement mises un peu à l'ombre; il est bon pour celles-cy de leur faire une petite entaille vers l'extremité, quoy que pourtant il y en a assez qui réüssissent sans cette entaille.

Voilà donc beaucoup de moyens, & tous fort faciles pour parvenir à faire une assez bonne provision de jeunes petits Figuiers, malheureux le Jardinier qui ne la fait pas, & qui ne met pas tout en usage pour multiplier un si bon Arbre, si bien que quand il a été obligé de couper quelques branches de Figuiers, il n'essaye pas aussi-tôt de les faire reprendre de bouture, comme il le peut, pourvû qu'elle ait un peu de bois de deux ans, car pour les branches coupées qui n'ont qu'un an seulement, elles sont beaucoup plus sujettes à se pourrir qu'à reprendre.

Le plus grand embarras qui accompagne les caisses, est celuy que j'ay annoncé cy-dessus, c'est à dire que pendant les mois de Juin, Juillet, Aoust & Septembre il y a une necessité indispensable de les arroser amplement chacune tous les jours, mais si bien arroser que l'eau perce par le fond de la caisse; au moins sans y manquer faut-il les arroser de deux jours l'un si ce n'est qu'il pleuve extrêmement, non pas que l'eau des pluyes penetre guéres le corps de la mote, mais c'est que pendant qu'il pleut il ne fait point de Soleil qui puisse au travers de la caisse alterer les racines, & voilà la seule raison qui empêche de continuer les arrosemens.

Il ne faut pas aussi conter sur les petites pluyes, elles ne servent de rien aux Figuiers, & souvent elles sont cause de leur malheur en ce que le Jardinier aura crû qu'elles étoient suffisantes pour tenir lieu d'arrosement, & cela n'est pas vray : les feüilles larges du Figuier empêchent que la terre, qui dans la caisse est fort serrée & fort dure par une infinite de racines, ces feüilles large, dis-je, empêchent que cette terre ne puisse être humectée par une petite pluye, puisque même elle ne le sçauroit être par les grandes.

Or il est certain que les Fruits courent icy risque de tomber & de perir, pour peu que les racines du Figuier ayans manqué d'humidité ayent aussi cessé d'agir & de fournir aux Figues le perpetuel secours dont elles ont indispensablement besoin : ce qui arriveroit sans doute, si on manquoit aux grands & frequens arrosemens que nous recommandons ; car les Figues qui ont le moins du monde manqué de nourriture demeure molasses, & comme pleines de vent, au lieu de se remplir d'une bonne chair moëlleuse ; si bien qu'enfin au lieu de meurir elles tombent, & voilà le plus terrible inconvenient qu'on ait à craindre, & par consequent voilà une fâcheuse sujetion, qui fait qu'il n'est pas aisé de réüssir en Figuerie.

Les Figuiers en place n'ont point ces sortes de sujetions, puisque les Figuiers plantez même en lieu tres sec ont d'ordinaire des Figues, & belles, & grosses & bonnes : les racines qui ont liberté de s'étendre dans le voisinage, quelque aridité qu'il y ait, y trouvent cependant toûjours de quoy faire leur fonction & leur devoir, & à l'imitation de ceux-là quand le fond des caisses touche à terre il en sort ordinairement des racines qui prennent dans cette terre & s'y multiplient d'une telle maniere, qu'ils peuvent se passer de frequens arrosemens, mais aussi il y a d'autres inconveniens à craindre dont je parleray cy-dessous.

Reste à parler de la taille & du pincement que je pratique soit pour les Figuiers en pleine terre, soit pour les Figuiers en caisse, tant pour avoir ces Arbres beaux de la beauté qui leur convient, que même pour les faire pousser un peu plûtôt les Figues chacune dans leur saison, c'est à dire & les premieres qu'on appelle Figue-fleurs, & les secondes qu'on appelle Figues d'Automne, autrement secondes Figues, & Figues de la second seve, &c.

A l'égard de la beauté qui convient aux Figuiers en caisses, il ne faut pas s'attendre qu'elle puisse être si reguliere que celle des Orangers qui sont pareillement en caisses, ny s'attendre aussi que la beauté des Figuiers soit en Buisson, soit en Espalier devienne aussi parfaite que celle des Poiriers en Buisson, ou celle des autres Fruits en Espalier: Nous avons asez expliqué ces sortes de beautez, chacune en particulier dans les Traitez faits pour cela, sans qu'il soit besoin d'en rien repeter icy; il suffira de dire que la beauté des Figuiers en caisse consiste particulierement à être de veritables Buissons, qui même n'ayent nulle tige, si faire se peut, & qu'enfin ils ne soient point élancez, c'est-à-dire trop haut montez, ou trop étendus & évasez avec de grandes branches fort dégarnies, car c'est ce qui leur arrive aisement, si on n'y prend extraordinairement garde.

Il n'est pas trop necessaire d'avertir qu'il faut à la fin de l'Hyver, ou à l'entrée du Printems éplucher, c'est-à dire ôter tout le bois mort des Figuiers tels qu'ils soient, en caisse ou en place, tout le monde le sçait asez; ces sortes d'Arbres qui ont leurs branches extrémement moüeleuses sont sujets à en avoir beaucoup de gâtées par les tems fâcheux qu'on a d'ordinaire en Hyver, jusques-là même qu'il ne laisse pas de s'en gâter, quoy que le froid ait été fort mediocre: Nous l'avons souvent éprouvé, & particulierement l'Hyver de 1675. qu'il n'y eut pas seulement un demy pouce de glace nulle part, & cependant il perit un asez grand nombre de branches de Figuiers, comme si simplement l'absence de la chaleur étoit capable de les détruire: à plus forte raison en perit-il une grande quantité quand les Hyvers sont tres-rudes & tres-longs, comme nous les avons eu en 1670. & 1676. En effet la gelée en a été si terrible, & par consequent le malheur si grand pour nos Jardiniers, qu'il a fallu presque par tout receper jusques dans le pied les plus gros Figuiers, quoyque même ils eussent été passablement couverts, soit de fumier sec, soit de paillassons; jusques-là que la neige qui est si souveraine pour conserver beaucoup de plantes jeunes & tendres, par exemple des Pois, des Fraisiers, des Laituës, &c. Cette neige, dis-je, n'a servi de rien pour la conservation de ces bien-aimez & mal-heureux Figuiers, ou plûtôt a contribué à leur destruction.

Il est vray que quelques Jardiniers assez soigneux ont eu malgré leurs soins la disgrace de voir perir une partie de leurs Figuiers, sans que toutefois il y eût rien à leur imputer, & ç'a été quand les murailles où étoient plantez ces Figuiers, ne se sont pas trouvées assez fortes pour empêcher, que la rigueur de la gelée ne penetrât au travers, car assûrement il en perit beaucoup par là; heureux ceux qui ont leurs Figuiers adossez à de bons bâtimens, & particulierement à l'endroit des cheminées dont on se sert actuellement, ou qui tout au moins les ont adossez à des murs épais d'environ deux bons pieds, & en même tems bien exposez: heureux aussi ceux qui les ont dans des situations seiches & élevées, & cependant en bon fond.

Et par consequent malheureux tous ceux, qui n'ayans aucuns de ces grands avantages sont affligez de tout ce qui est pernicieux pour les Figuiers, c'est-à-dire que les murailles de leurs Jardins sont peu épaisses, que leur terrain est froid & humide, & que leur climat & leur exposition sont peu favorables.

Or donc puisque les Figuiers sont autant difficiles à conserver, que leur fruit est precieux & important, disons exactement ce que nous estimons qu'il y faut faire, pour tâcher au moins de les défendre le mieux qu'il sera possible de ce qui est capable de les détruire.

Les inconveniens dont ils sont menacez n'empêchent point que comme je l'ay dit dans le Traité du choix, & de la proportion des Fruits, je ne conseille à tout le monne d'en planter raisonnablement, mais c'est-à-dire en place , quand on a quelque peu de l'exposition qui leur convient, quoy qu'on ait pas toutes les autres conditions qui sont à souhaiter pour eux, les Hyvers à qui on a donné le nom de grands ne reviennent pas si souvent, qu'il se faille dégouter pour toûjours d'avoir de ces sortes d'Arbres qui donne un si excellent Fruit.

Ce qui est icy de plus important à faire pour la culture, est premierement que pendant l'Esté & l'Automne on laisse leurs branches un peu en liberté, parce que les Fruits y viennent mieux, & sont meilleurs : car en effet il ne les faut pas gêner & palisser comme on fait les branches des autres Fruitiers qui sont en Espaliers, il suffit de les soûtenir par devant avec des perches qu'on met simplement sur de grands crochets qu'il faut pour cela faire seller dans les murailles, de maniere qu'ils soient à trois pieds les uns des autres, & qu'à commencer par en bas il y en ait un rang à un pied de terre, & cela en eschiquier : ces crochets doivent avoir quatre pouces dans la muraille, & environ huit en dehors, & être faits comme il paroît dans la figure.

En second lieu, tous les ans dés que les feüilles des Figuiers sont tombées, c'est-à-dire que l'Hyver approche, de quelque maniere que cet Hyver se doive comporter, car il faut toûjours craindre qu'il ne soit trés-violent, & cette apprehension doit faire en nous de fort bons effets, tous les ans, dis-je, il faut tout le plus qu'il est possible contraindre les branches de ces Figuiers prés des murailles, & cela se fait, soit avec des clous & des lanieres, soit avec des oziers, des échalas & des perches; mais s'ils sont trop élevez, il faut essayer de coucher d'un côté ou d'autre les plus hautes branches, mais de maniere qu'elles n'en soient ny rompuës ny éclatées, & ensuite on y appliquera, soit de veritables paillassons de l'épaisseur de deux ou trois bons pouces, soit de la paille en forme de telles paillassons,

paillaſsons, ſoit encore plûtôt de grand fumier ſec de l'épaiſseur de quatre ou cinq pouces, & que de plus tout cela ſoit bien ſoûtenu de perches, la plûpart miſes en largeur, & quelques-unes en croix, prenant garde qu'à l'Eſpalier il n'y ait pas un ſeul endroit de découvert & d'expoſé: & outre tout cela il faut encore tenir préte une aſsez bonne quantité de pareil fumier tout auprés des Figuiers pour redoubler les couvertures en cas de beſoin, car il ne faut qu'une ſeule nuit pour tout perdre: Les vents de Nord eſt comme il y en eut l'hyver 1676. & les vents de Midy comme ceux de l'hyver 1670. ſont quelques fois auſſi mortels pour les Figuiers, & aſsez ſouvent le ſont davantage que les vents du Nord tout pur, & ainſi il faut étre également en garde contre tous.

Toutes les fois donc qu'on veut avoir des Figuiers, il faut étre préparé à prendre les ſoins que nous venons d'expliquer, comme neceſsaires pour les conſerver, mais ſi nonobſtant tous ces appareils on eſt encore aſsez malheureux pour n'avoir pas réuſſi, ce qui ſans doute n'arrivera gueres ſouvent, pourvû que les murailles ou ils ſont expoſez, ayent les conditions d'épaiſseur cy-deſsus expliquées, quand, dis-je, cela arrivera, je crois qu'on doit s'en conſoler, puiſqu'on ne peut pas ſe reprocher d'avoir manqué à rien de ce qui étoit au pouvoir de l'homme.

L'hyver étant paſsé, & méme le mois de Mars preſque tout entier, ſi les Figuiers ſont en Eſpalier, il faut ſimplement ôter à demy toutes leurs couvertures, & ſur tout celles que l'hyver peut avoir gâtées & pourries, & laiſser encore les branches ainſi attachées prés du mur, & toûjours au moins à demy couvertes ſans y rien changer juſqu'à la pleine Lune d'Avril, bien entendu méme que ſi la pleine Lune de Mars qui arrive dans la Semaine Sainte, paroît nous menacer de quelques gelées, comme elle y eſt tres ſujette, il ne faudra pas manquer au moindre ſignal de redoubler auſſi-tôt les couvertures pour les y laiſser juſqu'à ce que le temps paroiſse bien aſsuré, & que les Figues ſoient à peu prés de la groſseur d'un gros pois; ce qui n'eſt d'ordinaire dans nos climats que vers les premiers jours de May: car, comme nous avons dit, ce n'eſt qu'en ce tems-là que la plûpart des grands froids seront apparemment passés, & pour lors il est bon de remettre en quelque petite liberté les branches cy devant attachées & contraintes : mais cependant ce sera, comme j'ai déja dit, pour les soûtenir toûjours de quelques perches en travers, qui les empêchent seulement de tomber trop en devant: En effet je n'estime pas qu'il leur faille d'autre treillage, telles perches mises sur ces crochets soûtiennent fort bien les branches, & les empêchent non seulement de tomber, mais aussi d'être brisées & fracassées par les vents, & ainsi les Fruits s'y conservent sains & entiers.

Je ne veux pas oublier de dire que de grands draps sont assez propres pour couvrir pendant les nuits fâcheuses ou suspectes les Figuiers qu'on a prés des murailles, soit en place, soit en caisses, & pour cela il faut les attacher à des perches, de la même maniere à peu prés que sont attachez des voiles à des Navires, & mettre encore d'autres grandes perches presque droites par dessus les Figuiers, pour empêcher que ces draps agitez par les vents ne touchent aux fruits, parce que le frottement de ces draps ne manque jamais de les gâter ; si bien que pour cela il est encore expedient d'attacher ces draps prés de terre par le moyen de quelques crochets qui les arrêtent contre de telles agitations.

La troisiéme chose qui est importante à faire pour la culture de ces Figuiers, est d'ôter tous les ans à la fin de l'Hyver, ou même dés la fin de l'Automne la plûpart des drageons ou boutures qu'ils repoussent du pied sans y en conserver, si ce n'est peut-être quelqu'une qui peut y paroître necessaire, soit pour garnir les côtez, sois pour prendre la place des branches qui sont mortes ou moribondes : on a d'ailleurs soin de faire un bon usage de ces boutures arrachées, c'est à-dire qu'on a soin de les planter dans quelque rigole qu'on fait pour cela prés de quelque bonne muraille ; & soit qu'on la fasse là, soit qu'on la fasse ailleurs, on a soin de les couvrir si bien que le grand froid ne les puisse pas gâter.

Il n'est pas moins necessaire d'éviter tout le plus qu'on peut, que ces Figuiers ne montent en peu de temps en une grande hauteur, par exemple à deux ou trois toises, afin que les tenant mediocrement élevez ils demeurent par consequent toûjours pleins & bien garnis, & sur tout faciles à couvrir l'hyver, ce qui n'est pas quand ils sont fort haut montez : c'est pourquoy d'année en année il n'y faut guere jamais laisser de grosses branches nouvelles plus longues qu'un pied ou un pied & demy, ou deux pieds au plus, & c'est la seule taille, qu'il y faut faire aprés les avoir, comme nous avons dit, épluchez de toutes sortes de bois mort.

Et de plus dés la fin de Mars il faut rompre le bout de l'extremité de chaque grosse branche, qui peut ne se trouver qu'environ d'un pied de longueur, cela s'entend, si l'hyver ne l'a déja gâtée, ce qui arrive d'ordinaire à celles qui n'ont été achevées que bien avant dans l'Automne, mais n'arrive gueres à celles qui ont été aoûtées de bonne heure; quoy que ç'en soit, il faut couper proprement ce bout qui paroît noir & ridé, c'est à dire mort.

Cette maniere de pincer ou tailler, sert à faire fourcher plusieurs branches nouvelles au lieu d'une seule, qui regulierement seroit montée droite par la disposition de ce bout, car ce bout est en effet un veritable commencement de branche; ce pincement donc promet une plus grande quantité de Figues, soit pour les secondes, & c'est l'ordinaire, soit pour les premieres de l'Esté de l'année d'aprés, étant certain que du nombril de chaque feüille il en doit immanquablement sortir une Figue, & quelquefois deux en même tems pour l'une de ces deux saisons.

Ce rompement, ou cette petite taille du bouton, lequel paroît à l'extremité, sert encore ce semble pour faire plûtôt sortir les Figues, & par consequent pour les faire plûtôt meurir, puisque les premieres sorties de chaque Arbre sont surement les premieres meures de cet Arbre : Il sert aussi sans doute pour les faire grossir davantage, parce que la seve étant ainsi empêchée de monter aussi vîte qu'elle auroit fait sans cette taille, elle s'échape, pour ainsi dire, dans les parties voisines, & par consequent dans les Figues, & sans doute sert à les mieux nourrir qu'elles n'auroient été.

La même operation que nous faisons de rompre ou couper aux mois de Mars & d'Avril les bouts des jets de l'année d'auparavant (cela s'entend de ceux qui sont gros & mediocrement longs, car pour les menus il est bon de les ôter presqu'entierement, & pour ceux qui sont fort gros & fort longs, nous avons dit cy-dessus de quelle maniere il les faut racourcir) la même operation faut-il faire au commencement de Juin sur les grosses branches poussées du Printemps, & cela en vûë pareillement de multiplier dans l'Esté même les branches qui ont à venir, & par consequent multiplier les premieres Figues de l'anné suivante: car il ne faut pas conter que dans aucune des 2. saisons on puisse esperer beaucoup de Figues, à moins que par le moyen du pincement on n'ait beaucoup preparé de bonnes branches nouvelles; or cela arrive infailliblement quand on prend soin de pincer, outre que cette même operation fait encore un merveilleux effet, qui est d'empêcher que l'Arbre ne monte trop & trop vîte, & qu'il n'ait de grosses branches trop longues & dégarnies, ce qui est icy grandement à craindre.

Si les années precedentes on a laissé longues quelques grosses branches, qui dans leur tems ont été bonnes & utiles & que cependant elles donnent lieu de craindre les inconveniens du dégarni, il faut au mois d'Avril & de May, si sur tout elles sont sans fruit les ravaller, c'est à dire les racourcir fort bas, jusques sur les bois plus vieux, avec esperance qu'il pourra venir de nouvelles branches de cette taille, mais cela n'est icy non plus infaillible qu'aux vieilles branches des Pêchers racourcies: tout au moins aura-t-on remedié à ne rien laisser de trop long qui puisse faire un endroit vuide & dégarni, & cependant la seve fera son effet sur quelques branches voisines, & quelquefois aussi sur la vieille qui a été racourcie; mais il est vray que jamais les Figuiers ne poussent si bien qu'à l'extremité naturelle, c'est-à dire à l'extremité non coupée des branches faites l'année d'auparavant.

Il en est en Figuiers à l'égard de leurs fruits tout au contraire des autres Arbres fruitiers, parce que les grosses branches des Figuiers, pourvû qu'elles ne soient pas de faux bois, car ils en ont aussi bien que les autres especes d'Arbres, leurs grosses branches, dis-je, font icy le fruit, au lieu que ce sont les petites qui le font aux autres Fruitiers, c'est pourquoy il faut autant détruire icy les petites qu'il faut ailleurs prendre soin de les conserver.

Ces branches de faux bois se connoissent icy par les yeux plats & fort éloignez les uns des autres, tout de meme que sur les fruits à Pepin & à noyau: si bien que telles branches ont besoin d'être taillées un peu courtes; ce qui n'est pas si necessaire pour celles, qui pour être heureusement venuës aux extremitez d'autres branches sont tres bonnes & mediocrement longues, & qui comme telles ont les yeux gros, & fort prés les uns des autres.

Or il est particulierement à remarquer que pour la taille des grosses branches on a icy un grand combat à essuyer qu'on n'a pas aux autres Arbres, puisque, comme il a été dit tant de fois, sur ceux-là les grosses branches ne font jamais le fruit, & ne servent que pour la figure, au lieu que ce sont les grosses branches de Figuiers qui font en même-tems & le fruit & la figure, aussi il semble que particulierement aux Figuiers en caisse, dont la principale beauté consiste à demeurer fort bas, il soit impossible de les avoir tout ensemble, & bien formez, pour être d'une Figure agreable & bien chargez de fruit, ce qui est cependant icy le point principal de l'affaire, car comme les Figuiers en caisse font naturellement peu de bois, & que tout Figuier qui n'a gueres de bois, n'a gueres de Figues, si on vient à racourcir leurs grosses branches en veuë de cette figure, on s'eloignera de l'abondance du fruit: mais le temperamment qu'on doit icy apporter, est en chaque Arbre d'en racourcir toûjours quelques-unes des plus grosses, soit vieilles soit nouvelles, & cela servira pour la beauté de la figure telle qu'on la peut esperer sur le pied que nous l'avons exprimée, & en même temps on hazardera de laisser longues toutes les autres pour avoir le fruit qui y paroît que si le malheur est arrivé aux premieres figues, & qu'à la my-Avril, ou au commencement de May on veüille encore racourcir quelques-unes de ces branches qu'on avoit laissées longues pour fruit, on le peut, & ce faisant on en diminuëra d'autant le nombre des secondes Figues, mais en revanche on augmentera celuy des premieres de l'année d'aprés, parce que les branches nouvelles qui doivent sortir de celles que nous aurons taillées, n'y sortiront pas assez tôt pour faire des Figues d'Automne, mais elle viendront assez heureusement pour les autres.

Dans les terrains chauds les Figues sont toutes sorties dés devant la fin de Mars, & les Arbres ont commencé à faire de beaux jets dés devant la fin d'Avril, aussi les premiers fruits y meurissent-ils dés la fin de Juin, & au commencement de Juillet, & les seconds dés le commencement de Septembre : mais dans les terrains froids comme Versailles les Figues ne sont bien sorties qu'environ la fin d'Avril, ou même vers la my-May, & les jets ne commencent gueres non plus que vers la my May, aussi les premiers fruits n'y meurissent qu'à la my Juillet, ou à la fin, & les seconds n'y meurissent que vers la fin de Septembre.

De chacun des yeux, qui en fait de Figuiers restent au Printemps sur les grosses branches de l'année precedente, on en doit surement attendre une Figue, & quelquefois deux, mais regulierement il n'en faut laisser qu'une, laquelle peut venir à bien si la saison lui est favorable ; & même chacun de ses yeux peut donner en même tems une branche, ce qui toutefois n'arrive pas toûjours ; car cela dépend de la grosseur de la mere branche, & de la taille courte qu'on luy aura faite ; de plus chaque bonne branche pousse d'ordinaire jusqu'à six ou sept Figues, c'est-à-dire qu'elle peut s'être allongée de six ou sept yeux, soit depuis le mois de Mars jusqu'à la my Juin, soit depuis la my-Juin jusques à la fin de l'Automne ; elle n'en fait gueres davantage, bien entendu qu'il ne vient jamais deux fois des Figues à un même œil, & que celuy qui en a poussé à l'Automne, soit qu'elles ayent meuri ou non, n'en pousse point d'autres au renouveau.

Or il faut bien plus se preparer à faire venir des premieres Figues que des secondes ; il n'en est toûjours que trop de celles-cy, parce que les Figuiers qui se portent bien, font d'ordinaire pendant le Printemps beaucoup de jets, & assez beaux, & que chaque feüille faite devant la Saint Jean doit communément une Figue, soit pour l'Automne de l'année qui court, ce qui est le plus ordinaire, soit pour l'Esté de l'année prochaine, quand la Figue n'a pas paru pour l'Automne. Or cela étant il arrive presque toujours qu'on voit paroître une tres grande quantité de ces Figues pour l'Automne, lesquelles viennent inutilement, parce que la plûpart du temps elles ne meurissent pas : les pluyes froides qui sont frequentes & ordinaires en Automne, & les gelées blanches de la saison les font presque toutes perir, soit parce qu'elles les font crever & ouvrir, & ensuite tomber, soit parce qu'elles les empêchent de venir en maturité, & pour celles-cy il ne faut pas attendre, que quoique l'hyver elles se soient conservées vertes & bien attachées à l'Arbre, que cependant un renouvellement de seve au Printems en puisse faire un bon usage, elles tombent seurement toutes sans venir à bien.

Mais pour les Figues qu'on appelle de la premiere seve, ou Figues de Saint Jean, comme on n'en a qu'à proportion des jets & des feüilles poussées depuis la Saint Jean jusqu'à la fin de l'Automne, & que souvent les Figuiers, & particulierement en caisse ne font que peu de branches, & regulierement courtes, parce qu'ils n'ont gueres de vigueur pendant l'Esté, & que cependant ils ont leurs fruits à nourrir, il arrive par consequent qu'ils ne font que peu de fruits pour le Printemps, les branches foibles n'étans ny propres à en faire dans ce tems-là, ny quand elles en font à les conserver contre le froid de la saison ; il faut donc avoir de grands égards pour faire en sorte que les Figuiers, & particulierement ceux qui sont en caisse, fassent de beaux jets aprés la Saint Jean, ce qui dépend uniquement de la vigueur du pied, & sur tout du secours qu'on luy donne dans cet état là.

Si on conserve quelques branches un peu foibles, il les faut tenir fort courtes, afin que ce qui reste en soit mieux nourri, & que les Figues, s'il y en peut venir, y soient plus belles, à la charge toutefois que s'il en sort quelques autres branches foibles, on les ôtera toutes pour n'en conserver aucune, si ce n'est peut-être la plus basse, qui par ce moyen pourra devenir raisonnablement grosse.

Le même soin qu'on a pour les Figuiers en caisse au sortir de l'hyver, c'est à-dire de les ranger le long des bonnes expositions, le même pourroit-on prendre pour les y ranger pareillement le long des bonnes expositions à l'entrée de l'Automne, afin que pour la maturité des Figues de cette saison ils pussent profiter des chaleurs mediocres du Soleil; mais pour cela il ne faut pas qu'il soit sorti de racines de la caisse, parce que telles racines venans à être necessairement arrachées pour le transport de la caisse l'Arbre & le fruit en souffrent notablement, & ainsi on n'en a que du déplaisir.

Mais ce qui est à faire, quand le fond de la caisse a touché à terre pendant l'Esté, comme les racines du Figuier s'y sont fort multipliées, & que l'Arbre en effet s'en porte mieux, de maniere même qu'en tel cas il n'a pas besoin d'être si souvent arrosé (aussi arrive-t-il que les caisses en pourrisent plûtôt) si donc le fond des caises a ainsi touché à terre, il faudra devant que de les mettre dans la serre, prendre soin de bien couper toutes ces racines, ou tout au moins on le fera au sortir de la serre, devant que de les remettre dans la place où elles doivent paser l'Esté: car tout ce qu'il en reste à l'air se gâte absolument : mais aprés avoir ôté ce qui est gâté, si on remet ces mêmes caisses, de maniere que le fond touche encore à terre, les racines s'y multiplieront encore plus que l'année d'auparavant, & il n'est point mal fait de sacrifier ainsi quelques caises, & sur tout de celles qui commencent d'être vieilles, & desquelles les Figuiers sont vieux encaisez.

De plus comme les premieres Figues peuvent toûjours meurir en quelque exposition que ce soit, les chaleurs de l'Esté étant suffisantes pour cela, c'est ce qui fait que même je mets volontiers des Figuiers au couchant, & asez souvent aussi au Nord, & par ce moyen j'ay des Figues beaucoup plus long-temps, celles de ces expositions mediocrement bonnes nourisans aprés les autres, de maniere qu'elles remplisent presque l'intervalle, qui se trouve des premieres

mieres aux secondes, & ainsi je conseille volontiers de m'imiter à cet égard, à la charge toutefois que de telles expositions on n'attendra gueres de Figues d'Automne, à moins que la saison ne soit extraordinairement belle & séche, & quand on aura mis des Figuiers à ces expositions là, il faudra avoir soin de les couvrir l'hyver encore mieux que les Figuiers des autres expositions.

Il y a sur tout une grande precaution à avoir pour les Figuiers en place, & c'est de ne les pas mettre d'ordinaire sous les égoûts des grands toits qui les peuvent menacer de trop d'eau ; & particulierement de beaucoup de verglas, tant l'Hyver que le Printemps, & en cas que ce soit le seul endroit qu'on ait propre à y en mettre, il faut détourner ces égouts par le moyen de quelques chénaux de plomb, ou de quelques goutieres de bois.

A l'égard de la conduite & de la taille des Figuiers en Buisson, il n'y a rien à dire autre chose que ce que nous avons dit pour ceux qui sont ou en Espalier ou en caisse : Les Buissons donneront des Figues un peu plus tard que les Figuiers bien exposez, & même plus tard que ceux des caisses, lesquels étant de tous les côtez de la caisse échauffez par le Soleil meurissent, comme nous avons dit, un peu plûtôt que les Buissons, & même que les Espaliers ; ces Buissons donneront aussi un peu de peine pour les couvertures d'hyver, & voilà pourquoi il est dangereux d'en avoir de ceux là, à moins que ce ne soit dans de tres-petits lieux particuliers, & qui soient fort à l'abri des grosses gelées : ils menaceront aussi de confusion si étans en bonne terre on prétend les tenir bas, & les empêcher cependant de faire de grands jets : ils ont donc aussi besoin d'être soigneusement pincez d'avoir toûjours quelques grosses branches taillées courtes, & enfin d'être souvent éclaircis & déchargez, tant des vieilles branches usées que des boutures nouvelles.

Et pour cet effet il faut que ces Buissons soient fort éloignez les uns des autres, afin d'en coucher tous les ans beaucoup de branches, & que par ce moyen on puisse donner de l'air à tout le corps du Buisson, & le laisser croître en large autant qu'il pourra ; pour ce qui est de leurs couvertures, on aura soin à la fin de l'Automne premierement de rassembler

& approcher leurs branches avec des oziers, & des échalas fichez en terre, en sorte qu'ils fassent une maniere de boule ou de piramide, & ensuite on les envelopera de grand fumier sec, comme nous avons fait les Figuiers d'Espaliers, & on n'achevera pas même de les découvrir tout-à fait si-tôt que les autres qui ont un abri de bonnes murailles, & pendant le Printemps on ne manquera pas non plus d'en renouveller les couvertures.

Aprés avoir expliqué le mieux qu'il m'a été possible la conduite que je tiens, tant pour tailler toutes sortes de jeunes Arbres pendant les quatre ou cinq premieres années qu'ils ont été plantez, que pour ébourgeonner & pincer ceux qui en ont besoin, avoir aussi expliqué la conduite que je tiens pour la culture des Figuiers, tant ceux qui sont en pleine terre que ceux qu'on met en caisse; je viens presentement, comme je m'y suis engagé, à expliquer avec la même exactitude ce que j'estime devoir être fait à l'égard de la taille des vieux Arbres.

CHAPITRE XXXVII.

De la maniere de tailler les Arbres qui sont déja un peu vieux.

PUisque la taille doit pour ainsi dire être regardée comme une espece de remede à l'egard des Arbres fruitiers, & qu'en effet nous nous sommes servis des regles & des principes qu'on y pratique pour rendre les jeunes Arbres de nos Jardins plus agreables dans leur figure, & plus fertils en beaux & bons fruits, qu'ils ne seroient si on ne les tailloit pas; cela étant il me semble que voulant presentement traiter de ce remede pour l'appliquer aux Arbres fruitiers qui sont déja vieux, il me semble, dis-je, que pour me rendre plus intelligible je dois d'abord supposer deux choses, l'une à l'égard de leur vigueur ou de leur foiblesse, & il me semble aussi qu'il faut expliquer cette derniere partie devant que de venir à la premiere, parce que celle-cy est entierement fondée sur l'autre, & que ces Arbres vigoureux, doivent absolument être traitez d'une maniere differente de ceux qui ne le sont pas.

Pour ce qui regarde la vigueur ou la foiblesse des Arbres, nous avons à dire que ces Arbres sont ou tres vigoureux, si bien qu'ils font une grande quantité de fort gros jets, ou qu'ils sont tres foibles, si bien qu'ils ne font presque point de jets, ou n'en font que de tres-petits, ou enfin qu'ils ne pêchent ny du côté de l'excez de la vigueur, ny du côté de l'excez de la foiblesse, si bien qu'ils sont dans l'état que nous les pouvons souhaiter; & voilà absolument les trois états differens où des Arbres peuvent être.

Quand ils sont tres-vigoureux, & pour ainsi dire furieux, soit qu'ils ayent déja une belle figure, soit qu'ils ne l'ayent point, toûjours doit-on se proposer que quand on se mettra à les tailler, il faudra particulierement leur laisser une grande charge, c'est à dire leur laisser beaucoup de sorties, non seulement en fait de branches à fruit, mais aussi en fait de branches à bois, ce qui se fait en deux manieres, dont la premiere est de laisser une longueur un peu extraordinaire aux grosses branches qu'on conserve pour l'établissement, ou pour la conservation de la belle figure, & la seconde est de ne leur ôter entierement presque aucunes des grosses branches nouvelles qu'ils ont faites, & sur tout de celles qui se jettent en dehors; mais aprés avoir en chaque partie de l'Arbre choisi parmy les grosses celle qui pour contribuer à la figure paroît la mieux placée, & l'avoir choisie en intention de la racourcir honnêtement suivant la situation où elle est, ce que j'explique ailleurs, aprés cela, dis-je, on coupe fort court les autres, qui sont voisines de de celle-là, c'est-à-dire que si leur sortie regarde le dehors de l'Arbre, on les coupe, soit en talus, soit à un ou deux yeux prés du lieu d'où elles sortent, & si elles sont tout-à-fait en dedans, on les coupe à l'épaisseur d'un écu.

Quand je parle de laisser en taillant une longueur un peu extraordinaire à une branche à bois, cela veut dire une longueur d'un pied & demy, ou de deux pieds au plus, & rarement m'arrive-t-il de me servir de cette maniere, & quand je le fais, c'est toûjours en intention de reduire cette longueur extraordinaire à une plus mediocre d'abord que l'Arbre sera à Fruit.

Et pour entendre ce que c'eſt que racourcir honnêtement une groſſe branche, il faut ſe ſouvenir que comme à l'extremité d'une groſſe branche taillée il en doit ſortir beaucoup d'autres nouvelles, il faut prévoir à laiſſer de la place, c'eſt à dire un endroit vuide, ou ces nouvelles branches ſe puiſſent aiſément loger ſans y faire de confuſion, ſoit entr'elles, ſoit avec d'autres qui y ſont déja, ou qui doivent y venir, & c'eſt ſur cela que je prétens qu'il faut ſe regler pour la longueur honnête qui eſt à laiſſer à telles groſſes branches qu'on a à tailler, mais toûjours regulierement ſur un Arbre vigoureux on ne luy doit guéres laiſſer de groſſes branches, qui n'ayent au moins ſix à ſept pouces de longueur & quelquefois en cas de beſoin on luy en peut laiſſer juſqu'à onze ou douze, en intention cependant de la reduire à une taille ordinaire, c'eſt à dire plus courte, quand une fois l'Arbre nous ſatisfera par le fruit; ainſi il dépend de la prudence du Jardinier de donner plus ou moins de longueur à telle branche qui eſt à racourcir, & cela fondé, tant par la vigueur dont elle paroît, que ſur la place qui eſt à remplir dans ſon voiſinage.

Quand les vieux Arbres ſont tres foibles, aſſez ſouvent le meilleur expedient qu'on puiſſe prendre, eſt de les ôter, & en remettre de jeunes en leur place, aprés avoir fait ſur cela les aprêts qui ſont neceſſaires; mais ſi on ne veut pas prendre ce party, il faut ſe propoſer de les décharger extrémement, ſoit en leur donnant la figure qui leur eſt neceſſaire, & que peut-être ils n'ont pas, ſoit en l'entretenant, ſi déja ils l'ont acquiſe; & pour cet effet on ſe reſoudra de leur laiſſer tres peu de branches à bois, & de les tailler toutes courtes, c'eſt à dire de cinq ou ſix pouces au plus, & on ſe reſoudra méme d'en laiſſer tres peu de foibles, à plus forte raiſon d'ôter toutes les chifonnes, & ſur tout celles qui paroiſſent uſées, ſoit de vieilleſſe ſans avoir fait de fruit ce qui arrive quelquefois, ſoit à force d'avoir donné du fruit : car comme nous avons dit en pluſieurs endroits, les branches periſſent en fructifiant, & il en perit méme quelques unes ſans avoir fructifié : c'eſt pourquoy il faut racourcir beaucoup, ou méme ôter entierement ces branches quand elles paroiſſent tout à fait uſées, & par conſequent inutiles.

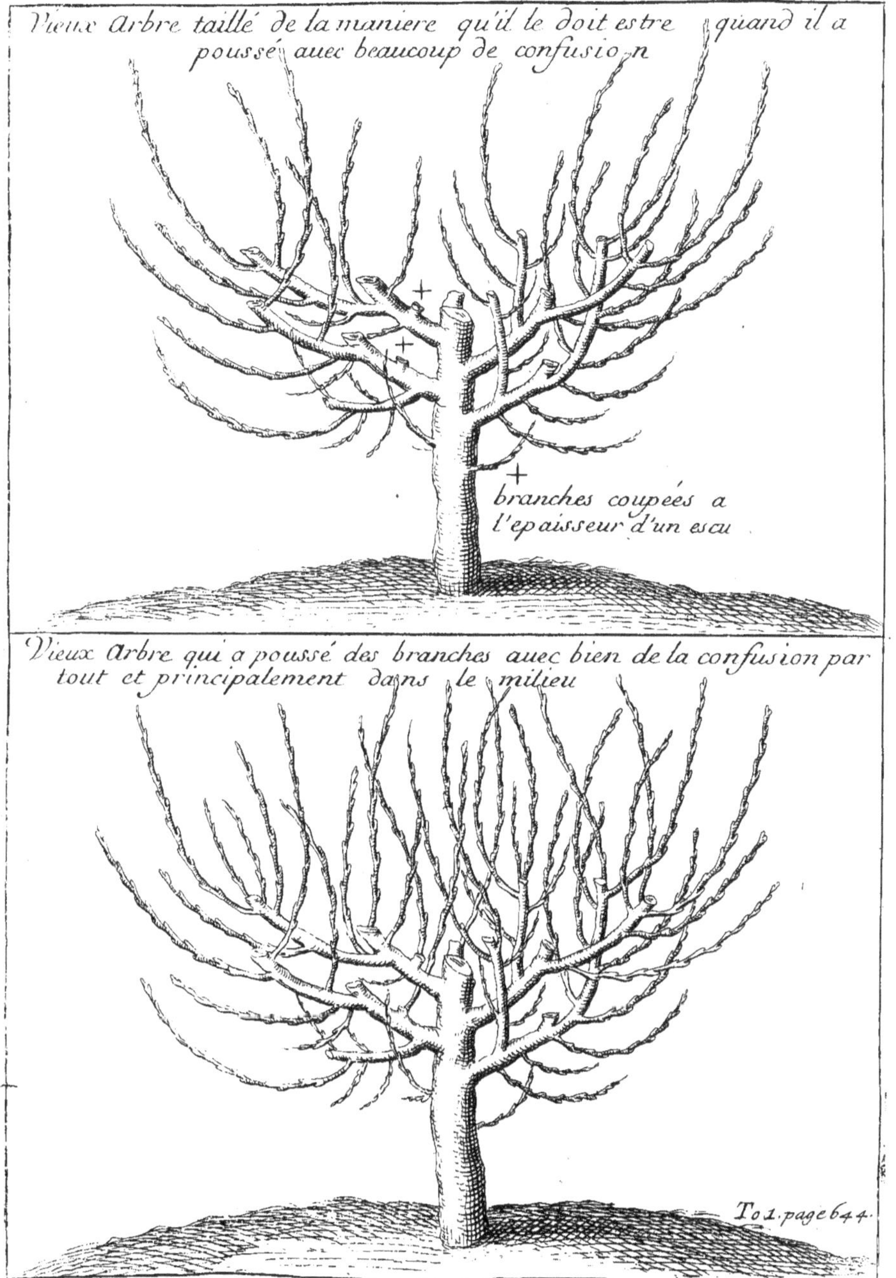
Vieux Arbre taillé de la maniere qu'il le doit estre quand il a poussé auec beaucoup de confusion
+
branches coupées a l'epaisseur d'un escu
Vieux Arbre qui a poussé des branches auec bien de la confusion par tout et principalement dans le milieu
To 1. page 644.

Mais quand les Arbres sont pour ainsi dire sages, si bien qu'ils ne péchent, ny en excez de furie, ny en excez de foiblesse, & qu'au contraire ils font raisonnablement du fruit, & font aussi du bois à peu prés comme nous le pouvons souhaiter, & pour nous, & pour eux; pour lors si ces Arbres sont assez bien-faits, il faut à leur égard suivre tant les regles que nous avons cy-devant prescrites sur le fait des jeunes Arbres, que celles que nous allons prescrire cy aprés; & si ces Arbres sont mal façonnez, il faudra essayer de les mettre sur un meilleur pied, ce que nous ferons visiblement connoître, aprés avoir premierement expliqué ce qui concerne la figure que doivent avoir toutes sortes de vieux Arbres.

Or sur ce fait là il faut encore supposer que ces sortes d'Arbres sont ou déja defectueux en desordre, ou que peut étre au moins ils sont à la veille de le devenir; c'est la premiere reflexion qu'il faut soigneusement faire d'abord qu'on jette la vüë sur un Arbre qui est à tailler, tel qu'il puisse être, Espalier ou Buisson, afin de resoudre plus surement ce qui est à y faire pour ce qui regarde la figure.

Si les défauts sont déja arrivez, c'est à dire qu'au lieu que l'Arbre devroit avoir une agrable figure selon l'idée que j'en ay cy devant expliquée, il en a une vilaine & desagreable, soit en tout, soit en partie.

Par exemple si c'est un Buisson, au lieu qu'il devroit étre bas de tige A. & voilà sa premiere perfection, qu'il devroit étre ouvert dans le milieu B. & voilà la seconde, qu'il devroit étre rond dans sa circonference C. & voilà la troisiéme, & qu'enfin il devroit étre egalement garni de beaucoup de bonnes branches tout autour de sa rondeur D. & voilà la quatriéme, il est au contraire trop haut de tige E. & voilà son premier defaut, il est plein & confus dans le milieu F. & voilà le second, il a un côté haut G. & l'autre bas G. ou bien un côté plat H. ou foible H. pendant que l'autre est assez rond, & beaucoup chargé & voilà les troisiéme & quatriéme défauts.

A premiere perfection de la figure d'un Buisson.
B. 2e. perfection.
C. 3e. perfection.
D. 4e. perfection.
E. Premier défaut d'un Buisson.
F. 2. défaut.
G. 3. défaut.
H. 4. défaut.

Et si c'est un Arbre en Espalier, soit qu'il ait la tige haute, soit qu'il l'ait basse & courte, car sur le fait des branches, c'est la méme regle dans l'un que dans l'autre, si dis-je c'est un Arbre en Espalier, qui au lieu qu'à droit & à gauche devroit être fourni de bonnes branches depuis l'endroit où il commence jusqu'à l'endroit où il finit, & que cela fut de maniere qu'il y en eût également des deux côtez, sans qu'on y aperçût la moindre confusion du monde, mais que plûtôt on pût aisément distinguer & conter toutes les branches (en quoy consiste la grande perfection de la belle figure de l'Espalier) il est au contraire tout dégarni dans le milieu, & même entierement échapé, en sorte qu'en deux ou trois ans il a atteint le haut de la muraille, qu'il ne devoit atteindre qu'en huit ou dix; & de plus il est peut-être confus & embroüillé à un de ces côtez, pendant que l'autre paroît vuide & tres-peu garny, & voilà les grands défauts de l'Espalier.

Parcourons presentement tous ces défauts les uns aprés les autres, à commencer par ceux des Buissons, afin de dire precisement ce que nous pensons devoir être fait pour les corriger, s'il y a lieu de le faire.

CHAPITRE XXXVIII.

Des défauts de la taille en fait de vieux Buissons.

Dans le premier cas où un Buisson est trop haut de tige, il faut ce me semble peu s'embarasser de ce défaut si l'Arbre est planté depuis plusieurs années, parce qu'on n'y sçauroit remedier sans tomber dans des inconveniens assez fâcheux, qui seroient de détruire entierement la tête du Buisson, & par consequent l'éloigner pour trois ou quatre ans de donner du fruit: le remede seroit violent, c'est pourquoy j'estime qu'il est à propos de laisser ce Buisson avec cette tige, quoique trop haute, & à cet égard defectueuse, & je ne songe qu'à corriger les défauts de la tête.

Mais si l'Arbre n'est planté que depuis peu d'années, comme par exemple depuis deux ou trois ans, & que sur tout la tête soit mal commencée, & mal entenduë; je conseille volontiers de ravaller entierement ce jeune Arbre pour le reduire à la regle qui veut qu'il soit bas de tige, ainsi qu'il est marqué dans le Traité des Plans, & je prens ce party, plûtôt que de m'exposer à le laisser toûjours avec un tel défaut qui doit éternellement blesser la vûë, un Arbre bien repris, & ensuite étronçonné se remet dans fort peu de tems en état de donner du plaisir, de sorte que bien-tôt on se trouve non seulement consolé, mais même tres-content de l'avoir ravallé.

A l'egard du second défaut d'un Buisson, qui est celuy de la confusion dans le milieu, quand je vois un Arbre ainsi confus dans sa figure, & par consequent peu à fruit, pour l'ordinaire j'ose dire, qu'il me semble voir un grand Seigneur, qui veritablement a beaucoup de biens, mais qui cependant n'est point accommodé, & cela parce que ce bien est tout-à-fait embroüillé : la vente d'une Terre, ou d'une Charge seroit capable de nettoyer ses dettes, & de le mettre à son aise ; & quand au contraire je vois un Arbre bien fait & bien disposé, il me semble voir un autre homme, qui dans une mediocrité de fortune sagement conduite se trouve tres-accommodé, vit à son aise, & fait bien ses affaires.

J'estime donc à l'égard de ce second défaut, qu'il le faut entierement corriger, tant pour donner de la beauté à l'Arbre, que pour luy faciliter les moyens de faire du fruit, & ce d'autant plus que le remede en est aisé, & le succez prompt, assûré, & sans aucun risque.

Il n'y a simplement pour cela qu'à ôter tout à fait une grosse branche du milieu ; ou peut être deux ou trois qui y font cette plenitude, c'est à-dire cette confusion, & il les faut ôter si bien, que la seve qui les avoit formées, & qui les nourrissoit & les faisoit croître ne trouve plus de passage pour monter au même endroit, y faire les mêmes fonctions qu'elle avoit accoûtumé ; mais il faut prendre garde que cette seve dans sa même route, & à côté du premier passage qui luy est retranché, en trouve un autre aussi bon & aussi aisé, de maniere qu'elle puisse s'en servir, & par ce moyen entrer pleinement dans quelques grosses branches voisines, sur lesquelles on aura ravallé celles qui ont été retranchées, comme il paroît dans la figure.

Et ainsi on ne devra point craindre qu'il s'y fasse de faux bois, ny par consequent une confusion nouvelle, comme il s'y en feroit certainement, si en premier lieu on avoit ravallé ces grosses branches d'en haut sur des branches foibles & menuës, & qui par consequent seroient incapables de recevoir dans leur petite embouchure toute la seve de celles qui ont été retranchées.

Ou si en deuxiéme lieu on avoit laissé une partie de ces mêmes grosses branches du milieu, qui devroient être ôtées entierement, & qui faute de cela y font une maniere de moignons.

Car la seve revenant toûjours du pied avec son abondance ordinaire, & revenant par le méme canal qu'elle avoit accoûtumé de venir, soit la tige soit quelque grosse branche, & ne trouvant point d'ouverture assez grande pour la recevoir ; ou peut-étre méme n'en trouvant point du tout, cette seve, dis je, creve necessairement tout autour de cette petite branche, sur laquelle a été fait le ravallement, ou tout autour de ce moignon, ou de ces moignons qu'on a laissés, & en crevant fait dans ce milieu beaucoup de branches nouvelles, & par consequent y forme le méme défaut qu'on y aura voulu corriger.

J'ay montré cy devant qu'en telles occasions il y a quelques fois de certains coups de Maître à faire, pour laisser pendant quelque tems une grosse branche au haut d'une autre grosse branche qu'il faudra ravaller, afin que comme en fait de fontaines jallissantes on met quelques ventouses pour y faire sortir des vens, qui empécheroient l'eau de faire un bel effet, aussi dans ces sortes de grosses branches laissées hors d'œuvre il s'y perde pour ainsi dire une quantité de seve, qui ruineroit de certaines dispositions à fruit qu'on voit toutes formées, ou d'autres qui pourroient se former ; & aprés que l'Arbre paroît faire son devoir à l'égard du fruit, pour lors on peut sans scrupule ôter entierement telles grosses branches, qui sont inutiles pour la figure, & qu'on n'y a laissé deux ou trois ans que pour y consommer, comme nous venons de dire, une abondance de seve qui nous incommoderoit : d'ailleurs l'ouverture de l'Arbre étant faite par le moyen de quelques grosses branches du milieu qu'on aura ôtées, on se mettra ensuite à examiner les branches qui restent, soit bonnes, c'est à-dire venuës

venuës dans l'ordre le plus ordinaire de la nature, soit mauvaises, c'est-à-dire venuës contre cette ordre, & par consequent branches de faux bois, afin de conserver le plus qu'on pourra de ces premieres, qui peuvent utilement servir à bois ou à fruit, & en même tems regler à chacune la longueur qui luy peut convenir, & afin de ruiner aussi par ce même moyen les mauvaises, soit toutes, si la beauté de la Figure la demande conformement à la belle idée qu'on s'en sera faite, soit seulement une partie, ce qui peut arriver, si quelque grosse se trouve assez bien placée pour contribuër à cette Figure, qui sans cela seroit imparfaite

Pour le troisiéme défaut qui est celuy de rondeur, il n'est pas si aisé d'en venir à bout que du precedent; son origine vient de ce que, dés le commencement que le Buisson a été formé, on n'a pas été soigneux de faire en sorte qu'au moins à la tête de l'Arbre il y eût deux branches qui fussent à peu prés d'une égale force, ou d'une égale grosseur, l'une d'un côté, & l'autre de l'autre, pour y tenir en quelque façon la vigueur partagée, & pour ainsi dire en équilibre (s'il y en avoit trois ou quatre, comme il arrive quelquefois, la chose auroit été encore plus aisée.)

Mais enfin deux peuvent être tres-suffisantes pour cela, parce que comme nous avons dit, chacune étant ensuite taillée de la maniere qu'elle le doit être, elle en pousse à son extremité d'autres sur les côtez, & ces autres étant aussi taillées à leur tour en poussent pareillement d'autres.

Et ainsi d'année en année à l'infini faisant toûjours une taille nouvelle, il se fait aussi toûjours de bonnes branches nouvelles qui contribuënt à former, & ensuite entretenir dans nos Arbres cette agreable rondeur, & cette abondance de beaux fruits que nous y souhaitons.

Ce défaut de rondeur est donc arrivé, de ce qu'apparemment l'Arbre nouveau planté n'ayant fait au commencement qu'une seule grosse branche d'un côté avec quelqu'autre foible à l'opposite, comme il paroît dans la Figure: au lieu que le Jardinier devoit avoir d'abord regardé cette grosse branche comme la seule qui fût capable de former une belle tête selon ce que j'ay montré qu'il faloit faire en conduisant ces sortes d'Arbres quand ils sont nouveaux plantez, au lieu de cela, dis je, il aura indifferemment coupé & cette grosse, & en même tems cette autre petite, leur laissant peut être à chacune des longueurs égales, sans avoir aucune vûë pour former cette figure, que je tiens necessaire, & ainsi le fort de la seve continuant toûjours sa premiere route, qui le porte seulement sur la grosse branche, en produit toûjours de ce côté là beaucoup de nouvelles & de fort belles; & comme il n'entre qu'une fort petite quantité de séve dans la petite branche voisine, quoy qu'elle ait commencé d'être aussi tôt que la grosse, il ne s'y fait aussi que fort peu de petites branches nouvelles qui perissent peu de tems aprés, c'est-à-dire aprés avoir peut-être donné quelque fruit; ainsi un côté se trouve toûjours vigoureux, & grandement bien fourni pendant que l'autre est toûjours foible, languissant, & fort peu garni, & par consequent l'Arbre n'étant bien que d'un côté il fait en tout une vilaine figure, moitié plate, & moitié ronde, c'est à dire qu'il n'a nullement celle que demande un Arbre pour être parfait, soit en soy, soit pour le plaisir de la vûë.

Bonum ex integrâ causâ, malum ex quolibet defectu.

De là il est aisé à juger que ce défaut de rondeur est grand, & même difficile à corriger, tout au moins pour être corrigé en peu d'années; cependant pourvû que le Jardinier prenne soin en taillant, comme il le peut aisément, de faire en sorte tous les ans que la grosse branche qu'il taille il en vienne quelqu'une pareillement grosse qui sorte du côté qu'il faut remplir, fournir & arrondir, il pourra enfin au bout de quelque tems approcher de cette Figure ronde.

Or pour entendre comme cela se peut avec un peu de soin & de prévoyance, il faut se souvenir, que, comme nous avons dit, toute branche taillée en pousse necessairement de nouvelles à son extremité, & cela plus ou moins selon la grosseur & la force dont elle est, & selon la longueur dont elle a été laissée, c'est à-dire que la grosse, & forte & courte en produit d'ordinaire plus grande quantité, & de plus belle, que ny la grosse & forte qu'on a laissée longue, ny la foible, de quelque maniere qu'on l'ait taillée.

Ainsi il est vray de dire qu'on peut si bien tailler d'année en année, que parmy les grosses branches nouvelles (qui sont à venir & qui doivent sortir des yeux, lesquels se trouvent à l'extremité de la vieille qu'on a taillée) que parmy ces grosses branches nouvelles, dis je, il y en ait toûjours qu'une principale qui pousse vers le côté defectueux, & laquelle par consequent on aura soin de conserver, & de tailler encore avec les mêmes égards, & partant ce défaut diminuant petit à petit, il arrive qu'on introduit insensiblement la perfection de rondeur, qui manque à la figure.

Corrigeant le troisiéme défaut de ce Buisson on corrige en méme tems le quatriéme, qui consiste en ce qu'il n'est pas également garni tout au tour de sa circonference; si bien qu'on fait en sorte que ce Buisson, à qui on ôte le défaut qu'il avoit de manquer de rondeur, il acquiert en méme tems la quatriéme perfection qu'il doit avoir, c'est-à-dire qu'il parvient à étre autant garni à un endroit qu'à l'autre.

CHAPITRE XXXIX.

Des défauts de la taille en fait de vieux Espaliers.

A L'égard de l'Espalier qui est defectueux, il s'en faut prendre à ce que dans les premieres années on y aura manqué contre les mêmes principes de la taille, contre lesquels on a manqué en formant les Buissons que nous venons de corriger; ce qui a empêché la rondeur de ceux cy, est entierement la même chose que ce qui a empêché d'établir cette égalité de force, sans laquelle on ne peut garnir également les côtez d'un Espalier.

C'est à dire que l'Arbre d'Espalier doit avoir fait la premiere année quelques branches également fortes à l'oposite l'une de l'autre, ou s'il n'en a fait qu'une seule forte, il ne faut fonder sa beauté que sur celle-là, sans que les foibles qui sont venuës en même tems, puissent faire esperer rien autre chose que du fruit, & leur mort ensuite.

Cette grosse qui est seule, étant au Printems taillée un peu courte; c'est-à-dire de cinq à six pouces, ne manque point d'ordinaire, comme nous avons dit, d'en produire dans l'année méme tout au moins deux grosses avec quelques petites, & ces deux grosses seront d'une force à peu prés égale, & toutes deux opposées l'une à l'autre.

Or chacune d'elles ayant un côté à garnir, s'en acquittera fort bien, pourvû que le Jardinier se rende toûjours le Maître de leur extremité, pour n'en laisser jamais échaper aucune, ainsi que nous l'avons amplement expliqué en conduisant nos jeunes Espaliers, & par consequent cet Arbre d'Espalier n'est d'ordinaire defectueux que par la negligence, ou plûtôt par la malhabilité du Jardinier, qui étant chargé de sa conduite n'a pas eu tous les égards que nous avons expliquez dans ce Traité pour la taille des grosses branches. Et partant comme c'est peut-étre depuis plusieurs années qu'on a manqué dans ces Espaliers contre les bons principes de la taille, il s'ensuit que pour en reparer les défauts il y a autant d'inconveniens à craindre, que nous en avons fait voir à craindre pour reparer ceux d'un Buisson trop haut monté.

Si les Arbres ne sont pas bien vieux, je conseille volontiers de ravaller les grosses branches, qui sont par exemple échapées de deux à trois ans, soit en fait de fruits à pepin, soit en fait de fruits à noyau : ces grosses branches ravallées en produiront à leur extremité de nouvelles qui recommenceront la figure agreable que doivent avoir les Espaliers, & avec cette figure donneront non seulement beaucoup de beaux Fruits, mais en donneront long tems, ce que ne sçauroient faire ces sortes d'Arbres échapez en Espalier, attendu que la hauteur ordinaire des murailles ne le peut permettre, & à l'égard des Arbres plus vieux on peut bien peut-être en ravaller quelques grosses branches, & l'expedient est assez sûr en toutes sortes de Fruitiers à la reserve des Pêchers greffez ; car pour les Pêchers de noyau il est vray qu'ils vivent plus long tems que les autres, mais aussi ne donnent-ils pas du fruit si-tôt ; aussi ont-ils cela, qu'étant recepez ils poussent encore vigoureusement, ce que ne font pas les autres qui ont été greffez ; car ceux-cy au bout de dix ou douze ans sont d'ordinaire vieux ; & partant infirmes, & peu vigoureux ;

voilà pourquoy ils ne sçauroient presque faire sortir de nouvelles branches au travers de l'écorce dure & séche d'une vieille qu'on leur aura rabatuë.

Si bien que mon avis est de laisser ces vieux Pêchers en l'état qu'ils sont, c'est à dire de n'y point faire le grand remede, qui est de ravaller; il ne faut penser qu'à les tailler de la même maniere que s'ils étoient bien conditionnez, afin d'en retirer du fruit aussi long tems qu'ils en pourront donner de beau, en intention d'achever de les détruire quand ils n'en donneront plus que de vilain: & cependant je conseille d'ôter à leurs côtez la vieille terre qui y est, & que je crois usée, ôter la plûpart des vieilles racines qu'on y pourra trouver en foüillant, y remettre ensuite de bonne terre neuve, & y planter en même tems d'autres Arbres, qui soient beaux & jeunes, & de ces bons fruits qu'on peut souhaiter.

Pour ce qui est des autres especes d'Arbres recepez, soit Poiriers ou Figuiers, soit Abricotiers ou Pruniers, on se mettra à conduire leurs nouvelles branches selon les regles que nous avons établies cy devant en conduisant de jeunes Espaliers, & sans doute on s'en trouvera bien.

Le premier défaut d'Espalier corrigé, qui, comme nous avons dit, consiste à n'être pas tellement garni de bonnes branches sur les côtez, qu'il y ait de l'égalité sans aucune apparence de confusion; le second qui consiste à avoir de grosses branches échapées, & qui n'est qu'une suite du premier, ou qui pour mieux dire est en quelque façon la même chose, se trouvera pareillement corrigé.

Les grosses branches qu'un Jardinier negligent ou malhabile a laissées trop longues, ont causé tout ce desordre, pour n'avoir pas fait cette reflexion, que comme les branches nouvelles ne viennent d'ordinaire qu'à l'extremité de celles qu'on a taillées, & nullement au bas, il se doit infailliblement former un grand vuide, c'est à dire qu'il doit rester un endroit tout dégarni dans le bas de celles qu'on aura laissées trop longues, par exemple longues d'un pied & demi ou davantage, & par consequent un tel arbre avec une aussi mauvaise conduite ne sçauroit acquerir la beauté qu'un espalier doit avoir pour être veritablement en bon état.

Pour ce qui eſt de l'autre défaut, qui conſiſte à avoir un endroit confus, c'eſt à-dire trop garni, pendant que l'autre ne l'eſt pas aſſez, il provient communément, ou de vieilles petites branches à demy ſéches & inutiles, que les Jardiniers mal-habiles ou negligens y ont laiſſées, ou il provient d'avoir laiſſé & coupé d'une égale longueur deux, trois, ou 4. groſſes branches fort prés les unes des autres, & cela contre une bonne maxime qui le défend, étant certain, que puiſque chaque branche taillée en produit de nouvelles, & ſouvent pluſieurs, étant, dis je, certain que ſi on laiſſe beaucoup de branches coupées aſſez prés les unes des autres, il s'y en produira neceſſairement pluſieurs nouvelles, qui ne trouvans pas aſſez de places vuides à remplir feront de la confuſion à l'endroit où elles ſont; pendant qu'un autre endroit de l'Arbre auquel on auroit pû faire aller ſa ſeve, qui fait icy un grand défaut, devient miſerable & abandonné, & pour ainſi dire meurt de faim.

La regle qui défend cette multiplicité de groſses branches voiſines, & également longues, veut qu'on en laiſse ſeulement une en chaque endroit, & qu'on la laiſse mediocrement longue, afin que les nouvelles qu'elle produira, puiſſent chacune en leur particulier garnir des places, qui ſûrement ſans cette prevoyance pourroient être vuides & dégarnies; & en cas qu'en un ſeul endroit on trouve à propos d'en laiſser deux, ou peut-être trois, & cela à proportion du plus ou du moins de vigueur & de vuide qui paroiſſent en cet endroit-là, il faut qu'elles ſoient toutes grandement differentes de longueur, & que même elles regardent de differens côtez, leſquels il eſt expedient de garnir; afin que les nouvelles qui doivent venir faſsent un fort bon effet au lieu de ſe trouver incommodes en ſorte qu'il les faille ôter dés qu'elles ſont venuës.

Je viens de dire en gros ce que je penſe devoir être fait, pour remedier par la taille aux grands défauts qui ſont arrivez & arrivent encore tous les jours dans les vieux Arbres, ſoit en fait de Buiſſons, ſoit en fait d'Eſpaliers.

Il eſt preſentement queſtion de dire ce qu'il me ſemble devoir être fait, pour remedier aux inconveniens qui ſont prêts d'arriver à de vieux Arbres.

Peut être le voit-on assez par les remarques que je viens de faire, sans qu'il soit besoin d'avertir encore plus precisément, que de bonne heure on ait à établir l'égalité de vigueur, & que quand elle est une fois établie, on ait à la conserver, & que sur toutes choses on ait toûjours à se défier des grosses branches, qui ne manquent jamais de se rendre les maîtresses par tout où elles commencent à se former.

Dans la verité il n'y a que celles-là seules qui gâtent tout par le mauvais usage qu'on en fait; ce sont elles qui font tous les défauts que nous venons de marquer & de combattre; au lieu que ce sont les seules, qui par le bon usage qu'on en peut faire selon les regles que nous avons cy-dessus expliquées, doivent non seulement contribuer à la beauté de la Figure des Arbres & à leur durée, mais aussi à l'abondance du beau & du bon fruit qu'ils nous doivent donner. Et partant la premiere chose qu'on a à faire, est d'examiner d'abord si l'Arbre est conforme à l'idée de beauté qu'il devroit avoir, & qu'on doit tres-bien entendre, ou s'il ne l'est pas: au premier cas il n'est question que de bien suivre ce qui est établi pour les jeunes Arbres; mais particulierement s'il paroît commencer de s'éloigner de la belle figure, il faut s'y opposer vigoureusement & exactement, de sorte que si un côté paroît s'affoiblir, il faut essayer de le fortifier en retranchant de grosses branches qui luy sont superieures, & cela s'entend si l'état de l'Arbre le peut permettre; car comme un côté ne s'affoiblit point notablement que l'autre ne se fortifie en même temps, dés qu'on s'apperçoit que cet autre côté paroit se fortifier extraordinairement, en ce que quelque branche y aura notablement grossi, & en aura produit un grand nombre d'autres, il faut d'abord ravaler cette grosse sur une qui regarde le côté foible, & de cette façon on va à la source exterieure du défaut: on l'empêche même dans son origine, & par consequent, soit qu'il y ait une seule branche qui s'echape, soit qu'il y en ait davantage, on détourne le courant de la seve; & comme necessairement cette seve doit avoir un cours, si on le luy bouche d'un côté, elle se le fera d'un autre, & ainsi ayant fait en sorte

Non numquam in arbore unus ramus cæteris est latior quem nisi resciderit tota arbor contristabitur. *Columelle.*

qu'elle se soit partagée, nous avons contribué à établir l'égalité de vigueur, sans laquelle un Arbre ne sçauroit avoir la belle figure qui luy convient, & que nous devons tâcher de luy procurer.

Et voilà quant à present tout ce que j'ay à dire sur le fait de la taille des Arbres, tant en Buisson qu'en Espalier, passons maintenant à celle de la Vigne, qui n'est pas à beaucoup prés, ny si longue, ny si difficile à expliquer.

CHAPITRE XL.

De la taille de la Vigne.

De tout ce que l'Agriculture assujettit à la taille, & qu'en effet on a coûtume de tailler tous les ans, il n'y a ce me semble rien qui ait plus besoin d'être taillé, ny gueres rien qui paroisse plus aisé à l'être que la Vigne: Deux propositions dont je suis persuadé, & que je prouveray cy-aprés; cependant on peut dire en passant que la terre ne nourrit gueres rien qui soit sujet à plus d'accidens, ny qui soit en effet plus souvent affligé que cette Vigne; mais aussi d'un autre côté on peut dire, qu'il n'y a rien sur la terre qui fût plus heureux qu'elles dans ses productions, si les souhaits de l'homme la pouvoient garentir de toutes sortes de malheurs: Il ne seroit pas trop à propos de vouloir faire icy son apologie, ce n'est pas l'intention de ce Traité, assez de gens la loüent tous les jours, si bien que même quand je la voudrois loüer, j'aurois peine à trouver quelque chose à dire en sa faveur qui ne fût pas fastidieux.

La preuve de la premiere proposition que je viens d'avancer, est fondée sur ce que constamment une Vigne qui manque d'être taillée perit en peu de tems, non pas à l'égard du pied qui travaille à son ordinaire sans avoir aucun égard à ce qui se passe sur sa tête, mais à l'égard du Fruit; c'est à-dire qu'elle ne donne ce Fruit, ny si beau, ny si bien nourry, ny par consequent si bon que celle qu'on taille regulierement, parceque) vivace comme elle est, & peut-être plus qu'aucune plante que nous connoissons) quand

quand elle se porte bien, elle a coûtume de pousser furieusement en bois jusqu'à pousser en un seul Esté plusieurs branches, & même assez grosses, chacune de quatre à cinq toises de long, & chacune faisant en même temps une infinité de méchantes petites branches tout du long des grosses; c'est une verité que tout le monde sçait assez.

Or telles petites branches en fait de Vigne, non plus que le trop grand nombre de grandes & grosses, & longues en fait de Poiriers, n'ont nullement le don de la fertilité, au contraire elles y demeurent inutiles, & consomment même mal à propos sur le pied où elles se trouvent, une quantité considerable de seve, qui pourroit estre employée à faire du fruit; il faut donc empêcher cette grande inutilité de tant de sortes de branches sur la Vigne, ce qui ne se peut faire que par la taille, & par consequent la Vigne a grand besoin d'être taillée, jusques-là même qu'il est moins pernicieux pour elle d'être mal taillée, que de ne l'estre point du tout; car au moins cette taille, quoique mal faite, ne laisse pas de faire un grand bien, en ce qu'elle empesche une dissipation de seve qui se feroit dans de longues branches que la taille aura retranchée, & qu'en mesme temps sur d'autres endroits du pied elle fait sortir des branches qui seront plus heureuses & plus utiles : il s'ensuit de là que dans nôtre Agriculture nous n'avons rien qui ait tant besoin d'estre taillé que la Vigne, aussi comme nous avons déja dit, est ce à la Vigne à qui nous devons les premiers commencemens de la taille, qui se pratiquent si utilement, & par les Jardiniers, & par les Vignerons.

Ce qui m'a fait dire, que nous n'avons gueres rien qui paroisse plus aisé à estre taillé que la Vigne (& voilà la seconde proposition) c'est qu'il n'y a ce me semble rien qui punisse moins qu'elle les défauts qu'on y fait en taillant : nous en avons mille exemples tous les jours dans les Vignobles ordinaires, où rarement y voit on un Vigneron assez habile pour sçavoir au vray la maniere de bien tailler la Vigne, & sçavoir par consequent rendre une bonne raison de ce qu'il fait, & cependant ces Vignerons quelques ignorans qu'ils ſoient, ne laiſſent pas tous les ans de faire une aſsez bonne vendange, pourvû que de la part des ſaiſons il ne vienne rien de mal à propos pour l'empêcher.

Nous voyons donc que la Vigne, quoy que mal taillée, pourvû que d'ailleurs le pied ſe porte bien, ne manque pas de produire beaucoup de beau bois, & par conſequent beaucoup de fruit, ſi bien que j'ay eu raiſon de dire que rien n'eſt plus aiſé à eſtre taillé que la Vigne : car en effet comme ſes racines ſont extrémement agiſsantes, elles font une tres grande quantité de ſéve, laquelle par conſequent fait de grandes branches nouvelles, & particulierement ſur celles qui ont eſté taillées l'année d'auparavant : Or chacune de ces branches nouvelles pouſse ordinairement du fruit à ſon cinquiéme & ſixiéme œil : & méme aſſez ſouvent au ſeptiéme, & ce qui eſt de particulier dans la Vigne, c'eſt qu'elle fait ſon fruit dans le méme temps que ces branches ſont produites ; car ce Fruit ne vient pas icy aprés coup, comme il fait aux branches des autres Plantes frugiferes : en effet on n'a que faire d'en eſperer ſur la Vigne, s'il n'eſt ſorti au méme moment que les branches ſont ſorties, c'eſt une verité que perſonne n'ignore.

Communement donc chaque bonne branche nouvelle fait au moins deux belles grapes, ſi-bien que rarement voit-on arriver le contraire, & voilà ce qui fait donner une aſſez honneſte abondance de vin ; mais quand chaque branche, ou au moins la plûpart vont à faire trois grapes, ce qui arrive quelquefois, c'eſt pour lors que, comme on dit vulgairement, on a pleine année, autrement en terme de Vigneron on a pleine vinée ; ſuppoſé toûjours, que ny la greſle, ny la gelée, ny les mauvaiſes pluyes, ny ſur tout celles, qui venans au temps de la fleur font couler le Raiſin ; ſuppoſé, dis-je, que ces ſortes d'ennemis de la Vigne n'ayent rien gâté dans ſes productions.

Je n'ay que faire de dire dans ce Traité de la taille de la Vigne, de quelle maniere on la plante, & on la multiplie : outre que ce n'en eſt pas le lieu, c'eſt qu'il n'y a guere rien au monde qui ſoit moins inconnu que ces deux articles ; je n'ay donc icy à parler que de la taille qu'on y fait, croyant être necessairement obligé d'en traiter à cause de quatre ou cinq sortes de Raisins, qui d'ordinaire ont entrée dans nos Jardins, & qui dans la verité en font un des principaux agrémens, je veux dire les Muscats, & voilà les plus considerables; les autres sont les Chasselas, les Precoces, les Corinthes, les Bourdelais même n'en sont pas exclus, non pas veritablement par les mémes raisons qui conviennent aux autres, mais par les raisons expliquées dans l'endroit qui traite du bon usage des murailles de chaque Jardin, & qui fait voir qu'on a besoin du Bourdelais pour les feüilles, & pour le Verjus.

Je commence ce petit Traité de la taille de la Vigne par dire, qu'entre des bons Raisins, qui font partie de nôtre Jardinage, & les Raisins ordinaires qu'on éleve dans les Vignes, il y a sur tout cette grande difference, que dans nos Jardins nous ne demandons rien moins que l'abondance de grapes, & l'abondance de grain à chaque grape.

C'est des grapes extrêmement claires que nous souhaitons pour y avoir peu de grains, pourvû qu'ils soient & gros, & fermes & croquans, afin que si la saison de la maturité est favorable, on ait le plaisir qu'on s'est proposé, ce qui n'arrive point quand le grain est trop pressé ; au lieu que dans les Vignes on a des vûës toutes contraires, & avec grande raison, c'est à dire qu'on y souhaite particulierement l'abondance, soit pour le nombre des grapes, soit pour la quantité des grains à chacune.

Je dis de plus que le terroir fort bon, & bien amendé n'est pas ce qu'il nous faut pour faire de bons raisins dans nos Jardins, & sur tout pour y faire de bons Muscats; c'est plûtôt le Terroir mediocrement gras, pourvû qu'il ne soit pas trop usé, pourvû qu'il soit bien exposé, & pourvû enfin que les pieds ne soient ny trop vieux, ny trop jeunes, & que quand ils sont bien vigoureux, ils ne soient pas trop prés les uns des autres, en sorte qu'ils se puissent faire confusion, toutes conditions necessaires pour la bonté du Muscat ; & sans doute que pour y contribuer encore notablement c'est un grand secours que la taille habilement faite.

Or donc pour la faire habilement, j'estime que nous

avons deux principales choses à examiner, premierement la vigueur de tout le pied qui est à tailler, & en deuxiéme lieu la grosseur ou la force de chaque branche, sur laquelle la taille se doit faire; car pour ce qui est du temps qu'il faut tailler il n'y a rien autre chose à dire que ce qui a esté dit pour le temps de la taille des Arbres, & en effet on doit faire à la taille de la Vigne toutes les mesmes considerations qu'on fait à la taille des Arbres fruitiers.

A l'égard du premier point dont il est icy question, c'est à sçavoir la vigueur du pied (laquelle se fait connoître par la grosseur, & par le nombre des jets nouveaux) ce qu'il y a de principal à faire, est que constamment il faut laisser beaucoup de charge aux pieds qui sont fort vigoureux, c'est-à-dire leur laisser beaucoup de coursons, je veux dire beaucoup de branches taillées, soit que ces pieds n'ayent encore qu'un seul bras, comme par exemple quand ils sont encore fort jeunes, soit qu'ils en ayent plusieurs, comme ils en peuvent avoir passé la cinq ou sixiéme année de leur Plan; mais toûjours en l'un & l'autre cas il faut si bien ménager cette grande charge, qu'il n'y reste aucune confusion; & comme les pieds fort vigoureux doivent estre grandement chargez, constamment aussi il faut à proportion laisser peu de coursons sur les pieds qui sont mediocrement forts, & en laisser encore moins sur ceux qui paroissent tres foibles.

A l'égard du deuxiéme point qui regarde la grosseur de chacune des branches sur lesquelles la taille se doit faire, supposé toûjours les égards que je conseille pour les mieux placées, & dont je m'expliqueray cy aprés; mais cela fait j'estime, que regulierement en toutes sortes de pieds il faut affecter de faire la taille sur les plus grosses branches car en effet ce sont les meilleures, tout au moins ne la faut-il jamais faire sur les foibles: de maniere que si l'ébourgeonnement qu'il est necessaire de faire tous les ans dans les mois de May, n'avoit pas ôté une infinité de petits jets, qui ont coûtume de venir, soit sur la souche, soit sur quelque vieille branche, il les faut tous ôter dans le temps de la taille, les jets foibles ne produisans pas à beaucoup prés comme font les gros.

Les branches à tailler estant donc choisies, qui, comme nous venons de dire, doivent regulierement être, & les plus grosses, les mieux placées, il est question de regler la longueur qu'il faut laisser sur chacune : or cette longueur doit communement estre faite à quatre bons yeux (qui sont les quatres premiers à les conter par l'endroit ou la branche a pris sa naissance) à moins qu'on n'ait dessein de faire que tout d'un coup, ou peut-estre en deux ou trois ans de suite, le pied de cette Vigne monte beaucoup plus haut qu'il n'est, ou qu'enfin on n'ait dessein de faire qu'en peu de tems il garnisse quelqu'endroit éloigné ; car pour lors on luy peut laisser beaucoup davantage de longueur que celle que nous venons de regler, mais c'est à la charge, que quand une fois on sera parvenu, soit à cette hauteur, soit à cette distance proposée, il faudra en cas qu'on s'en trouve bien s'y maintenir toûjours, comme on le peut aisément par le moyen de la taille que je pratique, & pour cet effet on n'aura qu'à affecter tous les ans de faire la taille de cette mediocre longueur que je viens de marquer.

Et en la faisant aussi-bien que toute autre sorte de taille de Vigne, il y a ces deux precautions à prendre, qui sont assez importantes ; la premiere, qu'il faut couper à un grand pouce loin de l'œil qui doit se trouver le dernier, c'est à dire se trouver à l'extremité de la branche taillée, ou autrement cet œil, si la taille se faisoit plus prés, en seroit blessé, & ne feroit pas un si beau jet ; & la seconde, qu'il faut toûjours faire en sorte que cette taille ait sa pente, ou son talus tirant du côté opposé à ce dernier œil, afin que l'eau des pleurs, qui ne manque pas de sortir de l'endroit taillé quand la seve commence de monter, afin, dis-je, que cette eau des pleurs ne tombe pas sur ce dernier œil, car sans doute elle pourroit luy porter grand prejudice.

Or de ces quatre yeux ainsi laissez sur la taille d'un pied vigoureux, & sur tout s'il est en Espalier, on doit regulierement s'attendre que chacun fera une branche nouvelle, & que chacune de telles branches nouvelles se trouvera, comme nous avons dit, chargée de deux ou trois grapes de Raisins, c'est à dire que toute bonne branche taillée à quatre yeux, pourveu qu'il ne soit point arrivé d'accident à quelqu'une, ce qui arrive quelque fois ; toute bonne branche ainsi taillée, dis je, peut produire quatre bonnes branches nouvelles, & cela avec huit ou dix, ou douze grapes de Raisin pour l'Automne : si bien qu'un pied de Vigne, sur qui au Printemps on aura laissé deux bonnes branches taillées, pourra donner dans l'année vingt ou vingt-quatre grapes ; & un autre qui aura quatre bonnes branches, pourra donner jusqu'à une quarantaine de grapes, ainsi cela pourroit, pour ainsi dire, aller jusqu'à l'infini : bien entendu qu'il faut proportionner à la vigueur de chaque pied la charge qu'il est bon de luy laisser en le taillant, & bien entendu aussi que telle abondance ne peut convenir qu'aux pieds de Vigne qui sont en Espalier,

Je repete encore que dans la taille il faut faire grande difference entre la branche venuë de la taille de l'année precedente, car de bonne foy la premiere ne doit être en quelque façon regardée que comme branche de faux bois, & par consequent doit être entierement ôtée, à moins qu'il n'y en ait pas d'autre sur tout le pied, ou à moins qu'elle ne soit necessaire, comme elle l'est assez souvent pour ravaller l'année suivante tout le pied sur elle, y étant obligé, tant parce que nous voulons nous tenir à la hauteur que nous affectons, que parce que les vieux bois, c'est à dire les vieilles branches perissent enfin au bout de quelque tems, & qu'ainsi le vieux bois étant, pour ainsi dire, devenu infirme il devient par consequent inutile, c'est pourquoi il ne faut pas manquer de l'ôter dés qu'on l'aperçoit.

Or donc si par les raisons susdites on a trouvé à propos de conserver quelques branches sorties de la souche, par exemple, une ou deux dans un même endroit ; en tel cas il les faut racourcir à deux yeux, & s'attendre qu'il en pourra sortir deux belles & bonnes branches, sur lesquelles on aura lieu de faire tout le fondement des esperances qu'on doit avoir pour le rétablissement d'un tel pied de Vigne soit le pied tout entier, soit seulement une partie, & pendant cette année là on aura continué de faire sa taille ordinaire sur quelque branche plus haute, en vûë d'en avoir du Fruit pour l'année qui court, & en vûë de la ruiner entierement aprés ce Fruit cueilly.

Nous avons dit ailleurs, que le Muscat a necessairement besoin d'une assez grande chaleur, & avons ajouté, qu'autant qu'il en craint la mediocrité ou le défaut, autant en craint-il aussi l'excez : c'est pour quoy comme dans les climats mediocrement chauds, tel qu'est celuy de France, le Muscat a besoin de l'Espalier du Midy, ou au moins du Levant ; aussi dans les Pays extrêmement chauds, comme le Languedoc & la Provence, le Muscat craint ces sortes d'Espaliers, parce que la chaleur y estant trop vehemente le Raisin y seche & brûle plûtôt que d'y meurir ; il ne vient bien là qu'en plein air mais veritablement il y vient miraculeux, si bien que toute l'industrie de l'homme n'en sçauroit faire venir de cette bonté dans les Pays un peu Septentrionnaux ; d'où vient que nous sommes obligez d'avoüer, que comme nous pouvons nous passer des autres climats pour tout le reste des Fruits, par exemple pour des Pêches, Prunes, Poires, Pommes, & même pour les Figues, Melons, &c. nous sommes, dis-je, obligez d'avoüer de bonne foy, que dans nos climats nous ne sçaurions approcher de la bonne fortune qu'on a dans les Pays Meridionaux en fait de Muscat.

Il faut particulierement estre averti, que le Muscat ne vient jamais bon en treille fort élevée, il y est toûjours serré, menu, & molasse, & voilà pourquoy je ne conseille point d'y en avoir ; il ne faut pas aussi, & particulierement en Espalier le tenir si bas, que les grapes puissent toucher à terre, ou que l'eau des egoûts y puisse faire rejaillir du gravier, c'est la raison pourquoy j'affecte une hauteur de trois, quatre ou cinq pieds au plus, & cela particulierement pour le muscat, en sorte que le Fruit à l'Espalier ne se trouve, ny gueres plus haut, ny gueres plus bas ; voilà ce que j'ay pretendu dire cy-dessus, quand j'ay parlé d'une branche, qui estant grosse est bonne à tailler, pourvû qu'elle soit bien placée.

Cette hauteur est aussi fort bonne pour les Chasselas, le Corinthe, le Raisin precoce, &c. mais elle n'est pas si necessaire ; on peut bien veritablement, & on le doit aussi tenir toujours beaucoup plus bas que cela le Raisin qui n'est pas en Espalier, tel qu'il soit, mais cependant il ne faut jamais s'éloigner de la maxime, qui deffend qu'un Raisin qui est pour manger cru, ne touche pas à terre.

La longueur de la taille de chaque branche de Vigne estant reglée, il est presentement question d'examiner plus à fond la charge qu'il faut laisser à chaque pied, & cecy est le plus difficile, & le plus important.

Or quand de la taille de l'année precedente il en est venu trois ou quatre branches, comme cela se peut : & arrive souvent; pour lors supposé que la vigne soit à la hauteur que je viens de marquer je commence par ôter entierement celles qui sont foibles, & à l'égard des autres, si la mere branche n'est extrêmement vigoureuse, je n'en conserve jamais que deux, & ce sont les plus grosses, parce que, comme nous avons dit, ce sont sans doute les meilleures, choisissant toûjours, autant que faire se peut, les plus basses, pourveu que la grosseur s'y trouve; car faute de cela je m'en tiens aux plus hautes : ensuite je les taille toutes deux, non pas veritablement pour les laisser l'une & l'autre d'une égale longueur, c'est à dire à quatre yeux, ce n'est que la plus haute des deux que je taille ainsi, & la nomme simplement la taille: à l'égard de la plus basse je ne luy laisse que deux yeux, & la nomme courson, & fait mon conte d'ôter entierement l'année d'aprés cette plus haute branche, & toutes celles qui en seront venuës, pour me reduire uniquement sur les deux qui me doivent venir du courson; mais cela s'entend, en cas que selon mes souhaits & les apparences, ce courson ait bien réüssi; car s'il luy étoit arrivé quelque accident, en sorte qu'il n'eût point fait deux belles branches, ou peutêtre n'en eût fait qu'une belle, je m'en tiens encore aux plus belles & plus basses de la taille, soit pour en garder deux, si le courson a tout à fait manqué, ou tout au moins en garder une pour la taille, si le courson en a fait une qui puisse servir de courson pour l'année d'aprés; voilà donc la maniere que je continuë tous les jours de tenter pour ne me pas écarter de hauteur que j'affecte comme bonne & necessaire.

Je répons qu'avec une telle conduite accompagnée de labours, & des façons ordinaires, c'est à dire de branches couchées de tems en tems pour se mettre en jeune bois, quand le vieux le vieux commence de paroître usé, c'est à-dire aussi avec le secours de quelque peu de fumier, ou plûtôt de quelque renouvellement de terre, quand on s'apperçoit de quelque diminution de vigueur, je répons, dis-je, qu'avec une telle conduite on a reglément chaque pied de vigne toûjours en bon état, on l'a vigoureux & sans aucune playe, on a de belles grapes, & par consequent si la saison & le climat contribuent à donner la maturité necessaire, on en a le plaisir qu'on s'étoit attendu d'en avoir.

Mais quand le pied de Vigne, & sur tout le pied de Muscat est extraordinairement vigoureux, comme on en trouve assez souvent, si bien que les trois ou quatre branches qu'il a fait sur chaque taille, sont extrêmement grosses, j'affecte volontiers de les conserver toutes, les taillant les unes & les autres de la longueur cy-devant marquée, tant les plus hautes pour la taille, que la plus basse pour le courson, & afin d'avoir place à ranger sans confusion toutes les jeunes qui devoient venir de celles-là, j'arrache quelque pied voisin qui pourroit m'embarrasser, j'affecte aussi quelque-fois de choisir pour ma taille celle de ces branches, qui est la plus mediocre, faisant toûjours mon courson sur la plus basse des grosses, & ensuite je coupe à un œil prés les plus grosses voisines de cette mediocre, qui s'y pourra tailler : cela fait que sur ces manieres de moignons il se perd un peu de la furie du pied, & ainsi la branche mediocre que j'ay choisie pour la meilleure, n'en est pas incommodée pour donner de ce fruit trop pressé, qu'elle auroit sans doute donné si elle avoit reçû la vigueur de toutes ; si bien donc qu'en tel cas je ne ravalle point les plus hautes sur les plus basses, comme je fais, quand le pied est mediocrement vigoureux.

Lorsque nos Muscats sont en fleur, une des choses du monde que je leur souhaite le plus, c'est celle qui outre la gelée & la grêle doit estre la plus redoutable pour les Vignes, c'est à dire que je leur souhaite la pluye pour faire couler une partie des grains, qui sans cela pourroient encore être trop drus, comme aussi seroient-ils & trop menus, & peut-estre trop molasses ; c'est pourquoy quand la nature ne me donne pas cette pluye que je voudrois, je tâche de la faire avec nos arrosoirs, & assez souvent je m'en trouve bien : veritablement l'embarras en est grand & incommode, à qui a beaucoup de pieds de Muscats, mais au moins on peut l'essayer sur quelque petit nombre.

Que si l'année est extraordinairement séche au temps de la maturité, & que mon terroir soit naturellement fort sec, j'arrose amplement le pied de mon Raisin, & sur tout comme le fruit commence à tourner, un tel arrosement qu'on fait à propos dans le mois d'Aoust, contribuë certainement à faire le Raisin mieux nourri, & par consequent plus ferme.

Quand la branche qui a du fruit, c'est à-dire la branche nouvelle de l'année, quand dis-je, cette branche n'est pas d'une grosseur furieuse, comme on en voit quelques-unes, je la ravale dans le mois de Juillet jusqu'auprés du fruit, prenant cependant garde, que par le moyen de quelques feüilles voisines le fruit soit à couvert de la grande ardeur du Soleil, jusqu'à ce qu'il soit au moins à demi-meur ; car approchant de maturité, & cecy doit passer comme une regle generale, il est bon que le Raisin soit un peu découvert pour luy faire prendre le coloris jaune qui luy sied si bien ; le ravallement dont je viens de parler augmente la nourriture du fruit, & contribuë assez souvent à le faire plus gros, & plus croquant, mais cela n'est pas toûjours seur & infaillible, aussi ne le faut-il point pratiquer quand les branches sont fort grosses ; car autrement comme elles font l'Esté presque autant de petites branches nouvelles qu'elles ont d'yeux, il arriveroit que telles branches deviendroient grosses, & par consequent feroient une grande confusion, car même quoique les branches n'ayent été racourcies, elles ne laissent pas de pousser pendant l'Esté beaucoup de ces sortes de bourgeons qu'il faut soigneusement arracher comme fort inutiles.

Heureux ceux qui sont dans des situations, où tous les ans le Muscat meurit bien, je ne puis m'empêcher d'envier un peu leur bonne fortune ; heureux aussi ceux, qui ayans du Muscat dans un assez mauvais climat & un assez mauvais fond y sont favorisez d'un tel Esté, que celui que nous avons eu l'année 1676. car assurément cette année nous avons eu du Muſcat aſſés bon pour nous en contenter.

Mais ce n'eſt pas aſſez que nos pieds de Raiſins ayent beaucoup de grapes belles, & peu chargées de grains, & que la ſaiſon ſoit favorable pour les faire bien meurir, nous avons encore de grands ennemis à craindre pour ces mêmes Raiſins auſſi bien que pour les Figuiers, & ce ſont outre quelques gelées qui font tomber les feüilles, & outre quelques pluyes, qui eſtant longues & froides pourriſſent les grains; ce ſont, dis-je, outre cela les oyſeaux & les mouches de pluſieurs façons; à l'égard des premiers pour ſe défendre de leur inſulte, rien n'eſt meilleur qu'un raiſeau, qu'on étend au devant de ce Raiſin, par ce moyen les oyſeaux n'en ſcauroient approcher, mais le remede n'eſt pas trop aiſé, ſi on a beaucoup de Muſcats à mettre en ſeureté; à l'égard des mouches on a le remede des fioles qu'on remplit à moitié d'eau mêlée d'un peu de miel, ou d'un peu de ſucre, c'eſt un expedient aſſez connu à tout le monde; on met au col de ces fioles un peu de fiſſelle, avec quoy on les attache en differens endroits du voiſinage des Raiſins, ces inſectes ne manquent gueres d'y entrer, attirées qu'elles ſont par la douceur du miel ou du ſucre, & ſeurement y periſſent dés qu'elles y ſont entrées, parce qu'elles ne ſçavent pas retrouver le chemin d'en ſortir; il eſt certain que tout au moins on en détruit par ce moien une bonne partie, ſi on ne vient pas à bout de les détruire toutes, qui eſt une choſe qu'on ne peut gueres pretendre, mais toûjours il ne faut pas manquer de vuider ces fioles, dés qu'il y paroît beaucoup de ces mouches priſes, ou autrement il ne s'y en prend plus, car la corruption & la puanteur qui s'y fait, empêchent les autres d'y venir; en même temps on renouvelle ces fioles d'eau qui ſoit composée comme la premiere, & on les attache toutes de nouveau aux endroits où elles peuvent être utiles.

On ſe ſert auſſi de ſacs de papier ou de toiles pour enveloper chaque grape; mais outre que la ſujetion en eſt aſſez grande & aſſez importune, ſi d'un côté elle ſert pour ſauver les grapes encloſes & contre les oyſeaux, & contre les mouches, de l'autre côté elle empêche que le Soleil n'y imprime ſon coloris roux, qui rend le Raiſin ſi agreable à voir, & qui contribuë à le rendre meilleur, & qui même marque plus visiblement sa parfaite maturité; car de croire que ce Raisin s'en conserve plus long temps meur, j'ay éprouvé que non, & la raison en est que tout fruit commence à pourrir dés qu'il est parfaitement meur, assez souvent même devant qu'il le soit, & d'abord qu'un grain est pourri, il gâte son voisin & ce voisin en gâte un autre, & ainsi à l'infini, inconvenient tres-fâcheux, & qui n'est pas si-tôt découvert à des grapes enfermées, qu'en celles qui ne le sont pas: car dés qu'un grain paroît pourri en celles-cy, on l'épluche, & par là on empêche qu'il ne fasse tort à ses voisins.

Je ne veux pas oublier d'avertir, que les années qu'il est un nombre infini de grapes, comme l'année 1677. il est bon d'en ôter une partie aux endroits où il en paroît trop; il est bon même d'éclaircir les grains aux grapes trop serrées, & de racourcir par l'extremité d'en bas celles qui sont trop longues, car cette extremité est toûjours l'endroit qui meurit le moins bien, comme le haut est l'endroit qui meurit toûjours le mieux.

Je devrois encore avertir qu'on ne cueille point de Raisin, & sur tout de Muscat, à moins qu'il ne soit entierement meur, en effet la parfaite maturité est absolument necessaire pour y faire trouver la douceur & le parfum, sans lesquelles rien n'est moins agreable que ce Muscat, mais cet avertissement sera compris dans un des Chapitres de la Partie suivante, où j'examineray ce qui regarde la maturité de chaque fruit.

Fin du Premier Tome.

PRIVILEGE DU ROY.

LOUIS par la grace de Dieu, Roi de France & de Navarre, à nos amez & feaux Conseillers les Gens tenans nos Cours de Parlement, Maître des Requêtes ordinaires de nôtre Hôtel, Grand-Conseil, Prevôt de Paris, Baillifs, Senechaux, leurs Lieutenans Civils, & autres nos Justiciers qu'il apartiendra, Salut. MICHEL DAVID Libraire à Paris, Nous a fait remontrer qu'il lui a été mis entre les mains, par le Sieur du Fourny, Auditeur des Comptes, un Manuscrit de sa composition, intitulé : *Histoire Genealogique & Chronologique de la Maison Royale de France, avec celle des Grands Officiers de la Couronne* ; & qu'il desireroit sous nôtre bon plaisir le donner au Public ; mais comme il ne le peut imprimer ou faire imprimer, sans s'engager a de trés grands frais : Il nous a trés-humblement fait supplier de vouloir bien, pour l'en dédommager, lui accorder nos Lettres de Privilege, tant pour l'impression de cet Ouvrage, que pour la réïmpression de plusieurs autres Livres. A CES CAUSES, Voulant favorablement traiter ledit David, & engager les autres Libraires & Imprimeurs à entreprendre à son exemple des Editions dont la lecture puisse contribuer à l'avancement des Sciences & des belles Lettres qui fleurissent dans nôtre Royaume, ainsi qu'à soûtenir la réputation de l'Imprimerie & Librairie, qui y ont été jusqu'à présent cultivées avec tant de succés : Nous avons permis & permettons par ces Presentes audit David, de faire imprimer ladite *Histoire Genealogique & Chronologique de la Maison Royale de France, avec celle des Grands Officiers de la Couronne, composée par le Sieur du Fourny, Auditeur des Comptes*, de réimprimer ou faire réimprimer les Oeuvres du Sieur de Saint Evremond en prose & en vers ; l'Histoire de Dom Quichotte, traduite de l'Espagnol de Cervantes, avec la continuation du Sieur de Saint Martin : Les Oeuvres du Sieur Racine : Les Oeuvres du Sieur Moliere avec sa vie, & des jugemens sur quelques-unes de ses pieces : Les Fables mises en vers par le Sieur de la Fontaine : Les Oeuvres du Sieur Pierre Corneille avec les Pieces de Theatre du sieur Thomas Corneille : Les Oeuvres du Sieur Scarron, tant en Prose qu'en Vers : La Science parfaite des Notaires, par le Sieur de Ferriere, contenant les Instructions & les Stiles pour dresser toutes sortes d'Actes, tant en matiere Civile que Beneficiale: L'Histoire universelle du feu Sieur Evêque de Meaux, avec la continuation : *Les Instructions pour les Jardins fruitiers & potagers, avec un Traité des Orangers, par le Sieur de la Quintinie, avec une Instruction pour la culture des fleurs* : en telle forme, marge, caracteres, en autant de Volumes que bon lui semblera, conjointement ou séparement, & de les vendre, faire vendre, & débiter par tout nôtre Royaume, pendant le tems de *quinze années consecutives, à compter du jour de la date des Presentes*, & sans tirer à conséquence, à condition neanmoins que l'Impression dudit Livre d'Histoire Genealogique sera achevée d'imprimer dans le tems de deux années, à compter du jour de la date des Presentes. Faisons défense à toutes personnes de quelque qualité & condition qu'elles puissent être, d'en introduire d'impression étrangere dans aucun lieu de nôtre obéïssance : & à tous Imprimeurs, Libraires & autres, d'imprimer, faire imprimer, vendre, débiter, ni contrefaire lesdits Livres en tout ni en partie, sans la permission expresse & par écrit dudit Exposant, ou de ceux qui auront droit de lui ; à peine de confiscation des exemplaires contrefaits, de trois mille livres d'amende contre chacun des contrevenans, dont un tiers à Nous, un tiers à l'Hôtel-Dieu de Paris, l'autre tiers audit Exposant, & de tous dépens, dommages & interêts : à la charge que ces Presentes seront enregistrées tout au long sur le Registre de la Communauté des Imprimeurs & Libraires de Paris, & ce dans trois mois de la date d'icelles : Que l'impression desdits Livres sera faite dans nôtre Royaume, & non ailleurs, en bon papier & en beaux caracteres, conformément aux Réglemens de la Librairie, & qu'avant que de les exposer en vente, il en sera mis deux Exemplaires dans nôtre Bibliotheque publique, un dans celle de nôtre Château du Louvre, & un dans celle de nôtre tres-cher & feal Chevalier Chancelier de France, le Sieur Phelypeaux, Comte de Pontchartrain, Commandeur de nos Ordres ; le tout à peine de nullité des Presentes : du contenu desquelles, vous mandons & enjoignons de faire joüir ledit Exposant, ou ses ayans cause pleinement & paisiblement, sans souffrir qu'il leur soit fait aucun trouble ou empêchement : Voulons que la copie desdites Presentes, qui sera imprimée au commencement ou à la fin desdits Livres, soit tenuë pour dûëment signifiée, & qu'aux Copies collationnées par l'un de nos amez & feaux Conseillers & Secretaires, foy soit ajoûtée comme à l'Original ; Commandons au premier nôtre Huissier ou Sergent de faire, pour l'execution d'icelles, tous Actes requis & necessaires, sans demander autre permission, & nonobstant Clameur de Haro, Chartre Normande, & autres Lettres à ce contraires ; CAR tel est nôtre plaisir. DONNE' à Versailles le 5 Novembre, l'an de grace 1708. Et de nôtre Regne le soixante-sixiéme. Par le Roy en son Conseil.

LECOMTE.

Registré sur le Registre n° 2. de la Communauté des Libraires & Imprimeurs de Paris, pag. 388. n° 737. conformément, & notamment à l'Arrest du Conseil du 13. Août 1703. A Paris ce 4. Décembre 1708.

Signé, LOUIS SEVESTRE, *Syndic*.

Et ledit Sieur David a fait part du droit du présent Privilege, pour ce qui regarde les Instructions des Jardins fruitiers & potagers, composez par le Sieur de la Quintinie, avec la culture des fleurs, aux Sieurs Guignard, Charpentier, Cavelier, Osmond, Ribou, Clouzier & Consors, Libraires à Paris, pour en joüir conjointement avec luy suivant les Traitez faits entr'eux.

www.ingramcontent.com/pod-product-compliance
Lightning Source LLC
LaVergne TN
LVHW010112230826
846091LV00001BA/27

* 9 7 8 2 3 2 9 4 3 0 2 1 8 *